普通高等教育农业农村部"十三五"规划教材

浙江省普通高校"十三五"新形态教材
高等院校数字化融媒体特色教材
动物科学类创新人才培养系列教材

U0236351

动物病理学
（双语）

谭 勋 主 编

Veterinary
Pathology

ZHEJIANG UNIVERSITY PRESS
浙江大学出版社

《动物病理学》
编写人员

主　编　谭　勋
副主编　高　洪　贺文琦　周向梅　王龙涛
编　委　（按姓氏笔画排序）
　　　　王　丹（吉林农业大学）
　　　　王　衡（华南农业大学）
　　　　王龙涛（吉林农业大学）
　　　　申会刚（美国爱荷华州立大学）
　　　　白　瑞（山西农业大学）
　　　　宁章勇（华南农业大学）
　　　　成子强（山东农业大学）
　　　　师福山（浙江大学）
　　　　吕英军（南京农业大学）
　　　　祁保民（福建农林大学）
　　　　严玉霖（云南农业大学）
　　　　杨　杨（浙江农林大学）
　　　　张书霞（南京农业大学）
　　　　周向梅（中国农业大学）
　　　　贺文琦（吉林大学）
　　　　高　洪（云南农业大学）
　　　　谭　勋（浙江大学）

序

　　病理学是人类在不断探究疾病本质的过程中逐渐形成并发展起来的一门学科。进入 21 世纪以来,随着分子生物学技术、细胞生物学技术、分子标记技术、影像学技术和计算机模拟技术等现代研究技术在病理学研究领域的广泛应用,科学家对疾病发生机制的认识更准确、更深刻、更全面,病理学知识不断得到丰富和发展。

　　当今,人类社会已全面进入"互联网＋"时代,互联网正深刻改变着知识传播和交流的方式,对加快教育全球化进程产生深刻影响,数字化与国际化将是未来教育发展的必然趋势。为满足专业教育与国际接轨的迫切需求,编写适应时代需求、体现国际水平的专业教材尤为迫切。

　　《动物病理学》(双语)由浙江大学谭勋博士组织全国 12 所高校的 16 位专家,历经三年编写完成。本教材是国内第一部以中英双语形式编著的动物病理学教材,是践行培养具有国际化视野的新人才的一次大胆探索。作为高校动物病理学教学改革的代表性成果,本书被列为农业农村部"十三五"规划教材和浙江省普通高校"十三五"新形态教材。欣闻教材出版,非常高兴,特此祝贺!

　　本教材继承了传统病理学理论,系统地阐述了病理学的基本理论和基本知识,以便学生打好基础。本书既保留了以往多部病理学教材的优点,又尽力推陈出新。教材遵循理论联系实际的原则,更新了一些病理学概念,引入了重要器官系统疾病的发生新机制,介绍了近年来在生命科学领域有重大影响力的学术成果,以拓展学生视野。为适应我国伴侣动物医疗的发展,本教材适当增加了犬猫疾病的内容。在形式上,本教材配有大量以二维码形式呈现的彩色插图,并在中国大学 MOOC 平台和智慧树平台上开设了在线双语课程,既体现了互联网时代知识传播形式的新颖性,也增强了课程学习的趣味性。

　　作为一部形式新颖、资源丰富的新编教材,《动物病理学》(双语)坚持继承性和发展性、实用性和创新性的有机结合,充分展现本学科的现有成果和发展趋势,是一部颇具学术价值的病理学著作。本书不仅可用作动物医学类专业本科生的教材,也可作为研究生、兽医科技工作者和比较医学研究者的重要参考书。相信这部教材能有助于培养适应我国社会发展需要的卓越兽医人才,并为广大教师和青年学生,以及专业人士所喜爱。

中国畜牧兽医学会兽医病理学分会理事长
吉林大学兽医病理学教授

前　　言

　　病理学是一门研究动物疾病发生、发展和转归机制的科学,是指导病理学研究和临床诊疗活动的"哲学"。近年来,随着病理学与细胞生物学、分子生物学、生物化学等基础学科的深度交叉和现代医学研究技术的快速发展,人们对许多疾病的发生过程和规律的认识不断深入,一些新的病理机制不断得到揭示,病理学知识不断得到补充和更新。

　　当前,全国大多数高校的动物病理学课程已采用双语教学。在本书出版前,国内同行们已编写了多部动物病理学统编教材,这些教材在我国高等兽医教育中发挥了巨大的作用,但目前仍缺乏一本双语教材。为加快新知识和新理论的传播,推动病理学双语教学,我们组织全国部分高校的同仁,历时三年,编写完成了《动物病理学》(双语)教材。

　　根据国内教学的实际情况并考虑到本科阶段学生对英文的接受程度,我们将这本教材定位为中文为主,英文为辅。英文是知识传播的重要载体,大量阅读英文文献是大学生获取专业知识、拓展学术视野的重要途径。我们希望这本教材有助于促进学生对专业英语词汇的掌握,以提高他们阅读英文文献的能力。如能达到此目标,本教材的价值也就得到了体现。

　　作为一本新编教材,我们在继承传统病理学基本理论的基础上,力求引入一些新成果,这些新成果在各章节中均有体现,无法一一列举。我们也尽力将当前生命科学领域的一些热点问题以延伸阅读的方式呈现出来,以促进学生对前沿知识的了解。为适应日益发展的小动物临床诊疗的需要,我们在教材中增添了小动物疾病的内容。我们希望这些改变使本书不但更具有学术价值,而且更具实用性和指导性。

　　本书的编著者由活跃在教学一线的老、中、青骨干教师构成,他们深耕于教学、科研和临床实践,教学经验丰富,基础理论扎实。他们不仅将宝贵的知识奉献给了读者,也期望通过本书将求是、创新、严谨、务实的价值观传递给读者。在统稿过程中,有的老师已经荣休,有的已出国发展,在此对他们所做出的贡献表示衷心的感谢! 本教材是农业农村部"十三五"规划教材,得到了浙江省"十三五"新形态教材建设项目的资助,浙江大学出版社编辑为本书的出版也给予了大力支持,在此一并致谢!

限于篇幅,本书的参考资料仅有部分在推荐阅读文献中列出,我们对这些参考资料的作者表示由衷的感谢,对未列入引用但对本书有贡献的参考资料的作者深表歉意!

基于本书内容,作者已在中国大学 MOOC 平台和智慧树平台上开设双语课程,网址分别为

中国大学 MOOC:www.icourse163.org/course/ZJU-1463184166

智慧树:coursehome.zhihuishu.com/coursehome/1000001590

本书既可作为动物医学类专业本科生的教材,也可供研究生、兽医科研工作者和临床医生参考借鉴。限于编著者的水平,书中定有不少疏漏和不足,敬请各位同行在使用过程中提出批评,以便于我们在再版时改正。

谭勋

(tanxun@zju.edu.cn)

目　　录

绪　　论

Introduction to Pathology

【Overview】 A healthy animal grows, reproduces, and behaves in a manner which has come to be regarded as normal for its species and type.

Disease refers to an alteration of the state of the body, or of some of its organs, which interrupts or disrupts the proper performance of the bodily functions. Functional disturbance soon is manifested by physical signs which usually can be detected.

Veterinary pathology is a bridging discipline involving both basic science and clinical practice. It is aimed of the study of the structural and functional changes in cells, tissues and organs that underlie diseases, attempting to explain the whys and wherefores of the signs and symptoms manifested by patients while providing a sound foundation for rational clinical diagnosis, therapy and prevention of animal disease. Moreover, veterinary pathologists are also concerned with understanding humans diseases by providing insights into animal models.

The four aspects of a disease that form the core of pathology are its cause (etiology), the mechanisms of its development (pathogenesis), the structural alteration induced in the cells and organs of the body (morphological changes), and the functional consequences of the morphological changes (clinical signs).

Etiology of a disease means the cause of the disease. If the cause of a disease is known it is called primary etiology. If the cause of the disease is unknown it is called idiopathic. Knowledge or discovery of the primary cause remains the backbone on which a diagnosis can be made, a disease understood, and a treatment developed. There are two major classes of etiologic factors: intrinsic or genetic, and acquired(e. g. , infectious, nutritional, chemical and physical).

Pathogenesis means the mechanism through which the cause operates to produce the pathological and clinical manifestations. That is, the sequence of events in the response of cells and tissues to the etiologic agents, from the initial stimulus to the ultimate expression of the disease.

The morphological changes refer to the structural alterations in cells or tissues that are either characteristic of the disease or diagnostic of the etiological process. The structural changes in the organ can be seen with the naked eye or they may only be seen under the microscope. Those changes that can be seen with the naked eye are called gross morphologic changes while those that are seen under the microscope are called microscopic changes. Both the gross and the microscopic morphologic changes may only be seen in a specific disease, i. e. they may be specific to that disease. Therefore, such morphologic changes can be used by the pathologist to identify (i. e. to diagnose) the disease.

The morphologic changes lead to functional alterations as well as the clinical signs and symptoms of the disease. The nature of the morphological changes and their distribution in different tissues and organs determine the clinical features (symptoms and signs), course, and prognosis of the disease.

Pathology is traditionally divided into general and systemic pathology. The former is focused on the cellular and tissue alterations caused by pathologic stimuli in most tissues and the fundamental pathological processes involved in most diseases, while the latter deals with the particular responses of specialized organs. In this book, we first cover the broad principles of general pathology and then progress to specific disease processes in individual organs.

第一节　疾病概述

一、疾病的概念

疾病(disease)和健康(health)是一组相对的概念,至今均无准确的定义。对于某一特定品种或品系的动物而言,健康意味着动物个体在生长、繁殖和行为模式上符合该群体的正常生命活动特征。如果动物的正常生命活动因整个机体或机体中的某些器官的状态发生改变而被扰乱,则被视为发生了疾病。

疾病是在一定条件下病因与机体相互作用的结果。所谓病因(etiology),是指引起某一疾病必不可少的、决定疾病特异性的致病因素。如新城疫病毒引起新城疫、钙磷缺乏引起幼龄动物佝偻病等。因此,新城疫病毒就是新城疫的病因,钙磷缺乏是佝偻病的病因。疾病发生的条件(precipitating factor)是指在病因作用下,有利于促进或延缓疾病发生发展的各种因素,包括性别、年龄、营养状况、免疫功能、免疫状态等内在因素以及气候、自然环境等外在因素。条件在许多疾病的发生发展上具有重要作用。例如,当暴露于结核分枝杆菌时,一群动物中只有少部分营养不良、免疫功能减弱的个体才会发生结核病,而多数动物因为不具备上述条件,虽然有结核杆菌这个病因存在,也不会发生结核病。但是,并不是每一种疾病的发生都需要有条件存在,如机械暴力、毒物中毒,并不需要条件即可致病。

疾病发生的基础是机体的自稳态(homeostasis)调节紊乱。早在1865年,法国生理学家Claude Bernard(1813—1878)就提出,维持一个健康生命最基本的条件是内环境恒定。这种恒定不是一成不变的,而是一种动态过程。换言之,为了维持正常生命活动,机体必须随时适应来自体内外的各种变化,在系统、器官、细胞、分子水平作出改变,维持诸如体温、氧、血压、水、电解质、酸碱等的内环境恒定,这就是自稳态,或称内环境稳定。神经系统和体液在维持机体与外环境的统一协调和维持内环境稳定方面发挥着重要作用。相应地,神经体液调节紊乱作为疾病发生的基本机制之一,在疾病的发生发展中占有重要地位。许多致病因素可通过影响神经系统直接或间接地改变体液量和体液成分,造成内环境紊乱,引起疾病的发生。

在致病因素的作用下,器官或组织发生功能、代谢和形态结构的改变,在临床上表现出相应的症状(symptom)、体征(sign)、综合征(syndrome)。在动物医学上,症状通常是指患病动物在行为、体况、外观、精神、食欲和排泄等方面发生的改变。体征是指医生利用各种检查技术在患病机体发现的客观存在的异常,如心脏杂音、肿块、生化改变或影像学异常等。广义的症状可以包括体征。综合征是指疾病过程中出现的一组复杂的具有内在联系的症状和体征的总和,如急性呼吸窘迫综合征和肺动脉高压综合征。但是,并非所有的疾病都有症状和体征。例如,早期结核病甚至某些早期恶性肿瘤,就缺乏症状和体征。在致病因素的作用下,机体发生旨在维持其稳态的抗损伤保护性反应,只有当致病因素作用过强或机体的抗损伤反应不足以对抗致病因素的作用时,机体才会出现功能、代谢或形态结构的改变,表现出相应的症状和体征。

二、疾病发生发展的一般规律

不同疾病的发生、发展过程与机制不尽相同,但也存在共同规律,即一般规律。研究疾病发生、发展与转归的一般规律与基本机制的科学称为发病学(pathogenesis)。

(一)损伤与抗损伤反应

致病因素的损伤作用(damage)与机体的抗损伤反应(anti-damage response)贯穿于所有疾病的发生、发展过程中,两者之间相互依存又相互斗争,它们此消彼长的复杂关系决定着疾病的发展方向和结局。如果机体的抗损伤反应足以对抗致病因素造成的损伤,或者通过治疗能有效改善机体的抗损伤能力,疾病则沿着良性的方向发展,机体可恢复健康;如果损伤的力量占优势,抗损伤反应不足以抗衡损伤变化,又无适当的治疗,疾病则沿着恶性循环的方向发展。

损伤和抗损伤反应虽然是相互对立的两个方面,但两者之间并无严格界限,在一定的条件下,或者在疾病的不同发展阶段,它们可相互转化,而且有些变化本身就具有损伤和抗损伤的双重意义。比如,致病微生物会引起发热,一定程度的发热可以增强免疫细胞的功能,有利于增强机体的抗病能力;但长期的发热可导致体内物质代谢、水和电解质平衡以及酸碱平衡发生紊乱,发热这一生物学过程就由抗损伤反应转变成损伤反应。在临床实践中,要正确区分疾病过程中的损伤和抗损伤反应,原则上应尽可能支持和保持抗损伤反应,削弱或消除损伤性变化。当抗损伤反应转变为损伤力量时,就应当减轻或排除这种反应。

(二)疾病过程中的因果转换

在疾病发生、发展过程中,体内出现的一系列变化并不都是原始病因直接作用的结果,而是自稳态调节紊乱引起的级联反应。原始病因作为疾病的始动因素引起机体某一器官系统的某一部分受到损害而发生代谢、功能变化,前者为因(cause),后者为果(result)。这些变化又作为新的发病学原因,引起新的变化,如此因果转换(reverse of cause-result),推动疾病的发生、发展。例如,机械创伤作为原始病因造成失血,失血又可作为新的病因引起心输出量降低,心输出量降低又可引起血压下降、组织灌流量不足,导致组织缺血缺氧。由此可见,从失血到组织缺血缺氧的过程中伴随着一系列病因和结果的交替变化,疾病就是遵循着这种因果交替的规律不断发展的。在疾病发生、发展过程中,正确认识因果交替与转化,有利于正确认识和分析疾病的发展和推移,把握病情的发展方向。

在认识疾病发生发展的上述规律的同时,还需要正确认识局部与整体的关系。任何局部疾病都可能引起全身性反应,而整体的功能与代谢状况又会影响局部病变的发展和预后。例如,局部组织的化脓性炎症可引起发热、外周白细胞计数升高、精神不振等全身反应。全身抵抗能力下降时,炎症可进一步发展,化脓性细菌甚至经血液播散引起毒血症;反之,当全身抵抗力增强时,炎症即可消退。实际上,整体性疾病最初常常表现为某一局部组织或器官的反应,如肠炎是猪瘟的局部表现。在临床实践中,必须注意整体和局部的关系,并明确在疾病发生发展过程中起主导作用的是局部还是全身性因素。

三、疾病的转归

疾病的转归(outcome of disease)是指疾病过程的发展趋势和结局,可归纳为康复(recovery)和死亡(death)两种形式。

康复包括完全康复和不完全康复两种形式。完全康复(complete recovery)亦称痊愈,是指致病因素已经消除或不起作用,各种症状和体征消失,患病器官系统的代谢、功能和形态结构完全恢复到正常状态。不完全康复(incomplete recovery)是指原始病因消除后,患病机体的损伤性变化得以控制,主要的症状、体征或行为异常消失,但遗留有某些病理改变,需通过机体的代偿反应来维持内环境的相对稳定。不完全康复可留下某些不可修复的病变或后遗症,如疤痕、心瓣膜粘连、残疾等,或者为疾病的复发留下隐患。

死亡是机体生命的终结。传统概念认为死亡是一个渐进的过程,包括濒死期(agonal stage)、临床死亡期(stage of clinical death)和生物学死亡期(stage of biological death)三个阶段。其中,濒死期的特征是脑干以上的中枢神经功能丢失或深度抑制,主要表现为意识模糊或丧失,反应迟钝或减弱,呼吸和循环功能进行性下降,能量生成减少,酸性产物增多等。临床死亡期的主要特点是延脑处于深度抑制和功能丧失状态,表现为各种反射消失,呼吸和心跳停止,但是组织器官仍在进行着微弱的代谢活动。生物学死亡期是死亡过程的最后阶段。此时,机体各重要器官的新陈代谢相继停止,并发生了不可逆转的功能和形态改变。但是,某些对缺氧耐受性较高的器官、组织,如皮肤、毛发、结缔组织等,在一定的时间内仍维持较低水平的代谢。随着生物学死亡期的发展,所有器官、组织的代谢完全停止,则出现尸斑、尸僵和尸冷,最终腐烂、分解。

在医学上,由于社会、法律及医学本身的需要,特别是复苏技术的提高和器官移植的广泛开展,人们对死亡的概念及判定死亡的标准提出了新的观点,目前被普遍接受的观点是:死亡是机体作为一个整体的功能的永久性停止,整体死亡的标志是脑死亡(brain death)。脑死亡是指以脑干或脑干以上全脑不可逆转的永久性功能丧失。脑死亡并不意味着全身各组织器官同时死亡,在脑死亡后一定时间内,通过人工措施仍可维持除脑以外的器官的暂时"存活",有利于器官移植。人脑死亡的诊断标准有:①不可逆的昏迷和大脑无反应性;②呼吸停止,人工呼吸 15 分钟仍无自主呼吸;③瞳孔散大及固定;④颅神经反射(瞳孔反射、角膜反射、咳嗽反射、吞咽反射等)消失;⑤脑电波消失;⑥脑血液循环完全停止。一旦确定为脑死亡,便可停止抢救。

需要注意的是,脑死亡和植物人(vegetative state)是两个不同的概念。植物人脑干的功能是正常的,昏迷是由于大脑皮层受到严重损害或处于突然抑制状态,因此病人可以有自主呼吸、心跳和脑干反应。脑死亡时,全脑呈现永久而不可逆的器质性损伤,无自主呼吸,脑干反应消失,脑电波呈一条又平又直的线,经颅多普勒 B 超显示脑死亡。

第二节　病理学的内容及学科地位

一、病理学的内容

动物病理学(veterinary pathology)是以患病动物为研究对象,采用自然科学的研究方法,研究疾病的病因、发病机制、形态结构、代谢和功能等方面的改变,其目的在于揭示疾病的发生、发展和转归的规律,阐明疾病本质,为动物疾病的诊治和预防提供科学的理论依据。病理学既是一门基础学科,又是一门实践性很强的具有临床性质的学科。在临床实践中,病理学又是许多疾病诊断和鉴别诊断的最可靠方法,直接为临床诊疗提供决策和实践依据。动物病理学亦涉及比较病理学和实验动物病理学研究,为研究人类疾病提供可靠的动物模型和试验数据。

疾病的病因(etiology)、发病机制(pathogenesis)、形态学改变(morphological changes)、功能变化(functional changes)构成病理学的核心。病因是指疾病发生的原因,包括内因和外因(如传染性因素、营养性因素、化学性因素以及物理性因素);发病机制是指从病因作用于机体开始到表现出最终疾病症候的过程中细胞或组织所发生的系列事件;形态学变化即病变(lesion),是指细胞或组织所出现的能表征疾病发生或具有诊病意义的结构变化。在形态学改变的基础上,器官或组织则发生功能改变,由此出现相应的临床表现(症状和体征)。病变所影响的器官或组织、病变的性质以及器官或组织中病变的大小或范围决定疾病的临床表现、病程长短及疾病的预后(prognosis)。

病理学分为总论和各论两部分。病理学总论阐述疾病发生发展过程中组织和细胞的基本反应以及疾病的基本病理过程,各论则阐述各器官系统在不同疾病下的形态、代谢和功能的变化。本教材第一至第十三章为病理学总论,第十四至第二十一章为病理学各论。

二、病理学的学科地位

(一)病理学是联系基础学科与临床学科的桥梁学科

病理学研究旨在回答疾病状态下机体代谢、功能和形态结构改变及其机制,这些改变与临床上出现的症状、体征之间存在何种联系,以及疾病如何发展和转归等临床实践中的种种问题。因此,病理学的学习必须以解剖学、组织胚胎学、生理学、生物化学等基础学科为基础,同时其本身又是以后学习临床学科的基础。由此可见,病理学在基础学科和临床学科之间起到一个承上启下的作用,是医学"桥梁学科",这充分表明它在医学中的重要地位。

(二)病理诊断是医学诊断中最具权威的诊断

长期以来,病理诊断被认为是疾病诊断的"金标准",是带有宣判性质的诊断,具有其他任何检查都不可替代的权威性,很多疾病的最终诊断都依赖于病理学检查才能确立。病理诊断是通过观察器官大体病变、镜下细胞病变特征而做出的诊断,比临床上根据病史、症状和体征等做出的分析性诊断更具有客观性和准确性。病理诊断所采用的病理组织学观察、细胞学检查和病理剖检可对病因和死因做出最权威的终极回答,在临床医学中具有不可替代的重要地位。加拿大著名医生和医学教育家 Sir Willian Oslar(1849—1919)曾写道:"As is our pathology,so is our medicine."(病理为医学之本)

(三)病理学在医学研究中的作用

医学上对任何一种疾病的研究都是以揭示其病理发生机制为核心内容而展开的,各种有关疾病的科学研究也需要以正确的病理诊断为依据。临床医学中一些症状和体征的解释、新病种的发现和预防以及敏感药物的筛选、新药研发及药物安全性评价也离不开病理学方面的解释和鉴定。现代病理学吸收了当今分子生物学的最新研究方法和取得的成果,使病理学研究从器官、细胞和亚细胞水平拓展到更为微观的蛋白质和基因水平。应用蛋白质和核酸等分子技术研究疾病发生、发展过程的分子病理学已发展成为一门新兴的分支学科,这一学科的兴起有力地推动了人们对疾病本质的深入认识,并为诊疗某些疾病找到了可靠的分子标记和药物作用靶点。

第三节　病理学观察和研究方法

一、常用观察方法

(一)大体观察

大体观察(gross observation)也称肉眼观察,主要是用肉眼或辅之以放大镜、尺、秤等工具,对大体标本及其病变性状(大小、形状、重量、色泽、质地、界限、表面和切面状态、位于器官什么部位及与周围组织和器官的关系等)进行细致的剖检、观察、测量、取材和记录。

实质器官的检查顺序往往是自外向内逐一进行,即被膜→实质→腔道及血管→其他附属装置等。空腔器官的检查顺序常常是自内向外逐一进行。根据习惯反之亦可。

大体观察可见到病变的整体形态和病变所处的阶段,开展病理剖检是病理医师的基本功,也是学习病理学的主要方法之一。

(二)病理组织学观察

病理组织学观察(histopathological observation)是指采取病变组织制成切片或细胞学涂片,染色,用光学显微镜观察组织和细胞结构的变化,通过分析、综合病变特点,可做出疾病的病理诊断。组织切片最常用的染色方法是苏木素-伊红染色(homatoxylin and eosin,H·E),迄今为止,这种方法仍是病理学诊断和研究所采用的最基本的方法。在观察组织切片时,首先在低倍镜下对整个切片进行全面观察,辨认出组织来源,并根据颜色、致密度、细胞形态改变等信息找出病变位置,确定病变范围及与周围组织的关系,明确主要病变和次要病变。在上述基础上，逐级转换到高倍镜下进一步观察病变的微细结构变化。

(三)组织化学染色观察

组织化学染色观察(histochemical obeservation)是指应用某些能与组织或细胞内化学成分进行特异性结合的显色试剂，显示组织细胞内某些化学成分(如蛋白质、酶类、核酸、糖原、脂肪等)的变化。如用 PAS 染色法(periodic acid-Schiff stain)显示细胞内糖原、用苏丹Ⅲ染色法显示脂肪或细胞内脂肪滴、用普鲁士蓝染色显示含铁血黄素等。组织化学染色又称为特殊染色。

(四)免疫组织化学染色观察

免疫组织化学观察(immunohistochemical obeservation)是指在组织细胞原位通过抗原抗体反应和组织呈色反应，形成可见的标记物，对相应的抗原或抗体进行定位、定性和定量检测的一种免疫检测方法。该技术不仅具有较高的敏感性和特异性，还能将形态学改变与功能、代谢的改变联系起来，已成为病理学研究中最常用的手段。

(五)超微结构观察

超微结构观察(ultrastructural observation)是指利用电子显微镜观察亚细胞结构或细胞内大分子的变化，从更深层次上加深对疾病基本病变、病因和发病机制的了解。

二、研究方法

(一)尸体剖检

尸体剖检(autopsy)是病理学基本研究方法之一。其目的在于：确定诊断、查明死因；协助临床医生总结在诊断和治疗过程中的经验和教训，提高医疗质量和诊治水平；及时发现和确诊某些传染病、地方病和新发病，为防疫部门采取防治措施提供依据；积累各种疾病的病理材料，作为深入研究和防治这些疾病的基础；收集各种疾病的病理标本，供病理学教学使用。

(二)活体组织检查

活体组织检查(biopsy)简称活检，即采用钳取、穿刺、局部切取等手术方法，从活体动物获取病变组织进行病理诊断的方法。活检可对疾病做出及时准确的诊断，为临床治疗和判定预后提供依据。活检组织能基本保存病变组织的结构，在进行病理组织学观察时能较好地反映病变特点。由于活检获得的病料新鲜，还可采用免疫组化、电镜观察和组织培养等方法对疾病进行更深入的研究。

(三)细胞学检查

细胞学(cytology)检查又称脱落细胞学检查，是将病变处脱落的细胞或细针穿刺吸取的细胞制作成细胞涂片，然后进行染色观察。该检查方法的优点是技术操作简单、可重复，缺点是缺乏组织结构，细胞分散且常有变性，可能会出现假阴性的结果，有时需要活检进一步证实。

国外把尸检、活检和细胞学检查喻为病理科室和病理医生的"ABC"。

(四)动物实验

动物实验(animal experiment)通常是利用适宜的动物复制某些疾病的模型，对疾病过程中代谢、功能和形态变化进行深入的研究，从而揭示某一疾病的发生、发展及转归的规律。其优点是任意性强，可根据主观设计进行研究。

（五）组织和细胞培养

组织和细胞培养(tissue and cell culture)是指从动物体内采取的组织或细胞,用适宜的培养基在体外培养,观察在各种致病因素作用下组织和细胞病变的发生和发展过程。其优点是体外培养条件单纯,条件容易控制,可以避免体内复杂因素的干扰,且周期短,见效快;缺点是单一、恒定的体外环境与复杂、变化的体内环境存在着很大差别,故不能将体外研究结果与体内过程等同看待。

第四节　动物病理学的发展

动物病理学作为一门独立的学科,其形成和发展与医学病理学的形成和发展密切相关,并相互借鉴和促进。

1761 年,意大利医学家 Morgagni(1682—1771)在总结 700 多例病人的尸检记录和临床症状的基础上,得出不同疾病是由相应器官的病变所引起的这一结论,首次提出了器官病理学(organ pathology)这一概念,由此奠定了医学和病理学发展的基础。在一个世纪之后的 19 世纪中叶,光学显微镜的发明和使用推动了人们在细胞水平上对疾病的认识。1858 年,德国病理学家 Rudolf Virchow(1821—1905)首创了细胞病理学(cellular pathology),指出"疾病是细胞异常",这一理论的提出对整个医学科学的发展做出了具有划时代意义的贡献。此后,经过一个半世纪的探索,人们逐渐将疾病过程中的形态、功能和代谢改变统一起来,逐渐形成并完善了病理学学科体系。

20 世纪 60 年代电子显微镜技术的建立,使病理形态学研究深入到亚细胞水平,建立了超微结构病理学(ultrastructural pathology)。此后,免疫学、细胞生物学、分子生物学、细胞遗传学的渗透以及免疫组织化学技术、流式细胞术、病理图像分析技术和分子生物学技术的应用,极大地促进了病理学的发展,不仅使病理形态学观察从定位、定性走向定量,而且将其与功能、代谢改变的基础(蛋白质)、基因的改变有机地联系在一起。与此同时,一些更具特色和功能的分支学科,如免疫病理学(immunopathology)、分子病理学(molecular pathology)、遗传病理学(genetic pathology)和定量病理学(quantitative pathology)等也逐渐形成并发展起来。但是,我们要清楚地认识到,这些新的分支学科是在传统病理学基础之上发展起来的,是对传统病理学的传承、拓展和有益补充,它们的出现并不能完全取代传统病理学的地位,只有将传统病理学和这些新兴学科结合起来,才能更加客观地解释疾病的本质。

（谭　勋）

第一章

细胞和组织的适应与损伤
Cellular and Tissue Adaption and Injury

【Overview】 Cells are active participants in their environment, constantly adjusting their structures and functions to accommodate changing demands and extracellular stresses. Cells normally maintain a steady state called homeostasis, in which the intracellular milieu is kept within a fairly narrow range of physiologic parameters. As cells encounter physiologic stresses or pathologic stimuli, they can undergo adaptation, achieving a new steady state and preserving viability and function. The principal adaptive responses are hypertrophy, hyperplasia, atrophy, and metaplasia. If the limits of adaptive response to a stimulus are exceeded, or if the external stress is inherently harmful, cell injury develops. Within certain limits, the injury is reversible; however, if the stimulus persists or is severe enough from the beginning, cells suffer irreversible injury and ultimately die. Cell death results from diverse causes, including ischemia (lack of blood flow), infections, toxins, and immune reactions. Cell death is also a normal and essential process in embryogenesis, the development of organs, and the maintenance of homeostasis.

There are two principle patterns of cell death, necrosis and apoptosis. Necrosis is the type of cell death that occurs after abnormal stresses such as ischemia and chemical injury, and it is always pathologic. Apoptosis occurs when a cell dies due to activation of an internally controlled suicide program. It is designed to eliminate unwanted cells during embryogenesis and in various physiologic processes. It also occurs in certain pathologic conditions, when cells are damaged beyond repair, and especially if the damage affects nuclear DNA.

Stimuli may induce changes in cells and tissues other than adaption, irreversible injury and cell death. Cells that are exposed to sublethal or chronic stimuli may not be damaged, but may show a variety of subcellular alterations. Metabolic derangement in cells may be associated with intracellular accumulations of a number of substances, including proteins, lipids, and carbohydrates. Calcium is often deposited at sites of cell death, resulting in pathologic calcification. Additionally, cell aging is also accompanied by morphological and functional changes.

　　细胞既是体内环境的构成者,又能不断做出结构和功能调整以应对细胞内外环境条件的改变。在正常状态下,细胞内环境在相对狭窄的范围内保持相对稳定,这一状态称为内稳态(homeostasis)。在遭受生理或病理应激时,细胞可发生适应性改变(adaption),形成一种新的内稳态。细胞的适应性改变包括肥大(hypertrophy)、增生(hyperplasia)、萎缩(atrophy)和化生(metaplasia)等结构改变。但是,细胞的适应能力是有一定限度的,过强或有害的刺激则可引起细胞损伤(injury)。一定程度内的细胞损伤是可逆的,如果损伤性刺激的作用时间过长,或者从一开始就具有足够大的强度,细胞则发生不可逆损伤,以死亡告终。细胞适应、不可逆损伤和死亡可被看作是细胞发生进行性损伤的三个连续阶段(图1-1)。比如,在心脏负荷持续升高过程中,心肌细胞首先发生肥大;当心肌血液供给不足以满足其代谢和功能增强的需要时,肥大的心肌细胞则发生不可逆损伤并最终死亡。

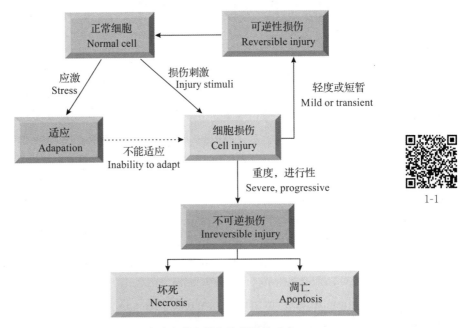

图1-1　细胞对应激和损伤性刺激的反应

　　细胞对损伤的反应见表1-1。缺血、感染、中毒或免疫反应等多种因素可引起细胞死亡,导致疾病发生。细胞死亡也是胚胎发育、器官发育以及机体内环境稳定性得以维持的正常和必要过程。细胞死亡有两种基本形式,即坏死(necrosis)和凋亡(apoptosis)。坏死是细胞在缺血、化学损伤或微生物感染等情况下发生的死亡,通常是病理性的。凋亡是细胞内受基因调控的自杀程序被激活而引起的细胞死亡,胚胎发育过程多余细胞以及各种生理状态下形成的非必要细胞的清除就是通过这一机制完成的。但是,在某些病理条件下,当细胞损伤无法修复,尤其是当DNA发生损伤时,细胞也可发生凋亡。

　　需要注意的是,并非所有的刺激都能引起细胞发生适应、不可逆损伤或死亡。有一些亚致死性或慢性刺激仅仅引起亚细胞结构发生改变,并不造成细胞损伤。细胞代谢异常也可能仅引起蛋白质、脂肪或糖类物质等在胞内集聚。钙盐在坏死组织内沉积(病理性钙化)也是组织对损伤的一种反应形式。此外,细胞衰老也通常伴随有形态和功能的改变。

表 1-1 细胞对损伤的反应(Cellular response to injury)

损伤的性质及严重程度 Nature and severity of injurious stimuli	细胞反应 Cell response

生理应激
Altered physiological stimuli
 	
• 代谢加强、营养性刺激
  Increased demand, increased trophic stimulation (e. g. growth factor, hormones)
• 营养供给减少
  Decreased nutrients,stimulation
• 慢性刺激(物理性或化学性)
  Chronic irritation(physical or chemical)
	细胞适应
	Cellular adaption
	
	• 细胞增生、细胞肥大
	  Hyperplasia,hypertrophy
	• 萎缩
	  Atrophy
	• 化生
	  Metaplasia

缺氧;化学损伤;微生物感染
Reduced oxygen supply; chemical injury; microbial infection
 	
• 急性或自限性
  Acute or self-limited
• 进行性或严重
  Progressive or severe
• 轻度或慢性损伤
  Mild chronic injury
	细胞损伤
	Cell injury
	
	• 急性可逆性损伤
	  Acute reversible injury
	• 不可逆损伤→细胞坏死或凋亡
	  Irreversible injury→necrosis or apoptosis
	• 亚细胞结构改变
	  Subcellular alterations in various organelles

代谢改变,遗传性或获得性 Metabolic alterations,genetic or acquired	胞内物质聚集;钙化 Intracellular accumulations;calcifications
亚致死性损伤长期累积 Prolonged life-span with cumulative sublethal injury	细胞衰老 Cell aging

第一节 适 应

适应(adaption)是指在环境条件发生变化时,细胞在数量、大小、表型、代谢或功能上发生的可逆性改变。适应可发生在生理状态下,也可发生在病理状态下。生理性适应(physiological adaption)通常是指细胞对内源性激素或化学介质的刺激所发生的适应性反应,如雌激素诱导的乳腺增大以及怀孕期子宫肥大。病理性适应(pathological adaption)是指细胞在应激胁迫下为避免发生损伤而做出的结构和功能上的调整。

一、萎 缩

萎缩(atrophy)是指已发育成熟的细胞、组织或器官体积缩小。萎缩细胞的合成代谢降低,能量需求减少,原有功能下降。除细胞体积缩小外,萎缩的组织和器官还可能伴有实质细胞的数量减少。组织器官不发育或发育不全(hypoplasia)不属于萎缩范畴。

(一)萎缩的类型

萎缩分为生理性萎缩(physiological atrophy)和病理性萎缩(pathological atrophy)两大类。

1. 生理性萎缩 是生命过程的正常现象,如成年动物胸腺萎缩、分娩后子宫萎缩等。衰老可引起几乎所有的器官发生萎缩,尤以脑、心、肝、皮肤和骨骼等器官组织更为明显。

2. 病理性萎缩 是指各种致病因子引起的萎缩,根据其发生的原因可分为以下几类。

(1)营养不良性萎缩。营养不良性萎缩(atrophy due to inadequate nutrition)与蛋白质摄入不足、蛋白质消耗过多或血液循环障碍有关,又可分为以下两种类型:①全身营养不良性萎缩:主要见于结核病、肿瘤等慢性消耗性疾病和慢性消化道疾病,这些疾病可引起机体长期处于营养不良状态,引起全身器官组织萎缩,称为恶病质(cachexia);②局部营养不良性萎缩:通常因局部血液循环障碍所引起,如脑动脉粥样硬化时,由于动脉管壁增厚、管腔变窄,脑组织缺乏足够血液供应而发生萎缩。萎缩的细胞、组织和器官通过调节细胞体积、数量和功能来适应血液供应和营养补给的减少。

(2)压迫性萎缩。压迫性萎缩(atrophy due to pressure)是因组织与器官长期受压而导致细胞缺血、缺氧和代谢障碍。如脑、肝、肺内的肿瘤可对邻近正常组织造成压迫,进而引起正常组织发生萎缩;尿路梗阻引起肾盂积水扩张,导致肾脏皮质和髓质受压而发生萎缩。

(3)失用性萎缩。由长期工作负荷降低引起的萎缩称为失用性萎缩(atrophy due to decreased workload),主要因活动减少和代谢低下所致。如四肢骨折后久卧不动,可引起患肢肌肉萎缩和骨质疏松。肢体重新开始进行正常活动后,相应骨骼肌细胞可恢复正常大小和功能。

(4)去神经性萎缩。运动神经元或轴突损害而引起其所支配器官发生萎缩,称为去神经性萎缩(atrophy due to loss of innervation),如脑或脊髓神经损伤引起的肌肉萎缩。其机制是神经对肌肉运动的调节作用丧失,导致肌肉活动减少甚至废用。另一方面,失去神经控制的骨骼肌在最初几周内合成代谢正常而分解代谢加速,也会促进萎缩的发生。

(5)内分泌性萎缩。因内分泌腺功能下降引起靶器官萎缩称为内分泌性萎缩(atrophy due to loss of endocrine stimulation),如下丘脑-腺垂体缺血坏死可引起促肾上腺皮质激素释放减少,导致肾上腺皮质萎缩;垂体前叶功能减退时,甲状腺、肾上腺和性腺等都可能发生萎缩。

某一种萎缩可以由多种因素引起。如骨折后肌肉的萎缩就是神经性、营养性、失用性、压迫性(在用石膏固定过紧时)等因素共同作用的结果;而心、脑等的老年性萎缩,则兼有生理性萎缩和病理性萎缩性质。

(二)萎缩的病理变化

萎缩的器官体积减小,重量减轻,色泽变深。镜下可见萎缩器官的实质细胞体积变小,细胞内线粒体和内质网等细胞器退化,有时伴有细胞数量减少。

萎缩的心肌细胞和肝细胞内常出现棕黄色带折光的颗粒,称为脂褐素(lipofuscin)(图 1-2)。萎缩细胞内的细胞器与溶酶体结合后形成自噬溶酶体,其中的水解酶如不能将细胞器彻底消化溶解,便可形成富含磷脂的细胞器残体,即光镜下的脂褐素颗粒。当萎缩器官内脂褐素大量蓄积时,可导致整个器官呈棕褐色,故有褐色萎缩(brown atrophy)之称。

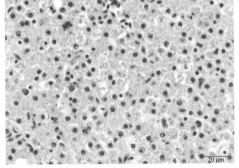

图 1-2 老龄性肝萎缩(肝脏,火鸡)
肝细胞体积缩小,胞浆内可见脂褐素沉积

萎缩细胞蛋白质合成减少,去除病因后,轻度病理性萎缩的细胞有可能恢复常态,但持续性萎缩的细胞最终可发生凋亡。

二、肥 大

肥大(hypertrophy)是指细胞、组织或器官体积增大。组织和器官的肥大通常是由于实质细胞的体积增大所致。肥大的细胞合成代谢增加,功能增强。许多器官和组织都可以发生肥大,但最常见于横纹肌。平滑肌细胞既可发生肥大,也可发生增生。

(一)肥大的类型

根据性质的不同,可将肥大分为生理性肥大和病理性肥大两种。无论是生理性肥大还是病理性肥大,若肥大是因器官的工作负荷增加所致,称为代偿性肥大(compensatory hypertrophy)或功能性肥大;若肥大是由内分泌激素刺激所引起,则称为内分泌性肥大(endocrine hypertrophy)或激素性肥大。

1. 生理性肥大 在生理状态下,某些器官和组织可因代谢增强或工作负荷增加而发生肥大,使役马匹骨骼肌和心肌肥大就是这类肥大的典型例子。骨骼肌和心肌细胞不具备分裂增殖能力,在工作负荷增加时只能通过代偿性肥大进行适应。怀孕母畜体内雌激素含量升高,持续作用于子宫平滑肌细胞,导致子宫肥大。

2. 病理性肥大 高血压引起的左心室肥大和肺动脉高压引起的右心室肥大就属于病理性肥大。切除某一器官的一部分或成对脏器的一侧受到损害时,器官残余部分或保留的对侧脏器也会发生肥大,比如,切除单侧肾脏可引起对侧肾脏发生肥大。在这种情况下,肥大是因肾单位长度增加而造成的,而并非肾单位的数量增加所致。甲状腺功能亢进时,由于甲状腺素分泌增多,可引起甲状腺滤泡上皮细胞肥大。垂体嗜碱性细胞腺瘤促使肾上腺激素分泌增多,可导致肾上腺皮质细胞肥大。

在某些病理情况下,在实质细胞萎缩的同时,间质脂肪细胞却发生增生,以维持组织、器官的原有体积,甚至造成组织和器官的体积增大,此时称为假性肥大。

(二)肥大发生的机制

不同器官或组织发生肥大的机制不同。在多数情况下,细胞肥大是在生长因子刺激下,细胞内多种基因表达升高的结果。对于心肌而言,肥大的发生至少涉及两种因素,即机械牵拉和体液性因素(包括生长因子和肾上腺素),这些刺激可诱导多种基因表达升高,导致细胞内多种结构蛋白合成增加,使心肌在收缩过程中产生更强的收缩力。此外,在心肌肥大过程中,α 型肌球蛋白重链(成熟型)可向 β 型肌球蛋白重链(幼稚型)转变,后者可发生缓慢的、更有力的收缩。子宫肥大则源于雌激素受体介导的多种基因活化,这些基因编码的蛋白质合成增加。

(三)肥大对机体的影响

肥大是一种常见的、有限度的、可逆的且具有保护意义的结构性变化;但是,肥大并非总是对机体有利,比如,当心肌发生肥大时,基质成分的合成也相应增多,可导致肌纤维弹性减弱。此外,心肌的血液供应可能无法支持肥大心肌的代谢所需,最终造成心肌发生缺氧性损伤。

三、增 生

组织或器官内细胞数量增多的现象,称为增生(hyperplasia),增生可导致器官体积增大。增生既可发生于实质细胞,也可发生于间质细胞。组织中增生的细胞不仅来源于原有细胞的增生,也可来源于干细胞的分裂增殖。增生可发生于生理条件下,也可发生于病理性条件下。根据增生发生的原因,可将其分为代偿性增生(compensatory hyperplasia)和内分泌性增生(endocrine hyperplasia)两种。

(一)生理性增生

1.代偿性增生 如部分肝脏被切除后残存肝细胞的增生;高海拔地区空气中氧含量较低,可引起骨髓红细胞前体细胞和外周血红细胞代偿增多;皮肤刮伤后表皮下基底层增生也属于代偿性增生。

2.内分泌性增生 如泌乳前乳腺上皮细胞增生以及怀孕期子宫平滑肌细胞增生。

(二)病理性增生

病理性增生通常由过量激素或慢性炎症刺激所引起。比如,雌激素分泌过多可引起猫子宫内膜囊性增生,组织学上可见黏膜肥厚,腺上皮细胞增生形成假复层,腺体扩张形成小囊。这一变化是可逆的,刺激消除后可恢复正常。

病理性增生可呈弥漫性增生(如犬良性前列腺增生),也可呈局灶性结节状增生。老龄犬肝、脾和胰腺可发生不明原因的结节状增生,这时应与肿瘤性疾病相区别。

(三)细胞增生的机制

细胞增生的机制取决于细胞的性质及引起增生的原因。在某些情况下,细胞增生是由激素分泌增多所引起的,而在其他一些情况下,细胞增生与生长因子分泌增多或生长因子的受体数量增多有关。上述因素通过激活核转录因子,促进一系列基因表达升高,最终引起细胞增殖。此外,组织再生过程中可出现干细胞增生。

与不受控制的肿瘤性增生不同,生理性或病理性细胞增生均受严格调控,一旦刺激消除,增生即刻停止。但是,在某些情况下,病理性增生也可发展为肿瘤性增生,如在子宫内膜增生的基础上可发生子宫内膜癌变。

(四)增生与肥大的关系

虽然肥大和增生是两种不同的现象,但引起细胞肥大与增生的原因往往十分类同,因此两者常相伴存在。对于细胞分裂增殖能力活跃的组织器官(如子宫、乳腺等),其肥大往往是细胞肥大与增生的共同结果,而对于细胞分裂增殖能力较弱的心肌和骨骼肌,其组织器官的肥大主要因细胞肥大所致。

四、化 生

一种类型的成熟细胞或组织由于环境条件改变而转化为另一种类型的成熟细胞或组织的现象称为化生(metaplasia)。化生可被理解成对某种刺激敏感的细胞被另一种对该刺激具耐受性的细胞所取代。

化生通常只发生于分裂增殖能力较活跃的细胞,但并不是由原来的成熟细胞直接转变而来,而是由该处具有分裂增殖和多向分化能力的幼稚细胞和储备的干细胞通过基因重编程(reprogramming)而形成。化生在本质上是环境因素引起某些基因活化或抑制的结果,是细胞分化和生长调节机制发生改变的形态学表现,这一过程可能需要通过特定基因DNA去甲基化或甲基化而实现。

化生通常发生在同源细胞之间,即上皮细胞之间或间叶细胞之间,一般是由特异性较低的细胞类型来取代特异性较高的细胞类型。上皮组织的化生在刺激消除后或可恢复，但间叶组织的化生则大多不可逆。

柱状上皮向鳞状上皮化生是最常见的一种化生（图 1-3）。鳞状上皮化生可由慢性炎症（如慢性乳腺炎中的乳腺导管）、激素失衡（如雌激素诱导的前列腺鳞状上皮化生）、维生素 A 缺乏（图 1-4）或创伤所引起。尽管化生的鳞状上皮对组织有保护作用，但也具有负面效应，例如，气管或支气管的呼吸道上皮鳞状化生可导致纤毛上皮和杯状细胞丢失，导致气管的清除功能和肺脏的抵抗能力降低。

鳞状上皮也可向柱状上皮化生，如人患慢性反流性食管炎时，食管下段鳞状上皮向胃型或肠型柱状上皮化生。

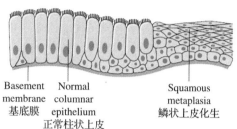

Basement　　Normal　　　　　　　　Squamous
membrane　columnar　　　　　　　metaplasia
基底膜　　epithelium　　　　　　　鳞状上皮化生
　　　　正常柱状上皮

1-3

图 1-3　柱状上皮向鳞状上皮化生模式图
气管柱状上皮（左）向鳞状上皮（右）化生

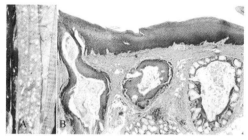

1-4

图 1-4　鳞状上皮化生（食管，鹦鹉）
A. 食管黏膜层可见多个白色结节；B. 食管腺体上皮向鳞状上皮化生（维生素 A 缺乏）

五、上皮-间充质转化

上皮-间充质转化（epithelial-mesenchymal transition，EMT）是指上皮细胞通过特定程序转化为间充质细胞的生物学过程，这种转变可见于胚胎发育、创伤愈合、肿瘤生长转移和多种纤维化疾病中。内皮细胞也可发生间充质转化。

（一）EMT 的发生过程

在 EMT 过程中，最初出现上皮和上皮细胞之间的连接松弛和顶-基极性（apical-basal polarity）消失，E-钙黏蛋白（E-cadherin）、密封蛋白（occludin）等上皮标志物表达下调，N-钙黏蛋白（N-cadherin）和波形蛋白（vimentin）等间质细胞标志物表达上调。随后，细胞中肌动蛋白微丝骨架发生重排，使细胞形成板状伪足（lamellipodia）、丝状伪足（filopodia）或侵袭伪足（invadopodia）；同时，转化细胞开始表达基质金属蛋白酶，对细胞外基质进行降解。这些改变最终使细胞获得迁移和侵袭能力。

（二）EMT 的类型

按转变的彻底性可将 EMT 分为部分和完全 EMT。按照发生背景可将 EMT 分为三类：Ⅰ型 EMT，主要发生于胚胎发育和器官发育过程，这类 EMT 既不导致器官纤维化，也不诱导侵袭表型，所形成的细胞可通过 EMT 而形成新的上皮细胞；Ⅱ型 EMT，参与组织再生和纤维化过程；Ⅲ型 EMT，主要与肿瘤形成和侵袭有关。

（三）EMT 的调控机制

1. 核转录因子　EMT 过程中上皮标志性基因和间充质标志性基因的表达改变受许多转录因子调控，其中 SNAIL、TWIST 和 ZEB 在 EMT 过程中起着核心作用，它们在 EMT 的早期即被激活，与胚胎发育、组织纤维化和肿瘤形成等密切相关。这些转录因子在不同组织和细胞中具有不同的表达模式,但它们通常可以相互调控并协同调控靶基因表达。

2. EMT信号转导机制

(1)TGF-β信号通路。转化生长因子-β(TGF-β)超家族包括 TGF-β、活化素(activin)、骨形态发生蛋白(BMP)、生长分化因子(GDF)等。TGF-β 又分为 TGF-β_1、TGF-β_2 和 TGF-β_3 三个亚型,其中 TGF-β_1 诱导的 EMT 与创伤愈合、组织纤维化和肿瘤形成有关,而 TGF-β_2 和 TGF-β_3 诱导的 EMT 主要参与胚胎和器官发育。TGF-β 与细胞膜上具有丝氨酸/苏氨酸蛋白激酶活性的受体 TβRⅠ(也称为 TGFR1)和 TβRⅡ(也称为 TGFR2)结合,激活 SMAD2 和/或 SMAD3,并与 SMAD4 形成三聚体;骨形态发生蛋白激活 SMAD1 和/或 SMAD5,而后与 SMAD4 形成三聚体。SMAD 三聚体转运入核,与其他转录因子共同调控核转录因子表达,最终导致上皮标志物表达下调和间充质细胞标志物表达上调。TGF-β 也可通过 RHO 样 GTP 酶、PI3K 和 MAPK 等信号转导途径诱导 EMT。

(2)受体酪氨酸激酶(tyrosine kinase receptors, RTKs)介导的信号通路。许多生长因子,如肝细胞生长因子(hepatocyte growth factor)、胰岛素样生长因子(insulin-like growth factor)、表皮生长因子(epidermal growth factor)和血小板源生长因子(platelet-derived growth factor)的受体具有酪氨酸激酶活性,它们与相应配体结合后,酪氨酸残基发生自磷酸化,进而激活下游 PI3K-AKT 信号通路、ERK MAPK、p38 MAPK 和 JNK 信号通路以及 SRC 信号通路。生长因子通过 RTKs 途径可诱导部分或完全 EMT。

(3)其他信号转导通路,包括 Wnt/β-catenin 信号通路、Hedgehog(HH)信号通路和 Notch 信号通路等。Wnt 信号通路诱导的 EMT 与胚胎发育和肿瘤形成有关。Wnt 蛋白配体与 frizzled 受体结合,抑制糖原合酶-3β(GSK3β)活性,阻止 β-catenin 磷酸化、泛素化和降解。抑制 GSK3β 激酶可升高核转录因子 SNAIL 的稳定性,从而促进 EMT。

Hedgehog(HH)信号通路主要由 HH 配体、两个膜受体(PTCH 和 SMO)及下游转录因子 GLI(GLI1、GLI2 和 GLI3)组成,Sonic HH(SHH)表达升高和 GLI1 的过度表达可促进 SNAIL1 表达上调,从而促进 EMT。

Notch 信号通路也与发育和肿瘤形成有关。Notch 是一类跨膜受体,与 Delta 样或 Jagged 家族配体结合后,Notch 的胞内结构域可直接上调核转录因子 SNAIL2 的表达。

组织或肿瘤微环境也可促进 EMT。比如,肿瘤的低氧环境(hypoixa)可诱导低氧诱导因子-1α(HIF-1α)表达,进而上调 TWIST 表达,从而促进 EMT。HIF-1α 还可诱导内皮细胞表达 SNAIL1,并抑制血管内皮钙黏蛋白(vascular endothelial cadherin, VE-cadherin)的表达。此外,白细胞介素-6(IL-6)和 IL-8 也具有促 EMT 的作用。IL-6 可通过 JAK 和信号转导及转录激活蛋白3(transcription factor signal transducer and activator of transcription 3, STAT 3)诱导 SNAIL1 表达。

EMT, MET and stem cells

Epithelial-mesenchymal transition(EMT) and mesenchymal-epithelial transition (MET) have been closely linked to "stemness" in development and cancer. The pluripotent embryonic stem(ES) cells in the inner mass of the blastocyst have epithelial characteristics. In gastrulation, pluripotent epithelial epiblast cells ingress to form, through EMT, the primary mesoderm. EMT thus represents an initial differentiation event in the generation of the three germ layers from pluripotent cells. Illustrating the importance of EMT in early differentiation, ES cell or epiblast cell colonies in culture give rise to peripheral cells with a mesenchymal phenotype, as judged by loss of epithelial cadherin(E-cadherin) expression and the expression of vimentin and neural cadherin(N-cadherin).

Conversely, the reprogramming of fibroblasts into induced pluripotent stem(iPS) cells requires the transition from a mesenchymal phenotype to an epithelial phenotype. This reprogramming recapitulates an MET process as it involves the repression of mesenchymal genes, including some that encode transcription factors with a role in EMT, and the activation of epithelial genes encoding epithelial cell junction proteins. Consistent with the role of transforming growth factor-β(TGFβ) family proteins in EMT, TGFβ receptor inhibitors increase, whereas TGFβ decreases, the efficiency of iPS cell generation. Furthermore, MET represents an initiation step that is required for progression towards pluripotency and which depends on, and is promoted by, bone morphogenetic protein(BMP) signalling. As is the case in EMT, microRNAs (miRNAs) regulate MET, which is required for iPS cell reprogramming. Indeed, MET is promoted by the BMP-induced expression of the epithelial miR-200 family of miRNAs and miR-205 that repress zinc-finger E-box-binding 1(ZEB1) and ZEB2 expression. Additionally, downregulation of TGFβ receptor type II(TβRII) and RHOC expression by miR-302 or miR-372 increases reprogramming efficiency.

EMT has also been associated with epithelial and carcinoma stem cell properties. Expression of SNAIL or TWIST in mammary epithelial cells induces a mesenchymal cell population marked with a $CD44^{hi} CD24^{low}$ phenotype, which is similar to that observed in epithelial stem cells. The correlation of EMT with stemness extends to carcinomas. These contain a subpopulation of self-renewing tumour-initiating cells, known as cancer stem cells(CSCs), which efficiently generate new tumours. In mammary carcinomas, induction of EMT promotes the generation of $CD44^{hi} CD24^{low}$ CSCs that are able to form mammospheres, and similarly defined CSCs isolated from tumours express EMT markers. Consistent with the reversible nature of EMT, differentiated cancer cells can transition into CSCs, and vice versa, enabling oncogenic mutations that arose in differentiated cancer cells to integrate through EMT into CSCs. As EMT promotes cell invasion that leads to tumour cell dissemination, this scenario enables CSCs with new oncogenic mutations to clonally expand, following invasion, dissemination and MET in secondary tumours.

六、细胞自噬

自噬(autophagy)是指在各种应激因素作用下,细胞在自噬基因(autophagy gene)的调控下,利用溶酶体降解自身成分,借此以维持细胞能量平衡、清除错误折叠蛋白和凝集蛋白

(aggregated proteins)、受损细胞器(如线粒体、内质网、过氧化物酶体)以及胞内病原体,是细胞应对环境条件改变所做出的重要适应性反应。自噬也具有促进细胞衰老、细胞表面抗原递呈和维持基因组稳定等作用。

(一)自噬的原因

许多细胞外和细胞内应激因素可诱导细胞自噬。细胞外应激因素有营养缺乏、生长因子缺乏、低氧、环境高温;细胞内应激因素有细胞内感染、线粒体损伤、内质网应激、蛋白质错误折叠或凝集。

(二)形态学变化

广义上的细胞自噬包括宏自噬(macroautophagy)、微自噬(microautophagy)和分子伴侣介导的自噬(chaperone-mediated autophagy)三种类型,但通常所说的细胞自噬即指宏自噬。自噬被诱导后,从粗面内质网的无核糖体附着区脱落的双层膜形成一种称为隔离膜(isolation membrane)的结构,将细胞内需降解的细胞器、蛋白质和胞浆等成分隔离开来,形成吞噬泡(phagophore)。随后,吞噬泡在一些自噬蛋白的作用下逐渐延长,最终形成完整的自噬泡(autophagsome)。最后,自噬泡通过胞内运输系统到达溶酶体,与溶酶体膜融合,形成自噬溶酶体(autolysosome),并在溶酶体的水解酶作用下将其包裹并降解(图1-5)。

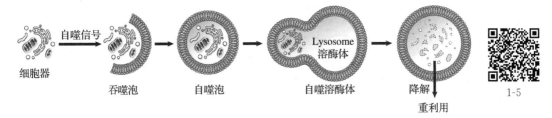

图 1-5　自噬泡形成示意图

在应激胁迫下,自噬基因(Atg 基因)激活,触发吞噬泡形成。随后,吞噬泡与溶酶体融合,细胞器降解,被细胞作为营养来源而被重利用

电镜下,自噬细胞的胞浆内形成大量具有双层膜结构的吞噬泡,吞噬泡内常见的包含物有胞质成分和某些细胞器,如线粒体、过氧化物酶体等。

细胞自噬过程对细胞内物质的更新及维持细胞内环境的稳定性具有不可或缺的作用。例如,抑制自噬可导致神经元中泛素化蛋白质的积累,从而引发神经元变性造成神经退行性疾病。在营养物质缺乏或缺氧等情况下,细胞自噬水平可在短时间内剧烈升高。

The discovery of lysosomes by Christian de Duve1 more than 60 years ago marked the birth of a new research field and earned its trailblazer a Nobel Prize in Physiology or Medicine in 1974. The delivery of heterogenic intracellular material to lysosomal digestion was termed "autophagy"(Greek for "self-eating") by de Duve as early as 1963, but consequent research on autophagy did not receive much attention for more than 30 years. Major achievements at that period focused on the tight regulation of autophagy by nutrient availability, while the physiological relevance and manner of lysosomal delivery remained unknown. Then, Yoshinori Ohsumi's laboratory conducted a genetic screen to dissect the process in yeast, identifying 15 autophagy-related proteins(ATGs) essential for autophagic delivery of cargo to the vacuole. From that point onwards, the field explosively increased in knowledge, and the fundamental physiological importance of autophagy for human health and disease was uncovered. In 2016, Ohsumi was awarded a Nobel Prize in Physiology or Medicine for his discovery of mechanisms of autophagy.

It is now known that autophagy is an adaptive process that occurs in response to different forms of stress, including nutrient deprivation, growth factor depletion, infection and hypoxia. We also understand much better how the autophagic machinery is regulated and selects cargo and how its perturbation affects cellular and organismal function. The main function of autophagy is to provide nutrients for vital cellular functions during fasting and other forms of stress; thus, autophagy has long been considered a nonselective process. However, autophagy was more recently shown to selectively eliminate unwanted, potentially harmful cytosolic material, such as damaged mitochondria or protein aggregates (a process known as selective autophagy), thereby acting as a major cytoprotective system. Intriguingly, autophagy is also used by cells to secrete cytoplasmic constituents. Accordingly, autophagic activity modulates many pathologies, including neurodegeneration, cancer and infectious diseases, thus also placing autophagy under the spotlight of pharmacologists and clinicians.

第二节　细胞和组织损伤

组织和细胞受到超过其适应能力的刺激后表现出来的一系列变化，泛称为损伤（injury）。损伤的类型和结局不仅取决于引起损伤因素的种类、持续时间和强度，也取决于受损细胞的种类、所处状态、适应性和遗传性。

一、细胞损伤的原因

引起细胞损伤的原因多种多样，有的引起可逆性细胞损伤（reversible cell injury），有的则引起不可逆细胞损伤（irreversible cell injury）并最终导致细胞死亡。损伤的原因可归纳为以下几类：

（一）缺氧

缺氧（hypoxia）是最常见的引起细胞损伤和死亡的原因。缺氧可分为全身性缺氧和局部性缺氧，前者乃因空气稀薄（如高山缺氧）、呼吸系统疾病、血红蛋白变性（如 CO 中毒）或呼吸酶失活（如氰化物中毒）所致，后者则常因局部血液循环障碍（如动脉粥样硬化、血栓形成等）所引起。在某些情况下，缺血后血流的恢复反而会加剧组织损伤，这一现象称为缺血-再灌注损伤。其发生机制尚未得到彻底阐明，可能与无复流现象（血流重新开放后，缺血区并不能得到充分的灌注）、ATP 缺乏、活性氧产生增多和细胞质内游离 Ca^{2+} 浓度升高有关。

(二)生物性因素

生物性因素包括病毒、细菌、真菌、螺旋体、立克次氏体、支原体、衣原体和寄生虫等。多数细菌通过其毒素或分泌的酶造成细胞损伤。有些细菌可以导致机体发生变态反应而造成细胞和组织损伤。病毒寄生在细胞内，干扰细胞的代谢过程，或产生毒性蛋白，或通过变态反应引起细胞和组织损伤。寄生虫可通过其分泌物及代谢产物的毒性作用引起细胞损伤，还可因虫体的运动造成机械性损伤。

(三)物理因素

物理因素包括高温、低温、机械性、电流和射线等。高温可造成蛋白质变性，严重时可使有机物炭化；低温可引起局部血管收缩、血流停滞，导致细胞缺血缺氧；机械损伤可直接破坏细胞、组织的完整性和连续性；电击可直接烧伤组织，同时刺激组织，引起局部神经组织的功能紊乱；电离辐射直接或间接引起细胞 DNA 损伤；持续低气压可致缺氧，并可使溶解在血液中的气体迅速逸出，导致小血管栓塞而造成组织器官的损伤。

(四)化学毒物或药物

化学毒物如四氯化碳、砷化物、有机磷农药、氰化物和汞化物等可通过干扰细胞代谢而引起细胞损伤；高渗葡萄糖或盐水可导致细胞内电解质平衡紊乱而引起细胞损伤；高浓度氧气也可产生严重的毒性作用。

(五)免疫反应

外源性蛋白质或药物可引起变态反应或超敏反应，导致细胞损伤。自身抗原也可引起组织损伤，如系统性红斑狼疮、类风湿关节炎等。

(六)遗传性因素

遗传缺陷能导致某些酶缺乏而引起相应疾病(如 α_1-抗胰蛋白酶缺乏可引起肺气肿)，也可导致受损 DNA 累积或蛋白质错误折叠，从而引起细胞死亡。遗传变异可导致许多复杂疾病的发生，并引起细胞对化学或环境毒物的易感性升高。

(七)营养失调

营养不足或营养过度均可造成细胞、组织的损伤。糖、蛋白质、脂肪、维生素及微量元素不足会影响细胞的代谢和功能，造成细胞的损伤。如动物长期饲喂缺乏胆碱、蛋氨酸的食物，会造成脂肪肝及肝硬变。同样，营养过度也能引起疾病。摄入过多的热量，如糖、脂肪，易引起肥胖，导致高血压病、动脉粥样硬化，造成多种器官组织细胞的受损。

(八)神经内分泌因素

原发性高血压和溃疡病的发生与迷走神经长期过度兴奋有关；甲状腺功能亢进时，细胞和组织对感染、中毒的敏感性增加；糖尿病胰岛素分泌不足，使全身尤其是皮下组织易发生细菌感染。

二、细胞和组织损伤的机制

不同原因引起细胞损伤的机制不尽相同，不同类型和不同分化状态的细胞对同一致病因素的敏感性也不同，受损细胞的结局因细胞类型、细胞所处的状态和适应性的不同而有差异。引起细胞损伤的主要生化机制包括以下几方面：

(一)ATP 耗竭

低氧和中毒常伴有 ATP 生成减少甚至停止。细胞内的很多生物学过程，如物质跨膜运输、蛋白和脂质合成、磷脂代谢过程中的脱酰基和再酰基化等均需 ATP 供能。ATP 生成减少至正常水平的 5％～10％可引起以下变化(图 1-6)：①能量依赖性钠泵活性下降，导致细胞内 Na^+ 潴留和胞内 K^+ 外流，其结果引起细胞含水量增多，形成细胞水肿和内质网扩张；②糖酵解作用加强，导致细胞内乳酸堆积、pH 值下降，引起细胞内许多酶活性下降；③Ca^{2+} 泵活性下降，Ca^{2+} 内流，导致细胞内 Ca^{2+} 浓度升高，引起多种细胞成分受损；④持续的 ATP 耗竭可导致核糖体从粗面内质网上脱落以及多聚核糖体解聚，导致蛋白合成障碍，最终引起线粒体和溶酶体膜不可逆性破坏而使细胞发生坏死；⑤细胞内氧和葡萄糖耗竭可导致蛋白质错误折叠，引起未折叠蛋白反应(unfold protein response，UPR)，导致细胞损伤甚至死亡。热应激、自由基损伤以及各种钙反应性酶(calcium-responsive enzyme)也可引起蛋白质错误折叠。

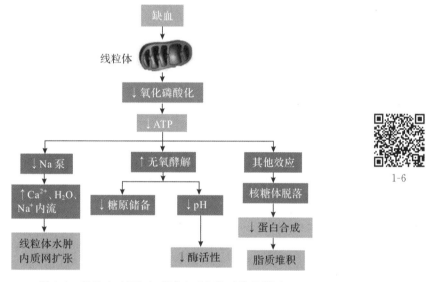

1-6

图 1-6　细胞内 ATP 合成减少对细胞功能的影响

(二)线粒体损伤

线粒体是几乎所有损伤刺激的作用靶点。胞质 Ca^{2+} 浓度增高、氧化应激、磷脂分解产物和脂肪崩解产物(如游离脂肪酸和神经酰胺)等均可引起线粒体内膜形成通透性转运孔道(mitochondrial permeability transition pore，mPTP)。mPTP 使线粒体膜的通透性发生改变，造成线粒体膜电位降低、ATP 衰竭、氧化磷酸化去偶联、线粒体肿胀、外膜破裂、内外膜间促凋亡因子的释放等，从而导致细胞发生凋亡或坏死。

(三)胞内钙离子浓度升高

细胞内 Ca^{2+} 浓度升高是急性细胞肿胀向不可逆损伤和细胞死亡转变的必要条件。在正常情况下，细胞内 Ca^{2+} 浓度仅为细胞外 Ca^{2+} 浓度的 1/4。细胞内外 Ca^{2+} 浓度差受细胞膜上能量依赖性钙泵调节。在胞内，Ca^{2+} 被隔离在 3 个腔室中：胞浆(低浓度)、内质网(中浓度)和线粒体(高浓度)。每个腔室均有独立的钙泵。缺血、缺氧使细胞膜 Ca^{2+} 通道开放，胞浆内 Ca^{2+} 浓度升高，进而激活蛋白激酶 C、核酸内切酶(破坏 DNA 和染色体)、磷脂酶(破坏细胞膜)和各种蛋白酶，包括钙蛋白酶。钙蛋白酶抑制蛋白激酶 C 的活性，在线粒体膜和胞膜上切割 Na^+/Ca^{2+} 交换体，导致 Ca^{2+} 外流减少和内质网对 Ca^{2+} 再摄取减少，引起胞浆中钙超载(calcium overload)，进而引起线粒体钙超载。如果线粒体功能不能得到恢复，细胞就可能从急性肿胀转变为死亡。

（四）氧自由基生成增多

自由基（free redicals）系指外层轨道中含有未配对电子的化学基团,其性质极不稳定,对DNA、蛋白质和细胞膜脂质成分具有强大的损伤作用。在正常生理状态下,细胞中存在自由基清除机制。如果自由基产生过多或不能被有效清除,细胞则可发生氧化损伤。中毒、缺血-再灌注损伤以及细胞衰老等过程均有自由基参与。

活性氧（reactive oxygen species,ROS）是一类氧衍生的自由基,在线粒体有氧呼吸过程中,大部分电子沿呼吸链传递至分子氧,将氧还原成 H_2O,但有一小部分电子（约 $2\%\sim3\%$）可在呼吸链酶复合体 I 和 III 处漏出,使分子氧呈单价还原,形成具有较强氧化活性的超氧阴离子（O_2^-）,并可自发地或在超氧化物歧化酶作用下转变成过氧化氢（H_2O_2）。H_2O_2 较 O_2^- 稳定,并可穿透细胞膜。在金属离子（如 Fe^{2+}）的催化下,H_2O_2 可转变成氧化活性更强的羟自由基（·HO）。中性粒细胞和巨噬细胞在吞噬病原微生物的过程中也可产生大量ROS,这一过程称为呼吸爆发（respiratory burst）。炎性细胞和其他细胞产生的一氧化氮（nitric oxide,NO）在本质上也是一种自由基,NO 可与 O_2^- 反应,生成细胞毒性更强的过氧化硝酸盐（·$ONOO^-$）。

（五）细胞膜通透性改变

细胞膜是选择性通透膜（半透膜）,是防止细胞外物质自由进入细胞的屏障,它保证了细胞内环境的相对稳定,使各种生化反应能够有序运行。细胞膜通透性升高引起细胞膜损伤是绝大多数以细胞坏死为结局的细胞损伤的共同特征。

缺血、各种细菌毒素、病毒蛋白、溶细胞性补体系统以及许多物理和化学性致病因子可直接引起细胞膜损伤,其生物学机制包括:①ATP 耗竭引起磷脂合成减少。磷脂合成减少可影响到所有生物膜的功能,包括细胞膜和线粒体膜,并进一步加重 ATP 耗竭。②磷脂降解加强,这一过程与 Ca^{2+} 浓度升高激活内源性磷脂酶有关。③ROS 对细胞膜的攻击。④细胞骨架蛋白受损。细胞骨架细丝将细胞膜与细胞内部结构连接起来,在维持细胞结构、运动性和信号转导方面发挥重要作用。Ca^{2+} 浓度升高可导致某些蛋白水解酶激活,损伤骨架蛋白成分,造成细胞损伤。⑤磷脂降解产物如未酯化的游离脂肪酸、酯酰肉碱和溶血磷脂在损伤细胞中堆积,它们或者插入质膜双分子层中,或者与膜磷脂发生交换,引起细胞膜通透性和电生理发生改变。

如前所述,线粒体膜损伤可导致 ATP 合成减少,这一过程反过来可进一步加速 ATP 的耗竭;细胞膜损伤可导致渗透压平衡破坏、水和离子内流以及细胞成分丢失;溶酶体膜损伤可导致溶酶体酶、RNA 酶、DNA 酶、糖苷酶、蛋白酶等漏出到细胞浆,这些酶的活化导致细胞成分降解,引起细胞坏死。

第三节 细胞和组织损伤的形态学变化

细胞损伤分为可逆性损伤和不可逆损伤两个阶段（图 1-7）。在损伤的早期,尽管细胞出现 ATP 生成减少、细胞膜完整性破坏、蛋白合成障碍、细胞骨架蛋白和 DNA 损伤等变化,但这些改变可在一定程度上得到代偿,如果病因在这一阶段得以去除,受损细胞可恢复正常。如果细胞损伤过程得以延续或者损伤过于强烈，细胞则进入不可逆损伤阶段，并以坏死(necrosis)告终。

所有有害因子首先引起分子或生化水平上的改变，进而引起细胞形态学改变。从细胞遭受损伤刺激到出现形态学改变存在一定的时间间隔，这一间隔的长短取决于观测手段是否灵敏。比

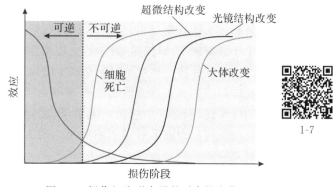

图 1-7 损伤细胞形态学的时序性变化

如，在细胞遭受缺血性损伤后的几分钟到几小时内即可通过免疫组化和电镜显微技术观察到病理改变，但需要数十小时或几天后才会出现光镜或肉眼所见的变化。

一、变 性

变性(degeneration)是指细胞和组织损伤后出现的一类形态学变化，表现为细胞内或细胞间质中有异常物质形成或正常物质含量增多。变性常发生于实质细胞，以细胞浆的改变为主，胞核变化不明显。实质细胞的变性多为可逆性病理过程，但严重时可进一步发展为坏死。

一些组织或细胞发生退行性变化时，虽然细胞内并无任何异常物质沉着，但出于习惯，仍被称为变性，如神经细胞的退行性变化也称为神经细胞变性。

(一)细胞水肿

细胞水肿(cellular swelling)又称水样变性(hydropic degeneration)，是所有损伤过程中最早出现的改变。

1.发生机制 细胞内 Na^+ 和水蓄积过多是引起细胞水肿的直接原因。凡是能引起细胞内水分和离子内稳态发生改变的刺激都可导致细胞水肿，常见于缺血、缺氧、感染、中毒时肝、肾、心等器官的实质细胞。如前所述，线粒体是几乎所有损伤刺激的作用靶点。线粒体受损可引起 ATP 生成减少，细胞膜 Na^+-K^+ 泵功能障碍，导致细胞内 Na^+ 蓄积，进而吸引水分进入细胞，以维持细胞内外的渗透压。之后，随着无机磷酸盐、乳酸和嘌呤核苷酸等代谢产物在细胞内蓄积，细胞内渗透压进一步升高，细胞水肿逐渐加重。

2.病理变化 肉眼可见器官体积增大，边缘圆钝，包膜紧张，切面外翻，色泽苍白无光泽，似沸水烫过一样。受损细胞因线粒体和内质网等细胞器肿胀，形成光镜可见的红染细颗粒状物。若水钠进一步积聚，则细胞肿大明显，胞浆疏松呈空泡状(图 1-8)。

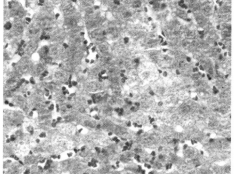

图 1-8 肝细胞肿胀
肝细胞体积增大，胞浆疏松，细胞内可见细小的红染颗粒状物和空泡

（二）脂肪变性

甘油三酯蓄积于非脂肪细胞的胞质中，称为脂肪变性（fatty degeneration），简称脂变。脂肪变性多发生于肝细胞、心肌细胞、肾小管上皮细胞和骨骼肌细胞，主要见于中毒、缺氧和营养不良等情况。轻度脂肪变性对器官的功能一般无显著影响，其病变可逆。

1.病理变化　轻度脂肪变性的器官肉眼观可无明显变化，重度脂肪变性的器官体积增大，颜色淡黄，边缘圆钝，切面有油腻感。电镜下，细胞质内脂肪成分聚成脂质小体，进而融合成光镜下可见的脂滴。光镜下可见细胞质中出现大小不等的球形脂滴，大者可充满整个细胞而将胞核挤至一侧。

在常规 H·E 染色过程中，细胞内的脂滴被有机溶剂溶解而留下境界清楚的空泡（图 1-9）。为鉴别脂肪变性、糖原沉积和水样变性，可将新鲜或福尔马林固定的组织制作成冰冻切片，采用苏丹Ⅳ或油红 O 进行染色，这两种染料可将脂滴染成橘红色。PAS（periodic acid-Schiff）染色法通常用于鉴定组织中是否有糖原沉积。如果经上述染色法排除脂肪变性或糖原沉积，则可判定细胞中空泡为水样变性。

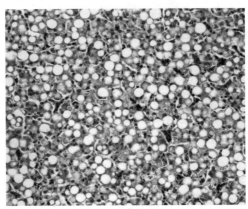

1-9

图 1-9　肝细胞脂肪变性（家禽）
肝细胞体积增大，胞浆中可见大小不一的脂肪空泡

2.脂肪变性举例

（1）肝脂肪变性：肝脏是脂肪代谢的重要场所，因此也最容易发生脂肪变性。如果发生肝脂肪变性的同时伴有慢性肝淤血，在肝脏切面上可见暗红色的淤血和黄褐色的脂变相互交织，形成类似槟榔切面的花纹，称为"槟榔肝"（nutmeg liver）。脂肪变性在肝小叶内的分布与病因有一定关系。如慢性肝淤血时，肝小叶中央区缺氧较重，故脂肪变性首先发生于小叶中央区；磷中毒时，小叶周边带肝细胞受累明显，这可能是此区肝细胞对磷中毒较为敏感；严重中毒和患传染病时，脂肪变性则常累及全部肝细胞。弥漫性肝细胞脂肪变性称为脂肪肝，重度肝脂肪变性可进展为肝坏死和肝硬化。

在正常状况下，来源于脂肪组织和食物中的脂肪酸被转运至肝脏进行代谢。肝脏中部分脂肪酸也可由乙酸合成。在肝脏中，脂肪酸或转化为胆固醇或磷脂，或被氧化成为酮体，或被酯化形成甘油三酯。在载脂蛋白的参与下，甘油三酯重新释放入血，再储存于脂库或被其他细胞利用。从脂肪酸摄取到脂蛋白释放入血这一过程中任何环节发生障碍均可导致甘油三酯在肝脏中蓄积（图 1-10），引起肝细胞发生脂变。常见原因有：①肝细胞摄取脂肪酸增多：营养不良、饥饿、奶牛酮病或糖尿病时，机体需要大量脂肪组织分解供能，导致过多的游离脂肪酸经由血液进入肝脏，引起甘油三酯合成剧增；②甘油三酯合成过多：如大量饮酒可改变线粒体和滑面内质网的功能，促进 α-磷酸甘油合成新的甘油三酯；③脂蛋白合成障碍：缺血、缺氧、中毒或营养不良时，肝细胞中载脂蛋白合成减少，甘油三酯输出受阻而堆积于细胞内。缺氧还可造成脂肪酸氧化障碍，促进甘油三酯在细胞内蓄积。

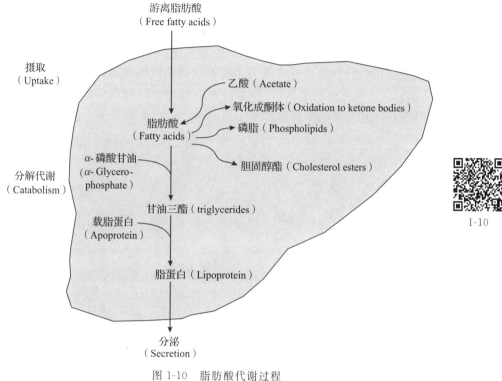

游离脂肪酸
（Free fatty acids）

摄取
（Uptake）

乙酸（Acetate）

氧化成酮体（Oxidation to ketone bodies）

脂肪酸
（Fatty acids）

磷脂（Phospholipids）

胆固醇酯（Cholesterol esters）

α-磷酸甘油
（α-Glycero-phosphate）

分解代谢
（Catabolism）

甘油三酯（triglycerides）

载脂蛋白
（Apoprotein）

脂蛋白（Lipoprotein）

分泌
（Secretion）

1-10

图 1-10　脂肪酸代谢过程

（2）心肌脂肪变性：有局灶性和弥漫性两种类型。局灶性脂肪变性常累及左心室内膜下和乳头肌部位，变性心肌呈黄色，与正常心肌的暗红色相间，形成虎皮样条纹，故有"虎斑心"（tiger heart）之称，多见于冠状循环慢性淤血（如慢性心力衰竭）、严重贫血、中毒和恶性口蹄疫等疾病。弥漫性心肌脂肪变性常侵犯两侧心室，心肌呈弥漫淡黄色。中毒和严重缺氧可引起心肌弥漫性脂肪变性。镜检示，脂肪滴通常很小，呈串珠状排列在肌纤维内的肌原纤维，心肌纤维横纹被掩盖，胞核有不同程度退行性变化。

心肌脂肪变性与心肌脂肪浸润（fatty infiltration）不同，后者系指心外膜增生的脂肪组织沿间质伸入心肌细胞间，心肌细胞受脂肪组织的挤压而萎缩。病变常以右心室、特别是心尖区为重。心肌脂肪浸润多见于高度肥胖的病例，多无明显症状，重度心肌脂肪浸润可致心脏破裂，引发猝死。

（3）肾小管上皮细胞脂肪变性：发生脂肪变性的肾脏体积增大，表面呈淡黄色或泥土色，切面皮质增厚。镜下，脂滴主要沉积于肾近曲小管上皮细胞的基底部，严重时远曲小管也可受累。肾小管上皮细胞脂肪变性主要是因为原尿中脂蛋白含量升高和（或）肾小管上皮细胞重吸收脂蛋白增多所致。

（三）玻璃样变

玻璃样变又称透明变性（hyaline degeneration），是指细胞内或间质中出现均质、半透明、无结构的嗜伊红蛋白物质，这种物质称为透明蛋白（hyalin）。透明蛋白并不是一类专门的物质，由不同原因产生的透明蛋白其化学成分和发生机制各异。

细胞内玻璃样变又称透明滴状变，指细胞内出现大小不等的嗜伊红小体。在肾小球肾炎或肾病时，肾小球滤过膜通透性增强，血浆蛋白大量进入原尿，当其被肾小管上皮细胞吞饮后,便可在细胞质的吞噬体内形成光镜下可见的玻璃样透明小滴(图 1-11),这些小滴也可出现于肾小管腔。在陈旧的肉芽组织或慢性炎症(如慢性淋巴结炎)的浆细胞内,免疫球蛋白蓄积在粗面内质网中,用酸性复红染色呈鲜红色,称为 Russell 小体。人患酒精性肝病时,在肝细胞中出现许多粗大的嗜酸性玻璃样小体或不规则的网线状物质,通常排列在细胞核的周围,称为 Mallory 小体或酒精小体,这种蛋白系由细胞中间丝前角蛋白细丝堆积形成。细胞内的玻璃样变应注意与类晶体和包涵体(inclusion body)等区别。

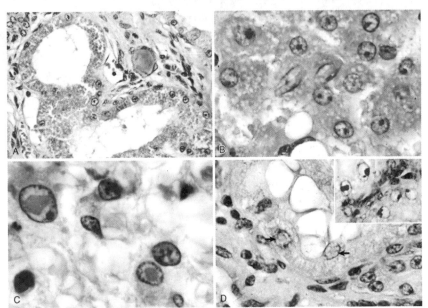

1-11

图 1-11　透明滴状变和包涵体

A. 透明滴状变(肾,犬,H·E 染色);B. 类晶体(肝,犬,H·E 染色);C. 病毒包涵体(犬瘟热,脑,犬,H·E染色);D. 铅包涵体(肾,犬,H·E 染色),右上角插入图片示 Ziehl-Neelsen 染色,铅包涵体被染成红色。

　　许多蛋白样物质在细胞外累积时,H·E 染色也可形成透明样外观。如肾小管内的蛋白管型(含白蛋白、血红蛋白或肌红蛋白),血管中的血清或血浆,血管壁中的血浆蛋白,疤痕中的胶原纤维或包裹有脱颗粒后的嗜酸性粒细胞蛋白的胶原纤维,增厚的血管基底膜,急性呼吸窘迫综合征时在肺中形成的"透明膜"(见第十七章图 17-7),弥散性血管内凝血微血管中的纤维蛋白血栓和淀粉样物质等。

(四)淀粉样变

　　淀粉样变(amyloidosis)是指细胞间质内出现淀粉样物质沉积,这种物质在本质上并不是淀粉,但遇碘时染成红褐色、再加硫酸则呈蓝紫色,与淀粉遇碘时的颜色反应相似而得名。

　　淀粉样变的形成是蛋白质错误折叠(protein-misfolding)的结果。不同来源的淀粉样物质的氨基酸序列不同,但在电镜下均可形成有序的纤维状结。因此,淀粉样变是一组具有共同的发病机制(蛋白质错误折叠)和相似形态学外观的疾病。在淀粉样变疾病过程中,不仅错误折叠的蛋白质的生物学功能普遍丧失,淀粉样蛋白沉积的组织也发生损伤。

　　1.发生机制　淀粉样物质的形成机制包括:①错误折叠蛋白自我复制(例如朊病毒病);②未能降解的错误折叠蛋白的积累;③基因突变导致蛋白错误折叠;④细胞合成蛋白质生成

过多（如浆细胞瘤）；⑤蛋白质组装过程中伴侣蛋白或其他必要成分的丢失。淀粉样蛋白通常从未折叠或部分折叠的肽段形成而来，多肽链有序排列形成纤维状结构（不受氨基酸序列影响），富含交叉的β-折叠（与纤维方向垂直），这一结构是淀粉样蛋白自我复制的基础。

根据淀粉样蛋白的前体肽的生化特征，可将其分为不同类型。轻链（light chain）淀粉样物质由浆细胞产生的免疫球蛋白轻链构成。在轻链淀粉样变（light chain amyloidosis）中，异常浆细胞分泌的轻链片段进入血液循环，导致淀粉样蛋白可在全身各处沉积。由浆细胞瘤所引起的淀粉样物质沉积称为原发性淀粉样变。虽然轻链淀粉样变可呈全身性发生，但在一些髓外（如皮肤）浆细胞瘤中，轻链淀粉样蛋白仅沉积在肿瘤基质。炎症反应引起的全身性淀粉样变称为继发性淀粉样变。血清淀粉样蛋白A（serum amyloid A）（主要由肝脏产生）被切割成大小不等的片段，在肾脏（肾小球肾炎）、肝脏（狄氏腔）和脾脏等部位沉积。在沙皮狗和阿比西尼亚猫可发生遗传性淀粉样蛋白A沉积症，淀粉样蛋白A主要沉积在肾髓质的间质，而不是肾小球。

眼观，淀粉样变器官颜色变黄，质地变硬，浑浊无光，形如石蜡（图1-12）。光镜下，淀粉样物质为均质无定形的物质或呈不清晰的纤维状，弱嗜酸性（图1-13A）。刚果红染色时，淀粉样物质变为橘红色（即刚果红嗜性）（图1-13B）。淀粉样物质在偏振光下具有典型的苹果绿双折光特性，在刚果红染色后尤其明显（图1-13C）。

图1-12　肝淀粉样变
淀粉样物质在狄氏腔沉积（H·E染色）

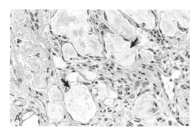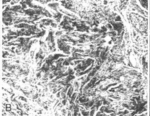

图1-13　马鼻淀粉样变
A.H·E染色；B.刚果红染色；C.偏振光下观察

2.脾淀粉样变　脾是最易发生淀粉样变的器官之一，根据淀粉样物质沉积部位的不同分为滤泡型和弥漫型两种。发生滤泡型淀粉样变时，淀粉样物质主要沉积于中央动脉及其周围淋巴滤泡的网状纤维上，局部固有的淋巴细胞成分减少甚至消失，严重时整个白髓可完全被淀粉样物质占据（图1-14）。在脾切面上可见半透明灰白色颗粒状结构，形似煮熟的西米，俗称"西米脾"（sago spleen）。发生弥漫

图1-14　脾淀粉样变
淀粉样物质在脾小体沉积（H·E染色）

性淀粉样变时,淀粉样物质弥漫性地沉积于脾髓细胞之间和网状纤维上,眼观,脾切面呈暗红色的脾髓与灰白色的淀粉样物质相互交织成火腿样花纹,故又称"火腿脾"(bacon spleen)。

　　3.肝淀粉样变　淀粉样物质沉积肝细胞索与肝细胞之间,形成粗细不等的条索,肝细胞受压萎缩(图1-15)。眼观,肝肿大,呈灰黄色或棕色,病变特别严重时可引起肝破裂,动物可因大出血而死亡。

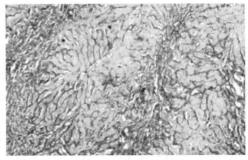

1-15

图1-15　肝淀粉样变

淀粉样物质沉积于狄氏腔,肝细胞受挤压而发生萎缩

(五)黏液样变

　　黏液是由正常黏膜上皮分泌的一种黏性物质。黏液样变(mucoid degeneration)是指细胞间质内有黏多糖(葡萄糖胺聚糖、透明质酸等)和蛋白质的蓄积,常见于间叶组织肿瘤、动脉粥样硬化斑块、风湿病灶和营养不良的骨髓和脂肪组织等。其镜下特点是在疏松的间质内,呈星芒状纤维细胞散在于灰蓝色黏液基质中。甲状腺功能低下时,透明质酸酶活性受抑,含有透明质酸的黏液样物质及水分在皮肤及皮下蓄积,形成特征性的黏液性水肿(myxedema)。借助阿辛蓝染色可将黏液样变与正常黏膜上皮产生的黏液(mucin)区别开来。

(六)病理性物质沉着

　　1.糖原累积　在正常情况下,糖原主要储存在肝细胞和骨骼肌细胞中。在饥饿或疾病情况下,糖原储备减少。在代谢性肌病、糖原蓄积病(glycogen storage disease)、糖尿病和肾上腺皮质亢进等疾病过程,一些组织或器官可发生糖原累积(glycogen accumulation)。糖皮质激素性肝病(肝脏对肾上腺皮质亢进的反应)表现为肝脏肿大,色彩斑驳,病变部位呈浅褐色(图1-16A)。糖原为水溶性,在经福尔马林固定的H·E切片中,由于糖原溶解而使细胞呈空泡状,与细胞水肿和脂肪变性相似(图1-16B)。

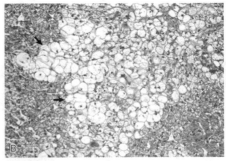

1-16

图1-16　糖皮质激素性肝病(肝,犬)

A.糖原累积致肝脏肿大,色彩斑驳;B.肝细胞肿大,发生空泡化(↑)

　　显微镜下观察到的肝细胞内的糖原含量取决于其初始浓度、从动物死亡到组织固定的时间差(在此期间糖原被代谢)以及固定方式。采用纯酒精固定可避免糖原溶解,但会引起组织过度收缩和变形,糖原向细胞一侧极化。用10%中性缓冲福尔马林在4℃下固定可保

存大部分糖原,并能避免出现上述情况。PAS(seriodic acid-Schiff)组织化学技术可用于显示糖原(图 1-17)。PAS 反应破坏 1,2-乙二醇键,形成两个游离的醛基,游离醛基与 Schiff's 试剂反应生成紫红色产物。由于乙二醇键并非糖原所特有,单纯的 PAS 染色并不能准确鉴定糖原累积。淀粉酶可消化糖原,将其从组织切片中去除。因此,在采用 PAS 试验鉴定糖原沉积时,通常应对比观察淀粉酶处理前后的染色情况。如果 PAS 染色阳性物质是糖原,用淀粉酶处理后 PAS 试验应呈阴性(图 1-17)。

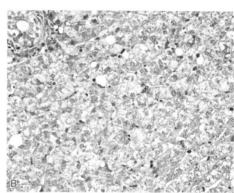

1-17

图 1-17 糖原沉积(肝,犬)

A.肝脏切片经 10%中性缓冲福尔马林固定,PAS 染色,糖原颗粒呈品红色;B.经淀粉酶处理的肝脏切片,PAS 染色,糖原颗粒消失

2.病理性钙化　钙盐在软组织中沉积,称为病理性钙化(pathological calcification)。钙盐的主要成分为磷酸钙和碳酸钙,可含有少量铁、镁或其他矿物质。严重的钙盐沉积可形成肉眼可见的白垩状物质(图 1-18),触之有沙砾感或硬石感。有时钙化灶呈同心圆状,状似砂砾,称为砂砾体。H·E染色时,钙盐呈蓝色(图 1-19)。硝酸银染色时,钙盐为黑色。

病理性钙化可分为营养不良性钙化(dystrophic calcification)和转移性钙化(metastatic calcification)两种类型。

(1)营养不良性钙化:继发于局部组织坏死的钙盐沉积称为营养不良性钙化,见于结核结节的干酪样坏死、寄生虫性肉芽肿、脂肪坏死或脂肪瘤等病变。

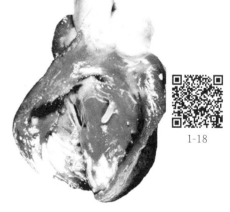

1-18

图 1-18 病理性钙化(心,羔羊)
维生素 E 或硒缺乏引起心肌
坏死和钙盐沉积

营养不良性钙化是细胞死亡过程中生化改变的结果。Ca^{2+} 平衡失调是细胞从可逆性损伤向不可逆性损伤转变的转折点。缺血、缺氧使细胞膜上的 Ca^{2+} 通道开放,导致细胞内 Ca^{2+} 浓度增加,这些 Ca^{2+} 被隔离在胞浆、内质网和线粒体中(这些腔隙具有独立的钙泵)。细胞内 Ca^{2+} 浓度升高激活钙蛋白酶(calpains),切割线粒体和其他质膜上的 Na^+/Ca^{2+} 交换体(Na^+/Ca^{2+} exchanger),导致 Ca^{2+} 外流减少、内质网对 Ca^{2+} 的重摄取减少。营养不良性钙化主要发生在线粒体,死亡细胞中最早出现的嗜碱性点彩(basophilic stippling)即为钙化的线粒体。随着钙盐沉积量的增加,整个细胞甚至细胞外组织都可发生钙化。维生素 E 或

硒缺乏引起反刍动物心肌和骨骼肌发生坏死和营养不良性钙化,称为白肌病(white muscle disease)(图1-18)。

(2)转移性钙化:由于全身钙磷代谢失调(高钙血症)而导致钙盐沉积于软组织内,称为转移性钙化。转移性钙化常见于甲状旁腺功能亢进、维生素D中毒、肾衰及某些骨肿瘤。钙盐主要沉积于血管内膜和中膜,在肺泡壁、肾小管基膜和胃黏膜上皮等泌酸的部位较易发生。一般认为,这些部位氢氧根离子含量较高,在血钙升高时形成 $Ca(OH)_2$ 和混合盐羟磷石灰 $[Ca_3(PO_4)_2Ca(OH)_2]$。转移性钙化一般无明显的临床症状,但严重的肺钙化可损伤呼吸功能,肾脏严重钙化可造成肾损害。

在慢性肾脏疾病中,磷酸盐潴留导致钙磷失衡;在"尿毒症性胃病"中,胃黏膜缺血性损伤和转移性钙化导致胃动脉和小动脉损伤;肾衰引起的转移性钙化在肺、胸膜和心内膜也较明显。在 H·E 染色的切片中,转移性钙化灶形成微细的嗜碱性点彩(图1-19A)。von Kossa 组织化学染色使磷酸钙或碳酸钙盐变黑(图1-19B)。

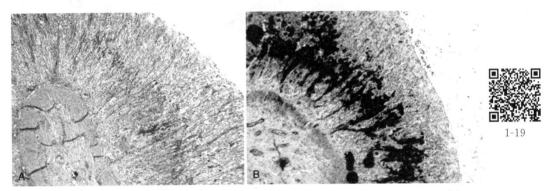

1-19

图1-19　尿毒症性钙化(胃黏膜,犬)

A. 胃黏膜中层出现带状钙盐沉积,H·E 染色,钙盐被染成蓝色;

B. von Kossa 组织化学染色,钙盐被染成黑色

维生素 D 及其类似物中毒可导致血清钙浓度升高,引起肺、肾和心(尤其是心房内膜和升主动脉)发生严重的转移性钙化。狗和猫可因食用含胆钙化醇的杀鼠剂而中毒。

甲状旁腺功能亢进可引起甲状旁腺激素(PTH)分泌增多,导致高钙血症和转移性钙化。由甲状旁腺肿瘤所引起的原发性甲状旁腺功能亢进在临床上较为罕见,但某些非甲状腺肿瘤可引起所谓的恶性高钙血症(又称假甲状旁腺功能亢进症),可能是因为肿瘤细胞分泌 PTH 相关肽,也可能是因为肿瘤入侵并溶解骨骼所引起。犬淋巴瘤和肛门囊腺癌就是两种能分泌 PTH 相关肽的肿瘤。

3.异位性骨化症　异位性骨化症(heterotopic ossification)是指骨组织在骨外形成。钙化是骨化过程的一部分,异位性骨化可在软组织慢性钙化过程中形成,但软组织的病理钙化并不一定意味着骨化。

大体上,异位性骨化部位有骨刺或硬结节形成。老龄犬肺间质中通常可见小骨刺形成(图1-20)。在犬混合性乳腺瘤(mixed mammary tumor)中可见骨或软骨形成,构成肿瘤的主体(图1-21),软骨细胞和成骨细胞被认为是由肌上皮细胞(myoepithelial cell)转化而来的。

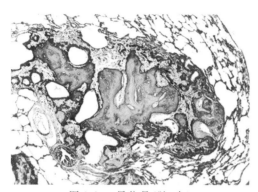

图 1-20　异位骨(肺,犬)

肺间质中可见成熟的骨组织

1-20

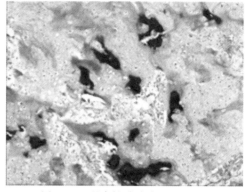

图 1-21　混合性乳腺瘤(乳腺,犬)

乳腺组织中有骨或软骨形成

1-21

4.尿酸盐沉积　尿酸盐沉积即痛风(gout),是体内嘌呤代谢障碍性疾病,其特征为尿酸和尿酸盐结晶在某些组织器官沉着,可发生于人和多种动物,在家禽较为常见。

根据尿酸盐沉着的部位,可将痛风分为内脏型和关节型两种类型,有时两种类型可同时发生。

(1)内脏型痛风:剖检可见心包膜、腹腔浆膜面有白色粉末状尿酸盐沉积,病变严重时,心、肝、脾、肾和肠系膜表面可完全被白色尿酸盐覆盖。肾肿大、色淡,切面上可见白色小点。输尿管扩张,管腔内充盈有白色石灰样物质。肾脏切片上可见组织坏死和炎性细胞浸润,并可见带有折光性的羽毛状尿酸盐结晶(图 1-22A)。

(2)关节型痛风:尿酸盐沉着在关节软骨、关节间隙、关节周围结缔组织、滑膜、腱鞘、韧带和骨骺等部位,可引起关节肿胀,并引起组织坏死和结缔组织增生,从而形成致密、坚硬的结节,即痛风结节(图 1-22B)。

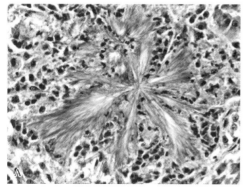
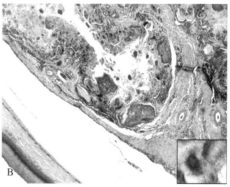

1-22

图 1-22　尿酸盐沉积(家禽)

A.呈羽毛状带折光性的尿酸盐结晶沉着在坏死的肾小管区域;B.关节型痛风,尿酸盐在关节周围组织沉着(插入图像示关节组织中呈羽毛状的尿酸盐晶体)

痛风的发生机制复杂,有原发性痛风和继发性痛风两类。原发性痛风与先天性肾脏尿酸盐排出减少(主要是因为肾小管分泌减少)或参与嘌呤代谢的酶的活性改变或缺陷而引起尿酸生成增多有关。继发性痛风常与某些疾病合并发生或因药物使用不当而引起,如淋巴细胞性白血病、骨髓组织增生病和恶性肿瘤可引起核酸大量分解;肾脏病变、酸中毒及噻嗪类利尿剂、呋塞米、利尿酸等长期应用也抑制尿酸排出,诱发或加重痛风。

5. 含铁血黄素(hemosiderin)　是巨噬细胞吞噬、降解红细胞血红蛋白所产生的铁蛋白微粒的聚集体,系血红蛋白的 Fe^{3+} 与蛋白质结合而成。镜下呈金黄色或褐色颗粒,具有折光性(图 1-23),可被普鲁士蓝染成蓝色,这一特性可将其与胆红素、脂褐素及黑色素等颗粒鉴别开来。巨噬细胞破裂后,含铁血色素可释放于细胞外。

在生理情况下,肝、脾、淋巴结和骨髓内可有少量含铁血黄素形成,但大量出现则是病理现象。局部性含铁血黄素沉着是该处发生过出血的一种标志。当循环血液中的红细胞大量破坏时(溶血),可发生全身性含铁血黄素沉着,称为含铁血黄素沉着症(hemosiderosis)。

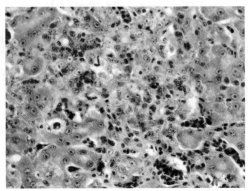

图 1-23　含铁血黄素沉积(肝,家禽)
肝细胞局灶性坏死,在浸润的巨噬细胞中可见黄褐色带折光性的含铁血黄素颗粒沉着

6. 脂褐素(lipofuscin)　是一种黄棕色的脂蛋白,以残留体形式积聚在次级溶酶体中,由大约 2/3 的异质性蛋白和 1/3 的脂质(主要是甘油三酯、游离脂肪酸、胆固醇和磷脂)构成,主要出现在老龄动物的神经元和心肌细胞等永久性细胞中。严重营养不良动物的肝脏中也可出现脂褐素。脂褐素是一种自发荧光物质,激发波长为 320～480nm,发射波长为 460～630nm。由于脂褐素含有脂质,可用苏丹黑 B 或油红 O 染色。因其含有碳水化合物,也可用 PAS 法染色。脂褐素沉积对细胞功能几乎没有影响。

二、细胞坏死

坏死(necrosis)是指活体组织中细胞死亡后,在溶酶体酶的作用下发生溶解而呈现出的形态学变化。坏死细胞的胞膜破裂,导致内容物释放并引起炎症反应。引起细胞溶解的酶来源于坏死细胞自身以及炎性细胞所释放的溶酶体酶。坏死可由强烈的致病因素直接引起,但大多由可逆性损伤发展而来。

(一)坏死的基本病变

1. 细胞核的变化　细胞核的变化是细胞坏死的主要形态学标志,主要有以下三种形式:

(1)核固缩(pyknosis):细胞核染色质 DNA 浓聚、皱缩,使核体积减小,嗜碱性增强,提示 DNA 转录合成停止。

(2)核碎裂(karyorrhexis):由于核染色质崩解和核膜破裂,细胞核发生碎裂,使核物质分散于胞质中,亦可由核固缩裂解成碎片而来。

(3)核溶解(karyolysis):非特异性 DNA 酶和蛋白酶激活,分解核 DNA 和核蛋白,核染色质嗜碱性减弱。死亡细胞核在 1～2 天内将会完全消失。

核固缩、核碎裂、核溶解的发生不一定是循序渐进的过程,它们各自的形态特点见图 1-24。

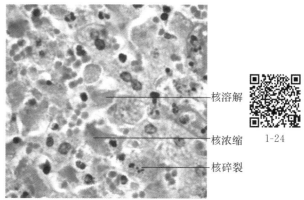

核溶解

核浓缩

核碎裂

1-24

图 1-24　肝细胞坏死

2.细胞质的变化　除细胞核的变化外,坏死细胞因核糖体消失、蛋白变性、糖原颗粒减少等原因而呈现嗜酸性增强。电镜下观察可见线粒体肿胀,形成絮状结构。内质网和胞浆内其他网状结构肿胀、断裂,形成小泡。最终,细胞肿胀导致质膜破裂,细胞崩解。

3.间质的变化　间质细胞对于损伤的耐受性大于实质细胞,因此间质细胞出现损伤的时间要迟于实质细胞。间质细胞坏死后细胞外基质也逐渐崩解液化,最后融合成片状模糊的无结构物质。

由于坏死时细胞膜通透性增加,细胞内具有组织特异性的乳酸脱氢酶、琥珀酸脱氢酶、肌酸激酶、谷草转氨酶、谷丙转氨酶、淀粉酶及其同工酶等被释放入血,造成细胞内相应酶活性降低和血清中相应酶水平增高,可分别作为临床诊断某些细胞(如肝、心肌、胰)坏死的参考指标。细胞内和血清中酶活性的变化在细胞坏死刚发生时即可检出,早于超微结构的变化至少几小时,因此有助于细胞损伤的早期诊断。

(二)组织坏死的类型

根据组织坏死后所呈现的组织学特征,可将坏死分为凝固性坏死(coagulative necrosis)、干酪样坏死(caseous necrosis)、液化性坏死(liquefactive necrosis)和坏疽(gangrenous),这一分类在诊断上具有一定价值,但应注意的是,坏死细胞和组织的形态特征随时间而改变,某些组织的凝固性坏死可因白细胞浸润而发生溶解液化。

1.凝固性坏死　凝固性坏死是指坏死细胞的胞浆蛋白变性凝固,在组织学上呈强嗜酸性染色。凝固性坏死是缺氧、缺血或中毒性损伤早期的典型反应。在损伤早期,细胞酸中毒不仅使结构蛋白变性,而且使溶酶体酶也发生变性,导致蛋白分解延迟。在这一过程中,由于核酸的降解并没有受到阻碍,因此坏死的细胞可出现核固缩、核碎裂或核溶解,但组织学轮廓仍然可见(图 1-25)。神经元在液化性坏死消失之前也发生凝固性坏死。肉眼观,凝固性坏死灶呈浅褐色或浅灰色,与相邻正常组织的颜色明显不同。

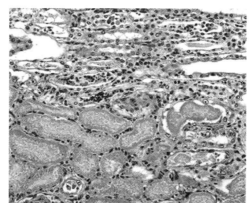

1-25

图 1-25　凝固性坏死(肾)

坏死细胞胞质嗜酸性染色,核固缩或溶解,但细胞轮廓和管状结构仍被保留

凝固性坏死可发生于除脑组织以外的所有组织,多见于心、肝、肾和脾等实质器官的缺

血性坏死(梗死),也见于强烈的细菌毒素引起的坏死。这种坏死与健康组织分界明显,镜下特点为细胞微细结构消失,而组织结构轮廓仍可保存。肌肉的凝固性坏死称为蜡样坏死,眼观,坏死肌组织浑浊无光泽,干燥而坚实,呈灰黄或灰白色,如同石蜡一样,常见于白肌病、麻痹性肌红蛋白尿和牛气肿疽等疾病。光镜下,蜡样坏死的肌纤维肿胀、断裂、横纹消失,胞浆均匀红染着色不均(图1-26)。

2. 干酪样坏死 "干酪(caseous)"一词来自拉丁语中的"奶酪(cheese)"一词,是指坏死组织呈凝块状或干酪状外观。干酪样坏死发生于较陈旧的病灶,呈黄白色颗粒状或片层状,细胞或组织的结构完全丧失。主要见于肉芽肿或慢性脓肿病灶的中心,镜下可见嗜酸性物质和嗜碱性核碎片混合物(图1-27),这种变化代表崩解的白细胞和实质细胞。

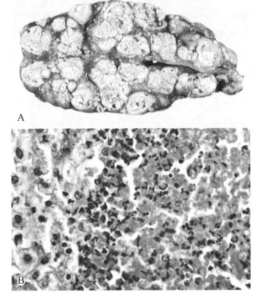

A

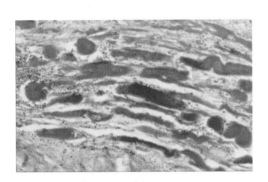

B

图1-26 骨骼肌蜡样坏死

坏死的肌纤维肿胀断裂,横纹消失,胞浆呈均质的嗜伊红深染

1-26

图1-27 淋巴结干酪样坏死(牛)

A. 淋巴结中形成大量干酪样肉芽肿结节;B. 淋巴细胞坏死,组织固有结构消失,病灶中央(右侧)含有大量坏死的中性粒细胞,病灶周围(左侧)有大量上皮样巨噬细胞

1-27

3. 液化性坏死 组织坏死后在酶的水解作用下发生溶解液化,称为液化性坏死。脑组织和脊髓坏死的最后阶段通常表现为液化(图1-28),这是因为神经系统缺乏起支撑作用的间质结缔组织,并富含磷脂和蛋白溶解酶。脑和脊髓坏死的大体表现是软化(malacia),脑组织的液化性坏死称为脑软化(encephalomalacia)。神经元在坏死的早期阶段表现为凝固性坏死,随着时间的推移,坏死组织发生液化,并可见神经胶质细胞坏死。眼观,软化灶最初呈半透明状,随后变黄、变软或发生肿胀,伴随格子细胞(gitter cell)(巨噬细胞)浸润并吞噬髓

鞘碎片和其他成分。最终，实质细胞完全溶解，只残存血管系统，其间充满吞噬有脂质和细胞碎片的格子细胞。在中枢神经系统以外的器官或组织中，液化性坏死最常见于化脓性炎症，在病灶中心最为明显。

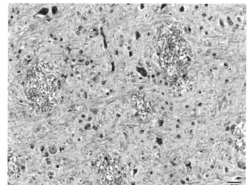

1-28

图 1-28　脑软化（家禽）

脑组织液化性坏死，局部组织溶解，实质细胞消失，仅见脉管系统残余，其间可见格子细胞

4. 坏疽　坏疽是指继发腐败细菌感染的局部组织大面积坏死。坏疽分为干性、湿性和气性坏疽三种类型。

（1）干性坏疽（dry gangrene）：常见于动脉阻塞但静脉回流尚通畅的四肢末梢部位。因水分散失较多，故坏死区干燥皱缩。坏死组织常呈黑色，这是由于坏死组织腐败分解产生的硫化氢与血红蛋白中的 Fe^{2+} 结合形成黑色的硫化铁之故。坏死组织与周围正常组织界限清楚，腐败变化较轻。

（2）湿性坏疽（moist gangrene）：坏死组织在腐败菌作用下发生液化，多发生于与外界相通的内脏器官，如肺、肠、子宫、阑尾及胆囊等，也可发生于动脉阻塞及静脉回流受阻的肢体。坏死区水分较多，有利于腐败菌繁殖，故组织腐败严重。坏疽部位呈蓝绿色或黑红色，经腐败菌分解产生吲哚和粪臭素等，故有恶臭。组织腐败分解所产生的有毒物质被机体吸收，易造成全身中毒。常见的湿性坏疽有牛、马发生肠变位（肠扭转、套叠等）以及异物性肺炎、腐败性子宫内膜炎和乳腺炎（图 1-29）等。

1-29

图 1-29　湿性坏疽（母羊）

坏死乳腺的皮肤颜色变成黑红色，坏死组织与正常组织有明显的分界。

（3）气性坏疽（gas gangrene）：系深在的开放性创伤合并产气荚膜杆菌、恶性水肿杆菌等厌氧菌感染所引起。这些细菌在分解坏死组织时产生大量气体，使病区肿胀呈蜂窝状，按之有捻发音。病变部位呈棕黑色，有奇臭。

5. 其他坏死

（1）脂肪坏死（fat necrosis）：可分为营养性、酶促性、创伤性和原发性脂肪坏死。营养性脂肪坏死也称为脂肪组织炎（steatitis）或黄脂病（yellow fat disease）。若食物中不饱和脂肪酸含量较高，或维生素 E 等抗氧化剂含量不足，则可引起氧自由基产生增多，导致脂质过氧化。以鱼为主食的猫或水貂可发生脂肪坏死。肉眼可见坏死组织质地坚硬，呈黄褐色结节状。

酶促性脂肪坏死主要见于胰腺炎，坏死胰腺释放的脂肪酶引起胰周脂肪组织坏死。眼观，坏死脂肪组织呈结节状，有灰白色的白垩状物沉积，形成钙皂（saponification），镜下可见细胞内有散在分布的嗜碱性颗粒状物。

创伤性脂肪坏死通常由钝性创伤或脂肪组织受到持续压迫引起,如平卧牛的胸骨压迫皮下脂肪组织。这种损伤与缺血有关。在这种脂肪坏死中,炎症和皂化反应不明显。

牛腹部脂肪组织可发生特发性坏死,这种病变往往发生在肠系膜脂肪组织和肥胖奶牛的腹膜后脂肪组织。有人认为,腹膜后脂肪坏死可能与牛采食了内生菌感染的羊茅草(endophyte-infected tall fescue grass)所引起的缺血有关。

(2)纤维素样坏死(fibrinoid necrosis):旧称纤维素样变性,是结缔组织及血管壁常见的坏死形式。病变部位结构消失,H·E染色时呈亮粉色,与纤维蛋白染色性质相似而得名(图1-30)。纤维素样坏死见于某些变态反应性疾病,如风湿病、结节性多动脉炎、新月体性肾小球肾炎,以及恶性高血压和胃溃疡底部小血管等,与抗原抗体复合物沉积于血管壁而诱发炎症反应和纤维蛋白沉积有关。

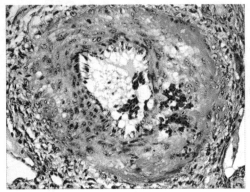

1-30

图 1-30　纤维素样坏死(家禽)

坏死动脉壁呈淡粉红色,管壁有蛋白沉积和炎性细胞浸润

(三)坏死的结局

1.溶解吸收　坏死细胞本身及中性粒细胞释放水解酶,使坏死组织溶解液化,液化的坏死组织由淋巴管或小血管吸收,不能吸收的细胞小碎片由巨噬细胞吞噬清除。小的坏死灶被溶解吸收后,损伤部位可通过再生或形成肉芽组织进行修复。

2.腐离脱落　皮肤或黏膜较大的坏死灶不易完全吸收,多取这一结局。坏死组织与周围健康组织形成分界性炎,白细胞释放溶酶体酶,将坏死组织边缘溶解液化,促使坏死组织与周围组织分离,进而发生脱落或排出,形成组织缺损。坏死组织脱落后,在皮肤或黏膜表面留下缺损,浅的称为糜烂(erosion),伴有整个上皮层坏死则称为溃疡(ulcer)。组织坏死后形成的只开口于皮肤黏膜表面的深在性盲管,称为窦道(sinus)。连接两个内脏器官或从内脏器官通向体表的通道样缺损,称为瘘管(fistula)。肺、肾等内脏坏死物液化后,经支气管、输尿管等自然管道排出后所残留的空腔称为空洞(cavity)。

3.机化与包裹形成　当组织坏死范围较大,不能完全溶解吸收或分离排出时,可由周围新生的毛细血管和成纤维细胞等组成的肉芽组织长入并取代,这个过程称为机化(organization)。如坏死组织不能被完全机化,则可由周围新生的肉芽组织将其包裹,称为包囊形成(encystment)。

三、细胞凋亡

凋亡(apoptosis)是细胞的一种自杀性死亡,在这一过程中,细胞内多种酶被激活并对细胞自身 DNA、胞核和胞浆蛋白进行降解。与坏死细胞发生细胞膜破裂、细胞内容物泄露并引起炎症反应不同,细胞以凋亡形式死亡后形成质膜完整的凋亡小体(apoptosis body),后者很容易被巨噬细胞识别和清除,不引起炎症反应(表 1-2)。

表 1-2　细胞凋亡和坏死的区别

特征	凋亡	坏死
诱导原因	通常为生理性,旨在清除不必要的细胞;也可发生于某些病理情况下,如 DNA 或蛋白损伤	病理性因素导致细胞发生不可逆损伤
发生范围	单个发生	多个细胞受累
细胞大小	皱缩	肿胀
细胞核	形成核小体大小的碎片	核浓缩、碎裂、溶解
质膜	质膜完整,脂质重定位(磷脂酰丝氨酸由胞膜内侧迁移至胞膜外侧)	细胞肿胀,质膜破裂
细胞内容物	无泄露	酶解、泄露
炎症反应	不引起邻近组织的炎症反应和组织修复反应,凋亡小体被巨噬细胞吞噬	引起组织炎症反应,并可刺激组织修复
生化特征	耗能的主动性过程,依赖 ATP,有新蛋白合成,DNA 片段化裂解(180～200bp 的倍数),电泳呈梯状条带	不耗能的被动性过程,不依赖 ATP,无新蛋白合成,DNA 降解不规律,电泳通常不呈梯状条带

(一)发生原因

凋亡可发生于生理状态下,其目的在于清除有害或无用的细胞。当致病因素引起细胞发生不可逆损伤、尤其是 DNA 或蛋白损伤时,受损细胞也可通过凋亡的方式被清除。

1.生理性细胞凋亡　在生理状况下,细胞凋亡是机体清除不再需要的细胞以及维持组织器官正常细胞数量的一种正常现象,如胚胎发育期多余细胞的凋亡、月经期子宫内膜细胞凋亡、断奶后乳腺上皮细胞凋亡以及隐窝上皮细胞凋亡等。急性炎症过程中性粒细胞凋亡以及免疫反应后期淋巴细胞凋亡可看作是无用细胞的凋亡,这些情况下的细胞凋亡与细胞存活信号(如生长因子)消失有关。为避免引起自身免疫性疾病,自身反应性淋巴(self-reactive lymphocytes)也通过凋亡的方式被清除。细胞毒 T 淋巴细胞诱导被病毒感染的细胞和肿瘤细胞凋亡是机体对抗病毒感染和肿瘤的重要机制。

2.病理性细胞凋亡　常见原因包括 DNA 损伤、错误折叠蛋白累积和病毒感染。放射线、化学抗癌药、高温和缺氧等因素的温和刺激可直接或间接(通过自由基)引起 DNA 损伤,若 DNA 损伤无法修复,则可触发凋亡机制。若上述刺激因素的作用过于强烈或剂量过高,则可引起细胞坏死。蛋白错误折叠可因蛋白编码基因突变或自由基而引起,其在内质网中蓄积可引起"内质网应激",最终引起细胞凋亡。

(二)凋亡的形态学变化

在 H·E 染色的切片中,可见核染色质浓集成致密团块(固缩),或集结排列于核膜内面(边集),并最终裂解成碎片(碎裂)(图 1-31)。核碎片的形成提示 DNA 片段化。细胞皱缩,胞膜内陷,形成芽状突起并脱落,形成含核碎片和(或)细胞器成分的质膜完整的凋亡小体(apoptotic body)。由于凋亡细胞可被巨噬细胞迅速清除且不引发炎症反应,有时在组织中即便有凋

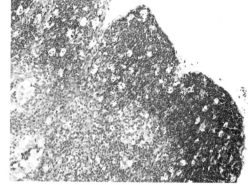

1-31

图 1-31　胸腺细胞凋亡(家禽)

胸腺生理性萎缩,皮质部散在有大量含细胞核碎片的空洞,这是淋巴器官细胞凋亡的典型特征

发生,也可能在切片中无法观察到。

(三)发生机制

凋亡的形成与细胞内一系列半胱氨酸蛋白酶(cysteine protease)的特异性激活有关。这些蛋白酶在结构上同源,同属于 caspase 蛋白酶家族,也称为 ICE/CED-3 家族。这个家族的蛋白酶能特异性地在特定的氨基酸序列中将肽链从天冬氨酸(Asp)之后切断。Caspase是 cystine-containing aspartate-specific protease 的缩写,原意为含半胱氨酸的天冬氨酸特异性水解酶。Caspase 蛋白酶是一族在进化上高度保守的蛋白酶,目前已从人和动物体内克隆出 14 种这样的蛋白酶,其中大多数 caspase 蛋白酶与细胞凋亡有关。根据它们在凋亡过程中作用的不同,分为启动酶(initiators)和效应酶(effectors)两类,前者包括 caspase-8、-10 和-9,后者包括 caspase-3、-6 和-7,它们分别在死亡信号转导过程中的上游和下游发挥作用。

1.凋亡信号的转导　　来自体内外的凋亡信号需通过复杂的信号转导途径才能最终引起细胞凋亡的执行者 caspase 蛋白酶家族的活化。凋亡起始信号向 caspase 蛋白酶转导通常被划分成 2 条途径,即死亡受体通路(death receptor pathway)和线粒体通路(mitochondrial pathway)(图 1-32)。

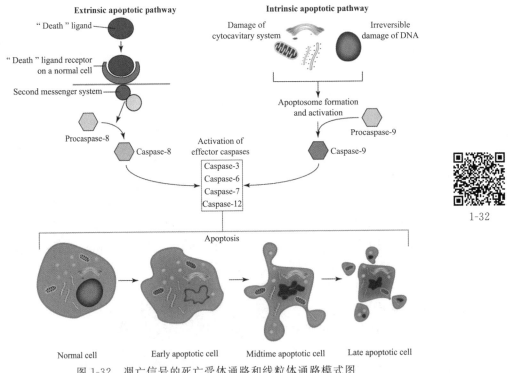

1-32

图 1-32　凋亡信号的死亡受体通路和线粒体通路模式图

(1)死亡受体通路(外源性通路):该信号通路受死亡受体介导。死亡受体是一类跨膜受体,属于肿瘤坏死因子受体(tumor necrosis factor receptor,TNFR)基因家族成员,包括 Fas (CD95)和 TNFR。这类受体的特征是在胞外区富含半胱氨酸残基,在胞内区含有一段由 60～80个氨基酸残基组成的同源结构域,死亡受体通过这个结构域与胞浆中介导细胞凋亡信号的蛋白质结合,通过后者启动细胞内部的凋亡程序,引起细胞凋亡,所以这个结构域被称为死亡结构域(death domain,DD)。但在某些情况下,死亡受体也能介导抗凋亡信号。此外,虽然某些死亡受体缺乏死亡结构域,但也能介导死亡信号的传递。

(2)线粒体通路(内源性通路):该通路是一种非死亡受体依赖性通路,来自细胞外部环境的凋亡信号以及细胞内部 DNA 损伤可迅即启动这一信号转导途径。细胞色素 c 从线粒体释放到细胞浆是线粒体通路介导的细胞凋亡的关键步骤。细胞色素 c 是一种水溶性蛋白,位于线粒体内、外膜之间的膜间隙,并与内膜松弛连接。目前认为,细胞色素 c 从线粒体释放出来与线粒体膜的通透性改变有关。线粒体内、外膜之间的通透性转换孔(permeability transition pore,PTP)具有调节线粒体膜通透性的作用,在正常情况下,绝大多数 PTP 处于关闭状态,当线粒体膜电位($\Delta \psi$m)在各种凋亡诱导信号的作用下降低时,PTP 开放,导致线粒体膜通透性增大,细胞色素 c 得以释出。释放到细胞浆的细胞色素 c 在 ATP/dATP 存在的条件下能促使 Apaf-1(apoptosis protease activating factor-1)与 caspase-9 酶原结合形成 Apaf-1/caspase-9 凋亡酶体(apoptosome),进而使 caspase-9 活化,活化的 caspase-9 使 caspase-3 激活,从而诱导细胞凋亡。

此外,在凋亡诱导过程中,线粒体还释放凋亡诱导因子(apoptosis inducing factor,AIF)、Smac/DIABLO (second mitochondria-derived activator of caspases/direct IAP-binding protein with low pI)、EndoG (Endonuclease G)、HtrA2/Omi (high temperature requirement protein A2)以及包括 caspase-2、-3 和-9 在内的多种 caspase 酶原。多种促凋亡蛋白的释放保证了细胞能发生快速而确定的死亡,也在一定程度上保证了凋亡信号呈单向级联传递。

死亡受体通路与线粒体通路在激活 caspase-3 时交汇,caspase-3 的激活和活性可被凋亡抑制剂(inhibitor of apotosis,IAP)拮抗,而 IAP 蛋白自身又可被从线粒体释放的 Smac/DIABLO 蛋白所拮抗。死亡受体通路和线粒体通路的交叉对话(cross-talk)是通过促凋亡的 bcl-2 家族成员 Bid 实现的。Caspase-8 介导的 Bid 的裂解极大地增强了它的促凋亡活性,并将其转位到线粒体,促使细胞色素 c 释放。因而,Bid 是将凋亡信号从 caspase-8 向线粒体传递的信使。

2.凋亡的执行　当凋亡信号通过信号转导途径到达凋亡效应 caspase 蛋白酶并使之激活后,凋亡就进入执行阶段。Caspase 蛋白酶的酶解底物多达百余种,其中就包括核酸内切酶。Caspase 蛋白酶切割核酸内切酶使其活化,活化的核酸内切酶使染色质 DNA 发生片段化降解。组成染色质的最基本单位是核小体,核小体之间的连接最易受核酸内切酶的攻击而发生断裂。由于 DNA 链上每隔 200 个核苷酸就有一个核小体,因此当核酸内切酶在核小体连接处切开 DNA 时,即形成 180~200bp 或其整数倍的片段。值得强调的是,虽然 DNA 片段化裂解可作为鉴定凋亡细胞的重要参考依据,但也并非绝对,有时形态学上可见明显的凋亡,并不出现 DNA 的梯状条带;相反,在肝细胞坏死时,也可见到梯状 DNA 电泳图谱。

Caspase 蛋白酶介导的其他底物的酶解引起细胞出现相应的形态学变化。比如,caspase 蛋白酶对核层纤蛋白(nuclear lamins)的酶解导致细胞核皱缩和胞膜"出芽"(budding),而整个细胞的形态改变则可能与细胞骨架蛋白中的胞衬蛋白(fodrin)和凝胶蛋白(gelsonlin)的酶解有关。Caspase 蛋白酶介导的 PAKα(一种 p21 活化的蛋白激酶)的降解可能与凋亡小体从胞膜上断离有关。此外,caspase 蛋白酶还能灭活或下调与 DNA 修复有关的酶、mRNA 剪切蛋白和 DNA 交联蛋白的表达和活性。由于这些蛋白功能被抑制,使细胞的增殖与复制受阻并发生凋亡。所有这些都表明,caspase 蛋白酶以一种有条不紊的方式对细胞进行"破坏",它们切断细胞与周围的联系、拆散细胞骨架、阻断细胞 DNA 复制和修复、干扰 mRNA 剪切以及损伤 DNA 与核结构,使细胞发生不可逆死亡。

(谭　勋)

第二章

损伤的修复
Repair of Injury

【Overview】Repair, sometimes called healing, refers to the restoration of tissue architecture and function after an injury. Body's ability to repair the damage is critical to the survival of an injured organism. Repair occurs by two types of reactions: regeneration of the injured tissue and scar formation by the deposition of connective tissue.

Some tissues are able to replace the damaged cells and essentially return to a normal state; this process is called regeneration. Regeneration occurs by proliferation of residual (uninjured) cells that retain the capacity to divide and by replacement from tissue stem cells. Regeneration is the typical response to injury in the rapidly dividing epithelia of the skin and intestines, and some parenchymal organs, notably the liver.

If the injured tissues are incapable of regeneration, or if the supporting structures of the tissue are severely damaged, repair occurs by the laying down of connective(fibrous) tissue. Repair by connective tissue starts with the formation of granulation tissue and culminates in the laying down of fibrous tissue, resulting in scar formation. Although the fibrous scar cannot perform the function of the lost parenchymal cells, it provides enough structural stability so that the injured tissue is usually able to function.

The term fibrosis is most often used to describe the extensive deposition of collagen that occurs in the lungs, liver, kidney, and other organs as a consequence of chronic inflammation. The basic mechanisms of fibrosis are the same as those of scar formation during tissue repair. However, tissue repair typically occurs after a short-lived injurious stimulus and follows an orderly sequence of steps, whereas fibrosis is induced by persistent injurious stimuli such as infections, immunologic reactions, and other types of tissue injury. The fibrosis seen in chronic diseases is often responsible for organ dysfunction and even organ failure.

修复是指组织损伤后结构和功能的恢复,修复能力的强弱决定了组织是否能够存活。修复包括两种不同的形式,即再生性修复和纤维性修复(瘢痕形成)。有些组织中的细胞保留着分裂增殖能力,在遭受损伤后,未受损的细胞或组织中的干细胞可发生分裂增殖,进而取代受损细胞,使受损组织恢复正常,这一过程称为再生性修复。皮肤和肠上皮细胞以及某些实质器官(如肝)受损后通常以这一方式进行修复。如果构成组织的细胞不具备再生能力,或者由于组织的支持结构遭受严重破坏,修复则通过结缔组织完成,这一过程称为纤维性修复。纤维性修复以肉芽组织形成为起点,最终形成瘢痕(scar)。瘢痕不具备实质细胞的功能,其主要作用在于维持组织结构的稳定性和为实质细胞发挥功能提供足够的支持。

肺、肝、肾等实质器官的慢性炎症可导致胶原过度沉积,这一现象称为纤维化。纤维化的发生机制与瘢痕形成相同,但瘢痕形成是在组织遭受短期的损伤后发生的有序的修复性反应,而纤维化则是持久的损伤刺激引起的胶原沉积,其结果常常引起组织功能障碍甚至功能丧失。

第一节　细胞和组织的再生

细胞和组织的再生主要是指细胞增殖,这一过程受生长因子驱动并依赖于细胞外基质的完整性。本节先介绍细胞增殖的一般规律以及细胞外基质(extracellular matrix,ECM)在这一过程中的作用,然后举例说明再生在组织修复中的作用。

一、不同类型细胞的再生能力

细胞增殖需经历细胞增殖周期,简称细胞周期(cell cycle)。不同类型的细胞具有不同的细胞周期,单位时间内进入细胞周期的细胞数目也有所不同。因而,不同类型细胞的再生能力不同。总体而言,低等动物的细胞或组织的再生能力强于高等动物,幼稚组织的再生能力较高分化组织的再生能力强,易受损伤的组织及生理状态下需不断更新的组织有较强的再生能力。

Cell cycle dynamics. The cell division cycle functions in an oscillatory manner to couple cellular DNA replication with chromosomal segregation, thereby ensuring that duplicated genetic material is distributed equally to two daughter cells. Cells with unphosphorylated RB(retinoblastoma protein, a corepressor of E2F-responsive genes) enter G_1 phase from a quiescent state(G_0) and progress towards DNA synthesis (S phase) in response to mitogen-dependent, cyclin D-dependent kinase(CDKs) 4 and 6. RB phosphorylation by CDK4 and CDK6, and later by cyclin E- and A-dependent CDK2, inactivates RB, which is maintained in its phosphorylated state by CDKs until cells exit mitosis and RB activity is restored by dephosphorylation. Total CDKs activity increases throughout the cycle, but the degradation of cyclins A and B during M phase restores the G_1 state, in which low CDK activity is required for the licensing of origin of replication that fire during S phase. Mitogenic signal transduction pathways that induce D-type cyclins and regulate their assembly with CKD4 and CKD6 include receptor tyrosine kinase(PTKs), components of the RTK/Ras signaling pathways(Raf, MEK, Erk, PI3K), hormone receptors(HRs), and interleukin receptors(ILRs); nutrients promote increases in cellular mass and G_1 progression by stimulating the mechanistic target of rapamycin(mTOR). Cyclin D is degraded during S phase but restored during G_2 in response to Ras signaling. In continuously cycling cells, the reaccumulation of cyclin D during G_2 results in the contraction of ensuing G_1 intervals and cell cycle generation times throughout later mitotic divisions. Mitogen withdrawal leads to cyclin D degradation, regardless of the position in the cycle, and cells exit from G_1. Depending on the biological context, cells can exit G_1 to G_0 or undergo definitive cell cycle withdrawal(senescence).

In cycling somatic cells, the intervals between and mitosis(M phase) are separated by two gap phases(G_1 and G_2, respectively). Cyclins expressed during different phases of the cycle allosterically regulate a family of cyclin-dependent kinases(CDKs), whose phosphorylation of key substrates enforces cell cycle progression. Additional checkpoint controls act to guarantee that one process is completed before another begins. These mechanisms ensure, for example, that G_1 cells that acquire DNA damage do not enter S phase, that replicative DNA damage during S phase is repaired before cells enter mitosis, and that duplicated chromosomes are correctly aligned on the mitotic spindle before they segregate to daughter cells.

根据细胞再生能力的强弱,可将细胞分为三类。

(一)不稳定细胞

不稳定细胞(labile cell)又称为持续分裂细胞(continuously dividing cell),在生理情况下,这类细胞不断丢失并不断被成熟的干细胞和增生的细胞所取代。不稳定细胞包括骨髓造血细胞和皮肤、消化道、呼吸道、生殖道以及腺管等的上皮细胞。这些组织发生损伤后,只要干细胞池仍有保留,它们很容易再生。

(二)稳定细胞

稳定细胞(stable cell)又称为静止细胞(quiscent cell),在生理情况下,此类细胞增殖不明显,但在受到刺激后可发生增殖。许多实质器官(如肝、肾、胰)的实质细胞就属于这类细胞。此外,内皮细胞、成纤维细胞、平滑肌细胞也属于稳定细胞。除肝脏外,其他由稳定细胞构成的器官和组织在损伤后很难再生。

(三)永久性细胞

永久性细胞(permanent cell)又称为非分裂细胞(unseparated cell),这类细胞属于终末分化细胞(terminally differentiated cell),在出生后即失去增殖能力。心肌细胞及神经细胞就属于这类细胞,因而,脑和心的损伤具有不可逆性,只能以瘢痕形成的方式进行修复。成年动物脑组织的某些区域损伤后,可出现少量的神经干细胞增殖。也有证据表明心肌细胞坏死可刺激心肌干细胞增殖。尽管如此,心、脑组织仍不足以形成再生。骨骼肌细胞也属于永久性细胞,但附着在肌内膜鞘上的肌卫星细胞(也称为成肌祖细胞)可增殖,因而,肌肉组织具有一定的再生能力。

除心、脑组织主要由永久性细胞构成外,其他成熟组织则同时含有上述三种类型的细胞。

二、干细胞在再生中的作用

在大多数已经分化成熟的组织中,细胞处于成熟的终末分化阶段。如果这些成熟的细胞发生死亡,组织中的干细胞(stem cell)则发生增殖和分化,以对死亡细胞进行补充。在这些组织中,成熟细胞的死亡与干细胞增殖、自我更新和分化保持动态平衡。

干细胞具有两个重要特性:自我更新(self renew)和不对称性复制(asymmetric replication)。自我更新是指干细胞经过一个增殖周期之后,产生与增殖前性质相同的干细胞;不对称性复制是指干细胞分裂为两个子代细胞,其中一个细胞分化成成熟细胞,另一个细胞仍保持未分化的干细胞的特性并具有自我更新能力。根据来源和个体发育过程中出现的先后次序,可将干细胞分为胚胎干细胞(embryonic stem cell)和成体干细胞(adult stem cell)。

皮肤以及消化道上皮等不稳定组织中,干细胞参与的再生最为明显。在这些组织中,干细胞存在于上皮基底膜附近,这些细胞迁移到上层后分化成熟,此后发生死亡和脱落。

(一)胚胎干细胞

胚胎干细胞是一种高度未分化细胞,位于胚泡的内部细胞团(inner cell mass)中,具有强大的自我更新能力,在体外培养时可长期保持(一年以上)未分化状态。在适宜的培养条件下,这些细胞可被诱导成为外胚层、中胚层及内胚层三种胚层的细胞组织。

(二)成体干细胞

成体干细胞也称为组织干细胞,这种细胞较胚胎干细胞分化程度更高,存在于已分化成熟的组织或器官中。这类干细胞也具有自我更新能力,但较胚胎干细胞弱。与胚胎干细胞可向所有类型细胞分化不同,某一特定组织中的成体干细胞只能向该组织内的某些细胞或所有细胞分化。

(三)干细胞的作用

胚胎干细胞的功能是形成机体所需的所有细胞,而成体干细胞的功能则在于维持组织稳定性,后者对于维持高更新率(皮肤、骨髓、肠上皮)和低更新率(心脏、血管)组织中的细胞数量的恒定均具有重要意义。但是,组织中的干细胞数量非常稀少,也很难分离纯化。目前研究得较多的是造血干细胞,这种细胞可分化形成所有类型的血细胞,并能持续对外周损耗的血细胞进行补充。除造血干细胞外,骨髓中还含有间充质干细胞,这种细胞可分化为软骨母细胞(chondroblast)、成骨细胞(osteoblasts)以及成肌细胞(myoblasts)等多种细胞,可用于治疗相关疾病。

Regenerating the Body with Stem Cells

Stem cells are defined as undifferentiated cells capable of proliferation, self-renewal, and differentiation into specialized cell types. Stem cells are distinguished by their ability to produce a particular lineage of cells depending on the type of stem cell and its extracellular environment. Stem cells control the replacement of several cell types that help to constitute many different organ systems, which allows scientists the opportunity to generate specific cells to replace differentiated functions lost in various disease states.

In mammals, there are 2 types of stem cells—embryonic and adult, which vary in origin and potential to differentiate. The main source of embryonic stem cells(ESCs) is the inner cell mass of a human blastocyst derived during embryogenesis. Adult stem cells(ASCs), typically obtained from adult bone marrow, can develop into 2 types of stem cells: hematopoietic stem cells(HSCs) and mesenchymal stem cells(MSCs). The ability to differentiate becomes more restricted from the embryonic to the adult stem cell population. ESCs are characterized as pluripotent and can generate all cell types of the embryo. Although ESCs have the greatest potential for self-renewal and differenti-ation, the legal and ethical ramifications of this research are highly controversial and have led to several reviews of legislation. Moral issues surrounding the generation of human ESCs for therapeutic purposes have paved the path for the intensive study of ASCs. Despite their limitations in terms of differentiation, ACSs have the advantage of possible autologous cell therapy, which reduces the possible immune response to *in vivo* therapies.

ASCs can only generate progenitor cells of a specific cell lineage(e. g. , intestinal cells in villus crypts), which reduces the overall potency of the stem cell. However, in the appropriate niche, ASCs can become multipotent and differentiate into multiple lineages—these cells are known as mesenchymal stem cells(MSCs). MSCs can be isolated from bone marrow, skin, synovium, adipose tissue, and many other tissues of mesenchymal origin. Recently, adipose tissue has been cited as an optimal source of MSCs because of the abundance of such cells in this tissue. Other sources of MSCs, such as umbilical cord matrix, also have been considered; however, the isolation and amplification of these cells require careful laboratory manipulation and often are quite time-consuming. Ultimately, MSCs are of particular interest in orthopaedics because of their potential to differentiate into cells that make bone, cartilage, tendon, and ligaments.

To date, the most prominent stem cells in the clinic are mesenchymal stem cells (MSCs), which are moving through more than 300 registered clinical trials for a wide array of diseases. These cells are able to form a variety of tissues including bone, cartilage, muscle or fat, and can be readily harvested from patients or donors for use in autologous or allogeneic therapies.

三、生长因子与再生

许多生长因子(growth factor)可刺激细胞存活、增殖、迁移、分化以及其他细胞反应。生长因子与靶细胞上的特异性受体结合,通过抑制或促进某些功能基因的表达,促进细胞进入增殖周期,并抑制细胞凋亡和促进蛋白质合成。与修复有关的生长因子可由被募集到损伤部位的炎性细胞(巨噬细胞和淋巴细胞)产生,也可由实质细胞和间质细胞(结缔组织)产生。与再生和修复有关的生长因子见表 2-1。

表 2-1　与再生和修复有关的生长因子

生长因子(Growth factor)	来源(Source)	功能(Functions)
表皮生长因子 Epidermal growth factor(EGF)	活化的单核细胞、唾液腺、角质细胞	角质细胞和成纤维细胞增殖；角质细胞迁移；肉芽组织形成
转化生长因子-α Transforming growth factor-α(TGF-α)	活化的单核细胞、角质细胞	肝细胞和上皮细胞增殖
肝细胞生长因子 Hepatocyte growth factor(HGF)	成纤维细胞、肝基质细胞、内皮细胞	肝细胞、上皮细胞增殖；促进细胞运动
血管内皮生长因子 Vascular endothelial growth factor(VEGF)	间质细胞	刺激内皮细胞增殖；升高血管通透性
血小板衍生生长因子 Platelet-derived growth factor(PDGF)	血小板、巨噬细胞、内皮细胞、平滑肌细胞、角质细胞	趋化中性粒细胞、巨噬细胞、成纤维细胞和平滑肌细胞；成纤维细胞和内皮细胞增殖；细胞外基质合成
成纤维细胞生长因子 Fibroblast growth factor(FGF)	巨噬细胞、肥大细胞、内皮细胞	刺激成纤维细胞增殖；血管形成；细胞外基质合成
转化生长因子-β Transforming growth factor-β(TGF-β)	血小板、T 淋巴细胞、巨噬细胞、内皮细胞、平滑肌细胞、角质细胞、成纤维细胞	趋化白细胞和成纤维细胞；细胞外基质合成；抑制急性炎症
角质细胞生长因子 Keratinocyte growth factor(KGF)(i.e.，FGF-7)	成纤维细胞	刺激角质细胞迁移、增殖、分化

生长因子可通过自分泌(autocrine)、旁分泌(paracrine)或内分泌(endocrine)的方式发挥效应。位于靶细胞膜上的生长因子受体可分为三类：①具有酶活性的受体。这类受体的膜外区域与生长因子结合，随后发生二聚化和磷酸化，导致下游 MAPK、PI3K 和 PLC-γ 等多条胞内信号通路活化，最终引起细胞增殖。②G 蛋白偶联受体。这类受体含有七次跨膜 α-螺旋，也称为七次跨膜受体。受体的胞外结构域识别并结合配体，胞内结构域则与结合有 GDP 的 G 蛋白偶联。与配体结合后，受体发生构象变化，随即激活 G 蛋白，使 G 蛋白上原先结合的 GDP 被 GTP 替换。激活后的 G 蛋白通过环磷酸腺苷(cAMP)信号通路或磷脂酰肌醇信号通路向下游传递信号。③不具酶活性的受体。这类受体属于单次跨膜蛋白，胞外区为配体结合域。受体与配体结合后，其胞内区发生构象改变并使 JAK 磷酸化，随后激活胞浆内的核转录因子 STATs(signal transducers and activators of transcription)，使 STATs 穿梭入核，调控基因转录。

四、细胞外基质在组织修复中的作用

细胞外基质是由多种蛋白构成的包绕在细胞周围的复杂网状结构，是构成组织的重要成分。细胞外基质具有支持、连接、保水、保护等物理作用。细胞外基质也是细胞黏附和迁移的载体和生长因子的储存场所，在细胞增殖、运动和分化过程中发挥重要作用。细胞外基质不断发生合成和降解,以适应组织的形态发生、创伤愈合、慢性纤维化、肿瘤侵蚀和转移等过程。

(一)细胞外基质的存在形式

细胞外基质具有两种基本形式,即间质基质(interstitial matrix)和基膜(basement memberane)(图 2-1)。

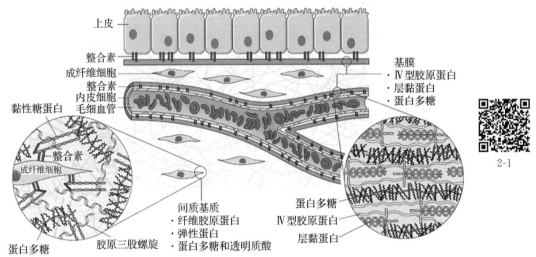

图 2-1　细胞外基质的主要构成成分以及间质基质和基膜的结构特点

1.间质基质　由间充质细胞(成纤维细胞)合成,位于成纤维细胞之间以及上皮与支持血管和平滑肌细胞之间,形成无定形凝胶。其主要成分为纤维性和非纤维性胶原蛋白、纤连蛋白(fibronectin)、弹性蛋白(elastin)、蛋白多糖(proteoglycans)和透明质酸(hyaluronate)等。

2.基膜　在上皮细胞、内皮细胞和平滑肌细胞周围的间质基质规则排列而形成基膜。基膜位于上皮组织的下层,呈层叠的网状结构,由无定形的非纤维性Ⅳ型胶原蛋白(nonfibrillar type Ⅳ collagen)和层黏蛋白(laminin)构成。

(二)细胞外基质的成分

细胞外基质具有三种基本成分:纤维结构蛋白(如胶原和弹性蛋白);水合凝胶(蛋白多糖和透明质酸)和黏性糖蛋白(将基质与基质、基质与细胞连接起来)。

1.胶原蛋白　胶原蛋白(collagen)由三条独立的肽链形成绳索状三股螺旋结构。目前已知的胶原蛋白有 30 余种,部分胶原蛋白具有组织特异性。某些胶原蛋白(Ⅰ型、Ⅱ型、Ⅲ型和Ⅴ型)可通过侧向共价交联形成胶原原纤维,后者进一步通过共价交联形成具有抗张强度的不溶性胶原纤维。维生素 C 参与胶原蛋白形成过程中的羟化反应,因而,维生素 C 缺乏可导致胶原纤维不能正常形成,其结果可引起骨骼变形、易于出血(血管基底膜变脆)以及伤口愈合困难。其他一些胶原蛋白为非纤维性胶原蛋白,它们参与构成血管基底膜(Ⅳ型胶原蛋白)、椎间盘(Ⅸ型胶原蛋白)和真皮-表皮连接(Ⅶ型胶原蛋白)等结构。

2.弹性蛋白　弹性蛋白是弹力纤维的主要成分,后者是维持大血管、子宫、皮肤和韧带等组织回弹力的重要结构。弹性蛋白构成弹力纤维的内核,在其周围环绕着原纤蛋白(fibrillin,一种巨大的糖蛋白)构成的筛网。原纤蛋白合成障碍可导致骨骼变形、动脉壁缺乏弹性。

3. 蛋白多糖和透明质酸 蛋白多糖是由长链糖胺聚糖（又称黏多糖）和蛋白质骨架以共价键和非共价键相连形成的水合压缩性凝胶，起着维持组织弹力、润滑组织和储存生长因子的作用。某些蛋白多糖还是细胞膜的组分，它们能与生长因子和趋化因子结合，促进细胞增殖、迁移和黏附。透明质酸是一种相对分子质量巨大的黏多糖，具有极强的亲水性，与水结合而成具有很强黏性的明胶样物质，是构成细胞外基质的重要成分。

4. 黏附糖蛋白和黏附受体 黏附糖蛋白（adhesive glycoprotein）和黏附受体（adhesion receptor）是介导细胞与细胞、细胞与细胞外基质以及细胞外基质成分之间进行黏附和连接的重要分子。

黏附糖蛋白包含纤连蛋白和层黏蛋白，前者是间质中细胞外基质的主要成分，后者是血管基膜的主要成分。

纤连蛋白是一种大分子糖蛋白，相对分子质量约为 450000，由成纤维细胞、单核细胞和内皮细胞等合成，它们利用不同的结构域与细胞外基质中的胶原蛋白、纤维蛋白、肝素和蛋白多糖等结合，并能通过精氨酸-甘氨酸-天冬氨酸基序与细胞表面的整合素结合。纤连蛋白以血浆纤连蛋白和组织纤连蛋白两种形式存在：组织纤连蛋白可在伤口处形成纤维状凝集物；血浆中的纤连蛋白能与血凝块中的纤维蛋白结合，为细胞外基质沉积和血管再内皮化（re-epithelialization）提供支撑。

层黏蛋白的相对分子质量约为 820000，介导细胞与细胞外基质如Ⅳ胶原蛋白和硫酸乙酰肝素（一种葡萄糖胺聚糖）连接，并具有促进细胞增殖、分化和迁移的作用。

黏附受体又称细胞黏附分子（cell adhesive molecule），这类分子可分为 4 个家族：免疫球蛋白家族、钙黏蛋白（cadherin）家族、选择素（selectin）家族和整合素（integrin）家族。整合素是由异二聚体糖蛋白构成的跨膜分子，除红细胞外，许多细胞的胞膜上均有整合素分子表达。整合素是介导白细胞与内皮细胞黏附的重要分子（见第四章），也是细胞外基质成分（如纤连蛋白和层黏蛋白）的主要细胞受体，它们与细胞外基质结合后，激活一系列细胞内信号转导通路，促进细胞增殖和分化。整合素的细胞内结构域与肌动蛋白微丝结合，故可影响细胞的形态和迁移。

（三）细胞外基质的功能和作用

细胞外基质具有许多重要生理作用，包括：①为细胞锚定和细胞运动提供机械支持，并维持细胞极性；②为细胞增殖提供生长因子，并通过整合素家族受体介导的调控细胞增殖；③为组织再生提供支架，若细胞外基质的完整性受到破坏可导致不稳定细胞或稳定性细胞失去再生能力；④建立组织微环境。比如，基膜将上皮和位于其下层的结缔组织分隔开来，控制上皮组织与结缔组织进行物质交换；肾小球基膜宛如一张多孔的滤膜，允许血液中的水分子及小分子化合物被滤过进入肾小管。

五、再生在组织修复中的作用

（一）不稳定组织的再生

不稳定组织具有较强的再生能力。比如，皮肤和肠道黏膜上皮受损后，如果基膜保持完整，受损的上皮细胞可被残存细胞增殖和干细胞分化所形成的新的细胞所取代。血细胞消耗后可通过骨髓造血干细胞增殖而得到补充。

(二)稳定组织的再生

由稳定细胞构成的实质器官也可发生再生,但是,肝以外的实质器官的再生能力有限。胰腺、肾上腺、甲状腺和肺有一定的再生能力。手术摘除单侧肾后可引起对侧肾的近曲小管上皮细胞发生肥大和增殖,其机制尚不清楚。

肝的再生能力很强,被切除 $40\% \sim 60\%$ 后仍可完全再生。在正常情况下,肝细胞处于静止期,实验性切除肝后,一些细胞因子(如 TNF、IL-6 等)刺激肝细胞从 G_0 期进入 G_1 期,启动肝细胞增殖。随后,在肝细胞生长因子(HGF)和转化生长因子-α(transforming growth factor-α,TGF-α)等的作用下完成细胞增殖。

必须强调的是,只有在结缔组织支架保持完整的情况下组织或器官才能发生完全再生(如手术切除后剩余组织的再生),如果损伤波及整个组织或器官(如感染或炎症),受损组织则很难发生完全再生,最终将通过瘢痕组织进行修复。

第二节　纤维性修复

严重或慢性损伤造成实质细胞和间质细胞均受到破坏时,或者由于构成组织的细胞缺乏分化能力,修复则难以通过单纯的再生来完成。在这些情况下,受损细胞被再生细胞和纤维结缔组织共同取代,或者完全被纤维结缔组织所取代,形成瘢痕。

纤维素性修复在损伤后 24h 内即可发生,最初以成纤维细胞迁移、增殖以及血管新生(angiogenesis)为特点,3～5 天后则可见肉芽组织形成。随后,肉芽组织中的成纤维细胞数量进行性增多并分泌大量胶原,最终形成纤维瘢痕。以后,瘢痕组织不断发生重构(remodeling)以适应组织的需要。

一、肉芽组织的形成

纤维性修复起始于肉芽组织(granulation tissue)的形成。肉芽组织是由大量新生毛细血管和增生的成纤维细胞所构成的幼稚结缔组织,并伴有以巨噬细胞为主的炎性细胞浸润(图 2-2)。肉芽组织眼观呈鲜红色,颗粒状,柔软湿润,类似鲜嫩的肉芽。在创伤愈合过程中,肉芽组织发挥的作用包括:①抗感染,保护创面;②填补创口或其他组织缺损,接合断裂组织;③机化或包裹血栓、血凝块、炎性渗出物、坏死组织及其他异物。

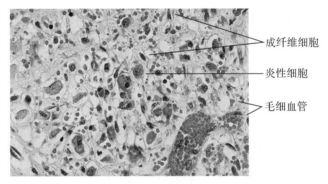

图 2-2　肉芽组织

新生肉芽组织,含有成纤维细胞(fibroblasts)、新生毛细血管(new capillaries)和炎性细胞(inflammatory cells)

成纤维细胞

炎性细胞

毛细血管

(一)血管新生

新生血管主要以出芽(sprouting)的方式从原有血管上形成,这一过程包括下列步骤:①一氧化氮(NO)和 VEGF 刺激血管扩张并造成血管通透性升高;②周细胞(pericytes)从内皮细胞上分离剥落;③内皮细胞向损伤组织迁移;④前端迁移细胞之后的内皮细胞增生;⑤内皮细胞重构形成毛细血管;⑥内皮周围细胞(在小血管指周细胞,在大血管指平滑肌细胞)募集,血管逐渐成熟;⑦内皮增殖和迁移受抑制,基膜沉积(图 2-3)。

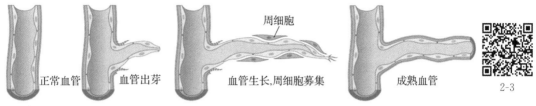

正常血管　　　血管出芽　　　血管生长,周细胞募集　　　成熟血管

2-3

图 2-3　新生血管形成示意图

多种生长因子参与新生血管形成,其中最重要的生长因子包括 VEGF、碱性成纤维细胞生长因子以及血管生成素。

1. VEGF 家族　VEGF 家族成员包括 VEGF-A、VEGF-B、VEGF-C、VEGF-D、VEGF-E和胎盘生长因子(placental growth factor,PlGF)。VEGF-A 通常是指 VEGF,是诱导肿瘤和损伤组织中血管形成的主要因子;VEGF-B 和 PlGF 与胚胎期血管发生有关;VEGF-C 和VEGF-D 刺激新生淋巴管形成和新生血管形成。VEGF 家族在多种成熟组织中均有表达,在毗邻有孔上皮的上皮细胞中(如肾脏的足细胞、视网膜色素上皮细胞)呈高表达。VEGF家族的受体有 VEGFR-1、VEGFR-2 和 VEGFR-3,其中 VEGFR-2 在 VEGF 的靶细胞(主要为内皮细胞)上表达,这一受体在血管形成过程中发挥重要作用。缺氧、PDGF、TGF-α 和TGF-β 等均可诱导 VEGF 表达。

VEGF 既可刺激内皮细胞迁移,又可刺激内皮细胞增殖。此外,VEGF 可诱导一氧化氮合成,促进血管扩张和管腔形成。

由于 VEGF 可促进血管通透性升高,再加上新生血管的内皮连接尚不健全,因而肉芽组织通常发生水肿。

2. 碱性成纤维细胞生长因子(basic fibroblast growth factor,bFGF)　也称为 FGF-2,可由多种细胞产生,其受体具有酪氨酸蛋白激酶活性。FGF-2 与硫酸乙酰肝素结合,存储于细胞外基质中,具有刺激血管内皮细胞增殖的作用。此外,FGF-2 还可刺激巨噬细胞和成纤维细胞向损伤组织募集,并促进上皮细胞向表皮创伤部位迁移以覆盖创伤。

3. 血管生成素(angiopoietin,Ang)　在 VEGF 之后,人们发现了第二类促血管生成因子家族,即 Ang。Ang 和 VEGF 家族在血管生成过程中相互补充和协调。VEGF 在血管生成早期阶段发挥关键作用,而 Ang 家族是在后期的血管成熟和进一步稳定中发挥作用。目前已发现 4 种 Ang 成员,即 Ang-1~Ang-4,其中 Ang-1 是由肿瘤细胞分泌的促血管生长因子。Ang 特异性地作用于内皮细胞,具有很强的促血管生成作用。Ang 受体 Tie 属于酪氨酸激酶受体,主要分布于内皮细胞和造血细胞表面。Tie-1 和 Tie-2 受体及 Tie-2 的配体(Ang-1 和 Ang-2)在胚胎血管发育和血管新生过程中起重要作用。激活内皮细胞中 Ang-1/Tie-2 信号通路能诱导毛细血管出芽,促进血管周细胞和平滑肌细胞募集以及结缔组织沉积,从而使新生血管变得成熟和稳定。此外,PDGF 和 TGF-β 也参与血管成熟过程,PDGF刺激平滑肌细胞募集,而 TGF-β 抑制内皮细胞增殖和迁移,并促进细胞外基质形成。

在新生血管形成过程中,细胞外基质为血管生长提供支架,并与内皮细胞上的整合素受体相互作用而促进血管出芽。细胞外基质中的基质金属蛋白酶(matrix metalloproteinase, MMP)可降解细胞外基质,为血管重构和延伸创造条件。

(二)成纤维细胞增殖

肉芽组织中成纤维细胞增殖和迁移受多种生长因子和细胞因子的调控。VEGF 能提高血管壁的通透性,使血浆蛋白(如纤维蛋白原)在细胞外基质中积聚,为成纤维细胞和内皮细胞的生长提供临时基质。成纤维细胞迁移、增殖以及合成细胞外基质蛋白受 TGF-β、PDGF 和 bFGF(FGF-2)驱动,这些因子主要来源于炎症局部和肉芽组织中的巨噬细胞。此外,肥大细胞和淋巴细胞也能分泌生长因子和细胞因子,促进成纤维细胞增殖和活化。

(三)细胞外基质沉积和瘢痕形成

瘢痕是肉芽组织经改建成熟而形成的纤维结缔组织,由大量平行或交错排列的胶原纤维束构成,外观苍白或半透明(呈玻璃样变),质地坚实。随着修复的进行,肉芽组织中增殖型成纤维细胞和血管数量逐渐减少,成纤维细胞由增殖表型进行性转变为合成表型,导致细胞外基质生成和沉积逐渐增多。成纤维细胞合成的胶原对于创伤愈合过程中张力的形成尤为重要。胶原合成在损伤后 3~5 天即开始发生,并可持续数周。胶原的净沉积不仅与胶原合成增多有关,也与胶原的降解减少有关。最后,肉芽组织转变成为含致密胶原纤维、弹性纤维以及梭状成纤维细胞的瘢痕。随着瘢痕的成熟,血管逐渐退化,富含血管的肉芽组织逐渐转变成颜色苍白、血管稀少的瘢痕。

参与细胞外基质合成和瘢痕形成过程的生长因子主要有 TGF-β、PDGF 和 FGF 等。

1. TGF-β　具有多种生理功能,在不同代谢状态下和不同组织中,TGF-β 生物学效应可能完全相反。在炎症和修复过程中,TGF-β 主要有两种作用:①促进组织纤维化。TGF-β 可刺激胶原、纤连蛋白(fibronectin)和蛋白多糖合成,可抑制基质金属蛋白酶(MMP)活性,促进基质蛋白酶组织抑制因子(tissue inhibitor of metalloproteinase, TIMP)活化,从而抑制 MMP 对细胞外基质的降解。TGF-β 不仅与修复过程中瘢痕形成有关,也与慢性炎性引起的肺、肝和肾纤维化有关。②抗炎作用。TGF-β 可抑制淋巴细胞增殖和其他炎性细胞活化, TGF-β 基因缺失可导致小鼠出现全身广泛性炎症反应和淋巴细胞增殖。

2. PDGF　合成的 PDGF 储存在血小板中,血小板活化后释放 PDGF。活化的内皮细胞、巨噬细胞、平滑肌细胞以及许多肿瘤细胞也可合成 PDGF。PDGF 可促进成纤维细胞、平滑肌细胞增殖和迁移,并可促进巨噬细胞归巢。

3. 细胞因子　许多介导炎症反应的细胞因子(详见第四章)也参与细胞外基质的产生和瘢痕形成过程,比如,白细胞介素-1(IL-1)和白细胞介素-13(IL-13)可刺激成纤维细胞合成胶原蛋白,并促进成纤维细胞增殖和迁移。

二、瘢痕组织重构

瘢痕形成过程既包含细胞外基质的合成与沉积,也包含细胞外基质的降解,直至细胞外基质的合成与降解达到平衡。在这一过程中,瘢痕中的结缔组织不断发生改变和结构重塑,称为重构(remodeling)。

结缔组织中胶原和其他成分的降解主要由锌离子依赖性 MMP 完成。MMP 包括四种类型:①间质胶原酶(interstitial collagenase),包括 MMP-1、MMP-2 和 MMP-3,主要降解纤维性胶原蛋白;②明胶酶(gelatinase),包括 MMP-2 和 MMP-9,主要降解无定形胶原和纤连蛋白;③基质溶素(stromelysin),包括 MMP-3、MMP-10 和 MMP-11,主要降解蛋白多糖、层黏蛋白、纤连蛋白和无定形胶原;④膜型基质金属蛋白酶(membrane-type matrix metalloproteinase,MT-MMP),可以直接或间接降解细胞外基质中的多种成分,并对黏附分子起调节作用。

MMP 可由成纤维细胞、巨噬细胞、中性粒细胞、滑膜细胞和一些上皮细胞合成,它们的合成和分泌受许多生长因子和细胞因子的诱导。组织中 MMP 的活性受到严格调控,它们以无活性的酶原形式分泌,在损伤组织释放的蛋白酶(如纤维蛋白溶酶)的诱导下发生活化,并可被间充质细胞产生的 TIMP 迅速抑制。TIMP 和 MMP 之间的动态平衡决定了瘢痕组织的重构过程能否顺利进行。

中性粒细胞弹性蛋白酶、组织蛋白酶 G、纤溶酶等也能降解细胞外基质,但它们属于丝氨酸蛋白酶而非金属离子依赖性蛋白酶。

三、瘢痕对机体的影响

瘢痕组织可以将创口或其他缺损填补并连接起来,可使组织器官保持完整性。但是,由于瘢痕组织常发生收缩,可引起器官变形及功能障碍。在胃肠道和泌尿道等腔性器官形成的瘢痕可引起管腔狭窄(如十二指肠溃疡瘢痕可引起幽门梗阻),在关节附近形成的瘢痕可引起关节挛缩或运动障碍。纤维结缔组织发生玻璃样变可造成器官硬化。胶原合成不足或瘢痕组织受到较大而持久的外力作用可导致瘢痕膨出,在腹壁瘢痕可形成疝,在动脉壁可形成动脉瘤,在心室壁可形成室壁瘤。

有的瘢痕组织因胶原过度沉积而形成不规则的瘤状隆起硬块,称为瘢痕疙瘩(keloid),其发生机制不明,一般认为与遗传有关。皮肤创伤愈合过程中也可能出现肉芽组织过量形成并向皮肤表面凸起,这种组织称为"赘肉"(proud flesh),需经烧烙或手术切除后才能使上皮组织得以修复。

第三节　皮肤创伤愈合

皮肤创伤愈合过程与其他组织的修复过程相似,因此,本节以皮肤创伤愈合为例阐述修复的一般过程。

皮肤创伤愈合可分为三个阶段:①炎症反应(早期或晚期);②肉芽组织形成和再上皮化;③创口收缩、细胞外基质沉积和重构。但上述三个阶段通常相互重叠,有时难以划分。

皮肤创伤愈合可分为一期愈合(healing by primary intension)和二期愈合(healing by secondary intension)两种经典类型,划分这两种类型的愈合主要基于创伤的性质而非愈合过程本身。

一、一期愈合

一期愈合是最简单的愈合方式,见于类似于经黏合或缝合的清洁、无感染的伤口的愈合。这类创伤对上皮细胞、结缔组织和上皮基底膜的损伤较轻,狭窄的缺口可迅速被血凝块填充,血凝块表层干燥后形成痂皮覆盖在创口表面。在损伤后 24h 内,可见中性粒细胞和基底细胞由创口边缘向血凝块迁移;24～48h 内,创口两侧的上皮细胞开始沿真皮层迁移和增殖,同时伴随着基膜成分的合成,从创口两侧迁移和增殖的上皮细胞在痂皮下汇合,形成一薄层完整的上皮。约 3 天后,创伤局部的中性粒细胞被巨噬细胞所取代,肉芽组织开始向创口间隙长入,胶原纤维开始在创口边缘形成。但此时的胶原纤维的方向与创面垂直,尚未对创口进行连接。上皮细胞进行性增殖,新形成的上皮层逐渐增厚。5 天后,创口完全被肉芽组织填充,胶原纤维合成更为丰富并开始对两侧创缘进行连接。上皮层恢复正常厚度和正常结构,并开始角化。在第 2 周内,胶原纤维沉积增多,成纤维细胞继续增殖,水肿消退,炎性细胞和血管数量减少。随着瘢痕组织中胶原纤维的进一步沉积和血管的消失,瘢痕开始"变白"。一个月后,局部炎性细胞完全消失,结缔组织成熟,表皮结构完全恢复正常,但皮肤附属物则永久消失。切口数月后形成一条白色线状瘢痕(图 2-4)。

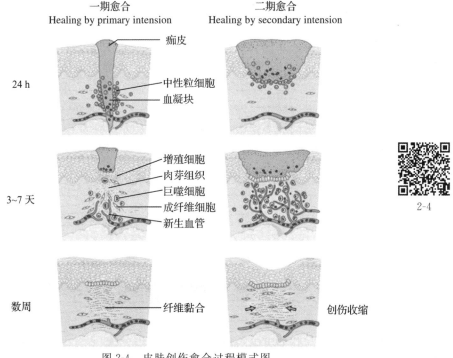

图 2-4　皮肤创伤愈合过程模式图

二、二期愈合

　　二期愈合多见于组织缺损较大、创缘不整、无法整齐对合,或伴有感染的伤口(图 2-5)。二期愈合的过程与第一期愈合基本相同,但有以下差异:①在创伤表面形成较大的富含纤维素和纤连蛋白的痂皮;②旨在清除坏死细胞碎片、渗出液和纤维素的炎症反应较重,炎症反应导致二次损伤;③较大的组织缺损需要大量的肉芽组织进行填充并为上皮细胞再生提供支架,因此,二期愈合形成的瘢痕较大;④二期愈合伴有明显的伤口收缩。比如,在损伤后 6 周,伤口收缩可导致创口大小减少 5%～10%。伤口收缩与肌成纤维细胞(myofibroblast)的形成有关,这种细胞既具有成纤维细胞的特征,又具有收缩性平滑肌细胞的特征。

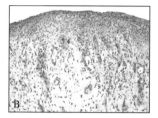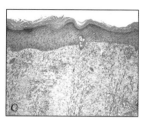

2-5

图 2-5 皮肤溃疡二期愈合过程(皮肤)
A.皮肤溃疡;B.溃疡被肉芽组织填充;C.肉芽组织老化和重构

三、伤口抗拉强度

缝合后的伤口的抗拉强度可达正常皮肤的 70%。一周后拆除缝线时,伤口的抗拉强度可恢复至正常皮肤的 10%,在随后 4 周内迅速上升,至 3 个月左右达到正常皮肤强度的 70%~80%,此后不再上升。伤口抗拉强度的恢复主要与胶原纤维的净沉积增加(前 2 个月)和后期结缔组织重构有关。

第四节 影响组织修复的因素

组织的损伤程度、受损组织的再生能力、创伤局部的感染情况和血液循环情况、伤口有无坏死和异物、机体的年龄及营养状态等都是影响愈合的因素。

一、年 龄

幼龄健壮动物的组织再生能力强,愈合快;老龄动物则相反,组织再生能力差,愈合慢。

二、感染与异物

感染和异物都是影响愈合的重要局部因素,创伤局部感染时,化脓菌产生的毒素和酶能引起组织坏死和胶原纤维溶解,加重局部组织损伤。感染的创伤在感染被控制后才能开始进行修复,延缓了愈合的时间。坏死组织、其他异物及消毒剂也妨碍创伤的愈合。

三、营养状况

营养对组织的再生有很大的影响。长期蛋白质缺乏,尤其是含硫氨基酸(如甲硫氨酸、胱氨酸)缺乏会造成肉芽组织及胶原形成不良,延缓创伤的愈合;维生素 C 缺乏时,会导致前胶原分子难以形成而影响胶原纤维的形成;微量元素中的锌对创伤愈合有重要作用,皮肤中锌的含量低会延缓创口愈合。

四、糖皮质激素

糖皮质激素(glucocorticoids)具有抗感染作用,使用糖皮质激素可抑制 TGF-β 合成,进而降低组织纤维化程度,使瘢痕组织强度降低。

五、局部机械压力

局部机械压力升高（如渗出物过多）或组织扭转等可导致伤口裂开，影响愈合。

六、局部血液循环

局部血液循环良好，有利于坏死物质的吸收及控制局部感染，也可以保证组织再生所需的氧和营养，有利于创伤愈合。动脉粥样硬化、糖尿病或静脉阻塞等引起局部血流减少，导致修复障碍。寒冷环境下的创伤愈合比较缓慢。

七、组织类型和损伤程度

完全修复仅可能发生于不稳定和稳定细胞构成的组织；由永久性细胞构成的组织发生损伤后必定形成不可逆的瘢痕组织。

八、损伤部位

发生于胸膜、腹膜、滑膜腔等部位的炎症常引起大量渗出物集聚。炎性细胞产生的蛋白水解酶可对渗出物进行消化和吸收，这一过程称为炎症消散（inflammation resolution）。如果不伴有细胞坏死，在炎症消散后，组织结构可完全恢复正常。如果渗出物难以被消化吸收，渗出物则由肉芽组织取代，最后形成纤维瘢痕，这一过程称为机化（organization）。

（王　丹、谭　勋）

第三章

局部血液循环障碍
Disturbances of Local Circulation

【Overview】 The health of cells and organs depends critically on an unbroken circulation to deliver oxygen and nutrients and to remove wastes. Any interference with the blood flow to a portion of the body results in a circulatory disturbance.

The two terms, hyperemia and congestion, both indicate a local increased volume of blood in a particular tissue. Hyperemia is an active process resulting from augmented tissue inflow because of arteriolar dilation, as in skeletal muscle during exercise or at sites of inflammation. The affected tissue is redder because of the engorgement of vessels with oxygenated blood. Congestion is a passive process resulting from impaired outflow from a tissue. It may occur systemically, as in cardiac failure, or it may be local, resulting from an isolated venous obstruction. The tissue has a blue-red color(cyanosis), particularly as worsening congestion leads to accumulation of deoxygenated hemoglobin in the affected tissues.

Hemorrhage means escape of blood outside the cardiovascular system. Hemorrhage may be external or may be enclosed within a tissue. Accumulation of blood within tissues is called hematoma. According to the size of hematoma, it is called petechiea(1～2 mm in diameter), purpura(slightly larger hematoma, more than 3mm in diameter), or ecchymosis (larger subcutaneous hematoma, 1～2 cm in diameter). Internal hemorrhage is hemorrhage inside body cavities, called as hemothorax(hemorrhage into pleura), hemopericardium (hemorrhage into the pericardium), hemoperitoneium(hemorrhage into peritoneal sac) and hemarthrosis(hemorrhage into joint space). External hemorrhage is bleeding through body surface. Clinical significance of hemorrhage depends upon the volume and rate of bleeding. Rapid loss of up to 20% of the blood volume or chronic losses even larger amounts may have little impact in healthy adults. Greater loss, however, may produce hypovolemic shock. Chronic external blood loss induces iron deficiency anemia while chronic internal blood loss does not. Large subcutaneous hematoma may not be harmful while a small brain hematoma can be fatal.

Thrombus is a compact mass formed of the circulating blood elements within the cardiovascular system during life, obstructing the flow of blood through the circulatory system. Endothelial damage(dysfunction), change in the pattern of blood flow(stasis or turbulence) and changes in composition of blood(blood coagulability) represent the main predisposing factors for thrombosis. Thrombi are significant because they cause obstruction of arteries and veins, and they are possible source of emboli. The significance of thrombus depends on where it occurs. While venous thrombi may cause congestion and edema in vascular bed distal to an obstruction, a far graver consequence is that they may embolize to the lungs, causing death. Conversely, although arterial thrombi can embolize, their role in vascular obstruction at critical sites(e. g. , coronary arteries resulting in myocardial infarction) is much more important.

An embolism is a detached intravascular solid, liquid, or gaseous mass that is carried by the blood to a site distant from its point of origin to be impacted in a small blood vessel. The embolus may be a blood clot(thrombus), a fat globule, a bubble of air or other gas (gas embolism), or foreign material. Almost all emboli represent some parts of a dislodged thrombus, hence the common used term is thromboembolism. Inevitably, emboli lodge in vessels that are too small to permit further passage, resulting in partial or complete vascular occlusion. Depending on the site of origin, emboli may lodge anywhere in the vascular tree. The consequences of thromboembolism include ischemic necrosis(infarction) of downstream tissue.

An infarct is an area of ischemic necrosis caused by occlusion either of arterial blood supply or rarely the venous drainage of a particular tissue. Nearly 99% of all infarcts result from thrombotic or embolic events, and almost all result from arterial occlusion. Infarcts are classified on the basis of their color(reflecting the amount of hemorrhage) and the presence or absence of microbial infections. Therefore, infarcts may either be red(hemorrhagic) or white(anemic) and may either be septic or bland. Red infarction occurs (1) with venous occlusion; (2) in loose tissue(such as lung), which allows the blood to collect in the infarcted zone; (3) in tissue with dual blood supply(lung and intestine), permitting flow of blood from the unobstructed vessel into the necrotic zone; (4) in tissue that were previously congested because of sluggish venous outflow; and (5) when blood is re-established to a previous arterial occlusion and necrosis. White infarction occurs with arterial occlusion in solid organs with end-arterial occlusion(heart, kidney and spleen), where the solidity of the tissue limits the amount of hemorrhage that can seep into the area of ischemic necrosis from adjoining capillary bed. White infarction usually has a red zone at periphery because capillaries at the border of infarct undergo dissolution and blood seeps into the area of necrosis. Septic infarction may develop when embolization occurs by fragmentation of a bacterial vegetation from heart valve or when microbes seed an area of necrotic tissue.

正常血液循环的主要功能是向各器官、组织输送氧气和营养物质,同时不断从组织中运走二氧化碳和各种代谢产物,以保持机体内环境的相对稳定和各组织器官代谢、功能活动的正常进行。一旦发生血液循环障碍且超过神经体液调节范围,就会影响相应组织器官的功能、代谢以及形态结构,严重者甚至导致机体死亡。血液循环障碍可分为全身性和局部性两种,它们既有区别,又有联系。本章主要叙述局部血液循环障碍。

局部血液循环障碍表现为以下几方面的异常:①局部组织或器官血管内血液含量异常,包括血液含量增多或减少,即充血、淤血或缺血;②局部血管壁通透性和完整性异常,表现为血管内成分逸出血管外,包括水肿和出血;③血液性状和血管内容物异常,包括血栓形成、栓塞和梗死。

第一节　充血和淤血

一、充　血

在某些生理或病理因素作用下,局部器官或组织的小动脉及毛细血管扩张、输入血量增多,这一现象称为动脉性充血(arterial hyperemia),简称充血(hyperemia)。充血是一个主动过程,因而又称为主动性充血(active hyperemia),其特点是发生快,易于消退。

(一)发生原因

凡能引起小动脉扩张的任何原因,均可引起局部组织或器官充血。细小动脉扩张是由于神经和体液因素作用于血管,导致血管舒张神经兴奋性增高或血管收缩神经兴奋性降低的结果,这两种作用往往同时存在,但一般以前者为主。

(二)常见类型

1.生理性充血　为适应组织、器官生理上的需要或者机体代谢增强而发生的充血称为生理性充血,如采食后胃肠充血、运动时横纹肌充血。

2.病理性充血

(1)炎性充血:是较为常见的一种病理性充血,尤其是在炎症的早期或急性炎症,在致炎因子以及组胺等血管活性物质的作用下,局部小动脉扩张,血流速度加快,局部动脉血输入量增多,这种充血称为炎症性充血。

(2)刺激性充血:摩擦、温热、酸碱等物理或化学因素刺激引起的充血。这类充血的机制同炎性充血,只是其程度一般较轻。

(3)减压后充血:局部组织长期受压而发生缺血(血液灌注量不足),当压力突然解除时,小动脉可迅速发生反射性扩张而引起充血,这种充血称为减压后充血,也称为贫血后充血(postanemic hyperemia)。例如,当马、骡发生肠鼓胀和牛发生瘤胃鼓胀时,腹腔内肝、脾和胃等脏器因受压而发生贫血。此时,若进行胃肠穿刺放气的速度过快,作用于腹腔脏器的压力突然降低,受压的动脉发生反射性扩张,大量血液急剧流入腹腔脏器,可引起有效循环血量骤减,血压迅速下降、引起心、脑供血不足,严重时可导致动物死亡。快速抽出胸、腹腔积液或摘除腹腔内巨大肿瘤也可引起相似的后果。

(4)侧支性充血(collateral hyperemia):是指某一动脉内腔受栓子阻塞或肿瘤压迫而使血流受阻时,与其相邻的动脉吻合支发生反射性扩张,其内血流量增多,以代偿局部血管受阻所造成的缺血性病理过程。侧支性充血的发生是阻塞处上部血管血压增高以及局部代谢不全产物蓄积刺激血管扩张共同作用的结果。这种充血常具有代偿意义,可在一定程度上改善局部组织的血液供应,对机体是一种有益反应。

(三)病理变化

充血的器官色泽鲜红,体积轻度增大,代谢旺盛,温度升高,功能增强(如腺体或黏液的分泌增多),位于体表时血管有明显的搏动感。镜检可见小动脉和毛细血管扩张,充满红细胞。

(四)充血对机体的影响

充血对机体的影响取决于其发生的部位和持续时间。多数情况下,短暂的适度充血对机体是有利的,这是由于充血时局部动脉血含量增加、血液流速加快,可为组织带来更多的氧及营养物质,同时又可将局部产生的病理性物质及时带走,这对于消除病因和促进组织的功能恢复具有积极意义。临床上常采用理疗、热敷和涂擦刺激的方法治疗某些疾病,其原理就是人为地刺激局部组织,使其充血,以促进局部血液循环,增强组织代谢,加快疾病康复。但是,长时间持续性充血可能导致血管壁紧张性下降或丧失,动脉血流逐渐变慢,影响组织功能。个别情况下充血会造成不利后果,比如,脑组织严重充血(如热射病)常可导致颅内压升高而使动物发生神经功能障碍,甚至引起死亡。在有血管病变(如动脉硬化、脑血管畸形等)的情况下,严重充血可能导致血管发生破裂。

二、淤血

局部组织或器官由于静脉血回流受阻,血液淤积在小静脉和毛细血管内,导致静脉含血量增多,这一现象称为静脉性充血(venous hyperemia),又称为被动性淤血(passive hyperemia),简称淤血(congestion)。淤血发生缓慢,持续时间长,因而病理情况下淤血远比充血多见。

(一)发生原因

可发生于局部组织(局部淤血),也可发生于全身(全身性淤血)。引起淤血的原因如下:

1. 静脉受压　静脉受外部机械力压迫而发生管腔狭窄甚至闭塞,导致静脉回流受阻,如肿瘤、炎症包块及绷带包扎过紧等引起的淤血;肠套叠、肠扭转、嵌顿疝等引起的局部肠段严重淤血。

2. 静脉管腔阻塞　静脉管腔被血栓或细菌栓子等阻塞,引起血液回流障碍。

3. 心力衰竭　二尖瓣瓣膜病和高血压等引起左心衰时,由于肺静脉回流受阻,引起肺淤血;肺源性心脏病、肺动脉高压等引起右心功能衰竭时,可引起肝脏和全身性体循环脏器淤血。

(二)病理变化

淤血是一种最常见的病理变化。全身性淤血无论引起淤血的原因如何,其大体病变特点基本相似,表现为:体积肿大,颜色呈暗红色或紫红色,指压退色;切面湿润,富含暗红色的血液。发生于体表时,由于淤积的血液中氧合血红蛋白减少,脱氧血红蛋白增多,故局部呈紫蓝色,称为发绀(cyanosis)。淤血组织代谢降低,产热减少,如果发生在体表,则淤血局部皮温降低。急性淤血组织可见小静脉和毛细血管扩张,充满红细胞,有时还伴有淤血性水肿和淤血性出血,组织细胞因为缺氧而发生变性、坏死。慢性淤血通常引起器官硬化。

(三)淤血对机体的影响

淤血对机体的影响取决于淤血的程度、发生的速度和持续时间、侧支循环建立的状况以及淤血器官的组织特性等因素。一般而言,轻度而短暂的淤血对器官的影响较轻微,仅引起局部器官的功能降低、代谢减慢,如果及时去除病因,局部血液循环可逐渐恢复正常,受累器官的功能和代谢也逐渐恢复。

如果淤血的程度较重,或者持续的时间较长,可引起下列病理改变:

1.淤血性水肿 淤血可使毛细血管内流体静压升高,淤血缺氧还可使毛细血管壁通透性增加,血浆成分渗出,导致局部组织水肿或引起浆膜腔积液而影响相应器官的功能。

2.淤血性出血 严重淤血缺氧使毛细血管壁通透性明显增高时,除液体外出外,红细胞也可漏出到血管外,形成淤血性出血(漏出性出血)。

3.细胞损伤 淤血导致局部缺氧以及局部代谢不全产物的堆积,引起实质细胞代谢障碍,发生变性或坏死。

4.器官硬化 慢性淤血(chronic congestion)引起实质细胞逐渐发生萎缩,但间质纤维组织增生,并出现网状纤维胶原化(网状纤维互相聚合形成胶原纤维),使器官质地逐渐变硬,称为淤血性硬化(congestive sclerosis),如长期慢性肝淤血引起的淤血性肝硬化。

(四)重要器官淤血

1.肺淤血 主要见于左心功能不全和肺炎症性疾病。急性肺淤血时,肺呈紫红色,体积膨大,质地稍变韧,重量增加,被膜紧张而光滑,从切面上流出大量混有泡沫的血样液体。镜检见肺内小静脉及肺泡壁毛细血管高度扩张,充满大量红细胞,部分肺泡腔内出现淡红色的浆液和数量不等的红细胞(图 3-1)。慢性肺淤血可引起肺间质结缔组织增生,同时常伴有大量含铁血黄素在肺泡腔和肺间质内沉积,

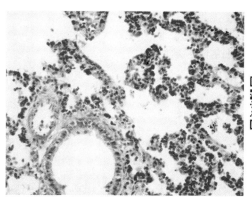

图 3-1 急性肺淤血
肺泡壁毛细血管极度扩张,内含大量红细胞

使肺发生褐色硬化(图 3-2)。镜检时常在肺泡腔中见到吞噬有红细胞或含铁血黄素的巨噬细胞(图 3-3),因为慢性肺淤血多见于心力衰竭病例,因而这种细胞又被称为"心力衰竭细胞"(heart failure cell)。

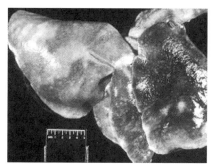
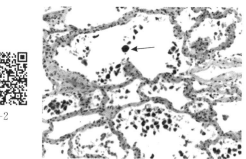

图 3-2 肺褐色硬化(犬)
肺质地变硬,含铁血黄素沉积时淤血部位呈黑褐色

图 3-3 慢性肺淤血
肺泡间隔增厚,肺泡腔内出现大量"心力衰竭细胞"(↑)

2.肝淤血　肝淤血多见于右心衰竭和炎症性疾病。急性肝淤血时,肝体积稍肿大,被膜紧张,表面呈暗红色,质地较实。切开时,由切面流出大量暗红色血液。镜检可见肝小叶中央静脉和肝窦扩张,充满红细胞(图3-4)。慢性肝淤血时,由于淤血的肝组织发生脂肪变性,故在切面可见到红黄相间的网格状花纹,形似槟榔切面,故有"槟榔肝"(nutmeg liver)之称(图3-5)。镜检,肝小叶中央静脉及肝窦扩张,此处肝细胞受压迫而发生萎缩,而周边肝细胞因缺氧可发生脂肪变性。长期慢性肝淤血还可导致肝内纤维组织增生及网状纤维胶原化,使肝质地变硬,称为淤血性肝硬化(congestive liver sclerosis)。

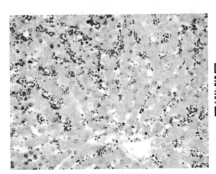

3-4   3-5

图3-5　慢性肝淤血(槟榔肝,牛)
肝切面可见红黄相间的网格状花纹

图3-4　急性肝淤血
肝窦扩张,窦内充满红细胞

第二节　出　血

血液流出心脏或血管之外,称为出血(hemorrhage)。血液进入组织间隙或体腔,称为内出血(internal hemorrhage),血液流出体外称为外出血(external hemorrhage)。

根据出血的来源不同可分为动脉出血(arterial hemorrhage)、静脉出血(venous hemorrhage)、毛细血管出血(capillary hemorrhage)和心脏出血(heart hemorrhage);根据出血的部位不同可分为外出血和内出血;根据血管的损伤特点可大致分为两类:血管壁的完整性遭到破坏而引起的出血,称为破裂性出血(rhexis hemorrhage);若血管的完整性未被破坏,但毛细血管和微静脉壁的通透性升高,导致红细胞漏出,称为渗出性出血(transudatory hemorrhage)。

一、原因和类型

根据血液逸出的机制,出血分为破裂性和渗出性两类。

(一)破裂性出血

破裂性出血是指因心脏或血管壁破裂而引起的出血。外伤(如挤压伤、切割伤和刺伤等)是引起破裂性出血的常见原因。肿瘤细胞、炎症和溃疡等对血管壁的侵蚀也可造成血管破裂。此外,心脏或血管壁本身的病变如心肌梗死后的室壁瘤、主动脉瘤、动脉粥样硬化、动-静脉发育畸形等也可造成血管破裂而引起出血。

(二)渗出性出血

渗出性出血是由于毛细血管和后微静脉壁通透性增加,红细胞通过扩大的内皮细胞间隙和损伤的血管基底膜漏出血管外。引起渗出性出血的原因概括起来有以下几种:

1.血管壁通透性升高 严重淤血、缺氧、败血症、中毒(有机磷中毒、霉菌毒素中毒)、病原微生物感染、过敏反应等均可引起毛细血管通透性升高。此外,严重维生素 C 缺乏时,毛细血管内皮细胞接合处的基质和血管外的胶原基质形成不足,导致血管脆性和通透性增加。大多数动物可以合成足够的维生素 C 而不会缺乏,但豚鼠和一些非人灵长类动物(如猴和猿)常常可见到因维生素 C 缺乏而发生坏血病。

2.血小板质或量改变 血小板是维持毛细血管通透性的重要因素,当血小板数量少于 $5×10^9/L$ 时,即有出血倾向。再生障碍性贫血、急性白血病、骨髓内广泛的肿瘤转移等均可造成血小板生成障碍;原发性血小板减少性紫癜、血栓性血小板减少性紫癜和弥散性血管内凝血(disseminated intravascular coagulation,DIC)等引起血小板消耗过多;某些药物诱导体内抗原抗体复合物形成并吸附于血小板表面,使血小板连同抗原抗体复合物被巨噬细胞所吞噬,造成血小板数量减少;细菌的内毒素或外毒素也有破坏血小板的作用。

3.凝血因子缺乏 如凝血因子Ⅷ缺乏(血友病 A)、凝血因子Ⅸ缺乏(血友病 B)、纤维蛋白原缺乏和凝血酶原等的缺乏;DIC 时血液中凝血因子过度消耗;维生素 K 缺乏;重症肝炎和肝硬化时凝血因子(Ⅶ、Ⅸ、Ⅹ等)合成减少。

二、病理变化

出血可发生在身体的任何部位。鼻出血也称为鼻衄;肺出血称为咯血(emptysis);胃出血称为吐血(hematemesis)或呕血;混有血液的尿液称为血尿(hematuria);混有血液的粪便称为血便;发生在皮下、黏膜或浆膜上的直径为 1~2mm 的小点状出血称为瘀点(petechiea),稍大的出血点(直径 3~5mm)称为紫癜(purpura),直径超过 1~2cm 的皮下出血称为瘀斑(ecchymosis);血液弥漫性地浸润于血管附近的组织间隙,使出血的局部呈现大片暗红色,称为出血性浸润(hemorrhagic infiltration);大量出血局限于组织内呈肿块样隆起,称为血肿(hematoma),如皮下血肿、硬脑膜下血肿等;血液积聚于体腔内称为积血,如心包积血(hematopericardium)、腹腔积血(hematocelia)、胸腔积血(hemothorax)和关节腔积血(articular cavity hematocele)等。某些器官的浆膜或组织内不规则的弥漫性出血,也称为溢血(如脑溢血)。

当机体有全身性出血倾向时,称为出血性素质(hemorrhagic diathesis)。

三、结局和对机体的影响

一般而言,发生缓慢的破裂性出血时,由于受损血管发生反射性收缩,加上凝血系统被激活而形成血凝块,出血可自行停止。流入局部组织或体腔内的少量血液可被巨噬细胞清除,较大的血肿则难以被完全吸收,通常发生机化或被纤维结缔组织包裹而形成包囊。

出血对机体的影响取决于出血的部位、出血量和出血持续时间。出血量小于血液总量的20％的急性出血或出血量大于20％的慢性出血通常不会引起严重的后果，更大量的出血则可引起低血容量性休克(hyporolemic shock)甚至死亡。慢性外出血可引起缺铁性贫血，但慢性内出血则不会引起贫血。皮下较大的血肿通常不引起严重后果；如果血肿发生在脑组织内，即使很小的血肿也可能致命。心包积血可导致心包内压升高，使心扩张受限，从而导致严重的血液循环障碍，甚至心跳停止。

第三节　止血和血栓形成

在正常生理情况下，小血管受损后引起的出血在几分钟内就会自行停止，这种现象称为止血(hemeostasis)。生理性止血是机体重要的保护机制之一，这一过程受到严格调控。生理性止血的作用在于：①维持血管内血液呈流体状态且不形成凝血块；②在血管损伤部位迅速形成止血性栓子。

血栓形成是一种异常的止血反应，是指在未受损伤的血管内出现血凝块，即血栓(thrombus)，或者在血管损伤相对轻微的情况下形成血栓性阻塞(thrombotic occlusion)。

一、正常止血过程

(一)血管收缩

在内皮损伤时，血管发生神经反射性短暂收缩。内皮细胞分泌的内皮素(endothelin)可加强血管的收缩反应。血管收缩使受损血管内血流减少，有助于暂时止血。

(二)初级止血

血小板在 von Willebrand 因子(vWF)的介导下与暴露的内皮下的细胞外基质(extra-cellular matrix,ECM)发生黏附而被激活，进而发生变形并释放分泌颗粒。血小板释放的ADP 和血栓素 A_2(thromboxane A_2,TxA2)可募集更多的血小板，并使血小板相互凝集，形成初级止血栓，堵塞在受损血管处。初级止血栓可以再散开。

(三)第二期止血

在内皮细胞释放的组织因子(tissue factor)和血小板释放的促凝因子的共同作用下，凝血酶(thrombin)被激活，使血液中的可溶性纤维蛋白原转变为不溶的纤维蛋白，并进一步募集和激活血小板。

(四)永久性止血栓

纤维蛋白聚合物和血小板相互凝集成坚实的、永久性止血栓子，以阻止进一步出血。进入这一阶段后，组织纤维蛋白溶酶原活化因子(tissue-type plasminogen activator,t-PA)和凝血酶调节蛋白(thrombomodulin)等抗凝血相关因子活化，将止血栓子局限在受损血管部位。

正常止血过程如图 3-6 所示。

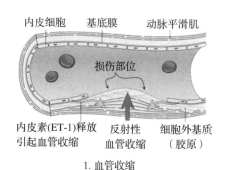

1. 血管收缩

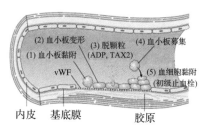

2. 初级止血栓

3-6

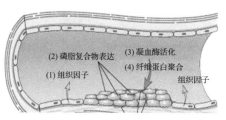

3. 第二期止血

4. 止血栓形成及抗凝血反应

图 3-6　正常止血过程示意图

二、内皮细胞、血小板及凝血级联反应

（一）内皮细胞

内皮具有抗血小板黏附和聚集、抑制凝血级联反应和促进凝血块溶解的作用。完整的血管内膜将血小板和血浆中的凝血因子与内皮下细胞外基质（ECM）隔离开来，阻止血小板激活。即使发生了局部内皮损伤，内皮细胞释放的前列环素（PGI2）和一氧化氮也可抑制血小板与损伤部位邻近的正常内皮细胞黏附。内皮细胞还可合成 ADP 酶，降解激活的血小板释放的 ADP，阻止血小板凝集。内皮细胞对凝血级联反应的调控主要受膜相关肝素样分子（membrane-associated heparin-like molecule）和凝血酶调节蛋白介导。肝素样分子通过与抗凝血酶Ⅲ结合而灭活凝血酶、凝血因子Ⅹa 和Ⅸa。凝血酶调节蛋白是凝血酶的受体，与凝血酶结合后，使其从促凝因子转化为抗凝因子并激活蛋白 C，在内皮细胞合成的蛋白 S 共同作用下，灭活凝血因子Ⅴa 和Ⅷa。内皮细胞还可合成组织因子信号通路抑制剂，这种细胞表面蛋白可形成复合物，抑制组织因子活化的凝血因子Ⅶa 和Ⅹa。内皮细胞还可释放 t-PA，促进沉积在内皮细胞表面的纤维蛋白溶解。

内皮细胞也具有促凝作用。在内皮损伤时，内皮下 ECM 成分暴露，血小板与 ECM 黏附而激活，并促进内皮细胞释放更多的 vWF 因子。此外，内皮细胞在细菌内毒素和细胞因子（如 TNF-α、IL-1）刺激下合成和释放组织因子，启动外源性凝血系统。内皮细胞还能合成纤溶酶原活化因子抑制因子（plasminogen activator inhibitors，PAI），抑制纤溶活性。

综上，内皮细胞具有抗凝和促凝两种功能（图 3-7），生理情况下以抗凝作用为主，一旦发生损伤，则由抗凝表型转变为促凝表型。

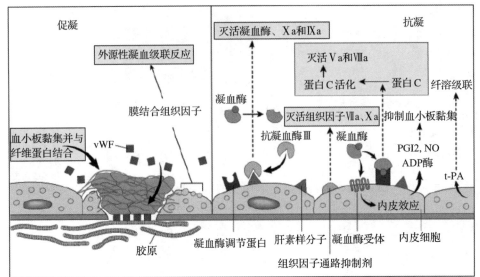

图 3-7   内皮细胞促凝和抗凝过程示意图

PGI2:前列环素；NO:一氧化氮；t-PA:组织纤维蛋白溶酶原活化因子

（二）血小板

血小板在正常止血过程中发挥重要作用。血小板表面具有一系列整合素家族（integrin family）分子的受体，并含有两种颗粒：α颗粒和σ颗粒（致密颗粒）。α颗粒表面有 P-selectin 黏附分子表达，其内含有纤维蛋白原（fibrinogen）、纤连蛋白（fibronectin）、Ⅴ和Ⅷ因子、血小板因子4、血小板衍生生长因子（PDGF）和转化生长因子-β。σ颗粒则含有 ADP、ATP、Ca^{2+} 和血管活性物质（如组胺、5-羟色胺、肾上腺素）。

当内皮损伤时，血小板首先与内皮下 ECM（胶原蛋白、蛋白多糖、纤连蛋白以及其他黏附分子）发生接触，进而发生三个基本反应：①黏附和形态改变；②释放分泌颗粒；③聚集成团。

vWF 是连接血小板表面受体（如糖蛋白 Ib）与胶原纤维的桥梁，这种分子在正常内皮细胞亦有表达，并非止血的特异性反应。vWF 也可与其他 ECM 成分（如纤连蛋白）黏附，但只有 vWF 与糖蛋白 Ib 的结合才能对抗高血流剪切应力的作用，因而遗传性 vWF 或糖蛋白 Ib 缺乏可引起止血障碍。

与 ECM 黏附后，血小板表面受体与相应配体结合，随即发生脱颗粒。σ颗粒的释放对于止血尤为重要，一方面，σ颗粒释放的 Ca^{2+} 参与凝血级联反应，另一方面，σ颗粒中的 ADP 具有强烈的促血小板黏集作用，并能进一步放大其他血小板释放 ADP 的反应。活化的血小板还表达磷脂复合物（phospholid complex），为内源性凝血途径中的 Ca^{2+} 和凝血因子提供结合位点。

血小板凝集受血小板释放的 ADP 和 TxA2 介导。ADP 和 TxA2 通过自催化反应而扩大血小板凝集效应，促进初级止血栓形成，这种止血栓可重新散开。但是，随着凝血级联反应的活化，凝血酶被激活，与血小板表面受体结合后，促进血小板进一步凝集并发生固化，形成不可逆的二期止血栓。在这一期，凝血酶生成，将止血栓内部或周围的纤维蛋白原转变为纤维蛋白，将止血栓牢固地定位在受损血管部位。值得注意的是，纤维蛋白原本身也具有促进血小板凝集的作用。

(三)凝血级联反应

凝血级联反应是指一连串的旨在将未活化的凝血酶转化为有活性的凝血酶的过程,最终将纤维蛋白原转变为纤维蛋白。传统上,通常将凝血级联反应分为内源性和外源性凝血级联,两者在因子Ⅹ被激活时融合,然后生成凝血酶并进入一个共同通路。其基本过程如图3-8 所示。

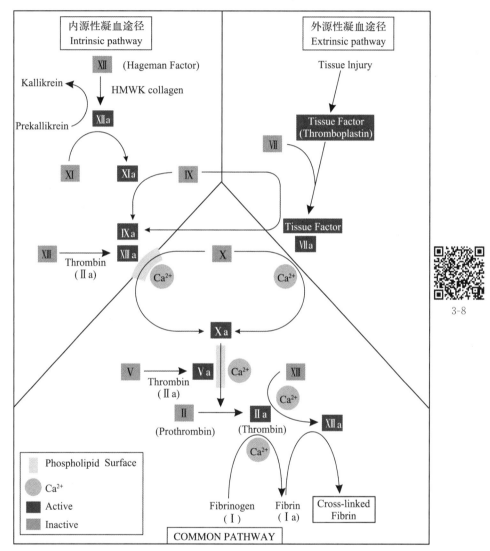

3-8

图 3-8　凝血级联反应示意图

外源性和内源性途径在因子Ⅸ交汇。带有字母 a 的因子为活化的因子。
HMWK:高分子量激肽原(high molecular weight-kininogen)。

凝血过程一旦启动,就必须被限制在受损血管局部,以免整个脉管系统发生凝血。其调节机制包括:

1.凝血因子的活化　只发生在血小板磷脂复合物暴露区域。活化的凝血因子在正常血流中被稀释,并由肝和组织巨噬细胞清除。

2.抗凝血酶　抗凝血酶(如抗凝血酶Ⅲ)与内皮表面的肝素样分子结合而被激活,进而抑制凝血酶和其他丝氨酸蛋白酶(如Ⅸa、Ⅹa、Ⅺa、Ⅻa)的活性。

3.蛋白C和蛋白S 这两种蛋白均为维生素K依赖性蛋白。凝血酶调节蛋白与凝血酶结合后,激活蛋白C,在内皮细胞合成的蛋白S共同作用下,灭活凝血因子Ⅴa和Ⅷa。

4.组织因子通路抑制物(tissue factor pathway inhibitor,TFPI) 内皮细胞释放TFPI,与因子Ⅹa和组织因子-Ⅶa形成复合物并使其灭活,迅速限制凝血。

除引起凝血外,凝血级联反应激活也可引起纤溶级联反应(fibrinolytic casade)过程活化,以限制止血栓无限长大。参与纤溶过程的酶主要为纤溶酶(plasmin)。纤溶酶由血浆中无活性的纤溶酶原转化而来,其活化途径包括因子Ⅻ依赖性途径或纤溶酶原激活因子(plasminogen activator,PA)途径。体内有两种不同类型的溶酶原激活因子,一种为尿激酶样PA(urokinase PA,u-PA),存在于血浆和各种组织中,能够使纤溶酶原转变为纤溶酶,后者反过来可进一步激活u-PA,使反应被放大。另一种组织纤溶酶原激活因子为内皮细胞合成的t-PA,这一因子对纤维蛋白具有很高的亲和力,附着于纤维蛋白后活性显著升高。

纤溶酶的主要作用是降解纤维蛋白,并干扰纤维蛋白聚合。纤维蛋白降解产物也有微弱的抗凝活性。血液中纤维蛋白降解产物水平升高(临床上检测纤维蛋白D-二聚体)对于建立DIC、深部静脉血栓及肺血栓性栓塞的诊断具有意义。

三、血栓形成的条件和机制

血栓形成(thrombosis)是一种异常的止血反应,目前公认的血栓形成条件是德国病理学家Rudolph Virchow提出的血栓形成三要素(Virchow triad),即血管内皮损伤、血流状态改变和血液凝固性升高,这三个因素可单独或联合引起血栓形成(图3-9)。

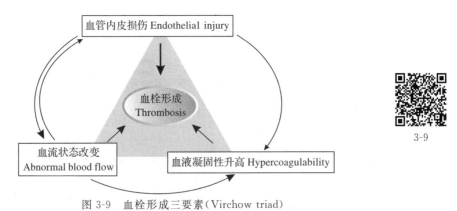

3-9

图3-9 血栓形成三要素(Virchow triad)

(一)血管内皮损伤

血管内皮损伤(endothelial injury)对血栓形成发挥重要影响,其单独存在也可导致血栓形成(如心内膜炎、动脉粥样硬化的溃疡)。内皮屏障被破坏可引起内皮下ECM暴露、血小板黏集、组织因子释放以及局部PGI2和NO合成减少等一系列变化,促进血栓形成。内皮损伤是心脏和动脉内血栓形成的重要条件,这些部位血流速度较快,可阻止血小板黏集并能快速稀释凝血因子,如果没有内皮损伤,血栓则很难形成。

值得注意的是,血栓形成并不一定需要血管内皮发生物理性损伤,内皮细胞功能障碍引起促凝因子表达增多(如血小板黏附分子、组织因子、PAI)和抗凝因子合成减少(如凝血酶调节蛋白、PGI2、t-PA)也可导致血栓形成。高血压引起的血流动力学改变、血液流经瘢痕化瓣膜时形成的湍流以及细菌毒素等均可引起严重的内皮功能障碍(无内皮细胞数量减少),因而,这些因素也常可诱导血栓形成。

(二)血流状态改变

血流状态改变(abnormal blood flow)包括形成湍流(turbulent flow)或血流停滞(stasis)。正常的血液流动方式为层流(laminar flow),即红细胞和白细胞位于血流的中央,其周围是血小板,最外围是血浆。因而,在正常情况下,血浆带将血液有形成分和血管内皮隔开,阻止血小板与血管内皮接触。血流停滞或湍流(形成漩涡)可导致发生以下情况:①层流状态破坏,血小板易于与血管内皮接触;②活化的凝血因子不能被新鲜血液稀释;③血流停滞使抗凝血因子无法流入,导致止血栓子不断变大;④导致内皮损伤或功能异常,促进局部血栓形成。

血流停滞或湍流形成参与许多部位的血栓形成。如溃疡化的额动脉粥样硬化斑块部位血栓形成与内皮损伤和湍流形成有关、动脉瘤中血栓形成与血流停滞有关。心肌梗死引起的血栓形成不仅与内皮损伤有关,也与梗死区域心肌缺乏弹性而引起血流停滞有关。

(三)血液凝固性升高

血液凝固性升高(hypercoagulability)是指血液中血小板和凝血因子增多,或纤维蛋白溶解系统的活性降低,导致血液呈高凝状态。此状态可见于原发性(遗传性)和继发性(获得性)疾病。

1.遗传性高凝　最常见为第 V 因子基因突变。突变的因子 V 编码的蛋白能抵抗被激活的蛋白 C 对它的降解,使蛋白 C 失去抗凝作用。抗凝血酶Ⅲ、蛋白 C、蛋白 S 先天性缺乏也可导致血液呈高凝状态,导致静脉血栓形成。

2.获得性高凝　在严重创伤、大面积烧伤、大手术后,由于血液浓缩,血液中纤维蛋白原、凝血酶原及其他凝血因子(Ⅻ、Ⅶ)的含量升高,故常易促进血栓形成。在 DIC 时,凝血因子激活和组织因子释放,导致血液凝固性升高,也可导致血栓形成。

四、血栓形态学

血栓可在心血管系统的任何部位形成,与血管壁紧密相连,其形态取决于发生部位及导致血栓形成的环境。

(一)心脏和动脉血栓

动脉或心脏内的血栓通常位于受损内皮处或湍流形成处,血栓逆血流方向延伸。

发生于心脏或主动脉的血栓牢固地黏附于心脏内壁或血管内壁上,呈层状构造,由灰白色的血小板层(混杂有少量纤维蛋白)与富含红细胞的暗红色凝血层相互交错而成,这种结构在静脉或小动脉内血栓则不明显。

动脉性血栓通常可引起血管阻塞。最容易形成血栓的动脉依次为冠状动脉、颅内动脉和股动脉。动脉血栓呈灰白色,干燥易碎,主要由血小板、纤维蛋白和变性的白细胞混合构成(图 3-10)。

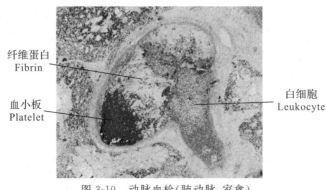

3-10

图 3-10 动脉血栓(肺动脉,家禽)

血栓由血小板、纤维蛋白和白细胞混合构成

(二)静脉血栓

静脉血栓通常在血液停滞处形成,血栓顺着血流方向生长,在管腔内形成长柱状体,并且无一例外地引起血管阻塞。由于静脉血栓发生在血流缓慢或停滞部位,故血栓中含有丰富的红细胞,类似于血凝块。

静脉血栓由三部分组成,与血管壁黏附的部分呈灰白色,主要由血小板构成,为血栓的头部,称为白色血栓(white thrombus)。白色血栓形成后,下游的血管腔内血小板不断析出并凝集,形成许多与血管壁垂直而相互吻合的分枝状小梁,形似珊瑚;同时因凝血系统被激活,在小梁之间大量纤维蛋白凝集并形成网状结构,网罗大量红细胞和少量白细胞,形成肉眼可见的红褐色与灰白色相间的条状结构,称为混合血栓(mixed thrombus),构成血栓的体部。当混合血栓逐渐增大并堵塞血管腔时,下游的血液发生凝固,成为延续性血栓的尾部,也称为红色血栓(red thrombus)。静脉血栓的尾部与血管壁连接松散,容易掉落而形成栓子(embolus)。

(三)心瓣膜血栓

在某些情况下,细菌或真菌感染可导致心瓣膜损伤,引起血栓形成。如慢性猪丹毒病例可在二尖瓣上见到灰白色菜花状赘生物,其实质为血栓。

(四)透明血栓

透明血栓(hyaline thrombus)是指在微循环血管中形成的一种均质结构并有玻璃样光泽的血栓,只能在显微镜下看到,又称为微血栓(microthrombus)。透明血栓主要由嗜酸性均质纤维蛋白构成,故又称为纤维素性血栓(fibrinous thrombus),最常见于 DIC。

五、血栓的结局

(一)溶解与软化

新近形成的血栓可随着血栓内纤溶酶原的激活和溶蛋白酶的释放(白细胞崩解)而溶解(dissolve)。小的新鲜的血栓可被完全溶解吸收,较大血栓由于部分软化(soften)后易被血流冲击而脱落,形成栓子,顺血流运行而引起栓塞。

(二)机化与再通

若纤溶酶系统的活力不足,则血栓被肉芽组织逐渐取代,这一过程称为血栓机化(organization)。在血栓机化过程中,由于水分被吸收,血栓干燥收缩或部分溶解而出现裂隙,裂隙被新生的内皮细胞被覆而形成新的血管,并相互吻合沟通,被阻塞的血管部分地重建血流,这一过程称为再通(recanalizition)。

(三)钙化(calcification)

如果血栓未能被软化又未完全机化,可发生钙盐沉着,这一现象称为钙化(calcification)。血栓钙化后形成静脉石(phlebolith)或动脉石(arteriolith)。

六、血栓对机体的影响

血栓形成起堵塞血管裂口和止血的作用,这是对机体有利的一面。如慢性消化性溃疡底部和肺结核性空洞壁的血管,在病变侵蚀前已形成血栓,避免了大出血的可能性。但多数情况下血栓形成可对机体造成不利的影响。

(一)阻塞血管

血栓可阻塞血管,其后果取决于组织、器官内有无充分的侧支循环。当动脉血管管腔未被完全阻塞时,局部器官或组织可因缺血而发生实质细胞萎缩;若被完全阻塞而又缺乏有效的侧支循环,局部器官或组织可发生缺血性坏死(梗死),如脑动脉血栓引起脑梗死、心冠状动脉血栓引起心肌梗死、血栓性闭塞性脉管炎引起患肢坏疽等。静脉栓塞形成后,若未能建立有效的侧支循环,则引起局部淤血、水肿、出血,甚至坏死,如肠系膜静脉血栓可引起肠的出血性梗死。肢体浅表静脉栓塞,由于有丰富的侧支循环,通常只在血管阻塞的远端出现淤血、水肿。

(二)形成栓子

血栓的整体或部分脱落而形成栓子,随血流运行可引起栓塞。若栓子内含有细菌,可引起栓塞组织发生败血性梗死或形成脓肿。

(三)心瓣膜变形

心瓣膜变形见于心内膜炎,由于心瓣膜上反复发作的血栓被机化,导致瓣膜瓣叶粘连、增厚变硬,腱索增粗缩短,引起瓣口狭窄或关闭不全,导致心瓣膜病。

(四)出血

出血见于DIC时。在DIC发生过程中,由于微循环内有广泛的透明血栓形成,凝血因子被大量消耗,再加上纤维蛋白形成后促使凝血酶原激活,导致凝血功能障碍,从而引起全身广泛性出血。

第四节　栓　塞

在血液循环中出现的不溶于血液的异常物质,随血液运行到远处阻塞血管腔的过程,称为栓塞(embolism)。引起栓塞的物质,称为栓子(emboli)。栓子可以是固体(如血管壁脱落的血栓)、液体(如骨折时的脂滴)或气体(如静脉外伤时进入血流的空气)。最常见的栓子是脱落的血栓或其节段,临床上偶见脂肪滴、空气和肿瘤细胞团块引起的栓塞。

一、栓子运行的途径

栓子一般随血流方向运行,最终停留在口径与其大小相当的血管并阻断血流。来自不同血管系统的栓子,其运行途径不同。

1.静脉系统及右心起源的栓子 来自静脉系统及右心的栓子随血流进入肺动脉主干及其分支,引起肺栓塞。某些体积小而富有弹性的栓子(如脂肪栓子)可通过肺泡壁回流入左心,再进入体循环,阻塞动脉小分支。

2.左心或动脉系统起源的栓子 来自主动脉及左心的栓子(如细菌性心内膜炎时心瓣膜赘生物、二尖瓣狭窄时左心房附壁血栓、心肌梗死的附壁血栓),随动脉血流运行到远端,阻塞脑、肾、脾等器官的小动脉。

3.门静脉系统起源的栓子 来自肠系膜静脉等门脉系统的栓子随血液进入肝,在肝的门静脉分支形成栓塞(门脉循环性栓塞)。

4.交叉性栓塞(crossed embolism) 极少数来自腔静脉的栓子,可通过房、室间隔缺损进入左心,发生交叉性栓塞。

5.逆行性栓塞(retrograde embolism) 极罕见于下腔静脉内血栓,在胸、腹压突然升高(如咳嗽或深呼吸)时,使血栓一过性逆流至肝、肾、髂静脉分支并引起栓塞。

二、栓塞的类型及对机体的影响

由血栓脱落引起的栓塞称为血栓性栓塞(thromboembolism),是栓塞中最常见的一种。由于血栓栓子的来源、栓子的大小和栓塞的部位不同,其对机体的影响也不相同。

1.肺动脉栓塞(pulmonary embolism) 栓子主要来自深部静脉,特别是腘静脉、股静脉和髂静脉,其次来自盆腔静脉和子宫静脉,偶可来自右心附壁血栓。肺动脉栓塞的后果取决于栓子的大小、数量及肺功能状态。

(1)如果栓子较小,且肺功能状态良好,一般不会产生严重后果。这是由于肺具有双重血液循环,肺动脉和支气管动脉具有丰富的血管吻合支,通过建立侧支循环而起到代偿作用。这些栓子可被溶解吸收或被机化变成纤维状条索。如果栓塞前肺已有严重的淤血,致微循环内压升高,使支气管动脉供血受阻,侧支循环不能建立,则可引起肺组织出血性梗死。

(2)如果栓子较大(来自静脉或右心的栓子),引起肺动脉主干或大分支阻塞,或肺动脉分支被数量众多的小血栓广泛阻塞,则可引起猝死。

2.体循环动脉栓塞 栓子大多数为来自左心及动脉系统的附壁血栓,少数为动脉粥样硬化溃疡或主动脉瘤表面的血栓。极少数来自腔静脉的栓子可通过房、室间隔缺损进入左心,发生交叉性栓塞。动脉栓塞的主要部位为下肢和脑,亦可累及肠、肾和脾。栓塞的后果取决于栓塞的部位和局部的侧支循环情况以及组织对缺血的耐受性。当栓塞的动脉缺乏有效的侧支循环时,可引起局部组织的梗死。

3.脂肪栓塞 在循环血流中出现脂肪滴阻塞于小血管,称为脂肪栓塞(fat embolism)。脂肪栓塞常见于长骨骨折、脂肪组织挫伤和脂肪肝挤压伤时,脂肪细胞破裂释出脂滴,由破裂的小静脉进入血循环。

脂肪栓塞常见于肺、脑等器官。脂滴栓子随静脉运行到右心,再到达肺。直径>20μm 的脂滴栓子引起肺动脉分支、小动脉或毛细血管栓塞;直径<20μm 的脂滴栓子可通过肺泡壁毛细血管,经肺静脉运行至左心,进而进入体循环分支,可引起全身多器官的栓塞,最常见的为脑血管的脂肪栓塞。

4.气体栓塞　大量空气迅速进入血液循环或原本溶于血液内的气体迅速游离出来,形成气泡阻塞血管,称为气体栓塞(air embolism)。这类栓塞多由于静脉损伤破裂、外界空气由静脉缺损处进入血流所致。

空气进入血液循环的后果取决于进入的速度和气体量。小量气体入血,可溶解入血液内,不会发生气体栓塞。若大量气体(>100mL)迅速进入静脉,随血流到达右心后,受心脏搏动的影响,空气与血液搅拌而形成大量气泡,使血液变成泡沫状而充满心腔,阻碍静脉血回流和向肺动脉输出,最终造成严重的循环障碍。进入右心的部分气泡可进入肺动脉,阻塞肺小动脉分支,引起气体栓塞。小气泡亦可经过肺动脉小分支和毛细血管运行到左心,引起体循环中的一些器官栓塞。

5.其他栓塞　寄生虫虫卵、细菌或真菌团块和其他异物(肿瘤团块)可进入血循环,引起栓塞。

第五节　梗　死

梗死(infarction)是指局部器官或组织由于超急性缺血(peracute ischemia)而发生的坏死。绝大多数梗死是由动脉血流断绝而引起的,少数情况下,静脉阻塞也可引起梗死。动脉完全阻塞可导致梗死立刻发生。静脉阻塞(如肠扭转或移位)先引起局部组织发生严重的淤血和水肿,之后发生梗死。其他一些因素,如并发症、贫血、心血管系统功能障碍、组织活力下降等可促进缺血组织进展为梗死。

一、梗死形成的原因

任何原因引起血管阻塞且不能建立有效的侧支循环时,均可导致梗死。

(一)血栓形成

血栓形成是梗死最常见的原因,主要见于冠状动脉、脑动脉粥样硬化合并血栓形成时引起的心肌梗死和脑组织梗死。静脉内血栓一般只引起淤血、水肿,但肠系膜静脉血栓形成可引起相应部位发生肠梗死。

(二)动脉栓塞

各种栓子随血液循环运行堵塞动脉,造成局部组织血流断绝而发生梗死。

(三)血管受压闭塞

如机械性外力(如肿瘤)压迫血管;肠扭转、肠套叠和嵌顿时,由于肠系膜静脉和动脉受压,引起血流中断。

(四)动脉持续性痉挛

动脉管壁的强烈收缩(痉挛)可造成血流中断,引起梗死,如冠状动脉粥样硬化时,冠状动脉强烈痉挛可引起心肌梗死。

二、梗死形成的条件

(一)未能建立有效的侧支循环

对于只有一套血液供应系统且血管吻合支较少的组织(如脑、心、肾和脾),任何大小的血管阻塞都可引起梗死;具有多重血液供应的组织(如骨骼肌和肠)含有丰富的血管吻合支,只有在较大血管发生阻塞时才可能发生梗死;具有双重血液供应的组织(如肝和肺)也不易发生梗死,除非两个血液供应系统同时受损。

(二)组织对缺氧的耐受性

脑组织对缺氧比较敏感,3~4分钟的短暂缺血就可引起梗死。心肌细胞对缺氧的耐受性也较差,缺血20~30分钟就可引起心肌梗死。骨骼肌、纤维结缔组织对缺氧的耐受性高,不易发生梗死。此外,严重贫血或心功能不全可促进梗死的发生。

三、梗死的病理变化

梗死灶的大小和形态各异,取决于被阻塞血管的类型(动脉或静脉)、管径大小、阻塞持续的时间、梗死组织的解剖生理特点、梗死发生前组织的血液灌注状态和组织的活力。

旧的参考书通常将梗死分为贫血性梗死(anemic infarction)(图 3-11)和出血性梗死(hemorrhagic infarct)(图 3-12),又分别称为白色梗死(whiteinfarct)和红色梗死(red infarct)。过去认为,肾、心、脾、脑等结构致密、侧支循环较少的实质器官容易发生白色梗死,而肺、肠等组织则易发生出血性梗死。这种分类方法给理解梗死的形成机制带来了很大困难,比如,临床上既可见到白色的脾梗死,又可见到红色的脾梗死。实际上,梗死灶的颜色并非一成不变,而是呈动态发展。大多数梗死在形成初期呈深红色,这是由梗死灶出血和梗死灶周围组织的血液倒流回梗死灶而引起的。当梗死灶内有大量细胞发生坏死时,由于坏死细胞发生肿胀而引起梗死灶肿胀,血液受压迫而流出梗死区,梗死灶外观变得苍白。此后,由于红细胞崩解、血红蛋白降解和扩散,梗死灶颜色进行性变淡。

3-11

图 3-11　肾贫血性梗死(牛)
肾皮质部形成的梗死,梗死灶颜色苍白(↑)

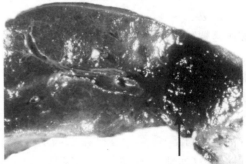

3-12

图 3-12　肺出血性梗死(犬)
梗死灶富含血液,颜色暗红(↑)

梗死灶的颜色变化通常发生在梗死形成后的 1~5 天内,这一改变取决于组织的性质和梗死的严重程度。肺和储存型脾(如犬和猪)的梗死灶通常呈红色,这是因为这些器官的组织结构较为疏松,间质具有扩展性,细胞坏死引起的压力升高不足以把血液从梗死灶内挤压出去;相反,结构致密的实质器官(如肾)发生梗死后,梗死灶颜色会逐渐变淡,因为这类器官的间质的扩展性低,血液很容易受到压迫而从梗死灶流出。

临床上还可见到由细菌团块阻塞血管而引起的梗死,称为败血性梗死(septic infarct),梗死灶内可见细菌团块和大量炎性细胞浸润。若为化脓菌感染,可形成脓肿。

四、梗死的结局及对机体的影响

梗死的结局视梗死发生的部位、梗死灶的大小、栓子的性质、器官组织的解剖生理特点以及有无细菌感染而定。脾、肾发生梗死时,一般仅引起局部症状(如肾梗死可出现血尿),对机体影响不大;心、脑等重要器官的梗死,即便梗死灶很小,也会引起严重的功能障碍,甚至危及生命;肺、肠、四肢的梗死,若继发腐败细菌的感染,可引起坏疽。

梗死灶周围可见炎性反应带,将梗死灶和周围健康组织隔开。在修复过程中,坏死组织碎片被中性粒细胞和巨噬细胞清除,随后出现新生血管形成和肉芽组织形成,发生纤维性修复。组织修复过程可持续数周或数月,取决于梗死的大小。脑和神经组织梗死后,坏死细胞被神经胶质细胞清除,进而被星状胶质细胞产生的胶质纤维修复,形成胶质瘢痕。

(贺文琦、谭　勋)

第四章

炎 症
Inflammation

【Overview】Various exogenous and endogenous stimuli can cause cell and tissue injury. Inflammation is a complex reaction to injurious agents such as microbes and damaged, usually necrotic, cells that consist of vascular responses, migration and activation of leukocytes, and systemic reactions.

Inflammation is fundamentally a protective response, the ultimately goal of which is to rid the organism of both the initial cause(e. g. , microbes, toxins) and the consequence of cell injury(e. g. , necrotic cells and tissues). The inflammatory response is closely intertwined with the process of repair. Inflammation severs to destroy, dilute, or wall off the injurious agents, and sets into motion a series of events that try to heal and reconstitute the damaged tissue. Repair begins during the early phases of inflammation but reaches completion usually after the injurious influence has been neutralized. Without inflammation, infection would go unchecked, wounds would never heal, and injured organs might remain permanent festering scores. However, inflammation and repair may be potentially harmful.

Inflammation is divided into acute and chronic patterns. Acute inflammation is rapid in onset(seconds or minutes) and is of relatively very short duration, lasting for minutes or hours, or a few days. Its main characteristics are the exudation of fluid and plasma proteins (edema) and the emigration of leukocytes, predominately neutrophils. Redness, swelling, heat, pain and dysfunction represent the cardinal signs of acute inflammation at local tissues or organs. Chronic inflammation is of longer duration and is histologically associated with the presence of lymphocytes and macrophages, the proliferation of blood vessels, fibrosis and tissue necrosis.

The vascular and cellular reactions of both acute and chronic inflammation are mediated by chemical factors that are derived from plasma proteins or cells and are produced in response to or activated by the inflammatory stimuli. Such mediators, acting alone, in combinations, or in sequence, amplify the inflammatory response and influence its evolution.

Inflammation is terminated after the offending agents are eliminated and the secreted mediators are broken down or dissipated. In addition, there are anti-inflammatory mechanisms that serve to control the response and prevent it from causing excessive damage to host.

第一节 概 述

在各种外源性和内源性损伤因子引起组织和细胞损伤时,机体局部和全身会发生一系列复杂反应,以局限和消灭损伤因子,清除坏死组织和细胞,并修复损伤,机体的这种以防御为主的应答反应称为炎症(inflammation)。

不具备血管系统的无脊椎动物甚至单细胞生物也能够对抗致病因子的损伤,它们或利用特殊细胞(如血细胞)诱捕并吞噬入侵病原,或通过发生细胞或细胞器肥大以对抗有害因子的作用。高等生物在进化过程中不仅保留了这些细胞反应,还获得了独特的以血管反应为中心环节的炎症反应。血管反应导致血管内的液体和白细胞渗出进入损伤部位,起着局限、稀释、杀灭损伤因子以及清除坏死细胞和组织的作用,使机体防御反应变得更复杂、更完善。

炎症在本质上是机体的一种保护性反应,并与组织修复密切相关。炎症反应可驱动一系列旨在修复和重建受损组织的反应。修复在炎症早期即可发生,但通常在损伤因子的作用完全消除后才得以完成。如果没有炎症反应,感染将无法控制,创伤将永不愈合,器官和组织的损伤将会持续发展。但在一定情况下,炎症也可给机体带来危害,严重时甚至危及生命。如药物和毒物所致的超敏反应可危及生命;喉部急性炎症水肿可引起窒息;心包腔内纤维素性渗出物的机化可形成缩窄性心包炎,限制心脏搏动;纤维化修复所形成的瘢痕可导致肠梗阻或关节活动受限等。

炎症分为急性炎症(acute inflammation)和慢性炎症(chronic inflammation)两种类型。急性炎症发生迅速,在损伤性因子作用几秒或数分钟后即可发生;持续时间短,从几分钟到几天不等;主要特征是血浆液体成分和蛋白渗出以及白细胞(主要为中性粒细胞)游出。慢性炎症持续时间较长,病程可达数月到数年,其特征为淋巴细胞和巨噬细胞浸润、血管增生、组织纤维化和细胞坏死。

炎症是疾病过程中普遍存在的一种现象,早在古典时期就已经被人类所认识。公元2世纪,罗马百科全书编纂者 Aulus Celsus 将炎症归纳成红(redness)、肿(swelling)、热(heat)、痛(pain)四种症候,对应于炎症过程中的血管扩张、水肿和组织损伤。公元18世纪,被世人尊为"实验医学之父"的英国外科医生 John Hunter(1728—1793)观察到炎症过程存在血管反应,为现代炎症理论的形成奠定了基础。至19世纪,德国病理学家 Rudolf Virchow(1821—1905)提出炎症反应是组织损伤的结果,并给炎症补充了第五条症候,即功能障碍(loss of function)。随后,Virchow 的门生 Julius Cohnheim(1839—1884)将炎症的形成与血液中白细胞游出联系起来。19世纪末,俄国动物学家 Eli Metchnikoff(1845—1916)发现了炎症过程中白细胞的吞噬现象。1927年,Sir Thomas Lewis 在《人类皮肤的血管及其反应》一书中阐述了组胺(histamine)介导的炎症血管反应,由此揭示出血管活性物质在炎症反应中的重要作用。近年来,炎症的分子机制不断得到揭示,进一步推动了人们对炎症本质的认识。

一、炎症的原因

凡是能引起组织和细胞损伤的外源性和内源性因素都能引起炎症,可归纳为以下几类:

(一)生物性因素

病毒、细菌、立克次体、原虫、真菌、螺旋体和寄生虫等生物性因子是引起炎症的最常见原因。由生物性因素引起的炎症又称感染(infection)。病毒的致炎作用在于它们能在细胞内复制,导致感染细胞坏死。细菌及其释放的内毒素和外毒素以及分泌的某些酶可激发炎症。某些病原体(如寄生虫和结核杆菌)则通过其抗原性诱发免疫反应而损伤组织。

(二)物理性因素

高温、低温、机械性创伤、紫外线和放射线等均可引起炎症反应。物理性因素的作用时间往往较为短暂,炎症的发生是组织损伤的结果。

(三)化学性因素

化学性因子包括外源性和内源性化学物质。外源性化学物质有强酸、强碱、强氧化剂和芥子气等。内源性化学物质包括坏死组织的分解产物以及病理条件下堆积于体内的代谢产物,如尿素、尿酸和胆酸盐等。药物和其他生物制剂使用不当也可能引起炎症。

(四)组织坏死

任何原因引起的组织坏死都可导致炎症。例如,在缺血引起的新鲜梗死灶的边缘所出现的充血、出血带和炎性细胞浸润,便是炎症的表现。

(五)变态反应

机体免疫反应状态异常可引起不适当或过度的免疫反应,造成组织损伤,引发炎症反应,例如过敏性鼻炎和肾小球肾炎。

(六)异物

手术缝线、二氧化硅晶体或其他物质碎片等残留在机体组织内可导致炎症。

二、炎症的基本病理变化

炎症的基本病理变化包括局部组织的变质(alteration)、渗出(exudation)和增生(proliferation)。这三种病变在各种类型的炎症中均存在,并贯穿炎症始终。但在不同类型的炎症或炎症的不同阶段,三者的变化程度有所差异。炎症早期或急性炎症以变质或渗出为主,慢性炎症或炎症后期以增生为主。一般而言,变质是损伤性过程,渗出和增生是抗损伤和修复过程。

(一)变质

炎症局部组织发生的变性和坏死统称为变质,它常常是炎症过程的始动环节。变质既可以发生于实质细胞,也可以发生于间质细胞。变质可以由致病因子直接作用所致,也可以由血液循环障碍和炎症反应产物的间接作用引起。变质反应的轻重不但取决于致病因子的性质和强度,还取决于机体的反应情况。

(二)渗出

炎症局部组织血管内的液体成分和细胞成分通过血管壁进入组织间隙、体腔、体表和黏膜表面的过程叫渗出。所渗出的液体和细胞成分总称为渗出物(exudate)。渗出的形成是由于血管通透性增高和白细胞主动游出血管所致,若渗出液集聚在组织间隙内,称为炎性水肿;若渗出液集聚于浆膜腔,则称为炎性浆膜腔积液。

在临诊工作中,应注意渗出液和漏出液(transudate)的鉴别。炎性渗出液的形成是毛细血管通透性升高的结果,其中含有较高浓度的蛋白以及细胞崩解碎片,比重高于 1.020。与渗出液不同,漏出液的形成不伴有血管通透性改变,它是血管内外渗透压和流体静压平衡改变时形成的超滤血浆,仅含有少量的蛋白成分(通常只含有白蛋白),比重小于 1.012。渗出液和漏出液均可引起组织水肿。

渗出是炎症最具特征性的变化,也是炎症反应的核心,在局部发挥重要的防御作用,表现在:①稀释和中和毒素,减轻毒素对局部组织的损伤作用;②为局部浸润的白细胞带来营养物质和运走代谢产物;③渗出液中所含的抗体和补体有利于消灭病原体;④渗出液中的纤维蛋白原可转变为纤维蛋白,并构成网架,不仅可限制病原微生物的扩散,还有利于白细胞吞噬消灭病原体;在炎症后期,纤维素网架可成为组织修复的支架,并有利于成纤维细胞产生胶原纤维;⑤渗出液中的白细胞吞噬和杀灭病原微生物,清除坏死组织;⑥炎症局部的病原微生物和毒素随渗出液的淋巴回流而到达局部淋巴结,刺激细胞免疫和体液免疫的产生。

但是,炎性渗出液过多也会给机体带来不利影响。例如,肺泡内渗出液过多可影响换气功能;过多的心包或胸膜腔积液可压迫心或肺;严重的喉头水肿可引起窒息。另外,渗出物中的纤维素吸收不良可引起机化,例如大叶性肺炎的肺肉变、纤维素性心包炎的心包粘连、纤维素性胸膜炎引起的胸膜粘连。

(三)增生

在炎症过程中,实质细胞和间质细胞在相应生长因子的刺激下均可发生增生,其作用在于限制炎症扩散和修复损伤组织。比如,慢性鼻炎时黏膜上皮和腺体可出现增生,慢性肝炎时肝细胞可出现增生。间质细胞的增生包括巨噬细胞、血管内皮细胞和成纤维细胞的增生,在慢性炎症表现较突出。成纤维细胞增生可导致炎症纤维化,甚至与实质细胞增生共同形成炎性息肉。

三、炎症的局部表现和全身反应

(一)炎症的临床表现

炎症的局部表现包括红、肿、热、痛和功能障碍,发生于体表和关节等部位的急性炎症这些症状表现尤为明显。

1. 红 在炎症早期,由于局部发生动脉性充血,血液中氧合血红蛋白含量增多,导致局部组织呈鲜红色。炎性充血转变为血液淤滞后,局部颜色转变为暗红色。

2. 肿 急性炎症的血管反应导致液体和细胞成分渗出,引起局部水肿;慢性炎症则由于细胞增生,导致体积增大。

3. 热 由于动脉充血,局部代谢加强,产热增加,故有发热症状;但转变为血液淤滞后,局部温度会下降。

4. 疼 炎区组织疼痛是多种因素共同作用的结果。例如,肿胀使局部张力升高,可牵拉或压迫感觉神经末梢而引起疼痛;炎症过程中产生的 5-羟色胺、缓激肽等炎症介质刺激神经末梢可引起疼痛;局部代谢加强,产生大量的钾离子和氢离子,也可刺激神经末梢引起疼痛。

5.功能障碍　　炎症引起的功能障碍是上述因素综合作用的结果,如关节炎可引起关节活动障碍,肺炎影响肺的通气换气功能,肝炎引起肝功能障碍。

(二)炎症的全身反应

若炎症局部的病变比较严重,特别是生物性致炎因素引起的炎症常伴有明显的全身性反应,如发热、外周白细胞数量改变、心率加快、血压升高、寒战和厌食等。

1.发热　　发热是外源性和内源性致热原共同作用的结果。其基本机制是:致热刺激物(细菌及其产物、组织坏死的崩解产物)刺激白细胞释放内生性致热原(如白细胞介素、肿瘤坏死因子),后者作用于下丘脑视前区前部的体温调节中枢,引起体温调定点上移,导致产热增多、散热减少(详见第六章发热)。

一定程度的发热可使机体代谢增强、抗体生成增加、吞噬细胞功能增强,并促进淋巴组织增生。因此,适度的发热有利于增强机体抗病力。但持久的发热或高热可对机体造成不利的影响,尤其使中枢神经系统受到损害,并引发严重后果。如全身性炎症反应程度较重,而机体的体温不升反降,表明机体抵抗力下降,预后不良。

2.急性期蛋白反应　　急性期蛋白(acute phase protein)是一组血浆蛋白,主要由肝合成。目前研究得较为清楚的急性期蛋白有 C-反应蛋白(C-reactive protein,CRP)、血清淀粉样蛋白 A(serum amyloid A protein,SAA)和纤维蛋白原(fibrinogen)等。在炎症过程中,白细胞介素-6(IL-6)、IL-1 和肿瘤坏死因子(tumor necrotic factor,TNF)等细胞因子刺激肝合成急性期蛋白,可引起血浆中急性期蛋白含量升高数百倍。急性期蛋白的产生有助于机体清除病原和坏死组织,比如 C-反应蛋白和血清淀粉样蛋白 A 具有调理细菌的作用,它们还可结合核染色质,参与坏死细胞的清除。但血清淀粉样蛋白 A 增多也可引起淀粉样变性。纤维蛋白原增多可促使红细胞聚集,致使血沉加快,这一变化可用于建立全身性炎症反应的诊断。

3.白细胞数量增多　　循环血液中白细胞增多是炎症最为常见的全身性反应,尤以细菌感染最为明显。外周血白细胞计数是临床上诊断感染性疾病的重要依据。一般而言,急性炎症或化脓性炎症以中性粒细胞增多为主,而且往往呈现“核左移”,即不成熟的杆状核中性粒细胞所占比例增加。如果感染持续存在,还可能通过促进集落刺激因子的产生,引起骨髓造血前体细胞增殖。寄生虫感染和过敏反应引起嗜酸性粒细胞增加,一些病毒感染则选择性地引起单核细胞或淋巴细胞比例增加(如单核细胞增多症)。但多数病毒(如流感病毒、猪瘟病毒)、立克次体和原虫感染,甚至极少数细菌(如伤寒杆菌)感染则引起外周血白细胞计数减少。

在严重炎症疾病过程中,如果外周血白细胞没有明显增多甚至发生减少,则提示机体抵抗力较低,预后不良。

4.其他反应　　如脉搏加快、血压升高;出汗减少(流经体表的血液减少);寒战、厌食、精神沉郁等(可能因致炎因子作用于中枢神经系统而引起)。

5.休克　　严重的细菌感染引起败血症时,进入血液中的细菌和内毒素脂多糖(LPS)刺激 TNF、IL-1 和一氧化氮(NO)等细胞因子大量生成,可引起败血性休克(septic shock),出现弥散性血管内凝血(DIC)、低血糖(hypoglycemia)、低灌注压和全身多个器官功能衰竭。败血症性休克的发生机制见图 4-1。

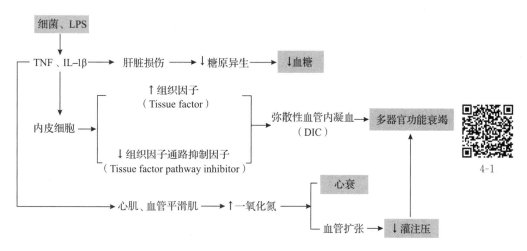

图 4-1　败血症休克的发生机制

第二节　急性炎症

急性炎症(acute inflammation)是机体对损伤因子刺激所做出的快速反应,其目的是把白细胞和血浆蛋白(如抗体、补体和纤维蛋白)运送到炎症病灶(图 4-2)。急性炎症包括三个基本反应:①血流动力学改变,引起局部组织血流量增加;②微血管通透性升高,以允许血浆蛋白成分和白细胞(主要为中性粒细胞)进入损伤组织;③白细胞从微循环中游出并向损伤组织聚集,以杀灭和清除损伤因子。

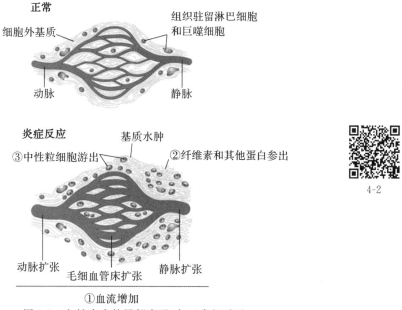

图 4-2　急性炎症的局部表现(与正常相对照)
①血管扩张,血流量增加(充血、发热);②血浆液体和蛋白成分渗出(水肿);③白细胞游出并在炎区聚集

一、血管反应

(一)血流动力学改变

血流动力学改变在组织损伤后迅速发生,其反应的程度取决于组织损伤的严重程度。血流动力学改变通常按以下顺序发生:

1.细小动脉短暂收缩 损伤发生后立即出现,仅持续几秒钟时间,是肾上腺素能神经兴奋的直接结果。

2.血管扩张 血管扩张首先表现为细小动脉扩张,进而出现毛细血管床开放,导致局部血流量增加、血流加快,这是引起炎症局部组织发红和发热的原因。血管扩张的发生与组胺、NO等化学介质引起血管平滑肌舒张有关。

3.血流减慢或停滞 血管扩张后很快发生微循环血管通透性升高,引起血浆成分外渗,导致血液黏稠度增加、血流阻力增大、小血管内红细胞充盈、血流速度减慢,这一现象称为血液淤滞(stasis)。血液淤滞有利于白细胞(主要是中性粒细胞)沿着血管内皮聚集并黏附于血管内皮上,随后向炎区组织游出。在温和的刺激作用下,血液淤滞的形成可能需要15~30min,而在严重损伤时,血流淤滞在几分钟内即可出现。

(二)血管通透性增加(血管渗漏)

血管通透性增加导致富含蛋白的液体成分向管外渗出,这是炎症的主要特征之一。血浆蛋白丢失导致血液渗透压降低和组织间液渗透压升高,同时,局部血液流速加快使流体静压升高,最终引起血液中液体成分渗出并在组织间隙中蓄积,导致局部水肿。血管内外液体成分交换和微血管的通透性依赖于血管内皮的完整性。在炎症过程中,下列机制可引起血管通透性增加:

1.内皮细胞收缩 组胺、缓激肽、白三烯和神经肽类P物质等炎症介质通过特异性受体作用于内皮细胞,使内皮细胞迅速发生收缩,在细胞间形成$0.5\sim1.0\mu m$的缝隙。这一过程发生迅速,持续时间较短($15\sim30min$)并且可逆,因而称为速发短暂反应(immediate transient response)。通常情况下,这种类型的血管通透性升高主要发生于管径为$20\sim60\mu m$的小静脉,一般不影响毛细血管和小动脉。其准确的机制尚不清楚,可能与上述炎症介质的受体在小静脉内皮上的分布较为丰富有关。随后的白细胞黏附和游出也主要发生于小静脉。炎症介质与内皮细胞上的特异性受体结合后,激活细胞内一系列信号转导通路,引起收缩蛋白和骨架蛋白(如肌球蛋白)磷酸化,进而引起内皮细胞收缩和细胞连接分离。

肿瘤坏死因子(TNF)、白细胞介素-1(IL-1)和γ-干扰素(IFN-γ)等细胞因子可引起内皮细胞的细胞骨架重构,使内皮细胞收缩,细胞间隙变大,血管通透性增高。该反应出现较晚,在损伤4~6h后发生,但持续时间长,一般超过24h。

2.内皮细胞损伤 化脓菌感染可直接损伤血管内皮细胞,使之坏死脱落。这种类型的血管通透性升高发生非常迅速,可持续至损伤血管处形成血栓或内皮被修复为止,称为速发持续性反应(immidiate sustained response)。在这一过程中,所有微循环血管、包括小静脉、毛细血管和小动脉均受波及。

3.延迟性血管泄露 这种类型的血管通透性升高通常在损伤刺激作用2~12h之后发生,可持续几小时到几天,累及毛细血管和细静脉。引起延迟性血管泄露的原因包括轻度和中度热损伤、X 射线和紫外线损伤以及某些细菌毒素。其机制尚不清楚,可能与这些因素直接作用于内皮细胞而引起延迟性细胞损伤(如凋亡)或通过炎症介质造成内皮损伤有关。

4.白细胞介导的内皮损伤 在炎症早期,白细胞黏附于内皮细胞并被激活,随后释放具有细胞毒性的活性氧和蛋白水解酶,造成内皮细胞损伤和脱落。这种类型的内皮损伤具有血管选择性,主要发生于小静脉、肺泡壁毛细血管和肾小球毛细血管。这是因为在这些部位,白细胞与内皮细胞可发生长时间的黏附。

5.穿胞作用增强 富含蛋白质的液体通过穿胞通道穿越内皮细胞的现象称为穿胞作用(transcytosis)。穿胞通道由胞浆中的小囊泡器(vesiculovacuolar organelle)构成,这一结构位于内皮连接处附近。某些细胞因子,如血管内皮生长因子(VEGF)可引起内皮细胞穿胞通道数量增加和口径增大,组胺和其他一些炎症介质也可通过这一机制引起内皮通透性升高。

6.新生毛细血管的高通透性 在炎症修复过程中,内皮细胞增生形成新的毛细血管。新生毛细血管内皮具有高通透性,这是因为:①新生毛细血管内皮不成熟、细胞连接不健全;②VEGF 促进内皮增生的同时,可使血管通透性升高;③组胺、P 物质和 VEGF 等炎症介质的受体在新生毛细血管内皮细胞上呈高表达,进一步放大了上述物质的作用。

虽然上述机制单独发挥作用,但同一炎症刺激引起的血管渗透性升高可涉及上述所有机制,例如,烧伤可通过内皮细胞收缩、内皮细胞直接损伤和白细胞介导的内皮细胞损伤等机制而引起液体外渗。

二、细胞反应:白细胞渗出和吞噬

急性炎症反应的作用是将中性粒细胞输送到受损部位,以吞噬和杀灭病原微生物,清除坏死组织和异物。值得注意的是,白细胞在发挥正常免疫功能的同时,也能导致组织损伤。白细胞从血管内到达炎区组织(白细胞渗出)需经历以下连续过程:①白细胞边集(margination)、翻滚(rolling)并黏附在内皮上(adhension to endotheliium);②白细胞穿过血管壁,即白细胞游出;③白细胞在趋化因子(chemoattractant)作用下向炎灶中心迁移(migration)(图 4-3)。

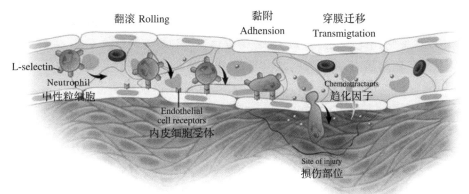

图 4-3 中性粒细胞渗出过程示意图

（一）白细胞渗出

在正常静脉血流中，红细胞向血流的中心部（轴流）聚集，把白细胞挤向血流的边缘（轴流）。在炎症早期，由于血液淤滞以及作用于管壁的剪切应力降低（血流动力学改变）等原因，促进更多的白细胞向血管壁边集。随后，白细胞沿血管内皮缓慢滚动，与血管内皮细胞发生短暂的黏附。一旦白细胞在某个部位与内皮细胞形成紧密黏附后，它们则停止运动，并在内皮细胞连接处伸出伪足，通过阿米巴样运动穿过血管内皮和基底膜，进入管外组织。血液中的白细胞，如中性粒细胞、单核细胞、淋巴细胞、嗜碱性粒细胞和嗜酸性粒细胞均采用上述方式从血管内游出到血管外。

白细胞渗出过程受白细胞和内皮细胞表面的黏附分子和一些化学介质（趋化因子和细胞因子）等的调控。黏附分子分为四大家族：选择素家族（selectins）、免疫球蛋白超家族（immunoglobulin superfamily）、整合素家族（integrins）和黏液素样糖蛋白家族（mucin-like glycoproteins）。参与调控白细胞渗出的一些重要的分子及其作用见表4-1。

表 4-1　白细胞/内皮细胞黏附分子

内皮分子 （Endothelial molecule）	白细胞受体 （Leukocyte receptor）	主要作用 （Major role）
P-选择素（P-selectin）	路易斯寡糖 X（Sialylate-Lewis X） P-选择素糖蛋白配体-1（PSGL-1）	翻滚（中性粒细胞、单核细胞、淋巴细胞）
E-选择素（E-selectin）	路易斯寡糖 X	翻滚，黏附于活化的内皮细胞（中性粒细胞、单核细胞、T 淋巴细胞）
细胞间黏附分子 （ICAM-1）	CD11/CD18（整合素） （LFA-1，Mac-1）	黏附、静止、穿膜（所有白细胞）
血管细胞黏附分子 （VCAM-1）	α4β1（VLA4）（整合素） α4β7（LPAM-1）	黏附（嗜酸性粒细胞、单核细胞、淋巴细胞）
糖基化依赖性细胞因子-1 GlyCam-1	L-selectin	淋巴细胞向高内皮静脉（high endothelial venules）归巢
CD31（PECAM）	CD31	白细胞穿膜

ICAM-1、VCAM-1 和 CD31 属于免疫球蛋白超家族

1. 白细胞翻滚　这一过程受内皮细胞表面的选择素及位于白细胞表面的受体介导。目前已发现三种选择素：①E-选择素（E-selectin），表达于内皮细胞；②P-选择素（P-selectin），表达于内皮细胞和血小板；③L-选择素（L-selectin），表达于白细胞。内皮细胞的 P-选择素和 E-选择素通过与白细胞表面各种糖蛋白的唾液酸化的路易斯寡糖 X（Sialylate-Lewis X）相结合，介导中性粒细胞、单核细胞、T 淋巴细胞等在内皮细胞表面翻滚。

2. 白细胞黏附　白细胞与内皮细胞之间形成紧密黏附是白细胞从血管中游出的前提，该过程受白细胞表面的整合素与内皮细胞表达的免疫球蛋白超家族分子介导。免疫球蛋白超家族包括细胞间黏附分子（intercellular adhesion molecule-1，ICAM-1）和血管细胞黏附分子（vascular cell adhesion molecule-1，VCAM-1）两种分子，它们分别与白细胞表面的整合素结合。整合素分子是由 α 和 β 亚单位组成的异二聚体，与 ICAM-1 结合的是 LFA-1 和 MAC-1（CD11a/CD18 和 CD11b/CD18），与 VCAM-1 结合的是 VLA4 和 α4β7。

在正常情况下，白细胞表面的整合素以低亲和力的形式存在，不与其特异的配体结合。在炎症部位，内皮细胞、巨噬细胞和成纤维细胞等释放的化学趋化因子可激活附着于内皮细

胞的白细胞,使白细胞表面的整合素发生构象改变,转变为具有高亲和力的整合素分子。与此同时,内皮细胞被巨噬细胞释放的 TNF 和 IL-1 等细胞因子激活,整合素配体表达增加。白细胞表面的整合素与其配体结合后,白细胞的细胞骨架发生改变,导致其紧密黏附于内皮细胞上。

3.白细胞游出　白细胞穿过血管壁进入管外组织的过程,称为白细胞游出(transmigration)。白细胞游出主要受炎症病灶产生的化学趋化因子介导,这些化学趋化因子作用于黏附在血管内皮上的白细胞,刺激白细胞以阿米巴样运动的方式从内皮细胞连接处游出,并顺着趋化因子的浓度差向炎灶中心集聚。内皮连接处还存在一些同种亲嗜性黏附分子(homophilic adhesion molecule),这些分子也参与调控白细胞游出过程。血小板内皮细胞黏附分子(platelet endothelial cell adhesion molecule,PECAM-1,又称 CD31)就是这一类型的分子,CD31 既在内皮细胞上表达,也在白细胞表面表达,内皮细胞上的 CD31 与白细胞表面的 CD31 结合,促使白细胞穿过血管内皮连接。穿过内皮连接的白细胞可通过分泌胶原酶而降解血管基底膜,有利于白细胞穿过基底膜到达管外组织。

游出到血管外的白细胞称为炎性细胞,组织内出现炎性细胞称为炎性细胞浸润。不同原因引起的炎症或不同炎症阶段所渗出的炎性细胞的种类不同。对大多数急性炎症而言,在最初的 6~24h 内主要以中性粒细胞浸润为主,在 24~48h 后则转变为单核细胞浸润。引起这种变化的原因在于:①中性粒细胞是血液中含量最多的一类白细胞,与单核细胞相比,它们对趋化因子的反应更快、与内皮细胞表面被快速诱导形成的黏附分子(如 P-选择素、E-选择素)的结合更为牢固;②中性粒细胞存活时间较短,它们在组织中很快发生凋亡,24~48h 后逐渐消失,而单核细胞在组织中的寿命则较长。但是,并非所有急性炎症都呈现这种细胞反应模式。比如,在假单胞菌属感染引起的炎症,中性粒细胞浸润可持续 2~4 天;在病毒感染时,局部浸润的炎性细胞为淋巴细胞;在过敏反应时,局部浸润的细胞以嗜酸性粒细胞为主。

4.趋化作用　白细胞游出血管后,通过趋化作用(chemotaxis)向炎症病灶聚集。趋化作用是指白细胞沿化学刺激物浓度梯度向炎症病灶作定向迁移。具有吸引白细胞定向迁移的化学刺激物称为趋化因子。趋化因子在炎区周围呈梯度分布,越靠近炎症病灶中心,趋化因子的浓度越高。白细胞则沿趋化因子形成的浓度梯度由低向高运动,最终到炎症病灶发挥作用。

趋化因子可以是外源性的,也可以是内源性的。细菌产物(如 N-甲酰甲硫氨酸)是最常见的外源性趋化因子。内源性趋化因子包括补体裂解产物(特别是 C5a)、白三烯(主要是 LTB4)和细胞因子(特别是 IL-8 等)。趋化因子具有特异性,有些趋化因子只对中性粒细胞起趋化作用,而另一些趋化因子则主要趋化单核细胞或嗜酸性粒细胞。不同白细胞对趋化因子的反应也不同,粒细胞和单核细胞对趋化因子的反应较强,而淋巴细胞对趋化因子的反应则较弱。

(二)吞噬作用

白细胞的主要作用是吞噬和杀灭入侵病原,并清除坏死组织或异物。具有吞噬功能的细胞主要为中性粒细胞和巨噬细胞。在非酸性条件下,中性粒细胞可吞噬大多数细菌和较小的细胞碎片。巨噬细胞的吞噬能力较中性粒细胞强,可吞噬中性粒细胞不能吞噬的病原体(如结核杆菌、伤寒杆菌)、寄生虫及其虫卵、较大的组织碎片和其他异物,并且在酸性或非酸性条件下都能发挥作用。吞噬过程包括识别和附着（recognition and attachment）、吞入（engulfment）、杀伤和降解（killing and degraclation）三个基本阶段（图 4-4）。

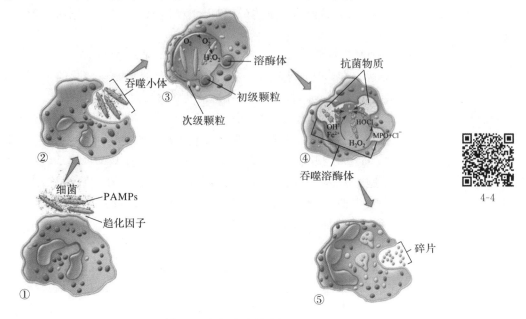

图 4-4   白细胞吞噬过程

1. 识别和黏附   在通常情况下，中性粒细胞和巨噬细胞的吞噬过程起始于对病原微生物和死亡细胞的识别和黏附，这一过程受许多受体介导。

（1）识别病原相关分子模式（pathogen-associated molecular patterns，PAMPs）：PAMPs是某一大类病原微生物所共有的高度保守的分子基序，如革兰氏阴性菌的内毒素脂多糖、细菌鞭毛、革兰氏阳性菌脂磷壁酸、肽聚糖等，它们可被白细胞表面的 Toll 样受体（Toll-like receptors，TLRs）和其他模式识别受体（pattern recognition receptors，PRR）所识别。损伤相关模式分子（damage-associated molecular patterns，DAMPs）是细胞坏死过程中释放的一类物质（主要为核蛋白和胞浆蛋白），它们也可被单核细胞和中性粒细胞表面的受体识别。DAMPs 可通过激活 TLRs 而放大炎症反应。

（2）G 蛋白偶联受体介导的识别：G 蛋白偶联受体表达于中性粒细胞和巨噬细胞等多种白细胞，能识别含有 N-甲酰甲硫氨酸末端的细菌短肽。

（3）调理素受体介导的识别：调理素（opsonins）是指一类通过包裹微生物而增强吞噬细胞吞噬功能的血清蛋白质，包括抗体 IgG 的 Fc 段、补体 C3b 和凝集素（lectins）。调理素包裹微生物而提高吞噬作用的过程，称为调理素化（opsonization）。调理素化的微生物与白细胞的调理素受体（Fc 受体、C3b 受体）结合后被黏附在白细胞表面。吞噬细胞表面的整合素，尤其是 Mac-1（CD11b/CD18）也可结合和黏附病原微生物颗粒。

2. 吞噬（phagocytosis）   细菌等小粒子与白细胞表面的受体结合后即可触发白细胞的吞噬过程。白细胞在被吞噬物周围伸出伪足将其包裹，并摄入胞浆内形成吞噬体（phago-some）。然后，吞噬体的一部分包膜与初级溶酶体的一部分包膜融合，形成吞噬溶酶体（phagolysosome），此时溶酶体颗粒中的溶酶体酶释放。在这一过程中，中性粒细胞和巨噬细胞中的颗粒进行性减少（脱颗粒）。

吞噬过程中的胞膜重构和细胞骨架改变是多种受体介导的信号转导的共同作用结果，这一过程依赖于肌动蛋白纤丝的聚合。许多激发趋化作用的信号实际上也可激发吞噬过程。

3.杀伤和降解 中性粒细胞和巨噬细胞清除入侵病原和坏死细胞的最后一个环节是对其进行杀伤和降解，这一过程涉及两种机制，即赖氧杀伤机制和非赖氧杀伤机制，但以赖氧杀伤机制为主。

（1）赖氧杀伤机制（oxygen-dependent mechanisms）：在吞噬活动刺激下，巨噬细胞的耗氧量急剧增加，糖原分解和通过己糖-磷酸盐支路的葡萄糖氧化过程增强，产生大量活性氧，这一现象称为呼吸爆发（respiratory burst）。

活性氧的产生是由 NADPH 氧化酶活化所致。NADPH 氧化酶使还原型辅酶 Ⅱ（NADPH）氧化而产生超氧阴离子（$O_2^{\cdot-}$）：

$$2O_2 + e^- \xrightarrow{\text{NADPH 氧化酶}} 2O_2^{\cdot-} + NADP^- + H^+$$

大多数超氧阴离子经自发歧化作用转变为 H_2O_2：

$$2O_2^{\cdot-} + 2H^+ \rightarrow H_2O_2 + O_2$$

在 NADPH 氧化酶系统中产生的 H_2O_2 本身并不能有效杀灭细菌，但是在有 Cl^- 存在的情况下，H_2O_2 可被中性粒细胞嗜天青颗粒中的髓过氧化物酶（MPO）还原成次氯酸盐（OCl^-）。

$$H_2O_2 + Cl^- \xrightarrow{MPO} OCl^- + H_2O$$

OCl^- 是强氧化剂和杀菌因子，可通过卤化作用（卤化物与微生物中的物质进行共价结合）或氧化损伤作用而杀灭细菌。对中性粒细胞而言，H_2O_2-MPO-卤素系统是这类细胞中最有效的杀菌系统，MPO 缺陷的中性粒细胞仍可通过形成过氧化氢、羟自由基和单线态氧而有效杀灭细菌，尽管其对细菌的清除能力较正常细胞慢。

（2）非赖氧杀伤机制（oxygen-independent mechanisms）：即不依赖于氧化损伤的杀菌机制。白细胞颗粒中含有大量杀菌物质，主要包括：①细菌通透性增加蛋白（bacterial permeability-increasing protein，BPI）；该蛋白可引起细菌外膜磷脂酶活化，降解细胞膜磷脂并使细菌外膜通透性增加；②溶菌酶：通过水解细胞壁中的胞壁酸-N-乙酰-氨基葡糖键而杀伤病原微生物；③乳铁蛋白：一种铁离子结合蛋白，存在于细胞内特殊的颗粒中；④主要碱性蛋白（major basic proteins，MBP）：嗜酸性粒细胞中一种阳离子蛋白，其杀菌作用有限，但对许多寄生虫具有细胞毒性；⑤防御素（defensins）：存在于白细胞颗粒中，通过对微生物细胞膜的损伤而杀伤病原微生物。

微生物在吞噬溶酶体内被杀死后，进而被溶酶体释放的酸性水解酶降解。白细胞吞噬病原后，胞内 pH 值降至 4.0～5.0，这一环境有利于酸性水解酶发挥作用。

在急性炎症过程中，中性粒细胞和巨噬细胞产生的抗菌物质和其他产物不仅被释放到吞噬溶酶体内，还可被释放到细胞外，造成血管内皮细胞和组织损伤，从而放大原始致炎因子引起的炎症反应。这些物质主要包括溶酶体酶、活性氧中间代谢产物以及花生四烯酸代谢产物（前列环素、白三烯）。在慢性炎症过程中，单核/巨噬细胞和其他炎性细胞的产物也具有毒害作用。

除来源于循环血液的白细胞外，组织中驻留的肥大细胞和巨噬细胞也可对损伤因子的刺激做出快速反应,在急性炎症形成过程中发挥重要作用。肥大细胞可对创伤、补体崩解产物、细菌产物和神经肽等的刺激做出反应,释放组胺、白三烯、酶和许多炎症因子(包括肿瘤坏死因子、白细胞介素-1 和趋化因子)。与血液来源的巨噬细胞一样,组织中驻留的巨噬细胞也可识别细菌产物,并分泌多种炎症因子。

第三节 急性炎症介质

炎症的血管反应和细胞反应由一系列化学因子介导。参与介导炎症反应的化学因子称为化学介质或炎症介质(inflammatory mediator)。炎症介质种类繁多,作用机制复杂。目前除了人们比较熟悉的组胺、5-羟色胺、前列腺素、白三烯和补体等外,一些新的炎症介质还在不断被发现。

一、炎症介质的来源

炎症介质可来源于血浆,也可由细胞产生(表 4-2)。血浆源性的炎症介质(如补体、激肽)在血液中以无活性的前体形式存在,在炎症过程中经蛋白酶裂解后被激活,发挥生物学效应。细胞源性的炎症介质储存于某些细胞内的颗粒中(如储存于肥大细胞颗粒中的组胺),在需要的时候被释放出来。一些细胞也可在致炎因子的诱导下新合成炎症介质。血小板、中性粒细胞、单核/巨噬细胞和肥大细胞是炎症介质的主要来源细胞,但间质细胞(如内皮细胞、平滑肌细胞、成纤维细胞)和许多上皮细胞也可以产生炎症介质。

表 4-2 主要炎症介质及其功能

炎症介质	来源	功能		
		血管通透性	趋化作用	其他作用
组胺、5-HT	肥大细胞、血小板	+	—	
缓激肽	血浆蛋白	+	—	疼痛
C3a	血浆蛋白	+	—	调理化片段(C3b)
C5a	巨噬细胞	+	+	白细胞黏附、活化
前列腺素	肥大细胞	+	—	舒张血管、疼痛、发热
白三烯 B_4	白细胞	—	+	白细胞黏附、活化
白三烯 C_4、D_4、E_4	白细胞、肥大细胞	+	—	支气管收缩、血管收缩
氧自由基	白细胞	+	—	内皮损伤、组织损伤
血小板活化因子(PAF)	白细胞、血小板	促进其他介质的作用	+	支气管收缩、白细胞致敏
IL-1、TNF	巨噬细胞,其他	—	+	急性期反应、内皮细胞活化
趋化因子	白细胞,其他	—	+	白细胞活化
一氧化氮(NO)	巨噬细胞、血管内皮	+	+	血管扩张、细胞毒性

二、炎症介质的特征

1. 绝大多数炎症介质通过与靶细胞表面的受体结合而发挥生物效应,而某些炎症介质(如溶酶体酶)则具有酶活性或可诱导氧化损伤。

2.一种炎症介质可刺激靶细胞释放其他炎症介质,这种继发性炎症介质的作用可能与原炎症介质相同或相似,或者与原介质的作用截然相反,从而放大或拮抗原介质的效应。

3.一种炎症介质可作用于一种或多种靶细胞,在不同的细胞和组织中发挥不同的作用。

4.炎症介质被激活或分泌到细胞外后,半衰期十分短暂,很快被相应的酶降解而灭活,或被抑制或清除。

5.许多炎症介质具有潜在的致组织损伤的作用。

三、细胞源性炎症介质

(一)血管活性胺

血管活性胺包括组胺(histamine)和5-羟色胺(serotonin,5-HT),它们储存在细胞的分泌颗粒中,在急性炎症反应时最先被释放出来。

1.组胺 组胺在组织中广泛存在。位于血管附近的结缔组织中的肥大细胞是主要的产组胺细胞(嗜碱性粒细胞和血小板也可产生组胺)。组胺储存于肥大细胞的异染颗粒中,受到致炎因子的刺激时,迅速以脱颗粒的方式释放出来。引起肥大细胞脱颗粒的刺激因子包括:①创伤、冷、热等物理刺激;②免疫反应过程中IgE抗体与肥大细胞表面的Fc受体结合;③过敏毒素(anaphylatoxin),如C3a和C5a补体片段;④白细胞来源的组胺释放蛋白(histamine-releasing protein);⑤某些神经肽,如P物质;⑥细胞因子,如IL-1和IL-8。

组胺通过血管内皮细胞的H_1受体起作用,可使小动脉扩张(但大动脉收缩)和小静脉通透性增加,是导致急性短暂性血管通透性升高的主要炎症介质。肺、胃肠和皮肤组织的小血管周围分布较多量的肥大细胞,故当这些部位发生损伤时,组胺释放较多,这也是这些部位易于发生炎性水肿的原因之一。

2.5-羟色胺 5-羟色胺主要存在于血小板、肠黏膜嗜铬细胞和啮齿类动物的肥大细胞中,其血管活性作用与组胺相似。受胶原纤维、凝血酶、二磷酸腺苷(ADP)和免疫复合物刺激后,血小板凝集并释放5-羟色胺以及组胺,引起血管收缩。在IgE介导的超敏反应中,肥大细胞释放的血小板活化因子(platelet activating factor)也可诱导血小板凝集并释放5-羟色胺和组胺,导致血管通透性升高。

(二)花生四烯酸代谢产物

花生四烯酸(arachidonic acid,AA)是二十碳不饱和脂肪酸,结合在细胞膜磷脂(如肌醇磷脂、卵磷脂)上。正常细胞内无游离的AA,其本身也无炎症介质的作用。在细胞受损时,磷脂酶被激活,促使AA从细胞膜释放出来,通过环氧合酶(cyclooxygenase,COX)途径代谢为前列腺素(prostaglandin,PG)和血栓素(thromboxane,TxA),通过脂质氧合酶(lipoxygenase)途径代谢为白三烯(leukotriene,LT)和脂氧素(lipoxin,LX)。

1.前列腺素(PG) AA通过COX-1(固有表达)和COX-2(诱导表达)两种酶途径代谢为PG。根据PG的分子特点,可将PG分为PGD、PGE、PGF、PGG和PGH等类型。与炎症过程关系密切的有PGE2、PGD2、PGF2α、PGI2(前列环素)和血栓素A_2(TxA2),它们分别由不同的酶作用于AA的中间代谢产物而产生。因为这些酶有严格的组织分布特性,所以AA在不同细胞中的代谢产物不同。比如,血小板中含有血栓素合成酶,因而,TxA2主要由血小板产生;TxA2主要作用是使血小板凝集和血管收缩,由于其本身并不稳定,可迅速转变为 TxB2 而失活。血管内皮细胞缺乏血栓素合成酶,但表达前列环素合成酶,故能合成 PGI2。PGI2 是一种强大的舒血管物质,可抑制血小板聚集,并能促进其他炎症介质介导的血管渗漏和化学趋化性。

PG 还与炎症致热和致痛有关。PGE2 可显著放大皮内注射组胺和缓激肽所引起的疼痛,并在感染过程中与细胞因子相互作用而引起发热。PGD2 主要由肥大细胞产生,与 PGE2 和 PGF2α 一道引起后微静脉扩张和血管渗透性升高,促进水肿形成。

2. 白三烯　白三烯是 AA 通过脂质氧合酶途径产生的。体内有三种类型的脂质氧合酶,它们只在极少数细胞中表达。中性粒细胞中主要含有 5-脂质氧合酶,这种酶可将 AA 转变为对中性粒细胞具有趋化作用的 5-羟基二十碳四烯酸(5-HETE),随后再转化为白三烯(LTA4、LTB4、LTC4、LTD4 和 LTE4)。LTB4 对中性粒细胞具有极强的趋化作用,并可促进中性粒细胞黏附、呼吸爆发和释放溶酶体酶。LTC4、LTD4、LTE4 主要由肥大细胞产生,可引起血管收缩、支气管痉挛和小静脉通透性增加。

3. 脂氧素　脂氧素也是 AA 通过脂质氧合酶途径产生的。AA 在中性粒细胞中代谢形成的中间产物在来自血小板的酶的作用下被转化为脂氧素(图 4-5)。如脂氧素 A₄ 和 B₄(LXA4 和 LXB4)就是血小板 12-脂质氧合酶(12-lipoxygenase)作用于来自中性粒细胞的 LTA4 所形成的代谢产物,若阻断中性粒细胞和血小板之间的接触则可抑制脂氧素的产生。

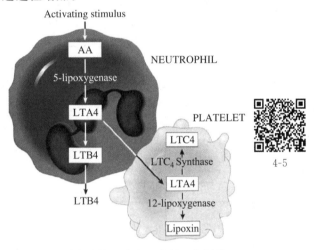

4-5

图 4-5　中性粒细胞和血小板互作调控
白三烯和脂氧素的生物合成

脂氧素的主要作用是抑制中性粒细胞的趋化反应及其与内皮细胞的黏附,阻止中性粒细胞向炎区组织募集。脂氧素的产生与白三烯的产生呈负相关,提示脂氧素可能是白三烯的内源性抑制剂,并且可能与炎症的消退有关。

很多抗炎药物通过抑制 AA 的代谢而发挥作用。非甾体抗炎药物(如阿司匹林和吲哚美辛)可抑制环氧合酶活性,抑制 PG 的产生,用于治疗疼痛和发热。齐留通(zileukm)可抑制脂质氧合酶,抑制白三烯的产生,用于治疗哮喘。糖皮质激素可抑制磷脂酶 A_2、环氧合酶-2(COX-2)、细胞因子(如 IL-1 和 TNF-α)等基因的转录,发挥抗炎作用。

(三)血小板激活因子

血小板激活因子(platelet activating factor,PAF)是另一类磷脂源性的炎症介质,其化学成分为乙酰甘油醚磷酰胆碱,血小板、嗜碱性粒细胞、肥大细胞、中性粒细胞、单核/巨噬细胞和内皮细胞等均可释放 PAF。PAF 通过 G 蛋白偶联受体发挥生物学效应,并受未活化的 PAF 乙酰水解酶调控。PAF 具有激活血小板、增加血管通透性以及诱导支气管收缩等作用。PAF 在极低浓度下即可引起血管扩张和小静脉通透性增加,其作用比组胺强 100~10000 倍。PAF 还可促进整合素介导的白细胞黏附、趋化、脱颗粒以及呼吸爆发。

(四)溶酶体成分

中性粒细胞和单核细胞中含有溶酶体颗粒,这些颗粒被释放后参与炎症反应。中性粒细胞中含有 2 种颗粒:细小的特有颗粒(次级颗粒)和较大的嗜天青颗粒(初级颗粒)(图4-6)。这些颗粒既可被释放进入吞噬泡中,也可被释放到细胞外。在通常情况下,小颗粒更容易被释放到细胞外,而大颗粒则主要进入吞噬体中。

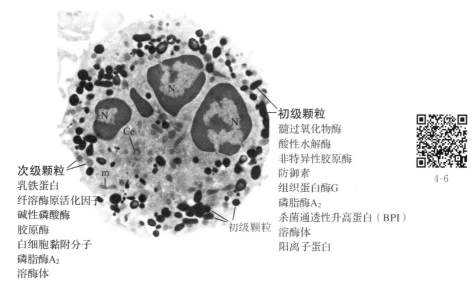

初级颗粒
髓过氧化物酶
酸性水解酶
非特异性胶原酶
防御素
组织蛋白酶G
磷脂酶A_2
杀菌通透性升高蛋白(BPI)
溶酶体
阳离子蛋白

次级颗粒
乳铁蛋白
纤溶酶原活化因子
碱性磷酸酶
胶原酶
白细胞黏附分子
磷脂酶A_2
溶酶体

初级颗粒

4-6

图 4-6　中性粒细胞颗粒超微结构(过氧化物酶染色)
N:细胞核(nucleus);Ce:中心粒(centriole);m:线粒体(mitochondrion)

次级颗粒中含有胶原酶、乳铁蛋白、纤溶酶原活化因子、溶菌酶和碱性磷酸酶等。初级颗粒中含有髓过氧化物酶、酸性水解酶、抗菌因子(溶菌酶、防御素)以及各种中性蛋白酶,如组织蛋白酶 G、非特异性胶原酶等。酸性水解酶在吞噬溶酶体(酸性环境)内降解细菌及其产物。中性蛋白酶可降解各种细胞外基质成分,包括胶原纤维、基底膜、纤维素、弹力蛋白和软骨基质等,造成组织破坏。中性蛋白酶还能直接剪切补体 C3 和 C5 而产生致敏毒素,并促进激肽原产生缓激肽样多肽。

(五)细胞因子

细胞因子(cytokines)是由多种细胞产生的多肽类物质,其种类繁多、功能广泛、来源复杂,与激素、神经肽、神经递质共同构成细胞间信号分子系统,主要参与调节机体的免疫应答、炎症反应、损伤修复、细胞生长与分化等过程。绝大多数细胞因子为相对分子质量小于25000 的糖蛋白,且以单体形式存在。

细胞因子通过旁分泌(paracrine)和自分泌(autocrine)或内分泌(endocrine)的方式发挥作用。如 T 淋巴细胞产生的白细胞介素-2(IL-2)刺激 T 淋巴细胞本身增殖,树突状细胞产生的 IL-12 支持 T 淋巴细胞增殖及分化。少数细胞因子如 TNF、IL-1 在高浓度时可作用于远处的靶细胞,表现内分泌效应。

细胞因子具有多效性、重叠性、拮抗性和协同性。某一种细胞因子可作用于多种靶细胞,产生多种生物学效应,如干扰素 γ(IFN-γ)上调有核细胞表达 MHC Ⅰ类分子,也激活巨噬细胞;几种不同的细胞因子可作用于同一种靶细胞,产生相同或相似的生物学效应,如 IL-6 和 IL-13 均可刺激 B 淋巴细胞增殖;有的细胞因子可抑制其他细胞因子的功能,如 IL-4 抑制 IFN-γ 刺激辅助性 T 淋巴细胞(Th)向 Th1 细胞分化;一种细胞因子促进另一种细胞因子的功能,两者表现协同效应,如 IL-3 和 IL-11 共同刺激造血干细胞的分化成熟。

TNF-α 和 IL-1 是介导炎症反应的两个重要细胞因子,主要由活化后的巨噬细胞产生,也可由内皮细胞、上皮细胞和结缔组织细胞等产生。淋巴细胞产生的 TNF 命名为 TNF-β。内毒素等细菌产物、免疫复合物和物理性因子等均可刺激 TNF 和 IL-1 的分泌。在炎症过程中,TNF 和 IL-1 对内皮细胞、白细胞和成纤维细胞的功能产生重要影响(图 4-7):①促进内皮细胞合成黏附分子、化学介质以及与细胞外基质重构有关的酶活化。②TNF 可致敏中性粒细胞,放大中性粒细胞对其他因子的反应性;在感染性休克过程中,TNF 还可降低外周血管阻力,导致心率加快和血液 pH 值降低。某些传染性疾病和肿瘤疾病引起

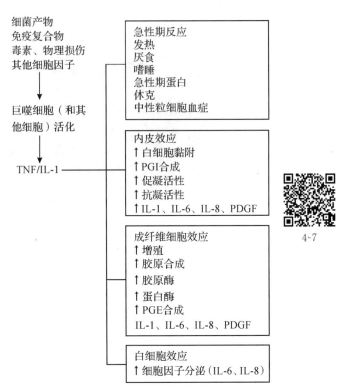

图 4-7 炎症过程中 TNF 和 IL-1 的主要生物学作用

的恶病质伴随 TNF 持续升高、体重减轻和厌食。③诱导全身性急性期反应,如引起发热、嗜睡、骨髓中性粒细胞释放入血、促肾上腺皮质激素和皮质类固醇释放等。

(六)趋化因子

趋化因子(chemokines)是一类结构和功能相似、相对分子质量为 8000～10000、对白细胞具有激活和趋化作用的小分子细胞因子。目前已发现 40 多种趋化因子和 20 余种趋化因子受体。根据趋化因子成熟肽中半胱氨酸残基的位置和排列方式,可将其分为 4 个家族:①C-X-C 趋化因子家族(α 趋化因子家族)。这一家族的近氨基端存在半胱氨酸-其他氨基酸-半胱氨酸(C-X-C)基序,其代表为 IL-8。IL-8 由活化的巨噬细胞和内皮细胞产生,可由细菌产物、IL-1 和 TNF 诱导生成,对中性粒细胞起趋化作用,而对单核细胞和嗜酸性粒细胞的作用有限。②C-C 趋化因子家族(β 趋化因子家族):其近氨基端存在两个相邻的半胱氨酸(C-C),这类趋化因子包括单核细胞趋化蛋白(MCP-1)、嗜酸性粒细胞趋化因子(eotaxin)、巨噬细胞炎症蛋白-1α(MIP-1α)以及 T 淋巴细胞激活分泌调节因子(regulated and normal T cell expressed and secreted,RANTES)。除嗜酸性粒细胞趋化因子只对嗜酸性粒细胞起趋化作用外,其余因子对单核细胞、嗜碱性粒细胞和淋巴细胞均具有趋化作用,但对中性粒细胞无作用。③C 趋化因子家族(γ 趋化因子家族):这一家族的趋化因子缺乏第一和第三个半

胱氨酸残基。淋巴细胞趋化蛋白(lymphotactin)是该家族的一员,它仅对 T 淋巴细胞有强烈的激活和趋化作用。④CX_3C家族:在两个半胱氨酸残基之间有三个其他氨基酸。Fractalkine(neurotactin)是 CX_3C 家族的唯一成员,主要表达于肺、心和脑。这一趋化因子以细胞膜结合形式和可溶性蛋白形式存在,前者在内皮细胞上表达,对单核细胞和 T 淋巴细胞有强烈的黏附作用;后者由膜结合蛋白水解产生,对上述细胞有强大的趋化作用。

趋化因子的作用受趋化因子受体介导。趋化因子受体为 G 蛋白偶联受体,包括 C-X-C 受体(CXCR,5 种)、C-C 受体(CCR,10 种)、C 受体(CR,1 种)和 CX_3C 受体(CX_3CR,1 种)。白细胞通常同时表达 1 种以上的受体。目前发现,CXCR-4 和 CCR-5 是人类免疫缺陷病毒(HIV-1)外壳糖蛋白的辅助受体,参与 HIV-1 黏附并侵入靶细胞($CD4^+$ T 淋巴细胞)的过程。

需要指出的是,有的趋化因子在炎症刺激下才能发生短暂表达,有些趋化因子则在组织中持续表达。前者的作用在于诱导白细胞向炎区组织募集,后者的作用则主要在于调控正常细胞迁移,以促使构成组织的各类细胞到达合适的解剖部位。

(七)一氧化氮

一氧化氮(NO)是一种可溶性气体分子,由内皮细胞、巨噬细胞和脑内某些神经细胞产生。NO 由 NO 合酶(NOS)催化精氨酸而生成,这种酶具有三种类型,即内皮型(eNOS)、诱生型(iNOS)和神经型(nNOS)。eNOS 和 nNOS 在组织中持续表达,但表达量较低,可被胞浆 Ca^{2+} 迅速激活;iNOS 则由细胞因子(TNF 和 IFN-γ)及其他因素诱导生成。

NO 在炎症血管反应和细胞反应中发挥重要作用。一方面,NO 可引起血管平滑肌细胞松弛,导致小血管扩张;另一方面,NO 可抑制炎症过程中的细胞反应,抑制血小板黏附、聚集和脱颗粒,抑制肥大细胞引起的炎症反应,并且抑制白细胞渗出。有研究发现,阻断 NO 合成可促进后微静脉中白细胞翻滚和黏附,而外源性给予 NO 则可减少白细胞募集。因此,NO 生成增多可能是体内一种旨在减轻炎症反应的代偿反应。此外,NO 及其衍生物对细菌、蠕虫、原虫和病毒具有杀灭作用。

(八)氧自由基

白细胞受微生物、免疫复合物、趋化因子等激活过程中以及吞噬过程中可产生大量氧自由基(如 O_2^-、H_2O_2、$\cdot OH$),其主要作用是杀灭吞噬溶酶体中的病原微生物。氧自由基也可被释放到细胞外,并与 NO 迅速反应,在短时间内生成大量过氧亚硝基阴离子(peroxynitrite,$ONOO^-$)。$ONOO^-$ 具有异常活跃的生物学特性,既是强氧化剂,又是硝化剂,可与蛋白质、脂质、核酸等生物大分子反应。少量的氧自由基和 $ONOO^-$ 可促进趋化因子(如IL-8)、细胞因子和内皮黏附分子等的表达,放大炎症级联反应。如果自由基和 $ONOO^-$ 产生过多,超过了机体的清除能力,则可对宿主造成损伤,表现在:①损伤内皮细胞,导致血管通透性升高;②使抗蛋白水解酶(α-抗胰蛋白酶)失活,导致蛋白水解酶活性增强,引起细胞外基质降解;③造成实质细胞、红细胞等损伤。

(九)神经肽

神经肽(如 P 物质和神经激肽 A)在炎症中的作用与血管活性胺和花生酸代谢产物相似。神经肽具有多种生物学活性,可传导疼痛,引起血管扩张和血管通透性增加。含有神经肽的神经纤维主要分布于肺和胃肠道。

四、血浆源性炎症介质

血浆中存在着四种相互关联的系统,即激肽系统、凝血系统、纤维蛋白溶解系统和补体系统,炎症反应过程中出现的所有现象均与这些系统的激活有关。

(一)激肽系统

缓激肽(bradykinin)是一种血管活性肽,由激肽释放酶(kallikrein)作用于血浆中的激肽原(kininogen)而产生。缓激肽可以使细动脉扩张、血管通透性增加、支气管平滑肌收缩,并可引起疼痛。缓激肽形成的中心环节是内源性凝血系统中的Ⅻ因子的激活。Ⅻ因子被组织损伤处暴露的胶原、基底膜等激活后,使激肽释放酶原转变为有活性的激肽释放酶,后者将激肽原裂解为有活性的激肽。同时,激肽释放酶又反过来激活Ⅻ因子,从而使原始刺激效应得以放大。激肽释放酶本身还具有趋化作用,并能将补体C5裂解为C5a片段。

(二)补体系统

补体系统由20多种蛋白(包括其裂解产物)组成,是血浆中含量最高的一类蛋白,以C1～C9命名。它们不仅参与天然免疫和获得性免疫,还是重要的炎症介质。补体可通过经典途径(抗原-抗体复合物)、替代途径(病原微生物表面分子,如LPS)和凝集素途径激活。三种途径均可激活C3转化酶,将C3裂解为C3a和C3b片段。C3b进一步激活C5转化酶,使C5转化为C5a和C5b。

补体系统参与如下反应:①血管反应。C3a和C5a可刺激肥大细胞释放组胺,导致血管扩张和血管通透性增加。由于它们的作用类似于过敏反应中肥大细胞释放的介质,故又被称为过敏毒素。C5a还可激活中性粒细胞和单核细胞中花生四烯酸的脂质氧合酶途径,引起前列腺素释放,进一步促进血管反应。②白细胞激活、黏附、趋化作用。C5a可激活白细胞,使白细胞表面整合素的亲和力升高(促进白细胞与血管内皮黏附)。此外,C5a对中性粒细胞、嗜酸性粒细胞、嗜碱性粒细胞和单核细胞具有趋化作用。③促进白细胞吞噬。C3b和灭活C3b(inactivated C3b,iC3b)可与细菌的细胞壁结合,通过其调理素化作用促进中性粒细胞和单核细胞对细菌的吞噬(中性粒细胞和单核细胞均具有C3b和iC3b受体)。④细菌杀伤作用。补体激活可以产生膜攻击复合物(membrane attack complex,MAC),在入侵病原的细胞膜上打孔,从而杀死病原。

(三)凝血系统、纤维蛋白溶解系统

激活的凝血因子Ⅻ可发生构象改变而转变成Ⅻa,后者通过一系列反应导致凝血酶(thrombin)激活。凝血酶结合于血小板、血管内皮细胞和平滑肌细胞上的蛋白酶激活受体(protease-activated receptor),引起一系列炎症反应,包括P-选择素动员、趋化因子产生、内皮黏附分子表达、前列腺素合成、PAF和NO生成等。

在激活凝血系统的同时,Ⅻa还可激活纤维蛋白溶解系统(简称纤溶系统),使纤维蛋白凝块溶解而对抗凝血作用。纤溶系统活化通过以下方式引起血管反应:①从白细胞和内皮细胞释放的纤溶酶原激活物裂解纤溶酶原(plasminogen),形成有活性的纤溶酶(plasmin),使纤维蛋白溶解,其产物具有增加血管通透性和趋化白细胞的作用;②纤溶酶剪切C3产生C3a,使血管通透性升高;③纤溶酶还可活化凝血因子Ⅻ,启动多个级联反应(图4-8),从而使炎症反应得以放大。

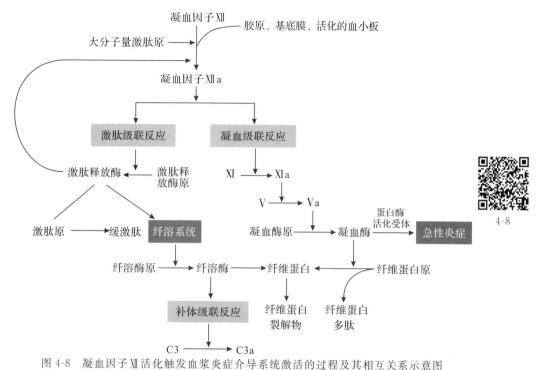

图 4-8　凝血因子 XII 活化触发血浆炎症介导系统激活的过程及其相互关系示意图

第四节　急性炎症的形态学类型

尽管所有的急性炎症均会呈现血管反应和炎性细胞浸润等基本变化,但由于引起炎症的病因、受累的器官组织和炎症的严重程度等不同,炎症的形态学变化也不尽相同。根据急性炎症的病变特点,可将其分为浆液性炎、纤维素性炎、化脓性炎、出血性炎以及溃疡。

一、浆液性炎

浆液性炎(serous inflammation)以浆液渗出为其特征,其中含有少量白蛋白、少量中性粒细胞和纤维素。渗出的液体主要来源于血浆,也可由浆膜的间皮细胞分泌。浆液性炎是一种程度较轻的炎症,易于消退。如果浆液性渗出物过多,则可能造成严重后果,如喉头浆液性炎造成的喉头水肿可引起窒息,胸膜和心包腔大量浆液渗出可影响心、肺功能。

浆液性炎多发生于浆膜、黏膜、滑膜、皮肤、肺和疏松结缔组织等部位。

1.浆膜　浆液性炎发生于浆膜时,可见浆膜腔内积聚有大量淡黄色透明或稍浑浊的液体,通常称为积液,如心包积液、胸腔积液、腹腔积液等。

2.黏膜　发生于黏膜的浆液性炎又称浆液性卡他性炎。"卡他"(catarrh)一词源于希腊语,意为"向下滴流",用来形容渗出液沿黏膜表面排出。如果浆液性炎发生于黏膜下层,则表现为胶冻样水肿。如仔猪患水肿病时的胃大弯水肿,切开肿胀部位可见半透明胶冻样水肿液。

3.滑膜　风湿性关节炎即为滑膜的浆液性炎,可引起关节腔积液。

4.皮肤　浆液性渗出物积聚在表皮内和表皮下可形成水疱,常见于烧伤、冻伤、猪口蹄疫、猪水疱病等。

5.疏松结缔组织　浆液性渗出物在疏松结缔组织内积聚,局部可出现炎性水肿,如脚踝扭伤引起的局部炎性水肿。

6.肺　肺的浆液性炎比较常见,眼观肺明显肿大,切面可流出泡沫样液体。镜下可见肺泡壁毛细血管淤血、肺泡腔内充满淡红染浆液,其中有多少不一的白细胞及少量红细胞和纤维素(图4-9)。

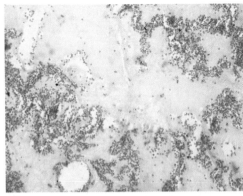

4-9

图 4-9　浆液性肺炎

肺泡壁毛细血管扩张淤血,肺泡腔内充满淡红染浆液,其中混有少量红细胞

二、纤维素性炎

纤维素性炎(fibrinous inflammation)是指渗出物中含有大量纤维素。纤维素即纤维蛋白,来源于血浆中的纤维蛋白原。纤维蛋白原从血浆中渗出后,受凝血酶的作用转变为不溶的纤维蛋白。在 H·E 染色切片中,纤维素呈红染的颗粒状、条索状或网状,常混有中性粒细胞和坏死细胞碎片。

纤维素性炎易发生于浆膜、黏膜和肺组织等部位。

1.浆膜的纤维素性炎　多见于胸膜、腹膜和心包膜。渗出的纤维素常附着在浆膜表明,形成一层灰黄色或灰白色假膜。发生纤维素性心包炎时,在心包腔内出现大量纤维素渗出,由于心不断搏动,心包的脏层和壁层相互摩擦,使附着在心包脏层和壁层面的纤维素形成绒毛状,故称"绒毛心"。

2.黏膜的纤维素性炎　常见于喉头、气管、胃肠、子宫和膀胱。渗出的纤维素、中性粒细胞和坏死脱落的黏膜上皮细胞凝集在一起,在黏膜表面形成一层灰白色膜状物,称为假膜。因此,黏膜的纤维素性炎又有假膜性炎(pseudomembranous inflammation)之称。如果覆盖于黏膜表面的假膜易于剥离,且剥离后黏膜下层组织无明显损伤,则称为浮膜性炎(croupous inflammation);如果黏膜坏死严重,纤维素性假膜与黏膜深层坏死组织发生牢固结合,难以剥离,则称为固膜性炎(diphtheritic inflammation),这种情况主要见于猪瘟、慢性仔猪副伤寒和鸡新城疫时的肠炎。仔猪副伤寒多表现为弥漫性固膜性肠炎,而猪瘟则呈局灶性固膜性炎,称为扣状肿。

3.肺的纤维素性炎　称为纤维素性肺炎或大叶性肺炎,临床上较为常见,其特点是在肺泡腔内出现大量纤维素性渗出物(图4-10),外观呈肺肝变景象。

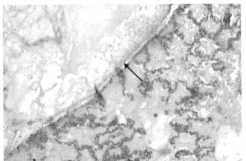

4-10

图 4-10　纤维素性肺炎

肺泡壁毛细血管淤血扩张,脏层胸膜(↑)及肺泡腔(＊)中有较多纤维素性物质渗出

少量纤维素渗出物可被纤维蛋白水解酶降解,细胞碎片可被巨噬细胞吞噬,病变组织得以愈复。若渗出的纤维蛋白过多而渗出的中性粒细胞(含蛋白水解酶)较少,或组织内抗胰蛋白酶(抑制蛋白水解酶活性)含量过多,则渗出的纤维蛋白不能被完全溶解吸收,最终发生机化。浆膜的纤维素渗出物被机化后可形成纤维性粘连,大叶性肺炎过程中纤维素机化可引起肺肉变。

三、化脓性炎

化脓性炎(suppurative or purulent inflammation)是以中性粒细胞大量渗出并伴不同程度的组织坏死和脓液形成为特点的一类炎症。它是临诊上最常见的一类炎症。

化脓性炎多由化脓菌(如葡萄球菌、链球菌、脑膜炎双球菌、大肠杆菌、绿脓杆菌、化脓棒状球菌等)感染所致,亦可由组织坏死继发感染产生。

脓液中的中性粒细胞除极少数仍具有吞噬能力外,大多数细胞已发生死亡和崩解。中性粒细胞崩解后将其溶酶体中的酶释放出来,导致局部坏死组织和纤维素等渗出物溶解液化,所以化脓性炎以液体即脓液的形式存在。脓液(pus)是一种浑浊的凝乳状液体,呈灰黄色或黄绿色。由葡萄球菌引起的脓液较为浓稠,由链球菌引起的脓液较为稀薄。H·E 染色时,化脓病灶常被深染。脓液中除含有中性粒细胞外,还含有细菌、坏死组织碎片和少量浆液。

由于病因和发生部位不同,化脓性炎有多种表现形式,常见的有以下几种:

1. 表面化脓和积脓　是指发生在黏膜和浆膜表面的化脓性炎。黏膜的化脓性炎又称脓性卡他性炎,炎症过程中脓液从黏膜表面渗出,深部组织炎症不明显。如化脓性尿道炎和化脓性支气管炎,渗出的脓液可沿尿道、支气管排出体外。当化脓性炎发生于浆膜、胆囊和输卵管等部位时,脓液积存在浆膜腔、胆囊和输卵管腔内,称为积脓(empyema)。

2. 蜂窝织炎　蜂窝织炎(cellulitis)是指发生于疏松结缔组织的弥漫性化脓性炎,常发生于皮下、肌膜和肌间(以及人的阑尾)。蜂窝织炎主要由溶血性链球菌引起,链球菌能分泌透明质酸酶和链激酶,前者能降解疏松结缔组织中的透明质酸,使基质溶解;后者能激活从血浆中渗出的纤溶酶原,使之转变为纤溶酶,进而溶解纤维蛋白。这些变化均利于细菌沿着组织间隙和淋巴管向周围蔓延,因此,蜂窝织炎发展迅速、波及范围广且发生高度水肿,在病变组织内大量中性粒细胞弥漫性浸润,与周围组织界限不清(图 4-11)。单纯蜂窝织炎一般不发生明显的组织坏死和溶解,痊愈后一般不留痕迹,但严重者可引发全身中毒。

3. 脓肿　脓肿(abscess)是指发生在器官或组织内的局限性化脓性炎症,可发生于皮下和内脏。在脓肿早期,病变部位可见大量中性粒细胞浸润,组织固有结构消失(图 4-12)。在陈旧的脓肿灶周围可见由肉芽组织包裹而形成的包囊,其作用在于限制炎症扩散。

脓肿主要由金黄色葡萄球菌引起,这些细菌可产生毒素使局部组织坏死,继而吸引大量中性粒细胞浸润,之后中性粒细胞死亡形成脓细胞,并释放蛋白溶解酶使坏死组织液化,形成含有脓液的空腔。同时,金黄色葡萄球菌还可产生凝血酶,使渗出的纤维蛋白原转变成纤维素,限制炎症蔓延。金黄色葡萄球菌具有层黏蛋白受体,使其容易通过血管壁而在远部产生迁徙性脓肿。

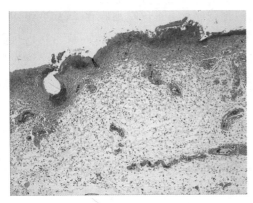

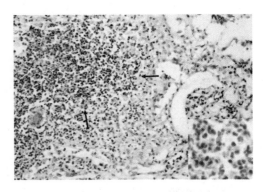

图 4-12　化脓性肾炎

在肾组织中形成的脓肿灶,病变局部有大量中性粒细胞浸润并发生死亡崩解,肾脏固有结构消失

图 4-11　蜂窝织炎(家禽)

皮下疏松结缔组织高度水肿,伴有大量异嗜性粒细胞浸润

4-11

4-12

发生于皮肤的脓肿常以疖和痈的形式表现出来。疖是单个毛囊所属皮脂腺及其邻近组织发生的脓肿,好发于毛囊和皮脂腺丰富的部位。疖中心部分液化变软后,脓液便可破出。痈是多个疖的融合,在皮下脂肪和筋膜组织中形成多个相互沟通的脓肿,在皮肤表面有多个开口,常需在多处切开引流排脓后方可愈合。

发生在皮肤或黏膜的脓肿,由于伴有皮肤或黏膜坏死、脱落,局部缺损形成溃疡(ulcer)。位于机体深部的脓肿可向体表或自然管道穿破,形成只有一个开口的病理性盲管,称为窦道(sinus),如果形成两个以上开口的排脓通道则称为瘘管(fistula)。窦道或瘘管因长期排脓,一般不容易愈合。

小脓肿可以吸收消散。较大脓肿由于脓液过多,吸收困难,常需要切开排脓或穿刺抽脓。脓腔局部常由肉芽组织修复,最后形成瘢痕。

四、出血性炎

出血性炎(hemorrhagic inflammation)是指炎渗出物中含有大量红细胞(图 4-13)。这种类型的炎症血管损伤严重,病情也较重。出血性炎时渗出液呈红色,炎区的变化和单纯的

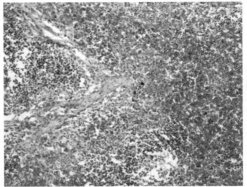

4-13

图 4-13　出血性淋巴结炎

淋巴组织坏死,有大量红细胞渗出

出血相似。但在镜下,炎区组织中除了可看见大量红细胞外,还伴有水肿和炎性细胞浸润等变化。动物的出血性炎常见于各种严重的传染病和中毒性疾病,如炭疽、猪瘟、巴氏杆菌病和马传染性贫血等。

五、溃疡

溃疡是指发生于器官或组织表面的炎性坏死组织腐离(sloughing)或脱落后形成的缺损(图 4-14),通常发生于皮肤、口腔、胃、肠、泌尿生殖道黏膜,其中以胃溃疡和十二指肠溃疡最为常见。在溃疡形成过程中急性炎症与慢性炎症并存,在急性期可见溃疡灶周围有大量中性粒细胞浸润,并伴有显著的血管反应。在慢性期,病灶局部出现淋巴细胞、巨噬细胞和浆细胞

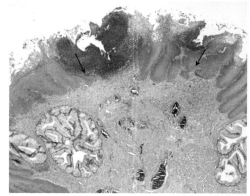

4-14

图 4-14　食管溃疡
食管黏膜上形成多个溃疡,溃疡灶局部有大量的炎性渗出物

浸润,在溃疡灶周边和基底部有成纤维细胞增生。溃疡灶最终可通过肉芽组织修复。

第五节　急性炎症的结局

大多数急性炎症能够痊愈,少数迁延为慢性炎症,极少数可蔓延扩散到全身。

一、痊愈

在清除致炎因子后,如果炎性渗出物和坏死组织被溶解吸收,通过病灶周围正常细胞的再生,可以完全恢复原来的组织结构和功能,称为完全愈复;若组织坏死范围较大,则由肉芽组织增生修复,称为不完全愈复(图 4-15)。

二、迁延为慢性炎症

在机体抵抗力低下或治疗不彻底的情况下,致炎因子不能被清除,其在机体内持续起作用并不断损伤组织,造成炎症迁延不愈,使急性炎症转变成慢性炎症,病情可时轻时重。

三、蔓延扩散

在机体抵抗力低下或病原微生物毒力强、数量多的情况下,病原微生物可不断繁殖,并沿组织间隙或脉管系统向周围和全身组织器官扩散。

(一)局部蔓延

炎症局部的病原微生物可通过组织间隙或天然管道向周围组织和器官扩散蔓延,如急性膀胱炎可蔓延到输尿管和肾盂。

(二)淋巴道蔓延

急性炎症渗出的富含蛋白的炎性水肿液或部分白细胞可通过淋巴液回流至淋巴结,其中所含的病原微生物则随之播散,引起淋巴管炎和局部淋巴结炎。例如,足部感染时腹股沟淋巴结可肿大,在足部感染灶和肿大的腹股沟淋巴结之间出现红线,即为淋巴管炎。病原微生物可进一步通过淋巴系统入血,引起血行蔓延。

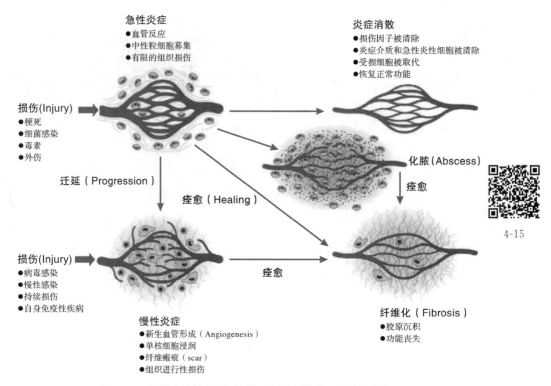

图 4-15　急性炎症的结局:消散、痊愈(纤维化)和慢性炎症

(三)血行蔓延

炎症灶中的病原微生物及其毒素或产物可直接侵入或通过淋巴道进入血液循环,造成炎症经血行蔓延,引起菌血症、毒血症、败血症和脓毒败血症。

1. 菌血症(bacteremia)　细菌由局部病灶入血,从血液中可分离到细菌,但不引起全身中毒症状,称为菌血症。在菌血症阶段,肝、脾和骨髓的吞噬细胞可清除细菌。

2. 毒血症(toxemia)　细菌的毒性产物或毒素被吸收入血,并引起全身性中毒症状,称为毒血症。临床上出现高热和寒战等症状,同时伴有心、肝、肾等实质细胞的变性或坏死,严重者可出现中毒性休克等严重后果,但从血液中难以分离培养出病原菌。

3. 败血症(septicemia)　细菌由炎症局部侵入血液,在血液中大量繁殖并产生毒素,引起全身严重的中毒症状,称为败血症。败血症除有毒血症的临床表现外,还常出现皮肤和黏膜的多发性出血斑点以及脾和全身性淋巴结肿大等。此时血液中常可培养出病原菌。

4. 脓毒败血症(pyemia)　由化脓细菌引起的败血症称为脓毒败血症。化脓菌在血液中大量繁殖,随血流到达全身各处,在多个脏器中同时引起多发性栓塞性脓肿(embolic abscess),或称转移性脓肿(metastatic abscess)。显微镜下,除典型的化脓性炎症的特征外,病变中心或小血管和毛细血管中常常可见细菌菌落(细菌栓子)存在(图 4-16)。

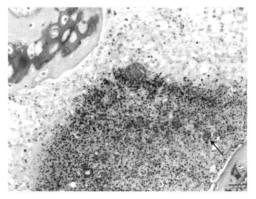

4-16

图 4-16 · 骨髓炎

骨髓腔内形成的脓肿,脓肿灶内的细菌栓子(↑)提示化脓菌通过血流传播而来(革兰氏染色)

第六节　慢性炎症

慢性炎症(chronic inflammation)是指持续数周甚至数年的炎症,这一过程同时存在活跃的炎症反应、组织破坏和修复反应。除可从急性炎症转化而来外,慢性炎症也可以隐匿的、无症状的方式发生,见于关节炎、动脉粥样硬化和结核病等。

一、引起慢性炎症的原因

1.病原微生物持续感染　结核杆菌和一些毒力较弱的病毒、真菌、寄生虫等可持续刺激机体发生迟发性超敏反应,在感染局部形成肉芽肿性炎(granulomatous inflammation)。

2.内源性或外源性毒性物质长期刺激　长期吸入二氧化硅可引起慢性肺炎(如硅沉着病);血浆中脂质成分长期作用于血管壁引起动脉粥样硬化(atherosclerosis)。

3.自身免疫性疾病　在某些情况下,体内可发生针对自身组织的免疫反应,这种免疫反应可导致组织慢性损伤,引发慢性炎症。见于类风湿关节炎和系统性红斑狼疮等。

二、慢性炎症的基本病理变化

与急性炎症具有明显的血管反应、中性粒细胞浸润和水肿等变化不同,慢性炎症通常表现为下列特点:

1.单个核细胞(mononuclear cell)浸润　以巨噬细胞、淋巴细胞和浆细胞等单个核细胞浸润为主。

2.组织破坏　致炎因子持续作用和炎性细胞浸润引起组织进行性破坏。

3.结缔组织增生　肉芽组织企图取代和修复损伤组织,表现为成纤维细胞和小血管增生。

三、慢性炎症的细胞反应

(一)单核/巨噬细胞

单核/巨噬细胞(又称为网状内皮细胞)是慢性炎症的主要浸润细胞。单核/巨噬细胞包括血液中的单核细胞和组织中的巨噬细胞,后者弥散分布于结缔组织和外周器官中,例如肝的 Kupffer 细胞、脾和淋巴结的窦组织细胞、肺泡的巨噬细胞和中枢神经系统的小胶质细胞等。单核细胞从血液进入组织后分化为巨噬细胞。单核细胞在血液中的半成活期(half-life)仅为一天,而组织中巨噬细胞的生命期则为几个月到几年。

前已述及,单核细胞在急性炎症早期即可游出到血管外,在 48h 内则成为主要浸润细胞。对于病程较短的急性炎症,在致病因子的作用消除后,巨噬细胞可通过凋亡或重新进入淋巴循环和淋巴结而消失。在慢性炎症过程中,巨噬细胞持续聚集并分泌多种生物活性物质,引起典型的慢性炎症(组织破坏和纤维化)(图 4-17)。

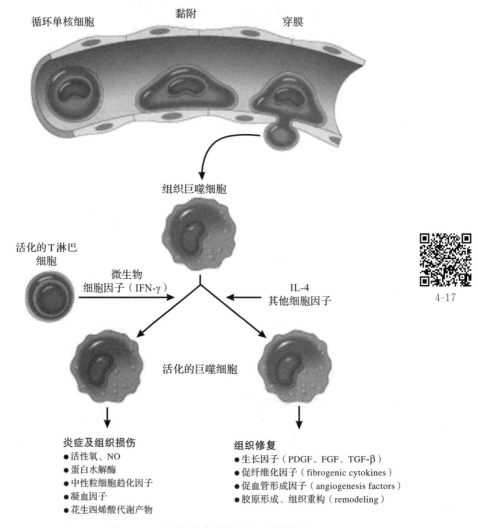

图 4-17　巨噬细胞在慢性炎症中的作用

(二)淋巴细胞

淋巴细胞(lymphocyte)是慢性炎症中常见的炎性细胞。淋巴细胞分为 T 淋巴细胞和 B 淋巴细胞两种类型,分别参与细胞和体液免疫。淋巴细胞在抗原和趋化因子的刺激下迁移进入炎症组织中。此外,活化的巨噬细胞所分泌的细胞因子(主要为 TNF 和 IL-1)也可持续诱导淋巴细胞向炎区组织募集。在慢性炎症过程中,巨噬细胞和 T 淋巴细胞相互影响。巨噬细胞吞噬并处理抗原后,把抗原信息递呈给 T 淋巴细胞,同时产生细胞因子(主要为 IL-12),刺激 T 淋巴细胞活化。激活的 T 淋巴细胞产生细胞因子 IFN-γ,反过来又可激活巨噬细胞(图 4-18)。T 淋巴细胞和巨噬细胞通过上述方式相互反复作用,导致慢性炎症经久难愈。

(三)嗜酸性粒细胞

嗜酸性粒细胞(eosinophils)是寄生虫感染和 IgE 介导型过敏反应(速发性过敏反应)的主要反应细胞。嗜酸性粒细胞从循环血液中游出和向炎症部位迁移的过程与其他类型白细胞相似,嗜酸性粒细胞趋化因子(eotaxin)是诱导嗜酸性粒细胞向炎症募集的主要因子。嗜酸性粒细胞的颗粒中含有主要嗜碱性蛋白(major basic protein,MBP),这种蛋白对寄生虫和哺乳动物上皮细胞具有毒性作用,因而,嗜酸性粒细胞浸润有助于杀灭寄生虫,但在 IgE 介导型过敏反应中可引起上皮细胞损伤。

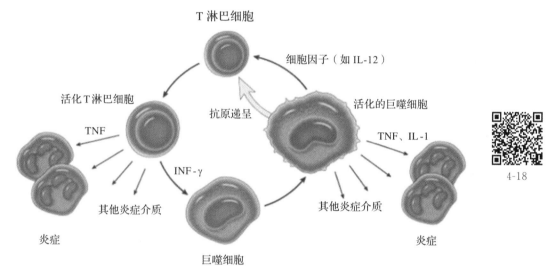

图 4-18 慢性炎症过程中淋巴细胞和巨噬细胞的互作关系
活化的淋巴细胞和巨噬细胞相互影响,它们释放的炎症介质还可影响其他细胞

(四)肥大细胞

肥大细胞(mast cell)广泛分布于结缔组织中,参与急性和慢性炎症反应。在急性炎症过程中,IgE 抗体 Fc 区可与肥大细胞上的特异性受体结合,促进肥大细胞脱颗粒并释放组胺和白三烯,引起炎症反应。肥大细胞介导的急性炎症反应见于昆虫毒液、食物和药物引起的过敏反应,常常可引起严重后果。在慢性炎症反应过程中也可出现肥大细胞浸润,它们可分泌促进结缔组织形成的细胞因子。

(五)中性粒细胞

虽然中性粒细胞反应是急性炎症的典型特征,但某些类型的慢性炎症,比如慢性细菌感染引起的骨髓炎也可伴有大量中性粒细胞浸润,并可持续达数月之久,其原因可能与细菌持续感染有关。吸烟引起的肺组织慢性炎症也可见中性粒细胞渗出,可能与巨噬细胞和 T 淋巴细胞分泌的细胞因子有关。

四、肉芽肿性炎

肉芽肿性炎(granulomatous inflammation)是一种特殊类型的慢性炎症,以由巨噬细胞转化而来的上皮样细胞(epthelial-like cell)和以淋巴细胞为主的单个核细胞浸润并形成境界清楚的结节状病灶(即肉芽肿)为特征。肉芽肿性炎仅见于少数免疫介导的感染性或非感染性疾病。

根据病因不同,可将肉芽肿分为免疫性肉芽肿和异物性肉芽肿。

(一)免疫性肉芽肿

免疫性肉芽肿(immune granulomas)指由某些可诱导细胞免疫的微生物所引起的肉芽肿。在通常情况下,细胞免疫并不引起肉芽肿形成;但是,如果入侵的病原微生物很难被降解,或被吞噬细胞处理后形成不溶性颗粒,它们诱导的细胞免疫则可导致肉芽肿形成。这类病原微生物包括结核分枝杆菌、鼻疽杆菌、放线菌以及一些真菌和寄生虫。巨噬细胞吞噬和处理这些病原微生物后,将一部分抗原递呈给 T 淋巴细胞,使之激活并产生细胞因子,如 IL-2 和 IFN-γ 等。IL-2 可进一步激活其他 T 淋巴细胞,IFN-γ 则可使巨噬细胞转变成上皮样细胞和多核巨细胞。

上皮样细胞的胞质丰富,胞质呈淡粉色,略呈颗粒状,胞质界限不清;细胞核呈圆形或椭圆形,有时核膜折叠,染色浅淡,核内可有 1～2 个小核仁。因这种细胞形态与上皮细胞相似,故称上皮样细胞。上皮细胞相互融合形成巨细胞(giant cell)。巨细胞直径可达 40～50μm,含有丰富的胞浆和多个细胞核,细胞核环绕排列于细胞膜周边(Langhans 巨细胞)或杂乱散布在胞浆中(异物巨细胞)。虽然 Langhans 巨细胞和异物巨细胞的细胞核排列不同,但它们在功能上并无区别。

结核结节是由结核分枝杆菌引起的免疫性肉芽肿,具有典型的形态特征。显微镜下,结核结节中央为干酪样坏死灶(有时可见钙盐沉积),在其周围为上皮样细胞,并可见 Langhans 巨细胞(Langhans giant cell)掺杂于其中,再向外为大量淋巴细胞浸润,最外层为纤维结缔组织(图 4-19)。抗酸染色可见结核分枝杆菌。

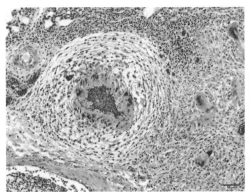

4-19

图 4-19　结核肉芽肿
(tuberculous granuloma)(家禽)
可见中心干酪样坏死及郎罕氏巨细胞、上皮样细胞和淋巴细胞浸润,外周有纤维结缔组织包裹

其他原因引起的免疫性肉芽肿的形态特点与结核结节基本相同,但在中心部位很少见到干酪样坏死。

(二)异物性肉芽肿

异物性肉芽肿可由手术缝线、石棉、滑石粉等异物以及一些较大且不溶的代谢产物(如尿酸盐结晶、类脂质)所引起,皮下注射油乳剂疫苗也可引起肉芽肿性炎。这些异物难以被单个巨噬细胞所吞噬,不能引发典型的炎症或免疫反应。巨噬细胞转变为上皮样细胞和异物巨细胞后将异物包围在病灶中央。

异物性肉芽肿的形态学特征与免疫性肉芽肿基本相似,中心部位异物在偏振光显微镜下具有折光性,在异物周围可见数量不等的上皮样细胞和异物巨细胞,最外围为结缔组织包膜。

(谭　勋)

第五章

肿瘤生物学
Neoplasia and Tumor Biology

【Overview】A tumor is a "new growth" composed of cells, originally derived from normal tissues, that have undergone heritable genetic changes allowing them to become relatively unresponsive to normal growth controls and to expand beyond their normal anatomic boundaries. Despite the relatively short lifespan of most animals, neoplasia is an important concern for veterinary practitioners, diagnosticians, and researchers. Tumor diagnosis and treatment for individual animals is becoming an increasingly prominent part of small animal practice. In food animals, infectious and environmental causes of cancer can have a major impact on herd or flock health. Furthermore, animal models provide important insights into the cause and treatment of human cancer.

Tumors are divided into two categories: benign or malignant. Benign tumors are generally well differentiated and do not metastasize or invade surrounding normal tissue or spread to new anatomic locations within the body. Often, benign tumors are encapsulated and slow growing. Although most benign tumors do little harm to the host, some tumors in the brain are considered behaviorally malignant because of the adverse effect on the host. Benign tumors may be noted by the suffix-oma, which is connected to the term indicating the cell of origin. For example, a chondroma is a benign tumor of the cartilage. Although this is a common rule, there are malignant tumors, such as melanoma, that end with the same suffix but are malignant.

Malignant tumors often invade and destroy normal surrounding tissue and, if left untreated, can cause death of the host. A well or moderately differentiated malignant tumor cell will resemble the cell from which it originated. A poorly differentiated cell will have very few of the characteristics of the originating cell, and an undifferentiated cell will have no characteristics of the origin cell. They have the ability to metastasize, or spread to a site in the body distant from the primary location.

Malignant tumors arising from mesenchymal cells are known as sarcoma. These cells include connective tissue such as cartilage and bone. An example is a chondrosarcoma or a sarcoma of the cartilage. Although blood and lymphatics are mesenchymal tissues, they are classified separately as leukemia and lymphomas.

Carcinomas are tumors that originate from the epithelium. These include all the tissues that cover a surface or line a cavity. For example, the aerodigestive tract is lined with squamous cell epithelium. Tumors originate from the lining are called squamous cell carcinoma of the primary site. An example is squamous cell sarcoma of the lung. Neoplasm of glandular epithelial cells are called adenocarcinoma. An example is the tissue lined the stomach. A tumor originated in the cells of this lining is called adenocarcinoma of the stomach.

Tumor cells, especially malignant tumor cells, may exhibit anaplasia (cellular atypia). Anaplastic cells are poorly differentiated cells that exhibit notable cellular and nuclear pleomorphism (variation in size and shape). Nuclei may exhibit extreme variability in number, size, shape, chromatin distribution, and nucleolar size and number. Anaplastic nuclei are often hyperchromatic (darkly staining) because of increased DNA content, and are disproportionately large relative to cell size, resulting in an increased nuclear/cytoplasmic ratio, and have prominent nucleoli. Mitotic figures in tumor cells may be numerous. Many of the nuclear changes seen in neoplastic cells reflect the frequent cell division, chromosomal abnormalities, and active metabolic state that characterize these cells.

第一节　概　述

肿瘤(tumor,neoplasm)是犬、猫等小动物的一类常见病、多发病。尽管这些动物的生命过程较为短暂,但它们在人类社会中扮演重要角色,仍不可忽视。在集约化饲养的经济动物中,某些传染性因素和环境性因素引起的肿瘤通常以群发的形式出现,危害极大。此外,动物肿瘤模型对于研究人类肿瘤性疾病的发生机制和治疗亦具有重要的参考价值。因此,对动物肿瘤的基础理论及其防治研究不仅是兽医学、也是整个生命科学领域研究的重点。

肿瘤是指正常细胞发生了基因变异,增殖不受调控而形成的新生物。肿瘤细胞通常呈单克隆性增殖。瘤细胞具有异常的形态、代谢和功能,在不同程度上丧失了分化成熟的能力,其生长具有相对自主性,不受外源性生长因子和环境中生长抑制因子的调控,即使致瘤因素的作用已经去除,仍能持续生长。每个肿瘤细胞都含有导致其异常生长的基因组。肿瘤性增生不仅与整个机体不协调,而且对机体有害无益。

机体在生理状态下及在慢性炎症、损伤修复过程中也常有细胞的增生,这种增生称为非肿瘤性增生。非肿瘤性增生也可形成肿块,如炎性息肉、炎性假瘤及瘢痕疙瘩等。非肿瘤性增生一般是多克隆性的,有的属于正常新陈代谢的细胞更新,有的则是针对一定刺激或损伤的应答反应。其次,增生的细胞、组织能分化成熟,并在一定程度上能恢复原来正常组织的结构和功能。再者,这种增生有一定限度,刺激因素一旦消除后就不再继续增生。而肿瘤性增生与此不同,两者有着本质上的区别。

一、良性和恶性肿瘤的概念

根据肿瘤的性质及对机体的影响,可将肿瘤分为良性肿瘤(benign tumor)和恶性肿瘤(malignant tumor)两大类。

良性肿瘤的组织分化较成熟,生长缓慢,停留于局部,不浸润、不转移,通常可通过手术摘除而治愈,一般对机体的影响相对较小。恶性肿瘤的组织分化不成熟,生长较迅速,浸润性破坏器官的结构和功能,并可发生转移,对机体的影响严重。良性肿瘤与恶性肿瘤的区别见表5-1。

表 5-1　良性肿瘤与恶性肿瘤的比较

特征	良性肿瘤	恶性肿瘤
分化	分化好、异型性小	分化不良,异型性高
生长速度	生长缓慢、进行性膨大;核分裂象少见,缺乏病理性核分裂	生长由慢到快,速度不恒定;核分裂象多见,呈病理性核分裂
局部侵袭	不侵袭周围组织,肿瘤呈膨胀性生长,常有包膜	局部侵袭,浸润性生长,常无包膜
转移	不转移,手术摘除后不易复发	常有转移,手术后可复发

二、肿瘤的命名与分类

动物机体的任何部位、任何组织、任何器官都可能发生肿瘤。因此,肿瘤的种类繁多,命名也很复杂,必须有一个统一的命名、分类原则,以利于肿瘤的诊断、治疗、教学和科学研究工作的进行。

肿瘤的命名主要是根据其组织的来源和良性或恶性的程度不同而进行的。

(一)良性肿瘤的命名

良性肿瘤的命名一般是在发生肿瘤的组织名称后加一个"瘤"(-oma)字,如来源于纤维组织的良性肿瘤称为纤维瘤(fibroma),来源于脂肪组织的良性肿瘤称为脂肪瘤(lipoma),来源于腺体组织的肿瘤叫腺瘤(adenoma)等。

有时还结合良性肿瘤生长的形状进行命名,如在皮肤和黏膜上生长的上皮组织良性肿瘤,其外形似乳头状,称为乳头状瘤(papilloma)。如果为了进一步说明这种乳头状瘤发生的部位,还可加上部位名称,如发生在皮肤的乳头状瘤称为皮肤乳头状瘤。有时为了详细说明良性肿瘤的性质,也可用发生部位＋形状＋组织来源＋瘤,如发生于皮肤表面,形如乳头,肿瘤起源于腺上皮,称为皮肤乳头状腺瘤。

此外,由多种组织成分构成的良性肿瘤称为混合瘤,如纤维腺瘤(fibroadenoma)或纤维软骨瘤(inochondroma)。

(二)恶性肿瘤的命名

可根据以下几种不同情况进行命名:

1. 癌　起源于上皮组织的恶性肿瘤称为"癌"(carcinoma),其命名原则是在来源组织后面加一"癌"字,如腺癌(adenocarcinoma)、鳞状细胞癌(squamous cell carcinoma)和食管癌

(carcinoma of esophagus)等。

2. 肉瘤　起源于间叶组织(包括结缔组织、脂肪、肌肉、脉管、骨、软骨组织)的恶性肿瘤称为肉瘤(sarcoma),其命名方式是在来源组织名称之后加"肉瘤"二字,如纤维肉瘤(fibrosarcoma)、脂肪肉瘤(adipose sarcoma)等。造血组织和淋巴组织也属于间叶组织,起源于这些组织的恶性肿瘤分别称为白血病(leukemia)和淋巴瘤(lymphomas)。

3. 起源于神经组织和未分化的胚胎组织的恶性肿瘤,通常在发生肿瘤的器官或组织名称之前加"成"字,如成神经细胞瘤(neuroblastoma)、成肾细胞瘤(nephroblastoma)。也可以在来源组织的后面加"母细胞瘤",如神经母细胞瘤、肾母细胞瘤。

4. 有些恶性肿瘤成分复杂,组织来源尚有争议,则在肿瘤的名称前加"恶性"二字,如恶性畸胎瘤、恶性黑色素瘤等。

5. 有些恶性肿瘤常冠以人名,如鸡的马立克氏病(Marek's disease)、何杰金氏病(Hodgkin's disease)和劳斯氏肉瘤(Rous sarcoma)等。虽然这些肿瘤被称为"瘤"或"病",实际上都是恶性肿瘤。

(三)未分化肿瘤

未分化肿瘤(undifferentiated tumor)是指肿瘤细胞完全没有分化的迹象,或者肿瘤细胞虽有分化,但在光学显微镜下难以确定其起源。

(四)混合瘤

混合瘤(mixed tumor)是指肿瘤组织中包含有多种类型的细胞,这些细胞可能来源于单一的多能干细胞或全能干细胞。

(五)瘤样病变

瘤样病变(tumor-like lesion)是指一类在大体上具有肿瘤样外观,但镜下观察为非肿瘤样细胞增殖为特征的一类病变。错构瘤、迷芽瘤和动脉瘤都属于这一类病变。错构瘤(hamartoma)是指机体某一器官内正常组织在发育过程中出现错误的组合、排列而形成的类瘤样畸形。错构瘤可能是发育过程中组织异常分化的结果,是一种良性病变,而并非真正的肿瘤。迷芽瘤(又称迷离瘤)(choristoma)是指正常成熟组织在异位(ectopic site)出现,比如发生在眼角膜上的皮样囊肿,它由成熟的皮肤和附件组成。动脉瘤(aneurysm)是指动脉管壁的局限性病理性扩张形成的包块。

第二节　肿瘤的特征

一、肿瘤的外形

(一)肿瘤的形状

肿瘤的形状多种多样,有乳头状、菜花状、绒毛状、蕈状、息肉状、结节状、分叶状、浸润性包块状、弥漫性肥厚状、溃疡状和囊状等(图 5-1)。肿瘤的形状一般与其发生部位、组织来源、生长方式和肿瘤的良恶性密切相关。外观上呈菜花状、火山口溃疡状或浸润性包块状等的肿瘤,应疑为恶性肿瘤。

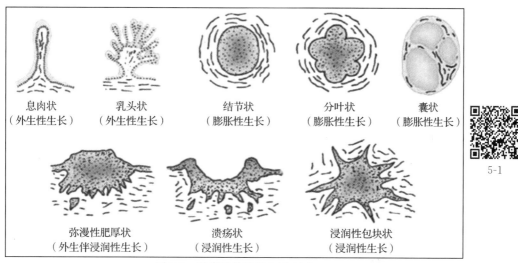

息肉状
（外生性生长）

乳头状
（外生性生长）

结节状
（膨胀性生长）

分叶状
（膨胀性生长）

囊状
（膨胀性生长）

5-1

弥漫性肥厚状
（外生伴浸润性生长）

溃疡状
（浸润性生长）

浸润性包块状
（浸润性生长）

图 5-1　肿瘤的外形和生长方式

（二）肿瘤的颜色

肿瘤的切面一般呈灰白或灰红色，但可因其含血量的多少，有无变性、坏死、出血，以及是否含有色素等而呈现各种不同的颜色。有时可通过肿瘤的色泽大致推测其为何种肿瘤，如血管瘤呈红色或暗红色，脂肪瘤呈黄色，黑素瘤呈黑色。

（三）肿瘤的硬度

肿瘤的硬度与肿瘤的种类、肿瘤的实质与间质的比例及有无变性、坏死有关。实质多于间质的肿瘤一般较软；相反，间质多于实质的肿瘤一般较硬。瘤组织发生坏死时较软，发生钙化或骨化时则较硬。

（四）肿瘤的包膜

良性肿瘤通常具有完整的包膜，与周围组织形成明显的分界，手术时容易分离和完整摘除；恶性肿瘤一般无包膜，常侵入周围组织，导致肿瘤边界不清，手术难以清除。

二、肿瘤的组织结构

肿瘤的组织结构多种多样，除白血病外，任何一个肿瘤组织的成分都可分为实质和间质两部分。

（一）肿瘤的实质

肿瘤的实质（parenchyma）是肿瘤的主要成分，它决定肿瘤的生物学特点以及每种肿瘤的特殊性。通常根据肿瘤实质细胞的形态来识别各种肿瘤的起源，进行肿瘤的分类、命名和组织学诊断，并根据其分化成熟程度和异型性大小来确定肿瘤的良恶性以及肿瘤的恶性程度。

肿瘤的实质通常只有一种成分，但少数肿瘤可含有两种或两种以上实质成分。比如，乳腺纤维腺瘤含有纤维组织和腺组织两种成分，畸胎瘤含有三个胚层来源的多种实质成分。

（二）肿瘤的间质

肿瘤的间质（mesenchyma stroma）一般由结缔组织和血管组成，有时还具有淋巴管。间质成分不具特异性,对肿瘤实质起支持和营养作用。通常情况下,生长缓慢的肿瘤中间质和血管较少,而生长迅速的肿瘤中间质和血管较丰富。此外,肿瘤间质内往往有不同程度的淋巴细胞浸润,这是机体对肿瘤组织的免疫反应,如乳腺典型髓样癌中通常伴有大量淋巴细胞浸润,其预后较不伴有淋巴细胞浸润的髓样癌为佳。此外,在肿瘤间质中还可以见到纤维细胞和肌成纤维细胞(myofibroblast),这类细胞具有纤维细胞和平滑肌细胞的双重特点,既能分泌胶原,又具有收缩功能,可能对肿瘤细胞的浸润起限制作用。

第三节　肿瘤的异型性

每一种正常的、完全分化成熟的组织具有独特的组织学形态特征和细胞构成,在同一物种的不同个体之间完全相同。肿瘤在不同程度上失去了分化能力,在细胞形态和组织结构上与其来源的正常组织均存在不同程度的差异,这种差异称为异型性(atypia)。

肿瘤组织异型性的大小是判断肿瘤良、恶性的主要组织学依据。一般而言,良性肿瘤的分化程度较高,异型性小,与其来源的正常组织相似程度较高;反之,恶性肿瘤分化程度低,异型性大,与其来源的正常组织相似程度较低(图5-2)。某些肿瘤细胞的分化程度极低(如未分化肿瘤),以至于无法判断其来源。

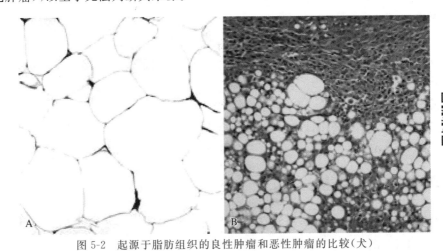

5-2

图5-2　起源于脂肪组织的良性肿瘤和恶性肿瘤的比较(犬)

A.良性脂肪瘤,肿瘤分化程度高,与正常脂肪组织相似;B.恶性脂肪瘤,肿瘤分化程度差,与正常脂肪组织差异较大

良性肿瘤细胞的异型性小,一般与其发源的正常细胞相似。恶性肿瘤细胞常具有高度的异型性,出现以下特征:

1.肿瘤细胞的多型性　即瘤细胞形态及大小不一致。恶性肿瘤细胞一般比正常细胞大,各个瘤细胞的大小和形态又很不一致,有时出现胞体很大的瘤巨细胞(tumor giant cell)(图5-3)。但少数分化很差的肿瘤,其瘤细胞较正常细胞小、圆形,大小也比较一致。肿瘤细胞的胞质因核糖体含量升高而呈嗜碱性染色。有些肿瘤细胞可产生异常分泌物或代谢产物,例如肝癌细胞内可见黄褐色的胆色素、黑色素瘤细胞内可见黑色素。

2.细胞核的多型性　即瘤细胞核的大小、形状及染色不一致。胞核与细胞浆之比较正常细胞大(正常细胞为 1:4~1:6,恶性肿瘤细胞则接近 1:1),核仁明显。核大小及形状不一,并可出现双核、多核、巨核或奇异形的核(图 5-4)。由于核内 DNA 增多,H·E 染色时细胞核呈强嗜碱性染色,染色质呈粗颗粒状,分布不均匀,常堆积在核膜下,使核膜显得增厚。核仁肥大,数目也常增多(可达 3~5 个)。核分裂象常增多,特别是出现不对称性、多极性或顿挫性核分裂等病理性核分裂象,对于诊断恶性肿瘤具有重要的意义。恶性肿瘤细胞的核异常改变多与染色体呈多倍体(polyploidy)或非整倍体(aneuploidy)有关。

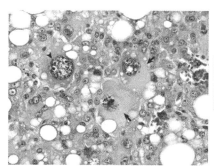

5-3

图 5-3　皮下脂肪肉瘤(犬)

起源于脂肪组织的恶性肿瘤,可见瘤巨细胞(↑)。有的细胞核较大(▶),核内有多个核仁

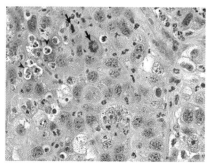

5-4

图 5-4　细支气管肺泡癌(犬)

肿瘤组织中可见多形细胞核,病理性核分裂象明显(↑),并可见巨噬细胞被肿瘤细胞吞噬(▶)

第四节　肿瘤的生长与转移

一、生长速度

肿瘤的生长速度取决于瘤细胞的分化程度。良性肿瘤成熟程度高、细胞分化较好,其增殖能力有限,因而良性肿瘤生长较缓慢,常可持续几年甚至几十年。

恶性肿瘤组织成熟程度低、细胞分化较差,因而具有无限的增殖潜能。与良性肿瘤细胞相比,恶性肿瘤细胞更不容易发生凋亡,并能更有效地逃避宿主免疫细胞的监视。此外,恶性肿瘤比良性肿瘤含有更丰富的血管。因而,恶性肿瘤生长速度较良性肿瘤快。

良性肿瘤可向恶性肿瘤演变,恶性肿瘤的侵袭能力也随时间的推移不断升高,因而,可根据良性肿瘤向恶性肿瘤转化的阶段或/和肿瘤的扩散程度对肿瘤进行分级或分期。肿瘤分级和分期主要用于评价肿瘤对机体的危害程度和制定肿瘤治疗策略。需要指出的是,良性肿瘤罕见发生恶化。

二、侵袭与转移

良性肿瘤与恶性肿瘤最重要的区别在于后者具有局部侵袭和全身性转移的能力,而前者则不具有这一能力。

（一）侵袭

肿瘤细胞的侵袭（invasion）是指恶性肿瘤细胞不断地沿着组织间隙、淋巴管或血管的外周间隙向周围组织浸润，对周围组织造成破坏。恶性肿瘤细胞的侵袭能力与肿瘤细胞运动性增强、蛋白酶合成增加和黏附能力改变有关，这种改变使它们可以超越解剖学界限的约束，侵袭周围正常组织。而在通常情况下，良性肿瘤呈膨胀性生长，与周围组织之间的界限也很清晰，起源于上皮的良性肿瘤常有包膜（由结缔组织包裹）。

（二）转移

当肿瘤细胞迁徙到远离原发部位的地方，形成与原发瘤同样类型的肿瘤，就意味着肿瘤发生了转移（metastasis）。良性肿瘤不发生转移，只有恶性肿瘤才发生转移，因而，瘤细胞是否转移是判定肿瘤为良性或恶性的最可靠的标志。发生转移时，瘤细胞从原发部位脱离，经血管、淋巴管或其他途径迁移至身体的其他部位，并继续生长，形成与原发瘤同类型的肿瘤，称为继发瘤或转移瘤（metastatic neoplasm）。

1. 淋巴道转移（lymphatic metastasis）　在通常情况下，癌细胞的转移主要通过淋巴道转移（图 5-5）。癌细胞侵入淋巴管后，沿着淋巴循环路径向全身各处播散，离肿瘤组织最近的淋巴结最先形成转移瘤，且形成的转移瘤体积最大。因而，过去认为癌瘤通过淋巴道转移具有时序性，即首先转移到原发癌附近的淋巴结，随后再转移到更远处的淋巴结。基于此，人们认为摘除肿瘤附近的淋巴结可阻止

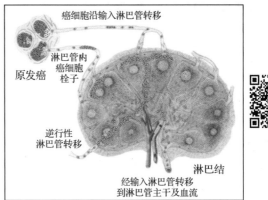

5-5

图 5-5　癌的淋巴道转移模式图

肿瘤沿淋巴道转移。但近些年来的研究发现，肿瘤通过淋巴道转移并不具有时序性，一旦肿瘤附近区域淋巴结有转移瘤形成，则预示着肿瘤已经发生全身性转移。

2. 血行转移（hematogenous metastasis）　由于淋巴循环和血液循环彼此关联，因而淋巴道转移和血道转移很难有明确的界限。肿瘤细胞可经毛细血管与小静脉直接入血，也可经淋巴管-胸导管或经淋巴-静脉通路入血。进入血管系统的肿瘤细胞团，称为瘤栓（tumorembolus）。瘤栓可阻留于靶器官的小血管内，介导内皮细胞损伤，肿瘤细胞可自内皮损伤处或内皮之间的连接穿出血管，进入组织内增殖，形成转移瘤。肿瘤细胞血道转移途径与栓子运行途径相同，即侵入体循环静脉的肿瘤细胞经右心到肺，在肺内形成转移瘤；侵入门静脉系统的肿瘤细胞首先发生肝转移，如胃、肠恶性肿瘤的肝转移等；侵入肺静脉的肿瘤细胞可经由左心随主动脉血流到达全身各器官，常见转移到脑、骨、肾及肾上腺等处。

与癌瘤相比，肉瘤更倾向于通过血道进行转移。肿瘤通常侵袭静脉而不是动脉，这是因为动脉壁比静脉壁厚，不易穿透。转移瘤边界清楚，散在分布，多接近于器官表面。

3. 种植性转移（transcoelomic metastasis）　发生在胸腔、腹腔等体腔内器官的恶性肿瘤侵及器官表面时，瘤细胞可发生脱落，像播种一样种植在浆膜腔表面或体腔其他器官的表面，形成多个转移性肿瘤，这种播散方式称为种植性转移。

第五节　常见肿瘤举例

一、上皮组织肿瘤

(一)良性上皮组织肿瘤

1.乳头状瘤(papilloma)　　乳头状瘤是由被覆上皮转化来的良性肿瘤,可发生于头、颈、背、胸、外阴、乳房等部皮肤以及口腔、食管、膀胱等器官的黏膜。

　　肿瘤向器官表面呈外生性生长,形成许多手指样或乳头状突起,并可呈菜花状或绒毛状外观。乳头状瘤根部往往较细长,称为蒂。镜下,每个乳头均以结缔组织和血管为轴心,表面被上皮细胞覆盖(图5-6、图5-7)。由于乳头状瘤发生的部位不同,覆盖的上皮细胞不尽相同。发生在皮肤或皮肤型黏膜者,覆盖的上皮为鳞状上皮;发生在膀胱者,覆盖的是移行上皮;发生在胃肠道黏膜者,覆盖的是柱状上皮。黏膜上皮乳头状瘤又叫息肉(polyp),如牛、羊的鼻腔息肉。此外,还有一种由基底细胞转化来的基底细胞瘤,虽也呈乳头状,但表面常常发生溃疡。这种肿瘤多见于猫和犬,其他动物罕见。

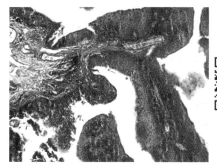
图 5-6　鳞状乳头状瘤(犬)

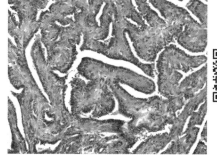
图 5-7　乳腺乳头状瘤(犬)

2.腺瘤　　腺瘤起源于腺体、导管或分泌上皮的良性肿瘤,多见于甲状腺、卵巢、乳腺、唾液腺和肠等处。腺瘤常呈球状或结节状,外有包膜,与周围组织的界限清楚。有时亦见于胃肠道,多突出于黏膜表面,呈乳头状或息肉状,有明显的根蒂。腺瘤的腺体与其来源腺体不仅在形态上相似,而且也具有一定的分泌功能,但排列结构不同(图5-8、图5-9)。由于腺器官内的腺瘤无导管形成,导致其分泌物不易排出,常形成囊腺瘤。

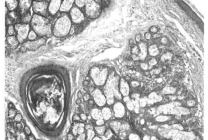
图 5-8　皮脂腺瘤(犬)

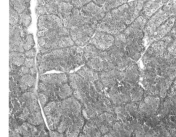
图 5-9　肛周腺瘤(犬)

(二)恶性上皮组织肿瘤

起源于上皮组织的恶性肿瘤统称为癌。癌的生长方式常以浸润性生长为主,故癌瘤与周围组织的界限不清。发生在皮肤、黏膜表面的癌外观上常呈息肉状、蕈伞状或菜花状,表面常有坏死及溃疡形成;发生在器官内的癌常呈不规则结节状、树根状或蟹足状向周围组织浸润,质地较硬,切面常为灰白色,较干燥。

镜下,癌细胞可呈腺状、巢状或条索状排列,与间质的分界一般比较清楚。分化程度较低的癌细胞在间质内呈浸润性生长,与间质分界不清。网状纤维染色可见网状纤维主要分布于癌巢的周围。另外,癌细胞表达上皮细胞标志物(如细胞角蛋白),可采用免疫组织化学染色法进行观察。癌的上述特征可用于与间叶组织来源的恶性肿瘤(如肉瘤)进行鉴别。常见的癌有如下几种:

1. 鳞状细胞癌　鳞状细胞癌(squamous cell carcinoma)简称鳞癌,常发生于皮肤和皮肤型黏膜,如乳房、阴茎、阴道、瞬膜、口腔、舌、食管和喉等处。有些部位如支气管、胆囊、肾盂等处,正常时虽不由鳞状上皮覆盖,但可通过鳞状上皮化生而发生鳞状细胞癌。镜下可见增

生的鳞状上皮细胞突破基底膜向深层浸润,形成条索状或不规则形癌细胞巢。癌细胞巢的最外层相当于表皮的基底细胞层,其内层为棘细胞层、颗粒细胞层。在分化较好的鳞状细胞癌中,在癌巢的中央可出现层状的角化物,称为角化珠(keratinpearl)或癌珠(图5-10)。分化较差的鳞状细胞癌无角化珠形成,癌细胞呈明显的异型性并见较多的核分裂象。

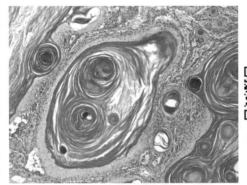

5-10

图 5-10　鳞状细胞癌(犬)

2. 基底细胞癌　基底细胞癌(basal cell carcinoma)是一种恶性程度较低的恶性上皮肿瘤,瘤细胞在形态学上类似皮肤表皮基底细胞(图5-11)。基底细胞癌多见于猫,犬发病较少,罕见于其他种属的动物。该病多发于头面部和颈部等光照暴露部位,其被覆表皮脱毛,有溃疡,肿瘤质地坚实。

3. 移行细胞癌　移行细胞癌(transitional cell carcinoma)是犬最常见的膀胱

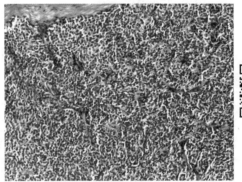

5-11

图 5-11　基底细胞癌(猫)

原发性恶性肿瘤,发病率占犬膀胱肿瘤的2/3。主要发生于老年犬,平均发病年龄为9～11岁。雌性犬发病率约为雄性犬的2倍,去势雄性犬也易感。移行细胞癌在万能狷、比格犬和苏格兰狷等品种较常见。猫很少发生膀胱肿瘤,但可发生移行细胞癌。猫的移行细胞癌没有性别和品种差异。

移行细胞癌主要发生于膀胱颈或膀胱三角区黏膜,可见单个或多个乳头状突起的肿物,或仅见膀胱壁增厚。肿瘤大小不一,可能仅局限于黏膜层(原位癌),也可能占据整个膀胱。

移行细胞癌的发病原因尚不完全清楚,可能与除草剂和杀虫剂的应用有关。肿瘤转移率较高(约50%),转移部位主要是局部淋巴结和肺,还能转移至腹膜和骨骼。

4.腺癌 腺癌(adenocarcinoma)是起源于腺上皮的恶性肿瘤。腺癌较多见于胃肠、胆囊、子宫体等处。根据其组织学结构、分化程度以及是否分泌黏液,可将腺癌分为3个级别:①分化较好的腺癌:癌细胞排列成腺泡样或腺管样,与正常腺体相似,但结构不规则,癌细胞异型性大,核分裂象多见(图5-12);②分化较差的腺癌:癌细胞紧密排列,不形成腺体样结构,癌细胞

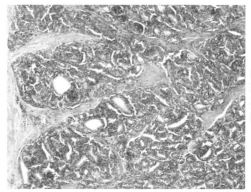

图 5-12 乳腺简单癌

异型性大,核分裂象多见(图5-13);③黏液癌(mucoid cancer):最初可见瘤细胞内有黏液聚积,以后细胞破裂,癌组织几乎成为一片黏液性物质(图5-14),眼观,癌组织质地如胶状,切面湿润有黏性,呈灰白色、半透明状。

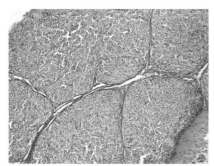
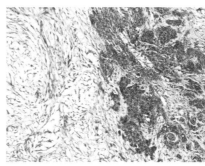

5-13

图 5-13 乳腺实性癌

5-14

图 5-14 乳腺黏液癌

二、间叶组织肿瘤

(一)良性间叶组织肿瘤

1.纤维瘤 纤维瘤(fibroma)是一种起源于成纤维细胞的良性肿瘤,在各种家畜中都很常见,特别是成年和老龄动物,没有品种和性别倾向性。纤维瘤经常发生于真皮和皮下组织,也可发生在其他含纤维结缔组织的部位。纤维瘤生长缓慢,很少发生恶变。

肉眼观察可见纤维瘤边界清楚,呈穹隆状隆起,有蒂或呈乳头状。一般为单发,偶见多发。镜下可见纤维瘤由成纤维细胞和胶原纤维构成,胶原纤维走向杂乱,呈螺旋状或束状排列。细胞核呈纺锤形或梭形,胞浆甚少。胶原纤维密度较高,或者因为发生水肿而变得松散(图5-15)。

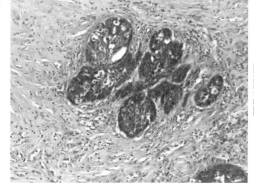

5-15

图 5-15 乳腺纤维瘤

2.脂肪瘤 脂肪瘤(lipoma)是一种分化良好的脂肪细胞肿瘤,大多数家畜都可发生,常发生于肩、背和臀部的皮下组织。肿瘤外观为扁圆形或呈分叶状,有完整的包膜,质地柔软,色淡黄,有油腻感。镜下可见肿瘤由分化成熟的脂肪细胞组成,呈大小不等的分叶,并有不均的纤维间隔(图5-16)。极少数脂肪瘤可能含有胶原纤维(纤维脂肪瘤)或小血管簇(血管脂肪瘤),即形成复杂的脂肪瘤。脂肪瘤是犬的常见肿瘤,但很少发生恶变。

5-16

图5-16 皮下脂肪瘤(犬)

3.海绵状血管瘤 海绵状血管瘤(cavernous hemangioma)是一种先天性静脉畸形。大多数静脉畸形呈海绵状而得名。病变除位于皮肤和皮下组织外,还可发生在黏膜下、肌肉甚至骨骼。海绵状血管瘤如因外伤或继发感染而发生破溃时,有导致严重失血的危险。海绵状血管瘤界限清楚,但无包膜,是由大小不等的充满红细胞的血管组成,每条血管内衬一层扁平的

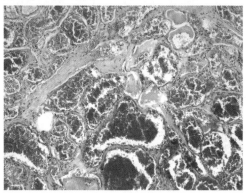

5-17

图5-17 海绵状血管瘤

内皮细胞,血管周围包绕有1~5层平滑肌细胞(图5-17)。

4.淋巴管瘤 淋巴管瘤(lymphangioma)是一种先天性良性肿瘤,触感柔软,肿瘤切面湿润且会流出清亮浆液。镜下可见淋巴管瘤由大小不等的腔隙组成,腔内壁衬以单层扁平内皮细胞,腔内充满蛋白性液体(图5-18)。

5.平滑肌瘤 平滑肌瘤(leiomyoma)常见于肠道、子宫、阴道等器官,是一种起源于平滑肌细胞的良性肿瘤。平滑肌瘤由分化良好的、形态一致的梭形平滑肌细胞构成。细胞排列呈束状,互相交织(图5-19)。细胞核呈长杆状,两端钝圆,核分裂象少见。有时可见细胞凝固性坏死和钙化。免疫组织化学染色,可检测到α-平滑肌肌动蛋白(α-SMA)表达。

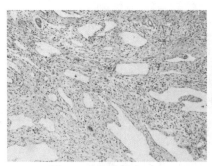

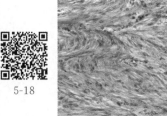

5-18

5-19

图5-18 淋巴管瘤(犬)　　　　　图5-19 平滑肌瘤(犬)

(二)恶性间叶组织肿瘤

起源于间叶组织的恶性肿瘤统称为肉瘤。肉瘤比癌少见,多发生于幼龄动物。瘤体较大,质软,切面多呈灰红色,质地均匀、湿润,呈鱼肉状而得名。肉瘤易发生出血、坏死、囊性变等继发性改变。镜下,瘤细胞大多呈弥漫性分布,不形成细胞巢,与间质分界不清,网状纤维染色可见瘤细胞间存在网状纤维。肿瘤间质的结缔组织少,但血管较丰富,故肉瘤多由血道转移。免疫组织化学染色可见瘤细胞呈波形蛋白(vimentin)阳性(间叶组织标志蛋白)。癌与肉瘤的区别见表5-2。

表 5-2　癌与肉瘤的区别

项目	癌	肉瘤
组织来源	上皮组织	间叶组织
肉眼观察	质地较硬,切面干燥,颜色灰白	质地柔软,切面湿润,颜色灰红,呈鱼肉状
组织学特点	多形成癌巢,实质与间质分界清楚,无纤维组织增生	弥漫性分布,与间质分界不清,间质结缔组织少,血管丰富
网状纤维	癌细胞间多无网状纤维	癌细胞间多有网状纤维
免疫组织化学染色	瘤细胞表达上皮组织标志(如细胞角蛋白)	瘤细胞表达间叶组织标志(如波形蛋白)
转移	多经淋巴道转移	多经血道转移

常见的肉瘤类型有以下几种:

1.纤维肉瘤　纤维肉瘤(fibro-sarcoma)是来源于成纤维细胞的恶性肿瘤。虽然纤维肉瘤在所有的家畜都有发生,但最常发生的动物是猫和犬。纤维肉瘤可发生在身体的任何部位,大多为局部发生,但头部和四肢为常发部位。纤维肉瘤呈局限性生长或者浸润性生长。通常无可见的包膜,切面呈灰白色,有明显的纤维交织状。镜下可见分化良好

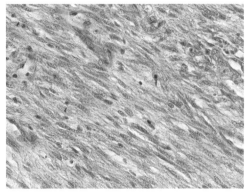

5-20

图 5-20　纤维肉瘤

的肿瘤细胞(图 5-20),梭形的肿瘤细胞排列成交织的纤维状或人字形。肿瘤细胞细胞质较少,细胞核呈梭形或卵圆形,核仁不明显。分化较差的肿瘤细胞异型性明显,核分裂象多见。

2.脂肪肉瘤　脂肪肉瘤(liposarcoma)在动物上不常见,在犬、猫所有皮肤及皮下肿瘤中,脂肪肉瘤的发生率不到0.5%。脂肪肉瘤为界限清晰、柔软、似肉的团块。多数出现于皮下组织,其次为真皮组织。犬的脂肪肉瘤可发生转移,转移部位包括肺、肝和骨。

肉眼观,大多数肿瘤呈结节状或分叶状,表面常有一层假包膜,可似一般的脂肪瘤,亦可呈黏液性外观,或均匀一致呈鱼肉样。本瘤的瘤细胞形态多种多样,可见分化差的星形、梭形、小圆形或呈明显异型性和多形性的脂肪母细胞,胞浆内可见数量和大小不等的脂滴空泡(图 5-21)。也可见分化成熟的脂肪细胞,并常以某种细胞成分为主。间质有明显黏液性和大量血管网形成者,称为黏液样型脂肪肉瘤。以小圆形脂肪母细胞为主(圆形细胞型脂肪肉瘤)或以多形性脂肪母细胞为主(多形性脂肪肉瘤)的肿瘤恶性

程度高,易复发和转移。

3.平滑肌肉瘤 平滑肌肉瘤是发生于平滑肌细胞的恶性肿瘤,一般由平滑肌瘤恶化演变而来。平滑肌肉瘤为无囊膜包裹的浸润性肿瘤(图 5-22),组织学特征多样。分化较好的平滑肌肉瘤的瘤细胞呈梭形,细胞核细长且含颗粒状染色质,可见交错排列的肌束。分化不良的平滑肌瘤由低分化的卵圆或小圆细胞构成,分化程度更差的平滑肌肉瘤细胞中可见到双核、多核或形态奇异的肿瘤细胞。肿瘤常发生坏死。

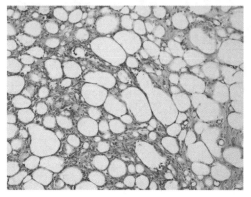

图 5-21 脂肪肉瘤

5-21

图 5-22 肠道平滑肌肉瘤

5-22

4.血管肉瘤 血管肉瘤(heman-giosarcoma)起源于血管内皮细胞,可发生于各个器官和软组织,多见于皮肤,尤以头面部多见。肿瘤多隆起于皮肤表面,呈丘疹或结节状,颜色暗红或灰白。血管扩张明显时,切面可呈海绵状。镜下观察,分化较好的瘤组织内可见较多管腔明显的小血管(图 5-23),血管内皮细胞异型性明显,可见核分裂象。分化差的血管肉

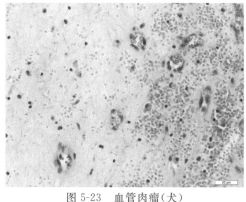
5-23

图 5-23 血管肉瘤(犬)

瘤,细胞常呈团块状增生,缺乏管腔或仅有较小的裂隙。血管肉瘤的恶性程度一般较高,常转移到局部淋巴结、肝、肺等处。

三、其他组织肿瘤

(一)肾细胞癌

肾细胞癌(renal cell carcinoma)又称肾腺癌、肾癌,是起源于肾小管上皮系统的恶性肿瘤,见于犬、猫和马。肿瘤多发生于单侧肾,偶见于双侧肾。肿瘤与周围组织分界清晰,呈黄色或棕黄色,质地柔软。肿瘤的大小差异较大,小的直径约为 2cm,较大的肿瘤可占据 80%

的肾。体积较大的肿瘤常伴局灶性出血、坏死和囊性退变。发生在犬的肿瘤通常呈囊状，内含透明或红色的液体。肿瘤细胞呈条索状、管状或乳头状排列，以管状排列最常见（图 5-24）。根据肾细胞癌的形态学和组织学特征又将其分为不同的亚型，包括透明细胞性肾细胞癌、乳头状肾细胞癌和嫌色性肾细胞癌。

5-24

图 5-24　肾腺癌

（二）睾丸肿瘤

1. 精原细胞瘤　精原细胞瘤（seminoma）是犬最常见的睾丸恶性肿瘤之一，老年犬易发，拳师犬具有较高发病风险。隐睾是发生睾丸肿瘤最常见的风险因素。临床表现为睾丸肿大，少数伴有睾丸疼痛，约有 1‰～3‰ 的患病动物的首发症状是肿瘤转移，最常见的是腹膜后转移。肿瘤呈淡黄色，有境界清楚的坏死区。

　　根据组织学特点，可将精原细胞瘤分为管内型和弥散型。管内型精原细胞瘤表现为曲细精管内充满肿瘤细胞，瘤细胞体积较大，呈多角形，胞核呈透明的泡状，核仁明显，细胞浆空虚，呈嗜碱性或者双嗜性，有丝分裂象数量多且形状怪异。在很多病例中可见淋巴细胞浸润。在弥散型肿瘤中，肿瘤细胞并不局限在曲细精管内，而是形成片状、条索状结构（图 5-25）。

2. 支持细胞瘤　睾丸支持细胞瘤（sertoli cell tumor）或足细胞瘤，是起源于生精小管支持细胞的恶性肿瘤，常见于犬，尤其是患隐睾的犬。约 1/3 的病例可出现乳房发育（乳腺增大）、掉毛、前列腺鳞状化生等症状。肿瘤边界清楚，质地坚硬，切面呈白色，被纤维结缔组织分隔成许多小叶。镜下可见许多大小不一、形状不规则的管样结构，内衬有支持细胞样的瘤细胞，瘤组织被纤维结缔组织分隔（图 5-26）。

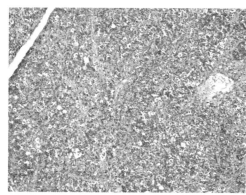

图 5-25　精原细胞瘤

5-25

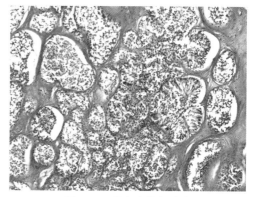

图 5-26　睾丸支持细胞瘤

5-26

3. 间质细胞瘤　睾丸间质细胞瘤（interstitial cell tumor）是公牛、犬和猫最常见的睾丸良性肿瘤。睾丸间质细胞瘤呈球形，分界清晰，颜色呈棕褐色或橙色，通常有出血。镜检，肿瘤有完好的胞膜,瘤细胞排列成片状,或由纤维基质包绕形成细胞群(图 5-27)。牛睾丸间质细胞瘤的瘤细胞形态较一致,构成狗的睾丸间质细胞瘤的细胞较大,呈圆形、多面体或纺锤形。瘤细胞含有丰富的胞质,呈空泡化,通常含有脂褐素。

4.畸胎瘤(teratoma) 起源于原始生殖细胞或多能胚细胞,含有三个胚层演化的多种组织成分。畸胎瘤主要为实心或囊心,外有包膜。在肿瘤中可以看到许多类似正常的器官组织,比如毛发、牙齿、骨骼等。畸胎瘤常发生于卵巢和睾丸,偶尔可见于纵隔、骶尾部、腹膜和松果体等部位。畸胎瘤可分为两种类型:①成熟型畸胎瘤(mature teratoma):即良性畸胎瘤,由分化成熟的组织构成(图 5-28);②未成熟畸胎瘤(immature teratoma):即恶性畸胎瘤,由未成熟的组织构成,多为神经胶质或神经管样结构。

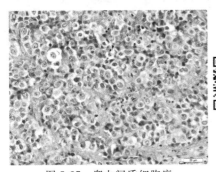

5-27

图 5-27 睾丸间质细胞瘤

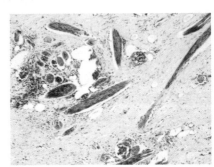

5-28

图 5-28 良性畸胎瘤

第六节 肿瘤的发展过程

肿瘤是在相对较长的一段时间内多种基因和表观遗传变化累积的结果。因此,肿瘤的发展是以渐进的方式进行的。很多肿瘤的发展过程是可预知的,比如,鳞状细胞癌形成包括表皮增生(epidermal hyperplasia)、原位癌(carcinoma in situ)和浸润性癌(invasive carcinoma)三个过程。

一、起始阶段

肿瘤发展的第一步是起始(initiation)阶段,即诱变剂(mutagenic agent)引起正常细胞的基因发生不可逆改变。诱变剂是指能引起 DNA 损伤的化学或物理致癌物。诱变剂不仅能引起 DNA 损伤,而且还能在 DNA 复制过程中使损伤的 DNA 发生错配,以产生一条与损伤 DNA 互补的 DNA 链。因此,至少需要进行一轮 DNA 复制才能引起基因改变永久化。处于肿瘤起始阶段的细胞在形态上与正常细胞无差异,并且可以在很长时间内保持静止状态,但在特殊条件下,这些细胞可发生活跃的增殖,可对有丝分裂信号发生强烈反应,或者对凋亡更具抵抗性。

二、启动阶段

肿瘤发展的第二个阶段是启动阶段(promotion),即某些特异性刺激驱使起始细胞生长。这些特异性刺激又称为启动因子或启动子(promoter),它们大多数能促进细胞增殖。启动子不是诱变剂,它们的作用不是为了诱导基因突变,而是为肿瘤起始细胞的增殖创造有利环境。由于启动子不引起基因改变,所以它们的作用通常是可逆的。但是,启动子促进了大量肿瘤初始细胞增殖,这些细胞存在进一步突变的风险。肿瘤启动阶段结束时形成癌前病变(preneoplastic lesion)或良性肿瘤。

三、进展阶段

进展阶段(progression)也就是肿瘤发展的最后阶段,在这一阶段,良性肿瘤发生恶性转化(malignant transformation),肿瘤的恶性程度不断升高,最终可发生转移。恶性转化代表着肿瘤在根本上已不可逆转。肿瘤恶性转化是一个非常复杂的过程,涉及肿瘤细胞的遗传学改变、表观遗传学改变以及选择恶性克隆的环境的形成。这一阶段的标志是肿瘤细胞的遗传不稳定性和肿瘤细胞的异质性不断升高。

Preneoplastic lesions

With the recognition that tumor development is a stepwise process, potentially preneoplastic changes, including hyperplasia, hypertrophy, metaplasia, and dysplasia, have assumed new diagnostic and clinical significance. These preneoplastic changes often signal an increased risk or likelihood for progression to neoplasia in the affected tissue. Hyperplasia is an increase in the number of cells in a tissue through mitotic division of cells, in other words, through cellular proliferation. It must be distinguished from hypertrophy, which is an increase in individual cell size through the addition of cytoplasm (cytosol) and associated organelles. Metaplasia, the transformation of one differentiated cell type into another, is seen most commonly in epithelial tissues. For example, in several species of animals, vitamin A deficiency is characterized by transformation of columnar or cuboidal respiratory and digestive epithelium into squamous epithelium (squamous metaplasia). Dysplasia is an abnormal pattern of tissue growth and usually refers to disorderly arrangement of cells within the tissue.

In general, preneoplastic changes are reversible. They may arise in response to physiologic demands, injury, or irritation but often resolve with the removal of the inciting factor. For example, epidermal hyperplasia is a normal part of wound repair, and skeletal muscle hypertrophy is an adaptive response to increased workload. The terms "hyperplasia" and "hypertrophy" are not appropriate in descriptions of true neoplasms, but the terms "dysplasia" and "metaplasia" may describe changes that persist during the transition from preneoplasia to neoplasia. Anaplasia is the term used to describe loss of cellular differentiation and reversion to more primitive cellular morphologic features; anaplasia often indicates irreversible progression to neoplasia.

第七节　肿瘤发生的分子机制

肿瘤发生的分子机制十分复杂。近几十年来的研究表明,环境和遗传致癌因素引起的非致死性 DNA 损伤可激活原癌基因或/和灭活肿瘤抑制基因,继而引起细胞周期调控基因、凋亡调节基因或/和 DNA 修复基因功能紊乱,使细胞发生转化(transformation),形成肿瘤。

一、原癌基因及癌基因

癌基因(oncogene)是在研究肿瘤病毒(特别是反转录病毒)致瘤机制过程中发现的。一些反转录病毒能引起动物发生肿瘤,在体外试验中也可使细胞发生恶性转化。研究发现,这些病毒的致瘤作用与其含有的某些 RNA 序列有关,这些 RNA 序列称为病毒癌基因(viral oncogene)。

后来发现,正常细胞基因组中含有与病毒癌基因几乎完全相同的 DNA 序列,这些基因被称为原癌基因(proto-oncogene)。原癌基因编码蛋白可促进细胞分裂、抑制细胞分化、阻止细胞死亡,在促进胚胎发育和维持组织稳定性过程中发挥重要作用。在正常情况下,原癌基因在胚胎发育过程结束后不再具有活性,如果原癌基因仍保持较高活性,或者原癌基因在后续的生命过程中被不恰当地重新激活,则可导致肿瘤发生。

(一)原癌基因编码蛋白的种类

癌基因编码的癌蛋白可分为生长因子(如 PDGF B-链生长因子、FGF 相关生长)、生长因子受体(如 EGF 受体、VEGF 受体)、信号转导蛋白(如 H-Ras 和 K-Ras)、细胞周期调节蛋白(如 cyclin D1、cyclin E1)、抗凋亡蛋白(如 Bcl-2、Bcl-ABL)和转录因子(*myc*、*fos*、*Jun*、*erb*A 和 *ski* 等)(表 5-3)。

表 5-3　原癌基因表达产物分类

Growth factors 生长因子	
sis	PDGF-B chain growth factor
int-2	FGF-related growth factor
Receptor and nonreceptor protein-tyrosine and protein-serine/theronine kinase 具有酪氨酸和丝/苏氨酸激酶活性的受体和非受体	
src	membrane-associated nonreceptor protein-tyrosine kinase
fgr	membrane-associated nonreceptor protein-tyrosine kinase
fps/*fes*	nonreceptor protein-tyrosine kinase
kit	truncated stem cell receptor protein-tyrosine kinase
pim-1	cytoplasmic protein-serine kinase
mos	cytoplasmic protein-serine kinase (cytostatic factor)
Receptor lacking protein kinase activity 无激酶活性的受体	
mas	angiotensin receptor
Membrane-associated G-protein activated by surface receptor 表面受体活化的膜相关 G-蛋白	
H-ras	membrane-associated GTP-binding/GTPase
K-ras	membrane-associated GTP-binding/GTPase
N-ras	membrane-associated GTP-binding/GTPase
gsp	mutant-activated form of Gα
Cytoplasmic regulator 胞浆调节蛋白	
crk	SH-2/3 protein that binds to (and regulates?) phosphotyrosine-containing proteins

Nuclear transcription factor 核转录因子	
myc	sequence-specific DNA binding protein
fos	combines with c-jun products to form AP-1 transcription factor
fun	sequence-specific DNA binding protein；part of AP-1
*erb*A	dominant negative mutant thyroxine（T3）receptor
ski	transcription factor？

（二）原癌基因转变为癌基因的机制

原癌基因突变后转化为致癌的癌基因（oncogene）。原癌基因转变为癌基因有三种机制（图 5-29）：①点突变：点突变可发生于原癌基因蛋白编码区或启动子区域。蛋白编码区点突变导致基因编码蛋白过度表达，启动子区域点突变可导致原癌基因过度转录。②基因扩增：即基因拷贝数增加，导致原癌基因编码蛋白表达量升高。③基因融合：基因融合导致蛋白结构发生改变。费城染色体（Philadelphia chromosome）是人类肿瘤细胞中最早发现的异常染色体，由第 9 号染色体与第 22 号染色体相互易位（translocation）而形成，易位使得位于 9 号染色体上的 *abl* 基因与 22 号染色体上的 *bcr1* 基因发生融合，在费城染色体上形成 *bcr1-abl* 融合基因。Brc1-Abl 融合蛋白即为癌蛋白。

突变的原癌基因可在细胞分裂过程中向子细胞传递。原癌基因的主要功能是促进细胞分裂，突变后的原癌基因则使细胞分裂不受控制，导致形成肿瘤。研究发现，25％的犬非小细胞性肺癌的发生与 *K-ras* 突变有关；在钚-239 诱导的犬肺肿瘤病例中，18％的病例存在 c-erbB-2 蛋白过表达，超过半数的病例出现表皮生长因子受体（EGFR）和转化生长因子-α（TGF-α）表达量增加；在犬自发性乳腺肿瘤病例中，74％的犬出现 c-erbB-2 蛋白过表达。大多数犬恶性浆细胞瘤病例存在 *c-myc* 基因过表达；约有 30％患白血病的猫存在 *c-myc* 基因过表达。

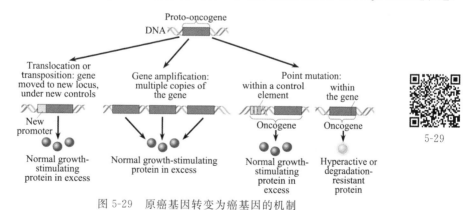

图 5-29　原癌基因转变为癌基因的机制

二、肿瘤抑制基因

肿瘤抑制基因（tumor suppressor gene）简称抑癌基因，是细胞内的正常基因，其产物对细胞增殖及分化起着负调控作用，主要功能是减缓细胞分裂、修复错误 DNA 和促进细胞死亡。抑癌基因失活可导致细胞生长不受控制，导致肿瘤形成。已知的抑癌基因及其功能见表 5-4。

表 5-4　抑癌基因及其功能

Tumor Suppressor Gene	Function
$p53$	cell cycle regulation，apoptosis
RB1	cell cycle regulation
WT1	transcriptional regulation
NF1	catalysis of RAS inactivation
NF2	linkage of cell membrane to actin cytoskeleton
APC	signaling through adhesion molecules to nucleus
TSC1	forms complex with TSC2 protein, inhibits signaling to downstream effectors of mTOR
TSC2	see TSC1 above
DPC4(SMAD4)	regulation of TGF-β/BMP signal transduction
DCC	transmembrane receptor involved in axonal guidance via netrins
BRCA1	functions in transcription, DNA binding, transcription coupled DNA repair, homologous recombination, chromosomal stability, ubiquitination of proteins, and centrosome replication
BRCA2	transcriptional regulation of genes involved in DNA repair and homologous recombination
PTEN	phosphoinositide 3-phosphatase, protein tyrosine phosphatase
STK11(PJS or LKB1)	phosphorylates and activates AMP-activated kinase (AMPK), AMPK involved in stress responses, lipid and glucose meatabolism
MSH2	DNA mismatch repair
MLH1	DNA mismatch repair
CDH1	cell-cell adhesion protein
VHL	regulation of transcription elongation through activation of a ubiquitin ligase complex
CDKN2A	p16INK4 inhibits cell-cycle kinases CDK4 and CDK6; p14ARF binds the p53 stabilizing protein MDM2
PTCH	transmembrane receptor for sonic hedgehog (shh), involved in early development through repression of action of smoothened
MEN1	intrastrand DNA crosslink repair

　　$p53$ 基因有野生型和突变型两种类型。野生型 $p53$ 编码的蛋白存在于核内，是一种转录因子和核结合蛋白。野生型 $p53$ 具有两种主要功能：①阻止发生 DNA 损伤的细胞从 G_1 期进入 S 期，促进 DNA 修复；②如果 DNA 损伤不能被修复，则促进细胞凋亡。在 $p53$ 基因缺失或突变时，G_1 期停滞和 DNA 修复机制缺失，受损的细胞仍然可以进入细胞周期，最终可发生恶性肿瘤。

　　人类的大多数肿瘤中存在 $p53$ 基因突变。犬、猫与人的 $p53$ 基因序列非常相似。$p53$

基因突变也发现于犬的肿瘤性疾病，如甲状腺癌、骨肉瘤和乳腺肿瘤。马鳞状细胞癌也被认为与 $p53$ 基因的突变有关，但机制还不清楚。

三、凋亡调节基因功能紊乱

除了原癌基因和肿瘤抑制基因外，调节细胞凋亡的基因在某些肿瘤的发生上起着重要的作用。细胞凋亡的调控机制非常复杂，涉及促凋亡基因（如死亡受体家族成员、caspase 家族蛋白酶、线粒体促凋亡蛋白、Bcl-2 家族中的促凋亡分子 Bax 等）与抗凋亡基因（如 Bcl-2 家族中的 Bcl-xl、凋亡抑制蛋白 IAP 家族成员 survivin、XIAP 等）之间的复杂作用。凋亡在肿瘤发生发展中具有双重作用：①在肿瘤形成前，通过诱导细胞凋亡以清除 DNA 损伤的细胞，防止其转变为恶性肿瘤细胞；②在肿瘤形成后，凋亡基因失活或抗凋亡基因活性增强，使肿瘤迅速生长。

四、DNA 修复功能障碍

许多外源性因素（如电离辐射、紫外线、烷化剂和氧化剂等）可以引起 DNA 损伤，DNA 还可因复制过程中出现错误以及碱基自发改变而出现异常。如果细胞内 DNA 损伤较轻微，可通过 DNA 修复机制进行修复。切除修复是 DNA 修复的主要机制，包括核苷酸切除修复（nucleotide excision repair）和碱基切除修复（base excision repair）两种方式。聚合酶-δ 等含有校正活性的 DNA 聚合酶主要参与复制易错性修复，当检测到错误时，这些酶会暂停 DNA 的复制过程，回头去除 DNA 子链上的核苷酸，直至错误掺入的核苷酸消除后，再重新开始正向的复制过程。如果 DNA 复制过程中的碱基错配没有被 DNA 酶的校正功能进行清除，则由错配修复机制（mismatched repair）进行修复。如果 DNA 修复机制存在异常，这些受损的 DNA 就被保留下来，并可能在肿瘤发生中起作用。

第八节　致瘤因素

一、物理致瘤因素

放射线可诱导人和动物发生肿瘤。比如，接触 γ 射线的犬发生间充质和上皮肿瘤的风险加大，钚-239 可引起犬的肺部肿瘤。

紫外线照射可引起鳞状细胞癌和基底细胞癌，肿瘤主要发生在缺少色素的皮肤以及毛发稀疏的皮肤区域，如牛的眼周皮肤、黏膜和白猫的耳廓边缘。皮肤中的黑色素能够吸收紫外光，可避免紫外光引起的损伤。然而，最新的研究数据显示，黑色素与紫外光的光动力学产物可能会引起 DNA 损伤。

慢性炎症也可引起肿瘤，可能与炎症刺激细胞增生有关。狼尾旋线虫长期感染可引起犬发生食管肿瘤，肝吸虫和华支睾线虫感染可引起猫和犬发生胆管癌。人和小鼠感染螺杆菌可发展成癌，人群可发生胃部肿瘤（胃癌和淋巴瘤），小鼠则发生肝细胞癌。

二、化学致瘤因素

化学物质是诱发人类肿瘤的最主要因素。大多数化学致癌物本身并不直接致癌,但其在体内(主要在肝)经过生物转化后可形成具有致癌作用的衍生物,称为间接致癌物(indirect carcinogen)。少数化学物质不需在体内进行代谢转化即可致癌,称为直接致癌物(direct carcinogen)。化学致癌物多数为致突变剂(mutagen),具有亲电子结构基团,能与细胞大分子的亲核基团(如 DNA 中的鸟嘌呤 N-7、C-8,胞嘧啶 C-3)共价结合,导致 DNA 突变。

(一)间接化学致癌物

1. 多环芳烃 多环芳烃是迄今已知致癌物中数量最多、对人类健康威胁最大的一类化学致癌物。多环芳烃类属于间接致癌物,广泛存在于汽车废气、香烟烟雾、厨房油烟、焦油、煤烟、沥青、工业废气及熏烤食物中。多环芳烃侵入途径有吸入、食入、经皮吸收。与该类物质经常接触者除易患皮肤癌和肺癌等肿瘤外,还容易患食管癌和胃癌。

2. 芳香胺类与氨基偶氮染料 致癌的芳香胺类有乙萘胺、联苯胺、4-氨基联苯等,与印染厂工人和橡胶工人膀胱癌发生率较高有关。氨基偶氮染料,如过去在食品工业中使用的奶油黄(二甲基氨基偶氮苯)和猩红,可引起实验性大鼠肝细胞癌。

3. 亚硝胺类 亚硝胺类具有较强的致癌作用,普遍存在于水与食物中,在变质的蔬菜和水果中含量更高。肉类食品的保存剂与着色剂可含有亚硝酸盐。亚硝酸盐也可由细菌分解硝酸盐所引起。在胃内,亚硝酸盐与来自食物的二级胺合成亚硝胺,亚硝胺在体内通过羟化作用而活化,形成烷化碳离子而致癌。我国河南林县的食管癌发病率高,与食物中亚硝胺含量高有关。

4. 真菌毒素 目前已知数十种真菌毒素具有致癌作用,其中研究最多的是黄曲霉毒素(aflatonxin)。黄曲霉毒素广泛存在于高温、潮湿地区的霉变食品中,尤以霉变的花生、玉米及谷物中含量最高。黄曲霉毒素有多种,其中黄曲霉毒素 B_1 致癌性最强。据估计,黄曲霉毒素 B_1 对大鼠的致肝癌作用比奶油黄大 900 倍,比二甲基亚硝胺大 75 倍。黄曲霉毒素 B_1 是异环芳烃,在肝中通过肝细胞混合功能氧化酶氧化成环氧化物,可使肿瘤抑制基因 $p53$ 发生突变而致癌。

(二)直接化学致癌物

直接化学致癌物较少,主要是烷化剂和酰化剂,抗癌药物中的环磷酰胺、氮芥、苯丁酸氮芥和亚硝基脲等均属这类物质,长时间使用这些药物可诱发肿瘤。

三、生物致瘤因素

早在 20 世纪初,人们就鉴定出了两种禽类的致瘤病毒,分别是禽白血病病毒和劳斯氏肉瘤病毒。目前已发现上百种致瘤病毒,其中 1/3 为 DNA 病毒,2/3 为 RNA 病毒。

(一)DNA 病毒

DNA 病毒中有 50 多种能引起动物肿瘤。DNA 病毒感染细胞后可出现 2 种后果:①如果病毒 DNA 未能被整合到宿主的基因组中,病毒的复制不会受到干扰,大量的病毒复制最终使细胞死亡;②如果病毒基因整合到宿主 DNA 中,并且作为细胞的基因加以表达,则可能导致细胞转化。在动物中,乳头状瘤病毒是引起肿瘤的常见原因,这种病毒几乎能够引起所有家畜以及野生动物发生肿瘤。大多数乳头状瘤具有自我限制性,而且常见于青年期的动物。

(二)RNA 病毒

所有能引起肿瘤的 RNA 病毒都属于反转录病毒,大多数具有致瘤作用的反转录病毒属于 C 型反转录病毒,猫白血病病毒、猫肉瘤病毒和猴肉瘤病毒即属于这一类。

RNA 致瘤病毒可分为急性转化病毒和慢性转化病毒。急性转化病毒含有病毒癌基因,如 v-src、v-abl 和 v-myb 等。这类病毒感染细胞后,在内源性反转录酶作用下,以 RNA 为模板合成 DNA 片段,并整合到宿主细胞 DNA 中进行表达,引起细胞转化。慢性转化病毒本身不含癌基因,但感染细胞后,病毒基因也可反转录成 DNA,并插入到宿主细胞 DNA 链中的原癌基因附近,引起原癌基因过度表达,使宿主细胞发生转化。

四、遗传性因素

遗传因素在肿瘤发生中的作用已得到证实。比如,拳狮犬易于发生多种肿瘤;体格较大的犬易发生骨肉瘤,短头品种的犬易发生中枢神经系统肿瘤和主动脉体瘤。辛克莱小型猪(Sinclair miniature swine)以及美国杜洛克大红猪黑色素瘤具有遗传性。

第九节　肿瘤免疫

发生了肿瘤性转化的细胞可以引起机体的免疫反应。引起机体免疫反应的肿瘤抗原和机体抗肿瘤免疫的机制是肿瘤免疫学研究的重要内容。

引起机体免疫反应的肿瘤抗原可分为肿瘤特异性抗原(tumor-specific antigen)和肿瘤相关抗原(tumor-associated antigen)两种类型。前者只存在于肿瘤细胞而不存在于正常细胞;后者则存在于肿瘤细胞和某些正常细胞中。同一致癌物质诱导的同样组织类型的肿瘤,在不同个体中却能产生不同的特异性抗原,这可能是细胞癌变时基因随机突变的结果。

肿瘤相关抗原分为两类,即肿瘤胚胎抗原和肿瘤分化抗原。前者在发育的胚胎组织中表达量较高,而在分化成熟组织中不表达或表达量很低,但在癌变组织中表达升高,例如甲胎蛋白可见于胚胎肝细胞和肝细胞癌中;后者是指正常细胞和肿瘤细胞均具有的与细胞向某个方向分化有关的抗原,如人前列腺特异抗原见于正常前列腺上皮和前列腺癌细胞。肿瘤相关抗原在某些肿瘤诊断和病情监测上具有意义。

机体的抗肿瘤免疫反应以细胞免疫为主,体液免疫为辅。参与细胞免疫的效应细胞有细胞毒性 T 淋巴细胞(cytotoxic T-lymphocyte,CTL)、自然杀伤细胞(natural killer cell,NK)和巨噬细胞等(图 5-30)。在人类肿瘤中,CD8$^+$ 细胞毒性 T 淋巴细胞可识别与主要组织相容性复合物(major histocompatibility complex,MHC)组成复合物的肿瘤特异性抗原,释放某些溶解酶而杀伤肿瘤细胞。NK 细胞是不需要预先致敏的能杀伤肿瘤细胞的淋巴细胞。由 IL-2 激活后,NK 细胞可以溶解多种人体肿瘤细胞,包括并不引起 T 淋巴细胞反应的肿瘤细胞。T 淋巴细胞产生的 γ-干扰素可激活巨噬细胞,而巨噬细胞产生的肿瘤坏死因子和活性氧在溶解瘤细胞中发挥重要作用。

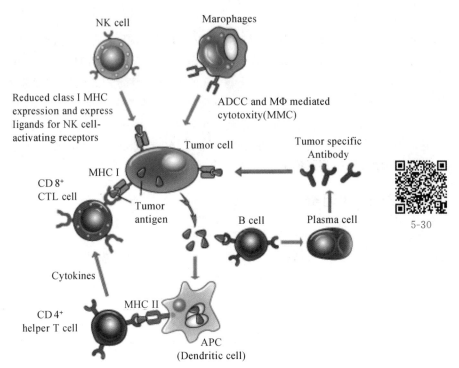

图 5-30　肿瘤免疫中的效应细胞

CD8$^+$ CTLs may perform a surveillance function by recognizing and killing potentially malignant cells that express peptides that are derived from tumor antigens and are presented in association with class Ⅰ MHC molecules. CD8$^+$ T cell responses specific for tumor antigens may require cross-presentation of the tumor antigens by dendritic cells. How T cell responses to tumors are initiated remain unclear. A likely explanation is that tumor cells or their antigens are ingested by host APCs, particularly dendritic cells, and tumor antigens are processed inside the APCs. Peptides derived from these antigens are then displayed bound to class Ⅰ MHC molecules for recognition by CD8$^+$ T cells. NK cells kill many types of tumor cells, especially cells that have reduced class Ⅰ MHC expression and express ligands for NK cell-activating receptors. Classically activated M1 macrophages can kill many tumor cells. How macrophages are activated by tumors is not known. Possible mechanisms include recognition of damage-associated molecular patterns from dying tumor cells by macrophage TLRs and other innate immune receptors, and activation of macrophages by IFN-γ produced by tumor-specific T cells. CD4$^+$ cells may play a role in anti-tumor immune responses by providing cytokines for differentiation of naive CD8$^+$ T cells into effector and memory CTLs. In addition, helper T cells specific for tumor antigens may secrete cytokines, such as TNF and IFN-γ, that can increase tumor cell class Ⅰ MHC expression and sensitivity to lysis by CTLs. ADCC: antibody-dependent cellular cytotoxicity; APC: Antigen present cell.

先天性免疫功能低下者,如存在先天性免疫缺陷或接受免疫抑制剂治疗的患者,恶性肿瘤的发病率明显增加。这一现象提示,正常机体中存在免疫监视(immunosurveillance)机制,可以清除发生了肿瘤性转化的细胞,起到抗肿瘤的作用。但是,大多数恶性肿瘤发生于免疫功能正常者,表明肿瘤细胞可以逃避免疫监视。肿瘤细胞可通过减少肿瘤抗原表达的方式逃避免疫监视,甚至可诱导免疫细胞死亡,破坏机体的免疫系统。

（周向梅、谭　勋）

第六章

发　热
Fever

【Overview】Body temperature is controlled by the hypothalamus. Neurons in both the preoptic anterior hypothalamus and the posterior hypothalamus receive two kinds of signals: one from peripheral nerves that transmit information from warmth/cold receptors in the skin and the other from the temperature of the blood bathing the region. These two types of signals are integrated by the thermoregulatory center of the hypothalamus to maintain normal temperature.

Fever, or pyrexia, is an elevation of body temperature caused by a cytokine-induced upward displacement of the set point of the hypothalamic thermoregulatory center. Fever can be caused by various microorganisms and substances collectively called pyrogens. Many proteins, breakdown products of proteins, and certain other substances, including lipopolysaccharide toxins released from bacterial cell membranes, can cause the set point of the hypothalamic thermoregulatory center to increase. Some pyrogens can act directly and immediately on the hypothalamic thermoregulatory center. Other pyrogens act indirectly and take longer to produce their effect.

Exogenous pyrogens induce host cells, such as leukocytes and macrophages, to release fever-producing mediators called endogenous pyrogens(for example, interleukin-1). The phagocytosis of bacteria and breakdown products of bacteria present in the blood lead to the release of endogenous pyrogens into the circulation. These endogenous pyrogens are thought to increase the set point of the hypothalamic thermoregulatory center through the action of prostaglandin E_2. In response to the sudden increase in set point, the hypothalamus initiates heat production behaviors (shivering and vasoconstriction) that raise the core body temperature to the new set point, establishing fever.

Many manifestations of fever are related to the increased metabolic rate, increased need for oxygen, and use of body proteins as an energy source. During fever, the body switches from using glucose to metabolism based on protein and fat breakdown. Prolonged fever causes breakdown of endogenous fat stores. If fat breakdown is rapid, the patient may develop metabolic acidosis.

第一节　概　述

哺乳动物都属于恒温动物,具有相对恒定的体温,而恒定的体温是维持代谢和正常生命活动的必要条件。

体温的相对稳定是在体温调节中枢的调控下完成的。现有的理论认为,在下丘脑的体温控制中枢存在一个体温调定点(set point),其作用好比恒温箱的温度调节器。当体温偏离调定点设定的温度时,机体的反馈系统将这种偏差信息传给调节系统,再经过效应器的作用将中心温度调节在与调定点相适应的水平。例如,当中枢温度升高时,热敏神经元的放电频率增加,增加散热,冷敏神经元的放电频率降低,减少产热;反之,散热减少,产热增加。在正常情况下,调定点虽然可以上下移动,但移动范围很狭小,所以正常体温波动的范围也十分有限。

发热(fever)是指在致热原(pyrogen)作用下,体温调节中枢的调定点上移而产生的调节性体温升高,并伴有全身各系统器官功能改变和物质代谢变化。发热不是一种单独的疾病,而是许多疾病过程中经常出现的一个基本病理过程和临床表现,也是动物许多疾病,尤其是传染病和炎性疾病发生的重要信号。

一般认为,超过正常体温0.5℃即为体温升高。传统上曾将体温升高超过0.5℃的所有情况均称为发热,并且认为发热是体温调节功能紊乱的结果。实际上,发热时体温调节功能是正常的,只不过是由于体温调定点上移,体温调节在高于正常水平上进行而已。发热动物与正常动物相似,在环境温度过高或过低的情况下,仍保持对体温的调节能力,即能将体温调节到体温调定点所指定的温度范围。

发热明显区别于过热(hyperthermia)。过热属于病理性的、非调节性体温升高,是体温调节机制失控或调节障碍的结果。这种类型的体温升高时调定点并未上移,体温上升的高度超过调定点的水平。过热常见于:①过度产热,如甲状腺功能亢进(hyperthyroidism),某些全麻药(如氟烷、甲氧氟烷、琥珀酰胆碱等)导致的恶性高热。某些化学物质如2,4-二硝基酚、咖啡碱、1,4-苯二胺等中毒都能引起体温升高。2,4-二硝基酚是通过增强细胞氧化过程,促使机体产热增加而导致体温升高;咖啡碱则是通过兴奋体温中枢和减少散热引起体温升高。②散热障碍,如皮肤鳞病、先天性汗腺缺乏、环境高温等妨碍散热。③体温调节障碍,如体温调节中枢受损(下丘脑损伤、出血和炎症)。

某些生理情况下(如应激、妊娠、运动)所出现的体温升高称为生理性体温升高。生理性体温升高不对机体产生危害,也不需要治疗,体温随过程结束而恢复正常。体温升高的类型见图6-1。

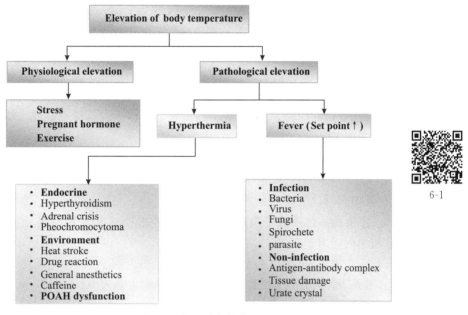

图 6-1　体温升高的类型

第二节　发热的病因

一、发热激活物

能直接或间接激活机体产内生性致热原细胞产生并释放内生性致热原（endogenous pyrogen，EP），本身可以含有或不含有致热成分的各种物质，称为发热激活物（pyrogenic activator），又称为 EP 诱导物。它们可以是来自体外的致热物质，即外致热原，也可以是某些体内物质。

发热激活物包括以下几种类型：

（一）微生物及其产物

1. 细菌

（1）革兰氏阴性菌：如大肠杆菌、脑膜炎球菌、志贺氏菌、伤寒杆菌等。这类细菌的致热成分除与其菌体和细胞壁中所含的肽聚糖有关外，还与其胞壁中所含的内毒素（endotoxin，ET）有关。内毒素是最常见、也是最重要的外致热原。内毒素耐热性高（160℃干热处理 2h 才能被灭活），一般灭菌方法很难清除，临床上输液或输血过程中产生的发热反应，多半是由于污染内毒素所致。静脉注射内毒素引起的发热具有剂量依赖性，低剂量时引起单相热，高剂量时引起双相热。内毒素的主要成分是脂多糖（lipopolysaccharide，LPS），LPS 分子包含三个亚基，即 O-特异性多糖、核心多糖和脂质 A，致热性主要取决于脂质 A。

（2）革兰氏阳性菌：如葡萄球菌、链球菌、肺炎球菌、枯草杆菌等。这类细菌的致热成分包括全菌体、菌体碎片及其释放的外毒素，如葡萄球菌细胞壁成分肽聚糖（peptidoglycan）、脂磷壁酸（lipoteichoic acid）可激活单核/巨噬细胞产生并释放致热细胞因子而引起发热。这些细菌的外毒素,如金黄色葡萄球菌肠毒素(staphylococcal enterotoxin,SE)和毒性休克综合征毒素-1(toxic shock syndrome toxin-1,TSST-1)则以超抗原形式激活 T 淋巴细胞,引起发热。

(3)分枝杆菌:典型者如结核杆菌,其全菌体及细胞壁中所含的多糖、肽聚糖和蛋白质也具有致热作用。

2.病毒　病毒是一类常见的致热因子,例如流感病毒、马传贫病毒等。给实验动物静脉注射病毒后,在引起发热的同时,外周血液中还出现 EP;将产内生性致热原细胞与病毒在体外共培养时也可产生 EP。

3.真菌　真菌的致热性与其全菌体及菌体内所含的荚膜多糖和蛋白质有关。真菌引起的发热在临诊上也颇为多见,如球孢子菌和组织胞浆菌引起的感染性发热,白色念珠菌引起的鹅口疮、肺炎等疾病时也会出现发热症状。

4.螺旋体　感染螺旋体后除了表现出相应的病理变化外,还常常出现发热,这可能与其所含的溶血素和细胞毒因子有关。

5.寄生虫　某些寄生虫(如旋毛虫、丝虫、血吸虫、肝片吸虫)感染后可激活机体免疫系统,引起发热。另外,很多血液性原虫病时也具有明显的发热现象。

(二)非感染性因素(体内产物)

非感染性因素主要指动物体内产生的非生物性因子。

1.抗原-抗体复合物　临诊上,许多自身免疫性疾病均伴有顽固性发热症状,如系统性红斑狼疮、类风湿、皮肌炎等,循环中存在的抗原-抗体复合物可能是其主要的发热激活物。实验证明,抗原-抗体复合物能够激活产内生性致热原细胞,并使其合成并释放 EP。例如,有人用牛血清蛋白致敏家兔,将其血清转给正常家兔,再用牛血清蛋白攻击受血动物,则可引起后者发生明显的发热反应,但牛血清蛋白对正常家兔并无致热作用,这表明抗原-抗体复合物可能是产 EP 细胞的激活物。

2.无菌性炎症　在手术、严重的组织挫伤、组织梗死和内出血等情况下,即使没有感染,也可伴有不同程度的炎症和发热。这种发热主要是由于炎灶内白细胞释放的 EP 所致。

3.致炎刺激物　有资料表明,尿酸盐结晶和硅酸盐结晶在体内不仅可以引起炎症反应,其本身也可激活单核/巨噬细胞系统产生和释放 EP,阻断吞噬过程并不影响 EP 的产生。

4.类固醇激素　体内某些类固醇(steroid)产物也具有致热作用,睾酮的中间代谢产物本胆烷醇酮(etiocholanolone)是其典型代表。石胆酸也有类似作用。当血液中游离型本胆烷醇酮含量增多时,可激活单核细胞合成并释放 EP。与本胆烷醇酮不同,其他类固醇激素如糖皮质激素和雌激素则抑制 EP 的产生和释放。有人认为类固醇代谢失调与某些不明原因的周期性发热有关,如肝癌、肝硬化和肾上腺癌等的周期性发热。本胆烷醇酮的种属特异性很强,人的本胆烷醇酮只引起人发热,而不引起实验动物发热。

第三节　发热的发生机制

按照体温调定点重置(set point resetting)理论,发热的核心问题是 EP 导致体温调节中枢调定点上移引起调节性体温升高。目前认为,发热的发病学机制包括下述三个基本环节。

一、内生性致热原信息传递

内生性致热原是指产 EP 细胞在发热激活物的作用下,合成并释放的一组具有致热活性并能引起体温升高的细胞因子。它们作为信使,携带发热信息,通过血流或其他方式将发热信息传递到体温调节中枢。

(一)机体内产生内生性致热原的细胞

机体内产生内生性致热原的细胞主要有三类:①单核/巨噬细胞类:包括单核细胞和各种组织巨噬细胞;②肿瘤细胞:如骨髓单核细胞性肿瘤细胞、白血病细胞、淋巴瘤细胞、肾癌细胞等;③其他细胞:内皮细胞、淋巴细胞、朗格汉斯细胞(Langerhans cell)、星形胶质细胞、肾小球系膜细胞等。其中单核/巨噬细胞是产生 EP 的主要细胞。

(二)内生性致热原的种类

1948 年,Beeson 等采用排除内毒素污染的技术,从家兔无菌性腹腔渗出液中提取到一种产自白细胞的致热因子,由于渗出液中中性粒细胞占比最大,故称之为粒细胞致热原(granulocytic pyrogen),因其来自体内,又称为内生性致热原。此后发现了多种致热细胞因子。目前公认的内生性致热原有以下几种:

1. 白细胞介素-1 最早发现的白细胞致热原即为白细胞介素-1(interleukin-1,IL-1)。IL-1 是一类多肽类物质,包括 IL-1α、IL-1β 和 IL-1γ/IL-18 三种,主要由单核细胞、内皮细胞、巨噬细胞、星状细胞和肿瘤细胞产生,其相对分子质量约为 17000,不耐热,70℃ 30min 即可灭活。能诱导产生 IL-1 的因素很多,主要包括 LPS、肽聚糖、胞壁酰二肽、金黄色葡萄球菌、病毒、免疫复合物等。IL-1 受体在脑组织中广泛分布,在视前压/下丘脑前部(preoptic area/anterior hypothalamus,PO/AH)中密度最大。实验发现,IL-1 对体温中枢的活动有明显影响。用微电极法将纯化的 IL-1 导入大鼠 PO/AH,能引起冷敏神经元放电频率增大,而热敏神经元放电频率下降,这些反应可被解热药水杨酸钠所抑制。给人和动物注射重组的 IL-1α 和 IL-1β 均能引起发热。动物静脉注射小剂量 IL-1 即可引起单相热,大剂量可引起双相热。用内毒素复制的发热模型中,动物外周血液中 IL-1 含量也有显著升高。

2. 肿瘤坏死因子 肿瘤坏死因子(tumor necrosis factor,TNF)是一类具有多种生物学活性的多肽生长因子。1985 年,Shalaby 将巨噬细胞产生的 TNF 命名为 TNF-α,而将 T 淋巴细胞产生的 TNF 称为 TNF-β。研究发现,这两种 TNF 的相对分子质量、等电点、氨基酸序列以及活性和稳定性等方面有明显差异。TNF 也是重要的 EP 之一。实验证明,多种发热激活物如葡萄球菌、链球菌、内毒素等都能诱导巨噬细胞和淋巴细胞产生 TNF。将 TNF 给大鼠或家兔静脉注射后也能引起明显的发热反应,小剂量注射仅引起单相热,大剂量能引起双相热。若将其直接注入动物的脑内,也能引起明显的发热反应,并伴有脑室内前列腺素 E(prostaglandin E,PGE)含量升高。

3. 干扰素 干扰素(interferon,IFN)是一种具有抗病毒和肿瘤作用的蛋白质,主要由 T 淋巴细胞、成纤维细胞和自然杀伤细胞(NK 细胞)等分泌。IFN 不耐热,60℃、40min 可灭活。提纯和人工重组的 IFN 对人和动物均具有致热作用,同时还可引起脑内 PGE 含量升高,这种致热作用可被 PG 合成抑制剂所阻断。与 IL-1 和 TNF 不同,IFN 反复注射可引起耐受性。

目前认为,IFN 是病毒感染引起发热的主要 EP。IFN 有 α、β 和 γ 三种亚型,IFN-α 和 IFN-β 作用于相同的受体,但 IFN-β 对人的致热作用低于 IFN-α。虽然 IFN-γ 也具有致热性,但此作用可能是间接的,可能是通过诱导 IL-1 和 TNF 的产生而致热。此外,IFN 具有抗病毒、增强 TNF 和 NK 细胞活性的作用。

4.白细胞介素-6 白细胞介素-6(interleukin-6,IL-6)是一种相对分子质量约为 21000 的蛋白质,主要来源于单核细胞,其他如内皮细胞、成纤维细胞、平滑肌细胞、角质细胞、小胶质细胞、T 淋巴细胞和 B 淋巴细胞也能产生。内毒素、病毒、TNF、IL-1 和血小板生长因子等都能诱导其合成与释放。IL-6 能引起各种动物发热,但致热效果不及 TNF 和 IL-1。研究表明,发热的鼠和兔,其血浆和脑脊液中 IL-6 的活性增强。静脉或脑室注射 IL-6 可使鼠、兔出现发热反应,而布洛酚和吲哚美辛可阻断这种效应。

(三)内生性致热原(EP)的合成与释放

EP 的合成与释放涉及复杂的信号转导和基因表达调控。通常,发热激活物(如细菌、病毒、内毒素、免疫复合物、淋巴因子等)与产内生性致热原细胞上的特异性受体结合,启动细胞内信号转导过程,促进内生性致热原的合成与释放。经典的产内生性致热原细胞的活化方式主要包括以下两种:

1.Toll 样受体(Toll-like receptor,TLR) TLR 介导的细胞活化是细菌激活产内生性致热原细胞的方式。以 LPS 为例,其首先与血清中的 LPS 结合蛋白(lipopolysaccharide binding protein,LBP)形成复合物,再与可溶性 CD14(sCD14)结合形成 LPS-CD14,再作用于细胞膜上的 TLR,引起核转录因子 NF-κB 活化,促进 IL-1、TNF 和 IL-6 等细胞因子的转录。对单核/巨噬细胞而言,LPS 与 LBP 结合后再和细胞膜上的 CD14(mCD14)结合形成三聚体,再经 TLR 向下游传递信号。较大剂量的 LPS 可不通过 CD14 途径直接激活单核/巨噬细胞而产生 EP。

2.T 淋巴细胞受体(T cell receptor,TCR) TCR 介导的 T 淋巴细胞活化主要为革兰氏阳性菌的外毒素(如 SE 和 TSST-1)以超抗原形式活化细胞,此种方式亦可激活 B 淋巴细胞和单核/巨噬细胞。细菌抗原可直接结合抗原递呈细胞上的 MCH-Ⅱ类分子的抗原结合槽外侧,以超抗原形式与淋巴细胞的 TCR 结合,抗原与淋巴细胞的 TCR 结合后可导致一种或多种蛋白酪氨酸激酶的活化,胞内多种酶及转录因子参与这一过程。

(四)EP 传入体温中枢的途径

循环血液中的 EP 如何进入脑内并作用于体温调节中枢引起发热?目前认为可能有以下几种途径:

1.EP 通过血-脑屏障直接作用于体温中枢 EP 虽然难以通过血-脑屏障,但血-脑屏障中存在 IL-1、IL-6 和 TNF 等细胞因子的可饱和转运机制,推测其能将相应的 EP 特异地转入脑内。另外,EP 也能从脉络丛部位渗入或者易化扩散入脑,通过脑脊液循环分布到 PO/AH 区域,但这些推测还缺乏有力的证据,有待进一步证实。

2.通过下丘脑终板血管器作用于体温中枢 终板血管器(organum vasculosum lamina terminalis,OVLT)位于第三脑室壁视上隐窝上方,紧靠 PO/AH。该区域具有丰富的有孔毛细血管,并且毛细血管未被星形胶质细胞终足完全包裹,对大分子物质具有较高的通透性,EP 可能由此弥散入脑。目前认为这可能是 EP 作用于体温中枢的主要通路。但也有人认为,EP 并不直接进入脑内,而是作用于此处的相关细胞(如巨噬细胞和神经胶质细胞等),这些细胞产生发热中枢介质(如前列腺素、环磷酸腺苷等),从而引起发热。

3.通过迷走神经向体温调节中枢传递发热信号 研究发现,细胞因子可刺激肝巨噬细胞周围的迷走神经,迷走神经将外周的致热信息通过传入神经纤维传入中枢。大鼠腹腔内注射

LPS 可在脑内检测到 IL-1 生成增多,而切除膈下迷走神经的传入纤维则可阻断腹腔注入 LPS 所引起的脑内 IL-1 mRNA 的转录和发热。目前认为,胸、腹腔的致热信号可经迷走神经传入中枢,但是否存在肝内化学信号激活迷走神经而将发热信号传入中枢的机制尚待进一步研究。

二、体温调节中枢调定点上移

(一)体温调节中枢

哺乳动物的体温是相对恒定的,这依赖于体温调节中枢调控下产热和散热的相对平衡。目前认为,恒温动物体温调节的高级中枢位于 PO/AH,在该区域内含有对温度敏感的神经元,这些神经元除能感受 PO/AH 和深部体温的细微变化外,还接受来自皮肤、脊髓的温度信息,随后对内、外环境的各种温度变化进行比较、整合,发出温度调控指令。将微量的 EP 或某些发热介质注入 PO/AH 可引起明显的发热反应;在发热的动物,该部位所含的发热介质含量也有显著升高;损坏该区域可导致体温调节功能发生障碍。

另外,一些下丘脑以外的中枢部位如腹中膈(ventral septal area,VSA)、中杏仁核(medial amygdaloid nucleus,MAN)和弓状核(arcuate nucleus)可释放中枢解热介质,对发热时的体温产生负调节。因此,目前认为发热时的体温调节涉及中枢神经系统的多个部位,可能包含一个正调节中枢和一个负调节中枢,前者主要为 PO/AH,后者涉及 VSA 和 MAN 等。发热时体温调节中枢调定点的改变,可能是由正、负体温调节中枢构成的复杂的功能系统相互作用的结果,当外周致热信号通过不同方式和途径传入中枢后,正、负调节中枢的相互作用决定调定点上移的水平及发热的幅度和时程。

(二)发热的中枢调节介质

大量研究表明,EP 无论通过何种方式入脑,它们只是作为"信使"分子传递发热信息,而不是引起调定点上升的最终物质。EP 首先作用于体温调节中枢,引起中枢发热介质的释放,继而引起调定点上移。中枢发热介质依其作用可分为正调节介质和负调节介质两类。

1. 正调节介质

(1)前列腺素 E(prostaglandin E,PGE):将 PGE 注入猫、鼠、兔等动物脑室内引起明显的发热反应,体温升高的潜伏期比 EP 短,同时还伴有代谢率的改变,其致热敏感点在 PO/AH;EP 诱导的发热期间,动物脑脊液中 PGE 水平也明显升高。PGE 合成抑制剂(如阿司匹林、布洛芬等)在降低体温的同时,也降低了脑脊液中 PGE 浓度。

但也有学者质疑 PGE 作为中枢发热介质的作用。例如,PGE 特异性拮抗剂能有效抑制注入脑室内的 PGE 引起的体温上升,但不能抑制 EP 性发热。水杨酸钠可抑制 EP 引起的脑脊液中 PGE 含量增加,但同样也不能抑制 EP 性发热。

(2)环磷酸腺苷(cAMP):在中枢神经系统中含有丰富的 cAMP,并有合成和降解 cAMP 的酶类。目前已有越来越多的证据支持 cAMP 是重要的发热介质,其试验依据是:①动物脑室注入二丁酰 cAMP(db-cAMP,一种稳定的 cAMP 衍生物)能迅速引起发热,潜伏期明显短于 EP 性发热。②EP 或内毒素性发热时,脑脊液中 cAMP 均明显增高,后者与发热效应呈明显正相关,但在高温引起的过热期间(无调定点的改变),脑脊液中 cAMP 不发生明显的改变。③内毒素或 EP 引起双相热期间,脑脊液中 cAMP 含量与体温上升呈正相关,而且在内毒素引起双相热时,下丘脑和脑脊液中 cAMP 含量增多和体温升高均呈双相性波动。

鉴于上述研究,许多学者认为 cAMP 可能是更接近终末环节的发热介质。

(3)促肾上腺皮质激素释放激素(corticotrophin releasing hormone,CRH):CRH 主要分布于室旁核和杏仁核。IL-1、IL-6 等均能刺激离体和在体下丘脑释放 CRH,中枢注入 CRH 可引起动物脑温和结肠温度明显升高。用 CRH 单克隆抗体中和 CRH 或用 CRH 受体拮抗剂阻断 CRH 的作用,可完全抑制 IL-1β、IL-6 等 EP 的致热性。但也有人注意到,TNF-α 和 IL-1α 性发热并不依赖于 CRH,并且在发热的动物,脑室内给予 CRH 可使已升高的体温下降。因此,目前倾向于认为,CRH 可能是一种双向调节介质。

(4)Na^+/Ca^{2+} 比值:人们很早就注意到改变体温中枢某些盐离子浓度的比值会引起体温反应。用 0.9% NaCl 溶液灌流脑室和下丘脑可引起体温升高;而在灌流液中加入 $CaCl_2$ 后可抑制这种效应。脑室内灌流降钙剂(EGTA)也会引起体温升高。用标记的 $^{22}Na^+$ 和 $^{45}Ca^{2+}$ 灌流猫的脑室,发现在发热期间 Ca^{2+} 流向脑脊液,而 Na^+ 则保持在脑组织中。这些研究表明,Na^+/Ca^{2+} 比值改变在发热机制中发挥重要作用。用降钙剂 EGTA 灌注家兔侧脑室引起发热时,脑脊液中 cAMP 含量显著升高;预先灌注 $CaCl_2$ 可抑制 EGTA 的致热作用和脑脊液中 cAMP 含量升高。$CaCl_2$ 对 EP 性发热也有类似作用,并且脑脊液中 cAMP 含量升高被抑制的程度与体温上升被抑制的程度呈正相关。这些研究结果表明,中枢 Ca^{2+} 浓度下降可能通过 cAMP 而致体温上升。

(5)一氧化氮:一氧化氮(nitric oxide,NO)作为一种新型神经递质,广泛分布于中枢神经系统中。有关研究表明,NO 与发热有一定关系,其可能的机制是:①通过作用于PO/AH、OVLT 等部位,介导发热时的体温上升;②通过刺激棕色脂肪组织的代谢活动导致产热加强;③抑制发热负调节介质的释放。

2.负调节介质

大量资料表明,发热时体温的升高并非是无限制的,通常很少超过 41℃。实验发现,即使增加致热原的剂量,也难以逾越此限。这种发热时体温上升的高度被限制在一特定范围以下的现象称为热限(hyperthermic ceiling or febrile limit)。热限的存在提示体内存在自我限制发热的因素。

现已证实,体内确实存在限制体温升高或降低的物质,这些物质主要包括精氨酸加压素、黑素细胞刺激素和其他一些发现于尿液中的发热抑制物。

(1)精氨酸加压素:精氨酸加压素(arginine vasopressin,AVP)是一种由视上核和室旁核神经元分泌的 9 肽神经垂体激素,也是一种神经递质,是一种重要的中枢体温负调节介质。研究发现,给家兔、鼠、豚鼠、羊或猫等动物脑内或其他途径注射微量的 AVP 可有效解热,AVP 拮抗剂或受体阻断剂能阻断其解热作用。在大鼠,由 IL-1 引起的发热可被 AVP 减弱,但如果在脑内注射 AVP 拮抗剂则可完全阻断这种解热效应。AVP 具有 V_1 和 V_2 两种受体,其解热作用可能是通过 V_1 受体起作用。

(2)黑素细胞刺激素:黑素细胞刺激素(α-melanocyte-stimulating hormone,α-MSH)是腺垂体分泌的一种由 13 个氨基酸组成的小分子多肽。许多研究表明,它具有很强的解热或降温作用。脑内或静脉内注射 α-MSH 可减弱 LPS、TNF-α、PEG2 和 IL-1β 引起的发热;在用 α-MSH 解热时发现,家兔的耳静脉扩张,皮肤温度升高,说明其解热作用与增强散热有关。在 EP 性发热时,脑内 α-MSH 含量升高,说明 EP 在引起发热的同时,伴随体温负调节介质的合成增加,这可能是热限形成的重要机制。

(3)膜联蛋白 A_1:膜联蛋白 A_1(annexin A_1)又称脂皮素-1(lipocortin-1),是一种钙依赖性磷酸脂结合蛋白,主要分布于脑和肺。研究发现,给大鼠脑内注射重组的脂皮素-1 可抑制由 IL-1、IL-6 和 CRH 等诱导的发热反应。另有研究表明,糖皮质激素发挥解热作用依赖于脑内脂皮素-1 的释放,脂皮素-1 的解热作用可能与其抑制 CRH 的作用有关。

三、效应器反应

在发热时,由于发热激活物的作用,产致热原细胞释放 EP,EP 经过血液循环到达脑组织并作用于体温调节中枢,引起发热介质释放,使体温调定点上移,引起调温效应器的反应,导致产热增加、散热减少,从而把体温升高到与调定点相适应的水平。在体温上升的同时,负调节中枢也被激活,产生并释放相应的负调节介质,以限制体温过度升高。也正因如此,哺乳动物发热的体温很少超过 41℃。热限的存在避免了高热引起的脑损伤,这是机体进化过程中获得的固有的自我保护和调节功能,对于维持正常生命活动具有极其重要的生物学意义。发热的基本环节如图 6-2 所示。

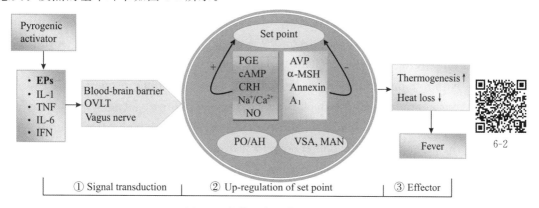

图 6-2　发热基本环节

第四节　发热的时相及热型

一、热相

发热可分为三个时相:体温上升期、高热持续期和体温下降期。每个时相有不同的临床和热代谢特点。

(一)体温上升期

EP 通过发热介质使体温中枢调定点上移后,原来的正常体温变成了"冷刺激",体温调节中枢发出指令经交感神经到达散热中枢,引起皮肤血管收缩和血流减少,导致皮肤温度降低,散热随之减少,同时,调控指令到达产热器官,引起寒战和物质代谢加强,产热随之增加。患畜的中心体温开始迅速或缓慢上升,快者约几小时或一昼夜即达高峰,慢者需几天才达高峰,称为体温上升期(effervescence period)。

增加产热的来源有:①寒战(shivering)。寒战的神经指令由下丘脑发出,经脊髓侧索的网状脊髓束和红核脊髓束下传,再经运动神经引起骨骼肌紧张度升高和不自主收缩。此种方式可使产热量迅速增加 4～5 倍,是此期热量增加的主要来源,故此期又称为寒战期。

②棕色脂肪组织。棕色脂肪组织(brown adipose tissue)是一种高度特化的脂肪组织,有丰富的血流供应,线粒体大而多,因而呈浅棕色。其细胞内富含解偶联蛋白(uncoupling protein-1,UCP-1),该蛋白使氧化磷酸化脱偶联,底物氧化所需要的能量基本上都转变为热能而不转变为化学能。新生儿和冬眠动物有较多的棕色脂肪组织,而成年人和动物很少。受 EP 刺激时,棕色脂肪细胞内的脂质快速分解、氧化,从而大量产热。新生儿发热没有明显的寒战反应,产热增加主要来源于棕色脂肪组织的氧化。③代谢率升高。中心体温升高后,引起化学反应速度加快,代谢率上升。体温每升高 1℃,代谢率升高约 13%。此外,TNF-α 和 IL-1 等可直接作用于外周组织,使代谢率升高。

临床上,患畜外周血管收缩,皮肤血流量减少,皮温降低。由于寒战中枢兴奋而使骨骼肌不自主地收缩,出现寒战。同时,由于交感神经兴奋,引起皮肤立毛肌收缩,出现被毛逆立。通过上述一系列反应,机体的产热增加,散热减少,体温不断上升,直到新的调定点水平为止。

Brown adipose tissue(BAT) is the main site of nonshivering thermogenesis in mammals whereas white adipose tissue(WAT) is the main depot where metabolic energy is stored, in the form of triglycerides. Brown adipocytes contain many mitochondria with a high oxidative capacity and that have uncoupling protein 1(UCP1) in their inner membrane. UCP1, which is only expressed in brown adipocytes, uncouples the respiratory chain from oxidative phosphorylation yielding a high oxidation rate and enabling the cell to use metabolic energy to provide heat. In rat and mouse models, BAT generates heat to enable the organism to adapt to a cold environment and also protects against obesity by promoting energy expenditure. Contrary to the prevailing concept that BAT function is restricted in humans to neonates and young children, adults have active BAT and activity of this tissue is systematically reduced in patients with obesity. Consistent with its need to adapt to changing thermal and dietary conditions, BAT is an extremely plastic tissue. When thermogenesis is activated, BAT depots enlarge via hypertrophic and hyperplasic processes. Moreover, sustained thermogenic activation leads to the "browning" of WAT, whereby brown adipocyte-like cells appear in WAT depots. These brown-like adipocytes, which are called "beige" or "brite" adipocytes, produce heat via UCP1-mediated uncoupling of mitochondrial respiration, just as that seen in brown adipocytes from BAT depots.

(二)高温持续期

高温持续期又叫热极期、高峰期或稽留期(fastigium)。在这一期,体温达到新的调定点水平,在与调定点相适应的高水平上波动,产热与散热在较高水平上保持动态平衡,体温不再上升。

患畜临诊表现为体表血管扩张,皮肤温度升高,血流加快,汗腺分泌旺盛,呼吸和心跳频率加快,眼结膜潮红,物质代谢仍然加强。本期热代谢特点是产热等于散热。

在不同的疾病,该期持续的时间长短不同,有的高热期可持续数日,如马传染性胸膜肺炎可持续 6~9d,而马流行性感冒的高热期有时仅持续数小时。

(三)体温下降期

当发热激活物、EP 和发热介质得到控制或清除,或者使用药物使调定点恢复到正常水平后,机体出现明显的散热反应,升高的体温回降至正常水平,称为体温下降期(deferves-cence peroid)。在这一阶段,由于调定点水平低于中心性体温,PO/AH 热敏感神经元受刺激,发放冲动促进散热;而冷敏感神经元受抑制,产热减少。该期热代谢的主要特点是散热增多,产热减少,散热多于产热。患畜体表血管扩张,排汗反应明显。

体温下降的速度会因病情不同而异。体温缓慢(几天内)下降到正常水平叫热渐退(lysis);如果体温迅速下降(经过几小时至一昼夜下降到正常水平),则叫热骤退(febrile crisis)。对体质衰弱的病畜而言,热骤退是预后不良的先兆,通常会导致循环衰竭而造成严重后果。

典型发热的三个时相如图 6-3 所示。

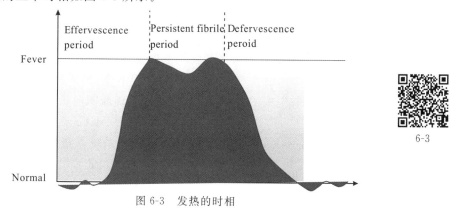

图 6-3 发热的时相

二、热型

将患畜的体温按照一定时间记录下来并绘制成曲线称为热型。兽医临诊上常见的热型有下列几种:

1. 稽留热(continuous fever) 指高热持续数日不退,昼夜温差不超过 1℃。见于马传染性胸膜肺炎、牛恶性卡他热、急性猪瘟、犬瘟热等疾病。

2. 弛张热(remittent fever) 指体温升高以后,昼夜温差超过 1℃ 以上,但体温下限不低于正常体温水平。见于支气管肺炎、败血症等。

3. 间歇热(intermittent fever) 指发热期和无热期较有规律地交替出现,间歇时间较短,体温下限可达到正常水平或低于正常水平,并呈现每日或隔日重复出现的一种热型。见于马传染性贫血、马焦虫病等。

4. 回归热(recurrent fever) 发热特点与间歇热相似,但发热期和无热期间隔时间较长,持续时间也大致相等。见于亚急性和慢性马传染性贫血。

5. 波状热(undulant fever) 体温逐渐上升达 39℃ 或以上,数天后又逐渐下降至正常水平,持续数天后又逐渐升高,如此反复多次。常见于布氏杆菌病。

6. 消耗热(hectic fever) 又叫衰竭热,指病畜长期发热,昼夜温差超过 4~5℃,如重症结核、脓毒症等。

至于发热时为什么会出现不同的热型,其原因尚不完全清楚,目前认为热型与病变的性质有关。病变的性质在某种程度上决定着 EP 产生的速度和数量,从而又影响着调定点上移的速度和幅度,所以当病变性质发生变化时,热型也会随之变化。

第五节　发热对机体的影响

一、物质代谢变化

发热时,由于交感神经系统兴奋,甲状腺素和肾上腺素分泌增加,不仅使糖、脂肪和蛋白质的分解代谢加强,还因为病畜食欲减退,营养物质摄取减少,最终导致营养物质的大量消耗和物质代谢紊乱。

(一)糖代谢

发热时,由于交感神经兴奋和肾上腺髓质激素的分泌增多,使糖的分解代谢加强,糖原贮备减少,血糖升高。在某些慢性消耗性疾病引起的发热过程中,由于肝糖原贮备已经大量消耗,血糖反而会降低。此外,在发热时,体内氧化过程增强,耗氧量增多,可使氧的供应相对不足,酵解过程增强,乳酸生成增多,因此,常会出现肌肉酸痛症状。

(二)脂肪代谢

发热时,由于糖原贮备不足,再加上交感-肾上腺髓质系统兴奋,脂解激素分泌增多,使脂肪分解代谢显著加强,尤其是长期反复发热的病畜,由于大量动用脂库中的脂肪而逐渐消瘦。但因为脂肪酸不能充分被氧化,酮体生成增多,出现酮血症和酮尿症。

(三)蛋白质代谢

发热时,病畜体内的蛋白质分解代谢也加强,其结果不但引起血液和尿液中非蛋白氮含量增高,还因为消化功能紊乱,蛋白质的消化和吸收减少,导致负氮平衡。长期和反复发热的病畜,由于蛋白质严重消耗,还会引起肌肉和实质器官的萎缩。

(四)水、电解质代谢

在发热的体温上升期,由于肾血流量减少,尿量随之减少,Na^+ 和 Cl^- 的排泄也减少,引起水、钠在体内潴留;而在体温下降期,因为尿量增加和汗腺分泌增强,Na^+ 和 Cl^- 排出会增加;在高温持续期,皮肤和呼吸道水分蒸发加强和大量出汗,可导致水分大量丢失,严重时可引起脱水。

(五)维生素代谢

发热时,维生素 C 和维生素 B 族显著消耗,同时由于病畜食欲减退,常可继发维生素缺乏症。

二、功能变化

(一)神经系统功能改变

一般而言,在发热的初期,中枢神经系统兴奋性升高,病畜会表现出兴奋不安的症状,但有的动物可能出现精神沉郁、反应迟钝等兴奋性下降的症状。在高温持续期,由于高温血液和有毒产物的作用,中枢神经系统常常以抑制占优势,出现神情淡漠、嗜睡,甚至昏迷等症状。在体温下降期,因副交感神经兴奋,心率减慢,外周血管扩张,血压稍低。在热骤退时,可因血压下降太快、血压过低而发生休克。

(二)循环系统功能改变

发热时,由于交感神经兴奋和高温血液对窦房结的刺激,常引起心率加快。一般而言,体温每升高 1℃,心跳可增加 18 次/min。在体温上升期和高温持续期,由于心率加快、心肌收缩力增强,血压会有所升高。但长期发热时,由于机体过分消耗和有毒代谢物质的作用,会引起心肌变性,严重时导致心力衰竭。

(三)呼吸系统功能改变

发热时,由于高温血液和酸性代谢产物对呼吸中枢的刺激作用,以及呼吸中枢对 CO_2 敏感性增强,使呼吸运动加深加快,这有利于气体交换和散热。但持续高温和毒物的刺激反而会使呼吸中枢兴奋性下降,出现呼吸变慢、变浅甚至呼吸不规则等症状。

(四)消化系统功能改变

发热时,由于交感神经系统兴奋,胃肠道蠕动减弱,消化液分泌减少,各种消化酶活性降低,因此产生食欲减退、口腔黏膜干燥、腹胀、便秘等症状,严重时由于肠内容物发酵和腐败而引起自体中毒。

(五)泌尿系统功能改变

在体温上升期和高温持续期,因为交感神经系统兴奋,肾小球入球动脉收缩,血液重分布,使肾小球血流量减少,尿量随之减少。严重的发热或持续过久的发热,由于肾小球毛细血管内皮细胞及肾小管上皮细胞变性、坏死,不仅使水、钠及其他有毒代谢产物在体内蓄积,引起机体中毒,还可出现蛋白尿和酸性尿。在体温下降期,肾小球血管扩张,血流量增加,尿量也会增多。

(六)免疫系统功能改变

发热可使免疫系统功能增强。因为 EP 本身就是一些免疫调控因子,如 IL-1、IL-6 可促进淋巴细胞的增殖分化,促使肝细胞合成急性期蛋白,诱导细胞毒 T 淋巴细胞生成。IFN 是机体的一种主要抗病毒因子,能增强 NK 细胞和吞噬细胞的活性;TNF 具有抗肿瘤活性,增强吞噬细胞的杀菌功能,促进 B 淋巴细胞分化,并诱导其他细胞因子生成。此外,温度升高本身也可使单核/巨噬细胞的活力加强。但体温过高或持续高热也可造成免疫功能紊乱。

第六节 发热的生物学意义和处理原则

一、发热的生物学意义

长期以来,对发热的生物学意义存在两种不同观点:一种观点认为,发热是机体抵抗和消除病原体的防御反应;另一种观点认为,发热给机体带来许多不利影响。

首先需明确,发热是机体在进化过程中获得的一种防御反应。一般来说,短时间的中度发热对机体是有益的,因为适度的体温升高可增强机体免疫,抑制体内病原微生物的活性。

但持久过高的发热对机体也有一定危害。持续高热既可使机体的分解代谢加强,营养物质消耗过多,消化功能紊乱,导致动物消瘦和机体抵抗力降低,又能使中枢神经系统和血液循环系统发生损伤,导致动物精神沉郁以致昏迷,或心肌变性而发生心力衰竭,这就更加加重了病情。

二、发热的处理原则

发热不是独立的疾病,而是许多疾病的共有临床症状。对于群养动物而言,出现发热病例大多预示着传染性疾病的发生。因而,对发热动物的处理,首先应注意隔离,避免个体之间的传染。对于病因明确、有治疗价值的病例,应针对原发病因进行积极治疗,不要急于使用解热药物,以免掩盖病情,延误治疗。高热病例除治疗原发病外,应及时退热。

(严玉霖、谭 勋)

第七章

缺 氧
Hypoxia

【Overview】Hypoxia is defined as a deficiency in either the supply or the utilization of oxygen at the tissue level, which can lead to changes in function, metabolism and even structure of the body. There are four types of hypoxia: (1) The hypoxemic type, which results from an inadequate saturation of blood oxygen due to a reduced supply of oxygen in the air, decreased lung ventilation, or respiratory disease. With this type of hypoxia, the partial pressure of oxygen in the arterial blood (PaO_2) is lower than normal. (2) The hemic type, in which the oxygen capacity of arterial blood is reduced due to the decrease in the amount of functioning hemoglobin. Examples of its causes include anemia and carbon monoxide poisoning that leads to decreased amount of oxygenated haemoglobin. (3) The stagnant type, in which the blood is or may be normal but the flow of blood to the tissues is reduced or unevenly distributed. It may result from heart disease that impairs the circulation, or impairment of venous return of blood. Local stagnant hypoxia may be due to any condition that reduces or prevents the circulation of the blood in any area of the body. (4) The histotoxic type, in which the tissue cells are poisoned and are therefore unable to make proper use of oxygen, despite physiologically normal delivery of oxygen to such cells and tissues. Although characteristically produced by cyanide, it may be caused by any agent that decreases cellular respiration.

In most tissues of the body, the response to hypoxia is vasodilation. By contrast, lungs respond to hypoxia with vasoconstriction, which is known as "hypoxic pulmonary vasoconstriction".

细胞在其生命活动过程中需不断消耗氧才能存活并发挥正常功能。在正常情况下,氧分子通过外呼吸运动进入肺泡,弥散进入肺泡壁毛细血管并溶解在血浆中,随后,约 98% 的溶解氧与红细胞中的血红蛋白发生化学结合,借助血液循环运送至全身各处,最终被组织细胞摄取利用。

缺氧(hypoxia)是指由于供应组织的氧不足或组织对氧的利用障碍而引起的器官或组

织的代谢、功能和形态结构的改变。缺氧是临床上各种疾病中极常见的一类病理过程,脑、心等生命重要器官缺氧也是导致机体死亡的重要原因。

第一节　常用血氧指标及其意义

机体对氧的摄取和利用是一个复杂的生物学过程,临床上可通过检测血气指标(blood gas paramete)判断组织获得和利用氧的情况。组织的供氧量＝动脉血氧含量×组织血流量;组织的耗氧量＝(动脉血氧含量－静脉血氧含量)×组织血流量。常用的血氧指标如下:

1. 血氧分压(partial pressure of oxygen,PO_2)　为物理性溶解于血液的氧所产生的张力。动脉血氧分压约为 13.3kPa(100mmHg),静脉血氧分压约为 5.32kPa(40mmHg),动脉血氧分压高低主要取决于吸入气体的氧分压和外呼吸功能,同时,也是氧向组织弥散的动力因素;而静脉血氧分压则反映内呼吸功能的状态。

2. 血氧含量(oxygen content,$C\text{-}O_2$)　是指 100mL 血液的实际携氧量,包括血浆中以物理状态溶解的氧和与血红蛋白结合的氧。血氧含量主要用于评价呼吸功能。血氧含量取决于氧分压和血红蛋白的质与量。当氧分压为 13.3kPa(100mmHg)时,血浆中呈物理溶解状态的氧约为 0.3mL/dL,动脉血氧含量约为 19mL/dL,静脉血氧含量(CvO_2)为 12～14mL/dL;犬动脉血氧含量约为 17.8mL/dL,静脉血氧含量约为 14.2mL/dL;猫动脉血氧含量约为 15.8mL/dL,静脉血氧含量约为 11.0mL/dL。

3. 血氧容量(oxygen binding capacity,$C\text{-}O_{2\,max}$)　指动脉氧分压为 20kPa(150mmHg)、二氧化碳分压为 5.32kPa(40mmHg)和 38℃条件下,体外 100mL 血液中血红蛋白所能结合的最大氧量。血氧容量的高低取决于血红蛋白的质和量,反映血液的携氧能力。每克血红蛋白结合氧的最大量为 1.34mL。正常人 100mL 血液血红蛋白为 15g,血氧容量约为 20mL/dL(8.92mmol/L)。各种动物 100mL 血液中血红蛋白含量如下:牛 8.0～15.0g、马 11.0～19.0g、猪 10.0～16.0g、绵羊 9.0～15.0g、犬 14.0～20.0g、猫 9.0～15.6g。

4. 血氧饱和度(oxygen saturation,SaO_2)　是指血红蛋白结合氧的百分数。血氧饱和度＝(血氧含量－物理溶解的氧量)/血氧容量×100%。正常动脉血氧饱和度为 93%～98%,静脉血氧饱和度为 70%～75%。

血氧饱和度主要受氧分压的影响,两者之间的关系可用氧合血红蛋白解离曲线(oxyhaemoglobin dissociation curve)来表示(图 7-1)。氧合血红蛋白解离曲线简称氧解离曲线(oxygen dissociation curve)。从图可以看出,当氧分压在 2.7～8.0kPa(20～60mmHg)之间时,曲线陡直,氧分压的轻微变化就可以引起血氧饱和度的急剧改变,这一特性有利于氧与血红蛋白解离,并向组织释放氧。氧

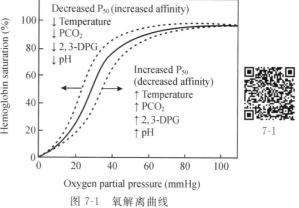

图 7-1　氧解离曲线

右侧虚线表示氧解离曲线右移,左侧虚线表示氧解离曲线左移。

分压高于 8.0kPa(60mmHg)时,曲线较平坦,这一特性有利于保证当肺泡气氧分压在一定范围内降低时不至于发生明显的低氧血症。在肺泡气氧分压达到 13.6kPa(102mmHg)时,血红蛋白已接近完全为氧所饱和。当氧分压为 2.7kPa(20mmHg)及氧饱和度在 35% 以下时,将发生严重的低氧血症。

血红蛋白与氧的亲和力(affinity)并非固定不变,而是受血液 pH 值、温度、CO_2 分压(PCO_2)以及红细胞内 2,3-二磷酸甘油酸(2,3-diphosphoglyceric acid,2,3-DPG)含量的影响。当血液 pH 值下降、温度升高、PCO_2 升高或红细胞内 2,3-DPG 生成增多时,血氧饱和度下降,氧解离曲线右移;反之,氧解离曲线左移,血氧饱和度增大。

在高原缺氧环境下,如果肺泡气氧分压不低于 8.0kPa(60mmHg),血红蛋白的氧饱和度则接近 90%,每毫升血液仅比海平面时少携带 2mL 氧;反之,在高压环境(如潜水)时,肺泡气氧分压虽可高达 66.7kPa(500mmHg),但血红蛋白已不能结合更多的氧,物理溶解的氧量也仅增加到 1.5mL/dL,动脉血氧含量变化很小。肺泡气氧分压在 8.0～66.7kPa(60～500mmHg)范围内波动时,由于血红蛋白的氧解离特性,组织的氧分压仍能保持在 2.0～2.7kPa(15～20mmHg)之间。血红蛋白的这种对氧的缓冲作用是对组织的一种保护机制,可在一定程度上减弱高压氧的毒性作用和缺氧的损伤作用。

5.动-静脉氧差(A-V dO_2)为动脉血氧含量减去静脉血氧含量的差值,差值的变化主要反映组织对氧的利用能力。正常动脉血与混合静脉血的氧差为 2.68～3.57mmol/L(6～8mL/dL)。当血液流经组织的速度明显减慢时,组织从血液摄取的氧可增多,回流的静脉血中氧含量减少,动-静脉氧差增大;反之,在组织利用氧的能力降低,或血红蛋白与氧的亲和力异常增强等情况下,可导致回流的静脉血中氧含量增高,动-静脉氧差减小。血红蛋白含量减少也可以引起动-静脉氧差减小。

6.P_{50}　　P_{50}指在一定体温和血液 pH 条件下,血氧饱度为 50% 时的氧分压。P_{50}代表血红蛋白与 O_2 的亲和力,正常值为 3.47～3.60kPa(26～27mmHg)。氧离曲线右移时 P_{50}增大,氧离曲线左移时 P_{50}减小,比如红细胞内 2,3-DPG 浓度增高 1μmol/g Hb 时,P_{50}将升高约 0.1kPa。

第二节　缺氧的类型、原因和发生机制

根据缺氧的原因和血气变化的特点,可把单纯性缺氧分为四种类型。

一、低张性缺氧

低张性缺氧(hypotonic hypoxia)指动脉氧分压下降,导致动脉血氧含量减少,引起组织供氧不足。低张性缺氧又称为低张性低氧血症(hypotonic hypoxemia)或乏氧性缺氧(hypoxic hypoxia)。当动脉氧分压低于 8.0kPa(60mmHg)时,可导致动脉氧含量和血氧饱和度明显降低。

(一)原因
低张性缺氧的常见原因为吸入气体氧含量过低、肺通气或换气障碍以及静脉血掺杂动脉血。

1.吸入气体氧分压过低　　因吸入过低氧分压气体所引起的缺氧,又称为大气性缺氧

(atmospheric hypoxia)。这种情况常见于海拔 3000m 以上的高原或高空,也可发生于拥挤或严重通风不良的畜舍。

2.外呼吸功能障碍　由肺通气或换气功能障碍所致,称为外呼吸性缺氧(respiratory hypoxia)。常见于各种呼吸道阻塞、呼吸中枢抑制、呼吸肌麻痹、肺部疾病(肺炎、肺水肿、肺气肿)、胸腔疾病(气胸、胸腔积液)以及胸骨或肋骨骨折。肺通气功能障碍引起肺泡气氧分压降低,肺换气功能障碍使从肺泡弥散到血液中的氧减少,使动脉血氧分压和血氧含量降低,引起缺氧。

3.静脉血分流入动脉　多见于先天性心脏病,如卵圆孔闭锁不全、室间隔缺损等。在上述情况下,由于右心的部分静脉血液不经肺循环而直接流入左心,故左心动脉血氧分压降低。

（二）血氧变化的特点

低张性缺氧时,动脉血氧分压、血氧含量、血氧饱和度降低,动脉血氧容量正常,动-静脉氧差减小或变化不大。通常 100mL 血液流经组织时约有 5mL 氧被利用,即动-静脉氧差约为 5mL/dL。氧从血液向组织弥散的动力是两者之间的氧分压差,在低张性缺氧时,动脉氧分压明显降低和动脉氧含量明显减少,使氧的弥散速度减慢,同量血液弥散给组织的氧量减少,最终导致动-静脉氧差减小和组织缺氧。如果是慢性缺氧,由于组织利用氧的能力代偿性增加,动-静脉氧差的变化也可不明显。

（三）皮肤黏膜颜色的变化

正常毛细血管中脱氧血红蛋白平均浓度为 2.6g/dL。低张性缺氧时,动脉血与静脉血的氧合血红蛋白含量均降低,毛细血管中氧合血红蛋白必然减少,脱氧血红蛋白浓度则增加。毛细血管中脱氧血红蛋白平均浓度增加至 5g/dL 以上($SaO_2 \leqslant 80\% \sim 85\%$)可使皮肤黏膜出现青紫色,称为发绀(cyanosis)。慢性低张性缺氧很容易出现发绀。发绀是缺氧的表现,但缺氧患者不一定都有发绀,如贫血引起的血液性缺氧无发绀。同样,有发绀的患者也可无缺氧,如真性红细胞增多症患者,由于血红蛋白异常增多,毛细血管内脱氧血红蛋白含量很容易超过 5g/dL,故易出现发绀而无缺氧症状。

二、血液性缺氧

血液性缺氧(hemic hypoxia)指由于血红蛋白的量减少或性质发生改变,以致血液携氧能力降低或血红蛋白结合的氧不容易释放而引起组织缺氧。由于血红蛋白含量减少而引起的血液性缺氧,因其动脉氧分压正常和血氧饱和度正常,故又称等张性缺氧(isotonic hypoxemia)。

（一）原因

1.贫血　各种原因引起的贫血,由于单位体积血液中红细胞数量和血红蛋白含量降低,导致血液携氧能力下降。虽然贫血可导致血氧容量和血氧含量下降,但由于单位体积血液中红细胞数量减少,血液黏滞度降低,血流加快,运输氧的能力提高(单位时间内血液运输给组织的氧量以血细胞比容为 30% 时为最高),一般当贫血使血细胞比容低于 20% 时,才会引起组织缺氧。因贫血引起的缺氧又称为贫血性缺氧(anemic hypoxia)。

2.一氧化碳中毒　血红蛋白与一氧化碳(CO)结合可生成碳氧血红蛋白(carboxyhemoglobin,HbCO)。CO 与血红蛋白结合的速度虽仅为 O_2 与血红蛋白结合速度的 1/10,但

HbCO 的解离速度却只有 HbO_2 解离速度的 $1/2100$，因此，CO 与血红蛋白的亲和力是 O_2 与 Hb 的亲和力的 210 倍。当吸入气体中含有 0.1% CO 时，约 50% 的血红蛋白转变为 HbCO，从而使大量血红蛋白失去携氧功能；CO 还能抑制红细胞内糖酵解，使 2,3-DPG 生成减少，氧解离曲线左移，HbO_2 不易释放出结合的氧；HbCO 中结合的 O_2 也很难被释放出来。由于 CO 既能使血红蛋白失去携氧能力，又妨碍 O_2 的释放，因而 CO 中毒可造成组织严重缺氧。在正常人血中大约有 0.4% HbCO。当空气中含有 0.5% CO 时，血中 HbCO 仅在 $20\sim30min$ 就可高达 70%。CO 中毒时，代谢旺盛、需氧量高以及血管吻合支较少的器官极易受到损害。

3.高铁血红蛋白血症　在生理状态下，血液中不断形成少量的高铁血红蛋白（methemoglobin，$HbFe^{3+}OH$），但可以通过体内还原剂如 NADH、维生素 C、还原型谷胱甘肽等还原为带 Fe^{2+} 的血红蛋白，使正常血液中高铁血红蛋白含量限于血红蛋白总量的 $1\%\sim2\%$。

亚硝酸盐、过氯酸盐、磺胺类药物等氧化性物质中毒时，可以使血液中大量血红蛋白（$20\%\sim50\%$）转变为高铁血红蛋白。高铁血红蛋白形成是由于血红蛋白中的 Fe^{2+} 在氧化剂的作用下氧化成 Fe^{3+}。高铁血红蛋白又称为变性血红蛋白或羟化血红蛋白。高铁血红蛋白中的 Fe^{3+} 因与羟基牢固结合而丧失携氧能力；另外，当血红蛋白分子中有部分 Fe^{2+} 被氧化为 Fe^{3+} 时，剩余吡咯环上的 Fe^{2+} 与 O_2 的亲和力增高，氧离曲线左移，血红蛋白不易释放出所结合的氧，加重组织缺氧。

人高铁血红蛋白血症主要因食用大量新腌咸菜或腐败的蔬菜而引起，由于这些物质含有大量硝酸盐，经胃肠道细菌作用将硝酸盐还原成亚硝酸盐并经肠道黏膜吸收后，引起高铁血红蛋白血症。患者皮肤、黏膜（如口唇）呈现青灰色，也称为肠源性发绀（enterogenous cyanosis）。患者可因缺氧，出现头痛、衰弱、昏迷、呼吸困难和心动过速等症状。采食腐败的蔬菜也可引起猪、牛、马等发生高铁血红蛋白血症。

4.血红蛋白与氧的亲和力异常增强　见于输入大量库存血液或碱性液体，也见于某些血红蛋白病。库存血液的红细胞内 2,3-DPG 含量较低，使氧合血红蛋白解离曲线左移，血红蛋白携带的氧不易释放。碱性液体导致血液 pH 值升高，也可导致氧解离曲线左移。

(二)血氧变化的特点

贫血引起缺氧时，由于外呼吸功能正常，所以动脉血氧分压和血氧饱和度正常，但因血红蛋白含量减少或性质改变，使动脉氧容量和血氧含量降低。

CO 中毒时，其血氧变化与贫血的变化基本一致。但血氧容量在体外检测时可以是正常的，这是因为在体外用氧气对血样本进行了充分平衡，此时氧已完全竞争取代 HbCO 中的 CO 而形成氧合血红蛋白，所以血氧容量可以是正常的。

血液性缺氧时，血液流经毛细血管时，因血液中氧合血红蛋白总量不足和氧分压下降较快，使氧的弥散动力和速度也很快降低，故动-静脉氧差低于正常。

血红蛋白与 O_2 亲和力增加引起的血液性缺氧较特殊，其动脉血氧分压、血氧含量和氧饱和度正常，但由于血红蛋白结合的氧不易释放，所以静脉血氧分压、血氧含量和氧饱和度均升高，动-静脉氧差小于正常。

(三)皮肤、黏膜颜色变化

单纯血红蛋白减少时，因氧合血红蛋白减少，且毛细血管中脱氧血红蛋白未达到出现发绀的阈值，所以皮肤、黏膜颜色较为苍白；CO 中毒时，血液中 HbCO 增多，由于 HbCO 本身具有特别鲜红的颜色,所以皮肤、黏膜呈现樱桃红色,但在严重缺氧时,由于皮肤血管收缩,皮肤、黏膜呈苍白色;高铁血红蛋白血症时,由于血液中高铁血红蛋白含量增加,所以患者皮肤、黏膜出现深咖啡色或青紫色;单纯 Hb 与 O_2 亲和力增高时,由于毛细血管中脱氧血红蛋白含量低于正常,所以患者皮肤、黏膜无发绀。

三、循环性缺氧

循环性缺氧(circulatory hypoxia)指组织血流量减少,导致组织氧供不足而引起的缺氧。循环性缺氧又称为循环阻碍性缺氧(stagnant hypoxia)或低动力性缺氧(hypokinetic hypoxia)。循环性缺氧还可以分为缺血性缺氧(ischemic hypoxia)和淤血性缺氧(congestive hypoxia)。缺血性缺氧是由于动脉供血不足所致;淤血性缺氧是由于静脉回流受阻所致。

(一)原因

循环性缺氧的原因是血流量减少。血流量减少可以分为全身性和局部性两种。

1. 全身性血液循环障碍　见于休克和心力衰竭病例。休克动物心输出量减少比心力衰竭者更严重,全身缺氧也更严重。

2. 局部性血液循环障碍　见于血管栓塞和血管病变,如肺动脉栓塞、动脉粥样硬化等。

(二)血氧变化的特点

单纯性血液循环障碍时,动脉氧分压、血氧容量、血氧含量和血氧饱和度均正常。由于血流缓慢,血液流经毛细血管的时间延长,使单位体积血液弥散到组织氧量增加,静脉氧含量降低,所以动-静脉氧差加大。全身性血液循环累积肺,如左心衰引起肺水肿或休克引起急性呼吸窘迫综合征时,可因氧气向肺泡毛细血管弥散障碍而合并呼吸性(低张性)缺氧,此时动脉氧分压、血氧含量和血氧饱和度降低。局部性循环性缺氧时,血氧指标基本正常。

(三)皮肤、黏膜颜色变化

全身性淤血缺氧的动物由于毛细血管中脱氧血红蛋白可超过 5g/dL,可引发皮肤和可视黏膜发绀。缺血缺氧可导致局部组织颜色苍白。

四、组织性缺氧

组织性缺氧(histogenous hypoxia)是指由于细胞的生物氧化过程发生障碍,不能有效利用氧而导致的组织细胞缺氧。组织性缺氧又称氧化障碍性缺氧(dysoxidative hypoxia)。

(一)原因

1. 细胞中毒　氰化物、硫化氢、磷等和某些药物使用过量可引起组织中毒性缺氧(histotoxic hypoxia)。以氰化物(cyanide)为例,当各种无机或有机氰化物,如 HCN、KCN、NaCN、NH_4CN 和氢氰酸有机衍生物(多存在于杏、桃和李的核仁中)等经消化道、呼吸道、皮肤进入体内,CN^- 可以迅速与细胞内氧化型细胞色素氧化酶三价铁结合,形成氰化高铁细胞色素氧化酶($CN^- + Cytaa_3 Fe^{3+} \rightarrow Cytaa_3 Fe^{3+}-CN^-$),从而导致细胞色素氧化酶失去接受电子能力,使呼吸链电子传递无法进行,引起内呼吸功能障碍。摄入 0.06g HCN 即可致人死亡。高浓度 CO 也能与氧化型细胞色素氧化酶的 Fe^{2+} 结合,阻断呼吸链。硫化氢、砷化物和甲醇等中毒是通过抑制细胞色素氧化酶活性而阻止细胞的氧化过程。抗霉菌素 A 和苯乙双胍等能抑制电子从细胞色素 b 向细胞色素 c 的传递,阻断呼吸链导致组织中毒性缺氧。

2.线粒体损伤　强辐射、细菌毒素、热射病和氧自由基生成增多等因素可引起线粒体损伤,导致组织细胞利用氧障碍和 ATP 生成减少。

3.呼吸酶合成障碍　维生素 B_1、维生素 B_2、尼克酰胺等是机体能量代谢中辅酶的辅助因子,这些维生素缺乏导致细胞生物氧化过程障碍。

(二)血氧变化的特点

组织性缺氧时,动脉血氧分压、血氧容量、血氧含量和血氧饱和度一般均正常。由于组织细胞利用氧障碍(内呼吸障碍),所以静脉血氧分压、血氧含量和血氧饱和度增高,动-静脉氧差小于正常。由于毛细血管内氧合血红蛋白含量高于正常,患病动物皮肤和可视黏膜常呈现鲜红色或玫瑰红色。

临床常见的缺氧多为混合性缺氧。例如,肺源性心脏病时由于肺功能障碍可引起呼吸性缺氧,心功能不全可出现循环性缺氧。各型缺氧的血氧变化特点如表 7-1。

表 7-1　各型缺氧血氧变化特点

Patter of hypoxia	PaO₂	Oxygen capacity	Oxygen content	Oxygen saturation	A-V dO₂
Hypotonic	↓	N or ↑	↓	↓	↓
Hemic	N	↓	↓	N	↓
Circulatory	N	N	N	N	↓
Histogenous	N	N	N	N	↓

第三节　缺氧时细胞的反应

机体吸入氧,并通过血液运输到达组织,最终被细胞所感受和利用。因此,缺氧的本质是细胞对低氧状态的一种反应和适应性改变。急性严重缺氧时细胞变化以线粒体能量代谢障碍为主(包括组织性缺氧);慢性轻度缺氧时,细胞以氧感受器的代偿性调节为主。

一、适应和代偿

(一)缺氧时细胞能量代谢变化

1.细胞内无氧酵解增强　当动脉氧分压降低、线粒体周围的氧分压低于 $0.04\sim 0.07$kPa 时,氧作为有氧氧化过程最终的电子接受者出现缺额,线粒体的有氧代谢发生障碍,ATP 生成减少,胞浆内 ADP 增加。胞浆内 ADP 增高可使磷酸果糖激酶活性增强,促使糖酵解过程加强,在一定程度上可补偿能量的不足,但引起酸性产物增加。

2.细胞利用氧的能力增强　长期慢性和轻度缺氧时,细胞内线粒体数量增多,生物氧化还原酶(如琥珀酸脱氢酶、细胞色素氧化酶)活性增强和含量增多,使细胞利用氧的能力增强。

(二)细胞的氧敏感调节与适应性变化

1.化学感受器兴奋　当血液中氧分压下降时,颈动脉体和主动脉体等化学感受器发生兴奋,通过传入神经将信息传至呼吸中枢,导致中枢兴奋,再通过传出神经使呼吸肌运动加强,吸入更多的氧使血清中氧分压回升,维持内环境的稳定。严重缺氧对呼吸中枢的直接抑制作用大于外周化学感受器反射性兴奋呼吸中枢的作用,表现为呼吸减弱甚至抑制。

2. 血红素蛋白(hemoprotein)感受调节 血红素蛋白是指含有卟啉环配体的一类蛋白质,如血红蛋白、细胞色素 aa_3、P_{450}、含细胞色素 b_{558} 的辅酶Ⅱ(NADPH)氧化酶等。感受调节方式有以下两种:

(1)构象改变:当 O_2 结合于血红素分子中央的 Fe^{2+} 时,引起 Fe^{2+} 转位到卟啉环平面上;反之相反。这种构象的变化可能影响血红素蛋白的功能。例如,CO 与氧化型细胞色素氧化酶 aa 的 Fe^{2+} 结合,使氧化型细胞色素氧化酶失去了传递电子的作用。

(2)信使分子:NADPH 氧化酶可与细胞周围环境中 O_2 结合,并把 O_2 转变为 $O_2^{\cdot-}$,再生成 H_2O_2。H_2O_2 经过 Feton 反应转变为羟自由基(OH^-)进行氧信号的传导。正常时,细胞内 H_2O_2 浓度相对较高,抑制低氧敏感基因的表达。低氧时,细胞内 H_2O_2 和 OH^- 生成减少,还原型谷胱甘肽(GSH)氧化转变成氧化型谷胱甘肽(GSSG)受到抑制,导致某些蛋白巯基还原型增加,从而使一些转录因子的构象发生改变,促进低氧敏感基因的转录表达。

(3)HIF-1 感受调节:细胞对缺氧的反应依赖于转录因子家族的低氧诱导因子(hypoxia induced factor,HIF)的活性。HIF 是一种异源二聚体,主要由氧依赖的 α 亚基和组成型表达的 β 亚基构成。HIF 具有 3 种同型 α 亚基(HIF-1α、HIF-2α、HIF-3α)和 3 种同型 β 亚基(Arnt1,Arnt2,Arnt3)。HIF-1α 的表达受到氧分压的严格调控,在常氧条件下极易降解,半衰期不足 5min,而在低氧条件下其稳定性和转录活性都增强,并作为低氧敏感基因的启动子与其靶基因的低氧反应元件结合,启动基因转录和蛋白质翻译。

HIF is a heterodimeric transcription factor that is composed of two basic helix-loop-helix proteins—HIFα and HIFβ—of the PAS FAMILY (PER, AHR, ARNT and SIM family). The HIFα/β dimer binds to a core DNA motif (G/ACGTG) in hypoxia-response elements (HREs) that are associated with a broad range of transcriptional targets. These target genes are centrally involved in both systemic responses to hypoxia, such as ANGIOGENESIS and ERYTHROPOIESIS, and in cellular responses, such as alterations in glucose/energy metabolism. The HIFβ subunit, which is identical to ARNT, is a constitutive nuclear protein that has further roles in transcription. By contrast, the levels of HIFα subunits are highly inducible by hypoxia. There are three closely related forms of HIFα, each of which is encoded by a distinct gene locus. HIF1α and HIF2α have a similar domain architecture and are regulated in a similar manner. HIF3α is less closely related and its regulation is less well understood. Schofield CJ and Ratcliffe PJ. Oxygen sensing by HIF hydroxylases. *Nature Reviews Molecular Cell Biology*, 2004, 5(5): 343-354.

(4)红细胞代偿性增多:低氧血可以刺激近球细胞,促进红细胞生成素(erythropoiesis-stimulating factor,EPO)增加。EPO 可以刺激红系定向干细胞分化为原红细胞,并促使这些细胞加速增殖分化并发育为成熟的红细胞。另外,EPO 可促使血红蛋白合成和网织红细胞进入血液,血液中红细胞数量和血红蛋白含量增加,最终提高了血液携氧能力,从而增强对组织器官的 O_2 供应。在高原居住的人和长期慢性缺氧的人,红细胞可以增加到 $6\times10^6/mm^3$,血红蛋白达 21g/dL。

(5)肌红蛋白增加 肌红蛋白与氧的亲和力比血红蛋白大,当氧分压降为 10mmHg 时,血红蛋白的氧饱和度约为10％,而肌红蛋白的氧饱和度可达70％。因此,当剧烈运动导致肌组织氧分压降低时,肌红蛋白可释放出大量的氧供组织、细胞利用。肌红蛋白增加可能具有储存氧的作用。

二、细胞损伤

缺氧性细胞损伤(hypoxic cell damage)常为严重缺氧时出现的一种失代偿性变化。其主要表现为细胞膜、线粒体及溶酶体的损伤。

(一)细胞膜损伤

细胞膜一般是细胞缺氧最早发生损伤的部位,缺氧时细胞膜对离子的通透性增加,导致离子顺浓度差通过细胞膜,发生膜电位降低、Na^+内流、K^+外流、Ca^{2+}内流和细胞水肿等一系列改变。膜电位降低常先于细胞内ATP含量降低。

1.Na^+内流　使细胞内Na^+浓度增多并激活Na^+-K^+泵,在泵出胞内Na^+的同时又过多消耗ATP,ATP消耗又将促进线粒体氧化磷酸化过程和加重细胞缺氧。细胞内Na^+浓度过高必然伴随水进入胞内增加,引起细胞水肿。细胞水肿是线粒体、溶酶体肿胀的基础。

2.K^+外流　细胞膜通透性升高,细胞内K^+顺浓度差流出细胞。细胞内K^+浓度降低,导致合成代谢障碍,各种酶的生成减少,进一步影响ATP的生成和离子泵的功能。

3.Ca^{2+}内流　细胞内外Ca^{2+}浓度相差约1000倍,细胞内低Ca^{2+}浓度的维持依赖膜上Ca^{2+}泵功能。严重缺氧时,由于ATP生成减少,膜上Ca^{2+}泵功能降低,引起胞浆内Ca^{2+}外流障碍,导致胞浆内Ca^{2+}浓度增高。细胞内Ca^{2+}增多并进入线粒体内,抑制呼吸链功能;Ca^{2+}和钙调蛋白(calmodulin)结合,激活磷脂酶,使膜磷脂分解,进一步损伤细胞膜及细胞器;胞浆内Ca^{2+}浓度过高可以使黄嘌呤脱氢酶转变为黄嘌呤氧化酶,增加自由基形成,加重细胞损伤。

(二)线粒体损伤

严重缺氧可明显抑制线粒体呼吸功能和氧化磷酸化过程,使ATP生成更减少;持续较长时间的严重缺氧,可以使线粒体发生结构损伤,表现为嵴内腔扩张、嵴断裂崩解,外膜破裂和基质外溢等。缺氧可损伤线粒体,线粒体损伤又可进一步加重缺氧,两者互为因果。

(三)溶酶体损伤

缺氧时因胞内糖酵解增强,导致乳酸生成增多,同时,由于脂肪氧化不全,使酮体增多,导致细胞酸中毒。pH降低和胞浆内Ca^{2+}增加使磷脂酶活性增高,促进溶酶体膜中的磷脂成分降解,膜通透性增高,严重时溶酶体肿胀、破裂,溶酶体蛋白水解酶溢出,进而导致细胞及其周围组织发生溶解、坏死。细胞内水肿、自由基的作用也促进溶酶体损伤。

第四节　　缺氧对机体的影响

缺氧对机体的影响取决于缺氧发生的部位、程度、速度、持续时间和机体的功能代谢状态。轻度缺氧主要引起机体的代偿反应,而急性重度缺氧则可引起组织器官出现代谢障碍,并可导致重要器官产生不可逆损伤,甚至引起机体死亡。慢性缺氧时,代偿反应和缺氧的损伤作用并存。各型缺氧引起的变化既有相同之处又各具特点,以下以低张性缺氧为例,介绍缺氧时机体的功能与代谢变化。

一、呼吸系统的变化

(一)代偿性反应

低张性缺氧的代偿性反应表现为胸廓呼吸运动增加和肺通气量增加。当动脉氧分压降低至 60mmHg 以下时,颈动脉体和主动脉体等外周化学感受器受到低氧刺激发生兴奋,反射性地引起呼吸加深、加快,胸廓呼吸运动随之加强,从而使肺泡通气量增加,肺泡气氧分压升高,动脉氧分压得以回升。低氧血症引起的呼吸运动增加使胸内负压增大,促进静脉回流增加,增加心输出量和肺血流量,有利于血液摄取和运输更多的氧。肺通气量增加是急性缺氧最突出的代偿适应性反应。

低张性缺氧所引起的肺通气量变化与缺氧持续的时间有关。急性缺氧早期肺通气量增加较少,持续一段时间后肺通气量增加更加明显。比如,刚进入 4000m 高原时,缺氧使肺通气量立即增加,但只比居住在海平面者高 65%;数日后,肺通气量可达后者的 5~7 倍。早期肺通气量有限增加可能是因为肺通气量增加使 CO_2 呼出增多、动脉血 CO_2 分压降低,脑脊液中 pH 值升高,抑制了呼吸中枢的过度兴奋。2~3 天后,肾对 HCO_3^- 的排出代偿性增多,脑脊液内的 HCO_3^- 通过血-脑屏障进入血液后被排出,pH 值逐渐恢复正常,对呼吸中枢的抑制作用解除,此时缺氧对呼吸中枢的兴奋作用得到充分体现,肺通气量明显增加。但长期缺氧可使肺通气反应性减弱,如久居高原可使肺通气量回降至仅比居住在海平面者高 15%,这可能与长期的低张性缺氧使外周化学感受器对低氧的敏感性降低有关。这也是一种慢性适应过程,因为肺通气量每增加 1L,呼吸肌耗氧增加 0.5mL,长期的呼吸运动增强显然对机体不利。

(二)呼吸功能障碍

1.高原性肺水肿(high altitude pulmonary edema,HAPE)通常在进入海拔 4000m 以上高原 1~4d 后发生,出现呼吸困难、咳嗽、可视黏膜发绀、血性泡沫痰、肺部有湿性啰音等。肺水肿影响肺的换气功能,可使动脉氧分压进一步下降,加重缺氧。

高原性肺水肿的主要病理变化是广泛的呈片状分布的肺泡水肿,偶而可见透明膜形成(这是肺泡水肿液中的纤维蛋白沉积所致)。其发病机制与以下因素有关:①缺氧引起外周血管收缩、回心血量增加和肺血流量增多,加上缺氧性肺血管收缩,使血液流经肺的阻力增加,导致肺动脉压升高;②肺血管收缩强度不一致,使肺血流分布不均,在肺血管收缩较轻或不发生收缩的部位,肺泡毛细血管血流量增加、流体静压增高,引起压力性肺水肿;③肺内高压和血液流速加快,作用于微血管的切应力(流动血液作用于血管的力在管壁平行方向的分力)增高,导致内膜损伤和微血管通透性升高。

2.中枢性呼吸衰竭 动脉氧分压过低可直接抑制呼吸中枢兴奋。当动脉氧分压小于 3.99kPa(30mmHg)时,呼吸中枢的兴奋性完全被抑制,引起中枢性呼吸衰竭。

二、循环系统的变化

(一)代偿反应

1.心输出量增加 导致心输出量增加的主要机制包括以下几方面:

(1)心率加快:目前认为,低张性缺氧时心率加快与肺通气增加导致肺膨胀刺激肺牵张感受器,反射性地兴奋交感神经。但是,如果呼吸运动过深,过度的牵张刺激反而引起心率减慢和血压下降。当吸入含 8% O_2 的空气时,心率可比正常时增加 1 倍。

(2)心肌收缩性增强:缺氧作为一种应激原,可使交感神经兴奋和儿茶酚胺释放增多,作用于心肌细胞的 β-肾上腺素能受体,使心肌收缩性增强。

(3)静脉回流增加:低张性缺氧时,胸廓呼吸运动和心脏活动增强,可导致胸腔内负压增大,引起静脉回流量增加和心输出量增多。

2.肺内血管收缩　在肺脏,当某部分肺泡气氧分压降低时,该部位肺小动脉发生收缩,称为缺氧性肺血管收缩,这是肺循环独有的生理现象。缺氧时肺血管收缩可使流经缺氧肺泡的血流量减少,血流转向通气良好的肺泡,以维持通气和血流比,保证血液充分氧合。

缺氧引起肺血管收缩的机制较为复杂,主要涉及以下三个方面:

(1)交感神经的作用:急性缺氧可引起交感神经兴奋,儿茶酚胺类介质释放增加,后者作用于肺内血管平滑肌细胞的 α-受体(肺内血管 α-受体密度较高),引起血管收缩。慢性低氧时肺内血管平滑肌出现受体分布的改变,即 α-受体增加,β-受体密度降低,导致肺血管收缩增强。

(2)体液因子的作用:缺氧时肺血管内皮细胞、肺泡巨噬细胞、肺组织内肥大细胞以及血管平滑肌细胞等能释放各种血管活性物质,包括血管紧张素(angiotension Ⅱ,Ang Ⅱ)、内皮素(endothelin-1,ET-1)、血栓素(thromboxane A_2,TxA2)等缩血管物质以及一氧化氮(nitric oxide,NO)和前列环素(prostacylin,PGI2)等扩血管物质。在血管收缩过程中,缩血管物质起主导作用,扩血管物质起调节作用,两者力量的对比决定血管收缩反应的强度。缺氧时以缩血管物质合成和分泌占优势,故以血管收缩效应为主。

(3)血管平滑肌对低氧的直接感受:血管平滑肌细胞收缩受电压依赖性 K^+ 通道(voltage-gated potassium channel,Kv)调控,后者又参与对胞内游离 Ca^{2+} 浓度的调控。急性缺氧可选择性地抑制肺内血管平滑肌 Kv 的功能,导致细胞膜去极化,使电压依赖性 Ca^{2+} 通道开放,引起 Ca^{2+} 内流,胞内游离 Ca^{2+} 浓度升高,进而导致血管平滑肌收缩。慢性缺氧可选择性抑制肺内血管平滑肌 Kv 通道 α 亚基 mRNA 和蛋白表达,引起功能性 Kv 通道数量减少,导致 Kv 通道电流降低和细胞膜去极化,刺激平滑肌细胞增殖,引起肺血管重建,表现为肺内血管壁中层平滑肌肥大、增厚以及弹力纤维和胶原纤维增生使血管的管径变小、血流阻力增加,最终形成肺动脉高压(pulmonary hypertension)。

3.血液重分布　急性缺氧时,皮肤和腹腔内脏器官的血管因交感缩血管神经兴奋而发生收缩;脑血管的交感神经缩血管纤维的分布最少,α-受体密度也低,故交感神经兴奋、儿茶酚胺分泌增多时,脑血管收缩不明显;心脏冠脉血管在局部代谢产物(如 CO_2、H^+、K^+、磷酸盐、腺苷及 PGI2 等)的扩血管作用下血流增加。这种全身性血流分布的改变,对于保证生命重要器官氧的供应显然是有利的。

4.毛细血管增生　长期缺氧可通过 HIF-1α 信号途径使血管内皮生长因子(vascular endothelial growth factor,VEGF)合成和释放增多,促进缺氧组织中毛细血管增生。这种现象在脑、肥大的心肌、实体肿瘤和骨骼肌中尤为明显。缺氧组织中毛细血管密度升高显然有利于对抗组织缺氧,是组织应对慢性缺氧的重要代偿反应。

三、血液系统的变化

缺氧可促进骨髓造血功能增强,增加循环红细胞的数量。缺氧时氧解离曲线右移,使红细胞更容易释放氧。

1.红细胞增多　主要是由于肾生成和释放促红细胞生成素增多、骨髓造血功能增强所致。

2.氧解离曲线右移　缺氧时,红细胞内 2,3-DPG 生成增加,导致氧解离曲线右移,血氧饱和度下降,促使血红蛋白将结合的氧释放出供组织利用。

2,3-DPG 是红细胞内糖酵解的中间产物,是一个负电性很强的分子,结合在血红蛋白 4 个亚基的中心孔穴内,调节血红蛋白的运氧能力。导致红细胞内 2,3-DPG 生成增多有两方面原因:①低张性缺氧时氧合血红蛋白减少,脱氧血红蛋白相应增多,前者中央穴孔小,不能结合 2,3-DPG,后者中央孔穴较大,可结合 2,3-DPG。当脱氧血红蛋白增多时,红细胞内游离的 2,3-DPG 减少,2,3-DPG 对磷酸果糖激酶及二磷酸甘油变位酶(diphosphoglycerate mutase,DPGM)的抑制作用减弱,从而使糖酵解增强,2,3-DPG 生成增多。②低张性缺氧时,因肺过度通气而引起呼吸性碱中毒,而红细胞内存在的大量稍偏碱性的脱氧血红蛋白,红细胞内 pH 值升高,从而激活磷酸果糖激酶并抑制 2,3-DPG 磷酸酶(2,3-DPG phospha-tase,2,3-DPGP)活性,前者使糖酵解增强,2,3-DPG 合成增加,后者使 2,3-DPG 的分解减少。

2,3-DPG 增多使氧解离曲线右移的机制是:①脱氧血红蛋白与 2,3-DPG 结合后空间构型稳定,不易于氧结合;②2,3-DPG 是一种不能透过红细胞膜的有机酸,增多时可导致红细胞内 pH 值降低,进而通过 Bohr 效应使氧解离曲线右移,血红蛋白与氧的亲和力降低。

血红蛋白与氧的亲和力降低有利于血液向组织供养,具有代偿意义。但是,当氧分压降低至 8.0kPa(60mmHg)以下时,氧解离曲线右移可明显影响肺部血液对氧的摄取。

四、中枢神经系统的变化

中枢神经系统对缺氧非常敏感,缺氧可直接损害中枢神经系统的功能。这是由于脑细胞的活动较其他组织细胞更耗能,而且必须依赖葡萄糖的有氧氧化所提供的能量,故对缺氧的耐受性差。脑组织在完全缺氧后 5~8min 内即可发生不可逆的病理损伤。

急性缺氧可引起动物出现烦躁和运动失调,严重者可出现惊厥和昏迷。慢性缺氧时动物出现嗜睡和精神沉郁等症状。极严重缺氧可导致昏迷、死亡。

缺氧引起中枢神经系统功能障碍的机制较为复杂,主要与脑水肿和脑细胞受损有关。急性缺氧时,神经细胞内 ATP 生成减少,依赖 ATP 供能的钠泵活动减弱,Na^+ 不能向细胞外主动转运,水进入细胞内以平衡渗透压,造成过量的 Na^+ 和水在细胞内积聚,引起脑细胞水肿。缺氧过程中脑组织无氧酵解加强,乳酸产生增多,同时,血管内皮细胞受缺氧刺激释放扩血管因子增多,这两方面的原因均可导致脑血管扩张,血流量增加,致使毛细血管流体静压升高和血管通透性升高,造成脑间质水肿。脑血管扩张、脑细胞及脑间质水肿可使颅内压增高,由此引起呕吐、惊厥、昏迷,甚至死亡。

(谭　勋)

第八章

水与电解质代谢紊乱
Disturbance of Water and Electrolyte Metabolism

【Overview】Water and salt are elements essential for life. Because of the extreme importance of water and electrolytes to biologic processes, many organ systems are involved in their regulation and balance. The gastrointestinal tract, kidneys, skin, and several endocrine glands function to maintain body water and electrolyte concentration in delicate balance despite large changes in intake and loss. However, life-threatening imbalances can occur rapidly when these homeostatic mechanisms are overwhelmed.

Total body water comprises approximately 60% of the mass of the adult animals. Total body water is inversely related to body fat, therefore fattened livestock have relatively less body water, while neonates have relatively more body water, as much as 86% of body mass. Total body water is divided into two major physiologic compartments that have imperfect anatomic corollaries. The largest compartment is the intracellular fluid compartment (ICF), which accounts for about two thirds of total body water. The extracellular fluid compartment (ECF) makes up the balance. Extracellular water can further be divided into the intravascular fluid compartment and the interstitial fluid compartment. Intravascular fluid or plasma volume makes up about 5% of total body mass. Water and certain molecules such as urea move freely from one compartment to the next, but the movement of certain ions and molecules is restricted or controlled by membrane channels and pumps.

The osmolality of body fluids is relatively constant in healthy animals, about 300 mOsm/kg. Sodium, the most important extracellular cation, constitutes about 95% of the total cation pool. Major ECF anions include chloride and bicarbonate. The most important intracellular cation is potassium. The inverse relation of sodium and potassium inside and outside of the cells is maintained by the Na^+-K^+-ATPase pump found in almost all mammalian cell membranes. Phosphates, proteins, and other anions balance the charge of K^+ and the other cations inside the cells.

Fluid excess can occur in two main ways in the body, edema and water intoxication.

Edema is also termed isotonic volume excess, which occurs when too much fluid is trapped in the body. The additional fluid is retained in the extracellular compartment resulting in fluid accumulation in the interstitial spaces. The term "water intoxication" is generally used to refer to hyponatremia, a rare phenomenon that occurs due to the retention of excess water rather than sodium depletion. It is either a result of ingestion of water beyond the maximal excretory capacity of the kidney or a result of impairment of water excretion by the kidney, even with consumption of lesser amounts of water. Disordered secretion of the pituitary hormone vasopressin (alternative name, antidiuretic hormone ADH) is central to the pathogenesis of hyponatremia.

Dehydration is the lack of sufficient water in the body, which occurs when more water is lost from the body than is taken in. When dehydration occurs, all fluid compartments are affected, but not uniformly. Rapid dehydration causes disproportionate reduction in the intravascular compartment, followed by contraction of the interstitial fluid compartment, and finally by contraction of the intracellular fluid compartment. When equilibration occurs, all compartments become dehydrated. Depletion of body water and electrolytes usually occurs simultaneously, but the relative amount of water and electrolyte lost is not constant. If excess free water is lost owing to evaporative loss or water deprivation, electrolyte content of the ECF will not increase, but electrolyte concentration will increase. Plasma osmolality rises and this can most easily be estimated clinically by measuring plasma sodium concentration, which will rise above normal concentration. If body water and electrolytes are lost in the same relative proportions as they are found in the ECF, volume contraction or dehydration will be iso-osmolar. Measuring plasma electrolytes will reveal a normal sodium concentration. In some situations, sodium loss may exceed water loss, which results in hypo-osmolar or at least hyponatremic dehydration. This is seen in ruminants with ruptured bladders when sodium ion moves into the peritoneal cavity and in some calves with diarrhea when sodium is lost in the feces. Most clinically dehydrated ruminants and swine have iso-osmolar or nearly iso-osmolar fluid losses. Therefore it is essential to supply electrolytes, particularly sodium, in addition to water for rehydration and volume replacement. Failure to do so will result in relative water excess, which will be quickly corrected by the kidneys, subsequently returning the animal to a volume-depleted state again.

　　水是机体的重要组成部分,参与营养物质的消化、吸收、利用,具有代谢废物排泄、血液灌注、体温调节、组织润滑等许多生理功能。体内的水与溶解在其中的溶质共称为体液(body fluid)。体液中的 Na^+、K^+、Cl^- 和 HCO_3^- 等电解质在调控神经和肌肉功能以及维持体内酸碱平衡和体液平衡中发挥重要作用。

　　体液可分为细胞内液和细胞外液(包括组织间液和血浆)两部分,这两部分体液相互依存,水分可在两者之间自由流动。在生理条件下,细胞内液和细胞外液的电解质构成不同,细胞内液的主要电解质是 K^+,而细胞外液的主要电解质为 Na^+。低 Na^+ 高 K^+ 的细胞内环境是形成细胞静息电位的基础。

在生理情况下,体液容量、分布、化学成分和渗透压保持相对恒定,这一状态称为水和电解质平衡(water and electrolytes balance)。疾病(如呕吐、腹泻)和外界环境的剧烈变化以及一些医源性因素可扰乱水和电解质平衡,这些紊乱如果得不到及时纠正,常会引起严重后果,甚至危及动物生命。

第一节　体液和电解质平衡的调节

一、体液容量和分布

体液由水和溶解在水中的电解质、低分子有机化合物以及蛋白质构成,广泛分布于细胞内外,构成机体内环境。

体液分为细胞内液(intracellular fluid,ICF)和细胞外液(extracellular fluid,ECF)。一般来说,体液总量约占哺乳动物体重的60%,其中细胞内液约占体重的40%,细胞外液约占体重的20%(图8-1)。细胞外液又分成血浆(plasma)和组织间液(interstitial fluid)两个主要部分,前者约占体重的5%,后者约占体重的15%。体内一些特殊的分泌液,如胃肠道消化液、脑脊液、关节囊液等,是细胞消耗能量完成一定的化学反应而分泌出来的,称为透细胞液或跨细胞液(transcellular fluid)。

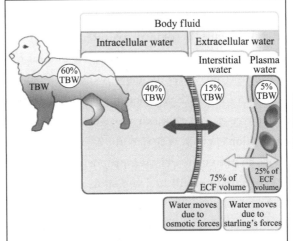

8-1

图 8-1　体液分布

细胞内外的水和血管内外的水可以自由交换。细胞内外水的交换受渗透压驱动,毛细血管内外水的交换受史达林力(Starling's force)(即流体静压和胶体渗透压)驱动。TBW:total body weight(总体重)。

由于这部分液体分布于一些腔隙如胃肠道、颅腔、关节囊、胸膜腔、腹膜腔中,故又称为第三间隙液,虽然它仅占细胞外液的极小一部分(占体重的1%~2%),但这一部分体液大量丢失也会引起细胞外液容量减少,如腹泻、胸膜腔积液等。此外,存在于结缔组织、软骨和骨质中的水也属于细胞外液,但它们与细胞内液的交换十分缓慢,称为慢交换液,在生理情况下其变化不大,不容易引起水、电解质代谢障碍。体液的容量因动物品种、动物年龄、性别和体型差异而稍有差异。

二、体液中电解质构成

细胞外液和细胞内液所含电解质成分有较大差异。细胞外液的主要阳离子(cation)是

Na^+,主要阴离子(anion)是 Cl^- 和 HCO_3^-。细胞内液的主要阳离子是 K^+,主要阴离子是 HPO_4^{2-} 和蛋白质。细胞膜两侧 K^+ 和 Na^+ 浓度的差异分布依靠细胞膜上 Na^+-K^+-ATP 酶的作用得以保持。

细胞外液中的组织间液和血浆所含电解质相同,但蛋白质等大分子物质的含量有较大差异。血浆中含有较高的蛋白质,而组织间液中蛋白质含量较低。

在正常情况下,各部分体液所含阴、阳离子数的总和相等,并保持电中性。

各种动物血清中阳离子含量正常参考值见表 8-1。

表 8-1　动物血清中电解质含量的正常参考值

	Na^+ (mmol/L)	K^+ (mmol/L)	Mg^{2+} (mmol/L)	Ca^{2+} (mmol/L)	Inorganic phosphate (mmol/L)
Horse	132～136	2.4～2.7	0.90～1.15	2.8～3.4	1.00～1.81
Bovine	132～152	3.9～5.8	0.49～1.44	2.43～3.10	1.81～2.10
Sheep	146±4.9	3.9～5.4	0.31～0.90	2.88～3.20	2.62～2.36
Goat	142～155	3.5～6.7	0.74～1.63	2.23～2.93	4.62±0.25
Swine	110～154	3.5～5.5	0.49～1.52	1.78～2.90	1.71～3.10
Dog	141.1～152.3	4.37～5.65	0.74～0.99	2.25～2.83	0.84～2.00
Cat	147～156	4.0～4.5	0.82～1.23	1.55～2.55	1.45～2.62

三、体液的渗透压

在体内,水分可通过渗透(osmosis)作用在细胞内外进行交换。渗透是指水分顺着半透膜(semi-permeable membrane)两侧的渗透梯度(osmotic gradient),从低溶质浓度区域向高溶质浓度区域弥散。因而,细胞和组织中的水分流入或流出细胞由特定部位体液的相对浓度决定。

渗透压(osmotic pressur)由溶液中的溶质产生,由电解质产生的渗透压称为晶体渗透压(crystalloid osmotic pressure),由蛋白质分子产生的渗透压称为胶体渗透压(colloid oncotic pressure)。由于血浆中蛋白质含量远高于组织间液,故血浆胶体渗透压远高于组织间液。血浆和组织间液电解质含量相似,故两者之间的晶体渗透压相同。

四、水的运动

(一)细胞内外水的运动

在生理情况下,细胞内外的渗透压是相等的,但细胞内外的水分子仍不停地通过简单扩散(simple diffusion)进行交换。在通常情况下,通过简单扩散作用所产生的水分净流入或净流出可以忽略不计。比如,每秒钟有大约相当于细胞体积 100 倍的水经过红细胞的胞膜扩散一次,但由于进入和离开细胞的水分相等,细胞既不丢失水分也不增加水分。当细胞内外出现渗透压差时,水将从低渗向高渗部位转移。

(二)血管内外水的运动

在正常情况下,组织液和血浆之间水的交换保持着动态平衡,这种动态平衡由两个作用相反的力量来决定：一种力量促使水分滤出毛细血管生成组织液，这一力量主要来自毛细血管的流体静压（hydrostatic pressure），即血液作用于毛细血管管壁的压力；另一种力量则促使组织液吸收进入毛细血管，该力量主要来自血浆白蛋白（albumin）产生的胶体渗透压，这两种力量之差称为净滤过压（net filtration pressure）。毛细血管动脉端的净滤过压为 +10mmHg，促使水分和营养物质从毛细血管滤出而形成组织间液；毛细血管静脉端的净滤过压为 -7mmHg，水分和代谢废物在静脉端被重吸收回血液。由于毛细血管动脉端和静脉端的净滤过压并不相等，净滤出的水分并不能完全从静脉端回收，还有一部分需经淋巴管回流至血液。在生理状态下，组织液的生成与回收维持平衡，保证了血浆与组织液量的恒定性（图 8-2）。

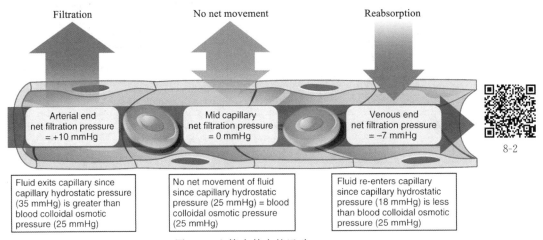

图 8-2　血管内外水的运动

（三）机体内外水的运动

正常人和动物每天水的摄入与排出处于动态平衡。水的来源有饮水、食物含水和代谢水。代谢水指糖、脂肪和蛋白质等营养物质氧化生成的水，每 100g 糖氧化产生的水为 60mL，每 100g 脂肪氧化产生的水约为 107mL，每 100g 蛋白质氧化产生的水约为 41mL。机体排出水分主要有 4 条途径，分别为消化道（粪便）、皮肤、肺（呼吸蒸发）和肾（尿）。

五、水和钠代谢的调节

在正常情况下，机体能根据水、电解质平衡的状况，灵敏地调节水的摄入和排出，以及电解质的排出量。水、电解质的平衡是通过神经-内分泌系统的调节而实现的。水的平衡主要由渴感（thirst）及抗利尿激素（antidiuretic hormone，ADH）进行调节，主要目的在于维持血浆等渗；Na^+ 的平衡主要受醛固酮（aldosterone）的调节，主要目的在于维持细胞外液的容量及组织灌流。

（一）渴感

渴感中枢位于下丘脑视上核侧面，与渗透压感受器相邻，并有部分重叠。此外，第三脑室前壁的穹隆下部（subfornical organ，SFO）和终板血管器（organum vasculosum of the lamina terminalis，OVLT）等结构也与渴感关系密切。血浆晶体渗透压升高、血容量减少可引起渴感中枢兴奋，促进主动饮水。此外，血管紧张素Ⅱ（angiotensin Ⅱ，Ang Ⅱ）水平升高也可以引起渴感。

1.血浆渗透压升高　血浆渗透压升高是刺激渴觉中枢兴奋的最主要因素,其机制与渴觉中枢神经细胞脱水有关。此外,当脑脊液中 Na^+ 浓度增高时,可刺激终板血管器中的钠感受器,将冲动传递到相应中枢而引起口渴。

2.血容量减少　低血容量、低血压可通过左心房和胸腔大静脉处的容量感受器和颈动脉窦主动脉弓的压力感受器的作用刺激渴感中枢。一般认为,当血容量降低 15% 时才能刺激渴感中枢,其敏感程度远不如渗透压增高的刺激。

3.Ang Ⅱ水平升高　Ang Ⅱ诱发渴感的机制是第三脑室前壁的穹隆下部存在 Ang Ⅱ 受体,Ang Ⅱ 与其结合而刺激口渴中枢。

(二)抗利尿激素

ADH 由下丘脑视上核和室旁核的神经元分泌,并沿这些神经元的轴突下行到神经垂体贮存。ADH 主要通过水通道蛋白(aquaporin,AQP)调节肾远曲小管和集合管对水的吸收(图 8-3)。当 ADH 与位于集合管主细胞(principal cell)的受体结合后,通过 Gs 蛋白活化腺苷酸环化酶,使 cAMP 生成增加,进而引起水通道蛋白磷酸化。磷酸化的水通道蛋白从细胞内移至细胞膜,使集合管对水的通透性增加,从而使水分的重吸收增加。

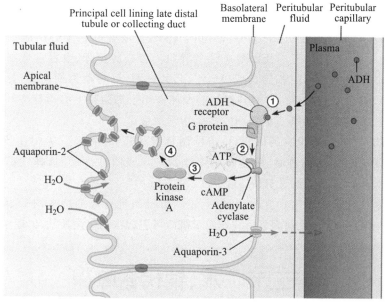

8-3

图 8-3　ADH 通过水通道蛋白促进远曲小管和集合管对水的重吸收。①ADH 与 ADH 受体结合;②Gs 蛋白活化腺苷酸环化酶;③蛋白激酶 A 磷酸化;④水通道蛋白磷酸化。

刺激 ADH 合成及分泌的因素主要有:

1.血浆晶体渗透压升高　当机体失去大量水分而使血浆晶体渗透压增高时,下丘脑视上核或其周围的渗透压感受器细胞发生渗透性脱水,引起 ADH 释放,血浆晶体渗透压可因肾脏重吸收水分增多而有所回降。大量饮水时的情况正好相反,由于 ADH 释放减少,肾排水增多,血浆渗透压乃得以回升。

2.血容量减少　血容量相对不足对容量感受器和压力感受器的刺激作用减弱,降低迷走神经对视上核的抑制作用,从而促使 ADH 分泌;相反,血量过多时,可刺激左心房和胸腔内大静脉的容量感受器,反射性地引起 ADH 释放减少,引起利尿而使血量回降。

此外,剧痛、血管紧张素 II 增多也可促使 ADH 释放增多;动脉血压升高可通过刺激颈动脉窦压力感受器而反射性地抑制 ADH 的释放。

(三)醛固酮

醛固酮是肾上腺皮质球状带分泌的盐皮质激素。醛固酮的主要作用是促进肾远曲小管和集合管对 Na^+ 的主动重吸收,同时通过 Na^+-K^+ 和 Na^+-H^+ 交换而促进 K^+ 和 H^+ 的排出,所以说醛固酮有排钾保钠、排氢保钠的作用。随着 Na^+ 主动重吸收的增加,Cl^- 和 H_2O 的重吸收也增多,可见醛固酮也有保水作用。调节醛固酮分泌的因素主要有:

1.肾素-血管紧张素系统　有效循环血量减少、交感神经兴奋和儿茶酚胺增多等因素均可刺激肾入球小动脉球旁细胞分泌肾素,进而促使血管紧张素 II 产生,后者再作用于肾上腺皮质,促进醛固酮的生物合成。

2.血钾和血钠　血钾升高和血钠降低,均可刺激醛固酮分泌。另外,血钠降低也可激活肾素-血管紧张素系统,促进醛固酮分泌。

此外,近球细胞处的小动脉管壁受交感神经支配,肾交感神经兴奋时能使肾素的释放量增加。肾上腺素和去甲肾上腺素也可直接刺激近球细胞,使肾素释放增加。

(四)心房利钠肽

心房利钠肽(atrial natriuretic polypeptide,ANP)合成并贮存于心房肌细胞中,其主要作用是强烈而短暂的利尿、排钠及松弛血管平滑肌。当心房扩张、血容量增加、血钠升高或 Ang II 升高时,可刺激心房肌细胞合成 ANP。已经证明,一些动物的动脉、肾、肾上腺皮质球状带等有 ANP 的特异受体,ANP 通过这些受体作用于细胞膜上的鸟苷酸环化酶,以细胞内的环鸟苷酸(cGMP)作为第二信使而发挥生物学效应。

ANP 影响水、电解质代谢的机制是:①抑制肾素和醛固酮分泌;②ANP 与其受体结合后,通过 cGMP 途径封闭钠通道,使远曲小管对 Na^+ 重吸收减少;③选择性扩张入球动脉,收缩出球动脉,增加肾小球滤过分数。

总之,在机体内环境发生轻度改变时,上述调节机制可有效维持水钠平衡,表现为细胞外液容量和渗透压正常。致病因素持续作用于机体可引起水钠代谢紊乱,出现相应临床症状。

第二节　水、钠代谢障碍

水、钠代谢障碍是临床上最常见的水、电解质代谢紊乱,常导致体液的容量和渗透压的改变。水、钠代谢紊乱常同时或先后发生,关系密切,通常一起讨论。常见的水、钠代谢障碍有水肿、水中毒、盐中毒和脱水。

一、水肿

过多的等渗性液体在组织间隙或体腔中积聚称为水肿(edema)。通常意义的水肿仅限于细胞外液增多,包括组织间液和体腔中的体液增加。其中体液在体腔中蓄积又称为积水(hydrops),如心包积水、胸腔积水、腹腔积水、脑室积水和阴囊积水等。水肿不是一种独立的疾病,而是在许多疾病中都可出现的一种重要的病理过程,但有些疾病以水肿为主要表现,如仔猪水肿病。

根据水肿波及的范围可把水肿分为全身性水肿(anasarca)和局部水肿(local edema);根据发生部位可分为脑水肿、肺水肿、声门水肿、皮下水肿等;根据发生的原因,可分为肾性水肿、肝性水肿、心性水肿、营养不良性水肿、淋巴性水肿和炎性水肿等;根据水肿发生的程度,可分为隐形水肿(recessive edema)和显性水肿(frank edema)。隐形水肿除体重有所增加外,临床表现不明显;显性水肿临床表现明显,如局部肿胀、体积增大、重量增加、紧张度增加、弹性降低、局部温度降低、颜色变淡等。

水肿液来自血浆,除蛋白质外其余成分与血浆相同。水肿液中蛋白质的含量主要取决于毛细血管的通透性和淋巴回流状况,当毛细血管通透性增高(如炎症),淋巴回流受阻时,水肿液中蛋白质含量增高,密度增加。通常将蛋白质含量高,密度在 $1.012 \times 10^3 \mathrm{g/L}$ 以上的水肿液称为渗出液(exudate);而将蛋白质含量低,密度在 $1.012 \times 10^3 \mathrm{g/L}$ 以下的水肿液称为漏出液(transudate)。

(一)水肿发生的机制

不同类型的水肿发生的原因和机制不尽相同,但具有一些共同的发生环节,其基本机制可以概括为两大方面,即血管内外液体交换障碍(组织间液生成大于回流)和体内外液体交换异常(水钠潴留)。

1.血管内外液体交换障碍——组织间液生成增多　前已述及,生理状态下组织间液和血浆之间不断进行液体交换,组织间液的生成和回流之间保持着动态平衡,即在毛细血管动脉端不断有组织液生成,而在静脉端又不断回流,其中部分则进入毛细淋巴管,经淋巴循环后再汇入血液循环。这种动态受毛细血管流体静压、血浆胶体渗透压和淋巴回流等因素影响。导致组织间液生成增多的原因有:

(1)毛细血管流体静压增高(increase in capillary hydrostatic pressure):毛细血管内血压升高可导致流体静压增高,组织液生成增多。当后者超过淋巴回流的代偿能力时,便可引起水肿发生。全身或局部的静脉压升高是导致毛细血管内流体静压增高的主要原因,前者常见于心功能不全,后者常见于静脉受压、门脉高压、静脉受阻等。

(2)血浆胶体渗透压降低(decrease in plasma colloid osmotic pressure):血浆胶体渗透压主要取决于血浆白蛋白的含量,当血浆白蛋白含量减少时,血浆胶体渗透压下降,组织液的生成增加,当超过淋巴回流的代偿能力时即可导致水肿的发生。引起血浆白蛋白含量下降的原因有:①白蛋白丢失,见于肾病综合征时大量白蛋白从尿液丢失;②蛋白质合成障碍,见于严重肝脏疾病;③蛋白质摄入不足或分解代谢增强,见于胃肠道消化吸收障碍、禁食或营养缺乏、慢性消耗性疾病(如慢性感染、恶性肿瘤等);④稀释性低蛋白血症,见于大量水钠潴留或输入过多非胶体溶液稀释血浆,使蛋白质浓度相对降低。

(3)微血管壁通透性增加(increase in capillary permeability):正常时,毛细血管只允许微量血浆蛋白滤出,而微血管的其他部位几乎完全不允许蛋白质透过,因而毛细血管内外胶体渗透压梯度很大。当微血管壁通透性增高时,血浆蛋白从毛细血管和微静脉壁滤出,使毛细血管静脉端和微静脉内的胶体渗透压下降,而组织间液的胶体渗透压上升,促使溶质及水分滤出。此时,如果淋巴回流不足以将蛋白质等溶质及其水分输送回血液循环,即可导致水肿的发生。微血管壁通透性增加常见于各种炎症和变态反应(荨麻疹、药物过敏等)。缺氧或酸中毒也能使血管通透性增高。此类水肿液的特点是蛋白质含量较高,可达 30～60g/L。

(4)淋巴回流受阻(obstruction of lymphatic flow):淋巴回流不仅能把组织液及其所含蛋白质回收到血液循环,而且在组织液生成增多时,还能代偿回流,因而具有重要的抗水肿作用。若淋巴管被堵塞,含蛋白质的组织间液就可在组织间隙中积聚,从而形成淋巴性水肿(lymph edema)。此类水肿液的特点是蛋白质含量较高,可达 40～50g/L。常见于:①淋巴管阻塞:如淋巴管被丝虫、恶性肿瘤细胞等阻塞,或被肿瘤、瘢痕组织压迫,或淋巴管在手术时被截断;②淋巴管痉挛:淋巴管发生痉挛性收缩,可使淋巴回流受阻;③淋巴泵功能障碍:在慢性水肿时,由于淋巴回流长期增多,淋巴管持续扩张,管内瓣膜关闭失灵,降低了淋巴泵在促使淋巴回流中的作用。

2.体内外液体交换失衡——水钠潴留 正常机体的钠和水的摄入量与排出量处于动态平衡状态,以保持体液总量和组织间液总量的相对恒定。这种平衡是在神经内分泌的调节下,通过肾的排泄功能而实现的。肾通过肾小球的滤过和肾小管的重吸收作用而维持水、钠的平衡(称为肾小球-肾小管平衡或球-管平衡)。一旦球-管平衡失调,则可导致水、钠潴留。潴留体内的钠、水可自由通过毛细血管进入组织间隙,导致组织间液生成增多,若增多的组织间液不能被及时排除,则可导致水肿发生。球-管失衡通常表现为:①肾小球滤过率(glomerular filtration rate)下降而肾小管重吸收钠、水正常;②肾小球滤过率正常而肾小管重吸收钠、水增加;③肾小球滤过率下降而肾小管重吸收钠、水增加。

(1)肾小球滤过率下降(decrease in glomerular filtration rate):在不伴有肾小管重吸收相应减少时,肾小球滤钠、水减少即可导致水钠潴留。肾小球滤过率取决于滤过膜的通透性和总面积、肾血流量、肾小球毛细血管压和肾小球囊内压,当上述因素中的一个或几个发生障碍时,便可导致肾小球滤过率下降。

常见的引起肾小球滤过率下降的原因有:①肾小球滤过面积减少。急、慢性肾小球肾炎时有功能的肾单位大量减少。②肾血流量下降。主要是由于有效循环血量减少所引起,见于充血性心力衰竭、失血、休克等病理过程中。同时,有效循环血量减少还可反射性地引起交感-肾上腺髓质系统和肾素-血管紧张素系统兴奋,使入球小动脉收缩,肾血流量进一步减少,肾小球滤过率下降。③有效滤过压降低。有效滤过压=肾小球毛细血管血压-(血浆胶体渗透压+肾小球囊内压),这三种力量中任何一种力量的改变都将影响肾小球的滤过。比如,当全身动脉血压显著降低、交感神经高度兴奋、肾上腺素大量分泌时,肾小球毛细血管血压明显降低,肾小球滤过减少;当肾盂或输尿管结石以及肾外肿物压迫引起尿路不畅和尿液蓄积时,肾小球囊内压升高,导致有效滤过压下降。

(2)肾小管重吸收增多:包括近曲小管、远曲小管和集合管对钠、水的重吸收增多。

当有效循环血量下降时,近曲小管对钠水的重吸收作用增强(正常时肾小球滤过总量的60%～70%由近曲小管重吸收),肾排水减少,成为全身性水肿的重要发病环节。导致近曲小管吸收钠水增多的因素有:①ANP 分泌减少。当有效循环血量减少、血压下降时,ANP分泌减少,促使近曲小管对钠水重吸收增加。②肾小球滤过分数(filtration fraction,FF)增加。滤过分数=肾小球滤过率/肾血浆流量,当有效循环血量减少时(如充血性心力衰竭或肾病综合征时),肾血流量和肾小球滤过率均降低。由于出球小动脉收缩比入球小动脉收缩更为明显,肾血浆流量下降的程度比肾小球滤过率下降的程度更严重,则肾小球滤过分数升高,滤出更多的原尿(无蛋白滤液),因此流过肾小球后进入肾小球周围毛细血管的血液胶体渗透压升高,同时又因血流量减少而引起流体静压降低,从而促使近曲小管重吸收钠水增加。③激素。醛固酮、ADH 具有促进远曲小管和集合管重吸收钠水的作用。有效循环血量下降可激活肾素-血管紧张素-醛固酮系统,导致醛固酮分泌增多;肝硬化可导致肝细胞对醛固酮的灭活功能减退,也可导致醛固酮增多。有效血量减少导致肾素-血管紧张素-醛固酮系统激活可致下丘脑神经垂体分泌 ADH 增多。肝功能障碍时,ADH 灭活减少。

(3)肾血流重新分布:肾单位分为皮质肾单位和近髓肾单位两种。皮质肾单位因髓襻短,不能进入髓质高渗区,对钠、水重吸收较少;近髓肾单位髓襻长,其肾小管深入髓质高渗区,对钠、水重吸收较多。正常时,肾血流大部分通过皮质肾单位,只有小部分通过近髓肾单位。有效循环血量减少可引起肾血流重新分布,致使通过皮质肾单位的血流明显减少,较多的血流转入近髓肾单位,造成钠水重吸收增加。

以上是水肿发生机制的基本因素,在各种不同类型水肿的发生、发展过程中,通常是几种因素先后或同时发挥作用,在每一种特定的水肿发生中,各种因素所起作用的大小也各不相同。

(二)常见水肿及其发生机制

1. 心性水肿　心性水肿(cardiac edema)的发生与心力衰竭发生部位有关,左心衰竭主要引起肺水肿,右心衰竭主要引起全身性水肿。引起心性水肿的因素很多,但最重要的原因是心肌收缩力减弱引起的心排血量减少,导致水钠潴留和毛细血管流体静压增高。

(1)水、钠潴留:心力衰竭时,由于心输出量下降而导致有效循环血量减少,导致流经肾的血流量减少,引起肾小球滤过率下降;同时,由于醛固酮、ADH 分泌增多,ANP 分泌减少,引起远曲小管和集合管对水、钠的重吸收增多,造成水、钠在体内潴留。

(2)毛细血管流体静压增高:有效循环血量减少可通过颈动脉窦压力感受器反射性地引起交感-肾上腺髓质系统兴奋,从而使静脉壁紧张度增加和小静脉收缩,导致外周静脉阻力升高,体循环静脉压增高,毛细血管有效流体静压增高,促使组织液生成增多。

(3)其他:右心功能不全可引起胃肠道、肝、脾等腹腔器官发生淤血和水肿,造成营养物质吸收障碍,白蛋白合成减少,导致血浆胶体渗透压降低;静脉回流障碍引起静脉压升高,妨碍淋巴回流。

2. 肾性水肿(renal edema)　因原发性肾脏疾病引起的全身性水肿,以机体疏松部位表现明显。其发生的机制为:

(1)血浆胶体渗透压降低:发生肾小球肾炎、肾病综合征、肾功能不全等肾脏疾病时,常因大量蛋白质从病变的肾小球滤出,而又不能被肾小管全部重吸收,从而出现蛋白尿。大量的蛋白质经肾丢失,造成低蛋白血症,导致血浆胶体渗透压下降。

(2)肾排水、排钠减少:肾脏疾病时,肾小球滤过率降低,但肾小管仍以正常的速度重吸收水和钠,引起水、钠潴留。

3. 肝性水肿(hepatic edema)　指肝功能不全引起的全身性水肿,常表现为腹水生成增多。其发生机制为:

(1)肝静脉回流受阻:正常时,肝的 1/3 血流来自肝动脉,2/3 血流来自门静脉。当发生肝硬变时,由于肝内结缔组织增生和假小叶形成,使肝内血管特别是肝静脉的分支被挤压,发生偏位、扭曲、闭塞而造成肝静脉回流受阻,肝血窦内压升高,使过多的液体滤出,当超过淋巴回流时,便经肝表面和肝门进入腹腔而形成腹水。

(2)门静脉高压:门静脉高压时,肠系膜区毛细血管流体静压增高,尤其是肝硬变时血浆胶体渗透压降低,组织液生成明显增加,当超过淋巴回流的代偿能力时,便导致肠壁水肿并形成腹水。

(3)水钠潴留:肝功能不全时,对 ADH、醛固酮等激素的灭活作用减弱,致使远曲小管和集合管对水、钠的重吸收增多。一旦形成腹水,则可引起血容量减少,后者又可抑制 ANP 分泌并促使 ADH 和醛固酮分泌增多,结果进一步导致水、钠潴留,加剧水肿。

4.肺水肿(pulmonary edema) 肺泡腔及肺泡间隔内蓄积多量体液时称为肺水肿。其发生机制为:

(1)肺毛细血管流体静压增高:左心衰竭或二尖瓣狭窄可引起肺静脉回流受阻,导致肺毛细血管流体静压升高,若伴有淋巴回流障碍或生成的水肿液超过淋巴回流的代偿限度时,易发生肺水肿。

(2)肺泡壁毛细血管和肺泡上皮损伤:通过气道或血道而来的物理、化学或生物学损伤因素直接或间接损伤了血管内皮或肺泡上皮的正常结构,使其通透性增高,导致血液的液体成分甚至蛋白质渗入肺泡间隔或肺泡内。

5.炎性水肿(inflammatory edema) 炎性水肿是炎症尤其是急性炎症时重要的局部症状之一。其发生的主要机制是:

(1)毛细血管流体静压增高:血液循环障碍是毛细血管流体静压增高的主要原因。

(2)微血管壁通透性增高:微血管壁通透性增高的主要原因是炎症介质的作用。某些炎症介质可导致内皮细胞收缩,炎性细胞溶酶体释放的溶解酶可导致血管基底膜破坏。

(3)组织胶体渗透压增高:一方面,微血管壁通透性增加使大分子蛋白质滤出,组织液蛋白质含量增加;另一方面,炎症局部组织分解代谢增强,使局部组织的代谢产物增加,导致组织胶体渗透压增高,使有效胶体渗透压下降,有利于局部液体的积聚。

6.恶病质水肿(cachectic edema) 见于慢性饥饿、慢性传染病、寄生虫病等慢性消耗性疾病。由于这些疾病过程中蛋白质消耗过多,血浆蛋白质含量明显减少,引起胶体渗透压降低而发生水肿。有毒代谢产物蓄积损伤毛细血管壁,在水肿发生上也起到了一定的作用。

7.淤血性水肿(stagnant edema) 此类水肿的发生范围与淤血的范围相一致,发生的程度和淤血的程度呈正相关。这类水肿发生的原因主要是静脉回流受阻导致毛细血管流体静压升高。此外,淤血导致局部组织缺氧、代谢产物堆积和酸中毒,引起毛细血管通透性升高和细胞间质胶体和晶体渗透压升高,也促进了水肿的进一步发展。

8.营养性水肿(nutritional edema) 营养不良引起的全身性水肿称为营养性水肿,也称营养不良性水肿,可分为原发性和继发性两类。前者主要见于各种原因所致的饲料缺乏,后者则常见于疾病原因引起的饲料摄入不足、消化吸收障碍、蛋白质排泄或丢失过多等情况。本型水肿的分布从组织疏松处开始,逐步扩展至全身皮下,以低垂部位最为显著,四肢下部水肿明显。

(三)水肿的表现

1.皮下水肿 皮下水肿是全身或躯体局部水肿的重要体征。皮下组织结构疏松,是水肿液容易聚集之处。当皮下组织有过多体液积聚时,可见皮肤肿胀,皱纹变浅,平滑而松软。如手指按压后留下凹陷,表明有显性水肿。实际上,在显性水肿出现之前,组织液就已增多,但不易察觉,称为隐性水肿。这主要是因为分布在组织间隙中的胶体网状物对液体有强大的吸附能力。只有当液体的积聚超过胶体网状物(透明质酸、胶原和黏多糖)的吸附能力时,才形成游离水肿液。当液体积聚到一定量时,用手指按压时游离的液体向周围散开,形成凹陷,数秒后凹陷自然平复。

2.全身性水肿　全身性水肿由于发病原因和发病机制的不同,水肿液分布的部位、出现的时间、显露的程度也不同,如肾性水肿首先出现面部水肿,尤其以眼睑最为明显;右心衰竭所致全身性水肿,则首先引起四肢下部水肿;肝性水肿则以腹水形成为特点。这些分布与下列因素有关:

(1)组织结构特点:组织结构的致密度和伸展性影响着水肿液的积聚和水肿出现的时间。眼睑和皮下组织结构较为疏松,容易容纳水肿液,水肿出现较早。相反,组织结构致密、伸展性小的部位不易容纳水肿液,故水肿不易显露和被发现。

(2)重力效应:毛细血管流体静压易受重力影响,心脏水平面向下垂直距离越远的部位,其静脉压和毛细血管流体静压越高。因此,右心衰竭时体静脉回流障碍,首先表现为身体下垂部位静脉压增高与水肿。

(3)局部血流动力学因素:当某一特定的原因造成局部器官的毛细血管流体静压明显增高,超过了重力效应的作用时,水肿液即可在该部位积聚,水肿可比低垂部位出现更早且更显著,肝性腹水的形成就是这个原因。

(四)水肿的结局及对机体的影响

水肿是一种可逆的病理过程。病因去除后,在心血管系统功能改善的条件下,水肿液可被吸收,组织的形态结构和功能障碍也可恢复。但慢性水肿可导致组织缺氧,引起结缔组织增生而发生硬化,此时即使去除病因也难以完全消除病变。水肿对机体的影响主要表现在以下几方面:

1.器官功能障碍　水肿可引起严重的器官功能障碍,如肺水肿可导致通气和换气障碍,脑水肿可导致神经细胞功能障碍。

2.组织营养障碍　由于水肿液的存在,使氧和营养物质从毛细血管到达组织细胞的距离增加,可引起组织细胞营养不良。水肿组织缺血、缺氧,物质代谢障碍,对感染的抵抗力降低,易发生感染。

3.再生能力减弱　由于水肿组织存在血液循环障碍,引起组织细胞再生能力减弱,水肿部位的外伤或溃疡往往不易愈合。

(五)防治原则

1.防治原发病　重视原发病的防治,如对心力衰竭、肾病综合征、肝硬化和丝虫病的预防和治疗。

2.对症处理　对于全身性水肿病例可使用适当的利尿剂排水,必要时限制钠水的摄入,以减轻和消除水肿。对于局部性水肿和皮下水肿常通过引流和改变体位来缓解水肿;脑水肿时,常用强效利尿剂和糖皮质激素以降低微血管壁通透性,稳定细胞膜;急性肺水肿时,除使用利尿剂之外尚需进行氧疗和使用扩血管药物以改善肺循环。

3.防止并发症　在治疗时注意纠正水、电解质和酸碱代谢紊乱,尤其是在处理大量胸(腹)水的过程中更应如此。

二、水中毒

低渗性体液在细胞间隙积聚过多,导致稀释性低钠血症,出现脑水肿,并由此产生一系列症状,这个病理过程称为水中毒(water intoxication),又称为高容量性低钠血症(hypervolemic hyponatremia)。其特点是细胞外液容量增多,血钠浓度降低,细胞外液低渗。

(一)原因

引起水中毒的主要原因是机体水排出障碍、水重吸收过多以及补水过多等。水中毒发生的主要环节是细胞间液容量扩大和渗透压降低。

水中毒多见于 ADH 分泌异常增多或肾排水功能降低的患畜摄入过多的水。

1.肾功能不全 见于急慢性肾功能不全少尿期和严重心力衰竭或肝硬变等,由于肾排水功能急剧降低或有效循环血量和肾血流量减少,肾排水明显减少,若增加水负荷易引起中毒。

2.ADH 分泌异常增多 常见于:①肾上腺皮质功能低下。由于肾上腺皮质激素分泌减少,对下丘脑分泌 ADH 的抑制作用减弱,因而 ADH 分泌增多。②ADH 分泌异常增多综合征,包括下丘脑源性 ADH 分泌增多(如脑部病变)、非丘脑源性 ADH 分泌增多(如恶性肿瘤)。

3.低渗性脱水后期 由于细胞外液向细胞内转移,可造成细胞内水肿,如此时输入大量水分就可引起水中毒。

(二)对机体的主要影响

发生水中毒时,细胞外液因水过多而被稀释,故血钠浓度降低,渗透压下降,加之肾不能将过多的水分及时排出,水分向渗透压相对高的细胞内转移而引起细胞水肿。由于细胞内液的容量大于细胞外液的容量,所以潴留的水分大部分积聚在细胞内,组织间隙中水潴留不明显,故临床上水肿的症状常不明显。

急性水中毒时,由于脑神经细胞水肿和颅内压增高,故神经症状出现最早而且突出,如定向失常、嗜睡等;严重者可因发生脑疝而致呼吸心跳骤停。轻度或慢性水中毒发病缓慢,出现嗜睡、呕吐及肌肉痉挛等症状。

(三)治疗原则

1.防治原发病。

2.禁水并加强水的排出,促进细胞内水分外移。轻症病例停止进水便可恢复,急性病例应静脉输注强利尿剂,迅速缓解体液的低渗状态。

三、盐中毒

盐中毒(salt intoxication)又称高容量性高钠血症(hypervolemic hypernatremia),其特点是血容量和血钠均升高。

(一)原因

1.盐摄入过多 各种动物都可因食盐摄入过多、饮水不足而发生食盐中毒。猪对食盐敏感,食盐中毒可引起嗜酸性粒细胞性脑炎,导致出现神经症状。另外,在治疗低渗性脱水或酸中毒时,如果过量使用高渗盐水或碳酸氢钠溶液,也可能导致盐中毒。

2.原发性钠潴留　动物若发生原发性醛固酮增多症,由于醛固酮持续分泌增多,导致肾脏远曲小管对钠、水的重吸收增加,常引起钠总量和血钠含量增加,同时伴有细胞外液量增加。

(二)对机体的主要影响

盐中毒时血钠含量升高,细胞外液高渗,导致水分自细胞内向细胞外转移,发生细胞脱水,引起中枢神经系统功能障碍,在临床上表现为特征性间隔性惊厥发作。

四、脱水

细胞外液容量明显减少的状态称为脱水(dehydration)。在机体丧失水分的同时,电解质特别是钠离子也发生不同程度的丧失,引起血浆渗透压改变。根据细胞外液渗透压的改变情况,可将脱水分为高渗性脱水、低渗性脱水和等渗性脱水三型。这三型脱水在一定条件下可互相转变。在等渗性脱水时,若动物大量饮水,则可转变为低渗性脱水;又如在等渗性脱水时,水不断通过皮肤和肺蒸发,也可转为高渗性脱水。

(一)高渗性脱水

失水大于失钠的脱水称为高渗性脱水(hypertonic dehydration),又称低容量性高钠血症(hypovolemic hypernatremia),其特征是细胞外液渗透压和血钠含量均升高。

1.原因　主要由于饮水不足或低渗性体液丢失过多所致。

(1)水摄入不足:动物因吞咽困难(如咽喉、食管疾病)不能饮水或得不到饮水(水源断绝),使机体缺水。

(2)失水过多:①经肾丢失的水过多。中枢性或肾性尿崩时,由于ADH分泌不足或肾远曲小管和集合管对ADH缺乏反应,导致远端肾小管对水的重吸收减少,排出大量稀释尿;静注输入甘露醇、山梨醇或高渗葡萄糖液等,因肾小管高渗而致渗透性利尿,失水多余失钠。②经消化道丢失的水过多。见于严重的呕吐和腹泻等导致的低渗性液体从胃肠道丢失。③经皮肤、呼吸道丢失的水过多。高温、高热、甲状腺功能亢进、大量出汗或过度通气时,通过皮肤和呼吸道的不感蒸发而丢失几乎不含电解质的纯水或低渗汗液。

在通常情况下,高渗性脱水很少仅仅由水分丢失这一因素而引起,因为血浆渗透压稍有升高即可刺激口渴中枢兴奋,促进动物主动饮水,饮水后血浆渗透压恢复正常。只有在水分丢失且饮水不足(或受限)时才会发生明显的高渗性脱水。

2.对机体的影响

(1)体液改变:高渗性脱水时,细胞外液呈高渗状态,促使细胞内水分向外转移,故细胞内、外液都减少,但细胞内液减少更明显,致使细胞皱缩。

(2)口渴:细胞外液高渗通过渗透压感受器引起渴感,促进主动饮水。但衰弱或年老的动物渴感不明显。

(3)尿的变化:由于细胞外液容量减少和渗透压升高,刺激ADH释放,从而使肾小管重吸收水增多,尿量减少而比重增加。轻症患者由于血钠升高,醛固酮分泌可不增加,尿液中仍有钠排出,有助于渗透压回降。重症患者由于血容量减少,醛固酮分泌增加,尿钠排出减少,导致血钠进一步上升。

(4)中枢神经系统功能障碍:细胞外液渗透压增高使细胞内液中的水向细胞外转移,这有助于恢复血容量,但可造成细胞脱水,引起细胞功能代谢障碍,尤以脑细胞脱水最为明显,出现嗜睡、昏迷等一系列神经症状,甚至导致死亡。

(5)脱水热(dehydration fever):脱水过多过久,细胞外液容量持续减少,从各种腺体(如唾液腺)、皮肤、呼吸器官蒸发的水分相应减少,机体散热困难,热量在体内蓄积而引起体温升高,即发生脱水热。

(6)酸中毒和自体中毒:细胞脱水导致细胞内酸性代谢产物蓄积而发生酸中毒;在严重脱水时,因有毒代谢产物不能迅速排出体外,可能引起自体中毒。

3.治疗原则

(1)治疗原发病。

(2)补水:可静脉滴注5%或10%葡萄糖溶液。

(3)适当补钠:虽然高渗性脱水可引起血钠升高,但体内总钠量减少(因为有 Na^+ 的丢失),因此,待缺水情况得到一定程度纠正后,还应适当补钠,否则有可能使体液由高渗转为低渗。其次,还需适当补 K^+(细胞脱水时,伴有 K^+ 外移和丢失)。

(二)低渗性脱水

失钠大于失水的脱水称为低渗性脱水(hypotonic dehydration),也称低容量性低钠血症(hypovolemic hyponatremia),其特征是细胞外液容量和血浆渗透压都降低。

1.原因

(1)体液丧失后补液不合理:主要见于体液大量丢失后单纯性饮水或只补充水,如大量失血、出汗、呕吐和腹泻后只补充水分而未补充 NaCl。

(2)Na^+ 随尿丢失:①长期使用排钠利尿剂(如呋塞米、利尿酸、噻嗪类利尿剂),导致肾小管对 Na^+ 的重吸收受抑制;②肾上腺皮质功能低下时,由于醛固酮分泌不足,使肾小管对 Na^+ 的重吸收减少;③肾脏疾病引起肾浓缩功能障碍,导致钠水排出增加。

2.对机体的主要影响

(1)体液改变:细胞外液低渗时,水分由细胞外液向渗透压相对较高的细胞内液转移,故细胞外液明显减少,细胞内液显著增多。

(2)尿的变化:渗透压降低抑制 ADH 分泌,使肾小管对水的重吸收减少,故轻症或早期患者尿量变化不明显。重症或晚期患者因血容量明显减少,机体优先维持血容量,故 ADH 分泌增多,尿量减少。因肾外原因引起的低渗性脱水,由于醛固酮释放增多,促进肾小管对 Na^+ 的重吸收,故尿 Na^+ 降低;肾性原因引起的脱水,尿 Na^+ 增多,尿比重升高。

(3)细胞水肿:由于细胞间液中的 Na^+ 不断进入血浆而引起组织间液渗透压降低,细胞间液的水分可通过细胞膜转移到细胞内,引起细胞水肿。神经细胞水肿会引起出现神经症状。

(4)低血容量性休克:严重而持续的低渗性脱水可导致有效循环血量减少,动脉压下降和重要器官的微循环灌流不足,易引起低血容量性休克。在三型脱水中,低渗性脱水最容易引起休克。

(5)脱水征:低渗性脱水时,由于细胞外液减少,血液浓缩,血浆胶体渗透压升高,导致组织间液生成减少,回流相对增多,组织间液明显减少,脱水征(皮肤弹性降低、黏膜干燥、眼窝内陷等)明显。在三型脱水中,低渗性脱水的脱水征最为明显。

3.治疗原则

(1)治疗原发病。

(2)补充等渗液:通常补充生理盐水即可,如缺钠严重则应补充高渗盐水,忌补葡萄糖溶液,否则会加重病情,甚至产生水中毒。

(三)等渗性脱水

失水与失钠的比例大体相等,血浆渗透压基本未改变,这种类型的脱水称为等渗性脱水(isotonic dehydration),又称低容量血症(hypovolemia)。该型脱水的特点是失钠与失水相当,故细胞外液容量降低,但渗透压基本不变。

1.原因

此型脱水是由于大量等渗性体液丧失所致。常见于:①麻痹性肠梗阻引起大量体液潴留于肠腔,呕吐、腹泻引起等渗性肠液丢失;②大量胸水和腹水形成,导致等渗性体液丢失;③大面积烧伤时,血浆成分从创面渗出。

2.对机体的主要影响

(1)等渗性脱水时以细胞外液丢失为主,血浆容量及组织间液量均减少,但细胞内液量变化不大。细胞外液的大量丢失造成细胞外液容量减少,血液浓缩。此时机体可出现 ADH和醛固酮分泌增强,促进肾对 Na^+ 和水的重吸收,细胞外液容量可得到部分补充。动物尿量减少,尿内 Na^+、Cl^- 减少。若细胞外液容量严重减少,则可引起血压下降、休克甚至肾功能衰竭。

(2)如果对等渗性脱水病例处理不及时,因水分通过皮肤和呼吸道的不感蒸发而持续丧失,等渗性脱水可向高渗性脱水转变,出现与高渗性脱水相似的变化。

(3)如果治疗时只补充水分而不补充钠盐,那么可促使等渗性脱水转变为低渗性脱水,甚至发生水中毒。

3.治疗原则

(1)治疗原发病。

(2)补充体液:宜同时补充生理盐水和 5% 葡萄糖液,补充的生理盐水量为补液量的 $1/2\sim2/3$ 为宜。

第三节　钾代谢障碍

钾是体内重要的阳离子之一,具有许多重要的生理功能。首先,钾参与多种新陈代谢过程,与糖原和蛋白质合成关系密切。其次,大量钾离子存在于细胞内液(约为细胞外液的 20倍),不仅参与维持细胞内液的渗透压及酸碱平衡,同时也影响细胞外液的渗透压及酸碱平衡。再次,钾是维持细胞膜静息电位的物质基础。静息电位主要取决于细胞膜对 K^+ 的通透性和膜内外 K^+ 浓度差,而静息电位是影响神经肌肉组织兴奋性的重要因素。

机体主要从食物中获取钾。食物中的钾主要在小肠吸收,约 90% 的钾经肾排出,其余经消化道(占钾排泄总量的 10%)以及汗液排泄。钾代谢的特点有:肠道吸收快,肾排泄慢;进入细胞慢;多吃多排,少吃少排,不吃也排等。钾代谢失衡,会引发机体一系列病理生理变化。

一、低钾血症

低钾血症(hypokalemia)是指动物血清钾浓度低于正常范围。缺钾(potassium deletion)是指细胞内钾的缺失,体内钾的总量减少。两者是不同的概念,低钾血症和缺钾可同时发生,也可分别发生。

(一)病因及发病机制

1.钾摄入不足(inadequate intake of potassium) 动物饲料中一般不会缺钾,只有在不能进食(吞咽困难、肠梗阻)、长期饥饿、消化吸收障碍等情况时才会发生低血钾。

2.钾丢失过多(excessive loss of potassium)

(1)经消化道丢失:这是引起低钾血症最常见的原因。消化液中 K^+ 浓度高于或接近血钾浓度,严重呕吐、腹泻、真胃扭转和高位肠梗阻等原因可引起 K^+ 随消化液丢失。

(2)经肾丢失:肾是排钾的主要器官,经肾失钾是钾丢失的最重要原因。主要见于:①长期大量应用利尿剂。呋塞米和噻嗪类利尿剂可抑制肾髓袢升支粗段及远曲小管起始部对 Cl^-、Na^+ 的重吸收,使到达远曲小管内的原尿量和 Na^+ 增加,致使 Na^+-K^+ 交换加强而失 K^+。乙酰唑胺可抑制肾小管碳酸酐酶的活性,使 H^+ 合成和分泌减少,远端肾小管 Na^+-K^+ 交换相对增多,尿 K^+ 排出增加。渗透性利尿剂如甘露醇和高渗性葡萄糖等可引起远曲小管中尿流量增多、流速加快而致 K^+ 排出增加。另一方面,利尿剂导致血容量减少,引起继发性醛固酮分泌增多,由此促使远曲小管排 K^+。②肾脏疾病如急性肾衰和肾盂肾炎,可使肾小管排 K^+ 增多。③低镁血症常可引起低钾血症,这与低镁时 Na^+-K^+-ATP 酶的功能障碍有关,因 Mg^{2+} 是该酶的激活剂。

(3)经汗液丢失:汗液中的钾含量为 $5\sim10mmol/L$。一些汗腺发达的动物在高温环境中可因大量出汗而丢失较多的钾,若没有及时补充,可造成低钾血症。

3.钾向细胞内转移(increased movement of potassium into cells) 钾向细胞内转移可导致低钾血症,但体内钾总量并不减少。

(1)碱中毒:碱中毒时细胞外液 H^+ 浓度降低,细胞内液 H^+ 向外转移,细胞外液 K^+ 流入胞内以维持电荷平衡。同时,肾小管上皮细胞使 H^+-Na^+ 交换减弱,而 K^+-Na^+ 交换增强,使尿 K^+ 排出增多。

(2)细胞内合成代谢增强:细胞内糖原和蛋白质合成加强时,钾从细胞外转移到细胞内,引起低钾血症。

(3)某些毒物:棉酚中毒、钡中毒等可特异性阻断 K^+ 通道,使 K^+ 由细胞内向外流动受阻。

(二)病理生理变化

低钾血症时,机体的功能和代谢变化因个体不同而有很大的差异,取决于失钾的速度和血钾降低的程度,一般来说,急性失钾对机体的影响严重,而慢性失钾时机体的症状不明显。

1.对神经肌肉兴奋性的影响(effect on neuromuscular excitability) 神经肌肉细胞(平滑肌、横纹肌和心肌)的兴奋性是由静息电位和阈电位之间的差值决定的,差值越大,引起兴奋性所需的强度就越大,其兴奋性就越低;反之,差值越小,引起兴奋性所需的强度就越小,其兴奋性就越高。静息电位除了与细胞内外 K^+ 的绝对浓度有关外,更取决于细胞内外 K^+ 浓度的比值。细胞内外 K^+ 浓度差越大,比值越大,静息电位就越大。因此,在低钾血症,尤其是急性低钾血症时,细胞外 K^+ 浓度急剧降低,细胞内外 K^+ 浓度差和比值显著增加,导致静息电位和阈电位之差变大,可兴奋细胞的兴奋性降低,即发生超极化阻滞(hyperpolarized block)。不同细胞超极化阻滞的表现不同。

（1）对中枢神经系统的影响：动物表现为精神萎靡、反应迟钝、定向力减弱、嗜睡，甚至昏迷。

（2）对肌肉的影响：低钾血症常引起肌肉收缩无力，甚至麻痹；消化道平滑肌兴奋性降低，收缩力减弱，造成食欲不振、消化不良、便秘，严重者发生麻痹性肠梗阻。此外，K^+ 对骨骼肌的供血有调节作用，严重低钾血症可使骨骼肌血管收缩，导致供血不足，引起肌肉痉挛、缺钾性坏死和横纹肌溶解（rhabdomyolysis）。

（3）对心脏的影响：低钾血症对心肌细胞的自律性、传导性、兴奋性和收缩性都有影响，可引起以心率加快、节律不整为主要特征的心律不齐。

2. 对肾的影响（effect on kidney）　慢性缺钾伴低钾血症时，常发生尿浓缩功能障碍而出现多尿和尿比重下降。其发生机制可能是：慢性低血钾时，因集合管和远曲小管上皮细胞受损，对 ADH 反应性降低；因髓襻升支受损，对 Na^+ 和 Cl^- 的重吸收减少，尿浓缩功能障碍。

此外，缺钾和低钾血症容易诱发代谢性碱中毒，但排出酸性尿液，称为反常性酸性尿。其发生的机制是：低钾时，细胞内 K^+ 外移，细胞外 H^+ 内移，引起代谢性碱中毒；同时肾小管上皮细胞 K^+-Na^+ 交换减少，H^+-Na^+ 交换增多，肾排 K^+ 较少、排 H^+ 增多，故尿液呈酸性。

（三）防治原则

1. 防治原发病。

2. 补钾原则：尽量采用口服补钾。急重症或不能口服者可采用静脉滴注，但应严格控制剂量和速度，以免血钾突然升高而致心室纤颤或心搏骤停。

3. 见尿补钾。尿量过少时不宜补钾，以免引起高钾血症。

二、高钾血症

血清钾浓度高于正常范围时称为高钾血症（hyperkalemia）。诊断时应该注意排除假性高血钾症（pseudohyperkalemia），后者是因为全血标本处理不当，引起了大量血细胞破坏，细胞内的 K^+ 大量释放入血清而造成的，虽然血样中 K^+ 含量升高，但受测动物血 K^+ 浓度并未真正升高。

（一）病因及发病机制

1. 肾排钾障碍（decreased excretion of potassium by kidney）　肾排钾减少是高钾血症的主要原因。

（1）肾衰竭：在急性肾衰竭少尿期和无尿期或慢性肾功能不全的后期，因肾小球滤过减少或肾小管排钾功能障碍而导致血钾增高。

（2）醛固酮分泌减少：各种遗传性或获得性醛固酮分泌不足均可导致肾远曲小管保钠排钾功能减退，导致钾滞留。

2. 细胞内 K^+ 外逸（leakage of intracellular potassium）

（1）溶血和组织坏死：见于严重创伤、烧伤、挤压综合征、溶血反应时，K^+ 从细胞内释出，超过肾的代偿能力，血钾浓度升高。

（2）组织缺氧：组织缺氧可使 ATP 生成减少，细胞膜 Na^+-K^+-ATP 酶功能障碍，不但导致细胞外的 K^+ 不能泵入细胞内，而且可引起细胞内 K^+ 大量外流，引起高钾血症。

（3）酸中毒：酸中毒时可引起细胞外的 H^+ 流入细胞内，使细胞内的 Na^+ 和 K^+ 外移。另一方面，由于肾小管上皮细胞 H^+-Na^+ 交换加强，K^+-Na^+ 交换减少，导致 K^+ 排出减少。

(二)病理生理变化

1.对骨骼肌的影响　轻度高钾血症时,由于细胞外液 K^+ 浓度升高,使细胞内外 K^+ 浓度差减小,膜电位降低,相当于部分去极化,因而兴奋所需的阈刺激减小,肌肉的兴奋性增强,临床上可出现肌肉轻度震颤。重度高钾血症时,由于骨骼肌膜电位过小,等于或低于阈电位,难以形成动作电位,肌肉细胞不容易兴奋,临床上可出现四肢软弱无力、腱反射消失,甚至出现麻痹。肌肉症状首先出现于四肢,然后向躯干发展。

2.对心脏的影响　高血钾时心肌的自律性、兴奋性、传导性和收缩性降低,导致心率变慢,心脏传导延缓或失常,心肌收缩力减弱。

3.对酸碱平衡的影响　高钾血症可引起代谢性酸中毒,并出现反常性碱性尿。其发生的机制为:①高钾血症时,细胞外液 K^+ 移入细胞内,细胞内的 H^+ 移向细胞外;②肾小管上皮细胞 K^+-Na^+ 交换增多, H^+-Na^+ 交换减少,故排出碱性尿。

(三)防治原则

1.治疗原发病。

2.促进 K^+ 转入细胞内　可静脉注射葡萄糖、胰岛素,促进糖原合成;也可输注碳酸氢钠,提高血液 pH 值,促使 K^+ 向细胞内转移。

3.对抗高血钾对心肌的毒性　可静脉注射 10% 葡萄糖酸钙溶液,升高血钙以对抗高钾的作用,促进心肌收缩。静注氯化钠,增高血钠浓度以增强动作电位,增进心脏的传导。

4.加速 K^+ 排出　口服阳离子交换树脂,如聚磺苯乙烯等,在胃肠道内通过 Na^+-K^+ 交换,加速 K^+ 排出。

第四节　镁代谢障碍

镁在动物体内发挥重要的作用,它影响细胞的多种生物功能。镁是骨盐的组成成分,是体内多种酶的辅助因子,腺苷酸环化酶、Na^+-K^+-ATP 酶等的活性均依赖于 Mg^{2+}。镁调控体内一些重要生命活动,如糖酵解、氧化磷酸化、核苷酸代谢、蛋白质生物合成和磷酸肌醇代谢等。此外,镁还具有稳定细胞膜和维持神经、肌肉和血管兴奋性的作用。

动物体对镁的摄取主要来自饲料和饮水,镁的吸收主要在小肠和结肠。此外,大肠和胃也可吸收镁。维生素 D 及其代谢产物 25-羟维生素 D_3 和 1,25-二羟维生素 D_3 可以增强肠道对镁的吸收。

肾是镁排泄的主要器官,也是调节镁平衡的主要器官。正常机体尿镁排泄量与饮食密切相关,摄入镁较多时,血镁增加,肾小球滤过镁增加,肾小管重吸收镁相对减少,尿镁排泄量增加,以保持平衡。

一、低镁血症

血清中的镁低于正常范围称为低镁血症(hypomagnesemia)。

(一)病因及发病机制

1.摄入不足　长期营养不良或慢性消化功能障碍可致镁吸收不足。此外,由于有些地区土壤缺镁,植物相应缺镁,这些区域的动物可发生低镁血症。

2.排出过多　肾是体内排镁的主要器官。肾小管损伤时,镁重吸收减少,排镁过多;应用利尿剂可使肾排镁增多;高钙血症时,Ca^{2+}竞争性抑制肾小管对 Mg^{2+} 的重吸收,随尿排镁增多;氨基糖苷类抗生素能引起可逆性肾损伤,导致高尿镁和低血镁;醛固酮增多或糖尿病渗透性利尿及酮症酸中毒均能使肾小管吸收镁减少,导致肾排镁增多。

3.细胞外镁转入细胞内　细胞外液 Mg^{2+} 进入细胞内,可引起转移性低镁血症。常见于:①骨骼修复过程中镁沉积于骨质;②碱中毒时 Mg^{2+} 进入细胞内。

(二)病理生理变化

1.对神经肌肉的影响　低镁血症引起神经肌肉兴奋性增高,出现四肢肌肉震颤、肌肉强直和抽搐等症状。其机制主要有:

(1)Mg^{2+} 与 Ca^{2+} 竞争性进入突触前膜:低镁血症时 Ca^{2+} 大量流入突触前神经末梢,导致乙酰胆碱大量释放,使神经肌肉接头处兴奋传递加强。

(2)Mg^{2+} 对终板膜上乙酰胆碱受体的抑制作用减弱,导致肌肉兴奋性增高。

(3)Mg^{2+} 影响肌细胞的 Ca^{2+} 运转。低镁血症时肌浆网周围的 Mg^{2+} 浓度降低,激发肌细胞内更多的 Ca^{2+} 从肌浆网中释放,提高了肌肉的收缩性。

2.对心血管系统的影响　低镁血症时易发生心律失常,主要表现为心律不齐、心房纤颤。其主要原因有:

(1)低镁血症时,Mg^{2+} 对心肌快反应自律细胞的缓慢而恒定的 Na^+ 内流的阻断作用减弱,Na^+ 内流相对加速,自动去极化加快,自律性增高,故易发生心律失常。

(2)低镁使 Na^+-K^+-ATP 酶的活性下降,心肌细胞内缺 K^+,继而引起缺钾性心律失常。

(3)低镁血症时,心肌细胞的静息电位减小,心肌兴奋性增高。

3.对 K^+ 和 Ca^{2+} 的影响　低镁血症常可引起低钾血症,这与低镁时肾的保 K^+ 功能减弱有关,这是因为肾小管髓襻升支对 K^+ 的重吸收有赖于上皮细胞中的 Na^+-K^+-ATP 酶活性,此酶需要 Mg^{2+} 激活。中重度低镁可引起低钙血症,原因是血钙的回升必须由腺苷酸环化酶介导,此酶需要 Mg^{2+} 激活,低镁使此酶不易被激活。

(三)防治原则

除防治原发病外,轻者可口服或静脉注射镁制剂,严重者应静脉注射镁制剂,但注射必须缓慢,以防形成高镁血症。

二、高镁血症

血清镁浓度高于正常范围称为高镁血症(hypermagnesemia)。

(一)病因及发病机制

1.肾排镁减少　急性或慢性肾功能衰竭伴少尿或无尿时,由于肾小球滤过功能降低,尿 Mg^{2+} 排出减少;发生甲状腺功能减退时,因甲状腺素对肾小管重吸收 Mg^{2+} 的抑制作用减弱而导致排镁减少。

2.细胞内镁外逸　发生严重的糖尿病、烧伤、创伤等疾病时,细胞内 Mg^{2+} 释放到细胞外,引起高镁血症;发生酸中毒时,细胞内 Mg^{2+} 转移到细胞外,引起高镁血症。

3.过量镁摄入　多见于静脉补 Mg^{2+} 过多、过快,这种情况在肾功能受损的动物更易发生;口服泻药(硫酸镁)或使用含镁药物灌肠也可引起高镁血症。

(二)病理生理变化

1. 对神经肌肉的影响　镁过多可使神经肌肉接头处释放乙酰胆碱减少,抑制神经肌肉接头处的兴奋传递,故可发生显著的肌无力甚至弛缓性麻痹,若累及呼吸肌则可导致死亡。

2. 对心血管系统的影响　高镁血症使血管平滑肌和血管运动中枢抑制,导致小动脉和微静脉扩张,外周阻力下降,血压降低;高浓度的镁能抑制房室和心室内神经兴奋传导,降低心肌兴奋性,引起传导阻滞(conduction block)和心动过缓(bradycardia)。

(三)防治原则

防治原发病,改善肾功能,适当利尿增加肾脏排镁。若动物病情紧急,可静脉内注射葡萄糖酸钙来拮抗镁的作用。因高镁常伴发高血钾,故应注意监测血钾变化并积极治疗。

(宁章勇、谭　勋)

第九章

酸碱平衡紊乱
Acid-base Disturbances

【Overview】 The normal extra cellular fluid(ECF) has a pH of 7. 40. Maintenance of pH value is essential for normal cellular function, and three general mechanisms exist to keep it within a narrow window. Chemical buffering is mediated by HCO_3^- in the ECF and by protein and phosphate buffers in the intracellular fluid(ICF). Alveolar ventilation minimizes variations in the pH by altering the partial pressure of carbon dioxide(PCO_2). Renal H^+ handling allows the kidney to adapt to changes in acid-base status via HCO_3^- reabsorption and excretion of titratable acid(e. g. , $H_2PO_4^-$) and NH_4^+.

Acid-base disorders are a group of conditions characterized by changes in the concentration of hydrogen ions(H^+) or bicarbonate(HCO_3^-), which lead to changes in the arterial blood pH. Primary acid-base disturbances are defined as metabolic or respiratory based on clinical context and whether the primary change in pH is due to an alteration in serum HCO_3^- or in PCO_2. Metabolic acidosis is characterized by a decrease in the plasma $[HCO_3^-]$ due to either HCO_3^- loss or the accumulation of acid. Metabolic alkalosis is characterized by an elevation in the plasma $[HCO_3^-]$ due to either H^+ loss or HCO_3^- gain. Respiratory acidosis is characterized by an elevation in PCO_2 resulting from alveolar hypoventilation. Respiratory alkalosis is characterized by a decrease in PCO_2 resulting from hyperventilation.

Complex or mixed acid-base disturbances involve more than one primary process. In these mixed disorders, pH values may be deceptively normal. Therefore, it is important to determine whether changes in PCO_2 and HCO_3^- show the expected compensation when evaluating acid-base disorders.

The anion gap is defined as serum Na^+ concentration minus the sum of chloride(Cl^-) and HCO_3^- concentrations. The term "gap" is misleading, because the law of electroneutrality requires the same number of positive and negative charges in an open system; the gap appears on laboratory testing because certain cations (+) and anions (−) are not measured on routine laboratory chemistry panels. The predominant "unmeasured" anions are phosphate(PO_4^{3-}), sulfate(SO_4^{2-}), various negatively charged proteins, and some organic acids. The predominant "unmeasured" extracellular cations are potassium(K^+), calcium(Ca^{2+}), and magnesium(Mg^{2+}). Increased anion gap is most commonly caused by metabolic acidosis in which negatively charged acids—mostly ketones, lactate, sulfates, or metabolites of methanol, ethylene glycol, or salicylate—consume(are buffered by) HCO_3^-. Other causes of increased anion gap include hyperalbuminemia, uremia(increased anions), hypocalcemia or hypomagnesemia(decreased cations). Decreased anion gap is unrelated to metabolic acidosis but is caused by hypoalbuminemia(decreased anions); hypercalcemia, hypermagnesemia, lithium intoxication, and hypergammaglobulinemia as that occurs in myeloma(increased cations); or hyperviscosity or halide(bromide or iodide) intoxication. Negative anion gap occurs rarely as a laboratory artifact in severe cases of hypernatremia, hyperlipidemia, and bromide intoxication.

Evaluation of acid-base disturbances is with arterial blood gases(ABG) and serum electrolytes. The ABG directly measures arterial pH and PCO_2. HCO_3^- levels on ABG can be calculated using the Henderson-Hasselbalch equation; HCO_3^- levels on serum chemistry panels can be directly measured and are considered more accurate in cases of discrepancy. Acid-base balance is most accurately assessed with measurement of pH and PCO_2 on arterial blood. In cases of circulatory failure or during cardiopulmonary resuscitation, measurements on venous blood may reflect conditions more accurately at the tissue level and may be a more useful guidance for bicarbonate administration and adequacy of ventilation.

在生理情况下,动脉血液的 pH 值在 7.35~7.45 这一狭窄的范围内变动,以保证细胞正常代谢和生命活动正常进行。在生命活动过程中,尽管动物体内不断有酸性或碱性物质生成,机体也不断从外界摄入一些酸性或碱性物质,但是通过机体的调节活动,体液的酸碱度总是保持相对稳定,这种生理状态下体液酸碱度相对稳定的状态称为酸碱平衡(acid-base balance)。

尽管体内存在精细的、完善的酸碱平衡调节机制,但在病理状态下可因酸碱负荷过度、酸碱生成不足或酸碱平衡调节机制障碍而引起酸碱平衡稳态破坏,称为酸碱平衡紊乱(acid-base disturbance)或酸碱失衡(acid-base imbalance)。

第一节　酸碱平衡的调节

体内酸碱平衡调节机制包括以下四个方面:血液缓冲系统、呼吸的调节、肾的调节、组织细胞的调节。

一、血液缓冲系统

血液缓冲系统(buffer system in blood)由弱酸(缓冲酸)及其共轭碱(缓冲碱)组成。全血的缓冲系统分为碳酸氢盐缓冲系统和非碳酸氢盐缓冲系统两类。

（一）碳酸氢盐缓冲系统

碳酸氢盐缓冲系统由碳酸氢盐和碳酸构成，血浆中的缓冲对主要为 $NaHCO_3/H_2CO_3$，红细胞中的缓冲对主要为 $KHCO_3/H_2CO_3$。碳酸氢盐缓冲对是细胞外液含量最高的缓冲系统，其缓冲固定酸的能力占全血缓冲总量的 53%，缓冲速度快。此外，通过肺和肾的调节，H_2CO_3 和 HCO_3^- 易于得到补充或排出，缓冲潜力大。但该缓冲系统只能缓冲碱和固定酸，不能缓冲挥发酸。

根据汉-哈二氏方程式（Henderson-Hasselbalch equation），HCO_3^- 和 H_2CO_3 的浓度之比决定血液 pH 值的高低，因而临床上常把 HCO_3^- 看成是机体处理酸性物质的碱储备。

汉-哈二氏方程式如下：

$$pH = pK_a + lg[HCO_3^-]/[H_2CO_3] \qquad ①$$

其中，pK_a 是碳酸电离常数的负对数，在 38℃ 时 pK_a 的值为 6.1，血浆 $NaHCO_3$ 浓度为 24mmol/L，血浆 H_2CO_3 浓度由 CO_2 溶解量（dCO_2）决定，而 $dCO_2 = 溶解度（\alpha）\times 动脉血二氧化碳分压（PaCO_2）$（Henry 定律，$\alpha$ 为 0.03），上述方程式可改写成：

$$pH = pK_a + lg[HCO_3^-]/(0.03 \times PaCO_2) \qquad ②$$

将上述各数值带入公式②，计算得出 $pH = 6.1 + lg(24/1.2) = 7.4$。

由于 pK_a 和 α 为常数，可将此方程式进一步简化为：

$$pH \propto [HCO_3^-]/PaCO_2 \qquad ③$$

由公式③可知，血浆 pH 值主要取决于血浆 $[HCO_3^-]/PaCO_2$ 的比值，生理状态下这一比值为 20:1。无论 $[HCO_3^-]$ 与 $PaCO_2$ 两者的绝对量如何变化，只要其比值维持不变，血液 pH 值就不会改变。由于 $PaCO_2$ 受呼吸影响，$[HCO_3^-]$ 受代谢影响，因此血液 pH 值受呼吸和代谢两方面影响。由呼吸因素引起的酸碱平衡紊乱称为呼吸性酸中毒或呼吸性碱中毒；由非呼吸性因素引起的酸碱平衡紊乱称代谢性酸中毒或代谢性碱中毒。当原始病因引起 $[HCO_3^-]$ 或 $PaCO_2$ 任何一项原发性变化时，机体代偿必将使另一项发生继发性同方向变化，以维持 pH 恒定。经代偿后，若 $[HCO_3^-]/PaCO_2$ 的比值维持 20:1，pH 回到正常范围，称为代偿性酸碱平衡紊乱。如果经代偿后，pH 不能回到正常范围内，就称之为失代偿性酸碱平衡紊乱。通过血气分析仪的 pH 和 CO_2 电极可以直接测出 pH 及 $PaCO_2$。

（二）非碳酸氢盐缓冲系统

1. 血红蛋白缓冲对　由 KHb/HHb 和 $KHbO_2/HHbO_2$ 构成（Hb 为血红蛋白），是红细胞独有的缓冲对。

2. 血浆蛋白缓冲对　由 $Na-Pr/H-Pr$（Pr 为血浆蛋白）构成，存在于血浆中。

3. 磷酸盐缓冲对　血浆中由 Na_2HPO_4/NaH_2PO_4 构成，红细胞中由 K_2HPO_4/KH_2PO_4 构成。

在酸碱平衡调节中，H_2CO_3 由非碳酸氢盐缓冲系统所缓冲，其中主要的缓冲系统是血红蛋白缓冲对。固定酸或碱可被所有缓冲对缓冲，其中主要的缓冲系统是碳酸氢盐缓冲对。血液中各缓冲系统的缓冲能力见表 9-1。

表 9-1 全血中各缓冲系统的缓冲能力

	缓冲系统	缓冲能力(%)
碳酸氢盐缓冲系统	血浆碳酸氢盐缓冲对($NaHCO_3/H_2CO_3$)	35
	红细胞碳酸氢盐缓冲对($KHCO_3/H_2CO_3$)	18
非碳酸氢盐缓冲系统	血红蛋白缓冲对(KHb/HHb 及 $KHbO_2/HHbO_2$)	35
	血浆蛋白缓冲对($Na\text{-}Pr/H\text{-}Pr$)	7
	磷酸盐缓冲对(Na_2HPO_4/NaH_2PO_4 及 K_2HPO_4/KH_2PO_4)	5

二、呼吸的调节

肺可通过改变呼吸运动的频率和幅度以控制 CO_2 的排出量,从而调节血浆中 H_2CO_3 浓度,维持血浆中 HCO_3^- 和 H_2CO_3 的正常比值,保持 pH 值相对恒定。但是,呼吸作用仅对 CO_2 有调节作用,不能调节固定酸的含量。呼吸调节的特点是作用快而有效。

1. 呼吸运动的中枢调节(central control of respiration) 肺泡通气量是受位于延髓的呼吸中枢控制的。呼吸中枢的化学感受器对动脉血二氧化碳分压($PaCO_2$)的变化十分敏感,$PaCO_2$ 升高可使脑脊液的 H^+ 浓度升高,刺激中枢化学感受器,兴奋呼吸中枢,增加肺的通气量。$PaCO_2$ 正常值为 5.33kPa(40mmHg),当其增加到 8kPa(60mmHg)时,肺通气量可增加 10 倍,使 CO_2 排出量明显增加。但是,当 $PaCO_2$ 超过 10.7kPa 时,呼吸中枢反而受到抑制,这一现象称为 CO_2 麻醉(carbon dioxide narcosis)。

2. 呼吸运动的外周调节(peripheral regulation of respiration) 主动脉窦和颈动脉弓存在外周化学感受器,主要感受动脉血氧分压(PaO_2)的变化,PaO_2 降低可刺激外周化学感受器,反射性地引起呼吸中枢兴奋,引起呼吸加深、加快,增加肺通气量。但 PaO_2 过低对呼吸中枢的直接效应是抑制。外周化学感受器对 pH 和 $PaCO_2$ 的变化不敏感,所以 pH 降低或 $PaCO_2$ 升高时,主要是通过延髓中枢化学感受器进行调节。

三、肾的调节

固定酸的排出、碱性物质的吸收或排出主要在肾中进行。肾通过排酸保碱和碱多排碱的方式,排出过多的酸或碱,以维持体液 pH 正常。机体内酸性物质较多时,肾排酸较多,尿呈酸性;机体内碱性物质较多时,肾排碱较多,尿呈碱性。肾调节的特点是作用较为缓慢,但维持时间很长。

1. 肾小管对 $NaHCO_3$ 的重吸收(bicarbonate reabsorption by tubule) 血液中的 $NaHCO_3$ 可自由通过肾小球,由肾小球滤出的 $NaHCO_3$ 全部被重吸收,其中 80%~85% 在近曲小管被重吸收,其余部分则在远曲小管和集合管被重吸收,尿液中几乎无 $NaHCO_3$。

(1)近曲小管对 $NaHCO_3$ 的重吸收:在近曲小管上皮细胞内,碳酸酐酶催化 H_2O 和 CO_2 生成 H_2CO_3,H_2CO_3 则解离成 H^+ 和 HCO_3^-。肾小管上皮中的 H^+ 通过细胞膜上的 Na^+-H^+ 交换体(Na^+-H^+ exchanger)与肾小球滤过的 Na^+ 进行交换,Na^+ 回到细胞内,再经基膜侧上的钠泵主动转运入血。分泌到肾小管管腔中的 H^+ 与 HCO_3^- 结合,生成 H_2CO_3。H_2CO_3 在肾小管上皮细胞刷状缘中的碳酸酐酶的作用下分解为 CO_2 和 H_2O。H_2O 随尿排出,CO_2 又弥散进入肾小管上皮细胞内,在碳酸酐酶的作用下,与细胞内的 H_2O 结合生成 H_2CO_3,H_2CO_3 再解离为 H^+ 和 HCO_3^-。所以,重吸收的 HCO_3^- 是由肾小管上皮细胞生成的,而并不是由肾小球滤出的 HCO_3^-（图 9-1）。重吸收的 HCO_3^- 经 Na^+-HCO_3^- 共转运体(Na^+-HCO_3^- contransporter)回流入血(图 9-1)。肾小管上皮细胞每分泌一个 H^+,可重吸收一个 Na^+ 和一个 HCO_3^-。当体液 pH 值降低时,碳酸酐酶的活性增高,肾小管上皮细胞泌 H^+ 增加,重吸收 HCO_3^- 的作用增强。当 pH 值升高时,肾小管上皮细胞泌 H^+ 减少,重吸收 HCO_3^- 的作用减弱。

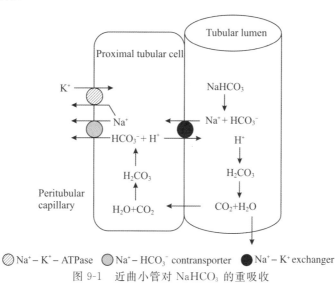

9-1

○Na$^+$ – K$^+$ – ATPase　○Na$^+$ – HCO$_3^-$ contransporter　●Na$^+$ – K$^+$ exchanger

图 9-1　近曲小管对 $NaHCO_3$ 的重吸收

(2)远端肾单位对 $NaHCO_3$ 的重吸收:远端肾单位存在两类细胞,即主细胞(principle cell)和闰细胞(intercalated cell)。Na^+ 可通过主细胞顶膜上的 Na^+ 通道进入细胞,再经基侧膜上的钠泵转运入血,而 HCO_3^- 的重吸收则主要通过闰细胞完成。与近曲小管细胞不同,远曲小管和集合管闰细胞内由 H_2CO_3 解离形成的 H^+ 是通过管腔膜 H^+-ATP 酶或 H^+-K^+-ATP 酶主动分泌入管腔的,这一过程伴有磷酸盐的酸化和 NH_4^+ 的排泄,HCO_3^- 则以 HCO_3^--Cl^- 交换的方式被重吸收(图 9-2)。由于泌 H^+ 的方式不同,远端肾单位可根据机体情况改变 H^+ 分泌量,对 $NaHCO_3$ 进行调节性重吸收,故在远曲小管尤其是集合管,尿液 H^+ 可比血浆增加 900～1000 倍。

2.磷酸盐的酸化　肾小球滤过液中除了含有 $NaHCO_3$ 外,还有磷酸盐。血液 pH 值为 7.4 时,Na_2HPO_4 与 NaH_2PO_4 的浓度比为 4：1。肾小球滤过液中磷酸盐比例与血浆相同,主要为碱性磷酸盐。当原尿流经远曲小管和集合管时,远曲小管和集合管上皮排泌的 H^+ 与管腔液中的碱性磷酸盐(HPO_4^{2-})结合成酸性磷酸盐($H_2PO_4^-$)后随尿液排出体外(图 9-2),而肾小管上皮生成的 HCO_3^- 则回流入血。当尿液 pH 值低于 5.5 时,

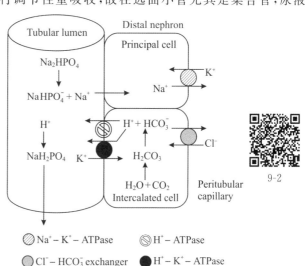

9-2

○Na$^+$ – K$^+$ – ATPase　　○H$^+$ – ATPase

○Cl$^-$ – HCO$_3^-$ exchanger　●H$^+$ – K$^+$ – ATPase

图 9-2　磷酸盐酸化

尿液中几乎所有磷酸盐都以酸性磷酸盐(99%)的形式存在,这时,此种调节就不起作用了。

3.NH_4^+的排出(排铵保钠) 肾小管上皮细胞中含有谷氨酰胺酶氨基氧化酶,能分解谷氨酰胺和某些氨基酸产生氨(ammonia,NH_3)。在近曲小管上皮细胞中,谷氨酰胺在谷氨酰胺酶的作用下生成谷氨酸,再进一步生成 α-酮戊二酸,在此过程中产生 2 分子 NH_3 和 HCO_3^-。HCO_3^- 经 Na^+-HCO_3^- 共转运体转运入血,NH_3 则与细胞内 H_2CO_3 解离形成的 H^+ 结合成铵(ammonium,NH_4^+),通过 NH_4^+-Na^+ 交换进入管腔。分泌入管腔中的 NH_4^+ 在髓襻升支粗段被重吸收,在髓质分解成 NH_3。髓质中高浓度的 NH_3 弥散入集合管,在管腔内与集合管上皮细胞泵出的 H^+ 结合成 NH_4^+,最终以 NH_4Cl 的形式排出体外。同时,集合管上皮细胞内新生成的 HCO_3^- 以 HCO_3^--Cl^- 交换的方式回流入血(图 9-3)。NH_4^+ 的生成和排出呈 pH 依赖性,当 pH 值降低时,NH_4^+ 的生成和排出量增加。随着肾小管上皮细胞分泌的 NH_3 与管腔液中的 H^+ 结合,管腔液中的 NH_3 浓度下降,有利于 NH_3 顺着浓度梯度向管腔中弥散。

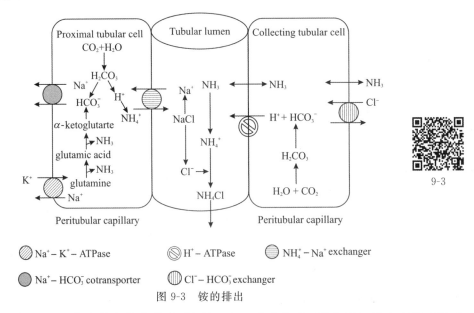

图 9-3 铵的排出

4.保钠排钾 在远曲小管和集合管中,除了 H^+-Na^+ 交换外,还有 K^+-Na^+ 交换,H^+ 和 K^+ 与 Na^+ 的交换存在竞争,当 K^+-Na^+ 交换增加时,H^+-Na^+ 交换就相应减少,反之亦然。在高钾血症时,K^+-Na^+ 交换增加,H^+-Na^+ 交换受到抑制,因而 H^+ 分泌减少,引起代谢性酸中毒。可见,K^+ 与酸碱平衡之间有着密切关系。

5.碱多排碱 体内碱性物质过多时,血液 pH 值上升,导致肾小管上皮细胞内碳酸酐酶的活性降低,H_2CO_3 生成减少,解离生成的 H^+ 减少,$NaHCO_3$ 和 Na_2HPO_4 等碱性物质大量排出,血液 pH 值得以降低。

四、细胞的调节

细胞也参与细胞外液 pH 的调节。细胞对酸碱的调节作用主要是通过细胞内外离子交换而实现的。当细胞外液 H^+ 浓度增加时,约有一半在细胞外液中得到缓冲,另一半则扩散进入细胞内而被缓冲。由于 H^+ 带正电荷,故它进入细胞时,须与细胞内的 K^+、Na^+ 进行离子交换,以维持细胞内外电荷平衡,故血浆 H^+ 浓度升高可引起血浆 K^+ 浓度升高(高钾血症);当血浆 K^+ 浓度升高时,K^+ 进入细胞,与细胞内的 H^+、Na^+ 进行交换,结果引起血浆内 H^+ 浓度升高(酸中毒)。此外,$Cl^- \text{-} HCO_3^-$ 交换在急性呼吸性酸碱平衡紊乱时起着非常重要的作用。

细胞内缓冲虽然比血浆缓冲缓慢,约 $2\sim 4h$ 发挥作用,但其缓冲能力强,约占总缓冲能力的 $55\% \sim 60\%$。

此外,骨骼在维持时间较长的代谢性酸中毒时也参与对酸碱平衡的调节,骨骼的钙盐分解有利于对 H^+ 的缓冲,反应如下:

$$Ca_3(PO_4)_2 + 4H^+ \rightarrow 3Ca^{2+} + 2H_2PO_4^-$$

综上,体内具有四种调节酸碱平衡的机制,在这些机制的共同作用下,酸碱稳态得以维持,但在作用时间和强度上有所差别。血液缓冲系统反应最为迅速,但缓冲作用不持久;肺的调节作用大,速度快,在数分钟内开始发挥作用,30min 时达到高峰,但只能对 CO_2 有调节作用;细胞内液的缓冲能力虽较强,但需要 $3\sim 4h$ 后才能发挥作用;肾的调节作用需数小时后才开始,$3\sim 5$ 天达到高峰,但其作用强大而持久,能有效排出固定酸,保留 $NaHCO_3$。

第二节　反映酸碱平衡状况的常用指标

一、酸碱平衡紊乱的类型

根据血液 pH 值变化可将酸碱平衡紊乱分为两大类:pH 值降低称为酸中毒(acidosis),又称酸血症(acidemia);pH 值升高称为碱中毒(alkalosis),亦称碱血症(alkalemia)。血液 pH 值的高低取决于[HCO_3^-]与 H_2CO_3 含量的比值,血浆中 HCO_3^- 的含量主要受代谢的影响。因而,由于 HCO_3^- 含量原发性降低或升高而引起的酸碱平衡紊乱称为代谢性酸中毒(metabolic acidosis)或代谢性碱中毒(metabolic alkalosis),由于 H_2CO_3 含量原发性升高或降低引起的酸碱平衡紊乱称为呼吸性酸中毒(respiratory acidosis)或呼吸性碱中毒(respiratory alkalosis)。在单纯性酸或碱中毒(simple acidosis or alkalosis)时,虽然体内酸性或碱性物质的含量已发生改变,但在机体酸碱平衡调节机制的作用下,血液 pH 值仍维持在正常范围之内,这种现象称为代偿性酸或碱中毒(compensatory acidosis or alkalosis)。如果血液 pH 值低于或高于正常水平,则称为失代偿性酸或碱中毒(discompensatory acidosis or alkalosis)。

除单纯性酸碱平衡紊乱外,有的病例还可能存在两种或两种以上的酸碱平衡紊乱,即混合型酸碱平衡紊乱(mixed acid-base disturbance)。

二、反映酸碱平衡的常用指标

(一)血液 pH 值

血液 pH 值(blood pH value)是血液中 H^+ 浓度的负对数,是反映血液酸碱度的常用指标。动脉血液的 pH 值为 $7.35\sim 7.45$,静脉血 pH 值略低于动脉血 pH 值,细胞内液 pH 值低于细胞外液 pH 值。不同动物血液正常 pH 值略有差异,变动范围介于 7.24～7.54(表 9-2)。生命所能耐受的最低和最高 pH 值为 6.8 和 7.8。

表 9-2   几种动物血液 pH 和 $PaCO_2$ 参考值

	pH	$PaCO_2$（kPa）
Bovine	7.38 ± 0.05	6.38 ± 0.64
Sheep	7.48 ± 0.06	5.05 ± 1.13
Goat	7.41 ± 0.09	6.65 ± 1.25
Horse	7.42 ± 0.03	6.25 ± 1.13
Swine	7.40 ± 0.08	5.72 ± 0.74
Dog	7.42 ± 0.04	5.05 ± 0.73
Cat	7.43 ± 0.03	4.79 ± 0.61
Chicken	7.52 ± 0.04	3.45 ± 0.60
Rabbit	7.32 ± 0.09	5.32 ± 1.53

前已述及,血浆 pH 值主要取决于血浆$[HCO_3^-]$/$PaCO_2$ 的比值。血液 pH 值及 $PaCO_2$ 的值可直接用血气分析仪测出,根据汉-哈二氏方程式可以计算出 HCO_3^- 的浓度。无论$[HCO_3^-]$与 $PaCO_2$ 两者的绝对量如何变化,只要其比值维持不变,血液 pH 值就不会改变。因此,pH 在正常范围内既可以表示酸碱平衡正常,也可表示代偿性酸碱平衡紊乱或酸碱中毒相互抵消的混合型酸碱平衡紊乱,因而,仅检测血液 pH 值对于判定酸碱平衡紊乱有一定局限,pH 值的改变也不能反映出引起酸碱平衡紊乱的原因是呼吸性还是代谢性因素。

(二)动脉血二氧化碳分压

动脉血二氧化碳分压(partial pressure of CO_2 in arterial blood,$PaCO_2$)是指以物理状态溶解在动脉血浆中的 CO_2 分子所产生的张力。动物 $PaCO_2$ 正常参考值见表 9-2。$PaCO_2$ 水平的高低受呼吸功能的影响,是表征呼吸性酸碱平衡紊乱的最佳指标。$PaCO_2$ 原发性升高表示肺通气不足或 CO_2 潴留,见于呼吸性酸中毒;$PaCO_2$ 原发性降低表示肺通气过度,CO_2 呼出过多,见于呼吸性碱中毒。

(三)实际碳酸氢盐和标准碳酸氢盐

实际碳酸氢盐和标准碳酸氢盐(actual and standard bicarbonate)均反映血浆 HCO_3^- 含量的变化。实际碳酸氢盐(actual bicarbonate,AB)是指隔绝空气的全血标本在实际呼吸条件下(与实际 $PaCO_2$、体温和血氧饱和度相同)测得的 HCO_3^- 浓度,是血浆中 HCO_3^- 的实际含量。实际碳酸氢盐含量受代谢因素和呼吸因素的双重影响。血气分析报告中的 HCO_3^- 通常为实际碳酸氢盐。

标准碳酸氢盐(standard bicarbonate,SB)是指在标准条件下,即 $PaCO_2$ 为 5.32kPa (40mmHg),温度为 38℃,血红蛋白被完全氧合的情况下所测得的血浆中 HCO_3^- 含量。由于测定时已排除了呼吸性因素的影响,故 SB 是判断代谢性因素对酸碱影响的指标。代谢性酸中毒时 SB 降低,代谢性碱中毒时 SB 升高。但在呼吸性酸中毒(或呼吸性碱中毒)时,由于肾的代偿作用,SB 也会继发性升高(或降低)。

正常情况下 AB 与 SB 相等,AB 与 SB 的差值反映了呼吸性因素对酸碱平衡的影响。AB、SB 数值均降低,表明发生了代谢性酸中毒;AB、SB 数值均升高,表明发生了代谢性碱中毒;AB＞SB,提示有 CO_2 潴留,见于呼吸性酸中毒或代偿后的代谢性碱中毒;AB＜SB,提示 CO_2 排出过多,见于呼吸性碱中毒或代偿后的代谢性酸中毒。

(四)缓冲碱

缓冲碱(buffer base,BB)是血液中一切具有缓冲作用的阴离子缓冲碱的总和,包括血浆和红细胞中的 HCO_3^-、Hb^-、HbO_2^-、Pr^- 和 HPO_4^{2-} 等。缓冲碱是全血在标准状态下测定所得,人的正常值为 $45\sim51mmol/L$(平均值为 $48mmol/L$)。BB受代谢性因素的影响,代谢性酸中毒时BB减小,代谢性碱中毒时BB增加。

(五)剩余碱

剩余碱(buffer excess,BE)是指温度在 $38℃$,血红蛋白完全氧合,$PaCO_2$ 为 $5.32kPa$($40mmHg$),用酸或碱滴定 $1L$ 全血或血浆至 $pH7.4$ 时所需的酸或碱的量。BE不受呼吸因素的影响,能真实地反映血液缓冲碱的不足或过剩。若需用酸将血液滴定到 $pH7.4$,说明血液中碱过多,BE用正值表示;若需用碱将血液滴定到 $pH7.4$,说明血液中碱缺失,BE用负值表示。BE正值增大,表示代谢性碱中毒;BE负值增大,表示代谢性酸中毒。在慢性呼吸性酸碱平衡紊乱时,肾的代偿作用也可引起BB出现继发性升高或降低。小动物BE的正常参考值为 0 ± 3,BE>3 为代谢性碱中毒,BE<-3 为代谢性酸中毒。

(六)阴离子间隙

阴离子间隙(anion gap,AG)是指血浆中未测定的阴离子(undetermined anion,UA)与未测定的阳离子(undetermined cation,UC)浓度的差值,即 $AG=UA-UC$。

正常血浆中阳离子与阴离子电荷数相等,电荷维持平衡。Na^+ 占血浆阳离子总量的 90%,为可测定阳离子,血浆中未测定阳离子包括 K^+、Ca^{2+} 和 Mg^{2+}。HCO_3^- 和 Cl^- 约占血浆阴离子总量的 85%,称可测定阴离子。血浆中未测定阴离子包括蛋白质阴离子 Pr^-、HPO_4^{2-}、SO_4^{2-} 和有机酸阴离子。血浆中阳离子与阴离子平衡可表示为:

$$[Na^+]+[未测阳离子]=[HCO_3^-]+[Cl^-]+[未测阴离子]$$

可将上式转换为:

$$[未测阴离子]-[未测阳离子]=[Na^+]-[HCO_3^-]-[Cl^-]$$

实际测定时,一般仅测定血浆中 Na^+、Cl^-、HCO_3^- 来计算AG,即:

$$AG=[Na^+]-[HCO_3^-]-[Cl^-]$$

因而,$AG=[未测阴离子]-[未测阳离子]$。

AG的变化实际上反映的是血浆中固定酸的变化。当血浆中有机酸阴离子、$H_2PO_4^-$、SO_4^{2-} 增加时,AG增高,故AG增高常见于固定酸增多的代谢性酸中毒,如磷酸盐和硫酸盐增高、乳酸堆积、酮体过多等。AG增高还可见于与代谢性酸中毒无关的情况,如脱水、使用大量含钠盐的药物等。AG降低在诊断酸碱失衡方面的意义不大,仅见于未测定阴离子减少或未测定阳离子增多,如低蛋白血症(血浆白蛋白在未测阴离子中占较大比例)。

在以上各项指标中,反映血浆酸碱平衡紊乱性质和程度的指标是 pH 值,反映血浆 H_2CO_3 含量指标的是 $PaCO_2$。AB和SB虽各有特点,但都反映血浆 HCO_3^- 含量的变化。BB和BE的高低反映的是血浆缓冲碱的总量。血液 pH、$PaCO_2$、AB、SB、BB、BE均可通过血气分析仪测得,AG可用血浆中常规可测定的阳离子与常规可测定的阴离子的差算出。

第三节　单纯型酸碱平衡紊乱

根据引起酸碱平衡紊乱的原发性因素是呼吸因素还是非呼吸因素,是单一的失衡还是两种以上的酸碱失衡同时存在,可将酸碱平衡紊乱分为单纯型酸碱平衡紊乱和混合型酸碱平衡紊乱。单纯型酸碱平衡紊乱包括四种基本类型:代谢性酸中毒、呼吸性酸中毒、代谢性碱中毒、呼吸性碱中毒。混合型酸碱平衡紊乱包括双重型酸碱平衡紊乱(又可分为酸碱一致型和酸碱混合型)和三重型酸碱平衡紊乱。本节主要讨论单纯型酸碱平衡紊乱。

一、代谢性酸中毒

代谢性酸中毒(metabolic acidosis)是指以血浆 HCO_3^- 浓度原发性减少和 pH 降低为特征的酸碱平衡紊乱类型。这是临诊上最常见、最重要的一种酸碱平衡紊乱。

（一）原因和发生机制

1.体内固定酸产生过多(excessive production of metabolic acids)　见于体内糖、蛋白质和脂肪的分解代谢增强(如饥饿、发热、应激),或糖代谢障碍导致乳酸、丙酮酸、酮体、氨基酸等酸性中间代谢产物集聚(如缺氧、血液循环障碍、休克)。

反刍兽采食了大量谷类饲料,如玉米、高粱等,这类精料在瘤胃内发酵产生大量乳酸,乳酸被吸收后引起乳酸中毒(lactic acidosis)。高产奶牛、妊娠绵羊由于新陈代谢负担加重,体脂动员过多,产生大量酮体(乙酰乙酸、β-羟丁酸、丙酮)并在血液中蓄积,引起酮血症性酸中毒(ketoacidosis)。

2.碱性物质丧失过多(excessive loss of bicarbonate)　主要见于严重腹泻引起碱性消化液大量丢失。慢性肾功能不全早期、汞等重金属中毒及磺胺等药物中毒引起肾小管受损,导致肾小管泌 H^+ 减少,$NaHCO_3$ 重吸收减少,随尿液大量排出,使尿液呈碱性。因肠液和尿液中 HCO_3^- 异常丢失所致的代谢性酸中毒又称为失碱性酸中毒。

3.酸性物质摄入过多　如服用大量氯化铵、水杨酸等酸性物质。

4.酸性物质排出减少　慢性肾功能不全晚期,肾小球滤过率明显降低,硫酸、磷酸等固定酸滤出减少,导致血液中固定酸增加。

5.高血钾(hyperkalemia)　发生高钾血症时,细胞外 K^+ 与细胞内 H^+ 交换,导致细胞外 H^+ 增加而发生代谢性酸中毒。与此同时,由于肾小管上皮 K^+-Na^+ 交换增加,H^+-Na^+ 交换减少,使肾小管上皮细胞泌 H^+ 减少,使尿液呈碱性,称为"反常性碱性尿"(paradoxical alkaline urine)。

（二）分类

根据 AG 值的改变可将代谢性酸中毒分为两类,即 AG 增高型代谢性酸中毒和 AG 正常型代谢性酸中毒。

1.AG 增高型代谢性酸中毒　这类酸中毒的特点是血 Cl^- 正常,AG 增大。其基本机制是血浆中固定酸增多,最常见的原因是固定酸生成增多。由于固定酸中的 H^+ 被 HCO_3^- 缓冲,而酸根(乳酸根、乙酰乙酸根、β-羟丁酸根、磷酸根、硫酸根等)增高,即未测定阴离子含量升高,故 AG 值增大,血 Cl^- 值正常,又称正常血氯性代谢性酸中毒。

2.AG 正常型代谢性酸中毒　其特征是 HCO_3^- 浓度降低并伴 Cl^- 浓度代偿性增高。最常见的原因是消化道丢失 HCO_3^-,此时血浆中未测定阴离子并未改变,但由于从肾小球滤出的 HCO_3^- 减少,致使肾小管 H^+-Na^+ 交换减少,Na^+ 更多地与 Cl^- 一同被重吸收,使血 Cl^- 升高,从而引起血 Cl^- 升高而 AG 正常的代谢性酸中毒。长期服用氯化铵、盐酸精氨酸等含 Cl^- 的呈酸性药物时,药物在代谢过程中产生 H^+ 和 Cl^-,并消耗 HCO_3^-。大量输入生理盐水,除可造成 HCO_3^- 稀释外,也可因生理盐水中 Cl^- 含量高于血浆而引起 Cl^- 升高。

(三)机体的代偿

1.血液的缓冲调节　代谢性酸中毒时,细胞外液 H^+ 浓度增加,可即刻被血液缓冲系统缓冲。碳酸氢盐缓冲系统的缓冲反应为: $H^+ + HCO_3^- \rightarrow H_2CO_3 \rightarrow H_2O + CO_2$,其结果是 HCO_3^- 不断被消耗,浓度降低。在此过程中生成的 CO_2 通过肺排出,消耗的 HCO_3^- 则通过肾的重吸收而加以补充。

2.肺的代偿调节　血液 H^+ 浓度增加可刺激外周和中枢化学感受器,引起呼吸中枢兴奋,增加肺通气量,促进 CO_2 排出。呼吸加深加快是代谢性酸中毒的主要临诊表现。肺的代偿迅速而强大,一般在酸中毒后 10min 内就可出现呼吸增强,是代谢性酸中毒的主要代偿机制。随着 CO_2 的排出,血浆 H_2CO_3 浓度降低,[HCO_3^-]/$PaCO_2$ 的比值维持在 20:1 左右,血液 pH 值趋向正常。

3.肾的代偿　除肾功能异常所引起的代谢性酸中毒外,其他原因引起的代谢性酸中毒均可通过肾的排酸保碱来发挥代偿作用。酸中毒时,肾小管上皮细胞内碳酸酐酶和谷氨酰胺酶活性增加,促进肾小管泌 H^+、泌 NH_4^+ 和重吸收 HCO_3^-。管腔中 H^+ 越高,NH_4^+ 的生成与排出越快,重吸收的 HCO_3^- 越多。通过上述反应,有助于维持[HCO_3^-]/$PaCO_2$ 的比值在 20:1 左右。但肾的代偿作用较慢,一般要 3~5 天才达高峰。

酸中毒时,由于肾小管上皮细胞 H^+-Na^+ 交换增多,则 K^+-Na^+ 交换减少,使 K^+ 排出减少,故可引起高血钾。

4.细胞内外离子交换和细胞内缓冲　酸中毒时,约有 1/2 的 H^+ 通过离子交换进入细胞内,并被细胞内的缓冲系统缓冲,而 K^+ 从细胞内向细胞外转移,引起血 K^+ 升高,这也是酸中毒伴发高钾血症的原因之一。细胞内的缓冲大多在酸中毒 2~4h 后发生。

通过上述代偿调节,若能使[HCO_3^-]/$PaCO_2$ 的比值接近 20:1,血浆 pH 值维持在正常范围内,则为代偿性代谢性酸中毒;若经过代偿调节后[HCO_3^-]/$PaCO_2$ 的比值仍降低,以致血浆 pH 值低于 7.35,则称失代偿性代谢性酸中毒。代谢性酸中除 HCO_3^- 原发性降低外,AB、SB、BB 值均降低,BE 负值增大;通过呼吸代偿,$PaCO_2$ 继发性下降,血 K^+ 升高;因发病原因不同,AG 或 Cl^- 可正常或升高。

(四)对机体的影响

1.中枢神经系统功能障碍　代谢性酸中毒时中枢神经系统功能障碍主要为抑制,如精神沉郁、反应迟钝、嗜睡或昏迷。其发生机制与下列因素有关:①酸中毒可抑制脑细胞内生物氧化酶类的活性,使氧化磷酸化过程减弱,ATP 生成减少,因而神经细胞能量供应不足;②代谢性酸中毒时,谷氨酸脱羧酶活性增强,γ-氨基丁酸转氨酶活性下降,使中枢抑制性神经递质 γ-氨基丁酸生成增多。

2.心血管系统功能障碍　H^+ 浓度升高对心血管系统的损伤有多种表现:①心肌收缩力减弱。H^+ 浓度升高除引起心肌细胞内氧化酶活性降低、ATP 生成不足外,H^+ 还可通过减少 Ca^{2+} 内流,降低肌浆网 Ca^{2+} 释放和竞争性抑制 Ca^{2+} 与肌钙蛋白结合,使心肌收缩力减弱。②心律失常。酸中毒引起细胞内 K^+ 外流,加之肾小管泌 H^+ 增加,而排 K^+ 减少,故血钾升高。高血钾可引起心肌传导性降低、自律性降低、收缩性减弱。急性轻度高钾血症时,心肌兴奋性增高;急性重度高钾血症时,心肌兴奋性降低;严重高钾血症能引起心肌兴奋性消失。③毛细血管扩张、血压下降。H^+ 浓度增加可使毛细血管前括约肌和微动脉平滑肌对儿茶酚胺的敏感性降低,导致外周血管的紧张度下降。值得注意的是,血管对儿茶酚胺敏感性降低直接引起血压下降的作用并不明显,但常常会影响临床用药效果。例如,休克时,单独使用缩血管药物时血压升高不明显,但在纠正酸中毒后升压的效果可得到明显改善。

3. 呼吸系统　血液 H^+ 浓度增加可刺激外周和中枢化学感受器,引起呼吸中枢兴奋。呼吸加深加快是代谢性酸中毒的主要临诊表现。代谢性酸中毒引起的高通气称为 Kussmaul 呼吸。

4. 骨骼系统　慢性酸中毒时,骨盐溶解,骨骼中的磷酸钙和碳酸钙释放入血以缓冲 H^+,从而引起骨骼脱钙。因此,慢性酸中毒幼畜可发生佝偻病,成畜可发生骨软化症。

（五）防治原则

1. 治疗原发病　去除引起代谢性酸中毒的发病原因,如制止腹泻、消除高热等。

2. 补充碱性药物　对严重病例可给予一定量的碱性药物对症治疗。$NaHCO_3$ 可直接补充血浆缓冲对,作用迅速,为临床治疗所常用。乳酸钠也是常用的碱性药物,作用较为缓慢,但肝脏疾患或乳酸酸中毒时不宜使用。补碱量宜小不宜大,宜慢不宜快,以免引起血浆 pH 过快上升。这是因为脑脊液的 pH 回升较外周血慢,在外周血 pH 迅速恢复正常后,脑脊液 pH 仍偏低（HCO_3^- 为水溶性,通过血-脑屏障极为缓慢）,仍可刺激呼吸中枢兴奋,引起通气过度而导致转变为呼吸性碱中毒。

3. 纠酸补钾　在发生酸中毒时,由于细胞外液中 H^+ 与细胞内 K^+ 交换以及肾泌 H^+ 增多、泌 K^+ 减少,血浆 K^+ 浓度升高。纠正酸中毒后,K^+ 又重新返回细胞内,导致出现低血钾。

二、呼吸性酸中毒

呼吸性酸中毒（respiratory acidosis）是以动脉血 H_2CO_3 浓度原发性增高和血液 pH 下降为特征的酸碱平衡紊乱。H_2CO_3 浓度增高又称为高碳酸血症（hypercapnia）。

（一）原因和发生机制

引起呼吸性酸中毒的原因不外乎 CO_2 呼出减少或吸入过多,但主要原因是有效肺泡通气量减少,使 $PaCO_2$ 增高。

1. 二氧化碳排出障碍（reduction in CO_2 excretion）

（1）呼吸中枢抑制:见于脑损伤、脑炎、脑膜脑炎、脑脊髓炎、全身麻醉药或镇静药用量过大,因呼吸中枢深度抑制而使肺泡肺通气减少,常引起急性 CO_2 潴留。

（2）呼吸道阻塞:气管内异物、大量分泌物或水肿液堵塞气管,喉头黏膜水肿等,引起通气障碍,CO_2 排出受阻。

（3）肺部病变:严重肺水肿、肺气肿、肺组织广泛炎症或纤维化均可引起换气障碍。

（4）呼吸肌麻痹:有机磷农药中毒、脑脊髓炎、脊髓高位损伤及严重低钾血症等病时,呼吸肌随意运动减弱或丧失,可造成 CO_2 排出障碍。

（5）胸部疾病:胸腔大量积液、严重气胸、胸膜炎、严重胸廓畸形等原因可影响肺扩张,使肺换气减少。

2.CO₂吸入过多(excessive inspiration of CO₂)　较为少见。通风不良或饲养密度过大时,空气中 CO₂ 浓度过高,病畜吸入 CO₂ 量过多,也可引起呼吸性酸中毒。

(二)机体的代偿调节

呼吸性酸中毒主要是由于肺通气功能障碍引起。因此,对于这类酸中毒,呼吸系统往往不能发挥代偿调节作用。血浆中的碳酸氢盐缓冲系统不能缓冲 H_2CO_3,故 H_2CO_3 主要靠非碳酸氢盐缓冲系统缓冲。由于血浆中其他缓冲碱含量较低,因此血浆缓冲能力有限。

呼吸性酸中毒时主要的代偿调节方式是:

1.细胞内外离子交换和细胞内缓冲　急性呼吸性酸中毒时,肾往往来不及发挥代偿作用,细胞内外离子交换和细胞内缓冲是急性呼吸性酸中毒的主要代偿方式。当血浆 H_2CO_3 浓度增高时,H_2CO_3 解离为 H^+ 和 HCO_3^-,H^+ 与红细胞内 K^+ 交换,H^+ 进入细胞内,K^+ 移出细胞外,引起高血钾。HCO_3^- 则留在细胞外液中,使血浆内 HCO_3^- 浓度有所增加。此外,血浆中的 CO_2 可通过弥散作用进入红细胞,在碳酸酐酶的作用下很快生成 H_2CO_3,H_2CO_3 解离为 H^+ 和 HCO_3^-,H^+ 主要被血红蛋白和氧合血红蛋白缓冲,而 HCO_3^- 与血浆中的 Cl^- 进行交换,HCO_3^- 进入血浆,使血浆内 HCO_3^- 浓度有所增加,血 Cl^- 浓度降低。

但上述细胞内外离子交换和细胞内缓冲作用十分有限,$PaCO_2$ 每升高 1.33kPa(10mmHg),HCO_3^- 仅代偿性升高 1mmol/L,$[HCO_3^-]/PaCO_2$ 的比值降低,故急性呼吸性酸中毒往往呈失代偿状态。

2.肾的调节　肾代偿是慢性呼吸性酸中毒的主要代偿方式。肾的代偿调节是一个缓慢的过程,常需 3～5 天才能充分发挥作用,因此急性呼吸性酸中毒时肾往往来不及代偿,而在慢性呼吸性酸中毒时,肾的排酸保碱作用较强大。慢性呼吸性酸中毒一般指持续 24h 以上的 CO_2 潴留。

肾对慢性呼吸性酸中毒可进行有效的调节。肾排酸保碱功能增强,其代偿调节方式与代谢性酸中毒相同。酸中毒时,肾小管上皮细胞内碳酸酐酶和谷氨酰胺酶活性增高,肾小管上皮细胞泌 H^+、排 NH_4^+ 增多,$NaHCO_3$ 重吸收增多,故血液 HCO_3^- 代偿性升高。肾 H^+-Na^+ 交换增多,而 K^+-Na^+ 交换减少,引起血钾增高。

呼吸性酸中毒时反映酸碱平衡指标的变化:急性呼吸性酸中毒时,pH 下降,$PaCO_2$ 原发性升高,AB 继发性轻度增高,SB、BB 和 BE 维持正常,AB>SB。慢性呼吸性酸中毒时,$PaCO_2$ 原发性升高,SB、AB 和 BB 均继发性明显升高,BE 正值增大,AB>SB,pH 多数在正常范围下限(代偿性慢性呼吸性酸中毒),严重时可小于正常(失代偿性慢性呼吸性酸中毒)。

(四)对机体的影响

呼吸性酸中毒对机体的影响基本上与代谢性酸中毒相似,但由于 CO_2 潴留,呼吸性酸中毒引起的中枢神经系统功能紊乱往往比代谢性酸中毒更为明显。

1.心血管系统障碍　与代谢性酸中毒基本相同。呼吸性酸中毒时,由于 H^+ 浓度增高和高钾血症,可引起心肌收缩力减弱、末梢血管扩张、血压下降以及心律失常等变化。

2.中枢神经系统功能障碍　取决于 CO_2 潴留的程度、速度和酸血症的严重性以及伴发的缺氧的程度。呼吸性酸中毒尤其是急性 CO_2 潴留引起的中枢神经系统功能障碍往往比代谢性酸中毒更为明显,这是因为:①中枢酸中毒更为明显。CO_2 为脂溶性,急性呼吸性酸中毒时,血液中蓄积的 CO_2 可迅速通过血-脑屏障,使脑内 CO_2 浓度明显升高,而 HCO_3^- 为水溶性,血浆中 HCO_3^- 通过血-脑屏障极为缓慢,脑脊液中的 HCO_3^- 含量代偿性升高需要较长时间。因此,急性呼吸性酸中毒时,脑脊液 pH 值的降低较血液 pH 值的降低更为明显。②脑血管扩张。CO_2 有直接的扩血管作用,CO_2 潴留可引起脑血管明显扩张,致使脑血流量增加,颅内压增高。③缺氧。由于通气障碍导致 CO_2 潴留的同时,机体往往有明显的缺氧(hypoxia)。

(五)防治原则

1. 治疗原发病　排除呼吸道异物、控制感染、解除支气管平滑肌痉挛等,改善肺的换气功能,使蓄积于血液中的 CO_2 尽快排出。

2. 慎用碱性药物　对 pH 降低较为明显的病例可适当给予 $NaHCO_3$;但使用碱性药物应比代谢性酸中毒病例更为慎重,这是因为 HCO_3^- 与 H^+ 结合后生成的 H_2CO_3 必须经肺排出体外,在通气功能障碍时,CO_2 不能及时排出,可使高碳酸血症进一步加重。

三、代谢性碱中毒

代谢性碱中毒(metabolic alkalosis)是以血浆 HCO_3^- 浓度原发性升高和血浆 pH 值升高为特征的酸碱平衡紊乱类型。

(一)原因和发生机制

1. 酸性物质丧失过多(H$^+$ loss from the gastrointestinal tract)

(1)经消化道丢失:在正常情况下,胃黏膜向胃腔分泌 H^+,肠黏膜上皮细胞向肠腔分泌 HCO_3^-,肠液中的 HCO_3^- 与来自胃液中的 H^+ 中和,使血液 pH 相对恒定。严重呕吐可导致胃液中的盐酸大量丢失,这是代谢性碱中毒常见的发病原因。胃液大量丧失往往伴有 K^+、Cl^- 的丢失,引起低钾血症和低氯血症。胃液中 K^+ 丢失,可引起低钾性碱中毒;胃液中 Cl^- 丢失,可引起低氯性碱中毒。低氯血症时肾小管分泌 HCO_3^- 减少,对 HCO_3^- 的重吸收增加,引起代谢性碱中毒。

奶牛发生真胃变位、真胃积食等疾病时,大量盐酸聚集在真胃内,肠道消化液中的碱性物质(HCO_3^-)不能被胃酸中和而被吸收入血,引起血浆 HCO_3^- 浓度升高。

(2)经肾丢失:①肾上腺盐皮质激素分泌过多。血容量减少、脱水、肾上腺皮质增生、肿瘤等可引起醛固酮分泌增多,使远曲小管和集合管 H^+-Na^+ 交换和 K^+-Na^+ 交换增加,H^+、K^+ 随尿排出增多,HCO_3^- 重吸收增加,引起代谢性碱中毒及低钾血症。低钾血症又可促进碱中毒的发展。②使用利尿剂。某些利尿剂(噻嗪类、呋塞米)可抑制髓襻升支对 Cl^-、Na^+ 的重吸收,Cl^- 以 NH_4Cl 的形式随尿排出,血浆 Cl^- 浓度降低,由此造成低氯性碱中毒(hypocheloremic alkalosis)。

2. HCO_3^- 过量负载(overload of HCO_3^-)　纠正酸中毒时静脉输入过量 $NaHCO_3$ 时,直接引起血浆 $NaHCO_3$ 浓度升高;输入过量乳酸钠溶液,乳酸钠经肝代谢可生成 HCO_3^-,可使血浆 HCO_3^- 浓度升高。但肾具有较强的排泄 $NaHCO_3$ 的能力,只有当肾功能不全时,大量使用碱性物质才会引起代谢性碱中毒。

3. 低钾血症(hypokalemic alkalosis)　低血钾可引起低钾性碱中毒,其发生机制如下:

(1)低钾血症时,细胞外液 K^+ 浓度降低,细胞内 K^+ 与细胞外 H^+、Na^+ 进行交换,细胞外液中 H^+ 进入细胞内,引起代谢性碱中毒;但细胞内 H^+ 浓度高,发生细胞内酸中毒。

（2）K$^+$浓度降低时，肾小管 K$^+$-Na$^+$交换减少，H$^+$-Na$^+$交换增加，结果 H$^+$的排泌增加，HCO$_3^-$重吸收加强，引起代谢性碱中毒。

（二）分类

根据给予生理盐水后代谢性碱中毒能否被纠正，将其分为两类，即盐水反应性碱中毒（saline-responsive alkolosis）和盐水抵抗性碱中毒（saline-resistant alkolosis）。

1. 盐水反应性碱中毒　主要见于呕吐、胃液引流及应用利尿剂时，由于细胞外液量减少、有效循环血量不足，并常伴低血氯和低血钾，仅给予生理盐水就可促进过多的 HCO$_3^-$经肾排出，使碱中毒得到纠正。

2. 盐水抵抗性碱中毒　常见于原发性醛固酮增多症、血量减少引起的继发性醛固酮增多和严重低血钾等，这种碱中毒发生时，单纯补充生理盐水没有治疗效果。

（三）机体的代偿调节

代谢性碱中毒的代偿主要靠肺和肾。

1. 肺的代偿调节　脑脊液 H$^+$浓度降低可抑制呼吸中枢，导致呼吸变浅变慢，肺泡通气量降低，PaCO$_2$ 和血浆 H$_2$CO$_3$ 浓度升高，[HCO$_3^-$]/PaCO$_2$ 之比趋于 20∶1。但 PaCO$_2$ 升高又可刺激呼吸中枢兴奋，引起呼吸加深加快，从而限制了肺通气的过度抑制，因而这种代偿是有限的。

2. 肾的代偿调节　肾在代谢性碱中毒的代偿调节中具有重要作用。pH 升高时，肾小管上皮细胞中的碳酸酐酶、谷氨酰胺酶活性降低，故泌 H$^+$、NH$_4^+$减少，HCO$_3^-$重吸收减少，肾持续排出碱性尿液，碱中毒可得以完全代偿。但需注意，碱中毒时一般尿呈碱性，而低钾性碱中毒时，肾小管排 H$^+$增多，其尿液呈酸性（即反常性酸性尿），这是与其他碱中毒不同之处。

3. 血浆缓冲系统的代偿　由碳酸氢盐缓冲系统和非碳酸氢盐缓冲系统进行缓冲。在大多数缓冲对的组成成分中，碱性成分远多于酸性成分，故缓冲酸性物质的能力远强于缓冲碱性物质，所以，血浆对碱中毒的缓冲能力较弱。

4. 细胞内外离子交换　细胞外液 H$^+$浓度降低时，细胞内液 H$^+$外移，同时，细胞外液 K$^+$进入细胞内，引起低钾血症。

代谢性碱中毒时反映酸碱平衡指标的变化：pH 升高，AB、SB、BB 原发性升高，BE 正值增大，PaCO$_2$ 继发性升高，AB＞SB。

（四）对机体的影响

1. 中枢神经系统功能改变　代谢性碱中毒时，中枢神经系统兴奋，患畜表现躁动、兴奋不安等症状。血液 pH 升高时，脑组织内谷氨酸脱羧酶活性降低而 γ-氨基丁酸转氨酶活性增高，γ-氨基丁酸生成减少而分解增强，对中枢神经系统的抑制作用减弱，因此出现中枢神经系统兴奋症状。

2. 神经肌肉应激性增高　血清钙以游离钙离子（Ca^{2+}）和结合钙的形式存在，离子钙与结合钙处于动态平衡之中。当 pH 升高时，结合钙增多，离子钙减少。当 pH 降低时，钙离子增多，结合钙减少。因而，在代谢性碱中毒时，由于血浆离子钙减少，神经肌肉的兴奋性增高，患畜出现反射活动亢进、肌肉痉挛、肢体抽搐等症状。

3. 低钾血症　碱中毒与低钾血症互为因果，碱中毒往往伴有低钾血症。碱中毒时，细胞外液 H$^+$浓度降低，细胞内 H$^+$与细胞外 K$^+$进行交换，血钾降低；同时，肾小

管上皮细胞在 H^+ 减少时，H^+-Na^+ 交换减少，K^+-Na^+ 交换增强，肾排钾增多，导致低钾血症。

4.血红蛋白氧离曲线左移　　血液 pH 升高时，氧离曲线左移，Hb 与 O_2 的亲和力增大，HbO_2 不易释放 O_2，可造成组织缺氧。

(五)防治原则

1.治疗原发病。

2.盐水反应性碱中毒　　在大量胃液丢失、使用呋塞米、噻嗪类利尿剂等引起的低氯性碱中毒时，只要输入生理盐水或葡萄糖生理盐水，即可矫正碱中毒。因为生理盐水为生理酸性液(pH7.0 左右)，且含 Cl^- 量高于血浆，通过扩充血容量和补充 Cl^-，使过多的 HCO_3^- 从尿中排出。虽然盐水可以恢复血浆 HCO_3^- 浓度，但并不能改善缺钾状态。因此，还应补 K^+，最好补充 KCl。

3.盐水抵抗性碱中毒　　由醛固酮分泌过多和严重低血钾引起的碱中毒，盐水治疗无效，可给予醛固酮拮抗剂和碳酸酐酶抑制剂乙酰唑胺。乙酰唑胺抑制肾小管泌 H^+ 和重吸收 HCO_3^-，增加 Na^+ 和 HCO_3^- 的排出，同时注意补钾。

4.严重的代谢性碱中毒可直接给酸治疗　　如静脉缓慢输入 0.1mol/L 盐酸，也可采用口服氯化铵进行治疗。

四、呼吸性碱中毒

呼吸性碱中毒(respiratory alkalosis)是指 $PaCO_2$ 原发性降低为特征的酸碱平衡紊乱。

(一)原因和发生机制

通气过度是呼吸性碱中毒的基本发生机制。在某种疾病或病理过程，只要能引起呼吸加深加快，发生过度通气，就易导致呼吸性碱中毒。

1.气温过高、机体发热　　外界环境温度过高或机体发热时，引起呼吸加深加快。如犬在高温环境中引起的过度换气。

2.呼吸中枢兴奋　　中枢神经系统疾病如脑炎、脑膜炎、脑外伤、中枢神经系统充血等均可刺激呼吸中枢，使呼吸中枢兴奋，引起肺通气过度，CO_2 排出过多。某些药物(如水杨酸、氨)可直接兴奋呼吸中枢，引起肺通气增强。

3.环境缺氧　　初到高山、高原地区的动物，由于大气氧分压较低，机体缺氧，导致呼吸加深加快。

(三)机体的代偿调节

呼吸性碱中毒可根据病程分为急性呼吸性碱中毒和慢性呼吸性碱中毒两类。急性呼吸性碱中毒是指 $PaCO_2$ 在 24h 内急剧下降导致 pH 升高，常见于过度通气、高热和低氧血症。慢性呼吸性碱中毒是指 $PaCO_2$ 下降超过 24h，常见于慢性颅脑疾病、肝脏疾病、缺氧和氨兴奋呼吸中枢引起持久的 $PaCO_2$ 下降而导致 pH 升高。呼吸性碱中毒时，虽然 $PaCO_2$ 降低对呼吸中枢有抑制作用，但只要刺激肺通气过度的原因持续存在，肺的代偿作用就不明显，此时的代偿主要依靠细胞内液缓冲和缓慢进行的肾的排酸减少。

1.细胞内外离子交换和细胞内液缓冲　　细胞内液缓冲是急性呼吸性碱中毒的主要代偿方式，表现为：①细胞内外 H^+-K^+ 交换。细胞内 H^+ 与细胞外 K^+ 进行交换，H^+ 逸出细胞，并与 HCO_3^- 结合生成 H_2CO_3，使血浆 H_2CO_3 浓度升高，K^+ 进入细胞引起血钾降低。②红

细胞内外 $HCO_3^- -Cl^-$ 交换。HCO_3^- 与红细胞内 Cl^- 交换，HCO_3^- 进入红细胞内与 H^+ 结合，红细胞内 Cl^- 逸出，结果血浆 HCO_3^- 浓度下降，血氯浓度升高。

2. 肾的代偿调节　肾排酸减少是慢性呼吸性碱中毒的主要代偿方式，表现为代偿性泌 H^+、排 NH_4^+ 减少，重吸收 HCO_3^- 也减少，HCO_3^- 随尿排出增多，尿液呈碱性。

呼吸性碱中毒时反映酸碱平衡指标的变化：急性呼吸性碱中毒，pH 升高，$PaCO_2$ 原发性降低，AB 降低，而 SB、BB 和 BE 均正常，AB＜SB；慢性呼吸性碱中毒，$PaCO_2$ 原发性降低，AB 明显降低，SB、BB 降低，BE 负值增大，AB＜SB，pH 在正常范围上限（代偿性慢性呼吸性碱中毒）或大于正常（失代偿性慢性呼吸性碱中毒），血 K^+ 降低。

（四）对机体的影响

呼吸性碱中毒对机体的影响与代谢性碱中毒相似，但更易出现神经肌肉应激性增高、中枢神经系统功能障碍、低钾血症以及氧解离曲线左移等。呼吸性碱中毒时，神经系统功能障碍往往比代谢性碱中毒更明显，易发生抽搐。神经系统功能障碍除与碱中毒对脑功能的损伤有关外，还与脑血流量减少有关，因低碳酸血症可引起脑血管收缩。$PaCO_2$ 下降到 20mmHg 时，脑血流量可减少 $35\%\sim40\%$。

此外，严重的呼吸性碱中毒患畜血浆磷酸盐浓度明显降低，其原因在于：细胞内碱中毒使糖原分解增强，葡萄糖 6-磷酸盐和 1,6-二磷酸果糖等磷酸化合物生成增加，大量磷被消耗，致使细胞外磷进入细胞内。

（五）防治原则

1. 治疗原发病　排除引起过度通气的原因，大多数呼吸性碱中毒可自行缓解。

2. 吸入含 CO_2 的气体　可吸入含 5% CO_2 的混合气体，或将动物口鼻用纸袋套住，使动物再吸入呼出的气体，以提高 $PaCO_2$ 和 H_2CO_3 浓度。

3. 对症处理　动物发生抽搐时可注射钙剂；有明显缺 K^+ 症状者，应及时补充钾盐。

上述四种单纯性酸碱平衡紊乱的主要特点见表 9-3。

表 9-3　四种单纯型酸碱平衡紊乱的主要特点

Disorders	Metabolic acidosis	Respiratory acidosis	Metabolic alkalosis	Respiratory alkalosis
Blood pH	↓	↓	↑	↑
$PaCO_2$	↓	↑	↑	↓
AB,SB,BB,BE	↓	↑	↑	↓
AB relative to SB	AB＜SB	AB＞SB	AB＞SB	AB＜SB
Plasma[K^+]	↑	↑	↓	↓
Plasma[Cl^-]	↑ (or normal)	↓	↓	↑
Plasma[Ca^{2+}]	↑	↑	↓	↑
Urine pH	↓ (paradoxical alkaline urine↑)	↓	↑ (paradoxical aciduria↓)	↑

第四节　混合型酸碱平衡紊乱

混合型酸碱平衡紊乱是指在同一动物体内两种或两种以上单纯型酸碱平衡紊乱并存。混合型酸碱平衡紊乱有双重型酸碱平衡紊乱（double acid-base disturbance）和三重型酸碱平衡紊乱(triple acid-base disturbance);有酸碱一致型酸碱平衡紊乱和酸碱混合型酸碱平衡紊乱。酸碱一致型即两种酸中毒并存或两种碱中毒并存,pH 向同一方向移动;酸碱混合型指病畜既有酸中毒又有碱中毒,pH 向相反方向移动。

一、双重型酸碱平衡紊乱

(一)呼吸性酸中毒合并代谢性酸中毒(mixed respiratory acidosis and metabolic acidosis)

1.原因　呼吸性酸中毒合并代谢性酸中毒在临诊上比较多见,主要见于严重通气障碍(CO_2 潴留)并伴有固定酸产生增多的病例(如肺水肿、肺气肿、肺炎、肺淤血)。严重的通气障碍引起呼吸性酸中毒,同时,由于机体缺氧,酸性代谢产物生成增多,引起代谢性酸中毒。

2.特点　由于呼吸性酸中毒和代谢性酸中毒合并存在,血液 pH 显著下降;由于呼吸功能障碍,肺通气量减少,使 $PaCO_2$ 升高;由于乳酸生成增多,血液中 HCO_3^- 消耗性降低,AB、SB、BB 均降低,BE 负值增大,AB>SB;另外,患畜 AG 增大,血 K^+ 浓度升高。

(二)呼吸性碱中毒合并代谢性碱中毒(mixed respiratory alkalosis and metabolic alkalosis)

1.原因　见于高热合并呕吐的情况,因血温升高刺激呼吸中枢过度兴奋,引起过度通气,反复呕吐使胃酸丢失而引起代谢性碱中毒。

2.特点　血液 pH 显著升高;通气过度使 $PaCO_2$ 降低;呕吐使血液 HCO_3^- 升高,AB、SB、BB 均升高,BE 负值增大,AB<SB;此外,血 K^+ 浓度降低。

碱血症时血管收缩,神经肌肉应激性增高,四肢肌肉抽搐,容易发生脑组织缺氧。

(三)呼吸性酸中毒合并代谢性碱中毒(mixed respiratory acidosis and metabolic alkalosis)

1.原因　常见于慢性肺部疾患大量使用利尿剂或合并呕吐时,或在通气未改善之前使用 $NaHCO_3$ 等。慢性肺部疾患引起慢性呼吸性酸中毒,大量使用利尿剂致 H^+、Cl^- 经肾大量丢失,引起代谢性碱中毒。剧烈呕吐使含 HCl 的胃液大量丢失引起代谢性碱中毒。呼吸性酸中毒在通气尚未改善前使用 $NaHCO_3$,可使高碳酸血症进一步加重,也可引起代谢性碱中毒。

2.特点　呼吸性和代谢性因素使血液 pH 向相反方向移动,故 pH 值的变化取决于酸中毒和碱中毒的强度,如两者强度相当,酸碱相互抵消,pH 维持不变,否则将偏向于较强的一方;$PaCO_2$ 显著增高;血浆 HCO_3^- 浓度显著升高,AB、SB、BB 均升高,BE 正值增大,AB>SB。

(四)代谢性酸中毒合并呼吸性碱中毒(mixed metabolic acidosis and respiratory alkalosis)

1.原因　①肾功能不全或腹泻伴发高热:肾功能不全或腹泻时引起代谢性酸中毒,因发热而过度通气引起呼吸性碱中毒;②感染性休克伴有发热:休克时组织血液循环障碍、肾脏泌尿减少,引起代谢性酸中毒,而发热可导致通气过度而引起呼吸性碱中毒;③肝功能不全并发肾功能不全:肝功能不全时血氨升高,氨可直接兴奋呼吸中枢引起通气增强,发生呼吸性碱中毒,肾功能不全则使固定酸排泄障碍,引起代谢性酸中毒。

2.特点　①血液 pH 值的变化取决于酸碱中毒的程度,如程度相当,pH 值不变,否则偏向较强的一方;②$PaCO_2$ 显著降低;③血浆 HCO_3^- 浓度显著降低,AB、SB、BB 均降低,BE 负值增大,AB<SB。

(五)代谢性酸中毒合并代谢性碱中毒(mixed metabolic acidosis and metabolic alkalosis)

1.原因　①剧烈呕吐合并腹泻:频繁呕吐丢失胃酸,引起代谢性碱中毒;严重腹泻丢失

HCO_3^-,引起代谢性酸中毒;②肾功能不全伴有剧烈呕吐:肾功能不全引起代谢性酸中毒,剧烈呕吐引起代谢性碱中毒。

2.特点　代谢性因素使血液 pH、$PaCO_2$、HCO_3^- 浓度都向相反方向发展,因而这三项指标的最终变化取决于何种紊乱占优势,它们可以升高、降低或在正常范围内。

上述五种双重型酸碱平衡紊乱的主要特点见表 9-4。

表 9-4　双重型酸碱平衡紊乱的主要特点

Discords	pH	HCO_3^-	$PaCO_2$
Mixed Respiratory Acidosis and Metabolic acidosis	↓↓	↓	↑
Mixed Respiratory Alkalosis and Metabolic Alkalosis	↑↑	↑	↓
Mixed Respiratory Acidosis and Metabolic Alkalosis	Not sure	↑↑	↑↑
Mixed Metabolic Acidosis and Respiratory Alkalosis	Not sure	↓↓	↓↓
Mixed Metabolic Acidosis and Metabolic Alkalosis	Not sure	Not sure	Not sure

二、三重型酸碱平衡紊乱

因为机体不可能同时存在 CO_2 排出过多和 CO_2 潴留,所以呼吸性酸中毒和呼吸性碱中毒不可能同时发生。因此,三重型酸碱平衡紊乱只有两种类型:呼吸性酸中毒＋代谢性酸中毒＋代谢性碱中毒、呼吸性碱中毒＋代谢性酸中毒＋代谢性碱中毒。此时病畜的血气指标变化更为复杂,必须根据病史、血气分析、血清电解质检查等资料进行综合分析,才能正确判断酸碱平衡紊乱的类型。

三、混合型酸碱平衡紊乱的诊断

(一)根据代偿情况判断混合型酸碱平衡紊乱的类型

混合型酸碱平衡紊乱时,[HCO_3^-]与 $PaCO_2$ 变化的方向有些是一致的,有些则是相反的。[HCO_3^-]与 $PaCO_2$ 变化方向相反者为酸碱一致型双重酸碱平衡紊乱,[HCO_3^-]与 $PaCO_2$ 变化方向一致者为酸碱混合型双重酸碱平衡紊乱(图 9-4、图 9-5)。

(二)根据 AG 值判断混合型酸碱平衡紊乱的类型

AG 值是区分代谢性酸中毒类型的标志,也是判断是否有三重混合型酸碱平衡紊乱不可缺少的指标。如果 AG 正常,则不会有三重型酸碱平衡紊乱。

(三)酸碱图的应用

酸碱图(acid-base chart)是各种不同酸碱平衡紊乱时动脉血 pH(或血浆 H^+ 浓度)、$PaCO_2$ 和 HCO_3^- 浓度三个变量的相关坐标图。其中以 Siggaard-Andersen 设计的图形(图 9-6)较为常用,此图可为酸碱平衡紊乱的正确诊断提供简便而准确的手段。图中纵坐标代表 $PaCO_2$,横坐标代表 pH 或 H^+ 浓度。根据这两项参数的数值,在图中找到两个参数的交汇点,交汇点与斜形的等位线平行,可查出中线上血浆 HCO_3^- 浓度和左上角的 BE 值,并根据两个参数的交汇点查出酸碱平衡紊乱的类型。若交汇点落在某种单纯型酸碱平衡紊乱的区域内,就表明患畜为该种单纯型酸碱平衡紊乱;若交汇点落在两种单纯型酸碱平衡紊乱区域之间,便表明患畜为相邻两种单纯型酸碱平衡紊乱的混合型。

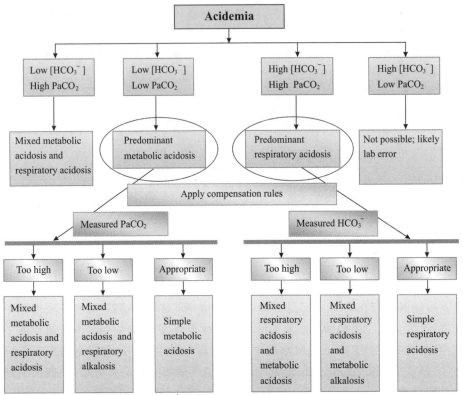

图 9-4　以酸血症（acidemia）为表现的混合型酸碱平衡紊乱

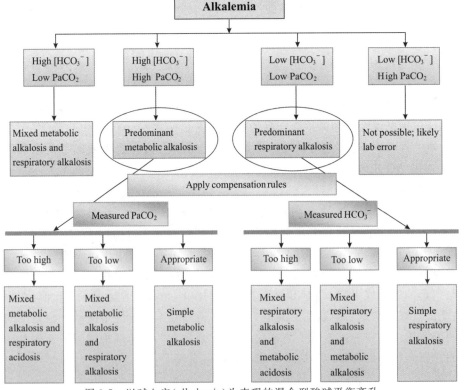

图 9-5　以碱血症（alkalemia）为表现的混合型酸碱平衡紊乱

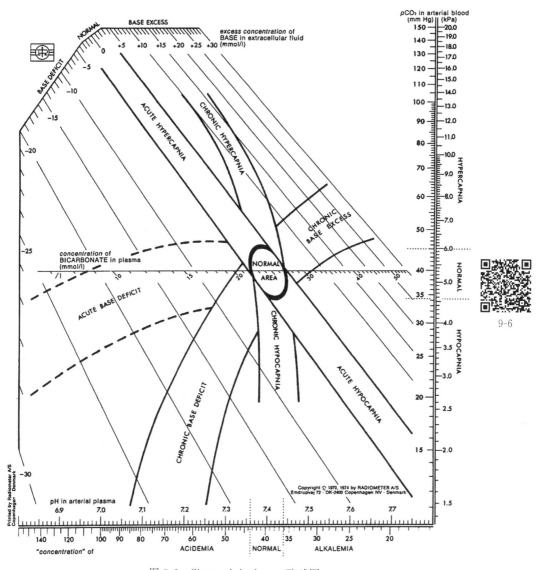

图 9-6   Siggaard-Andersen 酸碱图

　　但需要指出的是,无论是单纯型还是混合型酸碱平衡紊乱,都不是一成不变的,随着疾病的发展,以及各种治疗措施的影响,原有的酸碱失衡可能被纠正,也可能转变或合并其他类型的酸碱平衡紊乱。因此,在诊断酸碱平衡紊乱时,一定要密切结合病史,观测血液 pH、$PaCO_2$ 和 HCO_3^- 浓度的动态变化,综合分析病情,及时作出正确诊断。

（张书霞、谭　勋）

第十章

休 克
Shock

【Overview】Shock is one of common and dangerous diseases in clinic medicine and clinic veterinary medicine. It is a circulatory dyshomeostasis associated with loss of circulating blood volume, reduced cardiac output or inappropriate peripheral vascular resistance under the effect of various drastic etiological factors, characterized by hypoperfusion in microcirculation and resulting in dysfunction, metabolism impediment and structural damage of body's vital organs.

The pathogenesis of shock is complex, involving microcirculation disturbance, cellular injury and the effects of inflammatory mediators. Although the causes can be diverse (e. g. , severe hemorrhage or diarrhea, burns, tissue trauma, endotoxemia), the underlying events of shock are similar. Shock can be classified into three different types based on the fundamental underlying problem: (1) cardiogenic, (2) hypovolemic, and (3) blood maldistribution. Shock attributed to blood maldistribution can be further divided into septic shock, anaphylactic shock, and neurogenic shock.

Shock is rapidly progressive and life-threatening when compensatory responses are inadequate. Regardless of the underlying cause, shock generally progresses through three different stages: (1) a nonprogressive stage, (2) a progressive stage, and (3) an irreversible stage. The classic features of shock are rapidly progressive and include hypotension, weak and narrowed pulse, tachycardia, cold and clammy skin, pallor or cyanosis of skin, hyperventilation, reduced urine output, and a dulled sensorium ranging from agitation to stupor or coma. Organ and system failure occurs in later stages, such as shock lung, shock kidney and multiple organ dysfunction syndrome. Identification in time and reasonable measures are necessary when shock occurs, otherwise the sick animal will be in a life-threatening situation.

休克(shock)是机体在多种强烈损伤性因素的作用下,因血容量下降、心输出量降低或外周阻力降低而出现血液循环障碍,引起微循环血液灌流不足,导致重要器官功能障碍、代谢紊乱和结构损伤的一种全身性病理过程。休克的发病机制非常复杂,涉及微循环障碍、细胞损伤和炎症因子的大量释放。其主要临床表现为血压下降、脉搏细速微弱、心动过速、皮肤湿冷、可视黏膜苍白或发绀、呼吸浅表、尿量减少、反应迟钝、神志模糊甚至昏迷死亡。休克后期可出现单个或多个器官功能障碍甚至衰竭,如休克肺、休克肾和多器官功能衰竭综合征。临床上需及时识别,并立即采取合理措施,否则患畜将有生命危险。

第一节　休克的原因

引起休克的原因有很多,如严重出血或腹泻、大面积烧伤、组织创伤、细菌和病毒感染、过敏以及强烈的神经刺激等。尽管引起休克的原始病因各异,但均具有共同的病理基础,即血压下降引起血液灌流不足,组织细胞缺血缺氧,代谢障碍。随着休克的持续发展,若血流灌注得不到代偿,则可导致组织和细胞发生不可逆的损伤(死亡)(图 10-1),对生命构成严重威胁。

根据休克的病因,可将其分为心源性休克(cardiogenic shock)、低血容量性休克(hypovolemic shock)和血流分布异常性休克(blood maldistribution shock)三种基本类型。血流分布异常性休克又可分为感染性休克(septic shock)、过敏性休克(anaphylactic shock)和神经源性休克(neurogenic shock)。

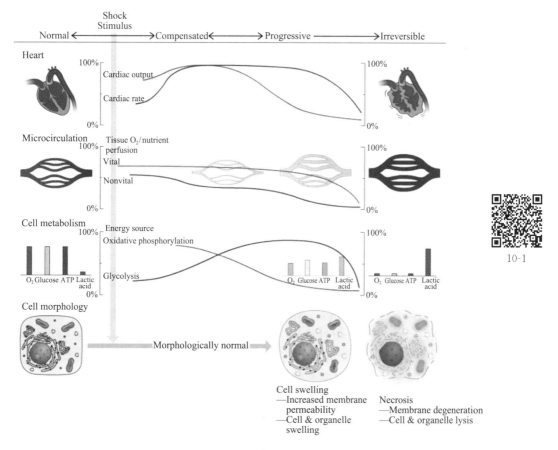

10-1

图 10-1　休克

发生低血容量性休克时,起初通过增加心率和心输出量、血管收缩和增加细胞的氧化磷酸化进行代偿。随着休克的进一步发展,血管舒张导致心输出量下降,细胞代谢转变为糖酵解,细胞发生损伤变化。

1. 心源性休克(cardiogenic shock) 是由于心力衰竭(heart failure)造成心脏不能充分泵血所致。引起心力衰竭的原因有心肌梗死(myocardial infarction)、室性心动过速、纤颤(fibrillation)、扩张性或肥厚性心肌病、心脏血流阻塞(如肺栓塞、肺动脉高压或主动脉狭窄)或其他心脏功能障碍。在这些情况下,心脏每搏输出量和心输出总量均发生下降。其主要代偿机制(如心脏交感神经兴奋)为心脏收缩力增强、心跳加快、每搏输出量和心输出总量增加。这种代偿方式是否有效主要取决于引起心衰的原因以及受损心脏的反应能力。失代偿将导致血液淤滞并进行性发展为微循环灌流不足。心源性休克通常发病急骤,死亡率高,预后差。

2. 低血容量性休克(hypovolemic shock) 是由于失血或脱水导致血容量减少,使血管压力和微循环灌流量下降所致。低血容量性休克分为失血性休克和失液性休克,前者常见于消化道大出血、内脏破裂和产后大出血等,后者常见于脱水、剧烈呕吐和腹泻等。在血容量降低时,机体启动及时代偿机制(如外周血管收缩,体液进入血浆)促使血压升高,以维持机体重要生命器官(如心、脑、肾)的血液供应。对于轻度的血容量降低,代偿反应通常可使内稳态恢复。一般来讲,血容量降低不超过 10% 不会影响血压和心输出量。血容量降低超过 10% 则可导致微循环灌注压力不足,进入组织的血流降低。血容量降低达 35%~45% 时,血压和心输出量将剧烈下降。发生低血容量休克时,临床上常见到"三低一高"现象,即中心静脉压、心输出量、动脉血压降低和总外周阻力增高。

3. 血流分布异常性休克(blood maldistribution shock) 以外周血管阻力降低和外周组织淤血为特征。毛细血管床的总容量是非常大的,正常时微循环中 20% 的毛细血管交替开放就能满足细胞代谢所需,80% 的毛细血管处于关闭状态,开放的毛细血管中的血量仅占总血量的 6% 左右。全身性过敏反应、剧烈疼痛、高位脊髓麻醉、强烈精神应激或内毒性血症等可通过神经或体液途径引起外周血管舒张,导致微循环血液容量增加。此时尽管血液容量正常,但有效循环血量降低。如果代偿机制不能有效对抗血管扩张,则出现血流停滞和微循环灌注降低。血流分布异常性休克主要有三种类型,即过敏性休克(anaphylactic shock)、神经源性休克(neurogenic shock)和败血性休克(septic shock)。

(1)过敏性休克:是典型的 I 型变态反应,可因注射某些药物如青霉素、血清制剂或者疫苗引起。发病机制主要是抗原与抗体(IgE)在肥大细胞表面结合,引起组胺和缓激肽等血管活性物质大量释放,引起全身性血管舒张和毛细血管通透性增加,导致血压下降和微循环灌注不足。

(2)神经源性休克:发生原因包括外伤尤其是中枢神经系统外伤、触电(如雷击)、恐惧等。在神经源性休克中,血管扩张主要因血管运动中枢自主放电(autonomic discharge)而引起,而过敏性休克和内毒素性休克(endotoxic shock)过程中血管扩张主要由细胞因子介导。

(3)败血性休克:是血流分布异常性休克中最常见的一种。细菌或真菌诱导血管活性物质和炎症因子大量释放,导致血管舒张。引起败血性休克最常见的是革兰氏阴性菌释放的内毒素(endotoxin)。在少数情况下,革兰氏阳性菌的肽聚糖(peptidoglycan)和磷壁酸(lipoteichoic acid)也可引起休克。

内毒素脂多糖(LPS)通过与 LPS 结合蛋白(LPS-binding protein)、CD14(一种细胞膜蛋白和可溶性血浆蛋白)和 Toll 样受体 4(TLR4)等的系列反应激活内皮细胞和白细胞,抑制内皮细胞产生抗凝物质(如 TFPI 和血栓调节蛋白)。受 LPS 激活的单核细胞和巨噬细胞可直接或间接释放 TNF 和 IL-1 及其他细胞因子(如 IL-6、IL-8、趋化因子)。LPS 可直接激活凝血因子 XII,促进内源性凝血和凝血因子 XIIa 相关凝血途径(激肽、纤维蛋白溶解、补体)。

LPS 还可以直接激活补体级联途径，引起过敏毒素 c3a 和 c5a 的产生和释放。低浓度 LPS 可通过上述机制促进炎症反应以控制局部感染，如果 LPS 诱导的反应过于剧烈或作用范围较广，则可引起有害反应。这种情况见于严重的细菌感染（产生大量的 LPS），或者由于其他类型的休克导致肠缺血时间过长，肠黏膜完整性破裂，细菌和毒素泄漏入血。高浓度的 LPS 刺激后产生大量 TNF 和 IL-1 等因子，后者诱导组织因子（tissue factor）表达和外源性凝血，并增强内皮白细胞黏附分子（endothelial leukocyte adhesion molecules）的表达。IL-1 还可刺激血小板活化因子（platelet-activating factor，PAF）和纤溶酶原激活物抑制因子（plasminogen activator inhibitor）释放，促进血小板聚集和凝血。白细胞、血小板和内皮释放的 PAF 可引起血小板聚集和血栓形成，增加血管通透性，并如同 TNF 和 IL-1 一样，刺激花生四烯酸代谢产物的产生（尤其是前列环素和血栓烷）。TNF 和 IL-1 诱导一氧化氮生成，促进血管扩张和降低血压。中性粒细胞被 TNF 和 IL-1 激活后对内皮的黏附作用增强，进一步干扰血流通过微血管。大量血管激活、促炎反应和促凝反应最终引起全身血管扩张、血压降低和组织灌流减少。

第二节　休克的发生发展过程

休克的发病机制尚未完全阐明，目前认为休克是一个以急性微循环障碍为主的综合征。尽管休克的原始病因不同，但有效循环血量减少引起的重要生命器官血液灌流不足和细胞功能代谢紊乱是多数休克发生的共同基础。

微循环（microcirculation）是指微动脉（arteriole）和微静脉（venule）之间的血液循环，是血液和组织进行物质交换的基本结构和功能单位。典型的微循环由微动脉、后微动脉（metarteriole）、毛细血管前括约肌（precapillary sphincter）、真毛细血管、微静脉、小静脉和直接通路构成，有的还包括动静脉吻合支（动静脉短路）。

微循环有三条血流通路组成（图 10-2）：①直接通路（preferential channel or thorough-fare channel）：血液进入微动脉后，沿后微动脉、直接通路至微静脉、小静脉，这条通路的作用不在于物质交换，而是使血液通过微循环快速回流心脏；②迂回通路（营养通路）：血液从微动脉、后微动脉、毛细血管前括约肌进入真毛细血管，从微静脉流出微循环，是血液与组织进行物质交换的主要场所，该通路是交替开放的，安静时，骨骼肌中真毛细血管网大约只有 20% 处于开放状态；③动-静脉短路（arteriole-venule shunt），血液从微动脉经动静脉吻合支入小静脉，是微循环的非营养通路，通常情况下处于关闭状态。

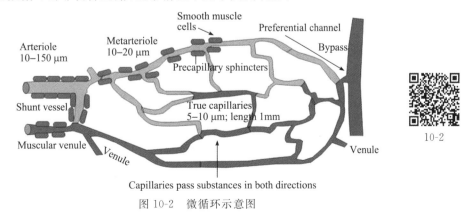

图 10-2　微循环示意图

　　微循环的功能状态受交感神经和体液因素调节。交感神经兴奋时释放去甲肾上腺素，与微动脉、后微动脉和静脉平滑肌上的 α-肾上腺素能受体结合，引起血管收缩。动-静脉吻合支以 β-受体占优，去甲肾上腺素与 β 受体结合后引起动-静脉吻合支开放。血管平滑肌以及毛细血管前括约肌也受体液因素的影响，如血管紧张素Ⅱ（angiotension Ⅱ，Ang Ⅱ）、血管加压素（vasopressin，VA）、血栓素 A_2（thromboxane A_2，TxA2）和内皮素（endothelin，ET）等引起血管收缩，而组胺、激肽、腺苷、乳酸、PGI2、内啡肽、TNF 和 NO 等则引起血管舒张。在正常生理情况下，全身缩血管活性物质的浓度很少发生变化，微循环的舒缩活动及血液灌流情况主要由局部产生的 CO_2、H^+ 以及腺苷等代谢产物的调节而交替开放。

　　尽管引起休克的原因不同，但休克的病程经过一般有三个阶段，即非进行期（nonprogressive stage）、进行期（progressive stage）和不可逆期（irreversible stage）。休克在不同的时期有不同的临床表现，这些表现与有效循环血量和微循环障碍的程度有关（图 10-3）。

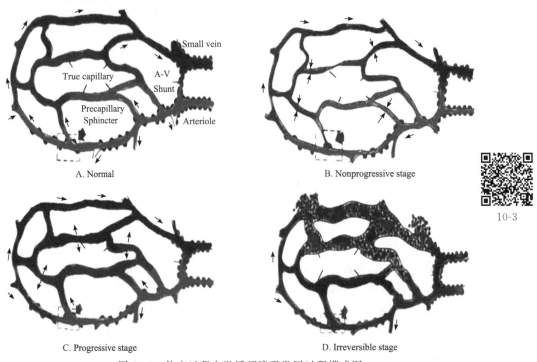

A. Normal　　B. Nonprogressive stage

C. Progressive stage　　D. Irreversible stage

10-3

图 10-3　休克过程中微循环障碍发展过程模式图

一、非进行性休克期

　　非进行性休克发生于休克的早期阶段，又称为缺血性缺氧期（ischemic anoxia phase）或者休克代偿期（compensatory stage of shock）。机体处于应激反应的早期阶段，机体动员多种代偿机制参与维持血压稳定和重要器官的血液灌流。

（一）微循环的变化

　　休克病因引起体内一系列神经-体液改变，使微循环的流入端（微动脉、后微动脉、毛细血管前括约肌）强烈收缩，而微循环的流出端（即微静脉）仅轻度收缩或无变化。此阶段毛细血管前阻力增加，大量真毛细血管网关闭，微循环灌流量急剧减少，血流减慢，轴流消失，血液由线流变为粒线流甚至粒流。因开放的毛细血管减少，血液主要从直接通路或者动-静脉短路回流，组织营养血流显著减少,发生缺血缺氧。此期微循环特点为"少灌少流,灌少于流"(图 10-3B)。

(二)发生机制

各种致休克因素通过不同的途径引起交感-肾上腺髓质系统兴奋,产生大量缩血管因子,参与休克早期发病过程。

1.交感神经兴奋与儿茶酚胺的作用　交感-肾上腺髓质系统兴奋引起大量儿茶酚胺类物质释放,此时血液中儿茶酚胺的含量可比正常高几十倍甚至几百倍。去甲肾上腺素与血管上的 α 受体结合,引起皮肤、腹腔器官和肾等外周血管收缩,外周阻力增大。由于微动脉、后微动脉和毛细血管前括约肌对儿茶酚胺的敏感性高于微静脉,因而毛细血管前阻力增加较后阻力增加更为明显,大量真毛细血管网关闭,致使组织器官的血液灌流锐减。此外,儿茶酚胺与动-静脉吻合支上的 β 受体结合,使其开放,血液则绕过毛细血管网,通过动-静脉短路回流直接进入微静脉,更加重了组织缺血缺氧。

2.血管紧张素Ⅱ(AngⅡ)　交感-肾上腺髓质系统兴奋,致使肾小动脉强烈收缩,肾血流量减少,肾素-血管紧张素-醛固酮系统被激活,AngⅡ生成增多,引起血管强烈收缩。AngⅡ的缩血管效应比去甲肾上腺素强 10 倍。

3.血管加压素(VP)　又称抗利尿激素(ADH)。血容量减少、疼痛以及 AngⅡ增多,可引起 VP 大量分泌,促进内脏小血管和微血管收缩。

4.血栓素 A_2(TxA2)　儿茶酚胺可刺激血小板产生血栓素,其具有强烈的缩血管作用。

5.内皮素(ET)　AngⅡ、VP、TxA2、肾上腺素及缺血缺氧均可刺激血管内皮细胞合成并分泌 ET,引起小血管和微血管强力而持久的收缩。

6.白三烯(LTs)　内毒素可激活白细胞,产生白三烯,引起肺、腹腔内脏小血管收缩,也可引起冠状血管和脑血管的收缩。

(三)微循环改变的代偿意义

休克非进行期交感神经的兴奋和血管活性物质的释放,一方面引起皮肤、腹腔内脏和肾等器官缺血缺氧,另一方面也有重要的代偿意义,表现在:

1.维持有效循环血量和血压　①自我输血:静脉系统是容量血管,可容纳总血量的60%～70%。当小静脉和微静脉收缩时,静脉容量变小,加之肝脾等储血器官释放储存血液,使回心血量迅速增加,起到快速"自身输血"的作用,构成休克早期增加回心血量的"第一道防线";②自我输液:由于毛细血管前阻力血管比微静脉收缩强度大,前阻力大于后阻力,致使毛细血管流体静压下降,促进组织液回流入血;醛固酮和抗利尿激素释放增多,促进肾小管对钠、水的重吸收,起到补充血量的作用,构成休克早期增加回心血量的"第二道防线";③心输出量增加:交感神经兴奋和儿茶酚胺释放增多,使心率加快,心肌收缩性加强,心输出量增加;④交感神经兴奋及多种缩血管物质增多使阻力血管收缩,引起总外周阻力增高。

2.维持心脑的血液供应　由于不同器官的血管对儿茶酚胺反应不一,皮肤、内脏、骨骼肌、肾的血管 α 受体密度高,对儿茶酚胺的敏感性强,收缩明显;而脑动脉和冠状动脉的 α 受体较少,血管无明显变化,正是这种血管反应的非均一性导致血流重新分布,起到"移缓救急"的作用,保证了心、脑重要生命器官的血液供应。

非进行性休克期的代偿机制归纳于图 10-4。

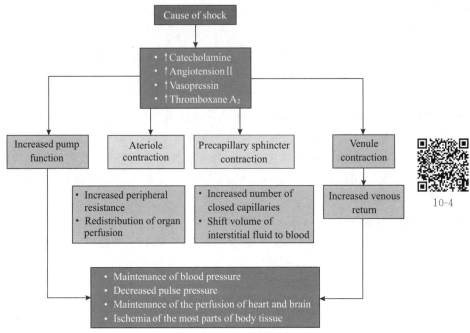

图 10-4　非进行性休克期的微循环改变

（四）临床表现

非进行性休克期皮肤血流灌注量减少，故临床上出现皮肤黏膜苍白，四肢和耳朵厥冷；肾血流灌注量减少而肾小管对 Na^+、H_2O 重吸收增强，尿量减少；交感神经兴奋时心率加快，心肌收缩力增强而使心音响亮；收缩压无明显下降，但因外周阻力升高而使舒张压升高，故脉压差显著降低；中枢神经兴奋性增高，故动物表现为烦躁不安。

非进行性休克期微血管收缩虽然对保障生命重要器官血流灌注具有积极意义，但可引起大多数器官缺血缺氧。由于大多数器官灌注量减少发生在血压下降之前，因而血压下降对于早期诊断休克的意义不大，脉压差减小比血压下降更具早期诊断意义。

二、进行性休克期

如果引起休克的原始病因不能及时除去，且未得到及时、正确的救治，微循环由缺血转变为淤血，导致严重的内环境紊乱和重要器官功能障碍，出现典型的休克表现，又称为淤血性缺氧期（stagnant hypoxic phase）、休克失代偿期（decompensatory stage of shock）。

（一）微循环的变化

进入本期后，内脏微循环中的血管自律运动消失，终末血管床对缩血管物质的反应性降低，微动脉、后微动脉和毛细血管前括约肌逐渐舒张，血液流入真毛细血管床的阻力降低，大量血液涌入真毛细血管网。微静脉虽表现为扩张，但因血流缓慢，血细胞黏附、集聚不断加重，使微循环流出阻力增加，毛细血管后阻力大于前阻力，血液在毛细血管中淤积，处于严重低灌流（hypoperfusion）状态。此期微循环灌流特点是"多灌少流，灌多于流"（图 10-5）。

（二）发生机制

微循环血管对缩血管物质反应性降低，大量舒血管物质生成和血细胞黏附集聚是造成进行性休克期微循环淤血的主要机制。

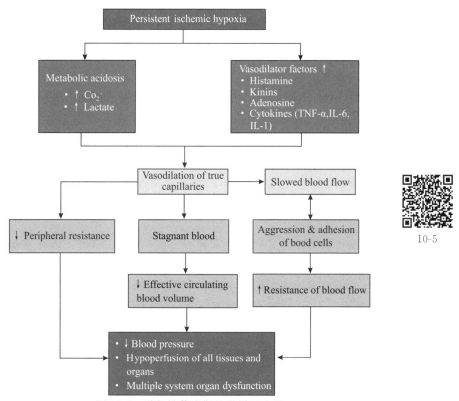

图 10-5　进行性休克期的微循环改变

1. 微循环血管对缩血管物质反应性降低　长期缺血和缺氧引起组织氧分压下降、CO_2和乳酸堆积，发生酸中毒。酸中毒导致平滑肌对儿茶酚胺的反应性降低。尽管此时交感-肾上腺髓质系统仍持续兴奋，血液中儿茶酚胺浓度进一步升高，但微循环却由收缩转向扩张。

2. 局部扩血管物质增多　长期缺血和缺氧使局部扩血管物质增多，如肥大细胞释放组胺增多，ATP 分解产物腺苷增多，细胞崩解时释出的 K^+ 增多和激肽类物质生成增多，这些都可以引起血管扩张。

革兰氏阴性菌感染或其他休克时出现的肠源性内毒素及细菌转移入血，可引起内毒素血症。内毒素可通过激活巨噬细胞，产生大量细胞因子（如 TNF、NO）而导致血管扩张和持续性低血压。

3. 血细胞黏附、聚集加重，血液黏度增加　进行性休克期血流变慢，白细胞贴壁并黏附于内皮细胞上，加大了毛细血管后阻力。黏附并激活的白细胞释放氧自由基和溶酶体酶，导致内皮细胞和其他组织细胞损伤，进一步引起微循环障碍及组织损伤。此外，缺血、缺氧所致的组胺、激肽等物质生成增多，可使毛细血管通透性增加、血浆外渗。大量血浆外渗致血液浓缩，血细胞比容增大，血浆黏度增高。红细胞、血小板黏附、聚集，血液黏稠度增加都可造成微循环血流变慢，使血液淤滞。

（三）对机体的影响

1. 有效循环血量急剧减少　由于微循环血管床大量开放，血液被分隔并淤滞在内脏器官如肠、肝和肺内，造成有效循环血量锐减，静脉充盈不足，回心血量减少，心输出量和血压进行性下降;由于毛细血管后阻力大于前阻力,血管内流体静压升高,此时不仅"自身输液"和"自身输血"停止,而且血浆渗出到组织间隙,使有效循环血量进一步减少,形成恶性循环。

2.血流阻力进行性升高　血黏度和血细胞比容增加,血细胞黏附、聚集,甚至嵌塞在血流速度较慢的微循环流出端,使血流阻力显著增大。

3.血压进行性下降　小动脉和微动脉等阻力血管扩张,使外周阻力降低;有效循环血量减少;持续缺血使内毒素、H^+、K^+等多种抑制心肌收缩的物质增多,造成心肌收缩功能障碍。以上机制共同促使血压持续下降。

4.重要器官灌流不足　有效循环血量减少、血流阻力增大和微循环灌注压降低,加上微循环血管对缩血管物质的反应性降低,不能对重要器官血流灌注量进行调节,造成体内广泛组织器官灌流量进行性降低,发生代谢和功能紊乱,出现典型的休克临床表现。

(四)临床表现

进行性休克期机体重要器官已发生不同程度的功能障碍,机体内环境被严重扰乱。进行性休克期的临床表现与微循环变化密切相关,主要表现为:①动脉血压和脉压下降,脉搏细弱,静脉萎陷;②大脑血液灌流减少导致中枢神经系统功能障碍,患病动物神态淡漠甚至昏迷;③肾血流量严重不足,出现少尿甚至无尿;④微循环淤血,使脱氧血红蛋白增多,皮肤出现发绀或花斑。如果微循环严重灌流不足,引起重要器官功能衰竭,可导致病畜死亡。

三、不可逆休克期

休克代偿期持续较长时间后,微循环淤血加剧,血液淤滞更加严重,发生全身细胞、器官功能严重障碍和损伤,采用输血补液和多种抗休克措施仍难以纠正休克状态,称为不可逆性休克期,也称为休克难治期(refractory stage of shock)或者休克的微循环衰竭期(microcirculatory failure stage)。

(一)微循环变化特点

该期的特点为广泛的微血栓(microthrombus)形成。在微循环淤血的基础上,微血管发生麻痹性扩张,毛细血管大量开放,微循环中出现纤维蛋白性血栓,使微循环出现"不灌不流"状态,灌流完全停滞。组织得不到氧气和营养物质供应,物质交换几乎完全不能进行,甚至出现毛细血管无复流现象(no-reflow phenomenon),即在输液后,虽然血压可一度回升,但微循环流量无明显改善,毛细血管中的血液仍淤滞停止,不能恢复(图10-3D)。

(二)发生机制

休克的不可逆性与血管反应性降低、弥散性血管内凝血(disseminated intravascular coagulation,DIC)形成和肠道内毒素或细菌入血有关。

1.血管反应性降低　进入不可逆休克期后,微循环缺氧和酸中毒进一步加剧,微循环血管对各种缩血管物质的反应却越来越不明显甚至消失,发生麻痹扩张。血细胞黏附、聚集进一步加重,呈现"淤泥状",并伴有广泛微血栓形成。血管反应性降低的机制尚不完全清楚,既与酸中毒有关,也可能与炎症介质刺激 NO 和氧自由基生成增多有关。

2.DIC　在不可逆休克期,多种因素可导致形成 DIC。

(1)血液流变学改变:微循环中组胺、激肽和乳酸等物质增多,使毛细血管扩张,通透性增强,血流缓慢,血浆渗出,血液浓缩,血细胞聚集,使血液处于高凝状态,易产生 DIC。另外,缺氧可损伤毛细血管内皮细胞,增加 DIC 形成可能。

（2）凝血系统激活：肠源性内毒素或外源性病原微生物及其毒素可直接或间接刺激单核细胞和内皮细胞释放组织因子；创伤、烧伤时受损的组织释放出大量的组织因子，启动外源性凝血系统；大面积烧伤破坏红细胞，释放磷脂、红细胞素和 ADP，启动血小板释放反应，促进微血栓形成。

（3）TxA2/前列腺素 I_2（PGI2）平衡失调：休克时，由于内皮细胞损伤，PGI2 生成释放减少；另一方面，内皮损伤导致胶原纤维暴露，使血细胞激活、黏附、聚集，生成和释放 TxA2 增多；PGI2 有抑制血小板聚集和扩张小血管的作用，而 TxA2 则有促进血小板聚集和收缩小血管的作用，因而 TxA2-PGI2 平衡失调可促进 DIC 形成。

（4）单核/巨噬细胞系统功能下降：休克导致单核/巨噬细胞系统功能下降，不能及时清除激活的凝血因子和已形成的纤维蛋白，也可促进 DIC 形成。

（三）对机体的影响

严重持续的缺血缺氧、酸中毒以及大量损伤性因子（溶酶体酶、活性氧、炎症因子和细胞因子）的形成使生命重要器官发生"不可逆性"损伤，出现多器官功能障碍综合征（multiple organ dysfunction syndrome，MODS），甚至多系统器官衰竭（multiple system organ failure，MSOF），从而使休克治疗十分困难，甚至不可逆，导致死亡。

（四）临床表现

该期会出现多个器官、系统衰竭的相应症状，较淤血期的症状进一步加剧。浅表静脉严重萎陷，静脉注射困难；心音低弱，脉快而弱或不能触及；血压显著下降，甚至不能测出，给予升压药也难以恢复；呼吸不规则；少尿或无尿；若并发 DIC，则出现贫血，皮下出现瘀斑、点状出血。因脑严重缺血，皮层重度抑制，病畜感觉迟钝、反应性降低、嗜睡、意识障碍甚至昏迷。

值得注意的是，由于休克的病因和始动环节不同，休克并不完全遵循循序渐进的发展规律。比如大出血、失液引起的休克，常从缺血缺氧期开始，逐步发展；严重过敏性休克的微循环障碍可能从淤血缺氧期开始；而严重感染性休克，可能从微循环衰竭期开始，很快发展成为 DIC 或多器官功能障碍。微循环的三时相变化，既有区别，又相互联系，并无明显界限，将其划分只是为了叙述方便。

第三节　休克的细胞学基础

微循环障碍学说的提出对阐明休克的发生机制和临床防治起到了积极的作用，但不能解释所有问题。微循环障碍学说认为，细胞代谢障碍是发生在微循环障碍之后的，是由缺氧和酸中毒引起的细胞损伤。但随后的研究发现，在血压降低和微循环紊乱之前，细胞的功能代谢变化已经发生改变；器官微循环灌流恢复后，器官功能并没有好转；细胞功能和代谢的改善有利于微循环的运行；促进细胞功能和代谢恢复的药物具有明显的抗休克疗效。因此，休克时的细胞和器官功能障碍，既可继发于微循环紊乱之后，也可由休克的原始病因直接损伤引起。故有些学者认为细胞损伤是器官功能障碍的基础，提出了休克细胞（shock cell）的概念和休克发生发展的细胞分子机制。休克时发生功能、形态和代谢改变的细胞称为休克细胞。

一、细胞损伤

休克时细胞的损伤最先发生在生物膜(细胞膜、线粒体膜和溶酶体膜),然后是细胞器发生功能障碍和损伤,最终导致细胞死亡(坏死或凋亡)。

1.细胞膜的变化　细胞膜是休克时最早发生损伤的部位之一。缺氧、ATP 生成不足、高血钾、酸中毒、氧自由基、溶酶体酶释放以及其他炎症介质和细胞因子都会造成细胞膜的损伤,主要包括:引起细胞膜通透性增高,跨膜电位下降,导致细胞肿胀;改变膜磷脂微环境,降低细胞膜的流动性;损伤细胞膜上相关受体蛋白,如腺苷酸环化酶系统,降低平滑肌细胞对儿茶酚胺的反应性。

2.线粒体的变化　线粒体是细胞进行有氧氧化、氧化磷酸化和产生能量的主要场所。休克时线粒体首先发生功能损害,主要包括:基质发生颗粒减少或消失;嵴内腔扩张,嵴明显肿胀;休克后期线粒体肿胀,致密结构和嵴消失,甚至发生线粒体破裂,导致呼吸链和氧化磷酸化障碍,ATP 生成减少甚至停止,导致细胞死亡;在 TNF-α、IL-1、活性氧等细胞因子诱导下,线粒体膜电位降低,线粒体膜通透性转位孔(permeability transition pore,PTP)开启,膜通透性增强,释放凋亡诱导因子(apoptosis-inducing factor,AIF),启动细胞凋亡。

3.溶酶体的变化　休克时缺氧和酸中毒可损伤溶酶体膜,使其通透性增高,溶酶体肿胀和空泡形成,释放溶酶体酶,主要包括酸性蛋白酶(如组织蛋白酶)、中性蛋白酶(如胶原酶和弹性蛋白酶)和 β 葡萄糖醛酸酶,其主要危害是:①引起细胞自溶;②损伤线粒体膜;③入血后引起微血管收缩,并且激活激肽系统、纤溶系统和组胺释放,促进 DIC 发生;④产生心肌抑制因子(myocardial depressant factor,MDF),引起心肌收缩力下降、内脏小血管痉挛和抑制单核/巨噬细胞系统功能。另外,溶酶体中的非酶性成分可导致肥大细胞脱颗粒,组胺释放,毛细血管通透性增加和白细胞聚集,加重休克的病理过程。

4.细胞坏死　休克原发病因的直接损伤和休克发展过程中微循环缺血、缺氧、酸中毒、ATP 生成不足、氧自由基和炎症因子产生以及溶酶体酶释放,都可导致细胞坏死,是休克时细胞死亡的主要形式,也是引起器官功能障碍和衰竭的基础。

5.细胞凋亡　各种休克始动因素(包括感染与非感染性因子)造成机体损伤后,可引起炎症反应。已知病原微生物及其毒素、创伤、烧伤、组织坏死、缺血缺氧、免疫复合物和急性胰腺炎均可通过激活核酸内切酶引起炎症细跑的活化。活化后的细胞可产生细胞因子,分泌炎症介质,释放氧自由基,从而攻击血管内皮细胞、中性粒细胞、单核/巨噬细胞、淋巴细胞和各脏器实质细胞,引起坏死和导致细胞凋亡。细胞凋亡是休克时细胞损伤的一种表现,也是重要器官功能衰竭的基础之一。

二、炎症因子泛滥,加重休克时细胞代谢和器官功能障碍

严重感染、创伤、休克等原因可通过不同途径激活炎性细胞如单核/巨噬细胞,释放 TNF-α、IL-1 等促炎因子,以抵御外来损伤刺激;另一方面,这些促炎因子本身不仅对组织细胞具有损伤作用,还能诱导其他细胞因子或炎症介质的产生,如 IL-6、IL-8、NO 等。细胞因子间的相互作用,使得细胞因子数量不断增加,形成一个巨大的细胞因子网络体系,使炎症不断扩大。大量炎症因子入血,直接损伤血管内皮细胞,引起血管通透性增加和血栓形成,

导致器官损伤。休克时炎症介质泛滥介导全身炎症反应综合征（systemic inflammatory response syndrome，SIRS）和多器官功能障碍综合征（MODS）的发生。

第四节 休克对机体的影响

一、物质代谢障碍

休克时物质代谢表现为氧耗减少，糖酵解作用加强，糖原、脂肪和蛋白质分解增加，而合成代谢减弱。休克的初期可能会出现一过性高血糖和糖尿，这是由于应激过程中儿茶酚胺、胰高血糖素和糖皮质激素分泌增多，而胰岛素分泌减少所引起的；应激促使脂肪和蛋白质大量分解，导致血液中游离脂肪酸、甘油三酯、酮体和氨基酸特别是丙氨酸增多，尿氮大量排出体外，出现负氮平衡。特别是在感染性休克和烧伤性休克时，骨骼肌蛋白分解增强，氨基酸从骨骼肌中溢出向肝脏转移，促进急性期蛋白合成。

二、水、电解质与酸碱平衡紊乱

休克时微循环的低灌流导致组织缺氧，线粒体的氧化磷酸化受到抑制，葡萄糖无氧酵解增强，产生大量乳酸；同时，微循环障碍导致肝和肾功能受损，肝不能充分将乳酸转化为葡萄糖，肾也不能将乳酸及时排出体外，从而引起乳酸在机体大量蓄积，出现代谢性酸中毒。酸中毒可通过多种途径加剧休克的发生，主要包括：降低血管平滑肌对缩血管物质的反应；损伤毛细血管内皮细胞；激活凝血系统；通过 H^+ 和 Ca^{2+} 竞争，抑制 Ca^{2+} 与肌钙蛋白的结合，导致心肌舒缩力下降和心输出量减少；损伤溶酶体膜。因此，纠正酸中毒在治疗休克时是非常重要的。

休克时缺氧抑制了线粒体的氧化磷酸化，导致 ATP 生成减少，继而使细胞膜上的钠泵（Na^+-K^+-ATP 酶）运转障碍，细胞内 Na^+ 泵出减少，细胞内水钠潴留，引起细胞肿胀，同时，由于细胞外 K^+ 增多，出现高钾血症；酸中毒还可经 H^+-K^+ 离子交换代偿而加重高钾血症。

创伤、出血、感染等引起的休克早期，中枢系统兴奋性升高，刺激呼吸加快，肺通气量增加，引起呼吸性碱中毒。呼吸性碱中毒经常发生在血压下降之前和血乳酸增高之前，可作为休克早期的诊断指标之一。在休克的后期，如果发生肺休克，则导致通气障碍，发生呼吸性酸中毒，使机体处于混合型酸碱失衡状态。

三、器官功能受损

休克过程中最易受累的器官为肺、肾、心和脑，休克动物常因两个或两个以上重要器官相继或同时发生功能障碍甚至衰竭而死亡。

（一）肺功能变化

休克早期由于创伤、出血、感染等因素刺激病畜呼吸中枢兴奋，引起呼吸加快，肺通气过度，发生低碳酸血症和呼吸性碱中毒；休克继续发展，交感-肾上腺髓质系统的兴奋和缩血管物质的作用使肺血管阻力升高；休克晚期，在患畜尿量、血压、脉搏平稳以后，常发生急性呼吸衰竭，表现为进行性低氧血症和呼吸困难，称为休克肺(shock lung)。休克肺的主要病理形态特征是肺水肿，局灶性肺不张，肺充血、出血、微血栓形成和肺泡内透明膜形成等。这些病理变化将导致严重的肺泡通气/血流比例失调和气体弥散障碍，引起呼吸困难、进行性低氧血症、发绀和肺水肿，从而导致急性呼吸衰竭甚至死亡。发病的中心环节是急性弥散性肺泡毛细血管损伤。

休克时，呼吸功能障碍发生率很高，达 83%～100%，之所以容易发生，主要原因有：①肺是全身静脉血的过滤器，从全身各器官组织来的代谢产物、活性物质、血中异物和炎性细胞都要经过肺甚至被滞留在肺，活性氧、溶酶体酶和炎症因子等易造成肺损伤；②血液中活化的中性粒细胞流经肺时易与血管内皮细胞发生黏附；③肺中活化的巨噬细胞释放大量促炎介质，并引起炎症反应级联放大，导致肺损伤。

(二)肾功能变化

休克时肾是最易受损害的器官之一，发生率为 40%～55%。休克易引起急性肾衰竭，称为休克肾(shock kidney)。

休克初期，肾小球小动脉收缩，肾血流量减少，导致肾小球滤过减少，此时肾小管上皮细胞未发生实质性病变，属于功能性肾衰(functional renal failure)；休克进一步发展，肾小动脉持续性痉挛，导致急性肾小管坏死，此时即使肾血流量恢复，肾功能也不可能在短期恢复正常，称为器质性肾衰竭。临诊病畜除表现为严重少尿或无尿外，还伴有氮质血症、高钾血症及代谢性酸中毒。

休克引起多器官功能障碍时，如果发生急性肾衰则提示预后不良。研究表明，即使有三个器官功能障碍，只要没有发生肾衰，患畜仍可能存活；但若发生了肾衰，往往难以存活。

(三)心功能变化

除了心源性休克伴原发性心功能障碍以外，在其他类型休克的早期，由于机体的代偿，冠状动脉血流量能够维持，心泵功能一般不受到显著影响。但是，随着休克的发展，动脉血压进行性降低，冠状动脉血流量减少，引起心肌缺血缺氧，加上其他因素的影响，心泵功能发生障碍，有可能发生急性心力衰竭。休克持续时间越久，心力衰竭也越严重，并可产生心肌局灶性坏死和心内膜下出血。心功能障碍发生率为 10%～23%。

休克时心功能障碍发生的可能原因：①血压降低和心率加快引起的心室舒张期缩短，使冠状动脉灌注量减少和心肌供血不足，同时交感-肾上腺髓质系统兴奋引起心率加快和心肌收缩加强，导致心肌耗氧量增加，更加重了心肌缺血；②酸中毒和高血钾引起心肌收缩力减弱；③心肌抑制因子(MDF)使心肌收缩性减弱；④心肌内发生 DIC 导致心肌局灶性坏死和心内膜下出血，加重心肌功能障碍；⑤细菌毒素(尤其是内毒素)抑制心肌内质网对 Ca^{2+} 的摄取和肌原纤维 ATP 酶活性，引起心舒缩功能障碍。

(四)脑功能变化

在休克早期，由于血液的重新分布和脑循环的自身调节，可暂时保证脑的血液供应，因而患畜除了因应激引起的兴奋和烦躁不安外，没有明显的脑功能障碍表现。随着休克的发展，当血压进一步下降或脑循环出现 DIC 时，脑部血液循环障碍加重，脑组织严重缺氧，出现神志淡漠甚至昏迷。缺血、缺氧使脑血管壁通透性增高，导致脑水肿和颅内压增高，严重者形成脑疝，压迫延髓，可导致死亡。休克晚期，脑循环内出现血栓和出血。

(五)肝功能变化

休克时,肝功能障碍发生率也很高,常继发于肺、肾功能障碍之后,有时也可最先发生。休克早期表现为肝细胞肿胀、变性、枯否氏细胞增生;休克晚期表现为肝细胞坏死、增生、枯否氏细胞变性和大量炎性细胞浸润。临床表现为黄疸,血液胆红素增加。由于肝代偿功能强,形态学即使有变化,生化指标仍可正常。容易发生肝功能障碍的原因有:①由肠道移位入血的细菌和毒素,通过门脉循环后,首先作用于肝,造成肝细胞损伤;②肝的枯否氏细胞占全身巨噬细胞总量的5%,被激活后可释放大量细胞因子,造成肝损伤;③肝富含黄嘌呤氧化酶,可释放大量自由基而损伤肝细胞。

(六)胃肠道功能变化

休克时胃肠道功能障碍主要表现为胃黏膜损伤、应激性溃疡和肠缺血。镜检可见黏膜下层充血、出血、水肿,胃肠黏膜上皮变性、坏死和脱落;超微结构显示黏膜上皮微绒毛变短、减少,线粒体稀疏、肿胀、嵴模糊或消失。

四、多器官功能障碍综合征

休克时,除了发生以上所述单个器官的功能障碍外,还可出现两个或两个以上器官同时发生功能障碍的多器官功能障碍综合征(MODS)。MODS是指机体发生休克或受到创伤、感染、烧伤等严重打击后,短时间内同时或相继发生两个或两个以上器官或系统功能障碍或衰竭。

(一)MODS 类型

根据 MODS 临床发病形式,分为速发单相型和迟发双相型两种类型。

1.速发单相型　由损伤因素直接引起的,同时或短时间内相继出现两个以上器官系统的功能障碍,如严重创伤直接引起两个以上器官功能障碍,重度休克引起急性肾功能损伤衰竭后又引起尿毒症性消化系统功能障碍。该类型病情发展迅速,只有一个时相,损伤只有一个高峰。

2.迟发双相型　常出现在失血、创伤、休克等原发病因作用一定时间(第一次打击)后,出现一个较稳定的缓解期,以后又遭遇致炎因子的第二次打击而出现多个器官功能障碍。病情有明显双相,出现两个高峰。

(二)MODS 发病机制

MODS 的发病机制非常复杂,迄今为止并未完全阐明,以前曾出现过"缺血-再灌流学说""细菌毒素学说""胃肠道动力学说""自由基学说""炎症失控学说""二次打击或双相应激学说"等。这些学说从不同方面阐述了 MODS 的发病机制,但有些现象却无法解释。目前,普遍认同炎症失控学说,认为失控的炎症反应可能是 MODS 最重要的病理学基础和形成的根本原因。全身炎症反应综合征(SIRS)是指感染或非感染等致病因素作用于机体,引起各种炎症介质过量释放和炎性细胞过度激活,产生一系列反应或称"瀑布样效应"的一种全身性过度炎症反应。它既可以从一开始就是全身性的,称"单相速发型";也可以是局部的,在初始病因打击后有一短暂稳定期,以后才进行性加剧而造成自身的不断损伤,最终发展为全身性的。在这一动态的级联反应中,感染或创伤是启动扳机,起点和贯穿始终的是 SIRS,终点是 MODS。有研究表明,MODS 患畜在出现明显的器官功能障碍之前,呈现出强烈的SIRS。

第五节　休克的防治原则

休克是微循环灌流不足引起的急性全身性病理过程,在临床治疗中应首先去除病因,并采取及时合理的综合治疗措施,恢复机体重要器官的灌流,防止细胞损伤和炎症介质的损伤,防止发生 MODS。

一、病因学防治

去除休克的原始病因,如止血、镇痛、控制感染、输液等。去除原始病因是休克防治的关键。

二、发病学防治

1.改善微循环　改善微循环是休克防治的中心环节。器官功能障碍主要是由于微循环灌流不足引起的,可通过输液来扩充血容量,并合理使用血管活性药物调节血管舒缩功能。

(1)扩充血容量:各种休克都存在有效循环血量绝对或相对不足,最终都导致组织灌流量减少。除了心源性休克外,补充血容量是提高心输出量和改善组织灌流的根本措施。输液应及时和尽早,因为休克进入微循环淤滞期,需补充的量会更大,病情也更严重。正确的输液原则是"需多少,补多少",采取充分扩容的方法,量需而入。若超量输液会导致肺水肿。

(2)合理应用血管活性药物:治疗休克时,如果在补足血容量以后仍不能改善微循环和维持血压,可以考虑使用血管活性药物。血管活性药物分为缩血管药物(如阿拉明、去甲肾上腺素、新福林)和扩血管药物(如阿托品、山莨菪碱、异丙肾上腺素和酚妥拉明)。应用血管活性药物的目的是提高组织微循环血液灌流量,反对单纯追求升压而大量使用血管收缩剂,否则可导致灌流量明显下降。对感染性休克和心源性休克建议使用舒血管药物;对过敏性休克和神经性休克,应及时给予缩血管药物。但是,休克时微循环变化是复杂的,临床上应针对不同情况合理配合使用缩血管和扩血管药物。

(3)纠正酸中毒:休克时,缺血和缺氧引起代谢性酸中毒,酸中毒可加剧微循环障碍,H^+和 Ca^{2+} 的竞争作用将直接影响血管活性药物的疗效,因而在使用这些药物前,首先应该纠正酸中毒。

(4)加强心功能:加强心泵功能可以增加器官的灌流量,适当应用强心药物,并注意减轻心脏的前、后负荷。

2.防止细胞损伤　休克时细胞损伤可由原发病因直接造成,也可继发于微循环障碍。改善微循环是防止细胞损伤的措施之一,可采用稳膜、清除自由基和补充能量等治疗措施。使用抗 TNF-α 的单克隆抗体、酶抑制剂等拮抗损伤性因子的作用;采用可的松药物以抑制细胞因子过量生成。

3.阻断炎症介质的损伤作用　应用炎症介质的阻断剂或者拮抗剂,有助于防止 MODS 的发生。小剂量糖皮质可抑制 SIRS,又不至于完全抑制免疫系统功能,在治疗脓毒症等 SIRS 的大规模临床试验中获得了较好的效果;前列腺素环氧酶抑制剂布洛芬、吲哚美辛等可抑制 TxA2 产生,对治疗感染性休克、改善创伤和感染时的肺损伤有效果;通过血液滤过或血浆交换法来去除过多的炎症介质可缓解严重 MODS。

4.防止器官功能衰竭 休克后期如出现 DIC 和器官功能衰竭,除采取一般的治疗措施外,还应针对不同器官功能衰竭情况采取不同的治疗措施。如出现急性心力衰竭时,除应停止和减少补液外,应及时强心、利尿,并适当降低心脏前、后负荷;如出现休克肺时,则增压给氧,改善呼吸功能;如出现肾功能衰竭时,应尽早采用利尿和透析等措施,并防止出现 MODS。

5.代谢支持疗法和胃肠道进食 对严重创伤、感染的动物需要进行代谢支持疗法以维持蛋白质平衡;在摄入营养中,应提高蛋白质和氨基酸的量,尤其是提高支链氨基酸的比例。目前发现经胃肠适当补充谷氨酰胺,可提高机体对创伤和休克的耐受力。

(吕英军、谭 勋)

第十一章

免疫性疾病
Diseases of Immunity

【Overview】Immunity is a complex defensive system of recognition and effector mechanisms for protecting the host from infectious pathogens and cancer. During the normal immune response there are mechanisms for eliminating the inciting foreign antigen, and associated with this is some degree of tissue damage that elicits an inflammatory response of appropriate duration and severity for the antigen. However, there are a number of instances in which the immune response elicits an inflammatory response that is not appropriate to the inciting antigen, and these fall into three general categories. The largest category is the hypersensitivity reactions, which are associated with a large number of diseases covered throughout this text. The second category is the autoimmune diseases, in which the immune response is inappropriately directed at a self-antigen, resulting in damage to normal organs or tissue. The third category is the immunodeficiency diseases, in which a genetic or acquired defect results in an inability to mount an immune response to control infections, resulting in severe systemic inflammation. This chapter focuses on general features of hypersensitivity reactions and immunodeficiency diseases.

第一节　变态反应

变态反应(allergy)是指已被抗原致敏的机体再次接受相同抗原刺激时所发生的一种表现为组织损伤或生理功能紊乱的特异性免疫反应。由于这种反应表现为对特定抗原的反应性增高,因而又称为超敏反应(hypersensitivity)。此类免疫反应伴有炎症和组织损伤,故又称为免疫损伤(immune injury)。也可以说,变态反应是异常的、有害的、病理性的免疫反应。

引起变态反应的物质称变应原(allergen)。它们可以是完全抗原(如动物血清、微生物、寄生虫、动物的皮毛和蛋白饲料等),也可以是半抗原(如青霉素、磺胺等药物只有与某种蛋白质结合后才获得免疫原性)。

变态反应的临床表现多种多样,可因变应原的性质、进入机体的途径、参与因素、发生机制和个体反应性的差异而有所不同。对变态反应的分类曾有不同的观点,Gell 和 Coombs 根据变态反应发生机制和临床特点将其分为四类:①Ⅰ型变态反应(速发型),如血清过敏性休克、青霉素过敏反应;②Ⅱ型变态反应(细胞溶解型),如输血反应、药物过敏性血细胞减少;③Ⅲ型变态反应(免疫复合物型),如链球菌感染引起的肾小球肾炎;④Ⅳ型变态反应(迟发型),如细胞内寄生的细菌性疾病(结核病、布鲁菌病等)和某些真菌感染。

一、Ⅰ型变态反应

Ⅰ型变态反应又称过敏反应(anaphylaxis),因反应迅速,故又称为速发型超敏反应(immediate hypersensitivity),或简称为变态反应(allergy)。主要由特异性 IgE 抗体介导产生,可发生于局部,亦可发生于全身。其主要特征是:①反应发生快,消退亦快;②常引起生理功能紊乱,但几乎不发生严重组织细胞损伤;③具有明显个体差异和遗传背景。

诱导Ⅰ型变态反应的变应原多是外源性的,相对分子质量为 1000～7000。相对分子质量过大的物质不能有效地穿过呼吸道和消化道黏膜,而相对分子质量过小又难以将肥大细胞和嗜碱性粒细胞膜上两个相邻近的 IgE 抗体及其受体桥联起来,因而不能触发活性介质的释放。常见变应原有异种动物血清、昆虫毒液、疫苗、寄生虫、食物、花粉、各种抗生素等。此外,其他免疫球蛋白如 IgG_1(犬、兔、豚鼠)、IgA(大鼠)也参与Ⅰ型变态反应。

(一)发病机制

Ⅰ型变态反应的发生过程大致可概括为致敏阶段(抗体与细胞结合)、发敏阶段(抗原与抗体在细胞表面相互作用导致生物活性介质释放)和效应阶段(介质作用于效应组织器官)三个阶段。

1.致敏阶段　变应原进入机体后,激活 T_H2 淋巴细胞和 B 淋巴细胞,诱导变应原特异性 IgE 抗体生成。IgE 类抗体与 IgG 类抗体不同,它们可在不结合抗原的情况下,以其 Fc 段与肥大细胞或嗜碱性粒细胞表面相应的 Fcε 受体(FcεR)结合,而使机体处于对该变应原的致敏状态。表面结合特异性 IgE 的肥大细胞和嗜碱性粒细胞,称为致敏的肥大细胞和致敏的嗜碱性粒细胞。这些细胞的致敏状态通常可维持数月甚至更长。如长期不接触相应变应原,致敏状态可逐渐消失。

2.发敏阶段　处于对某变应原致敏状态的机体再次接触相同变应原时,变应原与致敏的肥大细胞或致敏的嗜碱性粒细胞表面 IgE 抗体特异性结合,使细胞活化释放生物活性介质。研究表明,只有变应原与致敏细胞表面的两个或两个以上相邻 IgE 抗体结合,发生 FcεRI 交联,才能启动活化信号,并通过受体的 γ 链引发信号转导,使胞内各种酶活化,引起钙离子内流,导致细胞脱颗粒和新介质合成。

参与过敏反应的生物活性介质来源于预先形成的及新合成的两类活性介质。

(1)预先形成的生物活性介质:指预先形成并储备在颗粒内的介质,主要是组胺和激肽原酶。①组胺是引起即刻反应的主要介质,其主要作用是:使小静脉和毛细血管扩张、通透性增强;刺激支气管、胃肠道等处平滑肌收缩;促进黏膜腺体分泌增加。②激肽原酶可作用于血浆中激肽原使之生成具有生物活性的激肽,其中缓激肽的主要作用是:刺激平滑肌收缩,使支气管痉挛;使毛细血管扩张,通透性增强;吸引嗜酸性粒细胞、中性粒细胞等向局部趋化。

(2)细胞内新合成的介质:激发阶段细胞内新合成多种介质,主要有白三烯(leucotrienes,LTs)、前列腺素 D_2(PGD2)、血小板活化因子(platelet activating factor,PAF)及多种细胞因子。①LTs 是花生四烯酸经脂氧合酶途径形成的介质,通常由 LTC4、LTD4 和 LTE4 混合组成。它们是引起晚期反应的主要介质,其主要作用是使支气管平滑肌强烈而持久地收缩,也可使毛细血管扩张、通透性增强和促进黏膜腺体分泌增加。②PGD2 是花生四烯酸经环氧合酶途径形成的产物,多来源于肺肥大细胞,其主要作用是刺激支气管平滑肌收缩,使血管扩张和通透性增加。③PAF 是羟基化磷脂在磷脂酶 A_2 和乙酰转移酶作用后形成的产物,主要参与晚期反应,可凝聚和活化血小板使之释放组胺、5-羟色胺等血管活性胺类物质,增强Ⅰ型变态反应。

3.效应阶段(effector phase) 在这一阶段,释放的生物活性介质作用于效应组织和器官,引起局部或全身性的过敏反应。根据效应发生的快慢和持续时间的长短,可分为即刻/早期反应(immediate reaction)和晚期反应(late-phase reaction)两种类型。即刻/早期反应通常在接触变应原后数秒钟内发生,可持续数小时。该种反应主要由组胺、前列腺素等引起,表现为血管通透性增强,平滑肌快速收缩。晚期反应主要发生在变应原刺激后 6～12h,可持续数天或更长时间。该种反应主要是由新合成的脂类介质如 LTs、PAF 引起的。此外,嗜酸性粒细胞及其产生的酶类物质和脂类介质,对晚期反应的形成和维持也起一定的作用。

(二)临诊表现

动物临诊上,Ⅰ型变态反应常见有两类。

1.急性全身性过敏反应 引起全身过敏反应的抗原种类繁多,最常见的是药物(尤其是青霉素类抗生素)、疫苗、昆虫毒液和异源血清。变应原进入体内引起急性全身性反应,导致过敏性休克或死亡,如青霉素过敏反应。在过敏性休克时,不同动物受波及的主要器官不同,出现不同的休克器官,临床表现也有所差异。大多数物种最常见的病理表现是肺水肿和肺气肿。犬的主要休克器官是肝,最常见的表现是严重的肝充血和内脏出血。

2.局部过敏反应 过敏反应部位与变应原进入机体的途径有关。局部反应最常发生在上皮,如皮肤、呼吸道和胃肠道黏膜,主要与这些部位肥大细胞数量较多有关。如曲霉菌、花粉等引起犬和猫出现以瘙痒为特征的变应性皮炎;由饲料引起的过敏反应主要表现为消化道和皮肤症状。

(三)防治

查明变应原,避免与之接触是预防Ⅰ型变态反应发生最有效的方法。对已查明而难以避免接触的变应原如花粉、尘螨等,可采用小剂量、间隔较长时间、反复多次皮下注射相应变应原的方法进行脱敏治疗。药物防治可采用下述方法:

1.抑制生物活性介质合成和释放的药物 ①阿司匹林为环氧合酶抑制剂,可抑制前列腺素等介质生成。②色甘酸二钠可稳定细胞膜,阻止致敏靶细胞脱颗粒释放生物活性介质。③肾上腺素、异丙肾上腺素和前列腺素 E_2 可通过激活腺苷酸环化酶促进 cAMP 合成,使胞内 cAMP 浓度升高;甲基黄嘌呤和氨茶碱则可通过抑制磷酸二酯酶阻止 cAMP 分解,使胞内 cAMP 浓度升高。两者均可抑制靶细胞脱颗粒、释放生物活性介质。

2.生物活性介质拮抗药 这类药物主要包括苯海拉明、扑尔敏、异丙嗪等抗组胺药物,可通过与组胺竞争结合效应器官细胞膜上组胺受体而发挥抗组胺作用阿司匹林为缓激肽拮抗剂;多根皮苷酊磷酸盐则对 LTs 具有拮抗作用。

3.改善效应器官反应性的药物 肾上腺素不仅可解除支气管平滑肌痉挛,还可使外周毛细血管收缩升高血压,因此在抢救过敏性休克时具有重要作用。葡萄糖酸钙、氯化钙、维生素 C 等除可解痉外,还能降低毛细血管通透性和减轻皮肤与黏膜的炎症反应。

二、Ⅱ型变态反应

Ⅱ型变态反应是由 IgG 或 IgM 类抗体与靶细胞表面相应抗原结合后,在补体、吞噬细胞和自然杀伤细胞的参与下引起的以细胞溶解或组织损伤为主的病理性免疫反应。

(一)发病机制

1.靶细胞及其表面抗原 正常组织细胞、改变的自身组织细胞和被抗原或抗原表位结合修饰的自身组织细胞,均可成为Ⅱ型变态反应中被攻击杀伤的靶细胞。靶细胞表面的抗原主要包括:①正常存在于血细胞表面的同种异型抗原,如血型抗原;②外源性抗原与正常组织细胞之间具有的共同抗原,如链球菌胞壁的成分与心脏瓣膜、关节组织之间的共同抗原;③感染和理化因素所致改变的自身抗原;④结合在自身组织细胞表面的药物抗原表位或抗原-抗体复合物。

2.抗体、补体和效应细胞的作用 参与Ⅱ型变态反应的抗体主要是 IgG 和 IgM 类抗体。主要作用机制分为两类:①补体介导的细胞毒反应(complement mediated cytotoxicity,CDC):特异性抗体(IgM 或 IgG)与细胞表面的抗原相结合,固定并激活补体,直接引起细胞膜的损害与溶解,或通过抗体的 Fc 片段及 C3b 与巨噬细胞相应受体亲和结合,由巨噬细胞介导细胞损伤与溶解;②抗体依赖的细胞介导的毒性作用(antibody-dependent cell-mediated cytotoxicity,ADCC):靶细胞被低浓度的 IgG 抗体包被,一些表达 Fc 受体的杀伤细胞(NK 细胞、中性粒细胞、嗜酸性粒细胞、单核细胞)与 IgG 的 Fc 片段相结合,直接杀伤靶细胞。这一过程不涉及吞噬反应或补体的固定。ADCC 主要与寄生虫或肿瘤细胞的消灭以及抑制排斥有关。

(二)动物常见的临诊表现

1.异型输血反应 各种动物均有其血型系统,血型相同的同种动物可以输血。但如果输入血液的血型不同,则会造成输血反应,严重者可导致死亡。这是因为红细胞表面存在着各种抗原(凝集原),而在不同血型的个体的血清中有相应的抗体(凝集素),这些天然存在的抗体通常为 IgM。异型输血时,红细胞抗原和血清抗体结合后,除引起红细胞凝集外,还能激活补体系统,产生血管内溶血。

2.初生幼畜溶血病 由于母子间血型不合,初生幼畜从母畜食入大量含有特异性血型抗体的初乳,这些抗体进入血液后,与幼畜红细胞起反应,在短时间内就可引起溶血,从而引起溶血性黄疸。母子间血型不合是由于双亲之间血型不合所导致的。在马和猪,血型抗原不能通过胎盘,如果分娩时存在胎盘早剥、子宫壁受伤等情况,胎儿血型抗原可进入母体,刺激母体产生相应抗体。初生幼畜溶血一般都发生在 2~3 胎以后,母畜针对胎儿血型抗原产生的抗体常是 IgG 或 IgA。

临床上,仔猪在出生时无异常,但在吮乳十几个小时后便呈现溶血、呼吸困难、血红蛋白尿等症状,甚至死亡。初生驹的溶血病主要发生在骡,马亦常见。由于骡的亲代血型抗原差异较大,有 8%~10% 的初生骡发生本病。

3.药物反应 某些药物可以作为半抗原与细胞表面成分结合,形成新的抗原,刺激机体产生特异性的 IgG 抗体,与细胞表面的相应抗原结合后,激活补体系统,引起细胞溶解。例如,青霉素、奎宁、氨基水杨酸等可吸附于红细胞表面,使红细胞破坏;磺胺类药物、氨基比林、氯霉素等可结合到粒细胞上,引起粒细胞破坏;脲类、氯霉素等可引起血小板减少。

此外,某些病原微生物的抗原成分有吸附宿主红细胞的能力,如沙门氏菌的脂多糖、马传染性贫血病毒、阿留申病病毒,这些吸附有病原抗原的红细胞可被当作异物而遭受自身免疫系统的攻击,进而发生溶血。

三、Ⅲ型变态反应

Ⅲ型变态反应又名免疫复合物介导的超敏反应(immune complex mediated hypersensitivity),又称为免疫复合物病(immune complex disease)。免疫复合物(immune complex)是指对某种抗原产生的沉降性抗体与该抗原形成的抗原-抗体复合物。大多数体液免疫反应都可形成免疫复合物,它们通常可被单核/巨噬细胞系统和白细胞及时清除,不影响机体的正常功能,只有在免疫复合物沉淀到组织上并持续存在时,才能导致组织损伤,引起免疫复合物病。

(一)发病机制

1.免疫复合物的形成与沉积　存在于血液循环中的可溶性抗原与相应的 IgG 或 IgM 类抗体结合,可形成可溶性抗原-抗体复合物(即免疫复合物)。在正常状态下,免疫复合物的形成有利于机体通过单核/巨噬细胞吞噬清除抗原物质。但在某些情况下,可溶性免疫复合物不能被有效地清除,沉积于毛细血管基底膜,引起炎症反应和组织损伤。多种因素能影响可溶性免疫复合物的清除和在组织的沉积。促使免疫复合物沉积的因素主要有:①血管通透性增加。免疫复合物可激活补体产生过敏毒素(C3a 和 C5a)和 C3b,使肥大细胞、嗜碱性粒细胞和血小板活化,也可直接与血小板表面 FcγR 结合使之活化,释放组胺等血管活性物质。高浓度血管活性物质可使血管内皮细胞间隙增大,血管通透性增加,有助于免疫复合物向组织内沉积。②免疫复合物的数量。当免疫复合物形成过多并超过机体对其吞噬清除能力,或伴有单核/巨噬细胞系统功能降低时,免疫复合物积聚增多,易于沉积致病。③免疫复合物的性质。沉淀性免疫复合物,分子较大,多沉积于抗原进入局部组织,而可溶性复合物随血液运行,常沉积于肾小球、关节、心肌和其他部位血管。可溶性免疫复合物的沉积,可能与沉积部位的解剖学和血流动力学有关。肾小球是一个滤过装置,血流量大,血管分支多,细而曲折,血流缓慢,有利于免疫复合物沉积。此外,肾小球的基底膜是一个滤板,允许一定大小的免疫复合物通过,而较大的免疫复合物则被嵌留于基底膜上,可在该处激活补体,产生 C3a 和 C5a,使血管通透性进一步增高,促进沉积。另据报道,肾小球内皮细胞有 C3b 受体和 Fc 受体,促使含有补体的免疫复合物沉积。

2.免疫复合物的致病作用　免疫复合物沉积引起组织损伤的主要环节是固定并激活补体,产生生物活性介质,从而导致组织损伤及炎症反应。

(1)补体激活:补体激活所产生的生物学效应包括:①免疫复合物通过经典途径激活补体,产生裂解片段 C3a,促进巨噬细胞,由巨噬细胞介导细胞损伤;②提供趋化因子(C5b、C567),诱导中性粒细胞和单核细胞浸润;③释放过敏毒素(C3a、C5a),增加血管通透性,引起血管平滑肌收缩;④攻击细胞膜,造成细胞膜损伤甚至溶解(膜攻击复合体即 C5b~9 复合体)。

（2）血小板聚集和Ⅻ因子激活：免疫复合物可引起血小板聚集和Ⅻ因子激活，两者均可促进炎症反应和微血栓形成，从而导致缺血和坏死。

（3）炎症介质释放：白细胞吞噬抗原-抗体复合物后可释放多种炎症介质，包括前列腺素、扩血管活性物质、趋化物质以及多种溶酶体酶，其中溶酶体酶能消化基底膜、胶原、弹力纤维及软骨。此外，激活的中性粒细胞产生的氧自由基也可导致组织损害。

（二）动物常见的临诊表现

Ⅲ型变态反应涉及的常见疾病，因复合物沉积部位的不同可分为局部性与全身性两类，如 Arthus 反应和血清病。

1. Arthus 反应　为一种局部Ⅲ型变态反应。反复多次给家兔注射可溶性抗原，当血清中的抗体达到较高效价时，再注射该抗原于同一部位，经过数小时后，注射部位的皮肤出现红斑、水肿，持续 12～24h，之后转呈青紫色，逐渐变黑，形成痂皮。这是 Arthus（1903 年）发现的，故称 Arthus 反应或阿图斯氏现象（Arthus's phenomenon）。

2. 肾小球肾炎　动物的肾小球肾炎常伴发于某些传染病，如猪丹毒、猪瘟、鸡新城疫、马传染性贫血、弓形虫病等。肾小球肾炎的免疫病理机制有两种，一种是免疫复合物沉积于肾小球所致（免疫复合物性肾小球肾炎）；另一种是抗肾小球基底膜抗体所致（抗基底膜性肾小球肾炎）。

免疫复合物性肾小球肾炎的发生机制是机体在抗原的刺激下产生 IgG 抗体，并形成一种抗原稍多于抗体的中等大小的可溶性复合物，在血液循环中保持较长时间，并在通过肾小球时沉积在毛细血管的基底膜与脏层上皮细胞之间。免疫荧光染色后观察，可见毛细血管基底膜表面有大小不等的、不连续的颗粒状物，电镜下则呈小丘状或驼峰状电子致密物。大多数肾小球肾炎属Ⅲ型变态反应。而抗基底膜性肾小球肾炎的发生则是由于某些抗原刺激机体产生抗自身肾小球基底膜的抗体并沿基底膜内侧沉积所致，此为Ⅱ型变态反应。

3. 血清病　血清病（serum sickness）为全身性免疫复合物病，因可溶性抗原-抗体复合物在组织中沉积而致病。经典的血清病在首次注射异体蛋白 7～9 天后出现，临诊表现为短暂的发热、皮肤荨麻疹、周围关节肿胀、淋巴结肿大和蛋白尿等，血清补体含量明显降低。血清病具有自限性，停止注射抗毒素后症状可自行消退。有时应用大剂量青霉素、磺胺等药物也可引起类似血清病样的反应。

四、Ⅳ型变态反应

Ⅳ型变态反应是由效应性 T 淋巴细胞与相应抗原作用后引起的以单个核细胞浸润和组织细胞损伤为主要特征的炎症反应。此型变态反应发生较慢，通常在接触相同抗原后 24～72h 出现炎症反应，因此又称迟发型超敏反应（delayed type hypersensitivity，DTH）。与前述由特异性抗体介导的三种变态反应不同，Ⅳ型变态反应是由特异性致敏效应 T 淋巴细胞介导的细胞免疫应答的一种类型。

（一）发生机制

1. 抗原与相关细胞　引起Ⅳ型变态反应的抗原主要有胞内菌（如结核杆菌）、真菌（如荚膜组织胞浆菌、新型隐孢子球菌）、寄生虫以及病毒。这些抗原物质经抗原递呈细胞（antigen-presenting cell，APC）摄取、加工处理成抗原-MHC 分子复合物，表达于 APC 表面，提供给具有特异性抗原受体的 T 淋巴细胞识别，并使之活化和分化成为效应性 T 淋巴细胞。效应性 T 淋巴细胞主要为 CD4$^+$ Th1 细胞,但也有 CD8$^+$ 细胞毒性 T 淋巴细胞(cytotoxic T cell,CTL)参与。

2.T 淋巴细胞介导的炎症反应和组织损伤

(1)CD4$^+$ Th1 细胞介导的炎症反应和组织损伤:效应性 Th1 细胞识别抗原后活化,释放多种细胞因子,如 IFN-γ、TNF-α、LT-α、IL-3、GM-GSF、MCP-1 等。其中 IL-3 和 GM-GSF 可刺激骨髓新生成单核细胞,使巨噬细胞数量增加;MCP-1 可趋化单个核细胞到达抗原部位;TNF-α 和 LT-α 可使局部血管内皮细胞黏附分子的表达增加,促进巨噬细胞和淋巴细胞至抗原存在部位聚集,可直接对靶细胞及其周围组织细胞产生细胞毒作用,引起组织损伤;IFN-γ 和 TNF-α 可使巨噬细胞活化,活化的巨噬细胞进一步释放前炎性细胞因子 IL-1、IL-6、IL-8 和 TNF-α 等加重炎症反应。Th1 细胞也可借助 FasL 杀伤表达 Fas 的靶细胞。

(2)CD8$^+$ CTL 介导的细胞毒作用:效应 CD8$^+$ CTL 与特异性抗原结合而被活化后,通过释放穿孔素和颗粒酶等介质,使靶细胞溶解或凋亡;或通过其表面表达的 FasL 与靶细胞表面表达的 Fas 结合,导致靶细胞发生凋亡。

Ⅳ型变态反应病变的特点是以单个核细胞浸润为主的炎症和组织坏死。如果局部有难以降解的抗原刺激持续存在,则在数周后出现上皮样细胞结节,形成典型的肉芽肿(granuloma)。某些化学物质引起的接触性皮炎以及移植组织器官的排斥反应均可见迟发型超敏反应。

(二)动物常见的临诊表现

1.感染性迟发型超敏反应 多由胞内寄生物感染引起,如结核杆菌和某些原虫感染等。被结核杆菌感染的巨噬细胞在 Th1 细胞释放的细胞因子 IFN-γ 的作用下被活化,可将结核杆菌杀死。如果结核杆菌抵抗巨噬细胞的杀伤效应,则可发展为慢性炎症,形成肉芽肿。肉芽肿中心由巨噬细胞融合成的多核巨细胞构成,在缺氧和巨噬细胞的细胞毒作用下可形成干酪样坏死。结核菌素试验为典型的实验性迟发型超敏反应。

2.接触性迟发型超敏反应 接触性皮炎为典型的接触性迟发型超敏反应。通常是由于接触小分子半抗原物质,如油漆、染料、农药和某些药物(磺胺和青霉素)等引起。小分子的半抗原与体内蛋白质结合成完全抗原,经多核巨细胞摄取递呈给 T 淋巴细胞,并刺激细胞活化、分化为效应性 T 淋巴细胞。机体再次接触相应抗原可发生接触性皮炎,导致局部皮肤出现红肿、皮疹、水疱,严重者可出现剥脱性皮炎。如由树脂引起的犬的接触性皮炎在临床上多见。

第二节 免疫缺陷与免疫缺陷病

动物机体因免疫系统先天发育不全或获得性损伤而造成的免疫功能缺乏或低下,称为免疫缺陷(immunodeficiency),机体对各种抗原刺激的免疫应答不足或免疫缺陷引起的一系列疾病称为免疫缺陷病(immunodeficiency disease)。免疫缺陷的共同特点是机体抗感染能力低下,易反复感染。造成免疫缺陷的病因主要与遗传、代谢、胚胎发育障碍和自身免疫病等因素有关。

一、免疫缺陷的类型

根据发生的原因,免疫缺陷可分为原发性免疫缺陷和继发性免疫缺陷。

(一)原发性免疫缺陷

原发性免疫缺陷是指由遗传因素引起的特异性或天然免疫(如补体、吞噬、NK 细胞等)异常。特异性免疫缺陷包括 T 淋巴细胞缺陷、B 淋巴细胞缺陷,或 T 淋巴细胞和 B 淋巴细胞联合缺陷。由于免疫反应过程中存在 T、B 淋巴细胞互作,因而在某些情况下,B 淋巴细胞缺陷和 T 淋巴细胞缺陷在临床表现上并无明显区别。比如,T 淋巴细胞缺陷也可引起抗体合成障碍,与单纯 B 淋巴细胞缺陷或 B 淋巴细胞和 T 淋巴细胞联合缺陷难以区分。绝大多数原发性免疫缺陷在动物出生后就可表现出来,主要表现为反复感染。不同免疫缺陷对不同病原的易感性不同,反之,易感的病原种类也可在一定程度上反映出免疫缺陷的类型(表11-1)。

表 11-1　不同类型免疫缺陷感染病原的类型

Pathogen Type	T Lymphocyte Defect	B Lymphocyte Defect	Granulocyte Defect	Complement Defect
Bacteria	Bacterial sepsis	*Streptococcus* spp.，*Staphylococcus* spp.	*Staphylococcus* spp.，*Pseudomonas*	Pyogenic bacterial infection
Viruses	Cytomegalovirus，chronic infections with respiratory and intestinal viruses	Enteroviral encephalitis		
Fungi and parasites	*Candida*，*Pneumocystis carinii*	Intestinal giardiasis，aspergillosis	*Candida*，*Nocardia*，*Aspergillus*	
Special features	Aggressive disease with opportunistic pathogens，failure to clear infections，adverse reactions to attenuated vaccines	Chronic recurrent gastrointestinal infections，sepsis，meningitis	Neutrophilia	

(二)继发性免疫缺陷

继发性免疫缺陷又称获得性免疫缺陷病(acquired immunodeficiency disease),是由后天因素(如感染、一些疾病或药物作用)造成的免疫缺陷性疾病。动物大多数免疫缺陷病属此类。

1.非感染性因素　主要包括营养不良、恶性肿瘤和医源性因素(如免疫抑制剂和放射性损伤等)引发的免疫缺陷。

2.感染性因素　一些病毒、细菌和寄生虫感染,可不同程度地影响机体免疫系统功能,导致获得性免疫缺陷病。人类免疫缺陷病毒(human immunodeficiency virus,HIV)感染引发的获得性免疫缺陷综合征(acquired immune deficiency syndrome,AIDS)就是继发性免疫缺陷的典型例子。在动物中,鸡法氏囊病毒、猫免疫缺陷病毒等许多病原微生物感染可引起严重的免疫抑制。

二、免疫缺陷病举例

(一)动物原发性免疫缺陷病

原发性免疫缺陷病又称先天性免疫缺陷病,多发生在幼畜。常见的疾病有:

1.牛胸腺发育不全　是一种胸腺和淋巴细胞发育不全的常染色体隐性遗传病,多见于丹麦牛。犊牛出生后正常,4～8周龄出现严重皮肤感染,在口、眼周围及颌部皮肤发生丘疹、脱毛、角化不全等病变,如不及时治疗可在数周内死亡,最长存活时间不超过4个月。病理变化以淋巴组织最明显,出现胸腺、脾、淋巴结发育不全,胸腺依赖区缺乏淋巴细胞。患牛呈现细胞免疫抑制,T淋巴细胞缺乏,不能诱发迟发型变态反应,但血清中各种免疫球蛋白含量和对抗原的抗体反应均正常。

2.胸腺萎缩和生长素缺乏症　见于近亲繁殖的德国威玛猎犬,发病犬出生时正常,断奶后生长停滞,出现侏儒症,并发生严重的、反复的感染,在数周或几个月内死亡。患病动物胸腺明显萎缩,皮质消失,其他淋巴组织器官的胸腺依赖区内淋巴细胞缺失,T淋巴细胞对丝裂原的应答反应降低,但免疫球蛋白含量正常。用牛生长激素治疗可使胸腺皮质再生并改善临诊症状,表明分泌生长激素的垂体异常可能与细胞免疫缺陷的发生有关。

3.致死性皮炎　是猎犬的一种常染色体隐性遗传病,伴有锌吸收和代谢异常。幼犬出生时皮毛颜色变淡,很快出现腹泻,呼吸道与皮肤反复感染,口周及足部皮肤发生化脓性皮炎,趾爪呈现甲沟炎和营养不良,病犬在15个月内多因支气管肺炎而死亡。镜检可见胸腺萎缩、淋巴器官的胸腺依赖区缺乏淋巴细胞、T淋巴细胞功能低下,血液中免疫球蛋白含量正常,血锌含量降低。给动物补锌对病情无明显影响,发病机制不明。

4.无丙种球蛋白症　只发生于雄性幼畜,是一种性连锁遗传性疾病,主要见于马驹,在牛也有报道。病驹反复发生呼吸道感染,一般可存活18个月左右。幼畜出生时血清IgM缺乏,IgA和IgG的含量则取决于初乳中相应抗体的含量。病驹对抗原刺激缺乏抗体反应,淋巴器官无淋巴滤泡和生发中心,并缺乏浆细胞,但T淋巴细胞正常。

5.选择性抗体缺乏症　是一种常染色体遗传缺陷。

(1)选择性IgM缺乏症:见于阿拉伯马,其血清IgM缺失,其他免疫球蛋白和细胞免疫均正常,患病动物容易发生呼吸道感染,多在一年内死亡。Doberman Pinschen犬也有报道,其血清IgM含量极少,IgG略减,IgA含量升高,病犬易发生慢性卡他性鼻炎。

(2)选择性IgG缺乏症:病牛血清IgG_2缺失或明显减少,其他免疫功能均正常,对化脓性菌易感性增高,容易发生坏死性乳腺炎和支气管肺炎。病马血清IgG含量极低,IgM、IgA含量及T淋巴细胞功能均正常,容易发生大肠杆菌感染。选择性IgG缺乏症也见于多种品系的鸡。如BK-1来航鸡的血清中IgG含量减少,而IgM含量较高,这种遗传性缺陷与B淋巴细胞向浆细胞分化障碍有关。

(3)选择性IgA缺乏症:在小型猎犬和德国牧羊犬均有发生。患犬血清IgA含量极低,而IgG和IgM含量及T、B淋巴细胞数量均正常,体内可检出抗IgA循环抗体,常感染支气管败血杆菌和副流感病毒,反复发生呼吸道疾病,有的还发生皮炎、耳炎、胃肠道感染及周期性癫痫。

6.联合免疫缺陷

(1)马联合免疫缺陷:本病见于阿拉伯马驹,是一种常染色体隐性遗传病,发生率为2%～3%。马驹出生时正常,随着母源抗体的消失而在2月龄时发病,相继发生腺病毒、卡氏肺囊虫、隐孢子虫和寄生虫感染,出现肺炎、腹泻、口炎、舌炎、溃疡性皮炎等一系列病变,多在4～6月龄时因严重的呼吸道感染而死亡。病驹血液淋巴细胞减少,缺乏IgM,有的还缺乏IgG和IgA,血液中IgG和IgA主要取决于母乳中IgG和IgA的含量。B淋巴细胞不能结合免疫球蛋白,也不表达补体受体;淋巴细胞对丝裂原刺激无反应,不出现迟发型变态反应;全身淋巴组织发育不全,胸腺皮、髓质界线不清,脾和淋巴结缺少生发中心。

(2)犬联合免疫缺陷:本病见于小型猎犬,是一种X性连锁遗传病。患病动物常发生脓痂性皮炎、耳炎、齿龈炎、卡氏肺虫病、传染性肝炎、犬瘟热等,多在几个月内死亡。病犬缺乏IgM,淋巴细胞减少,T淋巴细胞功能障碍,对丝裂原刺激不出现反应。

(3)猪联合免疫缺陷:本病在新生仔猪和幼龄猪有报道。仔猪多在出生后1～4周发病,血清免疫球蛋白含量减少,淋巴细胞对T淋巴细胞依赖性抗原及丝裂原的应答反应低下。

(4)牛联合免疫缺陷:本病在安格斯牛有报道。病牛血液中淋巴细胞减少,免疫球蛋白含量主要取决于母源抗体,出生6周后显著降低。常发生细菌和病毒感染,出现肺炎、腹泻、黏膜溃疡、皮肤坏疽等病变,最后多死于菌血症和念珠病。患牛淋巴组织发育不全,胸腺、脾、淋巴结的淋巴细胞显著减少,缺少生发中心,骨髓中淋巴细胞和干细胞数量极少。

(二)动物继发性免疫缺陷病

继发性免疫缺陷病又称获得性免疫缺陷病或免疫抑制病,可发生于任何年龄的动物,但无特征性病理变化。

1.感染性因素引起的免疫缺陷　许多病毒、细菌、真菌、原虫等感染常引起机体防御功能低下,加重病情。

(1)病毒感染:具有免疫抑制作用的病毒很多,但引起免疫抑制的机制尚不完全清楚。①牛腹泻病毒:牛感染该病毒后,胸腺、淋巴结、肠黏膜淋巴组织受损,淋巴细胞锐减,细胞免疫和体液免疫功能均降低,中性粒细胞吞噬能力减弱。②马传染性贫血病毒:感染后马的胸腺、脾等淋巴组织萎缩,淋巴滤泡、生发中心、胸腺依赖区的淋巴细胞减少,抗体应答和细胞免疫功能降低。③猪流感病毒:病毒对淋巴器官组织有损害作用,淋巴细胞对丝裂原反应降低,中性粒细胞杀菌能力减弱。④鸡白血病病毒:病毒以淋巴细胞为主要靶细胞,病毒启动子插入B淋巴细胞c-myc原癌基因中,使B淋巴细胞发生恶性转变,引起体液免疫抑制。⑤鸡马立克病病毒:病毒先后在B淋巴细胞和T淋巴细胞内复制增殖,引起细胞溶解、破坏,恶变形成肿瘤,致使淋巴器官组织受损,T淋巴细胞对丝裂原反应降低,IL-2生成与IL-2受体表达减少,B淋巴细胞抗体生成减少。⑥鸡传染性法氏囊病病毒:病毒以法氏囊和SIgM⁺与SIgG⁺细胞为主要靶细胞,引起中枢与外周免疫器官组织损伤,淋巴细胞数量减少,B淋巴细胞抗体生成反应明显降低,T淋巴细胞对丝裂原反应减弱,呈现以体液免疫抑制为主的免疫抑制。⑦鸡传染性贫血病毒:病毒主要侵害雏鸡的淋巴组织和骨髓组织,胸腺、法氏囊等器官淋巴细胞减少,T淋巴细胞生成IL-2和IFN-γ减少,T、B淋巴细胞对丝裂原反应降低,细胞免疫和体液免疫均呈现抑制。⑧犬瘟热病毒:感染犬的病毒在淋巴细胞、巨噬细胞、上皮细胞和神经细胞内增殖,引起骨髓、胸腺、脾等淋巴组织损伤,B淋巴细胞抗体生成功能以及T淋巴细胞对丝裂原的反应性均显著降低,呈现免疫抑制。⑨猫泛白细胞减少症病毒:幼龄猫最易感染,死亡率也高。病猫骨髓和淋巴结严重受损,血液中白细胞急剧减少,体液免疫和细胞免疫均受抑制。⑩猫免疫缺陷病毒:又称猫艾滋病病毒,病毒在单核细胞、胸腺和脾细胞内复制,引起全身淋巴结病变,白细胞减少,细胞免疫和体液免疫抑制。病猫容易继发感染弓形虫、隐球菌和念珠菌等病原微生物,发生皮肤瘤、淋巴肉瘤、消化道与呼吸道疾病。

(2)细菌或支原体感染:细菌感染动物后,除细菌本身及其毒素可直接损害免疫系统的淋巴细胞、巨噬细胞和中性粒细胞外,细菌还能分泌一些免疫抑制物质,干扰和抑制免疫反应。比如,大肠杆菌、结核分枝杆菌、绿脓杆菌等分泌的黏液性物质可抑制吞噬细胞的吞噬作用;溶血性巴氏杆菌可分泌对牛、绵羊、山羊肺泡吞噬细胞具有破坏作用的因子,引起急性脾炎、淋巴细胞坏死和淋巴组织萎缩,从而导致免疫抑制;丝状支原体引起牛传染性胸膜肺炎时分泌的产物可导致 T 淋巴细胞和中性粒细胞减少;火鸡支原体能抑制体液免疫,使火鸡对新城疫疫苗的抗体反应降低;羊支原体可使抑制性 T 淋巴细胞活性增强和细胞毒性 T 淋巴细胞活性降低,抑制细胞免疫反应。

(3)寄生虫感染:许多原虫和蠕虫可引起动物免疫抑制。如锥虫、利氏曼原虫、弓形虫、巴贝西虫、曼氏血吸虫、肝片形吸虫、旋毛虫、泰勒虫、绵羊捻转血矛线虫、犬蠕形螨等均可通过不同途径抑制宿主的免疫应答,以保护自身在宿主内生存与繁殖。

寄生虫引起宿主免疫抑制的主要途径有:①寄生虫作为异种抗原诱发 B 淋巴细胞多克隆激活,产生大量与虫体抗原无关的抗体,用以消耗致敏的淋巴细胞,使其对入侵的寄生虫不能产生有效的免疫应答,见于锥虫、疟原虫感染。②寄生虫产生淋巴细胞毒性因子,使淋巴细胞失活或使抗体失活,如锥虫产生蛋白酶样物质,可与抗体结合,使其失去 Fc 片段而丧失免疫作用,非特异性激活补体,使其含量减少,见于巨颈绦虫、血吸虫感染。③寄生虫产生、分泌或脱落大量抗原并与免疫细胞,如巨噬细胞、T 淋巴细胞和 B 淋巴细胞结合,阻碍免疫细胞对虫体抗原的识别,从而抑制宿主的免疫应答,抑制性 T 淋巴细胞、B 淋巴细胞和巨噬细胞增多,使免疫调节失衡,呈现免疫抑制。

2. 非感染性因素引起的免疫缺陷

(1)恶性肿瘤:恶性肿瘤特别是淋巴组织的恶性肿瘤,由于免疫组织的细胞发生恶变而导致免疫抑制。免疫抑制的性质多与恶变的淋巴细胞种类相关,即 T 淋巴细胞肿瘤主要干扰细胞免疫,B 淋巴细胞肿瘤主要影响体液免疫。如猫白血病的肿瘤细胞主要起源于 T 淋巴细胞,伴有细胞免疫缺陷;鸡淋巴细胞性白血病的肿瘤细胞主要起源于 B 淋巴细胞,伴有体液免疫缺陷。

(2)营养不良:①蛋白质不足。动物的饲料中缺乏蛋白质,可引起家兔 T 淋巴细胞增多,对丝裂原的反应降低;缬氨酸、赖氨酸、蛋氨酸缺乏时,鸡对新城疫疫苗免疫的抗体生成反应降低,对大肠杆菌、沙门杆菌的敏感性增高。②维生素、矿物质缺乏。维生素和矿物质缺乏对免疫功能有不同程度的影响。维生素 B_1、维生素 B_2、维生素 H(生物素)和维生素 P(泛酸)缺乏对 B 淋巴细胞功能有明显影响;维生素 A、维生素 B_6、叶酸和维生素 B_{12} 缺乏时,T 淋巴细胞和 B 淋巴细胞功能低下;维生素 B_{12}、维生素 B_6 缺乏对中性粒细胞和巨噬细胞的功能有抑制作用。③微量元素缺乏。铜缺乏时,牛体内超氧化物歧化酶活性降低,脾脏抗体生成细胞减少,细胞免疫反应降低。铁是许多氧化酶的辅助因子,铁缺乏时,吞噬细胞中过氧化酶的活性降低,对病原的杀灭作用降低,如大鼠缺铁时中性粒细胞吞噬杀菌能力降低,免疫细胞分泌 IL-1 减少,脾脏 NK 细胞的杀伤能力减弱,消化道黏膜免疫水平降低;小鼠缺铁时 T、B 淋巴细胞减少,对丝裂原的反应减弱,IgG、IgM 抗体生成细胞减少。但在补充铁剂时不能操之过急,因为如果血清游离铁上升过快反而有利细菌生长,加重感染。缺锌时,鸡的抗体生成功能、细胞免疫反应和吞噬细胞的吞噬能力均降低;大鼠胸腺萎缩和胸腺素减少,T、B 淋巴细胞对丝裂原的反应降低,对绵羊红细胞的抗体生成减少;缺锌可引起猪的淋巴细胞对丝裂原反应减弱;缺锌可引起鸡的胸腺和法氏囊发育受阻,淋巴细胞对丝裂原反应低下,抗体生成减少。硒缺乏对 T 淋巴细胞功能影响较大。

(3)免疫抑制剂和抗生素:长期或大量使用免疫抑制剂(皮质类固醇、环磷酰胺等)和抗生素等均可直接或间接引起动物免疫抑制,导致严重感染,尤其是条件致病菌的感染发生率显著增高。

(4)应激:动物因环境因素的改变或受到强烈刺激而发生应激时,通过自主神经系统、下丘脑-垂体-肾上腺轴、神经肽和神经介质以及神经免疫介质等途径引起免疫抑制。例如,运输应激时牛、绵羊的淋巴细胞对丝裂原反应降低,容易发生病毒性感染;热应激时,仔猪、母猪和鸡的抗体生成减少;慢性热应激时,绵羊淋巴细胞对丝裂原反应减弱,血清中出现抑制丝裂原反应的物质;冷应激时,猪、牛的抗体生成和迟发型变态反应能力降低;断奶应激时,仔猪体内 B 淋巴细胞数量减少,迟发型变态反应能力低下,中性粒细胞吞噬活性降低;绵羊妊娠应激时,对特异抗原的迟发型变态反应能力减弱。

(成子强、谭　勋)

第十二章

应 激
Stress

【Overview】The term stress has been used persistently and widely in specialties such as biology, health science, and social science, despite numerous disagreements over its various definition. The simplest and most accepted definition of stress is: the nonspecific response of the body to any strong stimuli. A certain extent if any stimulus that an individual comes into contact with, physical or psychological, may mediates, besides specific response, non-specific systemic response, namely stress or stress response.

Stress is an unavoidable consequence of life and is a ubiquitous phenomenon that is necessary for all living organisms to exist and develop. Stress is one of the important adaption mechanisms of body to a changing internal or external environment. The successful adaptation is maintained by counteracting/reestablishing force, or adaptation response. The adaptation response consists of physical or mental reactions that attempt to counteract the effects of the stressful stimuli in order to reestablish homeostasis. Stress due to an excess and prolonged adaptive demands placed upon body, thus, leading to physical and mental damage.

Stress is a non-specific and considerably wide-spread response that may occur on different levels from molecules to organs in body. The most essential component of stress response is the neuro-endocrine response, specifically the locus ceruleusnorepinephrine/sympathetic-adrenal medulla axis (LC/NE) and hypothalamic-pituitary-adrenal cortex axis (HPA). Some stressors can arouse obvious responses of the body fluid and cells, and even at the genetic level. Simultaneously, there are some corresponding changes in the function and metabolism of the organs and systems of body.

应激(stress)这一目前广泛使用的概念是由加拿大内分泌学家汉斯·塞里(Hans Selye,1907—1982)提出来的。塞里的许多实验结果表明,许多不同的有害刺激急性暴露能引起实验动物出现相同的体征或综合征,如胃溃疡、淋巴组织萎缩和肾上腺肥大等。他后来还揭示了应激可诱导自主性激素反应,而且这些激素的长期改变可引起溃疡、高血压、动脉硬化、关节炎、肾病和过敏反应等疾病,塞里认为这是一种"全身适应综合征"(general adaptative syndrome,GAS),即机体针对各种改变而做出的非特异性反应,与致病因素的本质无关。

GAS反应分为三个时期:①警觉期(alarm reaction stage),即对抗或逃跑(fight-or-flight)反应期。在这一期,求救信号发送到下丘脑,刺激下丘脑释放糖皮质激素(glucocorticoid,GC),促进肾上腺素和皮质醇(cortisol)释放,后者又被称为应激激素(stress hormone)。肾上腺素引起心率增加,血压上升,同时血糖水平也上升,这一过程由交感神经控制。②抵抗期(resistance stage):副交感神经兴奋以减少皮质醇释放,心率和血压开始恢复正常。在这一阶段,如果应激原的作用消失,身体将恢复正常。③衰竭期(exhaustion stage):应激原的作用持续存在,应激激素持续产生,引起能量储备耗竭,机体对疾病的易感性升高,甚至死亡。

在畜牧业生产中,许多疾病与应激相关,比如,育肥猪在运到屠宰场的途中会发生猝死或出现肌肉的异常变化;家禽在抓捕、惊吓、疫苗接种反应或挤压等强烈刺激下,不表现任何症状而突然死亡;长途运输的牛出现发热;健康活泼的幼龄宠物初到新环境的几天内会出现胃肠道不适或呼吸道疾病等。

第一节 应激与应激原的概念

一、应激的概念

应激是指机体受到某种因素的强烈刺激或长期作用时所出现的以交感神经过度兴奋和垂体-肾上腺皮质功能异常增强为主要特征的一系列神经内分泌反应,以及由此而引起的各种功能和代谢改变,借以提高机体的适应能力并维持内环境的相对稳定。任何生理的(physical)或心理的(psychologic)刺激在达到一定程度后,除了引起特异性变化外,均可引起一些与刺激因素的性质无直接关系的全身性非特异性反应,以适应内外环境的变化。

应激是一种普遍存在的现象,为一切生物的生存所必需,在生理学和病理学中都有非常重要的意义。应激反应可使机体处于警觉状态,有利于增强机体的对抗(fight)或逃避(flight)能力,有利于在变动的环境中维持机体的自稳态并增强机体的适应能力。它既可以对机体有利,也可以对机体产生有害作用。

二、应激原的概念

能够引起应激反应的因素统称为应激原(stressor),简称激原。任何刺激,只要达到了一定强度或作用时间,都可成为应激原。任何应激原所引起的应激,其生理反应和变化都几乎相同。应激原一般可以分为三类。

(一)外环境因素

如环境突然变化、捕捉、长途运输、过冷、过热、缺氧、缺水、断料、断电、密度过大、混群、营养缺乏、改变饲喂方式、更换饲料、气候突变、过劳、雏鸡断喙、仔猪断尾等。

(二)内环境因素

如贫血、休克、器官功能衰竭、酸碱平衡紊乱等。

(三)心理因素

如惊吓、孤独、焦虑、突发事件的影响等。

应激原还可分为非损伤性和损伤性两大类。恐惧、过热、过冷、长途运输、高密度饲养等属于非损伤性应激原。能引起组织细胞损伤和炎症反应的应激原属于损伤性应激原,如烧伤、创伤和微生物或寄生虫感染。

三、应激的分类

按照不同标准,具有不同的分类方式,主要包括:

(一)急性应激和慢性应激

机体受突然刺激而发生的应激称为急性应激,长期持续性的应激称为慢性应激。

(二)生理性应激和病理性应激

从应激对机体的影响来看,如果机体适应了外界刺激,并维持了机体的生理平衡,称为生理性应激(physiologic stress)或自然应激(natural stress),这种应激多为良性应激反应(eustress)。如果应激导致机体出现代谢、功能紊乱和器官功能障碍,甚至发生疾病,则称为病理性应激(pathologic stress),又称为应激综合征(stress syndrome)、应激性疾病(stress disease),或称全身适应综合征或适应性疾病(adaptation disease),多为劣性应激反应(distress)。

第二节　应激反应的基本表现

应激反应是一种非特异性全身性反应,从基因到整体都会出现相应变化,这些变化大致可以分为三个层面:神经内分泌反应,基因、细胞水平的应激反应,功能代谢整体水平的应激反应。

一、神经内分泌反应

当机体受到强烈刺激时体内会出现一系列神经-内分泌变化,其中最主要的变化为交感-肾上腺髓质系统和下丘脑-垂体-肾上腺皮质系统的强烈兴奋。多数应激反应的生理生化变化与外部表现都与这两个系统的强烈兴奋有关。

(一)交感-肾上腺髓质系统(sympathetic-adrenal medullary system)

该系统的中枢整合部位主要位于脑桥蓝斑。蓝斑是中枢神经系统对应激最敏感的部位,其中去甲肾上腺素能神经元具有广泛的上、下行纤维联系,上行纤维主要投射至杏仁复合体、海马、边缘皮质及新皮质,是应激时情绪变化、学习记忆及行为改变的结构基础;下行纤维主要分布于脊髓侧角,调节交感神经张力及肾上腺髓质中儿茶酚胺的分泌。应激时,血浆肾上腺素(epinephrine)和去甲肾上腺素(norepinephrine)浓度迅速增高。强烈应激时,血浆去甲肾上腺素可升高 10~45 倍,肾上腺素升高 4~6 倍。至于这些激素的浓度何时恢复正常,则在不同的应激情况下也各不相同。例如,运动员在比赛结束后一个多小时血浆儿茶酚胺已恢复正常。但大面积烧伤后半个多月,患者尿中儿茶酚胺的排出量仍达正常人的 7~8 倍。

应激时,交感神经-肾上腺髓质反应既有防御意义和代偿作用,也可能对机体产生不利影响。防御意义主要表现在以下几个方面:

1. 对心血管的影响　应激可引起心率加快、心收缩力加强、外周总阻力增加,有利于提高心脏每搏和每分钟输出量,升高血压。交感-肾上腺髓质系统兴奋时,皮肤、腹腔器官的血管发生收缩,脑血管无明显变化,冠状动脉反而扩张,骨骼肌的血管也扩张,导致血液重新分布,从而保证心、脑和骨骼肌等重要器官和组织的血液供应,这对于调节和维持各器官的功能,保证骨骼肌在应付紧急情况时的强烈收缩,具有很重要的意义。

2. 对呼吸的影响　支气管扩张,有利于改善肺泡通气,向血液提供更多的氧。

3. 对代谢的影响　促进糖原分解,升高血糖;促进脂肪分解,使血浆中游离脂肪酸增加,从而保证了应激时机体对能量需求的增加。

4. 对其他激素的影响　儿茶酚胺对许多激素,如促肾上腺皮质激素(adrenocorticotropic hormone,ACTH)、高血糖素、促胃液素、生长素、甲状腺素、甲状腺旁素、降钙素、促红细胞生成素和肾素的分泌有促进作用。儿茶酚胺分泌增多是引起应激时多种激素变化的重要原因。

应激对机体的不利影响主要表现在:①外周小血管收缩,微循环血液灌流量减少,导致组织缺血;②儿茶酚胺促使血小板聚集,小血管内的血小板聚集可引起微血栓;③过多的能量消耗,增加心肌的耗氧量。

应激一般主要引起交感神经的兴奋,但有时也可引起副交感神经的强烈兴奋,如突然的情绪刺激有时可引起人的心率减慢和血压下降。

(二)下丘脑-垂体-肾上腺皮质系统(hypothalamus-pituitary-adrenal cortex system,HPA)

HPA 主要由下丘脑的视旁核(PVN)、腺垂体及肾上腺皮质组成。HPA 的中枢部位是视旁核,其上行神经纤维与边缘系统的杏仁复合体、海马结构及边缘皮质层有广泛的往返联系;视旁核释放促肾上腺素皮质激素释放激素(corticotropin releasing hormone,CRH),通过下行神经纤维控制腺垂体 ACTH 的释放、糖皮质激素的合成与分泌。视旁核 CRH 的释放同时又受到脑干蓝斑去甲肾上腺素能神经元的影响。

CRH 在应激发生时的一个重要功能是调控情绪行为反应。在大鼠脑室内直接注入 CRH 可引起剂量依赖的情绪行为反应。目前认为,CRH 适量增多可促进适应,使机体兴奋或产生愉悦感;但 CRH 的大量增加,特别是慢性应激时的持续增加则可造成适应机制障碍,出现焦虑、抑郁、食欲和性欲减退等,这是重症慢性病几乎都会出现的共同表现。

同时,发生应激的动物,血浆糖皮质激素(皮质素、皮质醇、皮质酮)浓度明显升高。糖皮质激素反应速度快、变化幅度大,可作为判定应激状态的一个指标。例如,有学者将试验猪置于 35℃、65% 相对湿度环境中,用独轮车进行运输,结果引起猪血浆皮质醇含量迅速上升。医学研究表明,外科手术引起的应激可使皮质醇的日分泌量超过 100mg,达到正常分泌量的 3～5 倍。术后,皮质醇通常于 24h 内恢复至正常水平。若应激原持续存在,则血浆皮质醇浓度持续升高,如大面积烧伤患者的血浆皮质醇持续处于高水平,维持时间可长达 2～3 个月。

糖皮质激素分泌增多对机体抵抗有害应激起着极为重要的作用:①糖皮质激素升高是应激时血糖增加的重要机制。糖皮质激素有促进蛋白质分解和糖原异生的作用,并对儿茶酚胺、生长激素以及胰高血糖素的体脂动员起容许作用,如果应激时糖皮质激素分泌不足,就容易出现低血糖。②糖皮质激素还是维持循环系统对儿茶酚胺的正常反应的必需因素。试验证明,肾上腺切除大鼠在应激时容易发生循环衰竭而死亡。观察肾上腺切除大鼠微循环,发现其血管张力降低,即使局部滴加去甲肾上腺素亦无缩血管反应,表明在缺少糖皮质激素时,血管对去甲肾上腺素的反应性降低。③糖皮质激素对许多炎症介质、细胞因子的释放和激活具有抑制作用,并能稳定溶酶体膜,以减轻这些细胞因子和溶酶体酶对细胞的损伤作用。

慢性应激时糖皮质激素持续增加,会对机体产生一系列不利影响:①抑制免疫炎症反应。慢性应激时胸腺、淋巴结缩小,多种细胞因子、炎症介质的生成受抑制,机体的免疫力下降,易发生感染。②抑制生长。生长激素(growth hormone,GH)在急性应激时升高,但在慢性应激时,CRH抑制GH升高;此外,糖皮质激素升高还使靶细胞对胰岛素样生长因子Ⅰ(insulin-like growth factor-Ⅰ,ICF-Ⅰ)产生抵抗,引起生长发育迟缓,且常常合并发生一些行为上的异常,如抑郁、异食癖等。③引起繁殖能力下降。糖皮质激素持续升高可造成性腺轴的抑制。糖皮质激素对下丘脑腺垂体的促性腺激素释放激素(gonadotropin-releasing hormone,GnRH)、黄体生成素(luteinizing hormone,LH)的分泌有抑制效应,并使性腺对这些激素产生抵抗,引起动物繁殖能力下降。④引起代谢改变。糖皮质激素持续升高可对甲状腺轴(thyroidaxis)产生抑制。糖皮质激素可抑制促甲状腺激素释放激素(thyrotropin-releasing hormone,TRH)、促甲状腺激素(thyroid stimulating hormone,TSH)的分泌,并阻碍甲状腺素T_4在外周组织中转化为活性更高的三碘甲状原氨酸T_3。此外,糖皮质激素的持续升高还产生一系列代谢改变,如血脂升高、血糖升高,并出现胰岛素抵抗等。

糖皮质激素必须和靶细胞的糖皮质激素受体(GCR)结合后才能产生各种效应,因此糖皮质激素的作用不仅取决于血浆中该激素的浓度,还与靶细胞上GCR的数量和亲和力有关。应激时(如烧伤)外周血淋巴细胞GCR的数量和亲和力都明显降低,其降低程度与病变持续时间及严重程度呈线性关系。因而,应激时淋巴细胞对糖皮质激素的反应性逐渐降低,最后完全失去对糖皮质激素的效应。有人提出,可以把这种现象理解为靶细胞水平上的肾上腺皮质功能衰竭。

应激时其他激素的变化见表12-1。

表 12-1 应激内分泌系统其他激素的变化

Hormones	Sites of secretion	Changes
β-endorphine	Anterior pituitary	↑
Antidiutetic(ADH)	Hypothalamus	↑
Gonadotropin-releasing hormone(GnRH)	Hypothalamus	↓
Growth hormone(GH)	Anterior pituitary	Acute stress ↑,Chronic stress ↓
Prolactin	Anterior pituitary	↑
Thyrotropin-releasing hormone(TRH)	Hypothalamus	↓
Thyroid stimulating hormone(TSH)	Anterior pituitary	↓
T_3 and T_4	Thyroid gland	↓
Luteinizing hormone(LH)	Anterior pituitary	↓
Follicle-stimulating hormone(FSH)	Anterior pituitary	↓
Glucagon	α Cell of pancreas islet	↑
Insulin	β Cell of pancreas islet	↓

二、基因和细胞水平的应激反应

应激原的刺激信息可借助一系列信号转导通路传入细胞内,调控某些蛋白编码基因的表达,如急性期蛋白、热休克蛋白、某些酶或细胞因子等,这些蛋白大多数对细胞具有保护作用,参与维护细胞内稳态。

(一)热激反应及热激蛋白

1962 年,Ritossa 将果蝇的饲养温度从 25℃升高到 30℃,发现 30min 后,在唾液腺(2 号)染色体左臂形成了 3 个膨突,提示某些基因的转录活性增强和有新蛋白质合成。后来的许多动物实验表明,许多刺激(如创伤、感染、缺氧、中毒、饥饿、化学因子刺激等)可引起类似的反应,并表达产生一组新蛋白质。这种在热刺激或其他应激原作用下所表现的以基因表达改变和某些蛋白质生成增多为特征的现象称为热应激(heat stress)。热应激(或其他应激)时细胞新合成或合成增加的一类蛋白质称为热休克蛋白(heat-shock protein,HSP)。HSP 主要在细胞内发挥功能,属非分泌型蛋白。由于最早发现于热应激反应中,因此称之为热休克蛋白,但目前认为应称之为应激蛋白(stress protein)。目前发现的热休克蛋白大多数是结构蛋白,这些蛋白质在细胞受到刺激时开始合成或合成增加,这一现象称为热休克反应(heat shock response,HSR)。

1. HSP 的基本组成　HSP 是生物体中广泛存在的一组高度保守的蛋白质,不同生物体的同类型 HSP 的基因序列具有高度同源性,提示它对于维持细胞的存活至关重要。目前已鉴定的 HSP 见表 12-2。

表 12-2　热休克蛋白家族成员及其定位和功能

Family	Important members	Encoding gene/Peptide length (a. a.)/Molecular weight	Co-chaperones	Location	Function
Small HSPs	HSP10	HSPE1/102/10000	None	Mitochondria	Molecular chaperone (co-factor for HSP60)
	HSP27	HSPB1/205/22000		Cytosol/Nucleus	
HSP40/DNAJ	HSP40	DNAJB1/340/38000	None	Cytosol	Molecular chaperone (co-factor for HSP70)
	Tid1	DNAJA3/Isoform 1：480/52000		Cytosol	
		DNAJA3/Isoform 2：453/49000		Mitochondria	
HSP60	HSP60	HSPD1/573/61000	HSP10	Cytosol, mitochondria, chloroplast	Chaperonin
HSP70	HSP70	HSPA1A/641/70000	HSP40,Grpe,Bag1,Bag3,Hip,Hop,CHIP	Cytosol	Molecular chaperone
	HSP70-2	HSPA1B/641/70000		Cell surface	
	HSC70	HSPA8/646/71000		Cytosol	
	GRP75/Mortalin	HSPA9/679/73000		Mitochondria	
	GRP78	HSPA5/654/72000		Endoplasmic reticulum	
HSP90	HSP90A	HSPC1/732/86000	P23,Aha1,Cyp40,Cdc37,Hop,FKBP51,FKBP52	Cytosol	Molecular chaperone
	HSP90B	HSPC3/724/84000		Cytosol	
	GRP94	HSPC4/803/92000		Cytosol,Endoplasmic reticulum	
	TRAP1	HSPC5/704/75000		Mitochondria	
Large HSPs	HSP110	HSP110/858/96000	None	Cytosol	Holdase, molecular chaperone
	GRP170	HYOU1/999/170000		Endoplasmic reticulum	

　　HSP 在转录水平上受热休克因子(heat shock factor,HSF)调控。脊椎动物的 HSF 分为 HSF1、HSF2、HSF3 和 HSF4 四种,这些转录因子具有相似的 N-端螺旋-转角-螺旋 DNA 结合域(N-terminal helix-turn-helix DNA binding domain)和 C-端转录活性结构域(C-terminal transactivation domain)。HSF-1 是调控热休克反应的主要转录因子,通过与 HSP 上游的 cis-作用序列(cis-acting sequence)结合而调控 HSP 基因转录(图 12-1)。

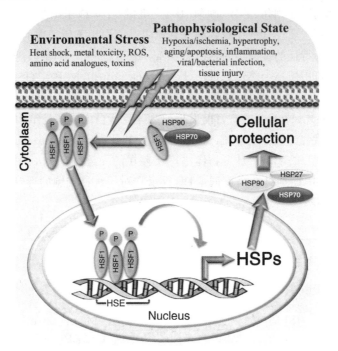

12-1

图 12-1　热休克因子 1(HSF1)对热休克蛋白(HSP)表达的转录调控

Under unstressed condition,HSF-1 is sequestered in the cytoplasm by HSPs (HSP90,HSP70) which bind to HSF1 blocking its transcriptional activity. In response to stress (orange lightning bolts),whether environmental such as high temperatures,metal toxicity,reactive oxygen species (ROS),amino acid analogues,and toxins or pathophysiological such as hypoxia or ischemia,hypertrophy,aging,apoptosis,inflammation,viral or bacterial infection,and other tissue injury,HSPs dissociate from the complex activating HSF1. Following nuclear translocation,HSF1 binds to specific heat shock elements (HSE) sequences that are present upstream of heat shock gene promoters to activate transcription of HSP genes in order to promote cellular protection for the survival.

　　与传统的热休克反应不同,有些 HSP,如 HSC70、GRP78、MTP70 和 HSP90β 等在生理状态下持续表达,并不需要热应激进行默认的诱导表达。

　　2. HSP 的基本功能　　HSP 在细胞内含量很高,约占细胞总蛋白的 5%。HSP 具有多种功能,包括维持细胞结构、细胞更新、修复和免疫等,但其基本功能是帮助蛋白质进行正确折叠、移位、维持以及受损蛋白质的修复、移除或降解,因而被形象地称为分子伴侣(molecular chaperone)。

　　(二)急性期反应蛋白

　　烧伤、大手术、感染等组织损伤性应激原可诱发机体出现一种快速的、非特异性的防御反应,表现为体温升高、血糖升高、外周血白细胞数增高、核左移以及血浆中某些蛋白质浓度升高等。这种反应称为急性期反应(acute phase response,APR),这些浓度改变了的蛋白质称为急性期反应蛋白(acute phase active protein,AP)。

AP 属于分泌型蛋白,主要由肝细胞合成,少量由单核/巨噬细胞和成纤维细胞产生。正常时血液中 AP 含量较低,但在创伤、炎症、感染和发热时,AP 浓度可以增加 20~1000 倍(表 12-3)。少数蛋白质在急性期反应时减少,称为负性 AP,如白蛋白、前白蛋白和转铁蛋白(transferrin)等。

表 12-3 应激时急性期反应蛋白的变化

AP	Molecular weight	Normal(mg/mL)	Acute phase (relative to normal)
C-reaction protein	105000	<8.0	>1000 times
Serum amyloid protein A	160000	<10	>1000 times
α_1-acid glycoprotein	40000	0.6~1.2	2~3 times
α_1-antichymotrypsin	68000	0.3~0.6	2~3 times
Haptoglobin	100000	0.5~2.0	2~3 times
Fibrinogen	340000	2.0~4.0	2~3 times
Ceruloplasmin	151000	0.2~0.6	50%
Complement C3	180000	0.75~1.65	50%

AP 的种类很多,功能也相当广泛,总的来看,AP 升高代表着机体防御功能得到迅速启动。机体对感染和组织损伤的反应一般可分为两个时相:第一个时相为急性反应时相,其特征是 AP 浓度迅速升高;第二个时相为迟缓相或免疫时相,其特征为大量生成免疫球蛋白。这两个时相的总和决定着机体的防御能力。

1. 抑制蛋白酶活性 在严重创伤或感染引起的损伤性应激过程中,多种蛋白水解酶(如组织蛋白酶、胶原酶、弹性蛋白酶、激肽原酶、纤溶酶等)的活性增加。如果蛋白水解酶的活性不受控制,则可造成体内各种蛋白质分解。急性期反应蛋白中 α_1-蛋白酶抑制剂、α_2-抗纤溶酶、α_1-抗糜蛋白酶等是蛋白酶的抑制剂,它们的合成增多可避免蛋白酶引起组织的过度损伤。

2. 清除坏死组织和异物 C-反应蛋白(C-reactive protein)是由肝生成的血浆蛋白,具有清除异物和坏死组织的作用。C-反应蛋白和磷酸胆碱(phosphocholine)有很强的亲和力,结合在死亡细胞或微生物外膜上的磷酸胆碱,通过经典途径激活补体系统,引起坏死细胞或微生物发生迅速溶解(膜攻击复合物 C5b~9)或在补体调理下被吞噬。此外,C-反应蛋白可抑制血小板的磷脂酶活性,抑制其释放炎症介质。在炎症、感染和组织损伤性疾病中均可见 C-反应蛋白迅速升高,且其升高程度与炎症和组织损伤的程度呈正相关,因此临床上常用 C-反应蛋白作为炎症性疾病的指标。

3. 抗感染和抗损伤 C-反应蛋白、补体成分增多可加强机体抗感染能力;凝血类蛋白增加可增强机体抗出血能力;铜蓝蛋白具有活化超氧化物歧化酶的作用,因此可以发挥清除自由基、抗氧化损伤的作用。

4. 结合与运输功能 结合珠蛋白、铜蓝蛋白、血红素结合蛋白等可与相应的物质结合,避免过多的游离 Cu^{2+}、血红素等对机体的危害,并可调节它们的体内代谢过程和生理功能。

三、应激时机体功能变化

(一)心血管系统

应激时,由于交感-肾上腺皮质系统兴奋,儿茶酚胺分泌增加,引起心跳加快,心收缩力加强和外周小血管收缩。应激时醛固酮和血管加压素的分泌也增多。在这些因素共同作用下,血压和循环血量得以维持,心、脑等重要器官的血液供应得以保证。但是,持续的应激则可引起心律失常及心肌损伤,甚至导致猝死,此现象被称为应激性心脏病。其发生机制与交感神经持续兴奋和心肌内儿茶酚胺含量过度升高有关。

(二)免疫系统

应激时机体免疫系统与神经-内分泌系统相互调节、相互影响,参与应激反应的大部分内分泌激素及神经递质的受体都已在免疫细胞上发现。急性应激时,外周血中性粒细胞数量增多,吞噬能力增强,补体系统激活,细胞因子、趋化因子及淋巴因子等分泌量增多,机体非特异性免疫反应增强。表 12-4 概括了应激反应的主要神经-内分泌激素对免疫的调控作用。

表 12-4 应激时神经-内分泌激素对免疫的调控

Hormone	Effect on immune response
Glucocorticoid (GC)	Antibodies and cytokines(－),NK cells(－)
Catecholamine	Lymphocyte proliferation(－)
β-endorphine	Cytokine production(＋/－),Macrophages(＋/－),T cells(＋/－)
Antidiutetic(ADH)	Lymphocyte proliferation(＋)
Gonadotropin-releasing hormone(GnRH)	Cytokine production(＋/－),Macrophages(＋/－),T cells(＋/－)
Growth hormone(GH)	Antibodies(＋),Macrophages(＋)
Androgen	lymphocyte transformation(－)
Estrogen	lymphocyte transformation(＋)
Corticotropin releasing hormone(CRH)	Cytokine production(＋)

(三)消化系统

应激常由于交感神经兴奋引起胃肠分泌功能及蠕动紊乱,从而导致消化吸收功能障碍,引起食欲减退。同时,由于胃肠道血管收缩,血流量减少,引起胃肠道黏膜糜烂和溃疡,导致出现应激性溃疡。

(四)血液系统

急性应激时,血小板数增多、黏附能力增强,血液纤维蛋白原浓度升高,凝血因子 V、凝血因子 Ⅷ、血浆纤溶酶原、抗凝血酶 Ⅲ 等的浓度也升高;外周血中白细胞数可能增多、核左移。非特异性抗感染和凝血能力增强,全血和血浆黏度升高,红细胞沉降率增快。骨髓检查可见髓系和巨核细胞系(血小板前体细胞)增生。上述改变既有抗感染、抗损伤性出血的积极作用,亦有促血栓、DIC 形成等不利影响。

慢性应激时,特别是在各种慢性疾病状态下,患畜常出现低色素性贫血,血清铁降低,类似于缺铁性贫血。但与缺铁性贫血不同,其骨髓中的铁(含铁血黄素)含量正常或增高,补铁治疗无效。红细胞寿命常缩短至 80 天左右,其机制可能与单核/巨噬细胞系统对红细胞的破坏加速有关。

（五）对于泌尿系统的影响

应激时，泌尿功能的主要变化是尿量减少、尿比重升高、尿钠排出量减少。其机制为：交感神经兴奋使肾素-血管紧张素系统激活，肾入球小动脉明显收缩，肾血流量减少，肾小球有效滤过率下降；醛固酮分泌增多，肾小管对水、钠重吸收增加，排出减少，尿钠浓度降低；抗利尿激素分泌增加，使肾远曲小管和集合管对水的重吸收增加，因此导致尿液量少而密度升高。

肾泌尿功能变化的防御意义在于减少水、钠的排出，以维持循环血量。但持续应激可以引起肾缺血，导致肾单位坏死及泌尿功能紊乱。

（六）对于生殖系统的影响

病理性应激可对生殖功能造成严重的不利影响。应激时，下丘脑分泌的促性腺激素释放激素（GnRH）降低，或者激素分泌的规律性被扰乱，表现为在强烈刺激后，母畜出现生理功能紊乱，哺乳期乳汁减少或泌乳停止等，造成家畜的繁殖力下降和产乳量降低。另外，热应激可导致卵细胞功能异常。

四、应激时机体物质代谢的变化

应激时机体的物质代谢特点是合成代谢降低、分解代谢增强，表现为血糖、血中游离脂肪酸含量升高以及负氮平衡等。严重应激初期，代谢率出现一过性降低后上升。代谢率升高主要与儿茶酚胺释放增加有关。猪发生应激时，肌糖原迅速分解供能，可使体温升高到42～45℃。应激时胰岛素分泌相对不足及儿茶酚胺分泌增加，导致糖原分解加强，加之蛋白质分解和糖异生增强，最终使血糖升高甚至超过肾糖阈，出现应激性高血糖和应激性糖尿。机体受到严重创伤等应激原刺激时，消耗的能量75%～95%来自脂肪的氧化，由于大量脂肪分解，血中游离脂肪酸和酮体都有不同程度的升高。另外，应激时蛋白质分解加强，血中氨基酸浓度增加，尿氮排出量增多，导致负氮平衡。

应激时物质代谢增强可以为机体应对"紧急情况"提供足够的能量，提高机体抵抗力。如果应激持续过久，则会造成营养物质的大量消耗，引起机体消瘦、贫血、创面愈合迟缓、免疫力下降。因此，对于严重或应激时间较长的患畜，需补充营养物质和胰岛素。

第三节　应激与疾病

机体针对应激原可以出现一系列应激反应，表现为神经-内分泌的变化、细胞内应激蛋白含量的变化。适当的应激可以提高机体的适应能力及抵抗能力，但强烈应激或长久的应激，可能导致器官功能紊乱，直至出现疾病。如在畜牧生产中，常会见到动物出现应激性溃疡、肉仔鸡的猝死综合征、商品猪的应激综合征等。人类应激还可以发生应激性心脏病、应激性高血压、抑郁症等疾病。这些由应激引起的疾病，称为应激性疾病（stress disease）。

一、应激性溃疡

应激性溃疡（stress ulcer）又称为急性胃黏膜损伤（acute lesions of gastric mucosa）、急性出血性胃炎（acute hemorrhagic gastritis），是指在大面积烧伤、严重创伤、休克、败血症等

应激状态下,胃、十二指肠黏膜出现急性损伤,主要表现为胃和十二指肠黏膜糜烂、出血,或形成溃疡。应激性溃疡一般多发生在黏膜浅表位置,少数表现为深层组织损伤甚至穿孔。

强烈的应激反应可在数小时内引起应激性溃疡,如果应激原刺激逐渐减弱,溃疡可在数日后愈合。但严重的创伤、休克及败血症等患畜如果伴有应激性溃疡引发的大出血,则可出现死亡率明显升高。应激性溃疡的发生是神经-内分泌失调、胃黏膜屏障保护功能降低及胃黏膜损伤作用增强等多因素作用的综合结果,具体可以归纳为以下几点:

1.胃、十二指肠黏膜缺血　这是应激性溃疡形成的最基本条件。应激时,交感-肾上腺系统兴奋,儿茶酚胺分泌增加,外周血管收缩,胃肠道血管的收缩尤其明显,导致黏膜缺血。黏膜的损害程度与缺血程度密切相关。黏膜缺血使上皮细胞能量生成不足,不能产生足够的 HCO_3^- 和黏液,使由黏膜上皮细胞间的紧密连接和覆盖于黏膜表面的碳酸氢盐-黏液层所组成的黏膜屏障遭到破坏,胃腔内的 H^+ 顺浓度差进入黏膜,又因黏膜的血流减少而不能将侵入的 H^+ 及时运走,使 H^+ 在黏膜表面集聚而造成损伤。

2.胃腔内 H^+ 向黏膜内的反向弥散　这是应激性溃疡形成的必要条件。胃腔内的 H^+ 浓度越高,黏膜病变越严重。若将胃腔内的 pH 值维持在 3.5 以上,可避免形成应激性溃疡。应激时胃酸的分泌可增多,也可不变,甚至减少。目前认为,黏膜内 pH 值的下降程度主要取决于胃腔内 H^+ 向黏膜反向弥散的量与黏膜血流量之比。在胃黏膜血流灌注良好的情况下,反向弥散至黏膜内的过量 H^+ 可被血流中的 HCO_3^- 所中和或带走,从而防止 H^+ 对细胞的损伤。反之,在创伤、休克等应激状态下,胃黏膜血流量减少,即使反向弥散入黏膜内的 H^+ 量很低,也将使黏膜内的 pH 值下降,从而造成细胞损伤。

3.其他　尚有一些次要因素也可能参加应激性溃疡的发生过程。酸中毒时血流对黏膜内的 H^+ 的缓冲能力降低,可促进应激性溃疡的发生。在胃黏膜缺血的情况下,胆汁逆流可损伤胃黏膜的屏障功能,使黏膜通透性升高,H^+ 反向逆流入黏膜增多。应激状态时机体可产生大量超氧离子,破坏细胞膜,使核酸合成减少,上皮细胞更新速率减慢,进而损伤胃黏膜。

三、猪应激综合征

猪应激综合征(porcine stress syndrome,PSS),又称恶性高热(malignant hyperthermia)或运输性肌病(transport myopathy),是一种复杂的遗传性肌病,可突然发生死亡,尤其在运输后更容易发生。一些麻醉剂(包括氟烷)和去极化肌肉松弛剂也可触发本病。现已明确,PSS 的发生与肌纤维对钙的摄取、储存和释放存在遗传缺陷有关。

PSS 的临床特征表现为尾巴、背部或腿部肌肉震颤,肌肉强直,行走困难,呼吸窘迫(respiratory distress),高热,皮肤充血和急性右心衰竭。死亡病例尸僵快速而完全,可见肺水肿、肌肉苍白柔软并有出血。屠宰后的 PSS 猪胴体颜色苍白、湿润,并有大量液体溢出,被称为苍白(pale)、柔软(soft)、渗出性(exudative)猪肉,即 PSE 猪肉,也称为白肌肉或水猪肉(watery pork)。

(王　衡、谭　勋)

第十三章

活性氧与疾病
Reactive Oxygen Species and Its Implication in Diseases

【Overview】 Free radicals are highly reactive substances produced continuously during metabolic processes. They mainly participate in physiological events such as immune response, metabolism of unsaturated fatty acids, and inflammatory reaction. The most important free radicals include superoxide anion ($O_2^{\cdot-}$), hydroxyl radical ($\cdot OH$), and hypochlorous acid. Free radical excess results in impairment of DNA, enzymes, and membranes and induces changes in the activity of the immune system and in the structure of basic biopolymers which, in turn, may be related to mutagenesis and aging processes.

The cells contain a variety of antioxidants mechanisms that play a central role in the protection against reactive oxygen species. The antioxidant system consists of antioxidant enzymes (superoxide dismutase (SOD), catalase, and glutathione peroxidase (GSH-Px)), glutathione, ancillary enzymes (glutathione reductase (GR), glutathione S-transferase, and glucose 6-phosphate dehydrogenase, metal-binding proteins (transferrin, ceruloplasmin, and albumin), vitamins (alpha-tocopherol, ascorbate, and beta-carotene), flavonoids, and urate. Antioxidants may act by scavenging the radicals directly and sustaining the activity of antioxidant enzymes or inhibiting the activity of oxidizing enzymes.

Oxidative stress results when reactive forms of oxygen are produced faster than they can be safely neutralized by antioxidant mechanisms and/or from a decrease in antioxidant defense, which may lead to damage of biological macromolecules and disruption of normal metabolism and physiology. This condition can contribute to and/or lead to the onset of health disorders in human and animals.

第一节 概 述

在进化过程中,为获取更多的能量,生物有机体进化出了利用分子氧(O_2)作为最终电子受体的有氧呼吸。在有氧呼吸过程中,有机碳被彻底氧化分解,生成 ATP、水和二氧化碳,这比以无机氧化物为最终电子受体的无氧呼吸获得的能量高 18 倍。但是,有氧呼吸过程也不可避免地伴有氧自由基(oxygen radical)的生成,后者可导致一些重要的生物分子发生损伤,产生氧毒性(oxygen toxicity)。

活性氧(reactive oxygen species,ROS)是指一类由氧分子衍生的、化学性质较基态氧(ground state oxygen)更活泼的含氧代谢产物。ROS 由基态氧通过能量转移反应或电子转移反应而形成,前者导致单线态氧(singlet oxygen,$^1O_2$)形成,后者则将 O_2 依次还原成超氧阴离子自由基($O_2^{\cdot-}$)、过氧化氢(H_2O_2)和羟自由基($\cdot OH^-$)。

ROS 包括氧自由基和非自由基含氧衍生物两种类型,如 $O_2^{\cdot-}$、$\cdot OH^-$、过氧自由基($ROO^{\cdot-}$)、烷氧自由基($RO^\cdot$)、臭氧(O_3)和 $^1O_2$,H_2O_2 和脂质过氧化物。虽然 H_2O_2 和脂质过氧化物不属于自由基,但它们可转化为活性极强的 $\cdot OH^-$、$ROO^{\cdot-}$ 和 $RO^\cdot$ 等自由基,被认为是氧自由基的储备物。自由基的外层轨道上具有一个或多个不成对电子,它们的性质非常不稳定,很容易与其他分子发生反应以获得电子。$O_2^{\cdot-}$ 可与化学性质活泼的一氧化氮($\cdot NO$)反应形成过氧亚硝酸盐自由基($\cdot ONOO^-$),过氧亚硝酸盐再与其他物质反应,形成二氧化氮($\cdot NO_2$)和 N_2O_3 等生物活性物质,这类物质称为活性氮物质(reactive nitrogen species,RNS)(表 13-1)。

表 13-1 活性物质的类型

Reactive species	Radicals	Non-radicals
Reactive oxygen species(ROS)	Superoxide:$O_2^{\cdot-}$	Hydrogen peroxide:H_2O_2
	Hydroxyl:$\cdot OH^-$	Hypochlorous acid:$HOCl$
	Peroxyl:$ROO^{\cdot-}$	Hypobromous acid:$HOBr$
	Alkoxyl:$RO^\cdot$	Ozone:O_3
	Hydroperoxyl:HO_2^-	Singlet oxygen:$^1O_2$
Reactive nitrogen species(RNS)	Nitric oxide:$\cdot NO$	Nitrous acid:HNO_2
	Nitric dioxide:$NO_2^\cdot$	Nitrosonium cation:NO^+
		Nitrosyl anion:NO^-
		Dinitrogen tetroxide:N_2O_4
		Dinitrogen trioxide:N_2O_3
		Peroxynitrite:$ONOO^-$
		Peroxynitrous acid:$ONOOH$
		Alkylperoxynitrites:$ROONO$

ROS 在生物体内起着双重作用,既有益也有害。ROS 在细胞内信号级联传递过程中起着第二信使的作用。低浓度的 ROS 可诱导有丝分裂,而高浓度的 ROS 可破坏细胞膜脂质、蛋白质和核酸,后者称为氧化应激(oxidative stress)。细胞内具有由抗氧化酶和非酶抗氧化剂构成的抗氧化防御系统,可对抗 ROS 造成的氧化损伤。但是,ROS 生成和抗氧化系统活性之间的平衡略偏向 ROS 形成,因此,在活体内持续存在低水平的氧化损伤。在生命活动中,ROS 引起的 DNA、蛋白质和脂质损伤可发生累积,这种累积被认为是肿瘤、心血管疾病、神经退行性疾病等年龄相关性疾病的重要机制。

第二节　活性氧的生成与清除

一、ROS 的生成

ROS 在体内持续产生,根据其产生原因,可分为外源性和内源性两类。

(一)外源性 ROS

1.非遗传毒性致癌物(non-genotoxic carcinogen)　这类物质可直接或间接诱导细胞产生 ROS。

2.电离辐射　γ 射线照射会导致细胞内水电离,产生一系列自由基和非自由基活性物质(如水合电子、$\cdot OH^-$ 和 H_2O_2)。

3.紫外线　UV-C($<$290nm)、UV-B(290~320nm)和 UV-A(320~400nm)可间接诱导细胞产生 ROS,如 H_2O_2 和 $O_2^{\cdot-}$。

4.空气污染物　汽车尾气、香烟烟雾和含有 NO 衍生物的工业污染物是促进 ROS 产生的主要因素,它们可直接损伤皮肤,或被吸入肺部而造成机体损伤。

5.药物及毒物　某些药物(如博莱霉素和阿霉素)的作用受 ROS 介导,这些药物也能诱导 ROS 产生。麻醉药和麻醉气体也能诱导 ROS 产生。毒素、杀虫剂、除草剂、芥子气、酒精等在体内代谢过程中均能产生 ROS。

6.食物　食物是 ROS 主要来源之一。进入体内的很大一部分食物可被氧化,形成多种具有氧化活性的物质,如过氧化物、醛类、氧化性脂肪酸和过渡金属(transition metal)。进入肠道的食物残渣可引起肠道黏膜产生强烈的氧化应激。

Genotoxic VS non-genotoxic carcinogens

Exposure to chemical agents is an inevitable consequence of modern society; some of these agents are hazardous to human health. The effects of chemical carcinogens are of great concern in many countries, and international organizations, such as the World Health Organization, have established guidelines for the regulation of these chemicals. Carcinogens are currently categorized into two classes, genotoxic and non-genotoxic carcinogens, which are subject to different regulatory policies. Genotoxic carcinogens are chemicals that exert carcinogenicity via the induction of mutations. Owing to their DNA interaction properties, there is thought to be no safe exposure threshold or dose. Genotoxic carcinogens are regulated under the assumption that they pose a cancer risk for humans, even at very low doses. In contrast, non-genotoxic carcinogens, which induce cancer through mechanisms other than mutations, such as hormonal effects, cytotoxicity, cell proliferation, or epigenetic changes, are thought to have a safe exposure threshold or dose; thus, their use in society is permitted unless the exposure or intake level would exceed the threshold. Genotoxicity assays are an important method to distinguish the two classes of carcinogens. However, some carcinogens have negative results in *in vitro* bacterial mutation assays, but yield positive results in the *in vivo* transgenic rodent gene mutation assay. Non-DNA damage, such as spindle poison or topoisomerase inhibition, often leads to positive results in cytogenetic genotoxicity assays such as the chromosome aberration assay or the micronucleus assay.

(二)内源性 ROS

虽然外源性 ROS 产量很高,但相对而言,内源性 ROS 的作用比外源性 ROS 更为重要,这是由于在生物体整个生命周期中,各种细胞均可持续产生 ROS。线粒体、内质网和过氧化物酶体是内源性 ROS 的主要来源。

1.线粒体　线粒体是细胞呼吸的主要场所。线粒体电子传递链(electron transport chain)通过四价还原方式将 95％的 O_2 还原成 H_2O,这种还原方式不产生任何自由基;其余 5％的 O_2 则通过单价还原的方式形成自由基。线粒体产生的 ROS 主要为 $O_2^{\cdot-}$ 和 H_2O_2。不同组织的线粒体产生 ROS 的能力存在显著差异,线粒体产生 ROS 的能力也与膜的构成、动物种类和年龄有关。

线粒体电子传递链由一系列电子载体构成,将电子从合适的供体(还原剂)传递到合适的电子受体(氧化剂)。在电子传递过程中,有一些电子可直接泄漏到 O_2 上,产生 $O_2^{\cdot-}$。ROS 主要在复合体Ⅰ和Ⅲ中生成,在复合体Ⅰ中形成的 ROS 约为复合体Ⅲ的 50％。构成电子传递链的各种复合物的作用及其对 ROS 生成的贡献如图 13-1 所示。

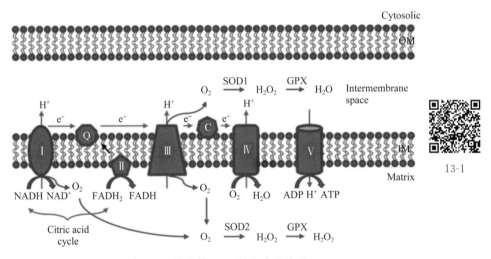

图 13-1　线粒体 ROS 的生成及处理

Electrons (e^-) donated from NADH and $FADH_2$ pass through the electron transport chain and ultimately reduce O_2 to form H_2O at complex Ⅳ. mtROS are produced from the leakage of e^- to form superoxide ($O_2^{\cdot-}$) at complex Ⅰ and complex Ⅲ. $O_2^{\cdot-}$ is produced within matrix at complex Ⅰ, whereas at complex Ⅲ $O_2^{\cdot-}$ is released toward both the matrix and the intermembrane space. Once generated $O_2^{\cdot-}$ is dismutated to H_2O_2 by superoxide dismutase 1 (SOD1) in the intermembrane space and by SOD2 in the matrix. Afterward H_2O_2 is fully reduced to water by glutathione peroxidase (GPX). Both $O_2^{\cdot-}$ and H_2O_2 produced in the process are considered as empty ROS. OM: outer membrane; IM: inner membrane; Q: Ubiquinone; C: Cytochrome C.

　　(1)复合体Ⅰ:复合体Ⅰ也称为 NADH 辅酶 Q 还原酶或 NADH 脱氢酶,由 30 多个亚基组成,相对分子质量为 850000,包含一个黄素单核苷酸(flavin mononucleotide,FMN)辅基和七个以上 Fe-S 氧还中心。该复合体与 NADH 结合,以氢化物形式将两个电子转移至 FMN,生成 NAD^+ 和 $FMNH_2$,并一次将一个电子转移至一系列 Fe-S 氧还中心。复合体Ⅰ是产生 ROS 的主要场所,产生 ROS 的位点可能位于黄素的某个部分和醌结合位点。

　　(2)复合体Ⅱ:复合体Ⅱ也称为琥珀酸脱氢酶,由四个亚基组成,其中两个为 Fe-S 蛋白,另两个亚基通过一个共价键与黄素腺嘌呤二核苷酸(FAD)的组氨酸残基结合,称为黄素蛋白2。复合体Ⅱ包含三个 Fe-S 氧还中心。该复合体反应的第一步是琥珀酸与 FDA 结合,将一个氢化物转移到 FAD,生成 $FADH_2$ 和富马酸。随后,$FADH_2$ 一次将一个电子转移到 Fe-S 氧还中心。FAD 起两个电子受体和一个单电子供体的作用。该复合体的最后一步是将两个电子以一次一个的形式转移到辅酶 Q,产生 $CoQH_2$。琥珀酸脱氢酶催化的反应是可逆的,ROS 在逆反应中生成,电子由还原型泛醌提供。在复合体Ⅱ中形成的 ROS 相对于复合体Ⅰ要少得多。

　　(3)复合体Ⅲ:复合体Ⅲ也称为辅酶 Q-细胞色素 c 还原酶(coenzyme Q-cytochrome c reductase),它通过一种独特的电子传输途径将电子从 $CoQH_2$ 传递到细胞色素 c(Q 循环)。在复合体Ⅲ中,有两种 b 型细胞色素和一种 c 型细胞色素。

　　复合体Ⅲ也是产生 ROS 的场所,ROS 的产生位点位于细胞色素 b566、泛半醌(ubisemi-quinone,SQ)或 Fe-S 氧还中心。辅酶 Q 在线粒体膜内侧被还原成泛醌,然后迁移到携带 2 个 H^+ 的线粒体内膜外侧,一个电子通过 Fe-S 蛋白被转移到细胞色素 c_1,形成 $Q^{\cdot}$,第二个电子用于还原细胞色素 b,但最终会有一些电子泄漏到 O_2,产生 $O_2^{\cdot-}$。位于 center o 的 SQ 是产生 $O_2^{\cdot-}$ 的主要位点。有研究表明,当质子被允许穿透线粒体的内膜时,辅酶 Q 可以被一种安全的电子载体转化为超氧化物发生器。

　　2.内质网　　内质网(endoplasmic reticulum,ER)是一种膜结合细胞器,主要参与脂质和蛋白质的生物合成,是蛋白质折叠和 Ca^{2+} 的存储场所。蛋白质分泌出内质网腔之前必须经过正确折叠(强制性形成二硫键)才能稳定和成熟。二硫键是由两个半胱氨酸残基的侧链巯基氧化形成的一种肽链内或肽链间的共价交联。错误折叠的蛋白质可暴露疏水性氨基酸结构域,使蛋白质发生凝集,引起内质网应激(ER stress)。内质网应激又引起"内质网应激反应"或"未折叠蛋白反应(unfolded protein response)",以对抗内质网应激。

　　ER 内腔是一个强氧化性环境,还原型谷胱甘肽(GSH)与氧化型谷胱甘肽(GSSG)之比为 1:1~1:3,这与胞浆的强还原型环境不同(胞浆中 GSH 与 GSSG 之比大于 50:1)。ER 腔中的强氧化环境有利于蛋白质氧化折叠,GSH 对维持 ER 内腔氧化还原状态起着缓冲剂的作用。作为还原剂,GSH 还可将不正确的非天然二硫键还原回二硫醇状态,使其重新被氧化。

　　在 ER 中,蛋白质二硫键的形成受内质网氧化还原素-1(endoplasmic reticulum oxidoreductin-1,ERO-1)和蛋白质二硫键异构酶(protein disulfide-isomerase,PDI)驱动。ERO-1 是一个黄素蛋白,其辅基为 FAD。ERO-1 通过 FAD 依赖性反应将电子从 PDI 转移到 O_2,形成 H_2O_2,这是内质网应激引起 ROS 产生增多的主要机制。

　　错误折叠蛋白增多可引起 ROS 生成增多,其原因是:错误折叠蛋白增多可造成 GSH 过度消耗,在消耗 GSH 后,错误折叠蛋白的巯基被修复,能重新与 ERO-1/PDI 相互作用并被氧化。随着二硫键断裂和形成不断重复进行,ROS 的产生越来越多。

　　线粒体应激引起 ROS 生成增多的另一个机制是未折叠蛋白累积,未折叠蛋白累积可引起 Ca^{2+} 向线粒体转移,促进线粒体产生 ROS(图 13-2)。

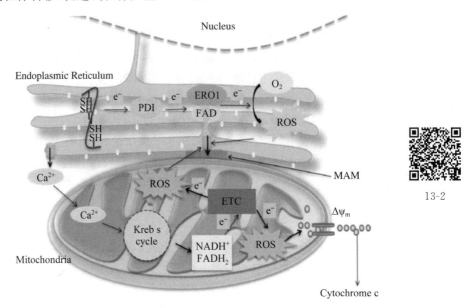

图 13-2　内质网应激引起内网和线粒体 ROS 生成的机制

　　3.过氧化物酶体　过氧化物酶体(peroxisome)是细胞中 H_2O_2 的重要来源。哺乳动物的过氧化物酶体在多种代谢途径中发挥着重要作用,如脂肪酸的 α-和 β-氧化、磷脂乙醚合成、乙醛酸代谢、氨基酸分解代谢、多胺氧化和磷酸戊糖途径。过氧化物酶体含有多种酶,它们催化底物生成 H_2O_2。这些酶本质上是黄素蛋白,包括乙酰基辅酶 A 氧化酶、尿酸氧化酶、D-氨基酸氧化酶、D-天冬氨酸氧化酶、L-哌啶酸氧化酶、L-α-羟基酸氧化酶、多胺氧化酶和黄嘌呤氧化酶。过氧化物酶体在不同代谢途径中可产生不同类型的 ROS,如 H_2O_2、$O_2^{\cdot-}$、$\cdot NO$、$\cdot OH^-$ 和过氧亚硝酸盐。过氧化氢酶也属于过氧化物酶体酶,它利用细胞内产生的 H_2O_2,通过"过氧化"反应氧化其他多种底物。在肝和肾,过氧化物酶体催化的氧化反应对进入循环血液中的各种有毒分子进行氧化解毒。

Endoplasmic Reticulum (ER) Stress and Ca^{2+}

　　Ca^{2+} is one of the most important second messengers in the cell that participates in multiple cellular activities, such as protein synthesis and secretion, contraction of muscles, gene expression, cell cycle progression, metabolism, and apoptosis. Intracellular Ca^{2+} is mainly stored in the ER lumen, to ensure the proper protein-folding through the activity of Ca Ca^{2+}-binding chaperones. ER controls a diversity of cellular responses and signaling transduction pathways in response to stress through the transport of Ca^{2+} in and out of ER lumen. Ca^{2+} released from the ER induces apoptosis mainly through the mitochondrial cell death. Additionally, Ca^{2+} released through inositol 1,4,5-triphosphate receptors (IP3Rs) at ER and mitochondrial contact sites can promote oxidative phosphorylation, which controls ATP levels and cell survival. Bax and Bak are involved in Ca^{2+}-mediated ER-induced apoptosis, and the overexpression of Bax leads to the release of Ca^{2+} from ER and subsequent increase in the mitochondrial Ca^{2+} levels, which leads to the induction of cytochrome c release. Bax and Bak deficient cells release a lower amount of Ca^{2+} from ER even after the treatment with IP3 and other ER Ca^{2+}-mobilizing agents. Ca^{2+}-binding chaperones, such as calreticulin, play an important role in the quality control and proper folding of newly synthesized proteins in the ER. Therefore, ER Ca^{2+} imbalance can greatly impact the folding capacity and induce ER stress-mediated apoptosis. For example, calreticulin overexpression disrupts intracellular Ca^{2+} regulation, leading to Ca^{2+}-dependent apoptosis in mature cardiomyocytes.

二、ROS 的清除

(一)抗氧化防御系统的构成

在生理状态下,细胞内 ROS 的生成和累积受一套复杂的抗氧化防御系统控制,以确保氧化反应既满足机体代谢的需要,又不会引起氧化应激。

抗氧化还原系统由三类物质构成:①低分子量抗氧化剂(low-molecular-weight antioxidant):包括还原型谷胱甘肽(GSH)、维生素 C、维生素 E、胆红素和尿酸盐;②非酶抗氧化蛋白质(noncatalytic antioxidant protein):如硫氧还蛋白(Trx)、谷胱甘肽(Grx)和金属硫蛋白(MTs);③抗氧化酶:如超氧化物歧化酶(SOD)、过氧化氢酶、过氧化物酶(Prx)和谷胱甘肽过氧化物酶(GPx)。

$NADP^+$/NADPH 是细胞内抗氧化系统的重要组成部分。NADPH 通过 Trx 还原酶(TrxR)和谷胱甘肽还原酶(GSR)的作用将氧化态 Trx(Trxox)和氧化态谷胱甘肽(GSSG)还原为 Trx 和 GSH;Sulfiredoxin(Srx)以 ATP 和 GSH 依赖的方式将氧化态 Prx 从亚磺酸(无活性)还原为磺酸(有活性)。

在抗氧化防御系统的上游存在一个由调控因子构成的调控网络,这些调控因子在多个层次上调控细胞的抗氧化防御反应,确保细胞对 ROS 的反应在时间和空间上是足够的。

(二)核因子红系 2-相关因子 2

核因子红系 2-相关因子 2(nuclear factor erythroid 2-related factor 2,Nrf2)是近年来新发现的一种抗氧化调控因子,调控一系列抗氧化反应元件编码基因的基础表达和诱导表达。在正常状态下,Nrf2 与胞浆内 Keap1(Kelch-like ECH- associated protein 1)结合而发生泛素化降解,处于较低水平。当胞内 ROS 生成增多时,Nrf2 与 Keap1 解离,转移到核内与抗氧化反应元件(antioxidant response element,ARE)结合,上调多种抗氧化酶/蛋白质的表达(表 13-2),从而清除 ROS。

Nrf2 调控的抗氧化酶/蛋白质位于细胞内的特定区域,以调节局部环境中的氧化还原状态。这些物质涉及的反应包括:①超氧化物和过氧化物的清除(SOD、Prx 和 GPx);②氧化态辅助因子和蛋白质的还原(如 GSSG 被 GSR 还原,Trxox 被 TrxR 还原,Prx-SO_2H 被 Srx 还原);

③还原因子的合成（如 GCLC 和 GCLM 合成 GSH，G_6PDH 和 6PGD 合成 NADPH）；④抗氧化蛋白的表达（如诱导 Trx 的表达并抑制 Trx 抑制剂 TXNIP 的表达）；⑤氧化还原氨基酸转运（如通过 xCT 进行胱氨酸/谷氨酸反向转运，进入胞浆内的胱氨酸可迅速还原成半胱氨酸，用于 GSH 合成）；⑥金属离子的螯合（MT1、MT2、铁蛋白）；⑦应激反应蛋白表达（如 HO-1）。

Nrf2 还可诱导一些氧化信号蛋白如 p62 和 DJ-1 的表达，而 p62 和 DJ-1 也可反过来激活 Nrf2，与 Nrf2 形成一个正反馈调控回路。

表 13-2　Nrf2 调控的抗氧化和氧化还原信号分子基因

Function	Gene Product(species)*	Element**
Drug metabolism and disposition		
Oxidation		
Cytochrome P_{450}	CYP2A5	ARE/StRE
Aldehyde dehydrogenase	ALDH3A1(m)	ARE
Alcohol dehydrogenase 7	ADH7(m)	ARE
Reduction		
NAD(P)H:quinone oxidoreductase	NQO1(r,m,h)	ARE/EpRE
Aldo-keto-reductase	AKR1B3(m),1B8(m),1C2(h)	ARE
Conjugation		
UDP-glucuronosyltransferase	UGT1A1(h),1A6(h),1A9(h),2B7(h)	ARE
Sulfotransferase	SULT3A1(m)	
Nucleophilic trapping		
Glutathione S-transferase	GSTA2(r),A1(m),A3(m),P1(r),MGST1(h)	ARE/EpRE
Epoxide hydrolase	EPHX1(mEH)(m)	
Esterase	ES-10(m)	ARE
Drug transport		
Multidrug resistance-associated protein	MRP2(m,h),MRP3(m)	ARE
Antioxidant defense ROS catabolism		
Superoxide dismutase 3	SOD3(m)	ARE
Glutathione peroxidase	GPx2(h),GPx2,3,6,8(m)	ARE
Peroxiredoxin	Prx1(m,h),Prx6(h)	ARE/EpRE
Regeneration of oxidized factor		
Glutathione reductase	GSR1(m)	ARE
Thioredoxin reductase	TrxR1(m,h)	ARE
Sulfiredoxin	Srx1(r,m)	ARE
Synthesis of reducing factor		
Glutamate-cysteine ligase	GCLC(catalytic)(h,m),GCLM(regulatory)(h,m)	ARE/EpRE
Glucose-6-phosphate dehydrogenase	G6PDH(m)	ARE
Phosphogluconate dehydrogenase	6PGD(m)	ARE
Antioxidant protein and inhibitor		
Thioredoxin	Trx(h)	ARE
Thioredoxin interacting protein	TXNIP(m)	ARE

续表

Function	Gene Product(species)*	Element**
Redox transport		
Cystine/glutamate transporter	SLC7A11(xCT)(m)	EpRE
Metal-binding protein		
Metallothionein	MT1(m,h),MT2(m)	ARE
Ferritin	FTL(lightchain)(m,h), FTH(heavychain)(m)	ARE/FER1
Stress response protein		
Heme oxygenase	HO-1(m,h)	ARE/StRE
Oxidant signaling and function Autophagy		
p62 protein	p62(m)	ARE
Mitochondrial apoptosis		
Parkinson disease 7	PARK7(DJ-1)(h)	ARE
Mitochondrial biogenesis		
Nuclear respiratory factor 1	NRF-1	ARE
Growth factor signaling		
Protein tyrosine phosphatase	PTP1(m)	ARE
Protein tyrosine phosphatase receptor	PTPRB	ARE
Inflammation(COPD)		
a₁-antitrypson	A1AT(m)	ARE
Secretory leukoprotease inhibitor	SLPI(m)	ARE

* Species: r, rat; m, mouse; h, human. ** ARE, antioxidant response element; EpRE, electrophile response element; StRE, stress response element; FER, element for enhancement of ferritin H promoter activity and E1A-mediated repression. RE dependence is verified experimentally for many, but not all of the genes, especially for those identified through microarray.

Suppression of Nrf2 by Keap1

Nrf2 has a characteristic CNC bZip domain in the C terminal region. The basic region contributes to DNA binding and the leucine zipper to heterodimerization with a small Maf. The CNC region (∼36 amino acids) was named after the Drosophila segmentation protein CNC and shares a high homology among the CNC bZip proteins. Transcription activation is conferred by two regions in the N terminal half, as well as the C terminal end region. Peptides between residues 494 and 511 and between 545 and 554 host a bipartite nuclear localization and a nuclear export signal, respectively. The human and chicken Nrf2 peptide sequences are highly conserved at several locations designated Nrf2-ECH homology (Neh) domains 1 to 6 (ECH = erythroid cell-derived protein with CNC homology = chicken Nrf2). The Neh2 domain at the N terminus negatively regulates Nrf2 activity through Nrf2 suppressor Keap1.

Keap1 contains two known protein-interacting domains: the BTB (bric-a-brac, tramtrack, broad-complex) domain in the N terminal region and the Kelch repeats in the C terminal region homologous to Drosophila actin-binding protein Kelch [Kelch repeat, double glycine repeat (DGR) domain. BTB mediates homodimerization and binding of Keap1 to Cullin (Cul) 3, a scaffold protein of Nrf2 ubiquitin ligase (E3). DGR mediates binding of Keap1 with Nrf2 Neh2. Between BTB and DGR is the inter-vening region (IVR) or linker region (LR) rich in cysteine residues. Similar to Nrf2, Keap1 is expressed broadly in tissues and resides in the cytoplasm.

Nrf2 is rapidly degraded by proteasomes under a basal condition with a half-life of ～20 min, resulting in a low protein level of Nrf2 in many types of cells. Degradation of Nrf2 is triggered by polyubiquitination through the Keap1/Cul3 ubiquitin ligase. Keap1 acts as a substrate adaptor to bring Nrf2 into the E3 complex, in which it binds to Nrf2 via its DGR domain and to Cul3 N terminal region via the BTB domain. RING box protein 1 recruits the catalytic function of ubiquitin-conjugating enzyme (E2) by binding to Cul3 C terminal region. E2 catalyzes polyubiquitination of Nrf2 protein on the lysine residues of Neh2 domain. Knockout of Keap1 in mice resulted in constitu-tive activation of Nrf2 from stabilization of Nrf2 protein

第三节　活性氧诱导的细胞损伤

前已述及,ROS 在体内不断形成。低浓度 ROS 对细胞有利,而高浓度 ROS 可引起细胞损伤。ROS 的损伤靶点主要为 DNA、质膜和蛋白质。

一、对 DNA 的损伤

DNA 分子很容易发生损伤,其中又以氧化性损伤为主。DNA 中的四类碱基都容易发生氧化损伤。一般而言,碱基的氧化损伤可引起其配对性质发生改变,常常会导致转换突变(同类碱基之间的置换)或颠换突变(不同类碱基之间的置换)。DNA 氧化损伤是引起 DNA 突变并导致许多疾病发生的主要原因。

线粒体是产生 ROS 的主要场所。因此,线粒体内的各种分子(如蛋白质、脂质和核酸)最先受到 ROS 的损伤。氧化应激引起的线粒体 DNA(mtDNA)损伤比核 DNA(nDNA)的损伤更广泛,持续时间更长。ROS 选择性引起 mtDNA 损伤的原因有:①mtDNA 不受 DNA 结合蛋白(组蛋白)的保护,几乎是裸露的;②mtDNA 缺乏足够的 DNA 修复机制,无法修复 DNA 损伤,尤其是核苷酸链断裂;③mtDNA 编码的基因不含或含有很少的非编码序列,一些基因的编码序列甚至发生碱基相互重叠,这种结构增加了 DNA 损伤引起基因发生改变的风险;④mtDNA 位于线粒体内膜附近,线粒体内膜是产生氧自由基的主要场所。

活性氧引起的 mtDNA 损伤包括单链和双链断裂以及缺碱基位点(abasic sites)、嘌呤和嘧啶碱的损伤。mtDNA 主要编码构成电子传递链复合体的蛋白质,损伤的累积可导致这些蛋白质的表达减少,最终引起 ATP 生成障碍和 ROS 泄漏。

线粒体内过量的 ROS 生成也会引起脂质过氧化损伤,导致氧化磷酸化障碍和线粒体膜电位下降。脂质过氧化产物又与线粒体膜中的脂质相互作用,损害其功能,引起线粒体通透性转换孔(MPTP)开放,导致钙稳态失调并影响整个细胞代谢。

二、对脂质的损伤

ROS 可引起细胞膜和细胞器膜结构发生脂质过氧化反应,影响膜的功能。脂质过氧化产生的脂质自由基又可引起蛋白质和 DNA 发生损伤,进而加重氧化应激。丙二醛(malondialdehyde,MDA)是磷脂中不饱和脂肪酸过氧化的终产物之一,也是导致细胞膜损伤的主要原因,常被用作反映脂质过氧化程度的检测指标。

ROS 主要攻击磷脂分子中两个碳原子之间的不饱和(双)键以及甘油与脂肪酸之间的酯键,膜磷脂中的多不饱和脂肪酸(polyunsaturated fatty acids,PUFA)对 ROS 的攻击尤其敏感。由于多不饱和脂肪酸的过氧化反应呈链式发生,一个 $\cdot OH^-$ 就可导致大量 PUFA 发生过氧化。脂质过氧化包括起始、发展和终止三个阶段。初始阶段为 O_2 的激活,为限速反应。O_2^- 和 $\cdot OH^-$ 可与 PUFA 的亚甲基基团反应形成共轭二烯烃、脂质过氧化自由基和氢过氧化物,反应如下:

$$UFA—H+X \cdot \longrightarrow PUFA+X—H$$

$$PUFA+O_2 \longrightarrow PUFA—OO \cdot$$

所形成的过氧化自由基具有很强的活性,能够进行连锁反应:

$$PUFA—OO \cdot +PUFA—OOH \longrightarrow PUFA—OOH+PUFA \cdot$$

自由基攻击亚甲基的氢原子,形成共轭二烯烃,使双键断裂并发生重排。产生的脂质氢过氧化物(PUFA—OOH)可被还原金属(如 Fe^{2+})还原裂解,其反应如下:

$$Fe^{2+} complex+PUFA—OOH \longrightarrow Fe^{3+} complex+PUFA—O \cdot$$

脂质氢过氧化物很容易分解形成脂质烷氧基自由基、醛(丙二醛、丙烯醛和巴豆醛)、烷烃、脂环氧化物和醇等活性物质。脂质烷氧基自由基可引发额外的连锁反应:

$$PUFA—O \cdot +PUFA—H \longrightarrow PUFA—OH+PUFA \cdot$$

ROS 对多不饱和脂肪酸的攻击可导致脂肪酸链断裂,使膜的流动性和渗透性升高。

三、对蛋白质的损伤

ROS 可通过多种方式引起蛋白质修饰,有的是直接的,有的是间接的。直接修饰包括亚硝化、羰基化、二硫键形成和谷胱甘肽化修饰。脂肪酸过氧化分解产物与蛋白结合,对蛋白质进行间接修饰。ROS 最终引起位点特异性氨基酸修饰、肽链断裂、交联反应产物聚集、电荷改变以及蛋白质对蛋白质水解酶的敏感性增加。氧化应激损伤的组织中羰基化蛋白含量增加,因而,羰基化蛋白可作为反映蛋白氧化程度的指标。

肽链中不同氨基酸对 ROS 的敏感性不同,巯基和含硫氨基酸对 ROS 的攻击敏感。ROS 可以从半胱氨酸残基中获得一个氢原子,形成巯基自由基,然后与第二个硫基自由基交联形成二硫桥。蛋氨酸可与氧发生反应,形成蛋氨酸亚砜衍生物。ROS 也很容易引起酪氨酸发生交联,形成重酪氨酸产物。

四、对细胞活性的影响

氧化应激可激活一系列细胞信号通路,以清除受损伤的细胞。损伤细胞的清除机制包括凋亡、坏死和自噬等。

1.凋亡　细胞凋亡是一种程序性细胞死亡,由外源性(受体介导)和内源性(线粒体介导)信号通路调控(详见第一章)。ROS可激活凋亡信号通路。一方面,细胞内ROS水平升高引起线粒体通透性转换孔开放,导致细胞色素c从线粒体膜间隙释放到胞浆,进而与凋亡蛋白酶激活因子-1(Apaf-1)形成凋亡体复合体并招募caspase 9,诱导凋亡效应酶caspase 3和caspase 7活化,引起细胞凋亡。氧化应激也引起线粒体内Ca^{2+}水平升高,后者也可导致MPTP开放,促进细胞凋亡。外源性途径由死亡受体介导,大多数死亡受体属于TNF-α死亡受体家族(如Fas、TRAIL、TNFR1等)。ROS是TNF-α启动的caspase信号通路中的重要信号分子。TNF-α与肿瘤坏死因子受体1(TNFR1)结合后激活JNK。细胞内ROS的水平以及JNK激活的持续时间决定JNK是导致细胞存活或是细胞凋亡,高ROS水平引起JNK持续激活可引起细胞凋亡。线粒体ROS水平升高还可导致细胞核DNA损伤,p53可感知DNA损伤,进一步引导细胞发生凋亡。

2.坏死　ROS是细胞坏死的重要介导者。过量的ROS可引起质膜脂肪酸发生脂质过氧化损伤。细胞膜损伤引起离子通道(如依赖于ATP的钠钾泵、钙泵等)功能丧失,导致细胞内外离子平衡破坏。线粒体膜脂质过氧化损伤可引起线粒体跨膜电位丧失,导致线粒体膜破裂和线粒体通透性转换孔开放,质子梯度消失,氧化磷酸化过程停止。内质网是Ca^{2+}的储存体,内质网膜的损伤可导致Ca^{2+}向胞浆渗漏。Ca^{2+}可激活胞浆内各种钙依赖性蛋白酶(如钙蛋白酶和组织蛋白酶),引起大量胞内蛋白质受损,进而引起细胞坏死。胞浆Ca^{2+}浓度升高是细胞死亡的重要信号。

3.自噬　自噬是一种溶酶体依赖性细胞内受损细胞器和生物大分子的清除机制(详见第一章)。ROS对自噬发挥重要调控作用。ROS的过度生成可分别激活核转录因子HIF-1、p53、FOXO3和Nrf2,这些转录因子分别诱导BNIP/NIX、TIGAR、LC3和BNIP3/p62基因转录,促进相应蛋白的表达,诱导自噬。此外,内质网应激感受器PERK的下游效应器也可诱导自噬基因的表达,从而促进自噬。

第四节　活性氧与疾病

一、肿瘤

ROS引起的DNA损伤是诱导肿瘤发生和发展的重要原因。ROS可引起碱基修饰、DNA序列重排、DNA错误编码、基因重复和癌基因激活,直接促进肿瘤发生。8-羟基脱氧鸟苷(8-hydroxydeoxyguanosine,8-OH-dG)是DNA氧化损伤的生物标志物,具有潜在的致突变性,是疾病(如癌症)中间终点的标志物。在肺癌和肝癌的*ras*癌基因和*p53*抑癌基因中均存在可能由8-OH-dG引起的GC→TA颠换突变。当然,GC→TA颠换突变并不是

8-OH-dG 所独有的变化。在没有紫外线照射的情况下,体内肿瘤中 CC→TT 突变被认为是 ROS 引起的标志性突变。

此外,ROS 也可对肿瘤相关转录因子进行翻译后修饰。在肾细胞癌(renal cell carcinoma)中存在缺氧诱导转录因子(HIF-1α)反应失调,HIF-1α 水平升高促进了肿瘤的生长、血管生成和转移。肾细胞癌中 HIF-1α 水平升高一方面是因为可降解 HIF-1α 的 von Hippel-Lindau 蛋白缺失所致,另一方是因为 ROS 对 HIF-1α 起着稳定作用。因而,肿瘤抑制因子缺失和 ROS 引起的 HIF-1α 翻译后修饰共同促进了肾细胞癌的发生。

二、炎症

ROS 是免疫细胞杀灭微生物所必需的成分。巨噬细胞和中性粒细胞在吞噬病原微生物的过程中都可产生大量 ROS,以此杀灭病原微生物。吞噬细胞中的 ROS 由 NAPDH 氧化酶 2(NOX2)催化产生,髓过氧化物酶可催化 H_2O_2 和转化为杀菌能力更强的次氯酸,后者对病原微生物的杀灭作用大约是 H_2O_2 的 50 倍。NOD 样受体(NLR)家族对炎症反应发挥核心调控作用。NOD 样受体家族中的 NLRP3 炎症小体激活可导致 ROS 的产生,反过来,ROS 水平升高也可激活 NLRP3。

NOX2 依赖性 ROS 生成不足可导致慢性肉芽肿性炎形成。此外,许多自身免疫性疾病也与 NOX2 缺乏有关。围产期奶牛中性粒细胞产生 ROS 的能力下降,导致奶牛易于罹患乳腺炎。

三、心血管疾病

心血管疾病的病理生理学机制十分复杂,是多种因素共同作用的结果。氧化应激被认为是动脉粥样硬化、冠心病(心脏病发作)、脑血管病(中风)、心肌病、外周血管疾病、缺血性心脏病、心力衰竭和高血压等心血管疾病的机制之一。血管细胞表达多种 NOX 酶,参与对血管功能的调控。比如,在大动脉血管平滑肌细胞中,NOX1 介导细胞迁移、肥大和增殖,NOX4 介导细胞分化。人类许多心血管疾病涉及 NOX1、NOX2、NOX4 和 NOX5 的表达变化。

自由基介导的氧化损伤在动脉粥样硬化形成机制中起关键作用。血液中的低密度脂蛋白(LDL)离开富含抗氧化剂的血浆后进入动脉内皮下间隙,随后被 ROS 氧化,氧化型低密度脂蛋白(oxLDL)被巨噬细胞摄取,诱导巨噬细胞释放致炎因子,引起炎性细胞浸润并刺激血管平滑肌细胞增殖。oxLDL 还可促进白细胞表达黏附分子。所有这些事件都加速了粥样硬化斑块的形成。

大量证据表明 ROS 参与了高血压的病理生理过程,超氧化物水平升高可导致扩血管物质 NO 的生物利用度下降,这是 ROS 导致高血压形成的重要机制。此外,ROS 还可促进血管平滑肌细胞增殖和肥大,导致血管阻力增加。NOX1 和 NOX2 与高血压形成有关。

四、神经系统疾病

小胶质细胞中 NOX 酶诱导的氧化应激在神经性疾病的进展中起作用。星形胶质细胞和神经元也能产生 ROS,但机制尚不完全清楚。虽然脑功能依赖于低浓度的 ROS,但高浓度的 ROS 会造成神经毒性,引起神经元退行性变(如阿尔茨海默病)。阿尔茨海默病的特征性病变是脑组织中有 β 淀粉样蛋白沉积,这些淀粉样蛋白(尤其是可溶性淀粉样蛋白)可导致小胶质细胞活化和持续的 ROS 生成,引起神经元损伤,最终导致痴呆。ROS 在另一种神经退行性疾病帕金森病的发病机制中也起着重要作用,这种疾病的病理特征是大脑黑质纹状体中多巴胺能神经元大量丢失,NOX 诱导的氧化应激被认为是导致多巴胺能神经元退行性变的关键因素。

氧化应激在肌萎缩性侧索硬化症(myotrophic lateral sclerosis,ALS)的发展中也起着重要作用。ALS 是一种运动神经元的进行性退化疾病,又称渐冻症。ALS 按其起病方式可分为散发性 ALS 和家族性 ALS,后者与 SOD1 基因的点突变有关。在 ALS 患者的脊髓和其他生物体液(如血浆和脑脊液)中氧化应激标记物以及 NOX2 酶表达增加。

五、衰老

关于衰老的机制有很多学说,归纳起来可分为两类:损伤累积性衰老(damage accumulation aging)和发育程序性衰老(developmentally programmed aging)。1956 年,美国科学家 Harman 提出了衰老的自由基理论,认为衰老是由自由基引起的生物分子损伤的累积而造成的。支持这一学说的证据是血清中 DNA 氧化损伤标志物 8-OH-dG 的含量随年龄增加而增加。另有证据表明,随着年龄的增长,8-OH-dG 在细胞核和线粒体 DNA 中逐渐累积。然而,由于衰老是多因素综合作用的结果,ROS 引起的 DNA 损伤和突变不太可能是导致衰老进程中所有病理生理改变的原因。

(高　洪、谭　勋)

第十四章

淋巴与造血器官病理
Disorders of Lymphoid and Hematopoietic organs

【Overview】The thymus, spleen, lymph nodes, and lymph nodules, including mucosa-associated lymphoid tissue(MALT), are classified as part of both the lymphoid and immune systems. Bone marrow is found in the medullary cavities—the centres of bones. Bone marrow contains hematopoietic stem cells which give rise to the three classes of blood cells that are found in circulation: white blood cells(leukocytes), red blood cells (erythrocytes), and platelets(thrombocytes). The lymphatic system and bone marrow may not carry out its function adequately if the tissues become blocked, infected, inflamed, or cancerous.

　　淋巴与造血器官、组织包括淋巴结、脾、胸腺、法氏囊、骨髓、扁桃体和黏膜相关淋巴组织,它们除制造血细胞和过滤血液外,还参与机体的免疫功能。在疾病过程中,免疫器官、组织最容易受到损伤,表现出各种各样的病理变化,其中最为重要的是炎症性病变。

第一节　淋巴结病变

一、淋巴结的结构

　　淋巴结质地柔软,浅褐色,呈圆形、椭圆形或肾形,具有复杂的三维结构。在淋巴结的横截面上可以看到两个主要区域:外围的皮质区和内部的髓质区(图 14-1)。要了解淋巴结的病理反应,就必须了解淋巴结的解剖结构及其与抗原处理的关系(图 14-2)。

　　(一)基质

　　淋巴结表面覆盖有一层纤维被膜,传入淋巴管穿透被膜进入包膜下窦(subcapsular sinus)。在门区,输出淋巴管和小静脉离开淋巴结,而小动脉则进入淋巴结。纤维被膜延伸入淋巴结实质,为淋巴结提供结构支撑,并为脉管和神经提供依附。淋巴结中的成纤维细胞

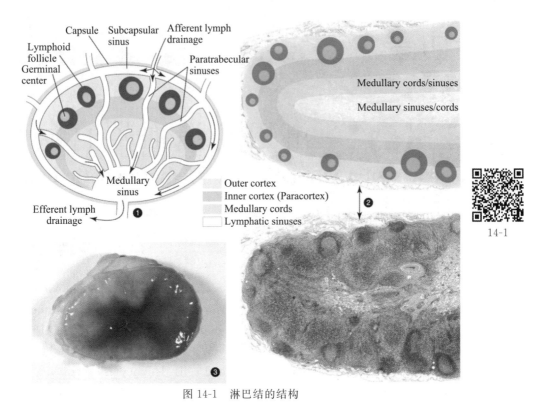

图 14-1　淋巴结的结构

1 and 2，Lymph node architecture consists of an outer cortex composed of lymphoid follicles(B lymphocytes)，inner/deep paracortex(T lymphocytes)，and medulla(medullary cords and sinus). Lower right，Histologic section. H·E stain. 3，Gross photograph of a lymph node：The cortex(both outer and inner) is pale tan-pink，and the medulla is dark red.

性网状细胞(fibroblastic reticular cells)和纤维构成的纤维网也为淋巴结提供结构支撑，这种网状结构也有助于淋巴细胞和抗原递呈细胞向淋巴小节迁移，并有助于 T 淋巴细胞和 B 淋巴细胞互作。

（二）皮质

皮质(cortext)区含有初级淋巴滤泡和次级淋巴滤泡。由成熟初始 B 淋巴细胞(mature naive B lymphocyte)构成的淋巴滤泡称为初级淋巴滤泡(primary follicles)。成熟初始 B 淋巴细胞表面具有各类抗原特异性受体，这类细胞离开骨髓后，在血液、淋巴管和次级淋巴组织中循环。到达淋巴结后，成熟初始 B 淋巴细胞经副皮质区的高内皮静脉(high endothelial venules，HEVs)进入初级淋巴滤泡。初级淋巴滤泡中除含有静止期 B 淋巴细胞外，还含有树突状细胞(dendritic cell，DC)。具有生发中心(germinal center)的淋巴滤泡称为次级淋巴滤泡，这类淋巴滤泡由活化的 B 淋巴细胞增殖而成。生发中心具有特殊的微环境，为 B 淋巴细胞增殖和进一步发育提供有利条件。生发中心周围的套细胞区(mantle cell zone)主要由成熟初始 B 淋巴细胞和少量 T 淋巴细胞构成(约 10%)。

（三）副皮质

副皮质(paracortex)区（也称内皮质层）的弥漫性淋巴组织主要由 T 淋巴细胞、巨噬细胞和 DC 细胞组成。该区域含有高内皮静脉，循环 B 和 T 淋巴细胞经由高内皮静脉进入淋巴滤泡和副皮质中。T 淋巴细胞和 B 淋巴细胞也可从淋巴管进入淋巴结。

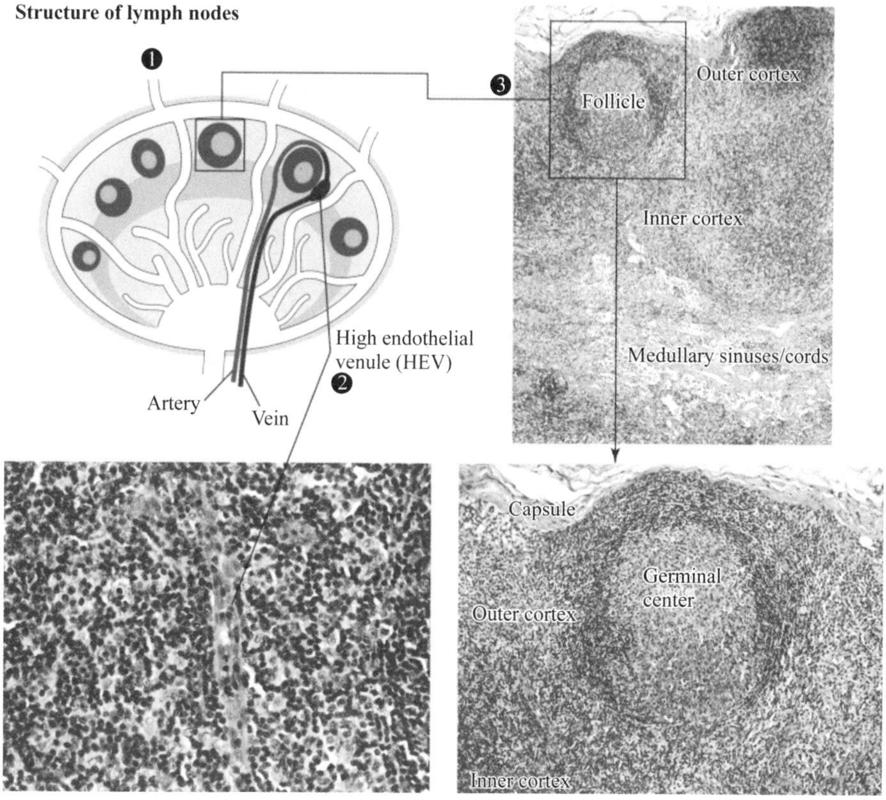

图 14-2　淋巴结的细胞构成

1. Antigen arrives in the afferent lymphatic vessels，empties into the subcapsular sinus，and drains into the trabecular and medullary sinuses. 2. As antigens travel through the sinuses，they are captured and processed by macrophages and dendritic cells(DCs)，or antigen-bearing DCs in blood can enter through high endothelial venules(HEVs). B lymphocytes encounter DCs charged with antigen，are activated，and migrate to a primary follicle to initiate germinal center formation，creating secondary follicles. 3 and lower right image，lymphoid follicles. Germinal centers have a distinct polarity(superficial or light zone and a deep dark zone)，and the mantle cell rim partially encircles the germinal center and is wider over the light pole of the follicle.

(四)髓质

髓质(medulla)由髓索和髓窦组成。髓索由巨噬细胞、淋巴细胞和浆细胞构成。在受抗原刺激的淋巴结中，髓索则由具有抗体分泌能力的浆细胞构成。髓窦内衬有网状细胞，内含巨噬细胞，也称窦组织细胞(sinus histiocytes)，这类细胞附着在穿过窦腔的网状纤维上。这些巨噬细胞可吞噬异物、细胞碎片和细菌。

(五)脉管

淋巴结的血管包括动脉、小动脉、静脉和高内皮微静脉。有 90%～95% 的淋巴细胞经由高内皮静脉进入淋巴结。淋巴结含有传入淋巴管(afferent lymphatic vessel)，它们穿过被膜进入包膜下窦，经小梁窦进入髓窦，最后从传出淋巴管(efferent lymphatic vessels)离开淋巴结门部。

淋巴结接受来自机体某一特定部位的传入淋巴管。在兽医解剖学中，经常将不同物种中具有相同解剖部位和相同引流区的一个或一组淋巴结称为淋巴中心（lymphocenter）。例如，腘淋巴中心位于膝关节下端，引流远端后肢淋巴液。支气管淋巴中心位于气管分叉处，引流肺部淋巴液，并将其送至纵隔淋巴结或直接送至胸导管。由于从不同传入淋巴管流入的淋巴液流经区域相互独立，因而来自某一传入淋巴管的淋巴液中的成分（如抗原、传染性微生物、转移性肿瘤）只能对特定区域产生影响（图14-3）。

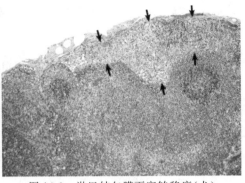

14-3

图 14-3　淋巴结包膜下窦转移癌（犬）

Subcapsular sinuses are sites for embolization, lodgment, invasion, and growth of neoplastic emboli(arrows), most commonly carcinomas. Emboli initially lodge in that portion of the lymph node drained by the branch of the afferent lymphatic vessel draining the site of the primary carcinoma. H·E stain.

与其他动物不同，猪的淋巴结皮质位于淋巴结的中央，髓质位于淋巴结的周围，传入淋巴管不是从淋巴结周围进入，而是从淋巴结的门部进入，将淋巴液向淋巴结的中心输送。淋巴液流经包膜下窦（相当于其他动物的髓窦），随后流向流出淋巴管，流出淋巴管穿过外膜。因而，如果猪的淋巴结引流区发生出血，红细胞则聚集在淋巴结周围（包膜下）而不是淋巴结的中心。

二、淋巴结的功能

淋巴结的主要功能有：①过滤微粒（particulate matter）和微生物；②通过 B 和 T 淋巴细胞的相互作用，对抗原进行监视和处理；③产生 B 淋巴细胞和浆细胞。进入淋巴结的物质可分为游离粒子、大分子抗原、小分子抗原、游离抗原以及 DC 细胞内的抗原。

淋巴结包膜下窦流体静压极低，其内的网状纤维也阻碍淋巴液的流动，这两种因素可使经传入淋巴管进入包膜下窦的抗原沉积下来，由窦巨噬细胞对其进行吞噬。随后，淋巴液沿纤维小梁外表面的小梁窦流向髓窦，再通过传出淋巴管排出。在淋巴液流经各级淋巴窦的过程中，抗原可被巨噬细胞和 DC 细胞捕获。此外，循环血液中捕获了抗原的 DC 细胞也可从血管进入淋巴结，并通过高内皮静脉进入副皮质区。循环 B 淋巴细胞也通过高内皮静脉进入淋巴结，如果在这个部位遭遇到携带有抗原信息的 DC 细胞，B 淋巴细胞则被激活，进而迁移到初级滤泡，形成生发中心。

生发中心在抗原的刺激下形成独特的结构，其表层为明区（light zone），内部为暗区（dark zone），这种排列称为极性（polarity）。生发中心的明区由小淋巴细胞构成，这种细胞又称为中心细胞（centrocyte），含有中等量的弱嗜酸性胞浆。暗区的细胞称为中心母细胞（centroblast），胞体大，胞浆少，细胞排列紧密，H·E 染色时该区域较暗。中心母细胞的免疫球蛋白基因可变区可发生突变，进行同型分类转换（isotype class switching）（从 IgM 到 IgG 或 IgA）。在这一过程中，绝大多数中心母细胞发生凋亡，巨噬细胞吞噬细胞碎片后，形成易染体巨噬细胞（tingible body macrophage），存活下来的细胞则转变为中心细胞，与 T 淋巴细胞和 DC 细胞一起构成生发中心的亮区。这些后生发中心 B 淋巴细胞（post-germinal center B lymphocyte)离开淋巴滤泡,形成免疫母细胞或浆母细胞,从皮质区迁移到髓索,在那里成熟并将抗体分泌到传出淋巴液。这些细胞中的一部分在套细胞区周围增殖,形成边缘区(marginal zone)。边缘区是记忆细胞的贮存器,只有在经过长时间和强烈的免疫刺激后才变得明显可见。套细胞形成的细胞套较明区宽,在强烈的抗原刺激下,生发中心可完全被细胞套包围。

三、淋巴结对损伤的反应

一般而言,淋巴结的损伤包括以下几种情况:①全身淋巴结肿大:这种情况通常与全身性感染、炎症或肿瘤有关;②单个淋巴结或区域性淋巴结肿大:这种情况与淋巴结引流区域损伤有关(例如,口腔病变可引起下颌淋巴结肿大)。因此,了解特定部位淋巴结的引流区非常重要。需要注意的是,肠系膜淋巴结(mesenteric lymph node)通常较大,这是由于肠系膜淋巴结持续受到来自肠道内的大量抗原和细菌刺激,容易发生淋巴滤泡增生和窦组织细胞增多症(sinus histiocytosis)。

(一)窦组织细胞(单核/巨噬细胞)的反应

窦组织细胞(巨噬细胞)是单核/巨噬细胞系统的一部分,是抵御来自传入淋巴液中感染和非感染性因子损伤的第一道防线。在这些因子刺激下,巨噬细胞发生反应性增生(即"窦组织细胞增多症"),这种增生主要发生于髓窦内(图 14-4)。被胞内病原(如分枝杆菌属、细小病毒)感染的白细胞(通常为单核细胞)进入血液或淋巴液,引起淋巴结感染,然后通过流出淋巴液和循环血液传播到全身淋巴组织。

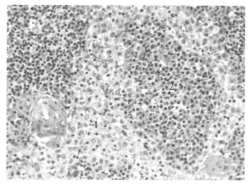

图 14-4　淋巴结髓窦组织细胞增生症和髓索浆细胞增多症(犬)

(二)皮质的反应

抗原刺激可引起淋巴结增生,剖检可见被膜紧张,切口隆突。组织学检查可见生发中心极性明显,亮区和暗区突出(图 14-5 和 14-6)。如果抗原刺激的时间较长,则可出现副皮质

1. The medullary sinuses are filled with histiocytes(macrophages) in response to drainage of infectious and noninfectious agents in the incoming lymph. 2. The medullary cords are filled with plasma cells and fewer lymphocytes. Plasma cell precursors are formed in the germinal centers, mature into plasma cells, and migrate to the medullary cords. The presence of large numbers of plasma cells in the medullary cords indicates ongoing production of antibody due to an antigenic stimulus.

区细胞增生和髓索浆细胞增多。极少数增生旺盛的滤泡可出现较小的、分散的生发中心,而慢性高水平的抗原刺激可引起生发中心相互合并(称为"非典型良性滤泡增生"),甚至在淋巴结周围脂肪组织中出现淋巴细胞的增殖团块,生发中心内可见有嗜酸性物质沉积,这一现象称为滤泡透明质酸沉着症(follicular hyalinosis)。随着免疫应答反应减弱,滤泡和生发中心内细胞数量减少,基质(包括树突状细胞和巨噬细胞)变得清晰可见。随着淋巴细胞不断减少,套细胞区变薄,细胞数量稀少。最后,残留的套细胞陷入滤泡基质中,形成簇团状的暗细胞(dark cell)。

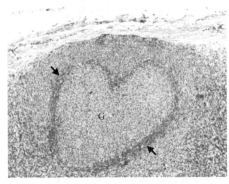

14-5

图 14-5　淋巴结良性细胞增生症(犬)

Antigenic stimulation results in a secondary follicle with germinal center formation(G). The centroblasts of the germinal center undergo somatic mutations and isotype class switching, a process during which most centroblasts undergo apoptosis and cell fragments are phagocytized by tingible body macrophages. The cells that have survived the affinity maturation process (centrocytes) leave the germinal center as plasma cell precursors. Some of these cells migrate to the medullary cords, where they mature and excrete antibody into the efferent lymph, whereas others colonize the region surrounding the mantle cell zone to form a marginal zone. In instances of strong antigenic stimulation, the mantle cell cuffs can completely encircle the germinal center(*arrows*). H·E stain.

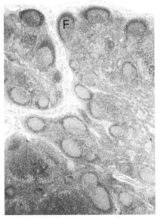

14-6

图 14-6　淋巴结良性滤泡增生(肩前淋巴结蠕形螨病,犬)

There is diffuse hyperplasia of the lymphoid follicles(F) with prominent and often coalescing germinal centers. H·E stain.

(三)副皮质的反应

1.萎缩　副皮质萎缩(atrophy)可由多种原因引起,如骨髓中淋巴细胞生成不足,胸腺中淋巴细胞选择性分化减少,淋巴结中的淋巴细胞被病毒、辐射和毒素破坏。

2.增生　副皮质区可形成结节状(抗原从单一传入淋巴管传入)或弥漫性(抗原从多个传入淋巴管传入)增生,副皮质的增生反应可先于生发中心的反应发生,或与生发中心反应同时发生。副皮质 T 淋巴细胞增生见于牛的恶性卡他热(MCF)和猪的繁殖与呼吸障碍综合征(porcine reproductive and respiratory syndrome)。猪圆环病毒(PCV2)可引起副皮质区巨噬细胞弥漫性增生(diffuse proliferation)。

(四)髓质(髓窦和髓索)的反应

髓窦对损伤的反应表现为窦腔扩张和组织细胞增生。各种粒子(包括细菌和红细胞)可刺激窦巨噬细胞增殖。慢性心力衰竭和引流区急性炎症可引起髓窦水肿扩张。随着炎症的发展,窦内除可见增生的组织细胞外,还可见中性粒细胞和巨噬细胞,偶尔可见纤维蛋白渗出。

（五）侵入途径

感染源和抗原进入淋巴结的两个主要入口是传入淋巴管（淋巴扩散）和血管（血源扩散）。所有病原微生物,无论其在淋巴液中游离存在,还是已侵入淋巴细胞或单核细胞内,都能通过淋巴管运输到局部淋巴结。病原在某一淋巴结内逃逸吞噬后,可通过传出淋巴管被输送下一个淋巴结,引起炎症或免疫反应。这一过程可以连续地沿着淋巴结链向下进行,如果病原得不到清除,最终可能进入颈管或胸导管,并向全身扩散。

虽然大多数病原主要从传入淋巴管进入淋巴结,但在败血症（septicemia）和菌血症（bacteremia）过程中,细菌可以通过血液途径进入淋巴结。由于淋巴结外周有较厚的纤维性包膜,病原直接进入淋巴结较少见。在极少数情况下,炎性细胞或肿瘤可直接从邻近的组织扩散到淋巴结内。

四、淋巴结的病变

（一）淋巴结炎性病变

1. 急性淋巴结炎（acute lymphadenitis）　淋巴结引流区炎症或感染可引起急性淋巴结炎。眼观,淋巴结红肿、局部坏死,在某些情况下可伴有传入淋巴管炎。细菌、寄生虫、真菌、炎症介质或无菌性刺激均可引起急性淋巴结炎。链球菌和化脓性曲霉菌可引起急性化脓性淋巴结炎。组织学检查,可见被膜下、小梁、髓窦以及淋巴结实质中有中性粒细胞浸润、坏死和纤维蛋白渗出（图14-7）。如果炎症持续数天或更长时间,免疫反应可引起滤泡增生和浆细胞增生,导致淋巴结进一步肿大。

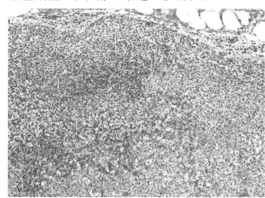
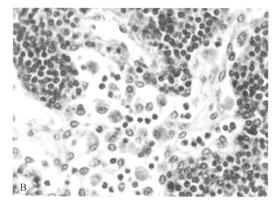

图14-7　急性淋巴结炎（犬）

A. The sinuses and the parenchyma of the cortex and medulla have coalescing foci of neutrophilic inflammation, necrosis, hemorrhage, and fibrin deposition. B. The medullary sinus contains numerous macrophages(sinus histiocytosis) and fewer neutrophils. This is the type of early response seen when a lymph node drains an inflamed area. Medullary cords are filled with lymphocytes and plasma cells.

14-7

2. 慢性淋巴结炎（chronic lymphadenitis）　慢性淋巴结炎包括慢性化脓性炎、弥漫性肉芽肿性炎和离散性肉芽肿性炎。

（1）慢性化脓性炎症：脓肿灶的大小不等，有时见整个淋巴结化脓。慢性淋巴结炎反复发作可导致纤维结缔组织增生，淋巴结变大。慢性化脓性淋巴结炎的典型例子是干酪性淋巴结炎，脓肿灶具有包膜。干酪性淋巴结炎是由伪结核棒状杆菌所引起的人兽共患慢性传染病，在绵羊和山羊常见（图 14-8）。伪结核棒状杆菌也可引起溃疡性淋巴管炎（牛和马）和胸膜脓肿（马）。

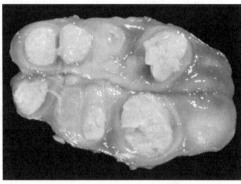

图 14-8　慢性干酪样淋巴结炎（绵羊）

Three encapsulated chronic abscesses contain yellow-white caseous pus.

（2）局灶性淋巴结肉芽肿性炎（focal granulomatous lymphadenitis）：典型的局灶性淋巴结肉芽肿性炎为结核分枝杆菌感染引起的淋巴结炎，在淋巴结中可见单一的或多个肉芽肿结节（图 14-9）。结核分枝杆菌从呼吸道吸入，经传入淋巴管到达淋巴结，引起淋巴管和局部淋巴结（如支气管淋巴结）形成肉芽肿。病原一旦通过淋巴和血液扩散，则可引起全身淋巴结病变。结构良好的肉芽肿结节具有典型的病理特征：在结节中心可见吞噬了结核分枝杆菌的巨噬细胞，由中心向外依次可见上皮样细胞和泡沫样细胞层（偶可见多核巨细胞）、淋巴细胞层和结缔组织包囊。随着病程持续，巨噬细胞死亡，释放大量脂质和蛋白，肉芽肿结节则发生干酪样坏死。牛副结核杆菌（*Mycobacterium avium ssp*. paratuberculosis）感染可引起肠系膜淋巴结发生肉芽肿性炎，但不形成干酪样坏死（图 14-10）。

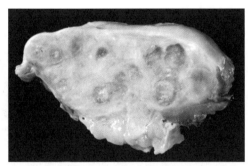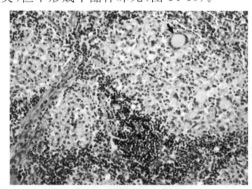

图 14-9　淋巴结结核　　　　图 14-10　牛副结核病

The normal architecture of the lymph node has been completely obliterated by multiple yellow-brown caseating granulomas, typical of *M. bovis* lesions.

Several noncaseating granulomas (*areas of pallor*) have replaced the normal lymphoid tissue (*blue*). Note the Langhans giant cell (*arrow*).

（3）弥漫性淋巴结肉芽肿性炎：见于芽生菌病（blastomycosis）、隐球菌病（cryptococcosis）和组织胞浆菌病（histoplasmosis）等真菌病。淋巴结中肉芽肿结节相互融合，或呈弥漫性发生（图 14-11）。隐球菌具有较厚的多糖荚膜，可有效抵抗宿主巨噬细胞的吞噬，帮助虫体逃避机体免疫。在病变部位可见大量隐球菌(图 14-11),导致淋巴结肿大。猪 PCV2 感染也可引起淋巴结肉芽肿性炎,在淋巴结中可见巨噬细胞局灶性或弥漫性浸润,并伴有不同程度的多核巨细胞浸润。

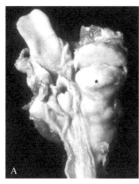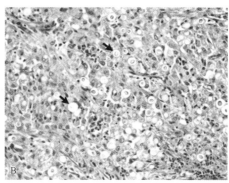

14-11

图 14-11 隐球菌病(猫)

A. Right mandibular lymph node. The lymph node(*asterisk*) is grossly enlarged with complete loss of architecture. B. The fungal organisms (*Cryptococcus neoformans*) have thick nonstaining capsules(*arrows*) and a lightly basophilic nuclear structure. Variable amounts of granulomatous inflammation may be seen in cases of *Cryptococcus*.

(二)淋巴结非炎性病变

1. 血液循环障碍 淋巴结的循环障碍包括充血、淤血、水肿和出血变化。淋巴结充血主要见于急性淋巴结炎。淤血多与相应组织、器官或全身血液循环障碍有关,如心或肺淤血时,常引起胸部淋巴结,特别是肺门淋巴结和纵膈淋巴结淤血;门脉循环障碍引起腹部淋巴结淤血。淋巴结水肿多见于淤血、恶病质、中毒和全身性水肿,是毛细血管直接受损的结果。猪肠毒血症性水肿病,除胃壁水肿外,肠系膜淋巴结也有明显的水肿。淋巴结出血多见于单纯性血液循环障碍、出血性炎症、败血症、中毒性疾病等,此时,淋巴结多肿大,呈淡红色、暗红色,甚至变成一个血肿。镜检,淋巴窦中有大量红细胞,严重时淋巴小结受压萎缩,甚至消失。因急性呼吸困难而致死的牛、羊,其颈部淋巴结常因出血而呈暗红色。

此外,还有几种人为因素可引起淋巴结"出血",在检查时应注意鉴别。①电麻性出血。用电麻方法屠宰动物时,肺和淋巴结等血管痉挛性收缩、受损而发生通透性升高,引起红细胞外渗。这种淋巴结的出血虽很明显,但一般不肿大,也无炎性变化,出血点多为鲜红色。②屠宰性出血。刺颈屠宰动物时,在很短的时间内(通常为数秒钟),大量血液可流入胸部的淋巴结内,使淋巴结呈鲜红色,但淋巴结周围组织的结构形态均无异常改变。③创伤性出血。当淋巴结附近的组织因损伤而出血或淋巴结前部的组织发生出血时,红细胞常能通过毛细淋巴管的间隙或受损淋巴管的断端而随淋巴流入淋巴结,使淋巴窦内充满红细胞,此变化称为"血液吸收",并非淋巴结出血,但很易与出血性淋巴结炎相混淆。

2. 淋巴结萎缩 慢性消耗性疾病、蛋白质摄入不足、放射线性损伤以及恶病质可引起淋巴结萎缩。眼观淋巴结明显变小,色泽灰白,质地坚实,表面不光滑,用刀切时有抵阻感。镜检,淋巴小结明显减少,残存的淋巴小结内淋巴细胞稀疏,被膜增厚,小梁增宽。有的淋巴结几乎全由增生的结缔组织所取代。

3. 异物沉积 因为淋巴结具有强大的滤过功能和吞噬作用,所以在淋巴结内常会沉积一些物质。常见的沉积物有以下几种:①脂肪沉积。在猪的肠系膜淋巴结和泌乳牛的乳房上淋巴结内常见有脂肪沉积。眼观,淋巴结稍肿大,色泽淡黄或淡灰,质地稍软,切面富含油脂样光泽。镜检,不仅淋巴窦中有大量脂肪小滴,而且在网状细胞和淋巴窦的内皮细胞中也含有脂滴。这种脂肪沉积与淋巴结的脂肪浸润是不同的。脂肪沉积又称脂肪吸收(fatty absorption)或脂肪同化(fatty assimilation),是输入淋巴管从周围组织间隙吸收多量脂滴并带入各淋巴结而发生的;而脂肪浸润(fatty infiltration)则是指淋巴结的固有组织细胞之间出现脂肪细胞。因此,两者有着本质的差别。②炭末沉着症(anthracosis)。生活在不洁环境,尤其是煤矿地区的犬、猫、马、牛、猪等动物,其支气管淋巴结和纵隔淋巴结内常有大量粉尘或炭末沉积。眼观,淋巴结稍肿大或不肿大,质地稍硬,色泽呈淡灰色。切面见淋巴窦部位有不均质的灰褐色小块,呈小岛屿状分布。严重时,整个淋巴结呈黑褐色。镜检,粉尘主要沉积在淋巴窦内,其中一部分游离,另一部分位于网状细胞内。严重沉积可引起淋巴小结发生萎缩和结缔组织增生。③含铁血黄素沉着。当器官或组织发生出血(挫伤、出血性倾向、贫血症和一些寄生虫病等)时,附近的淋巴结最初呈红色,接着变为红褐色,最后呈铁锈色。这种色彩的变化,是由于含铁血黄素逐渐形成并在淋巴结内沉积之故。一般认为,淋巴结周围组织发生出血时,随淋巴运行到淋巴窦内的红细胞,一小部分可通过淋巴结,经胸导管再进入血流,但大部分红细胞则潴留在淋巴窦内,并被单核/巨噬细胞吞噬,被巨噬细胞破坏后,释放出血红蛋白并进一步形成含铁血黄素。④黑色素沉着。大部分动物,尤其是老龄的青毛马,在患慢性湿疹或内分泌紊乱所致的皮肤病时,局部淋巴结可从病变的皮肤吸收大量的黑色素而成灰黑色或黑色。此种变化需与黑色素瘤相鉴别,鉴别要点是:黑色素沉着的淋巴结稍显肿大,切面上黑色以淋巴窦部位较明显,镜下见淋巴窦中含有大量黑色素,其中仅有少量黑色素以游离的状态存在,而大部分黑色素则位于淋巴窦的巨噬细胞内;黑色素瘤时,淋巴结常高度或极度肿大,其切面可见呈团块状或结节状深黑色的病灶,镜检,淋巴结的固有结构常被完全破坏,淋巴组织萎缩、消失,取而代之的为大小不等、多具核分裂象的黑色素瘤细胞。此外,牛羊患肝片吸虫病时,在肝门淋巴结的巨噬细胞内可见到一种近似血质的黑色素。

第二节　胸腺病变

胸腺(thymus)对免疫系统的发育至关重要,骨髓产生的 T 淋巴细胞在胸腺中进行分化、选择和成熟。胸腺由成对的颈叶(左和右)、位于胸部入口的中间叶和胸叶构成。颈叶位于气管腹外侧,毗邻颈动脉,从胸部入口的中间叶延伸至喉部。中间叶位于颈叶和胸叶之间。右胸叶通常很小,甚至完全缺失;左胸叶位于纵隔的腹侧(在反刍动物位于纵隔的背侧),尾端延伸至心包。

马的颈叶很小,胸叶构成胸腺的主体。反刍动物的颈叶很大,左、右胸叶融合,胸叶位于纵隔背侧。与其他家畜不同,猪的颈叶较大。狗的颈叶退化较早,胸叶向后延伸至心包。猫的颈叶较小,胸叶是胸腺的主要组成部分,并向后延伸到心包表面。

胸腺由上皮和淋巴组织组成,因而又被称为淋巴上皮器官。胸腺上皮来自胎儿第三咽囊(pharyngeal pouch)的内胚层,血管来自周围中胚层,发育成上皮性网状细胞。淋巴细胞群由骨髓来源的祖细胞组成,填充在网状细胞的空隙内。胸腺表面有一层结缔组织包膜,实质被隔分成不完整的小叶,每个小叶由中央髓质和周围皮质组成(图 14-12)。

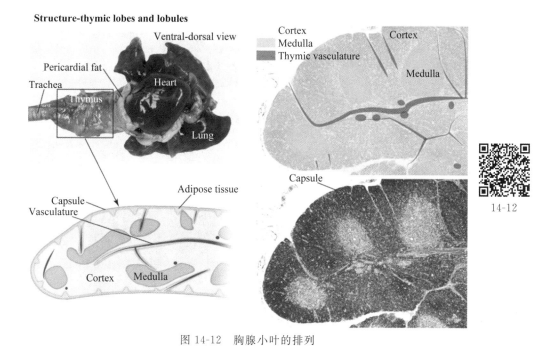

图 14-12 胸腺小叶的排列

The thymus consists of several incomplete lobules. Each lobule contains an independent outer cortical region, and the central medullary region is shared by adjacent lobules. Trabeculae, extensions of the capsule down to the corticomedullary region, form the boundary of each lobule. The cortex consists of stromal cells, cortical epithelial cells, macrophages, and developing T lymphocytes(thymocytes). Major histocompatibility complex class Ⅰ and Ⅱ molecules are present on the surface of the cortical epithelial cells. The characteristic deep blue staining of the cortex in histologic preparation reflects the predominant dense population of T lymphocytes as compared with the less basophilic medulla, which contains a lower number of thymocytes.

　　胸腺皮质主要由上皮性网状细胞和淋巴细胞组成(图 14-13)。网状细胞也称为星状细胞,具有分支的胞质突起,通过桥粒与相邻细胞相连,形成支持性网络(细胞网)。淋巴成分是由正在分化的 T 淋巴细胞构成,这种细胞来源于骨髓产生的祖细胞。髓质由相似的上皮网状细胞组成,胞体较皮质细胞大,上皮特征也更明显。一些上皮网状细胞形成胸腺小体,也称为哈萨尔小体(Hassall's corpuscle),是一种独特的角质化上皮结构(图 14-13)。髓质内也含有树突状细胞,但淋巴细胞数量稀少。

　　骨髓来源的 T 淋巴细胞祖细胞进入胸腺皮质的包膜下区后即开始选择性分化,在从胸腺皮质进入髓质的过程中逐渐发育成成熟的初始 T 淋巴细胞(mature naive T lymphocyte)。在皮质部,能识别自身分子,即主要组织相容性复合物(major histocompatibility complex,MHC),但不识别自身抗原的 T 淋巴细胞可以分化成熟(正选择);不能识别 MHC 分子的细胞通过发生凋亡而被移除,识别 MHC 分子和自身抗原的 T 淋巴细胞被皮质和髓质连接处的巨噬细胞清除,这一过程称为负选择。通过上述选择,最终只有一小部分从骨髓进入胸腺的 T 淋巴细胞(小于 5%)得以存活。成熟的初始淋巴细胞通过皮髓质区(corticomedullary region)的后微静脉流出胸腺,进入血液循环,并进入次级淋巴组织中进行再循环(主要是位于淋巴结的副皮质区和脾的小动脉周围鞘)。在这些特殊的部位,成熟的初始 T 淋巴细胞被特定抗原激活,并经历额外的发育阶段,分化为效应细胞和记忆细胞。

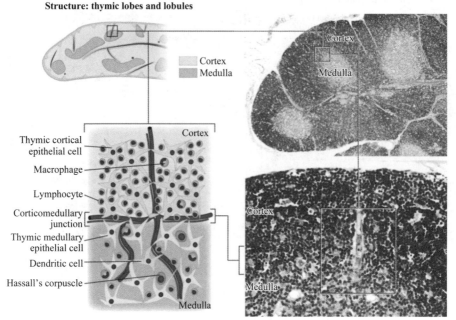

Structure: thymic lobes and lobules

Cortex
Medulla

Thymic cortical
epithelial cell
Macrophage
Lymphocyte
Corticomedullary
junction
Thymic medullary
epithelial cell
Dendritic cell
Hassall's corpuscle

Cortex
Medulla

Cortex
Medulla

Cortex
Medulla

14-13

图 14-13   胸腺小叶的细胞成分

The functional thymus consists of two cell populations: stromal cells and thymocytes. The stroma consists mainly of epithelial cells present beneath the capsule, lining trabeculae and blood vessels, and forming the supportive network (cytoreticulum) within the cortex and medulla; the medulla also contains Hassall's corpuscles. Macrophages within the cortex and medulla are involved in the removal of apoptotic thymocytes eliminated during clonal selection.

胸腺在动物出生时质量最大,在性成熟后逐渐萎缩,这种萎缩在本质上属于退化(innovation)。萎缩的速度因物种而异。萎缩过程中,胸腺中的淋巴细胞和上皮细胞逐渐被结缔组织和脂肪所取代,但仍保持组织特征。

胸腺囊肿(thymic cysts)可见于发育中和成熟后的胸腺以及胸腺残余。囊肿内表面为纤毛上皮,代表咽弓上皮的残余,通常无病理意义。

胸腺炎症较少见,可见于猪 PCV2 感染,地方性牛流产和狗的鲑鱼中毒病。传染性疾病主要引起胸腺萎缩。

免疫可引起幼年动物出现无症状的胸腺增生,两侧胸腺对称性变大。自身免疫性淋巴组织增生可引起胸腺形成生发中心。

胸腺具有淋巴细胞和上皮细胞,这两种组分均可产生肿瘤。胸腺淋巴瘤起源于胸腺中的 T 淋巴细胞(很少有 B 淋巴细胞),最常见于幼猫和牛,狗极少见。上皮源性的胸腺瘤通常为良性瘤,肿瘤由成簇或单个的肿瘤上皮细胞构成,瘤细胞在数量上少于非肿瘤性小淋巴细胞,因此又被称为富含淋巴细胞的胸腺瘤。胸腺瘤在山羊较常见,瘤体内通常含有较大的囊性结构。狗的免疫性疾病(如重症肌无力和多发性肌炎)可伴发胸腺瘤。

第三节   脾脏病理

脾位于腹部的左上方,悬浮在膈肌、胃和腹壁之间。反刍动物的脾紧邻瘤胃的左背侧。

脾形态扁平、细长，但不同动物的脾在形状和大小上差异较大，禽类脾的形状和大小随季节而发生变化。

　　脾被膜由平滑肌细胞和弹力纤维构成，形成大量相互缠绕的纤维性肌性小梁（fibromuscular trabeculae）并伸入实质，与网状细胞共同构成脾的支持组织。牛和马的脾被膜具有三层互相垂直的肌层，形成比肉食动物更厚的被膜。肉食动物、小型反刍动物和猪的脾被膜内的平滑肌相互交织，猪的脾被膜中还富含弹力纤维。

一、脾的结构

　　脾实质分为红髓和白髓两部分。H·E 染色时，红髓因富含红细胞而呈红色，白髓因富含淋巴细胞而呈蓝紫色（图 14-14）。白髓中的脾滤泡由 B 淋巴细胞构成；动脉周围淋巴鞘（periarteriolar lymphoid sheath，PALS）由 T 淋巴细胞构成；滤泡周围有一个边缘区，含有巨噬细胞、抗原递呈细胞、B 淋巴细胞和 T 淋巴细胞（图 14-15）。中央动脉分支和毛细血管从红髓和白髓引流到边缘区的边缘窦（图 14-16）。不同动物的边缘区大小不同，猫的边缘窦很小。红髓由单核/巨噬细胞、动脉周围巨噬细胞鞘（periarteriolar macrophage sheath，PAMS）、窦状体（仅狗、大鼠和人类）、红髓血管周隙（red pulp vascular space）以及网状细胞、成纤维细胞和小梁肌细胞等基质构成。脾红髓血管周隙中的血管迷路是循环血细胞的功能和物理过滤器。

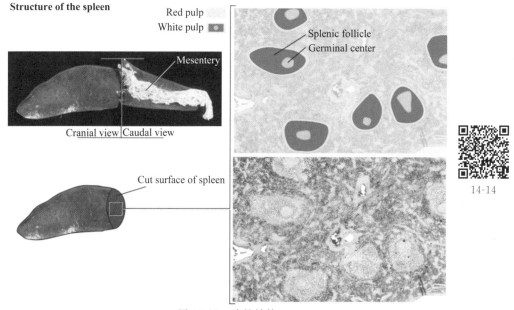

图 14-14　脾的结构

The spleen is organized into two distinct components. The red pulp consists of cells of the monocyte-macrophage system，periarteriolar macrophage sheaths，sinusoids(dogs，rats and human beings only)，red pulp vascular spaces，and associated stromal elements such as reticular cells，fibroblasts and trabecular myocytes. The white pulp is composed of splenic follicles(B lymphocytes)，periarteriolar sheaths(T lymphocytes)，and the marginal zone.

Structure of a splenic lymphoid follicle (white pulp)

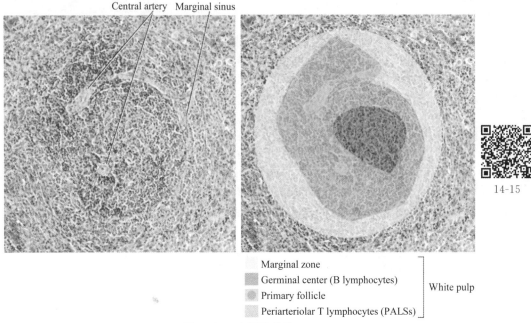

Central artery   Marginal sinus

14-15

Marginal zone
Germinal center (B lymphocytes)
Primary follicle
Periarteriolar T lymphocytes (PALSs)

White pulp

图 14-15 白髓的结构

The splenic white pulp is organized into periarteriolar sheaths(PALSs) around central arteries composed mainly of T lymphocytes，splenic follicles primarily composed of B lymphocytes，and the marginal zone，which forms the outer rim of the white pulp nodule. When exposed to antigen，the splenic lymphoid follicles develop germinal centers.

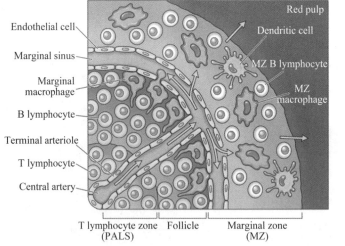

Endothelial cell
Marginal sinus
Marginal macrophage
B lymphocyte
Terminal arteriole
T lymphocyte
Central artery

Red pulp
Dendritic cell
MZ B lymphocyte
MZ macrophage

14-16

T lymphocyte zone (PALS)   Follicle   Marginal zone (MZ)

图 14-16 脾脏滤泡边缘区的结构

Antigens，bacteria，particles，and other material enter the follicle via the central arteries and reach the marginal sinus，where they are phagocytized by macrophages of the marginal zone. Once captured by these macrophages，blood-borne antigens are processed and presented to the lymphocytes within the white pulp.

二、脾的血液循环

脾的血液循环与其功能相适应。脾的主要功能有：①过滤和清除颗粒物和衰老的血细

胞;②将再循环淋巴细胞、初始 B 淋巴细胞和 T 淋巴细胞输送到滤泡和动脉周围淋巴鞘;
③对某些动物(狗、猫和马)而言,脾具有储存血液的作用。④脾滤泡边缘窦、小动脉周围巨
噬细胞鞘、红髓血管周隙、脾窦(splenic sinusoids)(狗的脾具有脾窦)中巨噬细胞含量逐渐升
高,使脾具有有效的吞噬功能。

　　脾动脉起源于腹腔动脉(腹主动脉的主要分支)。脾动脉从脾门部进入脾被膜,分支并
进入纤维肌小梁,形成小梁动脉,为脾实质提供血液。进入白髓的小梁动脉转变为中央动
脉,其周围由 T 淋巴细胞包围,形成动脉周围淋巴鞘。中央动脉形成的放射状分支进入滤泡
周围的边缘窦,这种血流模式可使边缘窦中的巨噬细胞最早接触血液来源的抗原,在时间上
早于小动脉周围巨噬细胞鞘、红髓周围血管间隙或脾窦的巨噬细胞。在犬,边缘窦血液流向
脾窦(图 14-17),而在其他家养动物,边缘窦血液则流向红髓血管周隙(图 14-18)。

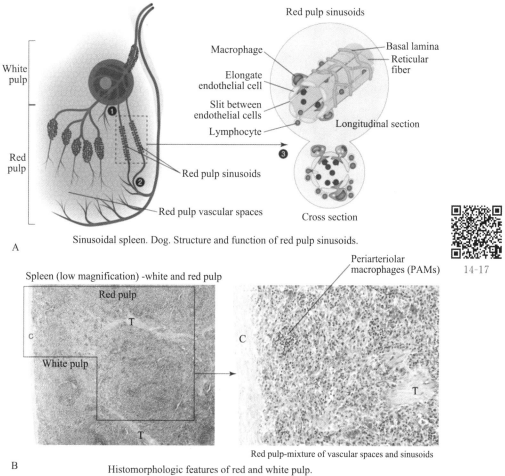

图 14-17　犬红髓的血液循环(有脾窦脾脏)

A. Sinusoidal spleen,dog. Structure and function of red pulp sinusoids. 1. Branches of the central arteries of the white pulp and vessels from the marginal sinus enter into the sinusoids. 2. Sinusoids are lined by a discontinuous endothelium,and these empty into splenic venules,creating a closed system of circulation. 3. The red pulp of the dog spleen consists of both sinusoids and red pulp vascular spaces. B. Histomorphologic features of red and white pulp. C,capsule;T,trabeculae.

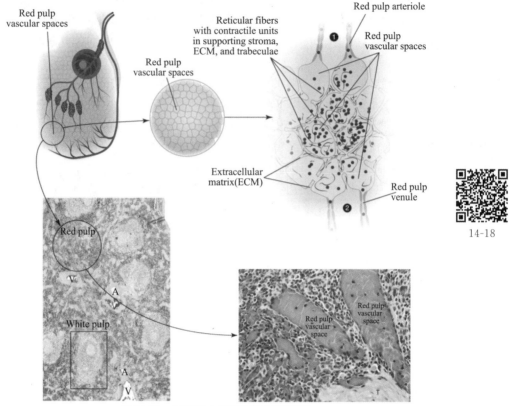

图 14-18　红髓的血液循环（无脾窦脾）

A. Sinusoidal spleen, dog. Structure and function of red pulp sinusoids. 1. Branches of the central arteries of the white pulp and vessels from the marginal sinus enter into the sinusoids. 2. Sinusoids are lined by a discontinuous endothelium, and these empty into splenic venules, creating a closed system of circulation. 3. The red pulp of the dog spleen consists of both sinusoids and red pulp vascular spaces. B. Histomorphologic features of red and white pulp. C, capsule; T, trabeculae.

　　中央动脉主干在穿出白髓进入脾索时分支形成多条直行的微动脉，形似笔毛，故称笔毛微动脉（penicillar arterioles）。每条笔毛微小动脉周围都有一层巨噬细胞鞘，称为小动脉周围巨噬细胞鞘（以前称为椭球体），这一结构在猪、狗和猫尤为明显。在马、牛、猪和猫，笔毛微动脉的分支末端形成红髓血管周隙。红髓血管周隙内表面由网状细胞而不是内皮细胞覆盖，这种循环被称为开放系统。与此不同，狗（也包括大鼠和人类）的中央动脉分支和边缘窦血管则进入脾窦，最终进入脾静脉。在这种情况下，血液流经的路径（小动脉、毛细血管、脾窦和小静脉）均覆盖有内皮细胞，这种循环被称为封闭系统。虽然在不具有脾窦的脾中，红髓的血液循环在开放系统里运行，但在某些情况下（如脾收缩时），这种血液循环可被功能性地关闭，红髓中的血液被转移到由网状细胞作为内衬的"通道"中。由于犬的脾同时具有脾窦和红髓血管周隙，所以它同时具有开放式和封闭式两套脾循环系统，可以根据生理需要，实现快速或缓慢的血液流动。流经脾窦或红髓血管的血液受巨噬细胞监视。在所有家养动物中，红髓血管周隙中巨噬细胞都附着在网状细胞上。在狗，脾窦中的巨噬细胞的伪足通过不连续内皮的间隙伸入窦腔。这些巨噬细胞对流经脾窦或红髓血管的血液进行免疫监视。红髓血管周隙和脾窦的血液随后流入脾后微静脉、脾静脉，经门静脉流入肝。

三、脾脏病变

(一)脾炎性病变

1.急性炎性脾肿　　急性炎性脾肿(acute inflammatory splenomegaly)是指伴有脾明显肿大的急性脾炎(acute splenitis),见于炭疽、急性猪丹毒、急性副伤寒、急性马传染性贫血、恶性卡他热等急性败血性传染病,故称为传染性脾肿(infectious splenomegaly),又称败血脾(septic spleen)。也可见于牛泰勒虫、马梨形虫病等血原虫病感染的急性经过期。

眼观,脾体积增大,但程度不同,一般比正常大 2～3 倍,有时甚至可达 5～10 倍。被膜紧张,边缘钝圆,切面流出血样液体,切面隆起并富含血液,明显肿大时犹如血肿,呈暗红色或黑红色,用刀轻刮切面,可刮下大量富含血液而软化的脾髓。

组织学检查,早期病例可见滤泡边缘窦和红髓血管周隙充满红细胞,滤泡内和动脉周围淋巴鞘中淋巴细胞坏死(图 14-19)。严重病例可见脾髓内充盈大量血液,脾实质细胞(淋巴细胞、网状细胞)弥漫性坏死、崩解而明显减少,白髓体积缩小,甚至完全消失,仅在中央动脉周围残留少量淋巴细胞;红髓中固有的细胞成分也大为减少,有时在小梁或被膜附近可见一些被血液挤压的淋巴组织。脾含血量增多是急性炎性脾肿最突出的病变,也是脾体积增大的主要组织学基础。脾内大量血液充盈是炎性充血的结果,同时也有血液的淤积,其发生与血液循环障碍和自主神经功能障碍所致脾被膜、小梁内平滑肌松弛直接相关,以及与上述支持组织中平滑肌和弹力纤维的损伤有直接联系;出血也是急性炎性脾肿的重要病理改变。在充血的脾髓中还可见病原菌和散在的坏死灶,后者由渗出的浆液、中性粒细胞和坏死崩解的实质细胞混杂组成,其大小不一,形状不规则。此外,被膜和小梁中的平滑肌和弹性纤维肿胀、溶解,排列疏松。

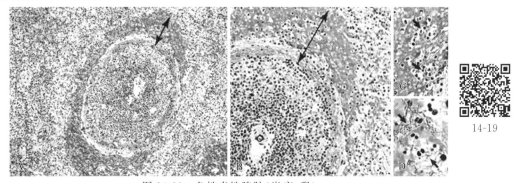

图 14-19　急性炎性脾肿(炭疽,猴)

A. Acute septicemias may cause acute congestion of the marginal zone(double-headed line) and then of the red pulp vascular spaces(not shown). B. Higher magnification of A with marginal zone(double-headed line) and central artery(C) of the follicle. C. Higher magnification of B with small aggregates of neutrophils within the marginal zone(arrows). D. Higher magnification of B with accumulation anthrax bacilli within the marginal zone(arrows). This form produces anthrax toxins, which cause severe tissue injury, resulting in inflammation and cell death.

2.坏死性脾炎　　坏死性脾炎(necrotic splenitis)是指脾实质坏死明显而体积不肿大的急性脾炎,多见于巴氏杆菌病、弓形虫病、猪瘟、鸡新城疫和法氏囊病等急性传染病。

眼观,脾体积不肿大,其外形、色泽、质地与正常脾无明显差别,但在表面或切面可见针尖至粟粒大灰白色坏死灶。镜检,脾实质细胞坏死特别明显,在白髓和红髓均可见散在的坏死灶,其中多数淋巴细胞和网状细胞已坏死,其胞核溶解或破碎,细胞肿胀、崩解;少数细胞尚具有淡染而肿胀的胞核。坏死灶内也见浆液渗出和中性粒细胞浸润,有些中性粒细胞也发生核破碎。坏死性脾炎时脾含血量不增多,故脾的体积不肿大。被膜和小梁均见变质性变化。在鸡发生坏死性脾炎时(多见于鸡新城疫和鸡霍乱),坏死主要发生在鞘动脉的网状细胞,并可扩大波及周围淋巴组织。有的坏死性脾炎由于血管壁破坏,还可发生较明显的出血。例如一些猪瘟病例,脾边缘出现出血性梗死灶,当脾白髓坏死灶内出血严重时,整个白髓的淋巴细胞几乎全被红细胞替代。

3. 慢性脾炎　慢性脾炎(chronic splenitis)是指伴有脾肿大的慢性增生性脾炎,多见于亚急性或慢性马传染性贫血、结核病、牛传染性胸膜肺炎和布鲁氏菌病等病程较长的传染病,也见于焦虫病和锥虫病。

眼观,脾轻度肿大或明显肿大,被膜增厚,边缘稍显钝圆,质地硬实,切面平整或稍隆突,在暗红色红髓的背景上可见灰白色增大的淋巴小结呈颗粒状向外突出;但有时这种现象不明显,切面仅显色彩变淡,呈灰红色。镜检,慢性脾炎的增生过程特别明显,淋巴细胞和巨噬细胞均增生,但疾病不同其增生程度不尽相同。例如,在亚急性马传染性贫血的慢性脾炎时,脾的淋巴细胞增生特别明显,往往形成许多新的淋巴小结,并可与原有的白髓连接;结核性脾炎时,脾的巨噬细胞明显增生,形成许多由上皮样细胞和多核巨细胞组成的肉芽肿,其周围也见淋巴细胞浸润和增生;在布鲁氏菌病导致慢性脾炎时,既可见淋巴细胞增生形成明显的淋巴小结,又可见由巨噬细胞增生形成的上皮样细胞结节。慢性脾炎过程中,还可见支持组织内的结缔组织增生,因而使被膜增厚和小梁变粗。同时,脾髓中也可见散在的细胞变性和坏死。

(二)脾的非炎性病变

1. 淤血　根据病程及病变特征,一般将脾淤血分为以下两种:

(1)急性脾淤血:多由脾扭转、犬的胃扭转、马的结肠扭转、脾静脉栓塞以及急性心力衰竭等引起。急性淤血的脾,体积明显肿大,被膜紧张,边缘钝圆,质地较软。切缘外翻,切面隆突,从断面流出较多的血液,因脾富于静脉血,所以表面及切面均呈暗红色。镜检,脾静脉窦中充满红细胞,严重时脾白髓因受压而发生萎缩,这在屠宰猪、牛时经常出现,因为屠宰使血管运动中枢受强烈刺激而麻痹,结果导致脾血管的紧张性丧失而发生淤血。

(2)慢性脾淤血:多继发于心瓣膜病(牛的细菌性慢性心内膜炎、猪丹毒性心内膜炎等)、心包炎(传染性心包炎、牛创伤性心包炎等)、慢性胸膜炎及肺炎等疾病;或发生在门静脉血回流障碍及肝硬变时。慢性淤血的脾,体积大而坚实,色泽暗红或紫红。切面湿润,有较多的血液。小梁明显(因小梁增厚变宽),用刀轻刮脾切面,小梁更加显而易见。镜检,初期肺静脉窦扩张,内含多量红细胞,窦内皮细胞活化、增生,小梁变宽,被膜增厚;后期结缔组织增生明显,但因其收缩而使脾体积变小,质地变硬。

2. 脾出血　脾出血的病理变化可因致病因素不同而异。一些急性败血性传染病(炭疽、急性猪瘟、急性马传染性贫血、附红细胞体病、弓形虫病等)通常引起弥漫性点状出血或出血性突起。这是由于致病因素作用强(毒力大、数量多)导致脾毛细血管通透性增大,红细胞渗出而聚集在脾被膜之故。冲撞、打击等机械力的作用可引起脾被膜或实质发生破裂性出血。脾破裂性出血常导致脾血肿或脾破裂,病畜可因内出血而死亡。脾血肿的最好结局是被肉芽组织机化或形成包囊。此外,动物的各种疾病如白血病、结核病、淀粉样变与血管病等,常可侵蚀脾血管,引起所谓自发性破裂(spontaneous rupture),病畜常因内出血而突然死亡。

3.脾梗死 由于脾的动脉是末梢动脉,所以一旦闭塞就容易引起梗死。血栓是引起脾小动脉发生闭塞的常见原因,其次是血管本身的病变。引起小动脉闭塞的栓子一般有两种,一是非传染性的单纯栓子(simple emboli);另一种是传染性的败血性或细菌性栓子(septic or bacterial emboli),以后者居多。传染性栓子常造成脾多发性脓肿或化脓性脾炎。脾动脉栓塞可造成整个脾的梗死,脾动脉的分支血管发生栓塞则引起部分梗死。例如,猪丹毒所引起的疣性心内膜炎,其二尖瓣上血栓脱落的碎块,可随循环血液到达脾,引起脾小动脉栓塞,继而引起梗死。脾小动脉病变也可引起梗死,多见于经典猪瘟(classic swine fever)。在猪瘟病毒的作用下,脾小动脉内皮肿胀变性,继而形成血栓,导致管腔堵塞,引起脾组织梗死。

脾梗死分为急性梗死和慢性梗死。急性梗死多发生于脾边缘,其大小不等,数量不一,色暗红,稍隆突,多呈圆形,与周围组织境界分明,触摸质地坚实。梗死组织切面上多呈圆锥形,其锥底位于脾表面,锥尖指向血管堵塞的部位。梗死组织呈暗红色,稍干燥。镜检,梗死部的组织着色不均,染色不佳。大量淋巴细胞胞核浓缩、破碎或溶解,整个坏死灶呈淡红色颗粒状构造,并有大量红细胞渗入梗死组织之间。如经时较久(慢性),梗死部的红细胞溶解,梗死组织可被逐渐吸收、机化,故眼观梗死部色泽变淡,呈淡褐色或灰白色,并向下凹陷。

此外,动物屠宰过程中进行电麻时,动物发生休克,儿茶酚胺增多,导致脾动脉、特别是中央动脉发生急剧收缩,也可引起脾组织局部缺血而发生梗死。这种梗死的变化与上述病变相似,应注意鉴别。

4.脾破裂 脾破裂是指脾在外力作用下发生的急性损伤并伴出血,多发生于犬、猫和马等动物。脾破裂依其发生的原因可分为外伤性破裂和病理性破裂。外伤性破裂是指正常的脾在受到剧烈外力作用下发生的破裂。其最常见的原因是蹴踢、骨折肋骨断端的穿刺、牛角顶撞、机械猛烈撞击。病理性破裂是指在某些疾病(如结核病、白血病、炭疽、马传染性贫血、制备免疫血清的脾淀粉样变等)时脾质地变得脆弱,以致在一定的外力作用下发生破裂。脾破裂后,常伴发出血,如果被膜没有破裂,仅发生实质破损,被膜下可形成大小不等的血肿;但若被膜破裂,则发生内出血,有时见大量脾组织碎屑散落于胃、肠浆膜和腹膜表面引起腹膜炎,严重的急性内出血可导致动物迅速死亡。

5.萎缩 脾的萎缩主要发生于老龄动物(以犬和牛为多见)、恶病质(cachexia)和长期的慢性淤血(猪和牛等动物因慢性淤血可引起脾硬化)。其主要病变为:脾体积明显变小,色泽变淡呈灰红色,被膜松弛,其表面有许多皱褶,脾边缘锐利。切面干燥,切缘内陷,脾实质成分减少,被膜增厚,小梁明显。镜检,脾白髓萎缩、消失,残存者多无生发中心。被膜、小梁和血管周围的结缔组织明显增生,最终使脾发生纤维化。

6.异物沉积 动物脾内异物沉积,常见的有粉尘(碳末)、脂肪和含铁血黄素。如肺及肺门淋巴结严重受损,其中所富集的粉尘(如炭末等)可大量吸收血液,并随血流到达脾而被单核/巨噬细胞吞噬。巨噬细胞被破坏,炭末就沉积于脾组织中。在脾出血时,可发生含铁血黄素(hemosiderin)沉着,脾呈现不同程度的肿大,质地松软,色泽暗褐或呈锈褐色。镜检,脾静脉窦和脾索中有大量吞噬有含铁血黄素的巨噬细胞。

含铁血黄素也见于铁质斑块(siderotic plaques)。铁质斑块又称加姆纳-甘地结节(Gamna-Gandy nodules),在老龄犬较为常见。眼观,脾被膜下有灰白色或黄色的硬壳,这种斑块通常沿脾边缘分布,但也可在实质内形成(图 14-20)。H・E 染色时,斑块颜色斑驳,出现黄色(橙色血质)、褐色(含铁血黄素)、紫蓝色(钙化)和粉色(纤维组织)等多种颜色(图 14-21)。铁质斑块是在脾局部淤血或出血的基础上引起结缔组织增生并发生透明变性和钙盐沉积所造成的。此外,脾在收缩时可以造成局部血液的挤出和淤积。由于早期病变的外观很像红色梗死,故有伪梗死(pseudo-infarct)之称。

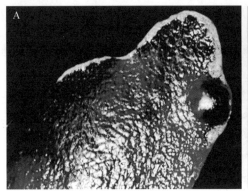
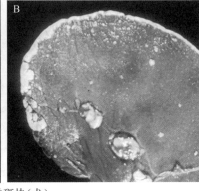

14-20

图 14-20　脾铁质斑块(犬)

A. Siderofibrotic plaque along the margins(golden-brown area) of the spleen; a focal nodule of hyperplasia is also present. Both are common lesions in older dogs. B. Note the yellow-white plaques on the capsular surface and along the border of the spleen. These plaques may be the result of healing of sites of previous trauma and hemorrhage.

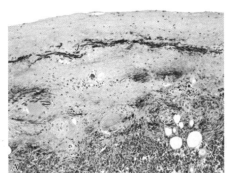
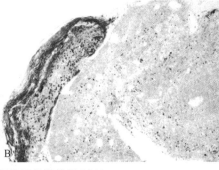

14-21

图 14-21　脾脏铁质斑块组织学特征(犬)

A. The thick splenic capsule contains fibrosis connective tissue(*pink*), linear bands of mineral(*dark purple*), small lakes of hematoidin pigment(*yellow*), and hemosiderin-laden macrophages(*brown*). H・E stain. B. The plaque is composed of fibrous connective tissue, hemosiderin(*blue*) and hematoidin(*orange*) pigments, and mineral. Prussian blue reaction.

　　7. 髓外造血　髓外造血(extramedullary hematopoiesis)是指在骨髓以外的组织中有一个或多个血细胞系生成。这种现象可发生在许多组织,其中以脾最为常见(图 14-22)。在髓外组织,造血前体细胞的归巢、增殖和成熟受造血干细胞(hematopoietic stem cell, HSC)和微环境改变(如细胞外基质、结缔组织基质和趋化因子)的影响。脾髓外造血发生在红髓血管周隙和脾窦(狗)。不同物种髓外造血存在较大差别,成年小鼠持续存在脾髓外造血。髓外造血的机制尚不完全清楚,可能与下列因素有关:①严重的骨髓耗竭;②骨髓刺激(myelostimulation);③组织炎症、损伤和修复;④趋化因子生成异常。

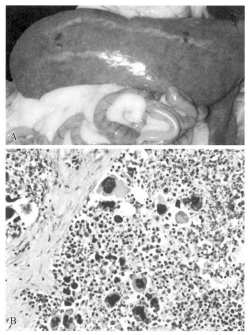

14-22

图 14-22　髓外造血

A. Marked diffuse splenomegaly (meaty spleen) from a ferret. B. The splenic parenchyma contains numerous erythroid and myeloid precursors and megakaryocytes.

第四节　骨髓炎

骨髓炎(osteomyelitis)即骨髓的炎症,多由感染或中毒引起。按骨髓炎的经过可分为急性骨髓炎和慢性骨髓炎两种。

一、急性骨髓炎

按急性骨髓炎(acute osteomyelitis)有无化脓过程,分为化脓性和非化脓性两种。

(一)急性化脓性骨髓炎

急性化脓性骨髓炎是由化脓性细菌感染所致。感染途径可以是血源性的,如体内某处化脓性炎灶中的化脓菌经血液转移到骨髓;也可以是局部化脓性炎(如化脓性骨膜炎)的蔓延,或骨折损伤所招致的直接感染。

急性化脓性骨髓炎时,在骺端或骨干的骨髓中有脓肿形成,局部骨髓固有组织坏死、溶解。随着脓肿的扩大,化脓过程不仅可波及整个骨髓,还可侵及骨组织。化脓性炎可侵蚀骨干的骨密质直到骨膜,引起骨膜下脓肿;此时由于骨膜与骨质腐离,骨质失去来自骨膜的血液供给而发生坏死,被腐离的骨膜因受到刺激而发生成骨细胞增生,继而形成一层新骨,新骨逐渐增厚,形成骨壳,包围部分或整个骨干。骨壳常有许多穿孔,称为骨瘘孔,并经常性从孔内向外排脓。化脓性骨髓炎也可经骨骺端侵及关节,引起化脓性关节炎。如果大量化脓菌进入血液,则可导致脓毒败血症。

（二）急性非化脓性骨髓炎

急性非化脓性骨髓炎以骨髓各系血细胞变性坏死、发育障碍为主要表现，常见病因为病毒感染（如马传染性贫血病毒、鸡传染性贫血病毒）、中毒（如苯、蕨类植物）和辐射损伤。

眼观，有的病例可见长骨的红髓稀软、色污红，但多数病例表现为红骨髓变淡，呈淡黄红色，或岛屿状红骨髓散在于黄骨髓中。镜检，骨髓各系血细胞因变性坏死而明显减少，并见充血、出血、浆液和炎性细胞渗出。

二、慢性骨髓炎

慢性骨髓炎（chronic osteomyelitis）常由急性骨髓炎转变而来，也可分为化脓性与非化脓性两种。

（一）慢性化脓性骨髓炎

由急性化脓性骨髓炎迁延不愈而转变为慢性过程，其特征为脓肿形成、结缔组织和骨组织增生。脓肿周围肉芽组织增生形成包囊，并发生纤维化，其周围骨质常硬化成壳状，从而形成封闭性脓肿。有的脓肿可侵蚀骨质及其相邻组织，形成向外开口的脓性窦道，窦道周围肉芽组织明显增生并纤维化，不断排出脓性渗出物，长期不愈。

（二）慢性非化脓性骨髓炎

常见于马传染性贫血、鸡的网状内皮组织增殖症、J-亚型白血病、慢性中毒等。

眼观，病变的最大特征是红骨髓逐渐变成黄骨髓，甚至变成灰白色，质地硬实。镜检，骨髓各系细胞不同程度地坏死、消失。淋巴细胞、单核细胞、成纤维细胞增生，骨髓实质细胞被脂肪组织取代，网状内皮增殖症时可见网状细胞呈灶状或弥漫性增生，但J-亚型白血病时则以髓系细胞增生为主。当机体遭受细菌、病毒、真菌、寄生虫及过敏原的侵害时，多有中性或嗜酸性白细胞系的骨髓组织增生。

第五节　其他淋巴组织的病变

一、血淋巴结

在绵羊、马、灵长类动物和一些犬科动物体内存在血淋巴结（hemal node）。血淋巴结体积较小、呈暗红色或棕色的结节，最常见于反刍动物。它们的结构类似于淋巴结，具有淋巴滤泡和窦腔结构，不同之处在于血淋巴结中的窦腔内充满血液（图 14-23）。由于具有吞噬红细胞的作用，因而血淋巴结可能具有血液过滤并清除衰老红细胞的作用，但由于血淋巴结的供血量小，它们的重要性尚不明确。

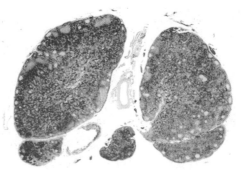

14-23

图 14-23　血淋巴结（反刍动物）
Hemal nodes resemble lymph nodes except that the sinuses are filled with blood.

二、黏膜相关淋巴组织

黏膜相关淋巴组织(mucosa-associated lymphoid tissue，MALT)在黏膜免疫机制中发挥至关重要的作用。MALT 分为弥漫性淋巴组织和集合淋巴小结(aggregated lymphoid nodule)两种，根据其解剖位置可分为：①位于支气管和细支气管分叉处的支气管相关淋巴组织；②位于咽部的由扁桃体(咽和腭)形成的淋巴组织环；③位于鼻咽部的鼻、喉和听管相关淋巴组织；④肠相关淋巴组织(GALT)，包括派尔氏斑(Peyer's patches)和肠壁的弥漫性淋巴组织；⑤结膜相关淋巴组织(CALT)；⑥其他，如位于泌尿生殖道的淋巴小结(图14-24)。

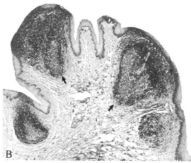

14-24

图 14-24　黏膜相关淋巴组织滤泡增生

A. The mucosa contains multifocal, slightly raised, soft white nodules(arrows). B. Prominent lymphoid follicles(arrows) have formed within the submucosa.

1.弥漫性淋巴组织(diffuse lymphoid tissue)　由淋巴细胞与分布在消化道、呼吸道和生殖泌尿道黏膜固有层内的树突状细胞组成。这些细胞拦截并处理抗原，这些抗原随后进入局部淋巴结，刺激淋巴结分泌 IgA、IgG 和 IgM 免疫球蛋白。

2.孤立淋巴结(solitary lymphoid nodules)　由淋巴细胞(主要是 B 淋巴细胞)在黏膜局部聚集而成，边界清楚，但缺乏包膜，在静息状态或未受抗原刺激时难以观察到。在抗原刺激下，孤立淋巴结可增殖并形成生发中心和套细胞区(即次级淋巴结)。

3.集合淋巴结(aggregated lymphoid nodules)　由一组淋巴小结构成，最为熟知的是扁桃体和派尔氏斑。派尔氏斑在回肠最明显。回肠黏膜覆盖有滤泡相关上皮(follicle-associated epithelium，FAE)。FAE 由肠细胞和微皱褶细胞(又称 M 细胞)构成，将派尔氏斑和肠内容物隔开。M 细胞通过内吞作用(endocytosis)、吞噬作用(phagocytosis)、胞饮作用(pinocytosis)和微胞饮作用(micropinocytosis)将抗原、颗粒物、细菌和病毒从肠腔运输到富含树突状细胞的黏膜下层，再由树突状细胞运送到派尔氏斑。M 细胞也表达 IgA 受体，可捕获和运输被 IgA 结合的细菌。

黏膜相关淋巴组织对损伤的反应与其他淋巴组织相似，包括增生、萎缩和炎症反应。

三、法氏囊

法氏囊(bursa of Fabricius)即腔上囊，是禽类动物特有的免疫器官。

法氏囊炎主要见于传染性法氏囊病、新城疫、禽流感及禽隐孢子虫感染等传染性疾病，其病变性质呈卡他性炎、出血性炎及坏死性炎。眼观，法氏囊周围常有淡黄色胶冻样水肿，法氏囊肿大，质地变硬，呈潮红或紫红色(似血肿)；切开法氏囊，腔内常有灰白色黏液、血液或干酪样坏死物；黏膜肿胀、充血、出血，也可见灰白色坏死点；后期法氏囊萎缩、壁变薄，黏膜皱褶消失，颜色变暗或无光泽。镜检，法氏囊淋巴滤泡的实质细胞发生不同程度的变性坏死，可见许多崩解破碎的细胞核，有的滤泡充满浆液或出血，滤泡间充血、出血，炎性细胞浸润，后期常见间质结缔组织增生，严重时法氏囊淋巴组织被结缔组织取代而发生纤维化。

（白　瑞、谭　勋）

第十五章

心血管系统病理
Disorder in Cardiovascular System

【Overview】The heart is a complex organ whose primary function is to pump blood through the pulmonary and systemic circulations. The results of normal cardiac function include the maintenance of adequate blood flow, called cardiac output, to peripheral tissues that provide delivery of oxygen and nutrients, the removal of carbon dioxide and other metabolic waste products, the distribution of hormones and other cellular regulators, and the maintenance of adequate thermoregulation and glomerular filtration pressure(urine output). The normal heart has a threefold to fivefold functional reserve capacity, but this capacity can eventually be lost in cardiac disease and the result is impaired function. Heart failure is a progressive clinical syndrome in which impaired pumping decreases ventricular ejection and impedes venous return. The heart fails either by decreased blood pumping into the aorta and/or pulmonary artery to maintain arterial pressure(low-output heart failure), or by an inability to adequately empty the venous reservoirs(congestive heart failure). Other conditions including endocarditis, interstitial myocarditis and pericarditis are discussed in this chapter.

动物的生命活动依赖于正常的新陈代谢,而新陈代谢活动的基础是健全的血液循环。当机体的血液循环发生障碍时,就会产生一系列病理过程。心脏是全身血液供给的中枢,当心脏发生疾病时,轻则引起动物生产能力下降,生长不良,重则可导致动物发生急性死亡。

第一节　心功能不全

心功能不全(cardiac dysfunction)是指心肌收缩力减弱,引起心输出量降低和静脉回流受阻,以致循环血量不能满足组织细胞代谢的需要,导致出现全身性代谢、功能和形态结构改变的病理过程,临床上也称为心力衰竭(heart failure)。常见的引起心力衰竭的原因见表15-1。

表 15-1 心功能不全的病理生理机制

- Pump failure：Weak contractility and emptying of chambers，impaired filling of chambers
- Obstruction to forward blood flow：Valvular stenosis，vascular narrowing，systemic or pulmonary hypertension
- Regurgitant blood flow：Volume overload of chamber behind failing affected valve
- Shunted blood flows from congenital defects：Septal defects in heart，shunts between blood vessels
- Rupture of the heart or a major vessel：Cardiac tamponade，massive internal hemorrhage
- Cardiac conduction disorders(arrhythmias)：Failure of synchronized cardiac contraction

引起心力衰竭的原因概括起来有三种：①心脏不能充分排出血液（收缩衰竭）；②心室充盈不足（舒张衰竭）；③收缩衰竭和舒张衰竭并存。这些原因导致心脏每搏输出量（stroke volume）减少，最终引起心输出量（cardiac output）减少和动脉血压降低。

收缩性心力衰竭的特征是心室可正常充盈，但每搏输出量降低，见于心收缩力下降（心肌衰竭）、原发性心室压升高（压力负荷升高）或心室容积增加（容积负荷升高）（表 15-1）。心肌衰竭可呈原发性（如扩张型心肌病），也可继发于慢性心室压升高或容量负荷增加。引起心室压升高最常见的原因是主动脉瓣下狭窄（subaortic stenosis）、高血压（左心充血性心力衰竭）、犬心丝虫（heartworm disease）、肺动脉狭窄、牛"胸骨病"（高原病）以及马慢性肺泡气肿（右侧心充血性心力衰竭）。心室容积增加（前负荷增加）常见于瓣膜闭锁不全、心输出量升高（如甲亢）。收缩力降低可导致每搏输出量、心输出量和动脉血压降低，并使心脏对心输出量减少的代偿能力下降。舒张性心力衰竭的特征是心室充盈不足，见于心室舒张功能障碍、心肌功能障碍、心室血流阻塞以及心包疾病等。

根据心力衰竭时的血流动力学改变，可将心力衰竭分为低输出量性心力衰竭（low-output heart failure）和充血性心力衰竭（congestive heart failure）两种类型，前者表现为从心脏泵入主动脉和/或肺动脉的血液量减少，后者表现为心脏不能充分地排空静脉血。低输出量性心力衰竭的临床症状包括抑郁、嗜睡、晕厥和低血压。充血性心力衰竭的特征为腹水、胸腔积液和肺水肿。充血性心力衰竭可为右心、左心或全心衰竭，通常伴有心脏扩张和/或肥厚（图 15-1）。右心充血性心力衰竭可引起全身淤血（如腹水和外周水肿）（图 15-2），而左心充血性心力衰竭则可导致肺循环充血（肺水肿和呼吸困难）。在小动物中，胸腔积液通常与双侧充血性心力衰竭有关。

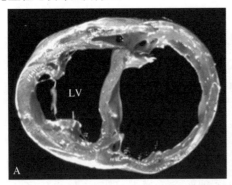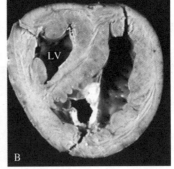

15-1

图 15-1 心室扩张和心肌肥大，心室横切面，犬

A. Cardiac dilation. Note the thin walls of both dilated ventricles. LV, Left ventricle. B. Cardiac hypertrophy (fixed tissue). Note that the right ventricular and left ventricular(LV) walls are approximately the same thickness, indicating that there is right ventricular hypertrophy.

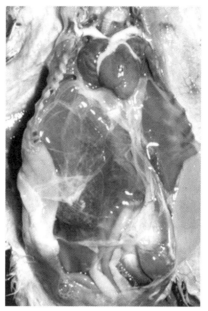

15-2

图 15-2　呋喃唑酮中毒引起充血性心力衰竭和腹水（雏鸭）

第二节　心肌肥大

一、向心性肥大

在高压力负荷状态下,心室排血阻力增加,继而发生左心室壁增厚和心室腔缩小,这一变化称为向心性肥大(concentric hypertrophy)。

在左心室压升高的情况下,心肌可进行一系列适应性改变,以将左心室的剪切应力维持在正常水平。

$$左心室壁剪切应力 = 左心室压 \times \frac{左心室半径}{2 \times 左心室厚度}$$

由上述公式可知,左心室半径减小或左心室壁厚度增加可克服左心压力升高引起的左心室壁剪切应力升高。随着持续的左心室压力升高,心室肌肉发生向心性肥大,导致管壁增厚,心室腔减小(半径减小),这一适应性改变可将作用于左心室壁的剪切应力维持在正常水平,并引起心收缩力升高。但是,肥大的心室因代谢增强而易于发生缺血缺氧,引起纤维结缔组织增生和胶原含量增加,进而引起心室舒张功能障碍,心室前负荷和每搏输出量降低。因而,向心性肥大最终引起左心室收缩和舒张功能均发生障碍。

二、离心性肥大

在容积负荷增大时,心室发生扩张,以适应舒张末期容积增大(end-diastolic volume)的需要,这种扩张性改变使作用于心室壁上的剪切应力的升高程度远低于压力负荷升高的程度。随后,心室发生离心性肥大(eccentric hypertrophy),以使剪切应力维持在正常水平。因而,容量负荷升高的特点是左心室离心性肥大,可见心室壁轻度增厚和心室腔显著扩张。

左心室舒张可分为四个阶段,第一期为等容舒张期(主动脉瓣关闭至二尖瓣打开),第二期为快速充盈期(二尖瓣打开,占心室充盈血量的大部分),第三期为减慢充盈期(心室容积和压力变化较小),第四期为心房收缩期(心房收缩,将血液主动泵入心室)。舒张性心室充盈发生在第二至第四期。等容舒张期是一个动态的、依赖于能量的过程,β-肾上腺素刺激可促进舒张,而缺血、舒张不同步、后负荷增加、心室肥大和心肌细胞钙流入异常则可延迟舒张。第二至第四期是心脏被动充盈过程,反映心室的顺应性(compliance)。心室顺应性由心室容积、心室壁的几何结构和组织学特征决定。心室顺应性随着充盈压升高和心肌固有硬度增加(如浸润性疾病、纤维化和缺血)而降低,如心肌肥厚和心包填塞。心室充盈可能受许多因素的影响,包括等容舒张率、心房驱血与心室舒张的同步性、心肌顺应性和房室压梯度(atrioventricular pressure gradient)。房室压梯度是心室充盈的驱动力(主要受血管内容量和血管扩张程度的影响)。等容舒张率也是早期心室充盈的重要决定因素;肾上腺素刺激能增加舒张率,其促进舒张的程度远大于促进心肌收缩的程度。心动过速可缩短舒张时间。患有扩张型心肌病或黏液瘤样瓣膜变性的犬在房颤开始时发生心力衰竭,其主要原因是心房收缩功能丧失。

三、心源性晕厥

心源性晕厥(cardiac syncope)是心脏病的一种急性表现,临床上出现意识丧失、心率和血压急剧下降,伴有或不伴有明显的损伤。心源性晕厥可因大面积心肌坏死、心房纤维化、心脏梗阻、心脏阻塞和反射抑制(如高位小肠梗阻)等原因引起。

第三节　心脏炎症

一、心内膜炎

心内膜炎(endocarditis)是指心脏内膜的炎症。根据炎症发生的部位,可分为瓣膜性、心壁性、腱索性和乳头性心内膜炎,其中瓣膜性心内膜炎(心瓣膜炎)在临床上最常见。根据病变的性质不同,可将心内膜炎分为疣状心内膜炎和溃疡性心内膜炎。

(一)原因和机制

引起心内膜炎发生的原因很多,包括细菌、病毒、寄生虫和营养代谢病等。细菌感染是引起心内膜炎的常见原因。例如,猪急性心内膜炎主要伴发于慢性猪丹毒和链球菌病;化脓棒状杆菌、链球菌和葡萄球菌可引起牛和羊发生心内膜炎;马放线杆菌和马腺疫链球菌可引起马的心内膜炎。

普遍认为,心内膜炎的发生可能与变态反应和自身免疫反应有关。如猪丹毒杆菌和链球菌感染后,菌体蛋白可与机体胶原纤维的黏多糖结合,形成复合性自身抗原并刺激机体产生相应的抗体,这种抗自身抗体在心内膜的胶原纤维上沉积下来,在补体的作用下,引起胶原纤维发生纤维素样坏死。心内膜损伤为血栓的形成和局部细菌繁殖创造了有利条件,导致心内膜炎形成。引起人类风湿性心脏病的 A 组溶血性链球菌与心脏组织具有共同抗原性,感染这种细菌后,机体所产生的抗体不但对菌体有杀伤作用,也可引起宿主的心肌和心瓣膜发生免疫损伤。心瓣膜游离端缺乏血管,营养供应不足,较其他部位更容易发生损伤,是心内膜炎的好发部位。由于左心二尖瓣的功能负荷高于右心三尖瓣,所以约有 60% 的心内膜炎发生于二尖瓣,40% 发生于三尖瓣或其他瓣膜。

(二)类型

1. 疣状心内膜炎 疣状或单纯心内膜炎(verrucose or simple endocarditis)以心瓣膜轻微损伤和形成疣状赘生物为特征。早期,由于心瓣膜内皮细胞受损及结缔组织变性、水肿,造成瓣膜增厚,失去光泽。随后,在瓣膜的游离缘出现串珠状或散在的小疣状赘生物,赘生物呈灰黄色或灰红色,容易剥离,其表面常覆以薄层血凝块。随着病情的加剧和病程的延长,瓣膜上赘生物的体积增大,颜色逐渐变为灰黄色或黄褐色,表面粗糙不平、缺乏光泽,质脆易碎。在炎症后期,赘生物变得硬实,灰白色,并与瓣膜紧密相连。

镜下,炎症初期可见心内膜内皮细胞肿胀、坏死等一系列变化,内皮下水肿,心内膜结缔组织细胞变性、肿胀、变圆,胶原纤维肿胀,严重时,可见纤维素样坏死。这些退行性病变为该部位的血栓形成创造了条件。肉眼可见的疣状赘生物实为血栓及其机化产物。血栓主要由纤维素和血小板组成,其中混杂已经坏死崩解的中性粒细胞。病程较久的病例可见瓣膜中成纤维细胞和毛细血管增生,并向血栓性疣状物中生长,使其不断机化。血栓也常伴有钙盐的沉着。心内膜深层的心肌结构常无明显改变。

2. 溃疡性心内膜炎(ulcerative endocarditis) 溃疡性心内膜炎或败血性心内膜炎以瓣膜严重坏死为特征。眼观,病变初期仅见瓣膜局部受损,形成淡黄色浑浊小斑点,随后病灶扩大,互相融合形成粗糙、干燥、无光泽的坏死灶,最后因化脓性分解而形成溃疡。溃疡也可由疣状心内膜炎的疣状赘生物破溃、脱落而形成。溃疡表面常覆有血栓,溃疡周围常有出血带或炎症反应带,并伴有肉芽组织增生,使溃疡的边缘隆起于表面。如果溃疡使瓣膜发生穿孔,可损伤腱索和乳头肌,造成心脏功能障碍。心瓣膜崩解、脱落的组织碎片中含有化脓性细菌,可成为败血性栓子,随血流到达机体其他组织、器官,引起化脓性炎。在病灶表面常覆以由纤维素、坏死细胞及细菌团块等组成的血栓物。局部组织坏死、崩解;坏死组织边缘毛细血管充血、出血,大量中性粒细胞浸润,有时可见肉芽组织形成。

3. 壁性心内膜炎(mural endocarditis) 是由原发性心内膜炎扩延至心壁所致。几乎所有化脓棒状杆菌引起的心内膜炎都会伴发心壁炎症。

二、心肌炎

心肌炎(myocarditis)是指心肌炎症。原发性心肌炎极为罕见。传染性疾病、中毒以及变态反应等可诱发心肌炎。心肌炎可由心内膜炎或心外膜炎直接蔓延而来,或通过血源性传播而引起。脓毒败血症常可引起心肌继发脓肿,脓肿内常可见细菌性栓子。心肌炎的分类不够统一,根据心肌炎的发生部位和性质,常分为实质性心肌炎、间质性心肌炎和化脓性心肌炎。

1. 实质性心肌炎 实质性心肌炎(parenchymatous myocarditis)是以变质性变化为主的炎症。实质性心肌炎通常发生于急性败血症、中毒性疾病、代谢性疾病和病毒性疾病等。

实质性心肌炎多取急性经过,组织病变以心肌纤维的变性、坏死为主。眼观,心肌颜色暗灰,质地松软,无光泽,呈煮肉状;心肌松弛、心腔扩张,右心室扩张更为明显。在心内膜和外膜下可见呈灰黄色或灰白色的斑块或条纹散布在黄红色心肌之间。当沿心冠横切心脏时,也可见灰黄色条纹围绕心腔呈环层状分布。心肌的上述病变似虎皮的斑纹,故称"虎斑心"。

组织学观察,如果病程较短、炎症轻微,仅见心肌纤维肿大或发生轻度脂肪变性。若病程较长、炎症重剧,心肌纤维可发生蜡样坏死和钙化。由于病因不同,心肌纤维的损伤和炎性细胞反应不尽相同。砷、汞、镉等重金属中毒可损伤心肌纤维,造成心肌纤维发生肿胀、脂肪变性及坏死,主要炎性细胞为淋巴细胞和单核细胞,也可见嗜酸性粒细胞及中性粒细胞浸润。有机磷农药及磷化锌中毒则主要表现为心肌变性,缺少炎性细胞浸润。结核病、链球菌病、蠕虫病、布鲁氏菌病、慢性猪丹毒以及频繁的免疫接种引发的变态反应性心肌炎,主要表现为结缔组织水肿,弹性纤维凝结并发生胶原化,伴有较多的嗜酸性粒细胞浸润。猪脑心肌炎病毒感染灵长类和猪时可引起致死性心肌炎,表现为心肌纤维凝固性坏死,并有以单核细胞为主的炎性细胞浸润。

2. 间质性心肌炎 间质性心肌炎(interstitial myocarditis)以心肌间质水肿、渗出和炎性细胞浸润等炎症变化为主,心肌纤维变性、坏死则较轻微,常发生于病毒、细菌等传染性及中毒性疾病。

眼观,间质性心肌炎与实质性心肌炎相似,难以区分。镜下,初期主要表现为心肌变质性变化,以后逐渐发展为以间质水肿和间质细胞增生为主的炎症。慢性经过则以结缔组织增生为主,伴有不同程度的炎性细胞浸润。心肌纤维则发生变性、萎缩、断裂、坏死,甚至溶解和消失。由于结缔组织明显增生,加之心肌纤维萎缩,导致心脏体积缩小,硬度增加,色泽变浅。心脏表面可见灰白色凹陷的斑块,冠状动脉弯曲成蛇行状。如果结缔组织增生的范围较大,在心腔内压增高的情况下,有可能使病变部的心壁向外侧凸出,引起轻微的局限性扩张,形成桑葚心或慢性心脏动脉瘤(chronic cardiac aneurysm)。

喂服过量磺胺类药物可引起以嗜酸性粒细胞浸润为主的间质性心肌炎,表现为嗜酸性粒细胞局灶性或弥漫性浸润,其间混杂有一些中性粒细胞,心肌间的小血管呈纤维素样坏死。肺、肝、肾、脾、淋巴结和骨髓等也多有类似病变。这种病变可看成是对磺胺类药物的一种过敏反应。青霉素过敏也可引起间质性心肌炎,但浸润的嗜酸性粒细胞较少。

3. 化脓性心肌炎 化脓性心肌炎(suppurative myocarditis)多由起源于子宫、乳房、关节、肺的化脓性细菌栓子经由血流转运到心而引起,也可因异物刺伤心(如牛创伤性网胃心包炎)、肋骨骨折损伤心而引起,或由溃疡性心内膜炎与化脓性心外膜炎直接蔓延而引起。眼观,心肌内有大小不等的化脓灶或脓肿。新形成的化脓灶,其周围充血、出血和水肿。陈旧化脓灶的外周常有包囊形成。化脓灶内的脓汁颜色因细菌种类不同而不同,呈灰白色、灰绿色或黄白色。脓肿如向心室内破溃,则脓汁混入血液后可引起脓毒败血症。心肌脓肿灶较大时,邻近心壁肌肉变薄,往往向外侧扩张,形成所谓急性心脏动脉瘤。镜下可见心肌坏死溶解及大量中性粒细胞浸润并形成脓液,其周围有较为明显的纤维结缔组织增生。

三、心包炎

心包炎(pericarditis)是指心包脏层和壁层心外膜发生炎症反应,又称心外膜炎,可由病原微生物(主要为细菌)和有毒代谢产物引起,但绝大多数心包炎继发于其他心脏病、变态反应性疾病和尿毒症。

根据临床病理过程,可将心包炎分为急性和慢性两类。大多数心包炎呈急性经过,仅少数病原(如结核和真菌等)可引起慢性心包炎。由于绝大多数心包炎不可能根据其病变特征做出病因学诊断,所以这里按形态学分类进行阐述。

(一)急性心包炎

急性心包炎(acute pericarditis)　通常均为急性渗出性炎症,按渗出的主要成分不同可分为如下类别。

1.浆液性心包炎(serous pericarditis)　是一类以浆液渗出为主的急性心外膜炎症。主要是由非感染性疾病和风湿病、系统性红斑狼疮、硬皮病、肿瘤和尿毒症等所引起。病毒感染也常引起此型心包炎。如果病变累及心肌,则称心肌心包炎(myopericarditis)。镜下可见心包脏、壁两层小血管扩张、充血、有少量中性粒细胞、淋巴细胞和单核细胞浸润。心包腔内含有浆液性渗出液。

2.纤维素性及浆液纤维素性心包炎(fibrinous and serofibrinous pericarditis)　是指以纤维素或浆液和纤维素渗出为主的急性心包炎,是心包炎中最多见的类型。肉眼可见心包脏、壁两层铺满一层粗糙的黄白色绒毛(渗出的纤维素,在心包腔内受心脏舒缩牵拉而成),故称“绒毛心”。浆液纤维素性心包炎除有绒毛心外观外,在心包腔内还可见黄白色(含纤维素及白细胞)或带血色(因混有红细胞)的浓稠渗出液。镜检可见心包脏、壁两层充血,心外膜的心包腔面有大量纤维素性物质渗出,其间夹杂少量的炎性细胞和变性坏死的间皮细胞。

3.化脓性心包炎(purulent or suppurative pericarditis)　是指以大量中性粒细胞渗出为主的表面化脓性急性心包炎。主要是由化脓菌,特别是链球菌、葡萄球菌和肺炎球菌等所引起。这些细菌可能从邻近组织器官病变扩延而来,或从血液、淋巴道播散而来,也可因心脏手术直接感染。

肉眼可见心包脏层和壁层表面覆盖一层较厚的纤维素性脓性渗出物,呈灰绿色、浑浊而黏稠的泥膏状。脓性渗出物较多且稀薄时,积聚于心包腔内,称为心包积脓(pyopericardium)。镜检,心包脏层和壁层充血、水肿,可见大量中性粒细胞浸润,心包腔面及心包腔内可见网罗有大量中性粒细胞的网状物。

4.出血性心包炎(hemorrhagic pericarditis)　是指纤维素性和/或脓性渗出物中混有多量红细胞的心包炎,多见于结核或恶性肿瘤累及心包,也可见于细菌感染和有出血素质的心包炎。另外,心脏手术可致出血性心包炎,出血量大时可导致心脏填塞(tamponade)。

(二)慢性心包炎

慢性心包炎(chronic pericarditis)是指临床病程持续 3 个月以上的心包炎。多数是由急性心包炎转变而来,亦有少数无明显临床表现,尸体剖检时才发现心包有纤维性粘连。

1.非特殊类型慢性心包炎(non-specific type of chronic pericarditis)　这一类型是泛指

心包炎症性病变较轻或发展缓慢,仅局限于心包本身。此类病变对心脏功能影响轻微,故临床上亦无明显表现。

2.特殊类型慢性心包炎　①粘连性纵隔心包炎(adhesive mediastino-pericarditis)常常继发于严重的化脓性或干酪样心包炎、心脏手术或纵隔放射性损伤等,偶尔可由单纯纤维素性渗出引起。主要病变为心包慢性炎症性病变和纤维化引起心包腔粘连、闭锁,并与纵隔及周围脏器粘连,最终引起心脏肥大、扩张,与前述扩张性心肌病临床表现相似。②缩窄性心包炎(constrictive pericarditis)多数继发于化脓性、出血性或干酪样(结核)心包炎,病变主要局限于心包本身。心包腔内渗出物可发生机化、玻璃样变和钙化等变化,使心包腔完全闭锁,形成一个硬而厚、灰白色、半透明的结缔组织包囊,紧紧地包绕在心脏周围,引起心脏舒张受限,与前述局限性心肌病临床表现相似。

(严玉霖、谭　勋)

第十六章

消化系统病理
Diseases of Alimentary System

【Overview】 The alimentary system is a long and complex tube that varies in its construction and function among animal species. The function of the alimentary system as a whole is to take ingested feedstuffs, grind them and mix them with a variety of secretions from the oral cavity, stomach, pancreas, liver, and intestines (digestion), and then to absorb the constituent nutrients into the bloodstream and lacteals. Although a large variety of gastrointestinal disturbances are clinically important in all species of animals, the predominant form of disease varies from species to species. Carnivores pets, partly because of their long life span, effective vaccines, and a lifestyle and diet similar to that of human beings, develop alimentary neoplasia far more often than herbivores. Meat-, milk-, and fiber-producing animals (ruminants and pigs) are host to a variety of infectious agents that are largely resistant to vaccines. These pathogens may have evolved as a result of the herding instinct of these animals, giving them an opportunity to mutate within a large socially structured host population, usually causing gastrointestinae infections. Horses are most prone to displacements of alimentary viscera.

消化系统是一条较长的功能复杂的管道，结构和功能因动物种类而异。作为一个整体，消化系统的功能是将摄取的饲料磨碎，与口腔、胃、胰腺、肝和肠道的各种分泌物混合（消化），将营养成分吸收到血液和乳糜中。尽管各种各样的胃肠道疾病在所有种类的动物中都具有重要的临床意义，但疾病的形式因物种而异。比如，肉食性宠物的寿命长，疫苗免疫有效，生活方式和食物与人类相似，它们比草食动物更容易发生消化道肿瘤；产肉、产奶和产毛动物（反刍动物和猪）则以传染性消化道疾病为主。这些动物具有群居性，为病原体在庞大的宿主群中发生变异创造了有利条件，导致疫苗免疫失败。与上述动物不同，马最容易发生消化器官变位。本章主要介绍胃、肠、肝和胰腺等主要器官的疾病。

第一节　胃　炎

胃炎即胃黏膜的炎症。胃炎多由于饲养管理不当或饲料变质等原因引起，如饲喂过量食物、大量粗纤维性饲料、发霉变质的饲料、有毒性或刺激性的饲料；急性传染病、寄生虫病也常伴有胃炎，如猪瘟、猪丹毒、犬瘟热、环形泰勒虫病、马胃蝇等；应激反应，如运输、饲养拥挤、斗架、突然更换饲料等也可引起胃炎。胃炎与肠炎同时发生称胃肠炎。

按病程可将胃炎分为急性胃炎和慢性胃炎。

一、急性胃炎

急性胃炎（acute gastritis）是以胃黏膜上皮变性、坏死、脱落和炎性渗出为主的炎症。按渗出物的性质不同可分为卡他性胃炎、出血性胃炎、化脓性胃炎、纤维素性胃炎、坏死性胃炎。

（一）卡他性胃炎

急性卡他性胃炎（acute catarrhal gastritis）在临床上较多见，是一种损伤较轻微的胃黏膜表层炎症。常见于变质饲料及毒物的直接刺激、粗硬饲料及异物的刺激、过热过冷的刺激以及某些传染病，如猪瘟、猪丹毒、猪传染性胃肠炎、犬瘟热等传染病。

剖检，胃黏膜充血、肿胀，以胃底黏膜充血明显。黏膜表面覆盖多量白色黏稠的液体，常有小出血点。镜检，黏膜上皮变性、坏死、脱落，黏膜固有层、黏膜下层充血、水肿、中性粒细胞浸润。在犬瘟热病例中，胃黏膜细胞核内及胞浆内可见病毒包涵体，包涵体嗜酸性，均质红染，呈圆形或卵圆形。

（二）出血性胃炎

出血性胃炎（hemorrhagic gastritis）以明显出血为特征。与卡他性胃炎相似，但其出血性病变较明显。见于某些传染病（急性猪丹毒、鸡新城疫、禽流感、羊快疫）、霉变饲料、毒物中毒等。

眼观，胃黏膜肿胀，深红色，黏膜表面可见出血点或出血斑，胃内容物混有血液，呈红褐色。镜检，黏膜上皮变性、坏死、脱落。黏膜或黏膜下层出血、水肿、炎性细胞浸润。

（三）化脓性胃炎

化脓性胃炎（suppurative gastritis）不常见。牛羊采食尖锐的异物或饲料，刺伤胃黏膜，继发感染化脓菌而引起本病。链球菌、化脓放线菌经血行感染也可引起化脓性胃炎。大口德拉西线虫（大口胃虫）的成虫寄生在马胃内引起局限性脓肿，脓肿内含有虫体，严重时造成胃破裂，引起化脓性腹膜炎。

剖检，胃黏膜肿胀、充血、出血，黏膜表面被覆黄白色脓性黏液性分泌物。有时在胃黏膜内形成脓肿。镜检，黏膜上皮变性、坏死、脱落。黏膜层充血，大量中性粒细胞浸润。

（四）纤维素性胃炎

纤维素性胃炎（fibrinous gastritis）比较少见。可因服用腐蚀性药物或病原微生物感染而引起，如犊牛、羔羊、仔猪的坏死杆菌病，在舌、牙龈、上腭、颊部、咽喉、鼻腔黏膜、气管、胃肠黏膜上可形成粗糙的纤维素性假膜。

眼观，胃黏膜上有大量纤维素附着，形成灰白色、灰黄色假膜。假膜脱落后可见糜烂、溃疡。镜检，黏膜充血、出血、坏死，黏膜表面、黏膜固有层、黏膜下层有大量纤维素渗出，黏膜下层水肿、炎性细胞浸润。

(五)坏死性胃炎

坏死性胃炎(necrotic gastritis)指胃壁的坏死性炎症,表现为胃黏膜、黏膜下层甚至肌层坏死,坏死组织脱落后形成胃溃疡。饲养密度过大、环境条件突然改变、惊恐、幼畜断乳等应激因素是造成应激性胃溃疡的重要原因。断乳幼畜(犊牛、犬、猫等)常发生胃溃疡,集约化管理、机械化饲养的猪也容易发生胃溃疡。许多疾病,如猪瘟、马胃蝇蛆病、急性铜中毒等,都会见到典型的胃溃疡病变。

剖检,在病畜的胃底及幽门、贲门等部位,可见有圆形、椭圆形或面积较大的溃疡灶。溃疡底部粗糙不平,周边稍隆起。胃溃疡常伴有胃出血,胃内容物呈红色。严重者可见胃出血、胃穿孔。严重胃出血者,胃内可见血凝块。反复的胃出血常导致贫血及脾肿大。胃穿孔可引起化脓性腹膜炎。镜检,黏膜表面凹陷,黏膜结构消失。溃疡底部、边缘充血、出血,炎性细胞浸润,成纤维细胞增生。

二、慢性胃炎

慢性胃炎(chronic gastritis)的病因与急性胃炎相同,多由急性胃炎转化而来,以增生性变化为主要特征。

眼观,胃黏膜增厚,表面凹凸不平,增厚的黏膜呈皱褶状。胃黏膜表面覆盖多量灰白色黏液。镜检,黏膜及黏膜下层炎性细胞浸润,淋巴细胞增生,形成淋巴小结。结缔组织、腺体增生,导致胃黏膜肥厚,形成慢性肥厚性胃炎(chronic superficial gastritis)。腺体的排泄管受增生的结缔组织压迫而闭塞,形成腺体囊肿。后期,腺体体积缩小、数量减少,结缔组织收缩,黏膜上皮化生,使胃壁变薄,形成慢性萎缩性胃炎(chronic atrophic gastritis)。

第二节　肠　炎

肠炎(enteritis)主要指肠黏膜的炎症。肠炎与胃炎常同时发生或相互继发,称为胃肠炎(gastroenteritis)。肠炎的发病原因和胃炎基本相同,但以病原微生物或寄生虫感染最为常见。根据肠炎的病程长短可分为急性肠炎和慢性肠炎;根据发病部位不同可分为十二指肠炎、空肠炎、回肠炎、盲肠炎、结肠炎和直肠炎等;根据渗出物性质不同可分为急性卡他性肠炎、出血性肠炎、化脓性肠炎、纤维素性肠炎等。肠炎在临床上有下痢症状。

一、急性肠炎

(一)急性卡他性肠炎

急性卡他性肠炎(acute catarrhal enteritis)是肠黏膜的轻度炎症,以肠黏膜充血和大量浆液性、黏液性或脓性渗出物渗出为特征。很多传染性及中毒性疾病常有卡他性肠炎的发生,如猪传染性胃肠炎、猪轮状病毒感染、流行性腹泻、猪瘟、犬瘟热、传染性法氏囊病、仔猪大肠杆菌病、鸡白痢等。另外,引起卡他性胃炎的原因,如饲料粗糙、变质、毒物中毒等因素,也可引起急性卡他性肠炎。

眼观,肠黏膜充血、肿胀,黏膜表面浆液性、黏液性或脓性分泌物增多,肠内容物不带血色。肠壁淋巴滤泡肿胀，形成灰白色小结节，凸起于黏膜表面，如半球状。镜检，黏膜上皮和肠腺上皮变性、坏死、脱落，杯状细胞显著增多，黏膜固有层、黏膜下层血管扩张、充血及炎性细胞浸润。猪传染性胃肠炎以空肠绒毛显著缩短为特征。

(二)出血性肠炎

出血性肠炎(hemorrhagic enteritis)是一种严重的急性肠炎，以肠黏膜出血或渗出物中有大量红细胞为特征，见于传染病、寄生虫病和中毒等，如猪瘟、仔猪红痢、猪痢疾、犬细小病毒病、羊肠毒血症、鸡新城疫、鸡球虫病、鸡盲肠肝炎、禽流感及禽霍乱等。

眼观，肠壁呈紫红色或暗红色，有时在浆膜面可见出血点。剪开肠管，可见黏膜表面有出血点或出血斑，呈局灶性或弥漫性分布(图 16-1)。肠腔内容物混有血液，呈淡红色、暗红色或酱油色，有时可见血凝块。镜检，肠黏膜上皮和肠腺上皮发生变性、坏死、脱落，黏膜层和黏膜下层明显充血、出血及炎性细胞浸润。

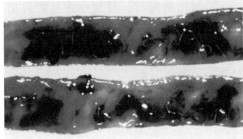

图 16-1 钩虫病，出血性肠炎，小肠，犬

(三)化脓性肠炎

化脓性肠炎(suppurative enteritis)是以渗出物中混有大量中性粒细胞为特征的急性肠炎。常由大肠杆菌、沙门氏菌、链球菌等化脓性细菌引起，其他原因造成肠道损伤后继发化脓菌感染，也可引起化脓性肠炎。化脓菌侵入肠壁，可造成肌层脓肿或黏膜下层蜂窝织炎，肠壁淋巴小结化脓可形成脓肿和溃疡。

眼观，肠腔内容物中混有黏稠、黄白色的脓汁。镜检，黏膜固有层和肠腔内可见大量中性粒细胞，其他病变与卡他性肠炎相同。

(四)纤维素性肠炎

纤维素性肠炎(fibrinous enteritis)是以肠黏膜被覆纤维素性渗出物为特征的炎症。大量渗出的纤维素凝结，可形成膜状物，即假膜。附着于肠黏膜上的假膜易于剥离时，称浮膜性肠炎；若肠黏膜坏死，肠黏膜上的假膜与坏死物质牢固结合，难以剥离，称固膜性肠炎，又称纤维素性坏死性肠炎。

纤维素性肠炎多见于感染性疾病，如猪瘟、猪副伤寒、猪坏死性肠炎、牛病毒性腹泻（牛黏膜病）、鸡新城疫、小鹅瘟、组织滴虫病、细菌性痢疾等。

肠型猪瘟常见纤维素性坏死性肠炎，典型病变是在结肠和盲肠形成纽扣状溃疡灶(图 16-2)。

亚急性及慢性猪副伤寒表现为局灶性或弥漫性固膜性肠炎，病变部黏膜坏死，黏膜面粗糙，被覆污灰色或灰黄色糠麸样物。

图 16-2 固膜性肠炎(慢性猪瘟)，大肠

肠道,特别是小肠的局灶性固膜性肠炎是鸡新城疫最重要的病变,肠黏膜出现大小不等的枣核状坏死灶,呈岛屿状分布,坏死灶表面有出血、纤维素附着。坏死组织脱落,形成溃疡灶。

小鹅瘟的病理特征是小肠的纤维素性坏死性肠炎,由渗出的纤维素、坏死脱落的黏膜上皮形成假膜,由假膜包裹肠内容物,形成香肠状栓子。空肠、回肠显著增粗,体积膨大,质地硬实,形如香肠状。有的病例小肠黏膜表面附有散在的纤维素凝块或带状的凝固物而不形成栓子。

雏鸡、雏火鸡的组织滴虫病的病理特征是纤维素性坏死性盲肠炎和坏死性肝炎。盲肠显著肿大、增粗,肠壁增厚、硬实,形似香肠。盲肠黏膜表面被覆干酪样渗出物。镜检可见黏膜上皮坏死、脱落,大量纤维素渗出,黏膜层广泛坏死。肠腔内的渗出物逐渐干燥,形成充满肠腔的干酪样物质。渗出物、固有层、黏膜下层、肌层均可见组织滴虫。

二、慢性肠炎

(一)慢性卡他性肠炎

慢性卡他性肠炎(chronic catarrhal enteritis)多由急性卡他性肠炎发展转变而来,肠道寄生虫、微生物感染,慢性心脏病、肝硬化引起的肠道淤血,均可导致慢性卡他性肠炎。慢性卡他性肠炎以肠黏膜表面被覆黏稠黏液及组织增生为特征。

眼观,肠管积气,黏膜增厚,黏膜表面被覆多量灰白色黏液(图 16-3)。黏膜表面呈颗粒状,有时形成息肉样突起。随着黏膜的增厚,肠壁肌层也

16-3

图 16-3　犬慢性卡他性肠炎,黏膜表面
被覆多量黏液

增厚,结缔组织也有增生。病程较久时,黏膜萎缩,肠壁变薄。镜检,黏膜上皮增生,肠腺肥大、增生。黏膜固有层、黏膜下层可见淋巴细胞、单核细胞、浆细胞浸润。病程较久时,肠绒毛变短,肠腺体积缩小,数量减少。

(二)慢性增生性肠炎

慢性增生性肠炎(chronic proliferative enteritis)是以黏膜层、黏膜下层大量细胞成分增生、肠壁明显增厚为特征的一种慢性肠炎。常见于牛副结核病、猪增生性肠炎、组织胞浆菌病、禽慢性大肠杆菌病等慢性疾病过程中。

剖检,肠壁显著增厚,肠管变粗,肠腔变窄。肠黏膜肥厚,肌层也变肥厚。黏膜表面可见脑回样皱褶。黏膜表面被覆多量黄白色黏液,有些病例可见出血点。病变多见于回肠或结肠。牛副结核病的病理特征为慢性增生性肠炎,空肠、回肠黏膜增厚,增厚的肠黏膜形成脑回样皱褶(图 16-4)。病变肠管的浆膜淋巴管及相应的肠系膜淋巴管扩张、增粗,呈弯曲的绳索状。猪增生性肠炎的肠管增粗,回肠黏膜增厚,肠黏膜表面出现花纹状或分枝状皱褶。

镜检，肠绒毛弯曲、缩短，黏膜上皮细胞变性、坏死、脱落，杯状细胞增多，黏膜表层坏死和出血。牛副结核病的组织学特征是肠黏膜固有层及黏膜肌层有大量上皮样细胞、巨噬细胞、淋巴细胞、浆细胞浸润，并有多核巨细胞出现（图 16-4），病变部小肠有明显的肉芽肿性淋巴管炎；猪增生性肠炎主要是肠腺上皮显著增生，形成分枝状肠腺，使肠黏膜增厚。

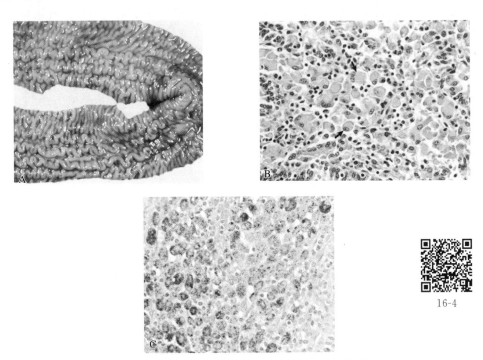

16-4

图 16-4　肉芽肿性肠炎，约内氏病（牛分枝杆菌，副结核病）

A. Ileum, sheep. There is notable thickening of the mucosa, which is smooth and shiny (intact) and not ulcerated. B. Small intestine, cow. The lamina propria of the intestine is markedly expanded by granulomatous inflammatory cells (*arrows* = macrophages), which compress the crypts and eventually result in their loss (atrophy). H・E stain. C. Small intestine, cow. Mycobacterium-containing macrophages distend the lamina propria. Mycobacterium stain red with Ziehl-Neelsen stain.

第三节　肝脏病理

肝是动物体内最大的腺体，具有肝动脉和门静脉双重血液供应系统。肝具有分泌胆汁、蛋白质代谢、糖代谢、脂肪代谢、维生素代谢、解毒、调节血液量等多种功能。肝受到损害的机会相当多，很容易发生各种变化，如血液循环障碍（贫血、淤血、出血、血栓、海绵状微血管扩张等）、变性（细胞肿胀、脂肪变性、淀粉样变性等）、坏死、萎缩、黄疸、肝炎、肝硬化、胆管炎及肝肿瘤等。

一、肝细胞的损伤模式

尽管肝易受到多种因素的损伤，但肝细胞变性、坏死的模式不外乎四种：随机性（random）、带状（zonal）、桥接性（bridging）和大面积（massive）变性/坏死。

（一）随机性肝细胞变性、坏死

随机性肝细胞变性和（或）坏死（random hepatocellular degeneration and/or necrosis）的特点是在肝内有散在的单个细胞坏死或有多个坏死灶。坏死细胞或坏死灶随机分布在肝各处，没有特定的位置。大多数病毒、细菌和原虫可引起这种类型的坏死。眼观可见散在分布的、境界清晰的白色或深红色病灶（图 16-5A 和 B），病灶大小不等。镜检可见散在分布的坏死肝细胞（图 16-5C）

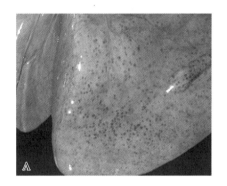

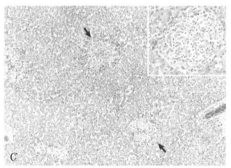

16-5

图 16-5　随机性肝细胞损伤，肝

A. Tyzzer's disease，horse. Random disseminated 1- to 2-mm red to dark red foci of necrosis due to *Clostridium* piliforme infection. B. Equine herpes virus infection，foal. Random white to gray foci of viral-induced lytic necrosis. C. Salmonellosis，focal necrosis and inflammation，pig. The random pattern of necrotic foci are infiltrated by macrophages and form discrete granulomas termed paratyphoid nodules (*arrows*) within the hepatic lobules. H·E stain. *Inset*，Higher magnification of a paratyphoid nodule. H·E stain.

（二）带状肝细胞变性、坏死

带状肝细胞变性、坏死指坏死发生在肝小叶特定区域，如小叶中心区（centrilobular area）、中带（midzonal area）或门周区（periportal area）。无论坏死发生在何区域，眼观都可见肝颜色苍白、边缘钝圆、质地易碎。在肝表面和切面上可见明显的小叶景象（图 16-6）。苍白色的部位代表坏死的肝细胞,而红色区域则代表肝窦淤血扩张。

16-6

图 16-6　区域性肝损伤,马

Accentuation of the normal lobular pattern is evident on the capsular surface of the liver. It is not a specific change, as it may be associated with zonal hepatocellular degeneration and/or necrosis (regardless of lobular location), passive congestion, or diffuse cellular infiltration of the portal and periportal areas (often reflecting hepatic involvement of hematopoietic neoplasms, such as lymphoma and myeloproliferative disorders).

1. 小叶中心变性和(或)坏死(centrilobular degeneration and/or necrosis)　小叶中心坏死是最常见的肝坏死(图 16-7)。肝这一区域获得的氧合血液最少,极易受缺氧影响。此外,这一区域的多功能氧化酶(mixed function oxidases)含量最高,能将化学物质转变成有毒物质。急性贫血、右心衰竭通常可引起小叶中心坏死。同样,肝淤血导致缺氧,可引起小叶中心肝细胞萎缩。

2. 旁中心细胞变性和/或坏死(paracentral cellular degeneration and/or necrosis)　旁中心细胞变性/坏死区域呈楔形(图 16-8),这是由于病理损伤只发生于某一个肝腺泡的外围区域(3 区)所致,通常由中毒或严重急性贫血引起。由于多个肝腺泡以同一个中央静脉为边界,缺氧不可能引起所有肝腺泡发生相同变化,某

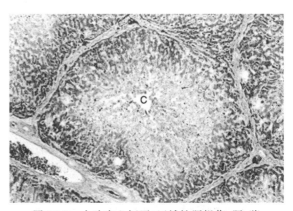

图 16-7　小叶中心坏死,区域性肝损伤,肝,猪

16-7

Centrilobular necrosis is characterized by a circumferential zone of hepatocellular necrosis surrounding the terminal hepatic venule (central vein [C]). H・E stain.

一个腺泡周围的肝细胞的损伤可能比相邻的肝腺泡更严重,故出现这种变化。

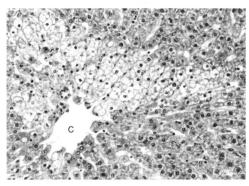

16-8

图 16-8 旁中心细胞变性和/或坏死,区域性肝损伤,肝,牛

Rather than a pattern of complete circumferential necrosis, a wedge-shaped area of hepatocytes is damaged. In this case, the paracentral lesion consists of necrotic hepatocytes to the left and other hepatocytes with hydropic degeneration. This wedge is the apex of the diamond-shaped liver acinus (zone 3) and reflects the partitioning of the lobule based on the inflow of blood from each of the individual portal tracts that surround the lobule. This change can be seen as an early manifestation of hepatic hypoxia in animals with anemia or right-sided heart failure and precedes centrilobular necrosis. C, Central vein. H·E stain.

3. 中带变性和/或坏死(midzonal degeneration and/or necrosis) 中带病变在家畜中少见,有报道称猪、马黄曲霉毒素中毒和猫六氯酚中毒(图 16-9)可出现这样的变化。

4. 门静脉周围变性和/或坏死(periportal degeneration and/or necrosis) 这种类型的病变也不常见。某些化合物(如磷)可通过门周肝细胞中的酶代谢成有害的中间产物,从而引起门周细胞损伤(图 16-10)。某些毒素可能不需要代谢,在它们随血流从门管区流入时,对首先与之接触的肝细胞(及门周干细胞)造成损伤。

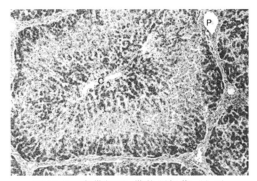

图 16-9 中带坏死,带状肝损伤,肝,马

16-9

Midzonal necrosis is the least common pattern of hepatic injury. Hepatocytes in the middle portion of the lobule (zone 2) are affected, and hepatocytes in the other regions are spared. C, Central vein; P, portal vein. H·E stain.

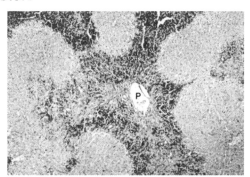

图 16-10 门静脉周围坏死,区域性肝损伤,肝,马

16-10

Periportal (or zone 1) necrosis is an uncommon pattern of hepatocellular injury. Hepatocytes surrounding the portal tracts (P) are affected. H·E stain.

（三）桥接性坏死

桥接性坏死（bridging necrosis）是坏死区相互汇合的结果。桥接可将小叶中心区桥接起来（中央桥接）或将小叶中心区连接到门静脉周围区域（图 16-11）。

（四）大面积坏死

大面积坏死（massive necrosis）不一定是指整个肝脏坏死，而是指某一个肝小叶或几个相邻的肝小叶内肝细胞完全坏死（图 16-12A）。在急性病例，由于大面积淤血，肝轻度肿大，表面光滑，颜色变暗。最初，坏死的肝细胞溶解，残余的间质浓缩。由于小叶中所有肝细胞都发生坏死，通常不会发生肝细胞再生。镜检，坏死区域肝细胞消失，结缔组织间充满红细胞（图16-12B）；随后，星状细胞和自门静脉和小叶中心区域迁移而来的纤维细胞产生新的胶原（尤其是Ⅰ型胶原）；最后，小叶崩解，实质消失，被浓缩的基质和胶原形成的瘢痕取代。眼观，肝体积缩小，被膜皱缩，可见散在分布的坏死灶和淤血点。

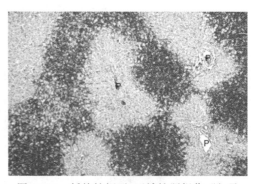

图 16-11　桥接性坏死，区域性肝损伤，肝，马

16-11

Bridging necrosis refers to a pattern characterized by connection of areas of necrosis between different lobules. Three patterns of bridging necrosis are recognized：central to central，as seen here；portal to portal；and central to portal. P，Portal area. H·E stain.

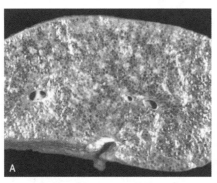

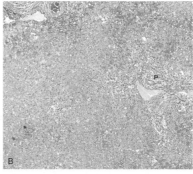

16-12

图 16-12　肝大面积坏死

A. Pig，cut surface. Massive necrosis refers to a pattern of necrosis that involves entire hepatic lobules，as shown here. B. Dog. The entire population of hepatocytes within many lobules have undergone necrosis. P，Portal area. H·E stain.

二、肝炎

肝炎（hepatitis）是一种常见的肝脏病变。根据炎症的病程，可将肝炎分为急性肝炎和慢性肝炎；根据病因不同，可分为传染性肝炎、寄生虫性肝炎和中毒性肝炎；根据炎症发生的部位不同，可分为实质性肝炎、间质性肝炎。

（一）传染性肝炎

传染性肝炎（infectious hepatitis）是由病毒、细菌和真菌等病原微生物侵入肝脏所引起的炎症。

1.病毒性肝炎　很多病毒可引起肝实质的炎症,如鸭肝炎病毒引起鸭病毒性肝炎、犬Ⅰ型腺病毒引起犬传染性肝炎,鸡腺病毒引起鸡包涵体肝炎,鸭瘟病毒、禽呼肠孤病毒、兔出血症病毒等感染也常引起肝病变。

剖检,肝肿大,质脆,呈红色与土黄色相间的斑驳色彩。表面和切面可见灰白色、灰黄色坏死灶及出血。镜检,以肝细胞变性、坏死为主,肝细胞发生水泡变性、脂肪变性及坏死。常见的变性病变是肝细胞水泡变性,肝细胞体积肿大,胞浆疏松呈网状。肝细胞多发生凝固性坏死,亦可见肝细胞凋亡。间质中有淋巴细胞、巨噬细胞浸润。肝小叶中央静脉扩张,小叶内有时可见出血。

犬传染性肝炎肝细胞有核内包涵体形成(图 16-13),鸡包涵体肝炎肝细胞内可见嗜酸性核内包涵体,偶尔可见嗜碱性核内包涵体,鸭病毒性肝炎常见肝出血。

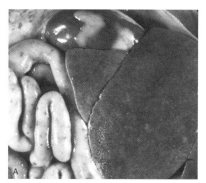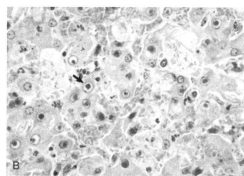

图 16-13　传染性肝炎,肝坏死,犬

A. The liver from a dog infected with infectious canine hepatitis (ICH) can be slightly enlarged and friable with a blotchy yellow discoloration. Sometimes, fibrin is evident on the capsular surface. Note the petechiae on the serosal surface of the intestines caused by vascular damage from canine adenovirus type Ⅰ infection. B. Infection of hepatocytes and endothelial cells with canine adenovirus type Ⅰ produces characteristic deeply eosinophilic to amphophilic intranuclear inclusions surrounded by a clear zone that separates them from the marginated chromatin (*arrow*). H·E stain.

2.细菌性肝炎(bacterial hepatitis)　许多细菌都能引起肝脏炎症,如巴氏杆菌、沙门氏菌、坏死杆菌、结核杆菌、大肠杆菌、化脓放线菌、链球菌、葡萄球菌、钩端螺旋体、黄曲霉菌等。细菌性肝炎以变质、坏死和形成肉芽肿为特征,可分为变质性肝炎、化脓性肝炎和肉芽肿性肝炎。

(1)变质性肝炎:以肝细胞变性、坏死为主要特征。肝肿大,肝表面可见大小不等的坏死灶。以禽霍乱为典型,在肝表面有针尖大小的密集的灰白色坏死灶。肝被膜上常有纤维素渗出,形成纤维素肝包炎。镜检,肝坏死,形成凝固性坏死灶,坏死灶周围肝细胞变性,炎性细胞浸润。

(2)化脓性肝炎:脓毒败血症或其他部位的化脓菌由血液转移至肝,在肝内形成大小不等的脓肿,脓肿具有包膜,其中充满脓液。

(3)肉芽肿性肝炎:主要见于结核杆菌(图 16-14)、伪结核耶尔辛氏菌、放线菌、大肠杆菌、沙门氏菌、布氏杆菌等感染。剖检,肝表面和切面上可见大小不等的增生结节,结节与周围组织界限清楚,结节中心坏死。镜检,结节中心为坏死物质,坏死物质周围为上皮样细胞和多核巨细胞,最外层为结缔组织及大量淋巴细胞。猪副伤寒、牛副伤寒、鸡白痢均有肝局灶性坏死,坏死灶内有网状内皮细胞增生,网状内皮细胞和巨噬细胞聚集形成副伤寒结节。

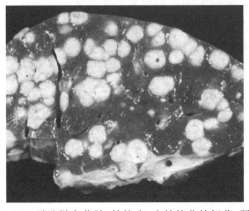

图 16-14　干酪样肉芽肿,结核病,牛结核分枝杆菌,肝,牛

Hepatic tuberculosis is characterized by random multifocal pale white-to-yellow caseous granulomas on the capsular and cut surfaces.

(二)寄生虫性肝炎(parasitic hepatitis)

寄生虫寄生在肝实质内、胆管内或在肝内移行引起肝炎。火鸡组织滴虫可引起肝发生坏死性炎症;肝片形吸虫寄生于牛羊等反刍动物肝的胆管中;球虫寄生于兔胆管上皮细胞内,引起兔肝球虫病;蛔虫的幼虫在肝中移行,造成肝实质破坏;弓形虫感染可引起局灶性坏死性肝炎;血吸虫虫卵沉积在肝,引起虫卵结节和肝纤维化。

剖检,肝肿大,表面有灰白色坏死灶,或有境界清楚的寄生虫结节。棘球蚴寄生于肝,在肝内形成囊肿。鸡组织滴虫病肝脏表面形成圆形、大小不一的坏死灶,中央稍凹陷,边缘稍隆起。蛔虫的幼虫在肝内移行,形成许多移行孔道,移行孔道被结缔组织取代后形成瘢痕,在肝表面形成形态不一的白斑,即乳斑肝(milk spotted-liver)(图 16-15)。肝片吸虫引起慢性胆管炎,导致胆管扩张、增厚、变粗。镜检,肝形成数量不等的坏死灶或寄生虫结节。肝内可见虫体或虫卵,寄生虫移行通道出血,后被结缔组织修复。肝间质结缔组织增生,嗜酸性粒

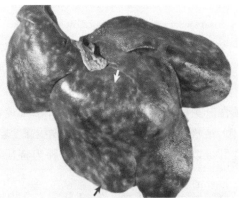

图 16-15　包膜和门脉纤维化(乳斑肝),蛔虫
幼虫迁移,肝膈面,猪

Fibrous tissue (scars) has been deposited in the migration tracks of the ascarid larvae and in adjacent portal areas (*arrows*).

细胞浸润,间质增宽,肝实质萎缩,最后可发生寄生虫性肝硬化。

三、中毒性肝病

肝比其他任何器官都更容易发生中毒性损伤。由于从消化道进入门静脉的血液直接流入肝,因此肝几乎能接触到所有摄入的物质,包括植物、真菌和细菌的产物,以及金属、矿物质、药物和其他被吸收入门静脉血中的化学物质。肝毒性损伤可以是单纯的肝细胞损伤,也可以是单纯的胆道损伤,或者是这两种成分的共同损伤。

(一)肝毒性药物

肝毒性药物可分为两大类。①真性或可预知性肝毒性(predictable hepatotoxicants)药物:指那些对大多数动物具有肝毒性,且在相似剂量范围内效果均较明显的药物。大多数肝毒性药物归属于这一类,如对乙酰氨基酚和吡咯利嗪生物碱。但是,即使是这类药物,其毒性作用并不总是一致的。药物对肝的损伤受多种因素影响,包括年龄、性别、饮食、内分泌功能和遗传因素等的影响。因此,同一毒物对个体的影响会有很大的不同。②特异体质性药物反应(idiosyncratic drug reaction):其特点是只引起少数个体出现反应,地西泮(diazepam)对猫的毒性作用就属于这一类。特异体质性药物反应涉及多重机制,包括编码某些药物代谢酶的基因遗传突变引起的代谢异常、编码某些酶的基因缺失或机体对药物或药物修饰的肝细胞蛋白产生免疫反应。药物混用、食物和健康因素也在特异体质性药物反应中发挥作用。

(二)发生机制

肝对急性肝毒性损伤的反应取决于毒性损伤的机制和作用部位。最常见的急性肝毒性反应是肝小叶中心区域坏死,发生机制与细胞色素 P450 催化的代谢有关(见下述)。某些不常见的化学物质如白磷(曾用作杀鼠剂)和烯丙醇会引起门脉周围性坏死,这些化学物质不需要通过细胞色素 P450 系统的代谢即具有毒性。

值得注意的是,非致死性肝毒性损伤单次发作很难在发作后的第一天内检测到组织学变化。在发病 48～72h 内,巨噬细胞开始清除细胞碎片,肝细胞开始增殖,经 1 周左右,肝组织学结构可完全恢复正常。但大面积肝细胞坏死可导致肝结缔组织支架崩溃,引起中央静脉周围发生纤维化。慢性中毒性肝损伤,比如有毒物质反复暴露或连续地每天暴露(如饮食污染),可导致狄氏隙内肝星形细胞、门脉区的肌成纤维细胞(myofibroblast)和中央静脉区的结缔组织活化和细胞外基质合成增加,进而引起肝纤维化(hepatic fibrosis)。此外,慢性肝损伤也可引起肝支持组织破坏,导致肝纤维化。严重损伤可引起肝细胞再生形成结节,结节周围增生的纤维结缔组织可将临近肝小叶的中央静脉或汇管区连接起来,或将汇管区桥接到小叶中心,这一现象称为肝硬化(cirrhosis)(图 16-16)。

除肝细胞外,肝内其他细胞也可发生毒性损伤。比如,胆管上皮易受甲氧苄啶和真菌毒素(如葚孢菌素)损伤,枯否氏细胞易受内毒素损伤,窦内皮细胞易受砷化物和一些吡咯啶生物碱损伤,维生素 A 过量可引起肝星形细胞损伤。胆管坏死可干扰胆汁流动;活化的枯否氏细胞可释放细胞因子,引起炎性反应;肝星形细胞在肝纤维化中起着核心作用;内皮细胞受损会影响肝的血液循环。

根据毒物作用的细胞内生物过程,可将毒性肝损伤的发生机制分为以下 6 种:

1. 细胞色素 P450 酶催化产生的有毒代谢产物 这是肝细胞毒性损伤最常见的机制。P450 家族属于单氧酶类,因其在 450nm 有特异吸收峰而得名。P450 家族主要存在于肝细胞的滑面内质网（微粒体），其作用是将脂溶性化学物质转化为水溶性化合物，以便从胆汁或尿液中排出。药物在肝内代谢存在三个时相反应：第Ⅰ相反应在肝细胞的微粒体内进行，被 P450 催化形成一种活性中间体（reactive intermediate molecule），为第Ⅱ相反应做准备；第Ⅱ相反应为结合反应，即第Ⅰ相反应形成的活性中间体与一些极性分子（如葡萄糖醛酸）共价结合，形成可以排泄的水溶性代谢物；在第Ⅲ相反应，代谢物在分子泵的作用下跨膜进入胆小管管腔。在服药过量等情况下，活性中间体可与其他细胞成分（如蛋白质）和核酸共价结合，形成加合物（adduct）。在急性毒性过程中，加合物与一些必需的酶共同作用，导致细胞损伤或死亡。由于细胞色素 P450 酶在肝小叶中心的含量最高，因而这类毒性损伤最容易引起肝小叶中心性坏死。例如，对乙酰氨基酚中毒主要引起肝小叶中心性坏死，这是因为对乙酰氨基酚被细胞色素 P450 酶催化形成的自由基 N-乙酰基-p-苯醌亚胺（NAPQI）主要分布于肝小叶中央区。许多植物毒素也可通过这种机制引起肝损伤。

 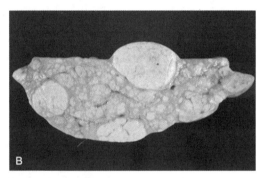

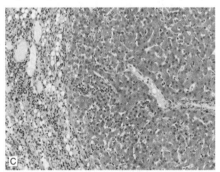

16-16

图 16-16　肝硬化，肝，犬

A. Regenerative nodules in the liver of a dog；B. Cut surface of the liver；C. Microscopic appearance of the regenerative nodule and adjacent septum.

2. 免疫介导的损伤　药物与核酸、酶或其他蛋白形成的加合物不同于正常细胞成分，是一种新抗原（neoantigen）。这些抗原和其他外来抗原一样，在细胞浆中加工后被运输到细胞表面，被免疫系统识别，通过直接细胞毒性和抗体依赖性细胞毒性引起肝细胞或胆管上皮损伤。以前曾广泛使用的麻醉剂氟烷引起的中毒就属于这种情况。在兽医学上，由这种机制引起的中毒还未得到很好的证实，但不能排除临床上偶有发生。

3. 细胞凋亡机制　某些毒物，包括疏水性胆汁酸潴留或生成过多，可激活肝细胞内的凋亡信号通路，触发细胞凋亡。另外，免疫介导的损伤过程中释放的炎性细胞因子 TNF-α 也可诱导细胞凋亡。

4.钙稳态失衡机制　四氯化碳可引起细胞膜损伤并灭活参与维持钙稳态的酶,导致胞外钙离子内流,引起降解肌动蛋白微丝的酶激活,进而导致细胞膜出芽(blebbing)和溶解。

5.胆汁淤积　某些化合物(如雌激素和红霉素)能结合并破坏胆管上的分子泵,引起胆汁淤积(cholestasis)。大面积肝损伤不仅引起胆管泵和肝细胞破坏,还可引起胆管周围的肌动蛋白微丝破坏,进而导致胆管收缩障碍,引起胆汁淤积。

6.线粒体损伤　一些抗病毒核苷或静脉注射四环素可通过损伤线粒体而引起肝细胞毒性。化学物质或活性氧(reactive oxygen species)能攻击线粒体膜、酶或 DNA,从而破坏线粒体。受损的线粒体不能产生足够的三磷酸腺苷(ATP)为肝细胞提供能量。此外,线粒体受损引起脂质 β-氧化减少,导致肝内脂质积聚(脂肪变性)和能量产生减少。受损的线粒体还可释放细胞色素 c,促发细胞凋亡。若线粒体功能丧失,则会引起肝细胞坏死。

四、肝毒性物质举例

(一)肝毒性蓝藻菌

蓝藻菌又称蓝绿藻(blue-green alga),是一类含叶绿素 a,能进行产氧光合作用的大型单细胞原核生物。有些蓝藻菌,如鱼腥藻(anabaena)、丝囊藻(aphanizomenon)和节球藻(nodularia)可引起家畜致死性中毒,而小动物(狗和猫)中毒较少见。在夏末初秋,因为温度适宜、阳光充足,必需营养物质丰富,蓝藻菌繁殖旺盛。蓝藻菌中含有毒素(如环七肽微囊藻毒素 LR),死亡和垂死的蓝藻菌在水面集聚,被牲畜摄取而中毒。微囊藻毒素可与蛋白磷酸酶 1 和 2A结合,导致细胞骨架蛋白过度磷酸化,肌动蛋白微丝发生重排,最终引起细胞骨架塌陷和细胞死亡。动物中毒后快速出现腹泻、虚脱而死亡。剖检可见胃肠道黏膜出血,肝肿大,颜色鲜红,并有出血。组织学检查可见中心性或弥漫性肝细胞坏死。存活下来的动物可发展为慢性肝病。蓝藻菌中也含有影响其他器官系统(包括神经系统)的毒素。

(二)肝毒性植物

许多植物,如菊科、豆科和紫草科植物含有吡咯啶生物碱(pyrrolizidine alkaloid-containing),其中千里光属(Senecio)、玻璃草属(Cynoglossum)、琴颈草属(Amsinckia)、野百合属(Crotalaria)、蓟属(Echium)、毛束草属(Trichodesma)和天芥菜属(Heliotropium)是导致中毒的主要植物。目前已鉴定出 100 余种不同的生物碱。毒性作用取决于植物中所含生物碱的种类。摄入的生物碱在肝细胞色素 P450 酶的催化下转化为吡咯酯。吡咯酯为烷基化剂,能与细胞质和细胞核内蛋白以及核酸反应。猪对吡咯啶生物碱中毒特别敏感,牛和马次之,绵羊和山羊不敏感。吡咯啶生物碱中毒为慢性中毒,典型大体病变为肝纤维化(图16-17),特征性组织学病变为肝巨细胞症(hepatic meglocytosis)、结缔组织增生、胆管增生,有时可见肝细胞再生结节。肝巨细胞(megalocyte)形成是吡咯啶生物碱抑制肝细胞核分裂的结果。吡咯啶生物碱可抑制细胞分裂,但不抑制 DNA 合成。除吡咯啶生物碱外,黄曲霉毒素和亚硝胺中毒也可引起肝巨细胞症。因为吡咯啶生物碱可抑制肝细胞增殖,所以并不一定出现肝细胞再生结节。由于物种差异,牛比马更容易形成肝细胞再生结节。

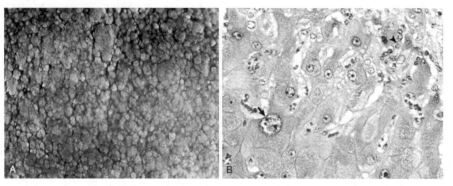

图 16-17　慢性吡咯啶生物碱中毒，牛

A. Chronic pyrrolizidine intoxication produces a fibrotic and sometimes distorted liver with an irregular capsular surface. B. Greatly enlarged hepatocytes (megalocytes) (*arrow*) and hyperplasia of biliary epithelium (*arrowhead*) in the persisting parenchyma are typical of pyrrolizidine toxicity.

(三) 真菌毒素

1. 黄曲霉毒素　黄曲霉菌 (*Aspergillus flavus*) 是黄曲霉毒素 (aflatoxins) 的重要来源。黄曲霉毒素 B_1 是黄曲霉毒素最常见的形式，也是毒性最强的的毒素和致癌物。在潮湿条件下，黄曲霉菌易在玉米、花生和棉籽等许多农作物中生长并产生毒素。黄曲霉毒素通过肝细胞色素 P450 酶转化为毒性中间体，与细胞中 DNA、RNA 或蛋白质结合，起毒性、致癌和致畸作用。猪、狗、马、牛犊和禽类 (如鸭和火鸡) 对黄曲霉毒素敏感 (幼龄动物更敏感)，而绵羊和成年牛则对黄曲霉毒素有抵抗力。马和牛急性黄曲霉毒素中毒少见，因为需要摄入大量受黄曲霉毒素污染的饲料才能达到足够的中毒剂量。犬急性黄曲霉毒素中毒时可出现肝小叶中心性坏死和出血，肝脂变和胆管增生。慢性中毒比急性中毒更常见，临床上出现身体衰弱、易感染，甚至出现肝功能衰竭。剖检可见肝质地变硬、颜色苍白；镜检可见肝细胞发生脂肪变性和坏死、胆管增生、小叶中心纤维化或桥接性纤维化，肝细胞异型性明显，细胞和细胞核大小不一 (图 16-18)。

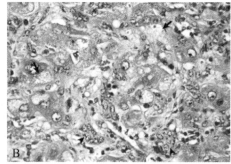

图 16-18　慢性黄曲霉毒素中毒

A. Postnecrotic scarring, pig. Chronic aflatoxicosis produces a shrunken and fibrotic liver from collapse of areas of massive necrosis and condensation of the fibrous stroma. B. Histologic appearance. Chronic aflatoxicosis is characterized by variable amounts of steatosis (fatty change [*arrows*]), biliary hyperplasia (*arrowheads*), and cellular atypia in hepatocytes.

2. 拟茎点霉毒素　拟茎点霉毒素 (pomopsins) 是真菌拟茎点霉 (*Diaporthe toxica*) 的产物。这种真菌生长在羽扁豆 (*Lupinus* sp.) 上，牛、绵羊、马采食被真菌污染的羽扁豆茬会出现肝损伤。常引起慢性肝功能不全、肝萎缩和纤维化。镜下可见散在分布的坏死肝细胞，这些细胞具有核分裂象（mitotic figures），停滞在有丝分裂中期。后期以弥漫性纤维化和胆管增生为主。中毒动物可出现肝功能衰竭症状，如感光过敏（photosensitization）。拟茎点霉毒素中毒应注意与羽扁豆中毒鉴别，后者是由羽扁豆产生的生物碱（如臭豆碱，anagyrine）所引起的，这些生物碱中毒引起骨骼畸形，但无明显的肝损伤。

3.甚孢霉素　甚孢霉素（sporidesmin）是由纸皮司霉（*Pithomyces chartarum*）产生的，这种真菌在死黑麦草中生长。黑麦草是新西兰和澳大利亚常见的牧草。毒素多集中在真菌孢子中，当绵羊和牛摄入足够数量的孢子时，毒素以游离的形式分泌到胆管中，导致肝内胆管和肝外大胆管上皮坏死，伴有轻度的炎症。由于胆汁淤积，胆红紫素（phylloerythrin）不能排出，常导致头部皮肤感光过敏，常称为面部湿疹（图16-19）。急性中毒的特点是肝被胆汁染色，小胆管中胆汁充盈，胆管扩张，胆管周围水肿。在慢性病例，由于胆管上皮坏死和随后的炎症（慢性胆管炎）反应导致胆管纤维化，胆管变厚。可能是因为门静脉血流中来自小肠的血流比例增加，肝左叶（该叶位于反刍动物肝腹侧）病变最为严重，严重时会发生萎缩和纤维化。

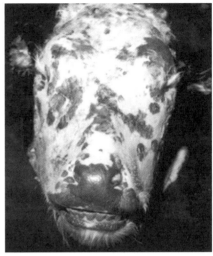

16-19

图16-19　皮肤坏死，感光过敏，皮肤，牛

When the liver of herbivores fails and can no longer remove the photodynamic pigment phylloerythrin from the portal blood, skin with little pigment or hair covering, exposed to ultraviolet light, initially becomes acutely inflamed and may be followed by necrosis, as seen on the face of this cow.

4.毒蘑菇　有毒的蘑菇，如鹅膏菌属等，可引起致命的急性肝坏死。被称为"死亡帽"的毒鹅膏（*Amanita phalloides*）含有一组称为毒环肽的毒素。毒鹅膏有剧毒，食用1g就足以引起人死亡，对狗的致死量更低。毒伞肽（amatoxin）是一种八肽，是毒鹅膏引起肝细胞损伤的主要原因，其机制是抑制RNA聚合酶Ⅱ的功能，阻断DNA和RNA转录。解剖可见肝出血和肝萎缩，镜检可见肝细胞脂肪变性、出血和小叶中心性坏死或大面积坏死。中毒症状出现后3～4天即可引起肝衰竭而死亡。鬼笔环肽（phalloidin）是在鹅膏菌属中发现的一种有毒的七肽，它能破坏细胞内肌动蛋白微丝，导致细胞损伤或死亡。由于从消化道吸收受限，这种毒素的临床意义较低。

（四）肝毒性化学物质

1.木糖醇　木糖醇（xylitol）是一种人造甜味剂，用于制造糖尿病患者或减肥者的各种食物。木糖醇还可防止口腔细菌产酸而腐蚀牙齿表面，因此用于制作无糖口香糖、牙膏和其他口腔护理产品。木糖醇对人无害（每天摄入超过130g木糖醇的人可能会腹泻，但无其他异常），但对狗有剧毒。摄入0.5g/kg木糖醇可引起狗出现高胰岛素血症、低血糖症、黄疸和肝衰竭，临床症状表现为呕吐、嗜睡和虚弱，有严重低血糖症的狗可能会出现癫痫。组织学变化为重度小叶中心性坏死或大面积坏死，门静脉周围发生空泡变性。后期有中度到重度的小叶中心肝细胞丢失和萎缩，肝小叶结构模糊。木糖醇引起肝损伤的机制还不完全清楚，可能与木糖醇代谢过程中 ATP 被大量消耗或活性氧物质的产生有关。

2.磷   磷有红磷和白磷两种形式。虽然磷有直接毒性,但其毒性机制尚不清楚。中毒时出现胃肠炎症状,组织学变化为肝脂变和门周肝细胞坏死,肝的这一坏死模式与大多数肝毒性损伤的中心性坏死不同,表明磷的中毒机制不涉及细胞色素 P450 酶。

3.四氯化碳   四氯化碳是一种肝毒性剂,曾被用作驱虫药。四氯化碳在混合功能氧化酶系统的催化下转变为毒性中间体,导致小叶中心肝坏死和肝脂变。

4.金属   部分金属可导致中毒性肝损伤。过量补铁可导致铁过度蓄积,因铁超载而引起肝脏疾病,称为血色素沉着症(hemochromatosis)。小猪右旋糖酐铁中毒和新生马驹富马酸亚铁中毒是临床上常见的铁中毒,两种铁中毒均以大面积肝坏死为特征。肌肉注射右旋糖酐铁可预防仔猪贫血,但有时可导致仔猪死亡率升高,注射后很快引起仔猪死亡。富马酸亚铁是一种饲料添加剂,马驹中毒后临床病程较短,但可出现大面积肝坏死,胆管和胆小管增生,并伴有肝祖细胞(卵圆细胞)增殖。

(五)肝毒性治疗药物

许多治疗药物已被证明可导致某些动物发生急性或慢性肝损伤,这些药物造成毒性损伤的机制因物种和个体而异。一些治疗药物属于可预知性肝毒性药物,如果给予足够的剂量,某一物种的所有个体都容易发生肝损伤。然而,由于治疗剂量远远低于中毒剂量,只有在过量服用的情况下才会引起中毒。药物引起肝损伤的部位通常是小叶中心。猫比狗更容易发生中毒,因为它们的葡萄糖醛酸转移酶活性相对不足,这种Ⅱ相酶催化有害物质与谷胱甘肽共价结合,增加其水溶性,从而将其从体内清除。当Ⅱ相代谢被阻断时,这些有害物质就可引起肝损伤。因为Ⅱ相酶相对缺乏,猫比狗对扑热息痛中毒更敏感。其他治疗药物属于特异体质性毒物,只影响少数动物。例如,抗炎药物卡洛芬(carprofen)偶尔会引起犬发生急性肝坏死,拉布拉多猎犬比其他品种的犬更容易发生卡洛芬中毒。镇静剂地西泮可引起一些猫发生急性致死性肝损伤,但对大多数猫无影响,对犬也无不良影响。

五、肝硬化

肝硬化(liver cirrhosis)是指由多种原因引起肝弥漫性变性、坏死,继而发生结缔组织广泛增生以及肝细胞再生形成结节(图 16-20),使肝变硬、变形。肝硬化不是一独立疾病,是各种慢性肝病发展的共同终末阶段,又称为末期肝病(end-stage liver disease)。

(一)原因和类型

根据发生原因不同,肝硬化可分为以下几型:

1.门脉性肝硬化(portal cirrhosis)   门脉性肝硬化是最常见的一种肝硬化,以假小叶形成为特征。结缔组织增生起始于门管区,在小叶四周也有增生,增生的结缔组织伸入肝小叶内,将肝小叶分割为大小不等、圆形或椭圆形的假小叶(pseudolobule)。主要见于各种传染性肝炎、慢性酒精中毒和毒物中毒。

2.坏死后肝硬化(post-necrotic cirrhosis)   坏死后肝硬化是指肝严重坏死后发生的肝硬化。首先肝细胞发生坏死,之后结缔组织增生,坏死组织被增生的结缔组织所取代。坏死后肝硬化见于病毒性肝炎、药物及化学物质中毒,多是中毒性肝炎的一种结局。

3.寄生虫性肝硬化(parasitic cirrhosis)   由寄生虫引起。常见于猪蛔虫、肝片吸虫、血吸虫、兔肝球虫等。猪蛔虫的幼虫在肝内移行,移行孔道被结缔组织修复,形成乳斑肝。血吸虫的成虫寄生于门静脉系统的血管内,所产虫卵随血液到达肝,在肝内形成虫卵结节,早期虫卵结节进一步发展形成纤维性结节。牛、羊肝片吸虫的童虫在肝内移行时形成许多出血孔道,移行孔道发生纤维化。肝片吸虫的成虫在胆管内寄生,引起胆管管壁增厚,周围结缔组织增生。

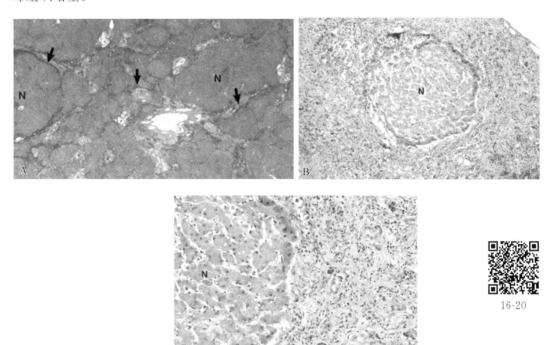

16-20

图 16-20　末期肝,犬

A. Histologic appearance of end-stage liver disease. Nodules of regenerative parenchyma (N) are separated by septa of collapsed reticulin and fibrous connective tissue (*arrows*), which also contains numerous blood vessels and bile ducts. H · E stain. B. A single regenerative hepatic nodule (N) is surrounded by haphazardly arranged bands of fibrous connective tissue that contains numerous blood vessels and hypertrophied and hyperplastic bile ducts. H · E stain. C. Higher magnification of Fig. 16-20 B. Note the regenerative nodule (N), bands of fibrous connective tissue, hyperplastic bile ducts, and mononuclear inflammatory cells. H · E stain.

4.胆汁性肝硬化(biliary cirrhosis)　胆汁性肝硬化是由胆道系统长期阻塞,胆汁淤积而引起的肝硬化。寄生虫或结石阻塞胆道、肿瘤压迫胆道及慢性胆管炎等均可引起胆汁淤积,产生阻塞性黄疸。胆汁淤积区的肝细胞变性、坏死,小胆管增生,间质结缔组织增生,形成肝硬化。

5.淤血性肝硬化(congestive cirrhosis)　淤血性肝硬化又称心源性肝硬化,主要见于慢性心力衰竭。肝长期淤血、缺氧,肝小叶中心区肝细胞变性、坏死,最后纤维化。淤血持续存在,纤维化范围逐渐扩大,纤维条索分割肝小叶,形成肝硬化。

(二)临床病理联系

1.门静脉高压(portal hypertension)　门静脉压力增高由以下几方面原因引起:①由于结缔组织增生、收缩,压迫小叶下静脉、中央静脉,致使门静脉血液回流受阻,引起门静脉系统淤血,压力增高;②肝细胞结节压迫肝内静脉,使之扭曲、闭塞,门静脉血液回流受阻,压力增高;③肝动脉与门静脉间形成动-静脉短路,动脉血流入门静脉,使门静脉压力增高。静脉高压症的临床表现有：①脾肿大；②胃肠道淤血、水肿；③腹水。

2.肝功能不全(hepatic failure)　肝有极大的储备功能，即使发生了肝硬化，也不一定有肝功能异常。纤维化不断发展与扩大，最终导致肝功能不全。肝硬化引起肝功能不全，主要表现为：①高胆红素血症、低蛋白血症、低糖血症；②凝血因子、纤维蛋白原合成减少，易发生出血；③醛固酮、抗利尿激素灭活减少，导致水肿和腹水；④氨中毒、内毒素血症；⑤肝性昏迷。

第四节　胰腺炎

胰腺炎(pancreatitis)是指胰腺腺泡细胞受损，胰酶消化自身胰腺组织，导致胰腺溶解、坏死、出血及炎症的病理过程。可分为急性胰腺炎和慢性胰腺炎两种。

一、急性胰腺炎

许多物种都可发生胰腺炎。猫急性胰腺炎(acute pancreatitis)的发病率低于犬，但比其他大多数物种都高。可卡犬急性胰腺炎的发病率较高。

(一)发病原因

病毒感染、十二指肠炎、胆石、蛔虫、肿瘤等可引起急性胰腺炎发作。人类的急性胰腺炎通常与酗酒、暴饮暴食有关。病毒感染可造成腺泡细胞的损伤，十二指肠炎、胆石、蛔虫、肿瘤等可引起胰腺导管阻塞，饮酒和暴饮暴食可促使胰液大量分泌。上述因素引起胰管内压增高，严重时导致胰腺小导管及腺泡破裂。胰腺导管阻塞或胰腺腺泡细胞受损时，胰液内的胰蛋白酶原被激活，胰腺发生自身消化，引起胰腺出血、坏死。

(二)病理变化

解剖可见胰腺实质坏死、出血、胰周脂肪坏死。轻度胰腺炎仅表现为胰腺间质水肿，严重时可发生出血性胰腺炎，其特点是胰腺肿大，表面可见灰白色凝固性坏死灶以及深红色或蓝黑色的出血灶(图 16-21A)。胰腺附近肠系膜内脂肪坏死并发生皂化，外观呈白垩样。腹腔常含有血色液体，早期可能含有脂肪滴。坏死的胰腺区域常与邻近组织发生纤维素性粘连。

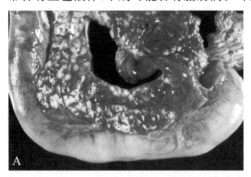
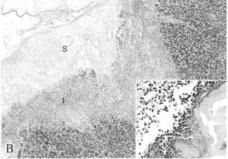

16-21

图 16-21　急性胰腺坏死，急性胰腺炎，胰腺，犬

A. Note the expansion of the pancreas by areas of hemorrhage and edema. B. Acute pancreatitis (histologic appearance of the pancreas depicted in A). Note the accumulation of fibrinous exudate and edema within the interlobular septa (S) and inflammatory cell infiltrate (I). H·E stain. *Inset*, Higher magnification of acute pancreatitis. Note the abundant neutrophils and the area of "saponification" of fat (*lower right*). H·E stain.

　　镜检,胰腺局部大面积出血、胰腺实质凝固性坏死并有炎性细胞浸润;小叶间隔有大量纤维蛋白渗出物;受累肠系膜脂肪坏死(图 16-21B)。

　　不同物种急性胰腺炎的病理变化存在差异。例如,猫急性胰腺炎有两种形式:急性胰腺坏死和化脓性胰腺炎,后者可能是细菌上行性感染的结果。猫的胰腺炎也常与炎症肠病(inflammatory bowel disease,IBD)或/和化脓性胆管炎合并发生(临床上常称为"三体炎")。

(三)临床联系

　　急性胰腺炎常引起呕吐、食欲减退、腹泻和腹部压痛。急性重度胰腺炎释放的炎症介质和酶可引起全身性反应,如广泛的血管损伤和出血、休克和弥漫性血管内凝血(DIC)。很多胰腺炎病例伴有肝损伤,可出现血清谷丙转氨酶浓度升高和肝局灶性坏死。

　　除狗和猫以外,其他物种很少发生足以引起有临床症状的急性胰腺炎。有报道,马发生急性胰坏死和胰腺炎,但与狗和猫的胰腺炎发生机制不同,其原因是圆线虫幼虫通过胰腺移行,引起胰腺酶的释放,导致胰腺及其周围组织坏死。

二、慢性胰腺炎

　　慢性胰腺炎(chronic pancreatitis)多由急性胰腺炎转变而来。胰阔盘吸虫寄生在牛、羊的胰管中,引起慢性胰腺炎。人类慢性胰腺炎与长期酗酒有关。慢性胰腺炎以胰腺弥漫性纤维化、体积显著缩小为特征。临床上出现脂肪痢,有时有糖尿病。慢性胰腺炎后期,胰腺外分泌腺破坏,胰岛消失,胰腺功能不可恢复。

　　剖检,胰体积缩小,呈结节状,质地变硬。胰导管扩张,含有多量黏稠的炎性渗出物,有时可见结石。镜检,胰腺腺泡体积缩小,数量减少。胰腺间质内结缔组织广泛增生,淋巴细胞、浆细胞等炎性细胞浸润。小叶内和小叶间导管呈不同程度扩张,并有不同程度的阻塞,导管上皮增生或鳞状化生。

(祁保民、谭　勋)

第十七章

呼吸系统病理
Disorders of the respiratory system

【Overview】 The principal function of respiratory system is the intake of oxygen and the elimination of carbon dioxide in the process of respiration. The respiratory system of mammals includes conducting system (respiratory tract) and gas exchange system. The conducting system includes nasal cavity, paranasal sinuses, pharynx, larynx, trachea and bronchi, all of which are largely lined by pseudostratified, ciliated columnar cells plus a variable proportion of secretory goblet (mucous) and serous cells. The gas exchange system is the lung, which in all mammals has similar functions, involving exchange of gases (particularly oxygen and carbon dioxide) between the bloodstream and the ambient air. The respiratory system is vulnerable to injury because of consistent exposure to a variety of microbes, particles and toxic gases in the air. Diseases of the respiratory system are some of the leading causes of high morbidity and mortality in animals and a major source of economic losses. In this section, pathogenetic mechanisms of several conditions that have significant effects on the respiratory system, including pulmonary dysfunction, inflammation of the upper respiratory tract and trachea, pneumonia, emphysema, and atelectasis will be discussed.

呼吸系统的主要功能是与外界进行气体交换,即吸入 O_2 和呼出 CO_2。哺乳动物的呼吸系统包括导气(呼吸道)和换气(肺)两部分结构。导气部分由鼻腔、鼻窦、咽、喉、气管和支气管构成。肺是血液与外界空气之间进行 O_2 和 CO_2 交换的场所。由于呼吸系统与外界相通,很容易与空气中的病原微生物、粉尘以及有害气体接触而发生各种损伤。在动物中,呼吸系统疾病的发病率和死亡率均很高,造成的经济损失巨大。本章讨论常见的呼吸系统疾病的发病机制。

第一节　肺功能不全

一、概述

正常的呼吸功能是保证机体生命活动得以正常进行的最基本条件之一。呼吸包括三个基本过程：①外呼吸，即外界环境与血液在肺部进行气体交换，包括通气（肺泡与外环境之间的气体交换）和换气（血液与肺泡之间的气体交换）两个环节；②气体在血液中运输；③内呼吸，即血液与组织液之间以及组织液与细胞之间的气体交换。

肺的功能主要是外呼吸，即进行 O_2 和 CO_2 交换。呼吸功能不全（respiratory insufficiency）是由于外呼吸功能障碍，导致动脉血氧分压（PaO_2）降低，伴有或不伴有动脉血二氧化碳分压（$PaCO_2$）增高的病理过程。呼吸衰竭是指外呼吸功能严重障碍引起的一系列临床症状和体征。肺呼吸功能不全与呼吸衰竭并不完全相同，两者在程度上存在差异。呼吸功能不全是动脉血气（PaO_2、$PaCO_2$）已超过正常范围，但只有在呼吸负荷增加时（如活动增强或劳动）才会出现明显的血气异常；呼吸衰竭则是指外呼吸功能障碍发展到非常严重的程度时所出现的临床综合征。简单地说，肺呼吸功能不全涵盖了外呼吸功能障碍的全过程，而呼吸衰竭则是呼吸功能不全的严重阶段。动物正常动脉血氧分压（PaO_2）为 $10.7 \sim 13.3kPa（80 \sim 100mmHg）$，动脉血二氧化碳分压（$PaCO_2$）为 $4.80 \sim 5.33kPa（36 \sim 40mmHg）$。一般认为，动物处于安静状态时，如果 $PaO_2 < 8kPa（60mmHg）$，$PaCO_2 > 6.67kPa（50mmHg）$，则可判断发生了呼吸衰竭。

PaO_2 降低是诊断呼吸功能不全和呼吸衰竭的必要条件，若不伴有 $PaCO_2$ 升高，称为Ⅰ型或低氧血症型呼吸衰竭（hypoxemic respiratory failure），若伴有 $PaCO_2$ 升高，则称为Ⅱ型或高碳酸血症型呼吸衰竭（hypercapnic respiratory failure）。急性呼吸衰竭在几分钟到数日内发生，慢性呼吸衰竭历时数月至数年。通气障碍引起通气性呼吸衰竭，换气障碍导致换气性呼吸衰竭。多种因素通过影响中枢神经系统功能引起通气不足导致中枢性呼吸衰竭，呼吸器官本身或胸壁病变可导致外周性呼吸衰竭。

二、发病原因与机制

导致呼吸功能不全的主要原因包括：①肺通气障碍，以及肺泡与体外环境之间的气体交换障碍；②肺换气障碍，即肺泡内与肺毛细血管内气体交换障碍；③肺通气量与肺血流量不匹配导致的气体交换障碍。

（一）肺通气障碍

通气障碍（pulmonary ventiliation disorder）是指肺泡与外界的气体交换发生障碍。肺通气需要呼吸中枢、胸廓和呼吸肌及其支配神经参与，气道畅通、肺泡结构正常、肺泡通气量与血流量之比也影响肺通气。上述任何一个环节出现异常都可导致肺通气障碍，引起呼吸衰竭。肺通气障碍包括限制性通气不足和阻塞性通气不足。

1.限制性通气不足（restrictive hypoventilation）　由于呼吸运动或肺泡扩张受限所引起的肺通气量不足称为限制性通气障碍。下述原因可引起限制性通气不足：

(1)呼吸运动减弱:①呼吸中枢或支配呼吸肌的神经出现器质性病变(如脑炎、脑外伤等);②呼吸中枢抑制(过量镇静药、麻醉药);③呼吸肌本身的收缩功能障碍(如低钾血症、缺氧、酸中毒等引起的呼吸肌无力、膈肌麻痹或痉挛;严重腹水或胃肠臌气使膈肌活动受限);④呼吸运动减弱时,因肺泡不能正常扩张而发生通气障碍。

(2)胸廓或肺的顺应性降低:胸廓和肺扩张的难易程度通常用顺应性(compliance)表示。

$$Compliance = \frac{\Delta V}{\Delta p}$$

ΔV—change in volume;Δp—change in pleural pressure.

顺应性指单位压力变化所引起的容量变化,为弹性阻力的倒数,常用来表示胸廓和肺的可扩张性,如弹性阻力大,则顺应性小,就难以扩张。胸廓的顺应性下降常因胸廓畸形、胸膜粘连增厚、胸壁外伤等所致。肺的顺应性降低多见于:①肺的弹性阻力增加,如严重的肺纤维化(石棉肺、硅沉着病、弥漫性肺间质纤维化等)、肺不张、肺水肿、肺实变;②肺泡表面活性物质的减少。

肺泡表面活性物质是由肺泡Ⅱ型上皮细胞合成和分泌的一种脂蛋白,主要成分是二棕榈酰磷脂酰胆碱,具有降低肺泡"液-气"界面表面张力和防止肺水肿的作用。在正常情况下,吸气末时肺泡表面积增大,表面活性物质的分布密度下降,则使其降低表面张力的作用减弱,肺泡易于回缩;呼气末时,肺泡表面积减小,表面活性物质的分布密度增加,则其降低表面张力的能力增强,有利于肺泡的再次扩张。所以,肺泡表面活性物质的减少是使肺弹性阻力增加,肺顺应性降低,肺泡难以扩张的重要因素。

肺泡表面活性物质减少的机制:①合成与分泌减少,如Ⅱ型肺泡上皮细胞的发育不全(早产儿、新生儿);肺泡Ⅱ型上皮细胞合成与分泌表面活性物质是一个耗能过程,任何造成肺组织缺血、缺氧的原因,都可损害Ⅱ型上皮细胞,从而使表面活性物质生成减少;②消耗与破坏过多,肺过度通气、肺水肿、肺部炎症等可使肺泡表面活性物质消耗、破坏过多或被过度稀释。

(3)胸腔积液或气胸 胸腔大量积液使肺严重受压,引起肺扩张受限;开放性气胸时,胸内负压消失,在回缩力的作用下,肺组织塌陷,从而发生肺限制性通气障碍。

2.阻塞性通气不足(obstructive hypoventilation) 是指由于气道狭窄或阻塞,使气道阻力增加所致的通气障碍。影响气道阻力的主要因素是管道口径,气道阻力与呼吸道半径的4次方成反比。平静时约80%的气道阻力来自直径>2mm 的气管,约20%来自直径<2mm 的气管,这是由于小气管数量多,总的横截面积大。引起气道阻塞的常见的原因有:①管径缩小,如慢性支气管炎时气道内分泌物增加,急性肺水肿气道阻塞,肿瘤或异物压迫气道,气管炎和哮喘时支气管平滑肌强烈收缩;②管壁增厚,如慢性支气管炎时黏液腺增生,支气管哮喘患者平滑肌增生,气管发生炎症和水肿;③小气道弹力纤维和胶原纤维与肺泡壁的纤维彼此穿插,对气道壁有侧牵引(lateral traction)作用。在肺气肿时肺泡壁破坏,侧牵引降低,使管腔收缩,气道阻力加大。临床上常见病例有牛急性肺气肿和肺水肿、闭塞性细支气管炎、慢性支气管炎以及马复发性气道阻塞(reccurrent airway obstruction)。气道阻塞可分为中央性气道阻塞(central airway obstruction)与外周性气道阻塞(peripheral airway obstruction)两类。

(1)中央性阻塞(central airway obstruction):是指气管分叉处以上的气道阻塞,又称主气道阻塞。发生于胸外或胸内的气道阻塞可表现出不同的临床症状。①若阻塞位于胸外(如声门麻痹、声门炎症和水肿),呼气时气道内压大于大气压而使局部稍有扩张,气道阻力降低,呼气用力较少,时间缩短;在吸气时,气道内压明显低于大气压,气道受大气压作用狭窄加重,导致气道阻力明显增加,吸气受阻,患畜表现为吸气费力,吸气时间延长,称为吸气性呼吸困难(inspiratory dyspena)。②如果阻塞位于胸内气道,吸气时因气道内压大于胸腔内压,同时随着肺泡的扩张,细支气管受周围弹性组织牵拉,口径变大,使气道内阻塞减轻,吸气时用力减少,时间缩短。在呼气时,因为胸腔内压大于气道内压,会使气道狭窄加重,呼气时小气道也变窄,因而患畜呼气费力,呼气时间延长,表现为呼气性呼吸困难(expiratory dyspena)。

(2)外周性气道阻塞:又称为小气道阻塞,主要发生于内径<2mm 的细支气管,包括终末细支气管和呼吸性细支气管,表现为明显的呼气性呼吸困难,其发生机制有二:①小气道狭窄在呼气时加重。由于小气道无软骨支撑、管壁薄,与管周围的肺泡结构紧密相连,胸内压及周围弹性组织的牵引力均可影响其内径:吸气时,胸内压下降,肺泡扩张,管周弹性组织被拉紧,管壁受牵拉而使管径增大;呼气时,胸内压增高,肺泡回缩,管周弹性组织松弛,对小气道的牵拉力减小,管径变小,故外周小气道阻塞患畜出现明显的呼气性呼吸困难。②呼气时等压点(isobaric point,IP)移向小气道。呼气时,胸内压升高,均匀地作用于肺泡和胸内气道,构成压迫气道的力量;而气道内压、管壁硬度和周围弹性组织的牵张力构成抵抗胸内压对气道压缩的力量。用力呼气时,肺泡内压、气道内压大于大气压,推动肺泡气沿气道呼出,在此过程中,气道内压从肺泡到鼻、口腔进行性下降。在软骨性气道内的某一个部位,气道内压与胸内压相等,这一点就称气道内压与胸内压的等压点。等压点以下的气道内压大于胸内压,气道不被压缩,从等压点到鼻、口腔的下游端,气道内压小于胸内压,气道受压,但因有软骨支撑,气道不会被压缩。在小气道阻力异常增大时,小气道内压力迅速下降,又因患畜用力呼吸使胸腔内压增加,致使等压点移至无软骨支撑的膜性小气道,引起小气道受压而闭合。慢性支气管炎时,由于细支气管管腔狭窄,气道阻力异常增加,使气道内压迅速下降,致使等压点向小气道下移。肺气肿时,肺泡壁弹性回缩力减弱,肺泡内压力降低,也使等压点向小气道下移。当等压点移至有软骨支撑的膜性气道时,可引起小气道的动力性压缩而发生闭合,出现呼吸性呼吸困难。

无论是上述哪种类型的通气障碍,其结局都会引起 O_2 的吸入和 CO_2 的排出受阻,肺泡内 PO_2 降低,PCO_2 增高,使流经肺泡毛细血管的血液得不到充分的交换,静脉血不能完全氧合为动脉血。同时,限制性通气不足为克服弹性阻力,阻塞性通气不足时为克服气道阻力,皆使呼吸肌做功明显增强,耗氧量增加,CO_2 生成量也随之增多,这些因素都导致 PaO_2 降低和 $PaCO_2$ 升高。因此,肺通气功能障碍引起的呼吸衰竭为低氧血症伴高碳酸血症型。

(二)肺换气功能障碍

肺换气是气体通过呼吸膜进行物理弥散的过程。呼吸膜在组织学上又称为气-血屏障,是肺泡腔内的 O_2 与肺泡壁毛细血管内 CO_2 之间进行交换的结构,由肺泡表面活性物质、I型肺泡细胞与基膜、薄层结缔组织、毛细血管基膜和内皮构成。肺泡内气体与毛细血管内血液之间进行气体交换是一个物理弥散过程。气体弥散的速度取决于呼吸膜两侧的气体分压差、呼吸膜的面积和厚度、气体的弥散能力,以及血液与肺泡接触的时间。其中,呼吸膜面积减少以及厚度增加在呼吸功能不全的发生中起着重要作用。

1.呼吸膜面积减少　在静息状态下,参与气体交换的呼吸膜面积约为呼吸膜总面积的一半,表明呼吸膜面积有较大的贮备量。只有当呼吸膜面积减少50%以上时,才会发生换气功能障碍。严重的肺实变、肺气肿、肺萎陷引起呼吸膜面积显著减少,从而引起呼吸功能不全。

2. 呼吸膜增厚　　在肺炎(炎性渗出,肺泡上皮肿胀、增生)、肺纤维化(肺泡间隔纤维组织增生或毛细血管壁增厚)、肺水肿(肺间质和肺泡内有水肿液聚集)和肺泡表面透明膜形成(新生畜透明蛋白病)时,呼吸膜厚度增加,气体弥散距离增大,引起气体弥散障碍。

3. 弥散时间缩短　　在静息状态下,红细胞流经肺泡毛细血管进行气体弥散的时间约为0.75s。O_2 只需 0.25s 即可完成弥散,CO_2 更短,完成弥散仅需 0.13s。在剧烈运动时,心输出量增加,肺血流加快,红细胞流经肺泡毛细血管进行气体弥散的时间约为 0.34s,仍可完成气体弥散。在病理情况下,如大面积肺栓塞,肺血流大部分被转移至残余的肺泡,流经肺泡的血液往往来不及进行气体弥散就离开肺,导致换气障碍。肺泡膜面积减少或厚度增加时,虽然气体弥散时间延长,一般仍可在正常的接触时间(0.75s)内完成气体交换,不出现血气异常,但是在体力负荷增加、情绪激动等因素引起心输出量增加和肺血流速度加快时,就容易出现气体交换不充分。在白羽肉鸡快速生长期,由于心输出量迅速升高,导致血液流经肺的速度加快,也可因气体交换不足而发生缺氧,进而引起一系列病理生理改变,导致发生肺动脉高压(pulmonary arterial hypertension)。

气体相对分子质量的大小和在血液中的溶解度直接影响气体的弥散速度。单纯的弥散障碍主要影响氧由肺泡弥散到血液的过程,导致低氧血症,一般无 $PaCO_2$ 的升高。由于 CO_2 虽然相对分子质量比 O_2 大,但 CO_2 在血液中的溶解度是 O_2 的 24 倍,弥散系数是 O_2 的 20 倍,因而血液中的 CO_2 能较快地弥散入肺泡。如果存在因低氧血症而发生代偿性过度通气,$PaCO_2$ 有可能低于正常值。所以,在单纯性弥散障碍时,患畜出现I型呼吸衰竭,可通过吸入高浓度 O_2 进行纠正。

(三)肺泡通气与血流比例失调

肺泡通气与血流比例失调是引起呼吸衰竭最常见的原因之一。维持血气正常不仅需要有足够的肺泡通气(V_A)及充足的肺毛细血管血流灌注量(Q),而且需要通气和血流保持恰当比值(V_A/Q)。以人为例,在静息状态下 V_A 平均为 4L/min,Q 平均为 5L/min,V_A/Q 值为 0.8。在重体力活动时 V_A 可增加 20 倍,Q 增加 10 倍。如果肺泡通气良好但肺泡血流量不足,或肺泡虽有血流但通气不良,都不能达到有效的气体交换。

肺泡通气与血流比例失调有以下两种基本形式:

1. V_A/Q 比值降低　　见于肺泡缺乏足够的通气或静脉血在肺泡中未经充分气体交换便流入体循环等情况,如慢性支气管炎、阻塞性肺气肿等引起的气道阻塞或狭窄性病变,以及肺与胸廓顺应性降低引起的肺通气障碍。病变严重的部位肺泡通气量明显减少,但血流量并未相应减少,甚至还可因炎性充血而有所增加,造成 V_A/Q 比值显著降低,以致流经这部分肺泡的静脉血得不到充分氧合,未能转变为动脉血就掺入动脉血中流回心脏,犹如发生动-静脉短路,故称为功能性分流(functional shunt),又称静脉血掺杂(venous admixture)。在正常情况下,肺内由于通气分布不均匀所形成的功能性分流血量极少,在肺泡通气不足时功能性分流血量明显增加。

肺内有一部分完全未经气体交换的静脉血经支气管静脉和极少的动-静脉吻合支直流回肺静脉,称为解剖分流(anatomic shunt)或真性分流(true shunt)。在正常情况下,这些掺入动脉血中的静脉血含量占心输出量的 2%～3%。肺实变或肺不张的肺泡完全失去通气能力,但仍有血流通过,并掺入动脉血,这种情况也属于真性分流。当肺部真性分流增加时,即使吸入纯氧也无助于提高 PO_2。

2. V_A/Q 比值增大　　这一情况较少见,大多继发于肺动脉栓塞、弥散性血管内凝血、肺气肿、肺动脉压降低(出血、脱水等)等情况。此时部分肺泡的通气良好,但由于血流灌注减少,进入这些肺泡的气体很少或完全不能参与气体交换,其成分同气道内的气体基本一样,相当于增加了生理无效腔内的气量,故称为死腔样通气(dead space-like ventiliation)。

3.V_A/Q比值失调的血气变化　　V_A/Q比值失调的血气变化特点为PaO_2降低,而$PaCO_2$可正常或降低,严重病例也可升高。PaO_2降低可反射性地引起健全肺组织代偿性通气增强,代偿性通气的程度则决定着$PaCO_2$的变化。如果代偿性通气很强,致使CO_2排出过多,$PaCO_2$可低于正常,否则$PaCO_2$可保持正常。如果病变肺组织广泛而严重,健全肺组织代偿不足,就会因气体交换严重障碍而引起严重缺氧,同时伴有CO_2潴留,导致$PaCO_2$升高。此时,呼吸衰竭的类型就由Ⅰ型呼吸衰竭转变为Ⅱ型呼吸衰竭。

应该指出的是,在肺功能不全的发病过程中,单一的通气不足、换气障碍和肺泡的通气与血流比例失调都是很少见的,往往是多个因素同时存在或相继发生作用。例如休克肺,病理形态上可见严重的间质性肺水肿、肺淤血、肺不张、微血栓形成以及透明膜形成等病理变化。肺不张引起肺泡通气与血流比例失调,肺间质水肿及透明膜形成又引起气体弥散障碍,几种因素共同作用引起呼吸功能不全。

(四)呼吸功能不全对机体的影响

1.酸碱平衡及电解质紊乱

(1)酸碱平衡失调:Ⅰ型和Ⅱ型呼吸功能不全均有低氧血症的存在,都可以引起代谢性酸中毒;Ⅰ型呼吸功能不全患畜若因缺氧而出现过度通气,则可引起血浆中的CO_2排出增多,发生呼吸性碱中毒;Ⅱ型呼吸功能不全因低氧血症和高碳酸血症并存,可同时出现代谢性酸中毒和呼吸性酸中毒。

(2)电解质紊乱:①代谢性酸中毒和呼吸性酸中毒都可引起肾排H^+增多,排K^+减少,可导致高钾血症;②代谢性酸中毒时肾小管泌H^+增加,$NaHCO_3$重吸收增多,同时有较多Cl^-以NH_4Cl的形式随尿排出,引起血Cl^-降低和HCO_3^-增多;③呼吸性酸中毒时,血液中有CO_2蓄积,红细胞内的HCO_3^-与血浆Cl^-交换,引起血Cl^-降低;④呼吸性碱中毒可引起血K^+浓度降低和血Cl^-升高。

2.呼吸系统变化　　外呼吸功能障碍导致的低氧血症和高碳酸血症必然影响呼吸功能。呼吸困难往往是呼吸功能不全在临床上最先出现的症状,主要表现为呼吸频率和节律的改变。呼吸运动的变化除受到PaO_2降低和$PaCO_2$升高引起的反射活动的影响外,还受到原发疾病的影响,因此患畜实际的呼吸活动需要视诸多因素综合而定。当PaO_2降低至60mmHg时,颈动脉体和主动脉弓化学感受器兴奋,可反射性地增强呼吸运动。缺氧对呼吸中枢的直接作用是抑制,当$PaO_2<4kPa(30mmHg)$时,抑制作用可大于反射性兴奋作用而使呼吸抑制。$PaCO_2$升高主要作用于中枢化学感受器,兴奋呼吸中枢,引起呼吸加深加快。当$PaCO_2>10.7kPa(80mmHg)$时,将对呼吸中枢产生抑制和麻醉效应,此时呼吸运动主要靠PaO_2降低对外周化学感受器的刺激作用得以维持。

3.循环系统变化　　低氧血症和高碳酸血症对心血管的作用相似,且两者具有协同作用。一定程度的PaO_2降低和$PaCO_2$升高可以刺激化学感受器,反射性兴奋心血管运动中枢,引起心率加快、心肌收缩力增强、外周血管收缩,加上呼吸运动增强使静脉回流增加,心输出量增加。但缺氧和CO_2潴留对心血管的直接效应是抑制心脏活动和使血管扩张(肺血管除外),心率减慢,心输出量减少,并出现血流的重新分布。严重的缺氧和CO_2潴留可直接抑制心血管中枢,造成心脏活动受抑和血管扩张,血压下降和心律失常等严重后果。

慢性呼吸衰竭常导致右心肥大与功能不全甚至衰竭，即肺源性心脏病，是呼吸衰竭的严重并发症之一，其主要发病机制包括肺动脉压升高、心室舒缩活动受限、心肌受损、心肌负荷加重。除肺动脉压升高增加右心的后负荷外，在呼吸功能不全时多种因素可以造成心肌本身的损伤：①缺氧、酸中毒和电解质紊乱降低心肌舒缩功能；②长期缺氧导致心肌细胞脂肪变性、坏死、灶性出血和纤维化；③呼吸系统疾病造成反复肺部感染，细菌或病毒、毒素直接损伤心肌。

4. 中枢神经系统变化　中枢神经系统对缺氧最敏感。急性呼吸衰竭时，缺氧是引起中枢神经系统病变的主要因素。由呼吸衰竭引起的以中枢神经系统功能障碍为主要表现的综合征，称为肺性脑病。

5. 肾功能的变化　呼吸衰竭时，缺氧和 CO_2 蓄积可引起肾小动脉持续性痉挛，使肾血流量减少，肾小球滤过率降低，轻者尿中出现蛋白、红细胞、白细胞及管型等，严重者可发生急性肾功能衰竭，出现少尿、氮质血症和代谢性酸中毒等变化。

6. 胃肠变化　严重缺氧使胃壁血管收缩，甚至形成弥散性血管内凝血（DIC），使胃黏膜上皮细胞更新变慢，从而降低胃黏膜的屏障作用。CO_2 潴留可使胃酸分泌增多，故呼吸衰竭时可出现胃黏膜糜烂、坏死和溃疡形成。

第二节　上呼吸道和气管炎症

呼吸系统包括呼吸道（鼻腔、咽、喉、气管、支气管）和肺，其中鼻、咽、喉为上呼吸道，气管和各级支气管为下呼吸道。呼吸道的黏膜表面由不同的上皮细胞组成，靠近鼻孔外侧的鼻腔黏膜上皮为复层鳞状上皮，然后在咽部逐渐转变为假复层柱状纤毛上皮，并一直延伸到细支气管，然后转变为单层上皮。由于呼吸道黏膜与外界吸入的气体直接接触，容易受到各种致病因子的侵害。除直接作用之外，病原还可以通过血源性途径感染，比如牛恶性卡他热病毒，即使通过皮下注射也会感染呼吸道黏膜（该病毒对黏膜上皮具有很强的亲嗜性）。支气管炎往往是由上呼吸道炎症蔓延而来，而不是由肺炎蔓延而来。

一、上呼吸道炎症

鼻炎（rhinitis）、咽炎（pharyngitis）、喉炎（laryngitis）通常表现为急性卡他性炎症，在炎性后期可转变为化脓性或纤维素性炎症。炎症的发展因病原的致病性以及动物的易感性不同而有所不同。一些病原会沿着呼吸道下行而引起肺炎。人的鼻咽感染有时会蔓延至一侧或两侧咽鼓管，引起咽鼓管炎。黏膜肿胀会引起不同程度的管腔阻塞，导致炎症扩散到中耳引起中耳炎。这种情况也可能发生于家畜或家禽，但是，中耳炎由于主要引起听力受损，在动物中不容易诊断。

二、支气管炎

支气管炎（bronchitis）为呼吸道的常见病，大多由上呼吸道炎症发展而来，常呈急性经过，多由病毒（流感病毒、副流感病毒、腺病毒、疱疹病毒、冠状病毒等）或细菌（巴氏杆菌、嗜血杆菌、猪霍乱沙门氏菌等）感染引起，主要与呼吸道局部防御功能减弱以及动物全身抵抗力降低有关。此外，吸入有害粉尘或气体（如二氧化硫、氯等）也可引起支气管炎症。气管和支气管的病变相同,两者常常合并发生。眼观,黏膜红肿,表面附着白色或淡黄色黏性分泌物,严重病例可发生黏膜坏死和溃疡。根据渗出物的特点,可将病变分为以下几种类型:

1.急性卡他性支气管炎(acute catarrhal bronchitis)　眼观,黏膜表面有较稀薄的淡黄色黏性分泌物,有时可堵塞支气管腔。镜检,黏膜及黏膜下层充血、水肿,可见少量淋巴细胞或中性粒细胞浸润。

2.急性化脓性支气管炎(acute suppurative bronchitis)　多由细菌感染引起,肉眼可见黏膜表面有脓性分泌物。镜检,黏膜及黏膜下层有大量中性粒细胞浸润。急性化脓性支气管炎可由细支气管向邻近的肺泡蔓延。

3.急性溃疡性支气管炎(acute ulcerative bronchitis)　多由病毒感染合并化脓性细菌感染而引起,早期可见管腔黏膜发生浅表性坏死、糜烂,继而形成溃疡。损伤程度轻时,损伤的黏膜上皮可由基底层细胞增生而修复,溃疡则由肉芽组织修复。

第三节　肺　炎

肺炎(pneumonia)是指肺泡实质的炎症。兽医病理学上关于肺炎的分类一直缺乏统一的意见,目前有多种分类方法。

(1)根据病因不同,分为病毒性肺炎(viral pneumonia)、巴氏杆菌肺炎(Pasteurella pneumonia)、高热性肺炎(distemper pneumonia)、蠕虫性肺炎(verminous pneumonia)、化学性肺炎(chemical pneumonia)和过敏性肺炎(hypersensitivity pneumonitis)。

(2)根据渗出物的性质不同,分为化脓性肺炎(suppurative pneumonia)、纤维蛋白性肺炎(fibrinous pneumonia)和脓性肉芽肿肺炎(pyogranulomatous pneumonia)。

(3)根据病变特点不同,分为坏疽性肺炎(gangrenous pneumonia)、增生性肺炎(proliferative pneumonia)和栓塞性肺炎(embolic pneumonia)。

(4)根据病灶分布不同,分为局灶性肺炎(focal pneumonia)、额叶腹侧肺炎(cranioventral pneumonia)、弥漫性肺炎(diffuse pneumonia)和大叶性肺炎(lobar pneumonia)。

(5)根据流行病学特征不同,分为地方性肺炎(enzootic pneumonia)、牛传染性胸膜肺炎(contagious bovine pleuropneumonia)和“航运热”(shipping fever)。

(6)以地域进行命名,如蒙大拿州进行性肺炎(Montana progressive pneumonia)。

(7)其他分类,如非典型肺炎(atypical pneumonia)、套管性肺炎(cuffing pneumonia)、进行性肺炎(progressive pneumonia)、吸入性肺炎(aspiration pneumonia)、农民肺(farmer's lung)和外因性过敏性肺泡炎(extrinsic allergic alveolitis)。

在肺炎的通用名称建立之前,兽医应熟悉上述各种肺炎的名称,并应注意同一种疾病可能有不同名称。比如,地方性肺炎和支原体肺炎均指由支原体引起的肺炎。

在英文文献中,也有学者用 pneumonitis 这个名词指代肺炎,但也有人认为 pneumonitis 特指肺的“慢性增生性炎症”(chronic proliferative inflammation)。在本章中,“肺炎”一词用于指代所有形式的肺部炎症性病变。

根据病变质地(texture)、分布(distribution)、外观(appearance)和渗出(exudation)情况,可将肺炎大致分为以下四种类型:支气管肺炎(bronchopneumonia)、间质性肺炎(interstitial pneumonia)、栓塞性肺炎(embolic pneumonia)和肉芽肿性肺炎(granulomatous pneumonia)(表 17-1)。这种分类法有助于临床医生在进行尸体剖检时初步判定疾病的病因(病毒、细菌、真菌或寄生虫)、感染途径(气源性与血源性)以及转归(sequelae),由此决定需要采集什么样的样本,进行什么样的检测(组织病理学、细菌学、病毒学或毒理学检测)。但这四种类型的肺炎也可能发生重叠,有时可在同一肺出现两种不同类型的肺炎。

表 17-1　动物肺炎形态学分类

Type of Pneumonia	Portal of Entry (e.g., Pathogens)	Distribution of Lesions	Texture of Lung	Grossly Visible Exudate	Disease Example	Common Pulmonary Sequelae
Bronchopneumonia: Suppurative (lobular)	Aerogenous (bacteria)	Cranioventral consolidation	Firm	Purulent exudate in bronchi	Enzootic pneumonia	Cranioventral abscesses, adhesions, bronchiectasis
Bronchopneumonia: Fibrinous (lobar)	Aerogenous (bacteria)	Cranioventral consolidation	Hard	Fibrin in lung and pleura	Pneumonic mannheimiosis	BALT hyperplasia, "sequestra", pleural adhesions, abscesses
Interstitial pneumonia	Aerogenous or hematogenous (virus, toxin, allergen, sepsis)	Diffuse	Elastic with rib imprints	Not visible, trapped in alveolar septa	Influenza, extrinsic allergic alveolitis, PRRS, ARDS	Edema, emphysema, type Ⅱ pneumonocyte hyperplasia, alveolar fibrosis
Granulomatous pneumonia	Aerogenous or hematogenous (mycobacteria, systemic mycoses)	Multifocal	Nodular	Pyogranulomatous, caseous necrosis, calcified nodules	Tuberculosis, blastomycosis, cryptococcosis	Dissemination of infection to lymph nodes and distant organs
Embolic pneumonia	Hematogenous (septic emboli)	Multifocal	Nodular	Purulent foci surrounded by hyperemia	Vegetative endocarditis, ruptured liver abscess	Abscesses randomly distributed in all pulmonary lobes

ARDS, Acute respiratory distress syndrome; BALT, bronchial-associated lymphoid tissue; PRRS, porcine reproductive and respiratory syndrome.

　　肺中炎症病灶的分布模式包括:①肺的头腹部(cranioventral),如大多数支气管肺炎;②多灶性(multifocal),如栓塞性肺炎;③弥漫性(diffuse),如间质性肺炎;④局部广泛性(locally extensive),如肉芽肿性肺炎(图 17-1)。

　　肺质地的改变模式有:①质地变实或变硬(如支气管肺炎);②弹性增加(如间质性肺炎);③触摸有结节感(如肉芽肿性肺炎)。也可以用人脸不同部位的质地来类比肺的质地变化:正常肺的质地与脸颊中部的质地相当,肺实变(firm consolidation)与鼻尖的质地相当,肺硬变

（hard consolidation）与前额的质地相当。实变或硬变是指肺内充满渗出物，使肺变坚实或变坚硬。

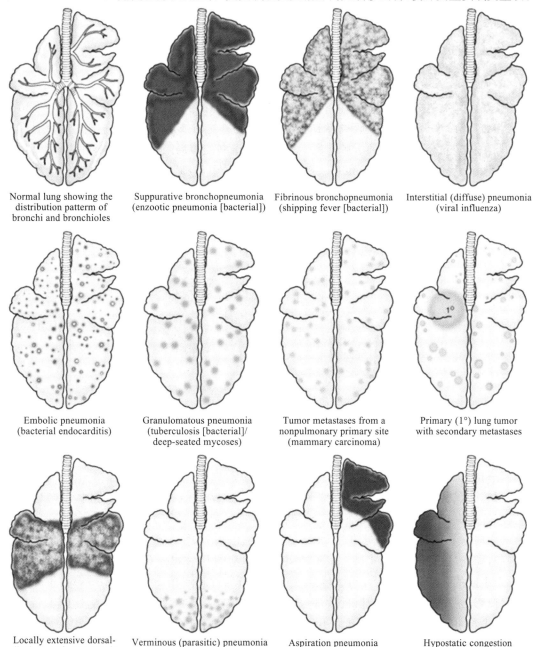

Normal lung showing the distribution pattern of bronchi and bronchioles

Suppurative bronchopneumonia (enzootic pneumonia [bacterial])

Fibrinous bronchopneumonia (shipping fever [bacterial])

Interstitial (diffuse) pneumonia (viral influenza)

Embolic pneumonia (bacterial endocarditis)

Granulomatous pneumonia (tuberculosis [bacterial]/ deep-seated mycoses)

Tumor metastases from a nonpulmonary primary site (mammary carcinoma)

Primary (1°) lung tumor with secondary metastases

Locally extensive dorsal-diaphragmatic pneumonia (porcine fibrinous pleuropneumonia [bacterial])

Verminous (parasitic) pneumonia (lung worms)

Aspiration pneumonia (improper stomach tubing)

Hypostatic congestion (prolonged recumbency)

图 17-1　肺炎和肺病变模式图

A dorsal view of the bovine lung illustrates these patterns. They can readily be extrapolated to the lungs of other domestic animal species.

17-1

肺的外观变化包括颜色异常、有结节形成、炎性渗出、纤维性粘连、浆膜表面有肋骨压迹（图 17-1）。切面可见渗出、出血、水肿、坏死、脓肿、支气管扩张、肉芽肿或脓肿以及纤维化等变化。

一、支气管肺炎

支气管肺炎是指肺小叶范围内的细支气管及其肺泡的炎症。其病变发生过程一般由支气管起始，随后蔓延到细支气管，在细支气管沿管腔直达所属肺泡；或者向细支气管周围发展，引起细支气管周围及其邻近肺泡发生炎症。由于病变多局限于单个肺小叶内，所以也称为小叶性肺炎(lobular pneumonia)。支气管肺炎主要引起肺下缘实变（图 17-2），这种位置特异性的改变可能与下列因素有关：①渗出物受重力作用下沉；②大量微生物聚集；③防御能力弱；④血液灌注量少；(5)呼吸道短并突然分支；⑥通气较差。

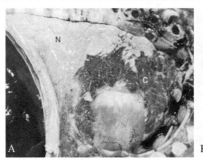 

17-2

图 17-2　化脓性支气管肺炎，地方性肺炎，肺，牛

A. Cranioventral consolidation (C) of the lung involves approximately 40% of the pulmonary parenchyma. Most of the caudal lung is normal (N). B. Cut surface. Consolidated lung is dark red to mahogany (C), and a major bronchus contains purulent exudate (*arrow*). N，Normal.

（一）发病原因

引起支气管肺炎的常见病原为细菌和支原体，吸入异物（饲料粉尘或胃内容物）也可引起支气管肺炎。带有病原菌的气溶胶或鼻腔菌群进入肺部，最初引起细支气管黏膜炎症，随后，炎症向下蔓延到肺泡，向上扩散到支气管。炎性渗出物主要聚集在支气管、细支气管和肺泡腔，肺间质可见充血和水肿。渗出液可通过肺泡间孔（Kohn 孔）扩散到邻近的肺泡，引起单个小叶的大部分或整个小叶发生病变。病原可通过肺泡孔(alveolar pores)在小叶间扩散，可使感染累及整个肺叶或肺的大部分。炎症的扩散为离心性扩散，原发病灶位于病变中央。渗出物可随咳嗽而被吸入其他小叶，再次引起炎症反应。

（二）病理变化

病程早期可见肺泡壁毛细血管充血，支气管、细支气管和肺泡腔中有水肿液蓄积。发生轻度至中度肺损伤时，在趋化因子的作用下，中性粒细胞和肺泡巨噬细胞可被快速募集到细支气管和肺泡中（图 17-3）。当肺损伤进一步加剧时，在促炎细胞因子和细菌毒素的直接作用下，毛细血管通透性进一步升高，导致纤维蛋白渗出并发生出血。由于病变部位的肺泡和细支气管内充满炎性渗出物，造成肺内空气减少和肺不张(atelectasis)，故肺的质地变得坚实，这一变化称为肺实变(consolidation)。实变的肺在外观和质地上如肝，所以又称为肺肝变(hepatization)。实变的肺组织在固定液中发生下沉。

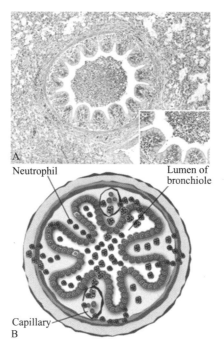

17-3

图 17-3　化脓性支气管炎,肺,猪

A. Note the bronchiole in the center of the figure plugged with purulent exudate. The adjacent alveoli are filled with leukocytes and edema fluid. *Inset*, Higher magnification of wall of bronchiole. H・E stain. B. Schematic diagram of acute bronchiolitis. Note the neutrophils exiting the submucosal capillaries and moving into the walls of the bronchioles (blue cells = ciliated mucosal epithelium) and then into the bronchiolar lumen.

（三）支气管肺炎的类型

根据渗出物性质的不同,可将支气管肺炎细分为化脓性支气管肺炎(suppurative bronchopneumonia)和纤维素性支气管肺炎(fibrinous bronchopneumonia)两种类型(表 17-1)。化脓性支气管肺炎主要以中性粒细胞渗出为主,纤维素性支气管肺炎则以纤维蛋白渗出物为主。在兽医临床上,化脓性支气管肺炎又称为支气管肺炎(bronchopneumonia)或小叶性肺炎(lobular pneumonia),纤维素性支气管肺炎又称为纤维性肺炎(fibrinous pneumonia)或大叶性肺炎(lobar pneumonia)。

在很长一段时间里,人类医学上根据病因和形态学变化对肺炎进行分类,将由肺炎链球菌引起的肺炎(pneumococcal pneumonia)称为大叶性肺炎。在旧文献中,肺炎球菌肺炎的发展被分为四个阶段:①充血水肿期(hyperemic and edematous);②红色肝变期(red hepatization);③灰色肝变期(gray hepatization);④溶解消散期(resolution)。实际上,由于抗生素治疗和预防有效,肺炎球菌肺炎及其四个经典发展阶段非常罕见,因此上述术语基本上已不再使用。

目前,支气管肺炎这一名词已被广泛用于指代化脓性肺炎和纤维素性肺炎。这两种类型的肺炎在发病机制上完全相同,炎症均起始于支气管和细支气管(病原体通过呼吸道到达肺部),随后炎症离心性蔓延到肺泡。但是,支气管肺炎是否发展成为化脓性或纤维性肺炎取决于肺损伤的严重程度。在某些情况下,两种类型的支气管肺炎同时存在(称为纤维素性化脓性支气管肺炎)。此外,两种类型的支气管肺炎也可相互转化。

1.化脓性支气管肺炎　以肺额叶下缘实变为特点(图 17-2A),呼吸道中通常含有脓性或黏液-脓性分泌物,挤压肺时可见脓汁从支气管中流出(17-2B)。由于化脓性支气管肺炎通常只波及单个肺小叶,导致单个肺小叶的轮廓变得非常明显。在病变的肺上,正常肺小叶与实变的肺小叶相互混杂,切面呈"国际象棋棋盘状"。正是因为这种典型的小叶性分布特征,化脓性支气管肺炎也被称为小叶肺炎。

化脓性支气管肺炎的经典发展过程可归纳如下:①在细菌迅速繁殖的前 12h,肺组织发生充血和水肿;②中性粒细胞开始浸润,48h 后肺发生实变;③3～5 天后,充血消退,但支气管、细支气管和肺泡腔内仍充满中性粒细胞和巨噬细胞,肺变为灰红色,切面上有脓汁流出;④如果炎症反应可有效清除感染,1～2 周内炎症可完全消退;⑤如果感染不能被有效控制,则转变为慢性炎症。感染后大约 7～10 天,肺组织变成浅灰色,呈"鱼肉状"。这种外观变化是化脓性和卡他性炎症、阻塞性肺不张(obstructive atelectasis)、单核细胞浸润、支气管周围和细支气管周围淋巴样细胞增生和早期肺纤维化的结果。

慢性支气管肺炎很难完全消散,与其伴发的支气管扩张、肺不张、胸膜粘连和肺脓肿可长时间存在。反刍动物和猪的"地方性肺炎"就属于典型的慢性化脓性支气管肺炎。

2.纤维素性支气管肺炎　引起纤维性支气管肺炎的病原包括溶血性巴氏杆菌、睡眠组织菌(原睡眠性嗜血杆菌)、胸膜肺炎放线杆菌(猪胸膜肺炎)、牛支原体、丝状支原体小菌落株(传染性牛胸膜肺炎)。呕吐时,胃内容物吸入支气管也可引起纤维素性支气管肺炎。

纤维素性支气管肺炎与化脓性支气管肺炎的病变相似,不同之处在于渗出物的性质不同。除少数病例外,纤维素性支气管肺炎也主要发生于肺额叶下缘(图 17-4)。与化脓性支气管肺炎不同,纤维素性支气管肺炎的渗出物并不只局限于单个肺小叶内,而是波及多个肺小叶,并且可快速在肺组织中扩散,最后可波及整个肺叶和胸膜,因而也被称为大叶性肺炎或胸膜肺炎(pleuropneumonias)。一般而言,纤维蛋白性支气管肺炎是肺严重损伤的结果,即使病变面积不足肺总面积的 30%,也可因严重的毒血症和败血症而引起死亡。

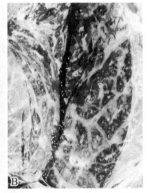

17-4

图 17-4　纤维素性支气管肺炎(胸膜肺炎),右肺,公牛

A. The pneumonia has a cranioventral distribution that extends into the middle and caudal lobes and affects approximately 80% of the lung parenchyma. The lung is firm, swollen, and covered with yellow fibrin (*asterisk*). The dorsal portion of the caudal lung is normal (N). B. Cut surface. Affected parenchyma appears dark and hyperemic compared with more normal lung (*top quarter of figure*). Interlobular septa are prominent as yellow bands due to the accumulation of fibrin and edema fluid. This type of lesion is typical of *Mannheimia haemolytica* infection in cattle (shipping fever).

病变早期,肺组织呈鲜红色。几个小时后,纤维蛋白开始渗出并积聚在胸膜表面,使肺胸膜呈现磨砂玻璃样外观,纤维素性物质最终形成纤维素性凝块(图 17-4)。进入这一阶段后,胸腔内开始有黄色液体渗出。胸膜上纤维素的颜色不一,如果只含有纤维蛋白,则呈亮黄色;如果混杂有血液,则呈棕褐色。在慢性病例,渗出的纤维素中还含有大量白细胞和成纤维细胞,纤维素呈灰色。

早期肺切面呈红色实变。发病 24h 后,切面上可见淋巴管扩张、血栓和小叶间隔水肿(图 17-4B),肺呈现典型的大理石外观。肺实质中可见界限清晰的凝固性坏死灶,在存活下来的动物中,坏死肺组织被结缔组织包裹而形成包囊,称为肺腐离(pulmonary sequestra)。肺腐离通常由肺内较大动脉栓塞(如传染性牛胸膜肺炎)或由致病菌(如溶血性曼氏菌,*Mannheimia haemolytica*)释放的坏死毒素(necrotizing toxin)所引起。兽医病理学中的“肺腐离”与人类医学病理学中的“支气管肺隔离症”(bronchopulmonary sequestration)不同,后者是一种先天性肺发育畸形,部分肺叶或肺的一部分与气道或血管系统不相通。

镜检,在病程早期,由于血液-气屏障的完整性和渗透性破坏,大量纤维蛋白和水肿液向支气管和肺泡中渗出,纤维蛋白渗出物可通过 Kohn 孔在肺泡间移动。由于纤维蛋白对中性粒细胞有趋化性作用,因而在几小时后即出现大量中性粒细胞浸润。随着炎症的发展(3～5 天),液体渗出物逐渐被纤维蛋白、中性粒细胞、巨噬细胞和坏死碎片组成的纤维蛋白-细胞渗出物所取代(图 17-5)。在慢性病例(7 天后),小叶间隔和胸膜发生明显的纤维化。

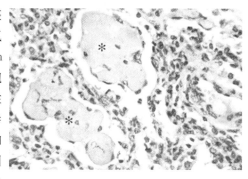

图 17-5　慢性纤维素性支气管肺炎
(胸膜肺炎),肺,牛

17-5

Note large aggregates of condensed fibrin (*asterisks*) surrounded and infiltrated by phagocytic cells. H・E stain.

与化脓性支气管肺炎不同,纤维素性支气管肺炎很少能完全消退。存活的动物常发生肺泡纤维化和闭塞性细支气管炎,其中可见被机化的渗出物附着于细支气管腔,这些变化统称为闭塞性细支气管炎机化性肺炎(bronchiolitis obliterans organizing pneumonia,BOOP)。其他可继发的病变包括肺坏疽、肺腐离、肺纤维化、脓肿、胸膜粘连引起的胸膜炎。在某些情况下,胸膜与心包膜发生粘连。

二、间质性肺炎

间质性肺炎(interstitial pneumonia)是指损伤和炎症主要发生在肺泡壁的三层结构(内皮、基底膜和肺泡上皮)和邻近的细支气管间质中。在尸检时,该类肺炎最难判断,很容易被误认为是肺充血、水肿、过度充气或气肿。

间质性肺炎病灶呈弥漫性分布,通常可波及整个肺。在某些情况下,病变在肺的背侧面更明显(图 17-6)。间质性肺炎具有三个重要特征:①打开胸腔时肺不会塌陷;②肺胸膜表面偶尔可见肋骨压迹(表明通气不良);③气道中无明显的渗出物(继发性细菌感染除外）。

急性间质性肺炎的外观呈红色或浅灰色，而慢性间质性肺炎的外观呈苍白色，引起这一变化的原因是肺泡壁毛细血管闭塞（血液/组织比降低）。单纯性间质性肺炎富有弹性，具有橡胶样质感，切面如生肉（肉变），支气管内或胸膜上无炎性渗出（图17-6）。急性间质性肺炎时，特别是在牛，可因细支气管阻塞而引起肺水肿（渗出）和间质性肺气肿，牛在死亡前剧烈气喘。由于水肿液可进入肺额部，且肺气肿主要发生在肺的背侧面，因此牛的急性间质性肺炎有时很像是支气管肺炎，但两者的质地不同。

17-6

图17-6　间质性肺炎，肺，猪

A. The lung is heavy, pale, and rubbery in texture. It also has prominent costal (rib) imprints (*arrows*), a result of hypercellularity of the interstitium and the failure of the lungs to collapse when the thorax was opened. B. Transverse section. The pulmonary parenchyma has a "meaty" appearance and some edema, but no exudate is present in airways or on the pleural surface. This type of lung change in pigs is highly suggestive of a viral pneumonia.

间质性肺炎可根据形态学特征分为急性间质性肺炎和慢性间质性肺炎，但并非所有急性间质性肺炎都是致死性的，并且也不一定发展为慢性间质性肺炎。

（一）急性间质性肺炎

急性间质性肺炎起始于 I 型肺泡上皮或肺泡壁毛细血管内皮的损伤。最初，由于血-气屏障被破坏，肺泡腔内有血浆蛋白渗出，肺泡壁因水肿和中性粒细胞浸润而增厚。在弥漫性肺泡损伤时，渗出的血浆蛋白质与肺表面活性物质中的脂质及其他组分混合在一起，附着在肺泡基底膜和细支气管壁上，在显微镜下呈均质、无定形的嗜酸性物质，称为透明膜（图17-7）。在急性渗出期后的几天内进入细胞增殖期，II 型肺细胞增生以代替丢失的 I 型肺细胞（图17-8），其结果引起肺泡壁进一步增厚。II 型肺细胞是 I 型肺细胞的前体细胞，

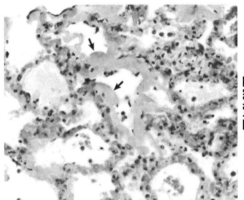

17-7

图17-7　透明膜，肺，牛

Note the thick eosinophilic hyaline membranes (*arrows*) lining the alveoli. The alveoli are dilated and also contain some edema fluid. H・E stain.

可分化替代 I 型肺细胞。II 型肺细胞增生是导致肺具有橡胶样质感、肺不能塌陷、肺切面具有"肉状（meaty）"外观的细胞学基础（图17-6）。

马和猪流感引起的急性间质性肺炎病变轻微,病程短暂,通常不会引起死亡,也不会留下明显的后遗症。牛肺水肿和阻塞性肺病(bovine pulmonary edema and emphysema)以及所有物种的急性呼吸窘综合征均有重度急性间质性肺炎。重度急性间质性肺炎可形成致命的肺水肿,导致呼吸衰竭。

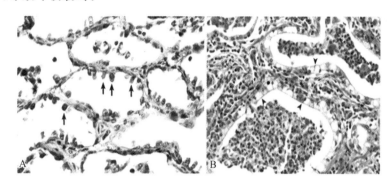

图 17-8　Ⅱ型细胞增生

A. Acute alveolar injury, crude oil aspiration, cow. Note proliferation of cuboidal epithelial cells (type Ⅱ pneumonocytes) (*arrows*) along the luminal surface of the alveolar wall. During alveolar repair, type Ⅱ pneumonocytes are the precursor cell for necrotic and lost type Ⅰ pneumonocytes. H·E stain. B. Chronic alveolar injury, interstitial pneumonia, horse. Note entire alveolar membrane lined with cuboidal type Ⅱ pneumonocytes (*arrowheads*). The alveolar interstitium is expanded with inflammatory cells, and the alveolar lumens contain cell debris mixed with leukocytes. H·E stain.

(二)慢性间质性肺炎

慢性间质性肺炎通常由急性间质性肺炎转变而来,其特点是肺泡壁纤维化(伴有或不伴有肺泡内纤维化),肺泡间质中有淋巴细胞、巨噬细胞浸润以及成纤维细胞和肌成纤维细胞(myofibroblast)增生(图 17-9),有时可见Ⅱ型肺细胞增生、肺泡上皮鳞状化生、微小肉芽肿形成、细支气管和肺小动脉平滑肌细胞增生。虽然间质性肺炎的病变主要集中在肺泡壁及其间质中,但在细支气管和肺泡腔中通常可见脱细胞的肺泡上皮细胞、巨噬细胞和单核细胞。绵羊进行性肺炎、牛和狗的过敏性肺炎都属于慢性间质性肺炎。百草枯中毒、肺毒性抗肿瘤药物(博来霉素)和过敏性肺泡炎(农民肺)也属于慢性间质性肺炎。猪蛔虫幼虫在肺内迁移也会引起间质性肺炎。

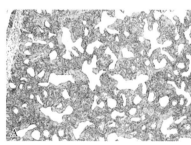

图 17-9　间质性肺炎,肺,老龄母羊

A. The alveolar septa are notably thickened by severe interstitial infiltration of inflammatory cells. H·E stain. B. Higher magnification of A showing large numbers of lymphocytes and other mononuclear cells infiltrating the alveolar septal interstitium. H·E stain.

兽医病理学上还有支气管间质性肺炎（bronchointerstitial pneumonia）这一名词，是指同时具有支气管肺炎和间质性肺炎双重特征的肺（图 17-10），许多病毒感染可引起这种联合病变，如牛和羔羊呼吸道合胞病毒感染、犬瘟热、猪流感和马流感。病毒在支气管、细支气管和肺细胞中复制，导致细胞坏死，引起类似于支气管肺炎的中性粒细胞浸润；肺泡壁损伤引起Ⅱ型肺细胞增殖，类似于急性间质性肺炎的增殖期。

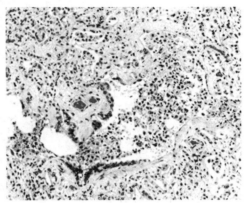

17-10

图 17-10　支气管间质性肺炎，亚急性，
呼吸道合胞体病毒，肺，牛

Necrotizing bronchiolitis where large numbers of epithelial cells have exfoliated into the lumen (*right center of image*). There is also edematous distention of the bronchovascular interstitium. The alveolar walls are thickened and lined by hyperplastic type Ⅱ pneumonocytes. H・E stain.

三、栓塞性肺炎

栓塞性肺炎（embolic pneumonia）是一种特殊类型的肺炎，细菌通过血源性途径到达肺，引起肺小动脉和肺泡毛细血管栓塞，引起以肺小动脉和肺泡毛细血管为中心的炎症反应。无菌性血栓可通过纤溶作用迅速溶解而从肺血管系统中去除，很少造成不良影响（除非非常大）。实验表明，静脉注射细菌后（菌血症），大多数类型的细菌可被肺内巨噬细胞吞噬，或绕过肺，最终被肝、脾、关节或其他器官中的巨噬细胞捕获。为了引起肺部感染，血液来源的细菌必须首先与一些特异性蛋白结合才能附着到肺内皮上，或者直接附着在血管内的纤维蛋白上，以逃避血管内巨噬细胞的吞噬。化脓性栓子有助于细菌滞留在肺血管中，为细菌逃避免疫细胞的吞噬创造有利环境。细菌一旦在小动脉或肺泡毛细血管中附着，它们即可破坏内皮和基底膜，进而从血管扩散到间质，然后扩散到周围肺组织，最终在肺内形成新的感染病灶。

栓塞性肺炎的特征是有多个病灶形成，与化脓性支气管肺炎时病变局限于肺额叶不同，栓塞性肺炎的脓肿灶随机分布在所有肺叶中。病变早期，可见肺表面有微小的白色病灶（1～10mm），病灶周围有红色的炎症反应带。栓塞性肺炎很少引起死亡，如果有大量的栓子到达肺，则形成致命的肺水肿。在大多数情况下，急性栓塞性肺炎可迅速发展为肺脓肿，镜检可见局灶性或多灶性炎症反应（图 17-11），这与内毒素血症或脓毒败血症引起的弥漫性间质性肺炎不同。

四、肉芽肿性肺炎

肉芽肿性肺炎（granulomatous pneumonia）是一种特殊类型的肺炎，通常由不能通过吞噬作用清除的微生物或异物颗粒所引起，在病变局部出现巨噬细胞、淋巴细胞、少量中性粒细胞和异物巨细胞反应。

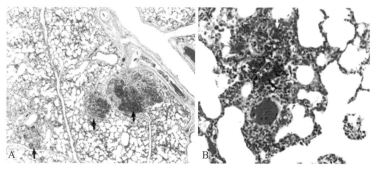

图 17-11　栓塞性肺炎，肺，牛

A. Foci of necrosis and infiltration of neutrophils (*arrows*) resulting from septic emboli. Note the multifocal distribution of the lesion，which is typical of embolic pneumonia. Vegetative endocarditis involving the tricuspid valve was the source of septic emboli in this cow. H·E stain. B. Embolic focus in the lung. Note bacterial colonies (*arrows*) mixed with neutrophils and cellular debris. H·E stain.

在动物中，引起肉芽肿性肺炎最常见的原因是全身性真菌感染，如新生隐球菌（*Cryptococcus neoformans*）、球孢子菌（*Coccidioides immitis*）、组织荚膜胞浆菌（*Histoplasma capsulatum*）和皮炎芽生菌（*Blastomyces dermatitidis*）。这些真菌通过气源性途径感染肺脏，再扩散到其他器官，如淋巴结、肝和脾。但有些丝状真菌（如黄曲霉菌或毛霉）也可通过血源途径到达肺部。

一些细菌也可引起肉芽肿性肺炎，如牛结核分枝杆菌（*Mycobacterium bovis*）和马红球菌（*Rhodococcus equi*）。偶可见牛肝片吸虫感染和吸入异物引起的肉芽肿性肺炎。极少数病毒，如猫传染性腹膜炎病毒，可引起肉芽肿性肺炎。

第四节　肺气肿

因肺组织空气含量过多而致肺脏体积过度膨胀称为肺气肿（pulmonary emphysema）。按发生的部位分，可将肺气肿分为肺泡性肺气肿（alveolar pulmonary emphysema）和间质性肺气肿（interstitial pulmonary emphysema）两种。肺泡性肺气肿是指肺泡内空气含量过多，引起肺泡过度扩张；间质性肺气肿是指由于细支气管和肺泡发生破裂，空气进入肺间质，致使肺间质含有气体。临床上以肺泡性肺气肿较多见。

一、肺泡性肺气肿

（一）发病原因及机制

1.长期不合理的剧烈使疫　在过度或重剧劳役时，机体代谢增强，需氧增多，反射性地引起呼吸加深、加快，使肺通气量增加。由于吸气加深，支气管扩张，空气吸入量增多，肺泡过度扩张。同时，肺泡内过多的余气又可压迫肺泡壁毛细血管，使肺泡壁缺血缺氧，导致肺泡弹性逐渐减退，这也是肺气肿发生的重要环节。

2.阻塞性通气障碍　慢性支气管炎时，支气管管壁增厚、管腔狭窄，而且炎性渗出物常积聚在管腔内，使空气通道发生不完全阻塞。吸气时支气管扩张，空气可以进入肺泡，但呼气时因支气管管腔狭窄,气体呼出受阻,于是肺泡内储气量增多,发生肺气肿。

猪、牛、羊发生肺线虫病时,肺线虫寄生在支气管和细支气管内,引起支气管炎、细支气管炎,支气管黏膜肿胀,管腔被虫体或炎性渗出物不完全阻塞,引起肺气肿。

3.代偿性肺气肿　当肺某一部位因发生肺炎而实变时,为代偿实变部的呼吸功能,病灶周围组织表现过度充气,形成局灶性代偿性肺气肿。

4.老龄性肺气肿　随着动物年龄的增长,肺泡壁的弹力纤维减少,弹性回缩力减弱,肺泡不能充分回缩,肺内残留气量增多,肺泡膨胀,形成老龄性肺气肿。

(二)病理变化

眼观,肺体积显著膨大,可充满整个胸腔。肺重量减轻,边缘钝圆,由于缺血而呈灰白色。肺组织柔软而缺乏弹性,指压后遗留指痕,有时表面有肋骨压痕。在肺胸膜下可见大量较大的囊泡。肺切面干燥,切面上可见大量较大的囊腔,使切面呈海绵状或蜂窝状。镜下可见肺泡扩张,肺泡间隔变窄并断裂,相邻肺泡互相融合形成较大的囊腔。肺泡壁内的毛细血管因受压而闭锁。支气管和细支气管常见有炎症病变。由肺线虫引起的肺气肿,在支气管或细支气管管腔内可见虫体断面,支气管周围组织有嗜酸性粒细胞浸润。

(三)结局和对机体的影响

短时间内发生的急性肺泡性肺气肿,在病因消除后肺泡功能逐渐恢复,可完全痊愈。慢性肺泡性肺气肿病程缓慢,通常不显临床症状,病因去除后也可恢复。严重的肺气肿可因肺泡破裂而引起气胸,此时,胸腔负压降低,影响血液回流。

肺气肿时,因毛细血管受压,肺血液循环阻力增加,导致肺动脉高压。肺动脉高压使右心负荷加重,引起右心室肥大,最后可引起右心衰竭。

肺气肿时,肺泡壁毛细血管受压,影响肺泡与血液间的气体交换,从而导致 PaO_2 降低和 CO_2 潴留,机体呈缺氧状态。

二、间质性肺气肿

间质性肺气肿是由于肺泡间隔或细支气管破裂,使空气进入肺间质所致。强烈、持久的深呼吸和胸壁穿透伤可引起肺泡和细支气管破裂;牛黑斑病甘薯中毒也可发生肺泡性和间质性肺气肿。

眼观,在小叶间隔、肺胸膜下形成多量大小不一的一连串气泡,小气泡可融合成大的气泡。肺胸膜下的气泡破裂则形成气胸。气体也可沿支气管和血管周围组织间隙扩展至肺门和肺门纵隔,并可到达肩部和颈部皮下,形成皮下气肿。

第五节　肺萎陷

肺萎陷(collapse of lungs)又称肺膨胀不全、肺不张(atelectasis),是指肺泡内空气含量减少甚至消失,以致肺泡塌陷关闭的状态。肺不张或肺膨胀不全一般是指先天性的,即肺组织从未被空气扩张过,见于分娩时胎儿呼吸道被胎粪、羊水、黏液阻塞,或胎儿呼吸中枢发育异常,致使胎儿出生时吸入的空气量不足而导致肺泡开张不全。若出生后存活并能吸气,则肺不可能完全萎陷,可据此鉴定出生时是否为死胎。

肺萎陷是指原已充满空气的肺组织因空气丧失而引起肺泡塌陷,是获得性病变。按发生原因,肺萎陷可分为压迫性肺萎陷和阻塞性肺萎陷两种类型。

一、原因

1.压迫性肺萎陷　　主要因肺内外压力升高而引起。①肺外压力升高,如胸腔积液、积血、气胸,胸腔肿瘤等压迫肺组织,腹水、胃扩张等引起的腹压增高,通过膈肌前移压迫肺组织;②胸内压力升高,如肺内肿瘤、脓肿、寄生虫、炎性渗出物等直接压迫肺组织。

2.阻塞性肺萎缩　　主要见于支气管和细支气管阻塞,随着肺泡内残留气体逐渐被吸收,肺泡塌陷。造成支气管、细支气管阻塞的原因有急、慢性支气管炎时的炎性渗出物、寄生虫、吸入的异物、支气管肿瘤等。

二、病理变化

眼观,病变部体积缩小,表面下陷,胸膜皱缩,肺组织缺乏弹性。切面平滑、均匀、致密,似肉样。压迫性肺萎陷的萎陷区因血管受压而呈苍白色,切面干燥,挤压无液体流出。阻塞性肺萎陷的萎陷区因淤血而呈暗红色或紫红色,切面较湿润,有时有液体排出。镜下,由于肺泡塌陷,肺泡腔呈裂隙状,肺泡壁呈平行排列。先天性肺萎陷表现为肺泡壁显著增厚,肺泡衬以立方上皮;阻塞性肺萎陷时,在细支气管和肺泡内可见炎症反应,肺泡壁毛细血管扩张充血,肺泡腔内常见水肿液和脱落的肺泡上皮;压迫性肺萎陷时,细支气管和肺泡腔内无炎症反应。

三、结局和对机体的影响

肺萎陷常是可逆性的,只要病因消除,病变部分可再充气膨胀。如果病因不能消除,病程持久,萎陷的肺组织抵抗力明显降低,易继发感染,发生肺炎。小区域的肺萎陷不会严重影响呼吸功能。胸腔大量积液、气胸等压迫肺组织引起的肺萎陷可使呼吸膜面积明显减少,可引起呼吸功能不全。

(申会刚、谭　勋)

第十八章

泌尿与生殖系统病理
Disorders of the Urinary and Reproductive System

【Overview】Urinary system includes kidney, ureter, bladder and urethra. The diseases of urinary system, especially the kidney, can cause a series of pathological changes in the whole body. The kidney is a structurally complex organ that has evolved to carry out a number of important functions: excretion of the waste products of metabolism, regulation of body water and salt, maintenance of appropriate acid balance, and secretion of a variety of hormones and autacoids. The essential anatomic and functional unit of the kidney is the nephron. Each kidney contains many nephrons. Each nephron is made up of the glomerulus and renal tubules. Glomeruli, once destroyed, do not regenerate. Fortunately, the total number of nephrons is considerably in excess of requirements, so that many of them, or even a whole kidney, may be lost without fatal effects providing the remaining renal tissue is uninjured. Although tubular epithelium can undergo hypertrophy and hyperplasia, new nephrons cannot be formed. Thus, hyperplasia of tubular epithelium may repair or enlarge a nephron, but cannot increase the number of nephrons. In the renal pathological damage, nephritis is most common. The reproductive system includes female and male reproductive organs. In the female reproductive system, the disease of the ovary, uterus and mammary gland is more frequent, and the pathological changes of testis are most common in the male reproductive system.

泌尿系统由肾、输尿管、膀胱和尿道构成。泌尿系统特别是肾的疾病会促使整个机体发生一系列的病理改变。肾在维持机体的酸碱平衡、水盐平衡及排泄有害物质等功能中具有重要地位。肾由大量肾单位构成，每个肾单位由肾小球和肾小管组成。肾小管上皮细胞可通过再生修复，但肾小球受到损伤后则不能再生。因此，肾单位的数目不能通过修复而增加。在肾的病理损伤中，以肾炎最为常见。生殖系统器官包括雌性和雄性生殖系统器官。在雌性生殖系统器官中以卵巢、子宫和乳腺的疾病较为常见，而在雄性生殖系统中则以睾丸的疾病最为常见。

第一节 肾功能不全

肾是机体的重要排泄器官,通过泌尿排出代谢产物、药物、毒物和解毒产物,调节体内水、电解质和酸碱平衡。肾还能分泌肾素、前列腺素、促红细胞生成素、1,25-二羟维生素 D_3 [1,25-$(OH)_2$-D_3]等多种活性物质,参与血压调节、红细胞生成和钙磷代谢。因此,肾对于维持机体内环境的稳定性起着重要作用。当各种病因引起肾功能发生严重障碍时,会导致代谢产物、药物和毒物在体内蓄积,水、电解质和酸碱平衡紊乱,并伴有内分泌功能障碍,这一综合征就称为肾功能不全(renal insufficiency)。

根据发病缓急和病程长短,可将肾功能不全分为急性和慢性两种。急性肾功能不全(acute renal insufficiency)时由于机体来不及代偿,容易引起代谢产物骤然蓄积,导致严重后果,但大多数急性肾功能不全可逆,与慢性肾功能不全(chronic renal insufficiency)的不可逆性明显不同。急、慢性肾功能不全发展到最严重阶段,均以尿毒症(uremia)告终,临床上出现严重的全身中毒性症状。

肾衰竭(renal failure)与肾功能不全在本质上是相同的,只是在程度上有所不同。肾功能不全包括病情从轻到重的全过程,而肾衰竭则指肾功能不全的晚期阶段,在临床上两者通用。

一、原因和发病环节

引起肾功能不全的原因有:①肾脏疾病,如急性、慢性肾小球肾炎、肾盂肾炎、肾结核、化学毒物和生物性毒物引起的急性肾小管变性、坏死以及肾肿瘤和先天性肾脏疾病等;②肾外疾病,如全身性血液循环障碍(休克、心力衰竭、高血压病),全身代谢障碍(如糖尿病)以及尿路疾患(如尿路结石、肿瘤压迫)等。

各种原因引起的肾功能不全的基本发病环节包括肾小球滤过功能障碍、肾小管功能障碍和肾内分泌功能障碍三个方面。

(一)肾小球滤过功能障碍

肾滤过功能以肾小球滤过率(glomerular filtration rate,GFR)来衡量。GFR 受肾血流量、肾小球有效滤过压及肾小球滤过膜的面积和通透性等因素的影响。导致 GFR 降低的原因有:

1.肾血流量减少 在生理情况下,心输出量的 20%~30% 流经肾,其中约 94% 的血液流经肾皮质,6%左右的血液流经肾髓质。以人为例,当全身平均动脉压在10.7~24.0kPa (80~180mmHg)波动时,通过肾的自身调节,肾血液灌流量和 GFR 仍可维持相对恒定。在严重脱水、休克、心力衰竭引起循环血量减少、动脉压降低或肾血管收缩时,肾血流量显著减少,GFR 随之降低。此外,有效血流量减少引起肾内血流分布异常,主要表现为肾皮质血流量明显减少,而髓质血流量并不减少甚至可以增多,也可引起 GFR 下降。

2.肾小球有效滤过压降低 肾小球有效滤过压＝肾小球毛细血管血压－(肾小球囊内压＋血浆胶体渗透压)。在大量失血、脱水等原因引起休克时,由于全身平均动脉压急剧下降,肾小球毛细血管血压也随之下降,故肾小球有效滤过压降低,GFR 减少。在尿路梗阻、肾小管阻塞以及肾间质水肿压迫肾小管时,肾小球囊内压升高,肾小球有效滤过压降低,原尿形成减少。血浆胶体渗透压与肾小球有效滤过压有关,但血浆胶体渗透压的变化对肾小球有效滤过压的影响并不明显,这是因为血浆胶体渗透压下降后,组织间液生成增多,可使有效循环血量减少,进而引起肾素-血管紧张素系统兴奋,使肾入球小动脉收缩而降低肾小球毛细血管血压。在大量输入生理盐水引起循环血量增多和血浆胶体渗透压下降时,可造成肾小球有效滤过压及 GFR 增高,出现利尿效应。

3. 肾小球滤过面积减少　单个肾小球虽然很小,但数量多。以人为例,成人双肾约有 200 万个肾单位,肾小球毛细血管总面积估计约为 $1.6m^2$,接近人体总体表面积,因而能适应每天约 180L 的肾小球滤过量。肾具有较大的代偿储备功能,切除一侧肾使肾小球滤过面积减少 50% 后,另一侧肾往往可以代偿其功能。在大鼠实验中,切除两肾的 3/4 后,动物仍能维持泌尿功能。但在慢性肾炎引起肾小球大量破坏后,因肾小球滤过面积极度降低,故可使 GFR 明显减少而导致肾功能衰竭。

4. 肾小球滤过膜的通透性改变　肾小球滤过膜具有三层结构,由内到外为内皮细胞、基底膜和肾小球囊的脏层上皮细胞(足细胞)。内皮细胞间有孔径约为 $50\sim100nm$ 的小孔,小的溶质和水容易通过这种小孔。基底膜为连续无孔的致密结构,表面覆盖有胶状物,胶状物的成分以黏多糖为主,带负电荷。足细胞具有相互交叉的足突,足突之间有细长的缝隙,上覆有一层薄膜,此薄膜富含黏多糖并带负电荷。某一物质能否经肾小球滤过,不仅取决于该物质的相对分子质量,还与其所带的电荷有关。由于肾小球滤过膜表面带负电荷,血液中带负电荷的分子(如白蛋白)因受静电排斥作用,正常时滤过极少,只有在病理情况下,滤过膜表面黏多糖减少或消失时才会出现蛋白尿。抗原-抗体复合物沉积于基底膜时,可引起基底膜中分子聚合物结构改变,从而使其通透性升高,这也是肾炎时出现蛋白尿的原因之一。上皮细胞的间隙变宽时,也会增加肾小球滤过膜的通透性。

(二)肾小管功能障碍

肾小管具有重吸收、分泌和排泄的功能。在肾缺血、缺氧、感染及毒物作用下,肾小管上皮细胞发生变性甚至坏死,从而导致泌尿功能障碍。此外,在醛固酮、抗利尿激素(antidiuretic hormone,ADH)、利钠肽(natriuretic peptide)及甲状旁腺激素作用下,肾小管的功能也会发生改变。由于肾小管各段的结构和功能不同,故各段受损时所出现的功能障碍亦各异。

1. 近曲小管功能障碍　原尿中 60%～70% 的 Na^+ 由近曲小管主动重吸收;同时,近曲小管上皮细胞内分泌 H^+ 以促进碳酸氢钠的重吸收。经肾小球滤出的水、葡萄糖、氨基酸、磷酸盐、尿酸、蛋白质和钾盐等绝大部分也由近曲小管重吸收。因此,近曲小管重吸收功能障碍时,可引起肾性糖尿、磷酸盐尿、氨基酸尿、肾小管性蛋白尿、水钠潴留和肾小管性酸中毒(renal tubular acidosis)。此外,近曲小管具有排泄功能,能排泄对氨马尿酸、酚红、青霉素等。近曲小管排泄功能障碍时,上述物质随尿排出减少。

2. 髓襻功能障碍　髓襻重吸收的 Na^+ 约占原尿中 Na^+ 含量的 10%～20%。当原尿流经髓襻升支粗段时 Cl^- 被主动重吸收,伴有 Na^+ 被动重吸收。由于此处肾小管上皮细胞对水的通透性低,因此原尿逐渐转变为低渗状态,而髓质间质则呈高渗状态,这是尿液浓缩的重要条件,越到髓质深部,间质的渗透压越高。慢性肾盂肾炎使肾髓质高渗状态破坏,可出现多尿、低渗尿和等渗尿。

(三)远曲小管和集合管功能障碍

这两部分重吸收的 Na^+ 占原尿中 Na^+ 含量的 $8\%\sim10\%$。远曲小管在醛固酮的作用下,具有重吸收 Na^+ 和分泌 H^+、K^+ 和 NH_3 的功能,以保留 HCO_3^- 使尿液酸化,在调节电解质和酸碱平衡中起重要作用。远曲小管功能障碍可导致钠、钾代谢障碍和酸碱平衡紊乱。

集合管不属于肾小管,也不包括在肾单位内,但在功能上与远曲小管密切联系。在尿液生成过程中,抗利尿激素(ADH)可调节集合管对水的重吸收,对尿浓缩起重要作用。集合管上皮中的 ADH 受体功能障碍可引起尿浓缩功能障碍,导致形成尿崩症。

(四)肾内分泌功能障碍

肾具有分泌肾素、前列腺素、促红细胞生成素和形成 $1,25\text{-}(OH)_2\text{-}D_3$ 等内分泌功能。

1.肾素-血管紧张素-醛固酮系统活性增强　　肾素是由近球细胞分泌的一种水解蛋白酶,动脉压降低、脱水、肾动脉狭窄、低钠血症、交感神经紧张性升高等改变可分别刺激小动脉壁牵张感受器、致密斑钠受体,或直接作用于近球细胞 β_2 受体,引起肾素释放增多。肾素能将血浆中不具有活性的血管紧张素原(angiotensinogen,一种 α_2-球蛋白)分解为血管紧张素 Ⅰ (angiotensin Ⅰ,Ang Ⅰ),后者在转化酶的作用下形成血管紧张素 Ⅱ (angiotensin Ⅱ,Ang Ⅱ),Ang Ⅱ 在血管紧张素酶 A 的作用下分解形成血管紧张素 Ⅲ (angiotensin Ⅲ,Ang Ⅲ)。Ang Ⅱ 和 Ang Ⅲ 的主要生理功能是促进血管收缩(Ang Ⅱ＞Ang Ⅲ)和促进肾上腺皮质分泌醛固酮(Ang Ⅲ＞Ang Ⅱ)。血管紧张素Ⅱ、Ⅲ除可被靶细胞摄取外,主要被血浆中血管紧张素分解酶所灭活。在休克、脱水等肾前性因素作用下,肾素-血管紧张素-醛固酮系统(renin-angitotensin-aldosterone system)活性增加,从而提高平均动脉压,促进水钠潴留,对有效循环血量不足进行代偿。如果血管紧张素生成过多,作用时间过久,则可引起肾血管过度收缩,使肾小球血液灌流量和肾小球滤过率显著减少,从而造成肾泌尿功能严重障碍。肾小球肾炎、肾小动脉硬化症等肾脏疾病均可使肾素-血管紧张素系统活性增强,从而引起肾性高血压和醛固酮分泌过多,造成体内钠、水潴留。

2.促红细胞生成素减少　　促红细胞生成素(erythropoietin)主要由肾(毛细血管丛、肾小球近球细胞、肾皮质和髓质)产生,具有促进骨髓造血干细胞向原红细胞分化、网织红细胞入血和血红蛋白合成等作用。慢性肾脏疾病时,由于肾组织进行性破坏,促红细胞生成素生成减少,引起肾性贫血。肾外组织也可产生促红细胞生成素,约占促红细胞生成素总量的 10%。

3.$1,25\text{-}(OH)_2\text{-}D_3$ 生成减少　　维生素 D_3 本身并无生物学活性,它首先在肝细胞微粒体中经 25-羟化酶系统在侧链 C-25 位上羟化而生成 $25\text{-}(OH)\text{-}D_3$,进而在肾近曲小管上皮细胞线粒体中,经 1α 羟化酶进一步羟化生成 $1,25\text{-}(OH)_2\text{-}D_3$ 才具有生物学活性。$1,25\text{-}(OH)_2\text{-}D_3$ 进入血液循环后,作用于远隔靶组织而发挥生理效应,如促进肠道对钙、磷的吸收、促进成骨作用等。因此,可以把肾形成 $1,25\text{-}(OH)_2\text{-}D_3$ 看成是肾的内分泌功能。在慢性肾功能衰竭时,由于肾生成 $1,25\text{-}(OH)_2\text{-}D_3$ 减少,导致肠道对钙的吸收减少,引起低钙血症,这种低钙血症用维生素 D 治疗无效。因而,肾生成 $1,25\text{-}(OH)_2\text{-}D_3$ 减少是慢性肾功能衰竭患者抵抗维生素 D 治疗的重要原因。

4.激肽释放酶-激肽-前列腺素系统活性下降　　肾(尤其是近曲小管细胞)富含激肽释放酶,可作用于血浆中的 α_2-球蛋白(即激肽原)而生成缓激肽。肾激肽酶的产生受细胞外液量、体钠量、醛固酮、肾血流量等因素调节,其中醛固酮最为重要。缓激肽和血管紧张素都能促进前列腺素(prostaglandin,PG)分泌。前列腺素是由 20 个碳原子组成的不饱和脂肪酸,有 A、E、F、H 等多种亚型。肾髓质间质细胞主要合成前列腺素 E_2(prostaglandin E_2,PGE_2)、A_2(porstaglandin A_2,PGA_2)和 $F_{2\alpha}$(porstaglandin $F_{2\alpha}$,$PGF_{2\alpha}$),其中 PGE_2、PGA_2 具有扩张血管和促进排钠、排水的作用。慢性肾炎时,肾内 PGE_2、PGA_2 形成不足可能是引起肾性高血压的发病因素之一。

5. 甲状旁腺激素和胃泌素灭活减少 肾可灭活甲状旁腺激素(parathyroid hormone,PTH)和胃泌素(gastrin)。甲状旁腺激素具有溶骨和抑制肾重吸收磷的作用,胃泌素能促进胃酸的分泌。慢性肾衰竭时易发生肾性骨营养不良和消化性溃疡,与这两种激素灭活减少有关。

二、类型和对机体的影响

(一)急性肾功能不全

急性肾功能不全(acute renal insufficiency)是指肾泌尿功能在短期内急剧降低,引起水和电解质代谢紊乱、酸碱平衡障碍以及代谢产物在体内蓄积,导致机体内环境出现严重紊乱的综合病理过程,主要表现为 GFR 迅速下降、少尿(oliguria)、氮质血症(azotemia)、高钾血症(hyperkalemia)和代谢性酸中毒等。

根据发病原因,可将急性肾衰竭分为肾前性、肾性和肾后性三类。

1. 肾前性急性肾功能衰竭 肾前性急性肾功能衰竭(acute prerenal failure)是肾血液灌流量急剧减少所致,常见于休克早期。休克早期有效循环血量减少和血压降低,这一变化除可直接导致肾血流量减少外,还可通过交感-肾上腺髓质系统和肾素-血管紧张素系统使肾小动脉强烈收缩,从而进一步降低肾血液灌流量和有效滤过压,故 GFR 显著减少。同时,醛固酮和 ADH 分泌继发性增多,又可增强远曲小管和集合管对钠、水的重吸收,因而尿量显着减少,尿比重升高。GFR 急剧减少还可引起高钾血症和酸碱平衡紊乱。由于肾前性急性肾功能衰竭时尚无肾实质的损害,故当血容量、血压及心输出量因及时治疗而恢复正常时,肾泌尿功能也随即恢复正常。因此,一般认为这是一种功能性急性肾功能衰竭,但若肾缺血持续过久则会引起肾器质性损害,导致肾性急性肾功能衰竭。

2. 肾性急性肾功能衰竭 肾器质性病变所引起的急性肾功能衰竭称为肾性急性肾功能衰竭(acute intrarenal failure),又称为器质性肾衰竭(parenchymal renal failure)。常见原因有以下几种:

(1)急性肾小管坏死:是肾性急性肾功能衰竭最重要、最常见的一种原因,又以肾缺血和肾毒性药物引起的急性肾小管坏死最为常见。在许多病理条件下,肾缺血与肾毒物经常同时或相继发生作用。例如在肾毒药物作用时,肾内可出现局部血管痉挛而致肾缺血;反之,肾缺血也常伴有毒性代谢产物的堆积,使肾毒性损伤更易发生。肾缺血与肾毒性物质同时存在最易引起急性肾功能衰竭。严重低血钾、高钙血症和高胆红素血症也可引起肾实质损伤。急性肾小管坏死所致的急性肾功能衰竭,在临床上根据有无少尿可分为少尿型和非少尿型两大类。少尿型较为常见,患畜突然出现少尿甚至无尿。非少尿型的尿量并不减少,甚至可以增多,但氮质血症逐日加重。

(2)肾本身的疾病:见于急性肾小球肾炎、狼疮性肾炎、血管炎及血栓性微血管病等引起的肾小球损伤,间质性肾炎、严重感染、败血症、移植排异、药物过敏及恶性肿瘤浸润等引起的肾小管间质疾病,血栓形成、栓子、动脉粥样硬化斑块脱落导致两侧肾动脉栓塞等。

3.肾后性急性肾功能衰竭　从肾盏到尿道口任何部位的尿路梗阻,都有可能引起肾后性急性肾功能衰竭。膀胱以上的梗阻多由结石引起。由于肾的代偿储备功能十分强大,只有当结石使两侧尿路同时梗阻,或一侧肾已丧失功能而另一侧尿路又被阻塞时才会引起肾后性急性肾功能衰竭。肾后性急性肾功能衰竭的早期并无肾实质的器质性损害,若及时去除梗阻,肾泌尿功能可迅速恢复。

4.临床表现与代谢功能变化　急性肾功能不全,特别是肾小管坏死引起的急性肾功能不全,按其尿量减少与否分为少尿型急性肾功能不全与非少尿型急性肾功能不全。

(1)少尿型急性肾功能不全:根据少尿型急性肾功能不全的临床过程,可将其分为少尿期、多尿期和恢复期三期。

少尿期(oliguric stage)——主要表现为尿少、尿成分异常和机体内环境紊乱。①少尿和无尿。由于尿量急剧减少,造成大量代谢物在体内蓄积。功能性和器质性肾衰竭都可出现少尿,但两者在少尿的发生机制及尿液成分上均有区别,应注意鉴别。②水中毒。急性肾小管坏死时,由于肾排水减少(少尿、无尿),体内分解代谢增强,内生水增多;输液过量或输液速度过快使水摄入过多,导致体内水潴留和稀释性低钠血症,出现全身浮肿,严重者可引起肺水肿、脑水肿和心功能不全,这是急性肾小管坏死患畜死亡的重要原因。③氮质血症。含氮代谢产物如尿素、肌酐、尿酸等在体内蓄积,引起血中非蛋白氮含量显著增高,称为氮质血症(azotemia)。急性肾功能不全时,由于 GFR 降低,非蛋白氮排出减少,另一方面,创伤、烧伤、感染和中毒等使蛋白质的分解代谢增强时,非蛋白氮产生增多,也可促进氮质血症发生。④高钾血症。高钾血症是少尿期的首位死亡原因,是急性肾功能不全时最危险的并发症。引起高钾血症的原因有:尿量减少和肾小管功能受损,使肾排钾减少;组织损伤、分解代谢增强及代谢性酸中毒,使细胞内钾转移至细胞外;输入库存血或摄入含钾量高的食物及药物,使钾的入量增多。高钾血症可引起心传导阻滞、心律失常,甚至心室纤维颤动、心脏停搏。因此,对高钾血症患者应密切监测血钾及心电图,必要时做血液净化疗法。⑤代谢性酸中毒。急性肾功能不全时,由于肾小管泌 H^+、泌 NH_3 功能障碍,使碳酸氢钠重吸收减少,GFR 严重降低使固酸排出减少,分解代谢增强使固定酸生成增多而引起代谢性酸中毒。酸中毒可抑制心血管系统和中枢神经系统,使回心血量减少、外周阻力降低、心输出量减少,出现疲乏、嗜睡甚至昏迷等。

多尿期(diuretic stage)——少尿期后,尿量增加,进入多尿期。多尿期是病情好转的标志。出现多尿的机制包括:①在肾功能逐渐恢复、GFR 增高的同时,肾小管上皮细胞重吸收钠、水的功能却尚未恢复,原尿不能充分浓缩;②少尿期潴留的大量尿素等代谢产物使原尿渗透压升高,产生渗透性利尿,而且,肾间质水肿消退以及肾小管阻塞解除使尿路变得通畅。在多尿期开始的 1 周内,血中尿素氮、钾等仍较高;1 周后,血中尿素氮、血肌酐等开始下降,少尿期的症状开始改善,但因大量水及电解质随尿排出,易出现脱水、低钠血症和低钾血症等,并且此期患畜抵抗力比较差,易出现感染。多尿期持续时间约两周,待血中尿素氮恢复正常,便进入恢复期。

恢复期——进入恢复期后,尿量和尿成分已基本恢复正常,水、电解质和酸碱平衡紊乱已得到纠正,但肾小管功能的恢复需要更长的时间。尿液浓缩功能的恢复更慢。少数患畜因肾小管上皮细胞和基底膜严重破坏,可转变为慢性肾功能不全。

(2)非少尿型急性肾功能不全:非少尿型急性肾功能不全是指无少尿表现的急性肾功能不全。非少尿型急性肾衰竭患畜发病初期尿量不减少,但血液肌酐含量进行性升高。其临床症状一般表现较轻,病程相对较短。非少尿型急性肾功能不全的发病机制和主要特点是:①病理损伤较轻,少部分肾单位的肾血流量和肾小球滤过功能仍存在;②肾小管受损及功能障碍发生较早,肾的浓缩能力降低,而肾血流量减少和 GFR 下降发生相对较晚;③由于缺氧和中毒可使髓襻升支粗短,重吸收 NaCl 减少,髓质内的 NaCl 浓度梯度破坏,髓质高渗不能形成,尿液浓缩功能发生障碍。所以,非少尿型急性肾功能不全者尿量较多,尿钠含量低,尿比重也低,尿沉渣检查结果是细胞和管型较少,仍存在氮质血症,高钾血症较少见。

少尿型和非少尿型急性肾功能不全可以相互转化,少尿型经治疗后可以转化为非少尿型,而非少尿型可因治疗措施不当或治疗不及时而转变为少尿型,这往往是病情恶化和预后不良的征兆。

(二)慢性肾功能衰竭

慢性肾功能衰竭(chronic renal failure)是指各种原因造成肾单位慢性、进行性破坏,残存肾单位不能充分排泄代谢废物和维持体内环境稳定,因而导致代谢废物潴留,以及水、电解质和酸碱平衡紊乱,肾内分泌功能障碍的综合征。

1.病因   凡是能引起肾实质进行性破坏的疾病,均可使肾小球滤过功能下降、肾小管重吸收功能以及肾内分泌功能日益受损,从而出现慢性肾衰竭的临床表现。引起慢性肾功能不全的病因按发生部位可分为:①肾小球疾病,如慢性肾小球肾炎、糖尿病肾病;②肾间质疾病,如慢性肾盂肾炎、尿酸性肾病、多囊肾和肾结核;③肾血管疾病,如高血压性肾硬化和结节性动脉周围炎;④尿路慢性梗阻,如肿瘤和尿结石等。

2.发展过程   由于肾有强大的储备代偿功能,各种疾病引起的慢性肾功能衰竭呈现一个缓慢而渐进的过程。发展过程可随肾受损的逐步加重而分为四个时期。

代偿期(compensation stage)——在这一时期,虽然肾内存在多种病变,但通过未受损肾单位的代偿反应,仍能维持内环境的相对稳定,因而无临床症状,血液生化指标检测正常。但此时肾功能处于临界水平,残存的肾单位不能耐受额外的负荷。在应激刺激作用下,如钠、水负荷突然增大或发生感染时,可出现内环境紊乱。因而,这一时期又称为肾储备能力降低期(decreased renal reserve stage)。

肾功能不全期(renal insufficiency stage)——由于肾进一步受损,肾的储备功能明显降低,故肾已不能维持机体内环境的稳定。内生性肌酐清除率下降至正常值的 25%~30%。有中度氮质血症和贫血,肾浓缩功能减退,一般临床症状很轻,但在感染、手术及脱水等情况下,肾功能即明显恶化,临床症状加重。

肾功能衰竭期(renal failure stage)——肾内生性肌酐清除率下降至正常值的 20%~25%,有较重的氮质血症,一般有酸中毒、高磷血症、低钙血症,贫血严重,并有尿毒症的部分中毒症状,临床称为氮质血症期或尿毒症前期。

尿毒症期(uremia stage)——尿毒症期为慢性肾功能衰竭的晚期。在这一期,内生性肌酐清除率下降至正常值的 20%以下,有明显的水、电解质和酸碱平衡紊乱及多种器官功能衰竭,出现严重的尿毒症中毒症状。

3.发病机制   有关慢性肾功能不全的发病机制,目前有以下几种观点:

(1)健存肾单位学说(intact nephron hypothesis):各种原因引起的肾实质疾病,导致大部分肾单位破坏,残余的小部分肾单位轻度受损,功能仍属正常,在代偿期,健存肾单位发生代偿性肥大,通过增强滤过、重吸收和内分泌功能来维持内环境稳定性。随着肾衰竭的发展,健存肾单位也逐渐减少,肾功能逐渐减退,临床上就出现肾功能不全的临床表现。

(2)矫枉失衡学说:这一学说是对健存肾单位学说的一个补充。这一学说认为,随着肾单位的进行性减少和 GFR 的进一步降低,体内某些代谢产物会发生潴留,机体做出代偿反应以促进其排出,但这一代偿反应同时又对机体的其他生理功能造成不良影响,从而使内环境的紊乱进一步加剧。比如,慢性肾衰竭是由于 GFR 降低,使磷的排出减少,血磷升高,血钙降低,从而刺激甲状旁腺激素(PTH)的分泌,PTH 可减少肾小管上皮细胞对原尿中磷的吸收,促使肾排磷增多,使血磷血钙水平恢复正常。但随着 GFR 的进一步下降,为维持血钙磷水平,势必不断增加 PTH 水平,导致继发性甲状旁腺功能亢进。由于 PTH 具有溶骨作用,可引起肾性骨营养不良。PTH 增多还可以引起软组织坏死、皮肤瘙痒和转移性钙化等一系列失衡症状。

(3)肾小球过度滤过学说:这一学说认为,部分肾单位丧失以后,健存肾单位发生代偿性肥大和功能增强,单个健存肾单位的 GFR 增加,长期负荷过重,会导致这些肾单位发生肾小球纤维化和硬化。肾小球过度滤过是慢性肾功能不全发展至尿毒症的重要原因。

(4)肾小管间质损伤:慢性肾功能不全是残存肾单位的肾小管,尤其是近曲小管,发生代谢亢进,细胞内钙含量增加,自由基生成增多,使肾小管和间质细胞受损,表现为间质纤维化和肾小管萎缩。间质纤维化和肾小管萎缩可导致球后毛细血管床阻塞,毛细血管血流量减少,GFR 降低;肾小管萎缩还可以导致无小管肾小球形成,血液不经滤过直接经静脉回流,使 GFR 进一步下降。慢性肾功能不全的进展与预后与肾小管间质损害的严重程度有关。

4.临床表现

(1)氮质血症:当血液中非蛋白氮(如尿素氮、肌酐、尿酸氮)浓度超过正常时称为氮质血症。慢性肾功能衰竭时,由于 GFR 降低,非蛋白氮浓度均有不同程度升高。血液尿素氮(blood urea nitrogen,BUN)在 GFR 低于正常值的 20% 时才显著升高,因而 BUN 浓度的变化并不是反映肾功能改变的敏感指标,而且 BUN 值还与外源性(与蛋白质摄入量有关)及内源性(与感染、肾上腺皮质激素的应用、胃肠道出血等有关)尿素负荷的大小有关,因此根据 BUN 值判断肾功能变化时,应考虑这些尿素负荷的影响。血浆肌酐(creatinine)浓度的变化主要与肌肉中磷酸肌酸自身分解产生的肌酐量及肾排泄肌酐的功能有关,与蛋白质的摄入量无关,因此血浆肌酐浓度的改变更能反映 GFR 的变化。但在 GFR 变化的早期,血液中肌酐浓度的改变与 BUN 一样,也不明显。因此,在临床上必须同时测定血浆和尿液的肌酐含量,以计算肌酐清除率(肌酐清除率 $=UV/P$,式中,U 为尿中肌酐浓度,V 为每分钟尿量,P 为血浆肌酐浓度)。肌酐清除率与 GFR 的变化一致。但在严重肾功能衰竭并伴食欲丧失和恶病质时,由于肌肉组织分解代谢明显增强,内生性肌酐形成过多,故血清肌酐浓度可迅速增高,此时肌酐清除率降低,并不能确切地反映 GFR 的变化。慢性肾功能衰竭时,血清尿素氮浓度虽有一定程度的升高,但较尿素、肌酐为轻,这主要与肾远曲小管分泌尿酸增多和肠道尿酸分解增强有关。

(2)电解质及酸碱平衡紊乱:慢性肾功能衰竭时,由于大量肾单位被破坏,肾对水和渗透压平衡的调节功能减退,常有多尿和等渗尿。对多尿的患畜,特别是在伴有呕吐、腹泻时,如不及时补充足够的水分,则因肾浓缩功能减退而发生严重脱水,从而导致酸中毒、高钾血症、高磷血症、氮质血症加重。反之,当静脉输液过多时,又易发生水潴留,甚至引起肺水肿和脑水肿。当慢性肾功能衰竭引起 GFR 过度减少时,则会出现少尿和水肿。钙磷代谢障碍主要表现为血磷升高、血钙降低及骨质营养不良。

(3)肾性高血压:高血压是慢性肾功能衰竭患畜的常见症状之一,故称为肾性高血压

(renal hypertension)。肾性高血压的形成与钠、水潴留、肾素-血管紧张素系统活性增高、肾髓质生成前列腺素 A_2(PGA_2)和 E_2(PGE_2)等血管舒张物质减少有关。

(4)肾性贫血：慢性肾脏疾病经常伴有贫血。机制可能与下列因素有关：肾组织严重受损后，肾形成促红细胞生成素减少；血液中潴留的毒性物质抑制骨髓造血功能，如甲基胍对红细胞的生成具有抑制作用；慢性肾功能障碍引起肠道对铁的吸收减少，并可因胃肠道出血而致铁丧失增多；毒性物质蓄积引起溶血及出血，从而造成红细胞破坏与丢失。

(5)出血：慢性肾功能衰竭患者常有出血倾向，主要临床表现为皮下瘀斑和黏膜出血，如鼻出血和胃肠道出血等。目前认为出血是由血小板功能障碍引起，其原因可能与某些毒性物质抑制了血小板第 3 因子释放有关。

第二节　肾　炎

肾炎(nephritis)是指肾单位(包括肾小体与肾小管)和肾间质的炎症过程。根据病变发生的位置和特点可分为肾小球肾炎(glomerulonephritis)、间质性肾炎(interstitial nephritis)和化脓性肾炎(suppurative nephritis)等。肾炎多伴发于中毒、感染及一些传染病的过程中，原发性肾炎比较少见。

一、免疫介导性肾小球肾炎

免疫介导性肾小球肾炎(immune-mediated glomerulonephritis)是犬和猫常见的一类疾病，由可溶性抗原-抗体复合物在肾小球沉积而引起。在人和非人灵长类动物有一类由抗肾小球基底膜抗体引起的肾小球肾炎(抗肾小球基底膜病)，但在其他动物中尚未得到证实。如果要确诊抗肾小球基底膜病，必须检测到抗基底膜抗体和补体 C3，且该抗体必须能与相应物种的正常基底膜结合。

(一)抗原

引起肾小球肾炎的抗原物质大体可分为外源性抗原和内源性抗原。内源性抗原包括：①肾小球本身的成分，如内皮细胞膜抗原、系膜细胞膜抗原；②非肾小球抗原，如自身免疫性疾病(如犬全身性红斑狼疮)和肿瘤抗原。外源性抗原主要涉及一些慢性感染，或者一些持续存在病原血症的感染，如猫白血病病毒或猫免疫缺陷病毒感染、慢性细菌感染(如子宫积脓或脓皮病)、慢性寄生虫感染(如恶丝虫)。

(二)抗原-抗体复合物的类型

引起肾小球肾炎的抗原-抗体复合物分为两类：①循环血液中形成的可溶性抗原-抗体复合物沉积在肾小球内；②抗体与肾小球固有的抗原成分或植入在肾小球中的非肾小球抗原结合，在原位形成抗原-抗体复合物。临床上以后者更常见。

(三)影响免疫复合物沉积的因素

可溶性免疫复合物在肾小球毛细血管壁中的沉积程度受许多因素的影响，如循环血液中免疫复合物的量、免疫复合物的大小和电荷、肾小球血管壁通透性，以及抗原和抗体之间的结合强度(亲和力)。

1.免疫复合物的相对分子质量　由于相对分子质量较大的抗原-抗体复合物可被肝和

脾中单核/巨噬细胞系统吞噬而从循环血液中去除,因而,肾小球肾炎主要由相对分子质量较小或中等大小相对分子质量的免疫复合物所引起。

2.肾小球血管壁通透性　肾小球血管壁通透性升高是免疫复合物离开微循环并在肾小球中沉积的必要条件。肾小球血管壁通透性升高主要由肥大细胞、嗜碱性粒细胞或血小板释放的血管活性胺所引起。免疫复合物作用于肥大细胞或嗜碱性粒细胞表面的 IgE、C3a 和 C5a 等补体片段等均可引起肥大细胞和嗜碱性粒细胞释放血管活性胺。免疫复合物也可刺激肥大细胞、嗜碱性粒细胞或巨噬细胞释放血小板活化因子(PAF),使血小板释放血管活性胺。

3.抗原、抗体之间的亲和力以及免疫复合物的电荷　亲和力高的免疫复合物可进入系膜内而被巨噬细胞清除,不容易发生沉积。免疫复合物一旦在毛细血管壁基底膜或上皮下沉积,它们可借助静电引力进一步吸引游离抗体、抗原、补体或其他免疫复合物,使免疫复合物变得越来越大。

(四)肾小球损伤机制

1.损伤性介质　免疫复合物可通过经典途径激活补体,产生活性介质 C3a、C5a 和 C567(C5、C6 和 C7 形成的复合物),这些介质趋化中性粒细胞,后者释放蛋白酶、花生四烯酸代谢产物(如血栓素)和活性氧(主要是氧自由基和过氧化氢),损伤肾小球基底膜。在炎症后期发生单核细胞浸润,单核细胞释放生物活性分子,继续损害肾小球。此外,补体 C5b～C9 形成的末端膜攻击复合物(terminal membrane attack complex)可直接作用于肾小球的细胞成分,引起肾小球上皮细胞和系膜细胞活化,产生活性氧和蛋白酶等损伤性介质。

2.血小板　免疫复合物沉积引起血小板活化、凝集以及 Hageman 因子(凝血因子Ⅻ)激活,促进肾小球毛细血管内纤维素性血栓(微血栓)形成,引起肾小球缺血。

3.末端膜攻击复合物　C5b～C9 引起肾小球上皮细胞和细胞外基质损伤,导致上皮细胞脱落(引起蛋白尿)和上皮细胞中转化生长因子(transforming growth factor)受体表达上调,继而引起肾小球基底膜增厚。

4.细胞毒性作用　肾小球抗原或免疫复合物可使 T 淋巴细胞转化成致敏 T 淋巴细胞,产生细胞毒性反应,加重肾损害。免疫复合物本身也可以通过与各种细胞上的受体结合而调节免疫反应,加重肾损伤。

如果免疫复合物沉积时间较短(如短暂感染犬传染性肝炎病毒),免疫复合物可被巨噬细胞或系膜细胞吞噬,肾小球的病变和临床症状可消失;相反,持续的可溶性免疫复合物沉积(如持续性病毒感染或慢性心肌病)可导致肾小球进行性损伤,出现肾小球肾炎相关临床症状。

(五)免疫复合物的分布模式

电镜下,沉积在肾小球基底膜或上皮下的免疫复合物为电子致密颗粒。不溶的、较大或亲和力高的免疫复合物常进入系膜内,可被巨噬细胞吞噬,可见系膜基质或巨噬细胞内有电子致密的颗粒沉积物。其他变化包括足细胞(podocytes)足突(foot process)消失或互相融合,细胞空泡化,脏层上皮(visceral epithelium)固缩、脱落,系膜中有中性粒细胞和单核细胞浸润。免疫荧光或免疫组化染色可见肾小球血管丛中的抗体和补体(主要为C3)呈颗粒状分布(提示循环免疫复合物沉积)(图 18-1A)。而在抗肾小球基底膜病,抗体和补体则在基底膜上呈线状沉积(提示原位免疫复合物沉积)(图 18-1B)。犬肾小球肾炎的抗体亚类通常为IgG 或 IgM,但也有一些病犬的肾小球中同时出现 IgG、IgM 和 IgA,或只有 IgA。需要注意的是,免疫荧光染色阳性只能证明有抗体或补体存在,并不表明发生疾病。

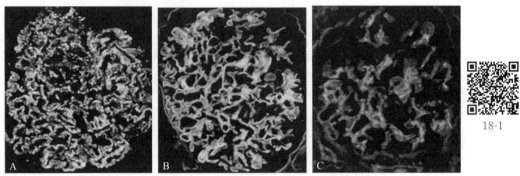

18-1

图 18-1　肾小球肾炎 IgG 免疫荧光染色的几种模式

Immunofluorescence microscopy patterns of glomerular staining for IgG that are indicative of anti-immune complex（A）, glomerular basement membrane（B）, and pauci-immune（C）glomerulonephritis. Note the linear staining of anti-GBM disease compared with the granular staining of immune complex disease and the scanty background staining of pauci-immune disease.（FITC anti-IgG.）

(六)免疫介导性肾小球肾炎的类型

免疫介导性肾小球肾炎的命名和分类方法很多,分类的基础和依据各不相同,意见也不完全一致。按病理组织学特点(图 18-2),可将肾小球肾炎分为下列几种:

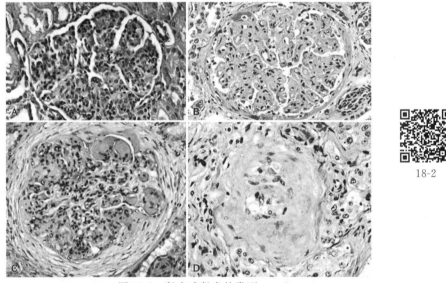

18-2

图 18-2　肾小球肾炎的类型

A. Proliferative Glmerulonephritis(GN), pig. The lesion is characterized principally by hypercellularity of the glomerulus due to increased numbers of mesangial cells. H·E stain. B. Membranous GN, dog. The lesion is characterized by generalized hyaline thickening of glomerular capillary basement membranes. It can occur in dogs with dirofilariasis. H·E stain. C. Membranoproliferative GN, horse. Membranoproliferative GN has histologic features of both proliferative GN and membranous GN. Abundant periglomerular fibrosis surrounds this hypercellular glomerulus(mesangial cells). Mesangial matrix is prominent in the top-right area of the glomerulus. H·E stain. D. Glomerulosclerosis, dog. Note the hypocellularity, shrinkage, and hyalinization due to an increase in fibrous connective tissue and mesangial matrix and almost complete loss of glomerular capillaries. In glomerulosclerosis（the end stage of chronic GN）, glomeruli are essentially nonfunctional. H·E stain.

1. 增生性肾小球肾炎（proliferative glomerulonephritis）　急性肾小球肾炎大体病变较轻微，肾仅有轻微肿胀，被膜光滑，颜色正常或稍有变淡，在皮质切面上可见红色针尖大小的肾小球。值得注意的是，健康马的肾小球在皮质切面上亦肉眼可见，故上述特征不能用于诊断马肾小球肾炎。镜检可见系膜细胞增生。如果病变不能消退，则转变为亚急性或慢性，可见皮质有一定程度萎缩，被膜上有微细颗粒形成。肾皮质变薄，可见浅灰色针尖

18-3

图 18-3　增生性肾小球肾炎，肾背侧面，犬
The small, white, round foci in the cortex are enlarged glomeruli.

大小的肾小球（图 18-3）。随着时间的推移，皮质发生纤维化。

2. 膜性肾小球肾炎（membranous glomerulonephritis）　主要表现为肾小球毛细血管基底膜弥漫性增厚，采用过碘酸-雪夫（periodic acid-Schiff，PAS）染色或马森三色体（Masson's trichrome）染色后在光镜下即可识别。早期病变不明显，后期可见肾体积增大，色苍白，形成大白肾（large pale kidney）。镜下可见肾小球毛细血管壁基底膜弥漫性增厚，呈现钢丝圈（wire loop）样特点，毛细血管管腔狭窄甚至闭塞。肾小球内通常缺乏炎性细胞，但有 IgG 和补体 C3 沉积。肾小球毛细血管壁通透性增高，有蛋白尿渗出。基底膜增厚主要是由于免疫球蛋白在上皮下沉积所引起，这些沉积物被基底膜基质的突起分隔开，最终被基底膜基质包裹。如果免疫复合物被清除，则可在基底膜中出现空腔，随后，这些空腔被基底膜样物质填充，导致肾小球毛细血管丛硬化。

3. 膜性增生性肾小球肾炎（membranoproliferative glomerulonephritis）　主要表现为肾小球系膜细胞、内皮细胞和上皮细胞增生，基底膜增厚。早期肾无明显肉眼改变，发生纤维化时，肾体积缩小，表面呈细颗粒状。镜检，肾小球间质内系膜细胞增生，系膜基质增多，系膜区增宽，肾小球增大，血管球呈分叶状，肾球囊（也称鲍曼囊，Bowman's capsule）狭窄。免疫荧光检查，可见肾小球毛细血管上有颗粒状荧光，系膜内出现团块状或环形荧光。

4. 肾小球硬化（glomerulosclerosis）　各类肾小球肾炎发展到晚期均可形成肾小球硬化。病理特征为大部分肾单位发生纤维化，残留的肾单位发生代偿性肥大，肾变小、变硬，表面凹凸不平，被膜不易剥离，呈固缩肾景象。皮质厚薄不均，并见结缔组织增生形成的纹理或结节，有时可见小囊肿。镜检，多数肾单位发生纤维化，残留肾单位出现代偿性肥大。发生纤维化的肾小球呈纤维性新月体、环状体、肾小球旁纤维化（periglomerular fibrosis）或完全纤维化和透明变性，肾小管萎缩甚至消失。间质结缔组织增生，并见淋巴细胞、巨噬细胞等炎性细胞浸润和增生。残存肾小球体积增大，肾球囊扩张，肾小管变粗。

除上述病变外，肾小球肾炎也通常伴有肾小球和肾球囊的其他一些变化，如肾小球毛细血管与肾球囊上皮细胞之间发生粘连、肾球囊上皮细胞增生、微血栓形成、肾小管扩张、系膜内基质合成增多等。

如果病变较轻，在病因去除后，肾小球可以恢复正常。如果病变严重并持续存在，则可转变为亚急性或慢性肾小球肾炎，出现肾球囊变厚和透明变性。在严重的病例中，由于肾球囊壁层上皮（parietal epithelium）增生、单核细胞浸润和纤维蛋白沉积，形成新月状，称为肾小球新月体（glomerular crescent）。若病变呈环状包绕整个球囊壁层，则称环状体（circumferential crescent)（图18-4）。新月体可发生纤维化，如果肾球囊破裂，肾小球纤维化可向间质延伸。慢性肾小球肾炎可出现间质和肾小球周围纤维化、间质淋巴细胞浸润和肾小球纤维化。

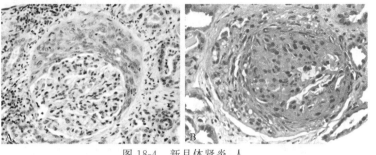

18-4

图18-4　新月体肾炎，人

A. Glomerulonephritis with a large cellular crescent forming a cap over the glomerular tuft. B. Circumferential cellular crescent with endocapillary proliferation.

二、化脓性肾炎

化脓性肾炎（suppurative nephritis）是指肾感染化脓细菌后发生的化脓性炎症。根据病原菌的感染路径，可分为血源性和尿源性化脓性肾炎。

（一）血源性（下行性）化脓性肾炎

化脓菌经血源移至肾，首先在肾小球血管网中形成细菌性栓塞，随后在肾小球形成化脓灶并逐渐向肾小球四周扩散，形成以肾小球为中心的化脓灶（suppurative foci）。

剖检，肾表面有粟粒大到米粒大的化脓灶，病灶主要见于皮质，两侧肾同时发生（图18-5）。病灶可逐渐融合、扩大或沿血管形成密集的化脓灶。如果化脓菌经肾小球血管网进入肾小管乃至集合管，可在肾小管腔内形成细菌管型并引起周围组织化脓。此时病灶由皮质扩散至髓质乃至肾乳头，形成线条状化脓灶。

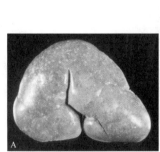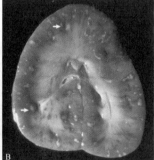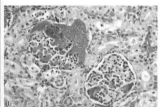

18-5

图18-5　化脓性（栓塞性）肾炎，肾脏，马

A. Multiple, small pale white necrotic foci and abscesses are present subcapsularly. B. Dorsal section. Variably sized abscesses are scattered throughout the cortex （arrows）. C. Causative bacteria （arrow） enter the kidney via the vasculature （bacteremia） and lodge in the capillaries of glomeruli, where they replicate and induce necrosis and inflammation. H·E stain.

镜检，在化脓灶形成初期，在肾小球血管网内见有化脓菌栓塞和白细胞浸润（图18-5）。后期由于血管网破坏，化脓灶扩散到整个肾小球。此外，化脓菌可经肾小球下行到肾小管，由近曲小管下降到肾襻乃至集合管，首先在肾小管内形成细菌性管型，继而因中性粒细胞浸润而化脓。化脓灶由皮质经髓质扩展到肾乳头,形成条索状化脓灶。

(二)尿源性(上行性)化脓性肾炎

化脓菌由尿道、膀胱经输尿管进入肾盂,首先在此形成肾盂肾炎(pyelonephritis)(图18-6),进而由肾乳头集合管进入肾实质形成化脓性肾炎。尿源性化脓性肾炎多继发于输尿管和膀胱结石以及肿瘤或妊娠子宫引起的输尿管压迫,由于输尿管狭窄或闭塞,使尿液排出受阻,细菌可在其中繁殖,并经尿道上行到肾而形成脓炎。

产后母牛易发生肾盂肾炎,病原菌主要是肾炎棒状杆菌(*Corynebacterium renales*)。病原侵入膀胱后形成膀胱炎,继而引起肾盂肾炎。

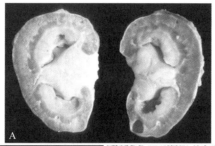

图18-6 肾盂肾炎,肾

A. Dorsal section, dog. Extensive pelvic inflammation has destroyed areas (*gray-white*) of the inner medulla and extends focally into the outer medulla. B. Dorsal section, cow. Renal calyces in the cow contain suppurative exudate (*arrow*). C. Dog. There is both intratubular and interstitial inflammation with tubular necrosis, characterized by infiltrates of principally neutrophils (*arrows*). H·E stain.

三、间质性肾炎

间质性肾炎(interstitial nephritis)是指肾静脉、动脉、淋巴管或结缔组织的原发性炎症。间质性肾炎可由传染性或非传染性因素引起,病程经过可呈急性、亚急性或慢性。常见于牛、马、羊、猪等动物,偶见于禽类。间质性肾炎主要表现为淋巴细胞浸润。轻度间质性肾炎(仅在显微镜下可见)通常无病理意义(如犬埃立克体病和马传染性贫血引起的间质性肾炎),不会引起肾衰竭。如果肾间质发生中度或重度炎性细胞浸润和纤维化,则可能引起肾功能衰竭。

四、肾小管间质性肾炎

肾小管间质性肾炎(tubulointerstitial nephritis)是指一组涉及间质和肾小管的炎症。急性肾小管间质性肾炎是一组继发于急性肾小管坏死的炎症,而慢性肾小管间质性肾炎则是间质性肾炎进行性发展的结果。

　　急性肾小管间质性肾炎可由中毒或钩端螺旋体（图 18-7）、腺病毒、慢病毒或疱疹病毒等微生物急性感染引起，特征是在间质内有大量炎性细胞（主要是中性粒细胞）浸润。

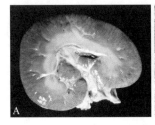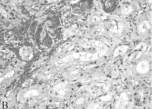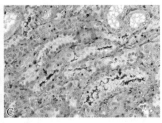

18-7

图 18-7　急性钩端螺旋体病，肾

　　A. Interstitial nephritis, acute leptospira infection, dorsal section, dog. Radiating pale streaks are caused by cortical tubular necrosis and acute interstitial inflammatory infiltrates. The hilar fat and medulla are yellow from jaundice. B. Acute tubular necrosis, early regeneration, dog. Note the segments of tubular epithelium devoid of nuclei (coagulation necrosis) (*top left*) and the hemorrhage. At this early stage, there is an almost complete lack of inflammatory cells in the interstitium, but later in the subacute stage of leptospirosis there are interstitial infiltrates of lymphocytes and plasma cells, which tend to be near the corticomedullary junction. H · E stain. C. Leptospira, cow. Numerous leptospira (*arrows*) are present in the lumens of tubules. Leptospira colonization of tubule epithelial cells is typical of this bacterium. Warthin Starry silver stain.

　　慢性肾小管间质性肾炎的典型特点是肾小管萎缩、少量单核细胞浸润、皮质和髓质纤维化（图 18-8）、不同程度的肾小球萎缩和/或纤维化。

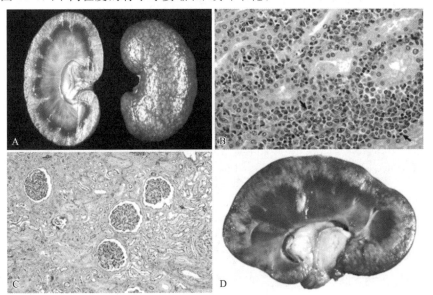

18-8

图 18-8　慢性肾小管间质性肾炎

　　A. Kidney, dorsal surface and dorsal section, dog. Note the nodularity of the capsular surface (*right*) from cortical interstitial fibrosis and the reduced width of the cortex (atrophy) (*left*). B. Kidney, dog. Large numbers of lymphocytes and plasma cells expand the interstitium (*arrows*) between renal tubules. H · E stain. C. Kidney, exotic zoo animal. This lesion is characterized by cortical and medullary fibrosis, variable degrees of tubular atrophy, and mononuclear cell interstitial infiltrate. Masson trichrome stain. D. Leptospirosis, dog. The pale streaks and foci in the cortex, especially near the corticomedullary junction, are chiefly interstitial lymphoplasmacytic infiltrates accompanied by fibrosis.

关于慢性肾小管间质性肾炎的发病机制目前有三种理论：①局灶性急性间质性肾炎转变为慢性；②继发于慢性肾小球肾炎或慢性肾盂肾炎；③继发于免疫介导的肾小管和间质的损伤。但是，临床上犬慢性肾小管间质性肾炎病例远较急性肾小管间质性肾炎病例多，因此第一种理论似乎不成立。随着诊断技术的发展，一些慢性肾小管间质性肾炎被证实为慢性肾盂肾炎或慢性肾小球肾炎。

第三节　肾　病

肾病（nephrosis）是以肾小管急性变性和坏死为特征的疾病，是引起急性肾衰竭的重要原因，主要由中毒或缺血引起，而不是由炎症引起。

急性肾病通常引起少尿（oliguria）或无尿（anuria），其发生机制包括：①尿液从损伤的肾小管穿过破裂的基底膜而漏入肾间质；②坏死上皮脱落引起管腔阻塞。后一种机制尚未被广泛接受，但这两种机制都能导致肾小球滤过率降低。

一、肾毒性损伤

肾毒性损伤（nephrotoxic injury）可由许多肾毒素（nephrotoxins）物质所引起。肾毒素可来自血液（如化学物质乙醇醛、乙醇酸和乙醛酸）、肾小管管腔［如某些抗生素（氨基糖苷类）、色素（血红蛋白）、金属（铅）、化学物质（乙二醇诱导的草酸钙结晶）］。

肾毒素被肾小球过滤到尿液中，在肾小管腔内被浓缩，继而引起肾小管上皮损伤。损伤机制包括：①肾毒素在肾小管上皮细胞内转化为活性代谢物而直接损伤肾上皮细胞，尤其是近曲小管的上皮细胞；②在肾小管滤液中形成活性代谢物，经肾小管重吸收后引起肾小管上皮坏死；③穿过肾小管间毛细血管壁和基底膜而弥散到肾小管上皮细胞，引起肾小管上皮坏死；④间接刺激肾小管间的毛细血管收缩而引起缺血，进一步损害肾功能。毒素可破坏肾小管上皮细胞的离子转运功能（摄取功能），导致远曲小管重吸收 Na^+ 减少，管腔内 Na^+ 含量增加，从而引起肾素-血管紧张素系统兴奋，导致血管收缩和血流减少。

肾毒素通常不会损害肾小管基底膜，如果毒素被清除，肾小管可迅速进行再生性修复（完整的基底膜可作为再生上皮细胞移动的支架）。

二、低氧或缺血性损伤

任何原因引起的肾灌注量降低都可导致肾小管坏死。比如，休克时血压下降，可导致入球小动脉收缩和肾小球滤过率下降，由此引起的肾缺血可引起亚致死性肾小管细胞损伤和功能障碍，或引起细胞坏死或凋亡。

三、病理变化

急性肾小管坏死缺乏明显的肉眼变化。后期可见皮质肿胀，呈浅红色或米黄色，被膜光滑，变薄，呈半透明状；皮质切面凸起，湿润；条纹不清，或出现放射状不透明的白色条纹（凝固性坏死）；髓质苍白或发生弥漫性充血。

病变初期,坏死肾小管随机分布,但以近曲小管坏死为主(近曲小管代谢旺盛且最早受到毒素损伤)(图 18-9)。长时间的缺血可导致近曲小管和远曲小管、亨耳氏套(loops of Henle)以及皮质集合管坏死,但髓质集合管的病变较轻微。由于肾小球对缺血有耐受性,即使缺血时间较长,其形态也能保持正常。

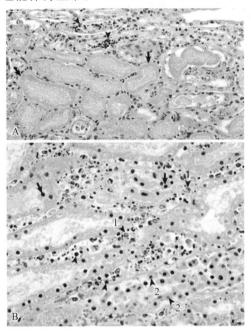

18-9

图 18-9　急性肾小管坏死,肾,近端小管,猫

A. This lesion is characterized primarily by coagulation necrosis of tubular epithelial cells (*arrows*) and nuclear pyknosis and intratubular nuclear and proteinaceous debris (*arrowheads*). H・E stain. B. This lesion is characterized primarily by nuclear pyknosis (*arrows*), karyorrhexis (*arrowheads*), and karyolysis (*arrowheads* 1) with intratubular nuclear and proteinaceous debris and coagulation necrosis with detachment of the epithelium from the tubular basement membrane (*arrowheads* 2). H・E stain.

第四节　肾发育异常

一、肾不发育、发育不全和发育不良

(一)不发育

肾不发育(aplasia)是指一个或两个肾均不能发育,以致肾无法辨认。可能有输尿管形成,也可能没有。如果有输尿管形成,可见输尿管的起始端为一盲袋。在单侧肾不发育时,如果另一侧肾发育正常,生命仍可维持。实际上,只要有 1/4 以上的肾功能能得以保持,生命就可维持。因而,单侧肾不发育可能无临床症状,只有在尸检时才能被发现。双侧肾不发育较少见。

(二)发育不全

肾发育不全(hypoplasia)是指肾没有完全发育,在出生时肾单位少于正常。肾发育不全是新西兰纯种或杂交大白猪的一种遗传性疾病,在小马驹以及狗(图 18-10A)和猫(图 18-10B)

均有发生。发育不全可呈单侧或双侧发生。肾发育不全在临床上通常无症状，除非有严重的肾实质损伤。有的病例病变极轻微，无论在肉眼还是显微镜下均很难做出诊断。

有时可见牛肾的肾叶数目减少，但显微结构和功能均无异常，表明这些肾并非发育不全，小叶数量减少仅仅是因为小叶发生了融合，应与发育不全相鉴别。幼年动物（特别是狗）肾萎缩通常被误诊为发育不良。在大多数情况下，肾萎缩由肾疾病引起的肾纤维化、进行性幼龄肾病（progressive juvenile nephropathy）或发育不良所引起。

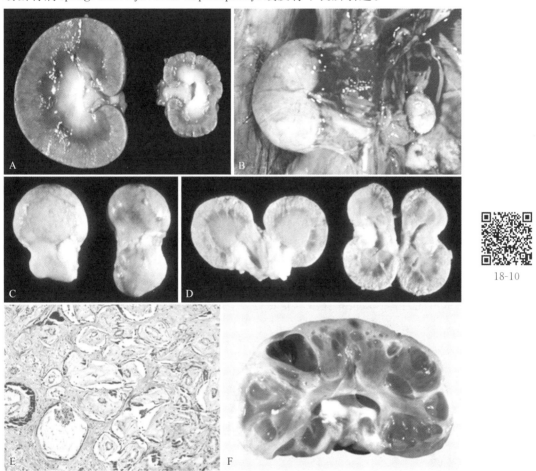

18-10

图 18-10　先天性发育异常，肾

A and B. Unilateral hypoplastic kidneys, young dogs. A. Dorsal sections. B. The grossly affected right kidney is nearly identical in structure to the left kidney but smaller (hypoplasia). C. Juvenile progressive nephropathy, young dog. Bilateral abnormally shaped firm kidneys. D. Juvenile progressive nephropathy, dorsal sections, dog. Section of the kidneys from C. E. Juvenile progressive nephropathy, chronic, dog. Note the interstitial fibrosis, tubular atrophy, dilated urinary space, and mineralization. H·E stain. F. Polycystic disease, dorsal section, cat. Numerous variably sized tubular cysts are present in the cortex and medulla. The cysts contain clear colorless fluid. This condition is hereditary, and Persian cats are predisposed.

（三）发育不良

肾发育不良（dysplasia）是指肾组织分化异常而引起的肾结构异常。肾发育不良可以是单侧发生，也可以是双侧发生；既可以累及肾的大部分，也可以呈小的局灶性发生。眼观，肾体积较小或出现形态畸形。镜下观察，发育不良有五个主要特征：①肾单位分化与年龄不匹配,肾小球体积较小,并有细胞增生;②具有原始间皮(primitive mesenchyme)残余,使间质结缔组织具有黏液瘤样外观;③具有后肾管(metanephric ducts)残余;④具有非典型(腺瘤样)肾小管上皮;⑤具有软骨或骨组织。

拉萨犬、西施犬、金毛猎犬和其他犬种的进行性幼龄肾病(家族性肾病)(图 18-10C～E)主要表现为肾小球分化与年龄不同步,很有可能是肾发育不良的结果,但仍需进一步证实。

二、异位肾和融合肾

在胎儿发育过程中肾发生异常迁移而离开腰下,称为异位肾(ectopic kidney)。异位肾最常见于猪和狗,通常只涉及一个肾,异位部位主要有盆腔和腹股沟。虽然异位肾的结构和功能正常,但输尿管位置不正,易发生梗阻,从而导致肾积水。融合肾(fused kidney)是指在肾发生过程中左、右肾头部或左、右肾尾部融合,形成一个有两个输尿管的大肾。融合肾的组织结构和功能正常。

三、肾囊肿

肾囊肿(renal cyst)呈球形,薄壁,大小不等,主要由皮质或髓质的肾小管构成,充满透明、水样液体。肾囊肿既可以是先天性的,也可在肾发育不良的病例中形成。原发性肾囊肿最常发生于肾小管、集合管和肾球囊。肾囊肿与遗传有关,但也可由中毒引起。

眼观,肾表面可见单个或多个囊肿。囊肿壁呈浅灰色,光滑,半透明。在猪和犊牛常见先天性孤立性囊肿(congenital solitary cysts)或偶发性囊肿,但不会引起肾功能改变。后天性肾囊肿的形成可能与肾间质纤维化或其他可导致肾小管阻塞的肾脏疾病有关。囊肿通常较小(直径 1～2mm),主要发生在肾皮质。

肾囊肿的形成机制有:①肾单位阻塞,引起肾小管管腔压力升高而发生扩张(发育良好时称为囊性扩张);②细胞外基质和细胞内基质相互作用改变,导致肾小管基底膜变软,使小管发生囊状扩张;③在遗传性多囊性疾病过程中,由于肾小管纤毛功能紊乱,导致肾小管上皮增生,分泌能力增加,使肾小管内压力升高,导致肾小管扩大、扩张;④肾小管上皮细胞去分化,导致上皮细胞极性丧失,排列异常,重吸收能力降低,引起管内压力增加,小管扩张。

四、多囊肾

多囊肾(polycystic kidneys)是指肾中有多个囊肿,累及多个肾单位。在猪、羔羊、波斯猫和公牛犬,先天性多囊肾是一种常见的染色体显性遗传病,在其他物种中仅偶然发生。先天性多囊肾病(polycystic kidney disease,PKD)的形成与一个或多个基因(PKD-1 和/或 PKD-2)的突变及其编码蛋白的功能改变有关。多囊蛋白-1(polycystin-1)和多囊蛋白-2属于跨膜蛋白,对细胞-细胞、细胞-基质互作以及钙通道起重要调控作用。此外,这些蛋白在肾小管发育、信号转导、细胞周期控制和细胞迁移中也起着重要作用。多囊蛋白-1 和多囊蛋白-2 突变可引起纤毛功能、细胞增殖和迁移功能障碍,导致肾小管上皮细胞增生和液体分泌增加。此外,位于基底膜外侧的多囊蛋白-1 缺乏可能引起调控正常肾小管生成的关键信号通路发生改变,从而促成囊肿的形成。也有报道柯利犬肾小球囊肿引起的多囊肾病。

多囊肾切面呈奶酪样,称为瑞士奶酪(Swiss cheese)(图 18-9F)。囊肿可压迫邻近的实质组织,导致肾萎缩。如果有大量囊肿形成,可出现肾功能障碍。

第五节 膀胱炎

膀胱炎(cystitis)是指发生于膀胱黏膜的炎症,严重时炎症可累及整个膀胱。

膀胱炎主要由细菌感染所致。在生理情况下,膀胱对细菌有较强的抵抗力,侵入的细菌很快随尿液排出,因此很少发生原发性感染。在膀胱结石、膀胱麻痹等病理情况下,尿液潴留为细菌的大量繁殖创造了条件,进而使膀胱黏膜受到侵害而引起炎症。肾发生炎症时,病原体也可随尿液的形成而引起继发性膀胱炎。

膀胱炎可分为急性膀胱炎和慢性膀胱炎。急性膀胱炎(acute cystitis)又可分为纤维素性膀胱炎、出血性膀胱炎、化脓性膀胱炎等,其病变特点与其他黏膜的病变相似。慢性膀胱炎(chronic cystitis)多由急性膀胱炎发展而来,也可继发或伴发于膀胱结石(bladder calculi)。慢性膀胱炎时可见膀胱黏膜和膀胱壁显著增厚,有时黏膜呈绒毛状(villiform)或息肉状增生(polypoid hyperplasia)。

第六节 肾盂积水与尿石病

一、肾盂积水

当发生不完全尿路梗阻时,机体仍然能存活一段时间,在此期间,肾因受压和尿路梗阻而引起肾盂肾盏积液,这种现象称为肾盂积水(hydronephrosis)。如果单侧肾尿路完全阻塞,可导致该侧肾快速萎缩,并伴有肾盂积水或其他临床异常。这种变化应与肾发育不全(hypoplasia)相区别。

尿路阻塞是肾盂积水的主要原因。尿结石、膀胱和输尿管邻近组织的肿瘤、肾膨结线虫(dioctophyme renale)(又称巨大肾虫,giant kidney worm)等都可导致尿路阻塞而发生肾盂积水。在人类和非人灵长类动物,孕期内分泌改变可引起输尿管和肾盂出现生理性扩张,这种现象称为妊娠性肾盂积水(hydronephrosis of pregnancy)。由于这种肾盂积水与肾功能损害无关,分娩(parturition)后即会消失。

肾盂积水时,肾盂逐渐增大。当肾盂扩张到足够大时,肾可变成一个中空的囊。单侧肾发生肾盂积水时,若无并发症,另一侧肾会发生明显的代偿性肥大(compensatory hypertrophy),并能维持足够的功能。代偿性肥大的肾可见肾小管的直径和长度均增加,但不会有新的肾单位形成。

二、尿石病

尿石病(urolithiasis)是指泌尿道里沉积大量结石的现象。这种结石称为尿石(urinary calculi)或尿路结石(lithangiuria)。尿路结石可见于各种动物,牛、犬、猫、绵羊等较为多见,马和猪相对较少。

能促进或参与结石形成的因素有：①尿液中含有较高浓度的结石前体物质；②某些物质的代谢异常（如尿酸）；③遗传性缺陷导致肾对异胱氨酸或黄嘌呤等物质处理异常；④食物中某些物质含量较高，如天然牧场中的硅酸（二氧化硅结石）、谷物中的磷（鸟粪石）、地三叶（subterranean clovers）中的雌激素（含有苯香豆素的三叶草结石，与异黄酮有关的碳酸钙结石）、商业化干猫粮中的镁、草酸盐富集植物中的草酸盐。

无论结石属于何种类型，结石形成还受以下因素影响：①尿液 pH 值对溶质排泄和沉淀的影响（酸性条件下草酸盐含量增加；鸟粪石和碳酸盐在碱性条件下沉淀）；②尿液浓缩和矿物质过饱和情况下，水的摄入量相对不足；③下尿路细菌感染（犬尿石）；④下尿路梗阻或结构异常；⑤异物（缝线、麻纱、导管或针）、细菌菌落、脱落上皮或白细胞的聚集物，可作为矿物成分沉淀的核心；⑥通过尿液排泄的药物代谢产物（如磺胺类和四环素类）。

结石通常见于膀胱中，称为囊性结石（cystic calculi）。但在一些病例中，结石也可见于肾盂（renal pelvis）及膨胀的肾小管末端（terminal tubules）。根据结石存在的部位，可将尿石分为上尿路结石（肾、输尿管结石）和下尿路结石（膀胱、尿道结石）。若一个或多个结石堵塞在输尿管，会产生剧烈的疼痛，称为输尿管绞痛（ureteral colic）。如果结石很小，可通过输尿管最终进入膀胱，否则，肾会因结石的压迫而发生萎缩，或可能诱发肾盂积水。

结石的性状不尽相同。有的仅沙粒样大小，有的单个石头即可充满膀胱或肾盂；有的坚硬，有的相对较软；有的光滑，有的粗糙；有的呈白色，有的略显黄色。结石的成分与动物采食的植物和饲料有关。草食动物（herbivore）尿路结石的化学成分以硅酸盐为主，部分病例还有磷酸盐、碳酸盐或草酸钙（镁、铵）等。硅酸盐和磷酸盐结石呈白色，且硬而易碎。但在新西兰绵羊中，尿结石的主要成分为核素衍生物（nuclein derivative）和黄嘌呤（xanthine）等，结石呈棕褐色，易碎。对于肉食（carnivorous）和杂食性（omnivorous）动物，结石的化学成分有较大区别，但与人的结石相似，可能与尿液的性质有关，即肉食和杂食性动物是典型的酸性尿（acid urine），而食草动物是碱性尿（alkaline urine）。草酸石（oxalate stone）是一种特殊类型的结石，非常坚硬、沉重，白色或浅黄色，边缘比较尖锐、锋利，常整块存在于膀胱中，有时直径可达几厘米，其主要成分为草酸钙，因边缘锐利，常常造成尿路上皮细胞的损坏而导致出血。

第七节　子宫内膜炎

根据子宫内膜炎（endometritis）的病程，可分为急性子宫内膜炎（acute endometritis）和慢性子宫内膜炎（chronic endometritis）。

一、急性子宫内膜炎

急性子宫内膜炎是比较多发的一种子宫炎（metritis），多由病原沿着产道上行感染而发病。常见病原有链球菌、葡萄球菌、化脓杆菌、大肠杆菌、坏死杆菌等。

眼观，子宫浆膜面无明显变化，剖开子宫后，可见子宫腔内含有大量浆液性、黏液性或脓性渗出物，渗出物中常混有片块状坏死脱落的黏膜上皮组织。黏膜充血，常伴发点状出血，表面变得粗糙，有时可见溃疡。病变如果只发生于单侧子宫角，则病侧子宫角膨大，两侧子宫角大小不对称。浆液性或黏液性急性子宫内膜炎应与发情期和分娩后子宫黏膜变化相区别。

镜检,子宫黏膜充血、出血,黏膜上皮坏死,小血管内常有血栓形成,黏膜表层的子宫腺周围或腺腔内可见中性粒细胞浸润。

二、慢性子宫内膜炎

慢性子宫内膜炎多继发于急性子宫内膜炎,或从一开始就呈慢性经过。

眼观,子宫内膜肥厚,呈息肉状。随着病程延长,在子宫黏膜上可见许多针头大到豌豆大的囊泡。

镜检,子宫黏膜结缔组织增生、浆细胞浸润,导致子宫内膜肥厚。由于部分子宫黏膜腺管被增生组织堵塞,导致腺管不均匀扩张,黏膜厚度不一,呈息肉状肥厚,称为慢性息肉状子宫内膜炎(chronic polypoid endometritis)。随着病程延长,黏膜下层结缔组织大量增生,使腺体受压而完全堵塞,分泌物在腺腔内集聚,引起腺腔扩张而形成囊泡,称为慢性囊泡性子宫内膜炎(chronic cystic endometritis)。部分病例随着病程延长,黏膜腺及增生的结缔组织萎缩,致使黏膜变薄,称为慢性萎缩性子宫内膜炎(chronic atrophic endometritis)。

第八节　乳腺炎

乳腺炎(mastitis)即发生于乳腺组织的炎症,可发生于各种动物,牛、羊多发。乳腺炎最常见的病原有葡萄球菌、链球菌、副伤寒杆菌、大肠杆菌和坏死杆菌等,常因乳头外伤或其他部位的感染经血源性途径到达乳腺组织而引起。

乳腺炎有不同分类方法。按炎症的发生部位,可分为实质性乳腺炎和间质性乳腺炎,但实质与间质的病变常互相波及,很难将两者截然分开。按炎性渗出物性质,可分为浆液性乳腺炎、卡他性乳腺炎、化脓性乳腺炎和坏死性乳腺炎。

根据病因学与发病机制,可将乳腺炎分为以下几种类型。

一、急性弥漫性乳腺炎

急性弥漫性乳腺炎(acute diffuse mastitis)通常由葡萄球菌、大肠杆菌或由链球菌、葡萄球菌和大肠杆菌混合感染而形成。眼观乳腺肿大、质地变硬,用刀易于切开。因炎性渗出物的性质和病程经过不同,可表现为以下几种类型:

1.浆液性乳腺炎　剖检见乳腺组织湿润多汁,颜色苍白,乳腺小叶呈灰黄色。镜检,腺泡内有少量白细胞和脱落的腺上皮细胞,小叶及腺泡间结缔组织有明显的水肿。

2.卡他性乳腺炎　剖检见乳腺切面稍干燥,乳腺小叶肿大,呈淡黄色颗粒状,压之则流出浑浊的液体。镜检见腺泡内有大量白细胞和脱落的腺上皮细胞,间质明显水肿,并有白细胞及巨噬细胞浸润。

3.出血性乳腺炎　剖检见乳腺切面光滑、色暗红。镜检见腺泡上皮细胞脱落、间质内小血管淤血,并可见血栓形成,间质和部分腺泡内有红细胞渗出。

上述各类炎症均可在乳管内出现白色或黄白色的栓子样物。乳池黏膜充血、出血,黏膜上皮变性、坏死、脱落,乳池内充满纤维蛋白渗出物或脓液。重症病例可见乳腺淋巴结(腹股沟浅淋巴结)髓样肿胀,切面呈灰白色脑髓样。

二、慢性乳腺炎

慢性乳腺炎(chronic mastitis)时,乳腺炎性充血及间质水肿逐渐消散,间质结缔组织增生,乳腺实质萎缩,使乳腺质地变硬。

眼观,乳腺切面呈白色或灰白色,乳管内充满由脱落的上皮、炎性细胞及乳汁凝结而成的栓子。镜检可见乳腺腺泡缩小,腺腔空虚,有的部位可见乳球和乳石;腺上皮呈立方形或柱状,乳管周围结缔组织增生。

三、坏疽性乳腺炎

坏疽性乳腺炎(gangrenous mastitis)在临床上较为少见,通常是由葡萄球菌与产气荚膜杆菌(*Clostridium perfringen*)混合感染所致。眼观乳腺组织极度肿大,呈污秽绿色或黑褐色。若为湿性坏疽,则从乳管排出浑浊的红色并带有恶臭的渗出物。

(贺文琦、谭　勋)

第十九章

神经系统病理
Disorders of the nervous system

【Overview】 The nervous system is a network of cells called neurons that coordinate actions and transmit signals between different parts of the body. The major functions of the nervous system are to detect, analyze, and transmit information. Information is gathered by sensory systems, integrated by the brain, and used to generate signals to motor and autonomic pathways for control of movement and of visceral and endocrine functions.

The nervous system is made up of two major divisions: the central nervous system (CNS) and the peripheral nervous system (PNS). The CNS includes the brain and spinal cord along with various centers that integrate all the sensory and motor information in the body. These centers can be broadly subdivided into lower centers, including the spinal cord and brain stem that carry out essential body and organ-control functions and higher centers within the brain that control more sophisticated information processing.

The PNS is a vast network of nerves consisting of bundles of axons that link the body to the brain and the spinal cord. Sensory nerves of the PNS contain sensory receptors that detect changes in the internal and external environment. This information is sent to the CNS via afferent sensory nerves. Following information processing in the CNS, signals are relayed back to the PNS by way of efferent peripheral nerves.

The nervous system is vulnerable to various disorders. It can be damaged by trauma, infections, tumors and blood flow disruption. Disorders of the nervous system may involve vascular disorders, inflammation, functional disorders and degeneration. This chapter describes some common diseases of the nervous system, such as encephalomyelitis, neuritis and encephalomalacia.

神经系统可分为中枢神经系统和外周神经系统。中枢神经系统由脑和脊髓组成,外周神经系统主要由包裹成束的神经纤维构成。神经系统的结构和功能与机体各组织器官关系密切,神经系统发生病变可引起相应的组织器官功能发生异常。本章主要介绍神经系统常见的一些病变。

第一节　神经系统的基本病变

一、神经元及其神经纤维的基本病变

(一)神经元的变化

1. 神经元急性坏死(acute neuronal necrosis)　神经元急性坏死是由缺氧、失血、中毒以及感染等原因引起的凝固型坏死。此外,营养不良如硫胺素缺乏以及 ATP 合成减少也可导致神经元急性坏死。病变的神经元胞体变小,胞浆内出现浓染的嗜酸性颗粒,染色质溶解,H·E 染色时胞质呈红染,因此也称作红色神经元(red neuron)。

2. 色质溶解(chromatolysis)　也称为 Nissl 小体溶解(Nissl 小体主要为粗面内质网和多核糖体),主要由缺氧、中毒或微生物感染等因素引起。根据色质溶解的发生部位,可分为中央性色质溶解和周边性色质溶解。

(1)中央性色质溶解(central chromatolysis):常由缺氧、病毒感染或轴突损伤等原因引起。主要表现为神经元肿胀、核向细胞膜偏移,胞质中央的 Nissl 小体溶解消失,或仅存在少量残留,胞质呈均质状,主要由粗面内质网脱颗粒所致。这是一种可逆性变化,病因一旦去除,就可恢复正常,如病变继续发展,则可导致细胞萎缩和死亡。

(2)周围性色质小体溶解(peripheral chromatolysis):相对少见,但有报道称轴突断裂或缺氧在一定情况下可引起周围性色质溶解,在某些中毒和病毒感染的早期也可发生。镜下可见神经细胞中央有较多的 Nissl 小体集聚,而周边的 Nissl 小体溶解、消失,留下空白,神经元胞体缩小。

3. 包涵体形成　包涵体(inclusion body)是某些病毒感染神经细胞后在胞浆或胞核中出现的特殊结构,多为病毒晶体,是病毒粒子的形成场所。包涵体的大小、形态、在细胞内的分布及染色特性是诊断病毒病的重要依据。犬瘟热病毒感染可在星形胶质细胞的胞浆中形成嗜酸性包涵体;狂犬病病毒可在海马的锥体细胞、延髓神经元和小脑浦肯野细胞(Purkinje cell)的胞浆中形成嗜酸性包涵体,称为 Negri 小体(图 19-1)。因此,怀疑狂犬病病毒感染时,要优先检查海马、小脑、髓质和三叉神经。

4. 胞浆空泡化(cytoplasmic vacuolation)　胞浆空泡化也称空泡变性,指神经元内出现大小不等的空泡。多见于病毒性脑脊髓炎,在牛海绵状脑病和羊痒病(朊病毒)过程中也会出现典型的神经元空泡化,主要发生在神经元胞体和近树突处,表现为脑干某些神经核的神经细胞和神经纤维网中出现大小不等的圆形或卵圆形空泡。另外,在

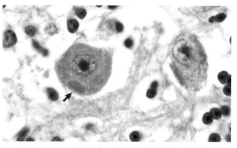

图 19-1　狂犬病,Negri 氏小体,小脑,浦肯野细胞,牛

19-1

A large pale red (eosinophilic) inclusion (Negri body) is present in the cytoplasm of the neuron cell body (*arrow*). In the cow, Negri bodies are commonly seen in Purkinje cells and in other neurons, such as those of the red nucleus and cerebral cortex. H·E stain.

有的情况下,感染神经元邻近的胶质细胞内也可出现空泡。

(二)神经纤维的变化

1850 年,Augustus Volney Waller 博士对轴突和髓鞘横断后的显微损伤(坏死)模式进行了描述,这些变化被称为华勒变性(Wallerian degeneration)。虽然 Waller 描述的病变发生在外周神经,但也用来描述轴突损伤(受压或切断)后中枢神经系统中的神经纤维发生的坏死。神经纤维的局灶性损伤导致轴突运输减少或停止,最突出的变化表现为轴突中的球状体(spheroid)发生节段性肿胀(图 19-2)。最终,轴突髓鞘退化,形成空泡区,巨噬细胞浸润并消化坏死的轴突和髓鞘碎片(形成消化室)。轴突受损的神经细胞发生肿胀、核边移,位于中心的 Nissl 小体溶解(中央染色质溶解)(图 19-3)。华勒变性的发展与轴突的直径直接相关,较大的轴突发生华勒变性的速度更快。

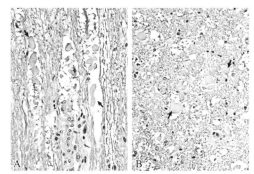

图 19-2　华勒变性,脊髓,犬

19-2

A. Longitudinal section. Arrows illustrate swollen axons. H·E stain. B. Transverse section. Laceration and/or severe compression of myelinated nerves cause a specific sequence of structural and functional changes in the axon and the myelin (distal from the point of injury), referred to as Wallerian degeneration. Axons are initially swollen (*arrows*) and eventually removed by phagocytosis to leave clear spaces, which were once the sites of nerve fibers. The cell bodies of affected neurons usually have central chromatolysis, but are metabolically active in an attempt to regenerate the lost portion of the axon. H·E stain.

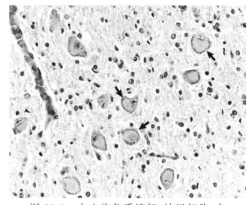

图 19-3　中央染色质溶解,神经细胞,犬

19-3

Affected neurons have eccentric nuclei and pale central cytoplasm with peripherally dispersed Nissl substance (*arrows*). H·E stain.

二、胶质细胞的变化

(一)星形胶质细胞的变化

星形胶质细胞(astrocyte)是胶质细胞中体积最大的一种细胞,因具有许多分支的突起而得名。星形胶质细胞在脑内分布广泛,占所有胶质细胞的 20%～40%。根据胞突的形状以及胶质丝(neuroglial filament)的多少可以将星形胶质细胞分为纤维性和原浆性两类。①原浆性星形胶质细胞(protoplasmie astrocyte)：分布于中枢神经系统的灰质内,位于神经细胞体及其突起的周围。细胞的突起不规则,分支多而短曲,表面不光滑,胞质内的胶质丝较少。②纤维性星形胶质细胞(fibrous astrocyte)：分布于白质内,位于神经纤维之间。其突起呈放射状,细长而直,分支少,表面光滑。胞质内有许多交织排列的原纤维,其超微结构是一种中间丝,称神经胶质丝,其内含有胶质原纤维酸性蛋白(glial fibrillary acidic protein GFAP),GFAP 的上调代表着反应性星形胶质细胞增生(reactive astrogliosis)。星形胶质细胞含有高浓度的 K^+,并能摄取某些神经递质(如 γ-氨基丁酸),通过调节细胞间隙的 K^+ 和神经递质浓度来影响神经元的功能活动。因此,星形胶质细胞对维持神经细胞微环境的稳定和调节代谢过程起重要作用。

中枢神经系统损伤可引起星形胶质细胞增殖,但在大多数情况下,星形胶质细胞增殖是有限的。大量的反应性星形胶质细胞增生见于脑部脓肿和肿瘤,增生的胶质细胞旨在隔离病灶或填充神经元溶解后形成的空洞。增生的星形胶质细胞呈纤维状,细胞的突起交织形成网络,即形成胶质瘢痕(astrocytic scar)。胶质瘢痕构成了一个松散的屏障,将损伤组织与邻近正常组织隔开,旨在恢复血-脑屏障,重建液体和电解质平衡。

中枢神经系统(CNS)损伤使初始星形胶质细胞(naive astrocytes)转化为反应性星形胶质细胞(reactive astrocyte),最终形成瘢痕形成性星形胶质细胞(scar-forming astrocyte),这种连续的表型改变被称为反应性星形胶质细胞增生。反应性星形胶质细胞增生增长期被认为是单向的和不可逆的,但 Hara(2017)等将从损伤脊髓分离出来的反应性星形胶质细胞移植到初始脊髓(naive spinal cord)后,它们可逆地转变为初始星形胶质细胞,而把这些细胞移植到损伤的脊髓中时,它们会形成胶质瘢痕,这表明反应性星形胶质细胞增生具有环境依赖性和可塑性。

(二)少突胶质细胞的变化

少突胶质细胞比星形胶质细胞体积小,突起也较少。少突胶质细胞的主要功能是在中枢神经系统中形成髓鞘结构,以维持和保护神经细胞的正常生理功能。此外,在神经纤维之间和血管周围也可见少突胶质细胞。

感染、急性中毒等情况可引起少突胶质细胞发生肿胀和变性。肿胀的细胞呈空泡状,核固缩,病因消除后可恢复正常。慢性损伤可导致少突胶质细胞增生,增生的细胞发生急性肿胀并可以融合。少突胶质细胞可包绕受损的神经元,形成卫星现象。

(三)小胶质细胞的变化

小胶质细胞是中枢神经系统中主要的免疫细胞,具有吞噬作用,参与固有免疫和获得性免疫,是最早对神经组织损伤做出应答的细胞。小胶质细胞对损伤的反应包括肥大、增生和吞噬作用。当神经组织发生损伤时,小胶质细胞迅速发生肥大,表现为细胞体积增大,胞浆肿胀,突起缩短,此时小胶质细胞处于活化状态。激活后的小胶质细胞可以分泌促炎因子及趋化因子,如 TNF-α、IL-1β 和 IL-6 等。小胶质细胞可吞噬坏死的神经元和髓鞘残骸。小胶质细胞或巨噬细胞包围并吞噬坏死的神经细胞的现象,称为噬神经细胞现象(neuronophagia)。小胶质细胞或巨噬细胞吞噬细胞碎片后,因神经元等富含脂类物质,细胞浆变大并会出现脂滴,在 H·E 染色中细胞浆呈空泡状,这种细胞称为格子细胞(gitter cell)。在病毒性中枢神经系统疾病中,小胶质细胞往往呈弥散性或局灶性增生,后者形成胶质结节。此时,增生细胞的胞核呈棒状或逗号状、浓染,H·E染色几乎看不到细胞质,称为杆状细胞 (rod cell)。

Wallerian Degeneration

In 1850 Dr. Augustus Volney Waller described the pattern of microscopic lesions (necrosis) in axons and myelin sheaths after transection. These changes became what we now refer to as *Wallerian degeneration*. Although Waller described this process in peripheral nerves, the term Wallerian degeneration is also used to describe necrosis that occurs in nerve fibers in the Central nervous system (CNS) after axons are injured (compressed or severed). Focal damage to a nerve fiber results in decreased or halted axonal transport, which manifests most prominently as segmental swellings in the axon called spheroids. Eventually the axon's myelin degenerates, forming areas of vacuolation into which macrophages infiltrate and digest the now necrotic axonal and myelin debris (forming *digestion chambers*). In the neuronal cell body of the damaged axon, lesions include swelling of the neuronal cell body, peripheral displacement of the nucleus, and dispersion of centrally located Nissl substance (*central chromatolysis*). It must be stressed that this is only one of several ways in which chromatolysis can develop. Chromatolytic neurons can also be found in a wide variety of neurologic diseases including viral infection and degenerative diseases like equine motor neuron disease. The development of Wallerian degeneration is directly related to the diameter of the axon, with a larger axon undergoing a faster rate of Wallerian degeneration.

第二节　脑　炎

一、化脓性脑炎

化脓性脑炎(suppurative encephalitis)是指细菌感染引起的脑组织中大量嗜中性粒细胞浸润,并伴有局部组织坏死和脓肿形成的炎症过程。

(一)发病原因

化脓性脑炎主要由细菌感染引起,如大肠杆菌、沙门氏菌、链球菌、嗜血杆菌、李斯特杆菌等。病原可通过直接扩散或血源性途径侵入脑组织。鼻腔或鼻窦感染、中耳或内耳感染以及细菌性骨髓炎等可直接扩散至脑组织。血源性感染常见于大肠杆菌、沙门氏菌引起的菌血症或败血症,如新生儿全身性菌血症通常可引起急性化脓性脑炎。由于大脑灰质和白质的分界处血液的流向和流量的改变,血源性途径引起的化脓性脑炎多发生于大脑灰质和白质的分界处。一些病原菌也可引起原发性化脓性脑炎,如链球菌、李斯特杆菌。李斯特杆菌经血液到达口腔黏膜后,可进入三叉神经的感觉和运动末梢,然后经由轴突直接进入中脑和白质,随机扩散到中枢神经系统的各个区域。

(二)病理变化

眼观软脑膜和大脑浅表血管扩张充血,脑组织有单个或多个化脓灶。脓汁的颜色取决于感染细菌的种类,如链球菌、金黄色葡萄球菌和棒状杆菌感染时脓汁呈浅黄色到黄色,肺炎链球菌感染时脓汁呈淡绿色,大肠杆菌感染时脓汁呈灰色,绿脓杆菌感染时脓汁为草绿色。

镜检可见神经元坏死,实质中有大量嗜中性粒细胞浸润,形成海绵状结构。如果感染途径为血源性途径,在小血管内可见蓝染的细菌性栓塞;也可见小胶质细胞增生与浸润,形成胶质结节。血管周围有嗜中性粒细胞和淋巴细胞浸润形成的血管套。化脓性脑炎往往伴有化脓性脑膜炎和化脓性室管膜炎。

李斯特杆菌是一种革兰氏阳性兼性厌氧的胞内寄生菌,对中枢神经系统的亲嗜性强,常造成家养动物感染。李斯特杆菌可通过三叉神经轴突直接传播到中脑和髓质中,然后感染脑干其他区域,也可进入小脑和脊髓颈段,所以病变主要发生于丘脑、脑桥、延脑、小脑和脊髓颈段。李斯特杆菌性脑炎一般无肉眼可见病变。镜检可见神经元坏死,巨噬细胞吞噬坏死的神经元形成格子细胞。胶质细胞增生形成胶质结节。实质中可见数量不等的中性粒细胞浸润,形成小化脓灶。血管充血,周围有中性粒细胞浸润形成的血管套。可见呈嗜酸性染色的肿胀的轴突,被巨噬细胞吞噬后,在原有位置处留下空白。

二、非化脓性脑炎

非化脓性脑炎(nonsuppurative encephalitis)主要由病毒或原虫感染引起。

非化脓性脑炎的病变特征是神经组织变性坏死、血管反应以及胶质细胞增生等。临床上常见的非化脓性脑炎多由病毒引起,如狂犬病、伪狂犬病、猪瘟、非洲猪瘟、猪传染性水泡病、捷申病、乙型脑炎、马传染性贫血、马脑炎、牛恶性卡他热、牛瘟、鸡新城疫、禽传染性脑脊炎等,所以也称作病毒性脑炎(viral encephalitis)。

镜检可见神经元变性、坏死和神经节神经炎。变性细胞有时出现中央染色质或周边染色质溶解现象。如果损伤严重,变性的神经细胞可发生坏死,形成脑软化灶。病变部位有不同程度的充血,血管周围有淋巴细胞围管性浸润,形成具有一层或更多层细胞的管套,浸润的淋巴细胞中含有数量不等的浆细胞和单核细胞,这些细胞主要来源于血液,但也可能是血管外膜细胞增生所形成的单核细胞或巨噬细胞。非化脓性脑炎的另一显著变化是胶质细胞增生,增生的胶质细胞以小胶质细胞为主,呈现弥漫性和局灶性增生,增生的胶质细胞可形成卫星现象和胶质小结。

除了上述共同性病变外,也存在病原特异性病理改变。比如,马流行性脑脊髓炎时,神经细胞内可见核内嗜酸性包涵体;猪瘟、鸡新城疫、牛恶性卡他热引起的全脑脊髓炎,病毒弥漫性地侵犯脑脊髓的灰质和白质,引起脑脊髓的灰白质炎;在猪凝血性脑脊髓炎时,病原可侵犯皮质下的基底神经节(纹状体)、丘脑、中脑、脑桥、延脑等脑干各部,从而引起脑干炎;在猪病毒性脑炎、马流行性脑脊髓炎、猪捷申病、绵羊脑脊髓炎等,病变主要在脑脊髓灰质,出现脑脊髓灰质炎。狂犬病、山羊关节炎脑炎等引起大脑和小脑的白质炎症,在狂犬病的脑神经细胞中可见胞浆内嗜酸性包涵体,即 Negri 小体。

三、嗜酸性粒细胞脑膜脑炎

食盐中毒（salt poisoning）也被称为钠离子中毒（sodium ion toxicosis）、缺水综合征（water deprivation syndrome），主要发生在猪和家禽，偶尔也发生在反刍动物、狗、马、非人灵长类动物和绵羊，主要因日粮或添加剂中氯化钠过量所引起，饮水不足可加剧疾病发生。最初出现食欲不振、脱水，随后出现靠墙呆立（heading pressing）、运动失调、失明、转圈、倒地抽搐四肢出现划水动作。

氯化钠毒性是由于过量摄入钠盐或严重脱水后补液（rehydration），导致高钠血症（hypernatremia）向正常渗透压或低钠血症（hyponatremia）快速转变所致。

大脑对于渗透压升高的反应分为两个时相。第一个时相为急性适应性反应（acute adaptive response）。高钠血症导致水分渗透性丢失，使大脑发生"收缩"。在渗透性失水后几分钟内，钠、钾和氯离子流入大脑而建立新的离子平衡，但单纯的代偿适应性反应不能对严重或长期的高钠血症进行有效代偿。第二个时相为延迟适应性反应（delayed adaptive response）。在这一过程中，脑内有机渗透调节物质（如某些氨基酸、多元醇和甲胺）流入或产生增多，以平衡高钠血症造成的渗透压失衡，这种反应需要数小时或数天才能建立起新的渗透平衡。在这一阶段，如果动物大量喝水，则会引起高钠血症向低钠血症急性转变。在几分钟之内，脑内钠离子、钾离子和氯离子即开始向血管系统中排出以对抗渗透失衡，但这种反应不能抵消大脑中有机渗透物质增加所引起的渗透压升高，水进入大脑，引起大脑肿胀。

眼观可见大脑和软脑膜（leptomeninge）充血、水肿，脑横切面上可见脑皮质层状坏死（laminar cortical necrosis）。镜检可见脑皮质神经元坏死、星形胶质细胞肿胀。猪食盐中毒时可见软脑膜及脑血管周围有嗜酸性粒细胞浸润（图 19-4），如果猪存活时间延长，还可见巨噬细胞浸润。但是，柔脑膜和血管周围嗜酸性粒细胞浸润并不是猪食盐中毒的特异性反应，多种原因引起的猪脑炎均可出现上述变化。如果上述病变与脑皮质层状坏死同时发生，则提示猪食盐中毒。反刍动物食盐中毒可见小动脉壁有中性粒细胞浸润，小脑浦肯野细胞坏死，基底核、丘脑和中脑水肿。

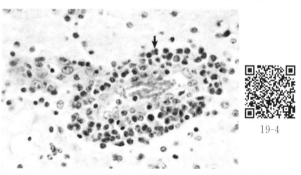

图 19-4　嗜酸性粒细胞脑膜脑炎，大脑皮层、灰质，猪

Note the accumulation of eosinophils（arrow）in the perivascular space. This response is characteristic of the lesions of hypo-osmotic edema caused by water deprivation or excessive consumption of sodium salts. The surrounding neuropil is edematous. H・E stain.

第三节　脑软化

脑软化（encephalomalacia）是指脑组织坏死后发生液化而变软。导致动物发生脑软化的原因众多,常见的病因有维生素缺乏、微生物感染以及缺氧等。

一、硫胺素导致的脑软化

(一)牛羊的脑灰质软化病

牛和羊的脑灰质软化病(polioencephalomalacia)又称作硫胺素缺乏症或大脑皮层坏死,是一种非传染性疾病,主要由维生素 B_1(硫胺素)缺乏所引起,见于牛和绵羊,山羊维生素 B_1 缺乏比较少见。

牛和羊的瘤胃微生物可以合成硫胺素,在幼龄期,由于产维生素 B_1 菌群尚未建立,可发生维生素 B_1 缺乏。但目前还没有确切的证据表明硫胺素缺乏是导致牛羊脑灰质软化的唯一原因。硫胺素缺乏引起脑灰质软化病的证据包括:①某些个体对维生素 B_1 治疗有效;②瘤胃维生素B_1 合成减少或产硫胺酶的微生物(如硫胺素芽孢杆菌)过度生长;③采食了含硫胺素酶的植物(如蕨类植物);④体内合成了无活性的维生素 B_1 类似物;⑤维生素 B_1 吸收减少或排泄增加;⑥亚硫酸盐裂解维生素 B_1。

大体病变主要局限于大脑皮层。在发病后第 2 天,可见脑回变平和脑沟狭窄(脑水肿所致)。在少数严重脑肿胀病例,小脑幕下的海马旁回(parahippocampal gyrus)和小脑蚓部向枕骨大孔挤压,导致脑变位(brain displacement)。发病后第 4 天,大脑皮层灰质变成黄色(图 19-5),在 365nm 波长紫外光下可见自发性荧光。发病后第 8～10 天,皮层中层和深层或灰质-白质界面因水肿而分离,并形成脑软化灶(图 19-6)。晚期病例可见脑回萎缩,灰质区变薄或消失。

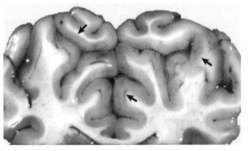

19-5

图 19-5　急性脑灰质软化病,大脑皮层,横断面,奶牛

Gyri are yellow and swollen (arrows). The cause of this yellow color is unknown but has been shown experimentally not to be caused by ceroid-lipofuscin pigments.

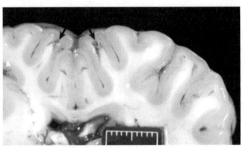

19-6

图 19-6　急性脑灰质软化病,硫胺素缺乏,脑,顶叶,丘脑,山羊

Note the liquefactive necrosis with varying degrees of tissue separation (arrows) in the deep cortex. Scale bar＝2 cm.

镜检,早期病变为大脑皮层层状坏死和星形胶质细胞肿胀,大脑皮层顶叶和枕叶的中层至深层神经元坏死最为明显(图 19-7A)。在早期或轻度病例中,病变可能仅仅局限于脑沟深部。4~5 天后,神经元坏死和水肿加重,早期有单核/巨噬细胞浸润,它们吞噬坏死细胞碎片后变为格子细胞。巨噬细胞和格子细胞最常见于血管周围和神经元周围以及蛛网膜下腔。8~10 天后,灰质-白质交界处因水肿而分离,其中有明显的巨噬细胞浸润(图 19-7B)。血管因内皮和外膜细胞增生、充血而变得明显。丘脑、中脑或下丘脑的病变呈双侧对称性。需要注意的是,多种代谢异常可引起皮层层状坏死。除硫胺素缺乏外,钠离子中毒和铅中毒也可导致反刍动物脑灰质软化和皮层坏死。

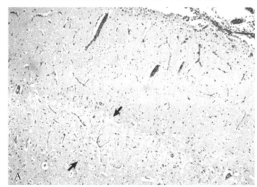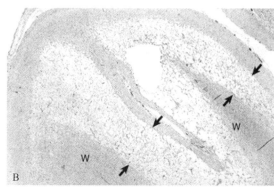

图 19-7　脑灰质软化,大脑皮层,横切,牛

A. Acute stage. Note the zone of edema and acute neuronal necrosis affecting lamina 4-6 (area between arrows) of the cerebral cortex. Monocytes can be seen in the pia-arachnoid layer and subarachnoid space (upper right) in response to neuronal injury and the need to phagocytose cellular debris. Monocytes will also rapidly appear in perivascular spaces of blood vessels in the area of laminar edema and neuronal necrosis. H・E stain. B. Chronic stage. Areas of microcavitation in the deep cortical laminae next to the subcortical white matter are poorly stained (area between arrows) when compared with those of the normal superficial cortex (left). W,White matter. H・E stain.

19-7

饲喂富含碳水化合物而含粗饲料不足的小牛(6~18 月龄)易于发生脑灰质软化,其机制与酸中毒引起的瘤胃微生物菌群失调有关。此外,饲喂糖蜜(molasses)和尿素类日粮,日粮中硫、硫酸盐和硫化物含量偏高以及钴缺乏等因素也可引起脑灰质软化症,其中一些原因与硫胺素缺乏症无关。在绵羊,大多数病例发生在 2~7 月龄,临床体征表现为抑郁、昏迷、共济失调、靠墙呆立、失明、麻痹,严重时有抽搐以及四肢划动等症状。

(二)肉食动物的硫胺素缺乏

肉食动物(如犬、猫等)本身不能合成硫胺素,必须从食物中获得。饲料中硫胺素缺乏,或某些消化系统疾病造成吸收不良,都可导致硫胺素缺乏。

发病动物主要表现为精神沉郁、麻痹,严重时出现痉挛、角弓反张等神经症状。病变呈双侧对称性发生,常累及脑干核团。大脑皮层和小脑也可受到影响,病变包括神经元变性、坏死,毛细血管扩张充血,偶尔可见出血。如病程较长,可见胶质细胞大量增生,并形成胶质瘢痕。

二、雏鸡脑软化症

雏鸡脑软化症是由微量元素硒和维生素 E 缺乏引起的一种营养代谢性疾病,主要发生于 2～5 周龄的雏鸡,在青年鸡和成年鸡也偶有发生。临床上表现为站立不稳、运动失调,头向后仰或向下挛缩,严重时出现角弓反张以及"观星"样姿势,甚至出现痉挛性抽搐,病鸡最后可因衰竭而死亡。

维生素 E 属于脂溶性维生素,具有抗氧化损伤的作用。硒参与构成体内多种酶,特别是谷胱甘肽过氧化物酶。硒可以增强维生素 E 的抗氧化作用,两者相辅相成,防止细胞氧化损伤。

雏鸡脑软化的病理变化主要出现在小脑、延髓和中脑。眼观,脑回肿胀而平坦,脑实质水肿,可见散在的软化灶,与周围组织界限明显。镜检,毛细血管扩张充血,局部可有脱髓鞘现象,神经元发生变性、坏死。

三、马脑白质软化

马脑白质软化(leucuoencephalomalacia)是霉玉米中的镰刀菌毒素引起的马属动物的一种中毒性疾病。镰刀菌毒素可损伤马的白质,造成白质溶解。镰刀菌毒素不仅可引起细胞膜脂质过氧化损伤,还可抑制大分子蛋白质和 DNA 合成。此外,镰刀菌毒素还可抑制神经酰胺合成酶的活性,干扰神经脂类物质合成。

病变主要发生于大脑半球前叶和顶叶,但脑干白质和小脑白质也可发生损伤。镜检可见脑回水肿、平坦,病变多为双侧性,但两侧严重程度不一;脑室及脊髓中央管内脑脊液增多;在大脑半球、丘脑、脑桥、四叠体及延脑白质中可见大小不一的软化灶,呈黄色或浅黄色,质地变软。镜检可见白质发生凝固或液化,神经元变性、坏死,并有中性粒细胞和巨噬细胞浸润,血管周围出现淋巴细胞性血管套。有的动物可在脊髓中出现类似病灶,但主要在灰质部位。

病畜表现精神沉郁、麻痹、站立不稳,或异常兴奋,直线前进,有时兴奋和沉郁交替出现,最终瘫痪,因衰竭而死亡。

四、羊局灶性对称性脑软化

羊局灶性对称性脑软化是由 D 型产气荚膜梭菌引起的肠源性毒血症,主要是由 D 型产气荚膜梭菌产生的 ε 毒素所致,可见于绵羊、山羊和牛,但一般只有绵羊表现出神经症状。多发生于 2～10 周龄的羔羊或 3～6 月龄的育肥羊。病羊出现运动障碍、共济失调、肌肉痉挛、四肢麻痹等神经症状。由于 ε 毒素可以与内皮细胞表面受体结合,导致血管通透性升高,形成血管源性水肿。

病变主要位于纹状体、丘脑、中脑、小脑和颈腰部脊髓的白质,最初可见形成两侧对称的软化灶,常伴有出血,时间较久则转变为灰黄色。另可见其他组织的病变,如肺充血水肿和心包积液等。镜检可见血管内皮细胞肿胀,神经元和胶质细胞变性、坏死,随着时间的延长,出现炎性细胞浸润和轴突肿胀等现象。偶尔可见血管淋巴套形成和液化性坏死。

第四节　神经炎

　　神经炎(neuritis)是指外周神经炎症,主要特征是外周神经纤维发生变性、坏死以及炎性细胞浸润。典型的症状包括疼痛、感觉迟钝、麻痹以及消瘦等。

　　引起神经炎的原因主要有机械性损伤、化学性刺激、放射性因素、病原感染、维生素 B_1 缺乏和维生素 B_{12} 缺乏等。根据发病的部位,可分为实质性神经炎和间质性神经炎两种。

一、实质性神经炎

　　实质性神经炎又称急性神经炎,以神经纤维发生变性、坏死和神经纤维间质有炎性细胞浸润为特征。如雏鸡维生素 B_1 缺乏时可引起多发性神经炎,病鸡在维生素 B_1 缺乏后几天内即可出现神经症状,出现角弓反张状,呈"观星"样姿势,因外周神经麻痹而不能站立和行走。眼观,神经纤维水肿变粗,呈灰黄色或灰红色。镜检可见神经轴突断裂或溶解,髓鞘脱失,神经纤维间质内有炎性细胞浸润,主要为巨噬细胞和淋巴细胞。在急性化脓性神经炎时,神经纤维呈灰黄色,纤维肿胀,湿润,质软。间质血管充血扩张,间质水肿,可见中性粒细胞浸润,中性粒细胞与坏死溶解的纤维及渗出液融合形成脓汁。

二、间质性神经炎

　　间质性神经炎又称慢性神经炎,可原发,也可由急性神经炎转化而来。在神经纤维变质的同时,间质中可见结缔组织增生及炎性细胞浸润。眼观,神经纤维肿胀变粗,呈灰白色或灰黄色,有时与周围组织发生粘连。镜检,轴突变性肿胀、断裂,髓鞘脱失或萎缩消失,神经膜内及周围有大量淋巴细胞、巨噬细胞浸润及成纤维细胞增生。随着时间的延长,可因结缔组织大量增生而引起神经纤维硬化。

(杨　杨、谭　勋)

第二十章

骨骼肌肉系统病理
Disorders of Musculoskeletal System

【Overview】The skeleton consists of bones and joints and their supporting structures and is responsible for supporting and protecting the body and enabling movements initiated by the nervous system and facilitated by muscles. The skeleton can be divided into the axial skeleton (head, vertebrae, ribs, and sternum) and the appendicular skeleton (thoracic and pelvic limbs). Cells directly involved with the structural integrity of bones include osteoblasts, osteocytes, and osteoclasts. Joints (articulations) join skeletal structures that are involved in movement, and in some cases have shock-absorbing functions. Skeletal muscle has many functions in the body. Some obvious and major functions are maintaining posture and enabling movement. In addition, muscles play a major role in whole body homeostasis and are involved in glucose metabolism and maintenance of body temperature. This chapter is aimed to the disorders of musculoskeletal system.

骨骼由骨和关节及支持结构组成,为身体提供支撑和保护,在神经和肌肉的协同作用下完成运动。骨骼可分为中轴骨(头部、脊椎、肋骨和胸骨)和附肢骨骼(胸部和骨盆肢体)。骨细胞、成骨细胞和破骨细胞直接参与维持骨结构的完整性。关节将骨骼系统连接起来,参与运动过程,并具有减震功能。骨骼肌在体内有许多功能,主要是保持姿势和参与运动(包括移动)。此外,肌肉在维持全身稳态中起主要作用,并参与糖代谢和维持体温。在纯粹的审美层面上,发达的肌肉有助于使身体轮廓变得更美。本章主要讨论骨骼肌肉系统的疾病。

第一节　骨骼病理

体内每块骨都由骨膜、骨质和骨髓构成,并有神经和血管分布。骨分为密质骨和松质骨。密质骨质地致密,由规则排列的骨板构成,构成长骨骨干(diaphysis)以及其他类型骨和骨骺的外层;松质骨由许多片状和杆状的骨小梁交织而成,呈海绵状,位于长骨骨骺及其他类型骨的内部。四肢长骨两端膨大,称为骨骺(epiphysis),由松质骨构成,骨骺的末端为透明软骨(articular cartilage),又称关节软骨。骨骺与骨干的连接部称为干骺端(metaphysis)。

幼年期,骨骺和干骺端之间有一层具有增殖能力的由软骨细胞构成的骺板(physis),又名生长板。到成年期,骺板骨化,长骨不再增长。骨膜由致密结缔组织构成,覆盖于骨的内外表面。长骨骨干中空部分为骨髓腔,骨髓填充于骨髓腔和松质骨的间隙内,分为红骨髓和黄骨髓。长骨的解剖结构见图 20-1。

　　骨的构成细胞有成骨细胞(osteoblasts)、骨细胞(osteocytes)和破骨细胞(osteoclasts)。成骨细胞由内外骨膜和骨髓中的间充质祖细胞分化而来,参与骨基质的形成、骨的钙化和骨的吸收;成骨细胞被骨基质包裹后转变为骨细胞。破骨细胞由单核/巨噬细胞融合而成,其作用是吸收钙化的骨基质。

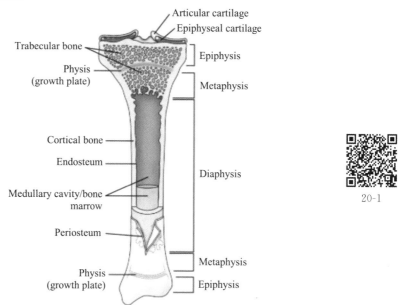

图 20-1　长骨(胫骨)纵切面示意图,示松质骨和密质骨及各部分的名称

一、骨营养不良

(一)纤维性骨营养不良

　　纤维性骨营养不良(fibrous osteodystrophy)又称为骨髓纤维化(myelofibrosis),是一种营养代谢性疾病,病理过程为骨组织弥散性或局灶性溶解吸收并由纤维组织取代。特征性病变是骨骼脱钙和软骨组织纤维性增生,从而造成骨骼体积增大、质地变软、弯曲变形、容易骨折,负重时疼痛。主要发生于马,亦见于山羊、牛、猪,有时也见于犬和猫。冬春发病率最高,夏秋发病率较低。

　　1.病因　引起本病的原因有原发性甲状旁腺功能亢进、继发性甲状旁腺功能亢进和假性甲状旁腺功能亢进(也称为恶性肿瘤性高钙血症)。

　　2.发病机制　主要因甲状旁腺功能亢进引起甲状旁腺素(parathyroid hormone,PTH)分泌增多而造成。原发性甲状旁腺功能亢进主要由甲状旁腺瘤引起,这种情况较少见;继发性甲状旁腺功能亢进主要因饲料中钙不足、磷过剩及维生素 D 缺乏,导致机体钙、磷代谢紊乱所引起。血清钙水平受 PTH、降钙素及 1,25-二羟维生素 D_3 的调节,血磷过高会导致血钙浓度下降,引起 PTH 分泌增多,过多的 PTH 可使破骨细胞和骨细胞的溶骨作用增强,结果造成骨骼脱钙。骨组织出现大量的多核破骨细胞和破骨细胞性巨细胞,薄片样骨组织消失,钙化组织被吸收后的间隙被纤维结缔组织增生而修复,发生纤维性骨营养不良。

　　3.病理变化　　眼观可见骨骼疏松、肿胀和变形,以头部肿大最为明显(图20-2)。特征性病理变化为上、下颌骨肿胀,上颌骨明显肿胀时可导致鼻道狭窄,引起呼吸困难;下颌骨肿胀时可导致下颌间隙变窄,齿冠变短。但猪发生该病时缺乏特征性头骨肿大。

　　镜下可见破骨性吸收显著增强,骨髓腔内的骨组织被破坏吸收并被新生的结缔组织取代。纤维组织增多呈漩涡状排列,外观似纤维瘤;哈氏管显著扩大,有的被结缔组织填充,管内血管充血出血,骨基质破坏溶解,并可见破骨细胞形成的陷窝性吸收;在骨质吸收和纤维化的同时也有新骨的生成,新生的骨组织呈海绵状,骨小梁发生骨化或部分骨化,小梁间充满纤维组织;骨外膜和骨内膜有大量纤维组织增生(图20-3)。

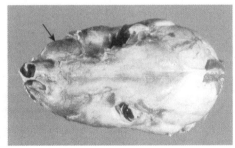

图 20-2　纤维性骨营养不良
Nutritional fibrous osteodystrophy. Note the swelling of the facial crest (*arrows*).

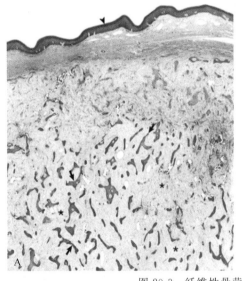
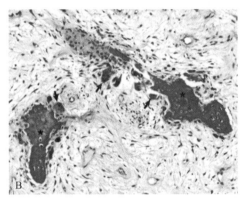

图 20-3　纤维性骨营养不良,上颌,单峰驼
A. Multiple small bony trabeculae (*arrows*) separated by loose fibrous connective tissue (*asterisks*) that fills marrow spaces. Oral mucosa (*arrowhead*) lines the upper surface of the tissue. B. Primitive new bone formation (*asterisks*) accompanied by numerous osteoclasts (*arrows*) within resorption/erosion lacunae and surrounded by loose fibrovascular connective tissue.

20-3

(二)佝偻病和骨软化症

　　骨质钙化障碍及其引起的骨骼畸形和骨折,在幼龄动物称为佝偻病(rickets),在成年动物则称为骨软化症(osteomalacia)。佝偻病的病变涉及骨和骨骺,而骨软化症的病变则仅局限于骨。患病动物可发生骨痛、病理性骨折和骨骼畸形,如脊柱后凸和脊柱侧凸。

1.发病机制　佝偻病和骨软化症的常见病因是维生素 D 和磷缺乏,也可由慢性肾病和氟中毒引起。日粮缺磷较为少见,但是,对于草食家畜而言,如果牧草缺磷,则可导致磷摄入不足。由于饲料中常常添加维生素 D,因而维生素 D 缺乏也不常见。此外,在肾功能正常的情况下,阳光照射可使动物有效合成维生素 D。除鸟类外,钙缺乏通常不会引起佝偻病,但在人类,尤其是婴幼儿,即使维生素 D 摄入充足,在钙摄入严重不足的情况下也可引发佝偻病。此外,钙缺乏也会加重维生素 D 缺乏性佝偻病的病情。引起这一现象的机制不清,有研究发现,饲喂高钙日粮可纠正维生素 D 受体敲除小鼠的佝偻病。

2.病理变化

(1)生长板(growth plate)的变化:在佝偻病发病过程中,由于软骨基质钙化和软骨内骨化(endochondral ossification)不良,可见生长板(骺板)呈弥漫性不规则增厚(图 20-4)。这种改变在肋骨和肋软骨交界处最为明显,可形成一串念珠状结节,这一病变具有诊断意义。镜检,生长板中的软骨细胞排列紊乱。由于钙吸收不足,佝偻病生长板不发生钙化。在哺乳动物,当软骨基质不能钙化时,伴随软骨细胞的血管就不会进入骨骺,软骨内骨化过程则难以进行。

20-4

图 20-4　实验性维生素 D 缺乏,胫骨,鸡

Left specimen: rachitic tibia; middle and right specimens: normal chicken and a chicken fed a vitamin D-deficient diet supplemented with calcitriol. The latter two specimens appear normal and are indistinguishable from each other. The growth plate in the rachitic bird is thickened. The *arrow heads* indicate the junction between the growth plate and the epiphyseal cartilage. The metaphysis has not undergone modeling ("cutback"). In the normal-appearing bones, notice the tapering of the metaphysis ("cutback" zone) and the thickness of the growth plate. In these normal chickens, the cleft (*arrows*) separating the growth plate from the epiphyseal cartilage is an artifact. There is no ossification center present in the epiphysis, which is normal for young broilers. H·E stain.

(2)松质骨(trabecular bone)的变化:由于佝偻病的干骺端不能有效重构(消减),导致形成火焰状不规则结构(图 20-4)。因为破骨细胞不能与未钙化的基质结合,导致钙化不良的基质不能被再吸收。镜检,佝偻病和骨软化症的松质骨表面有大量类骨质(未钙化的基质)。由于破骨细胞不能黏附或吸收类骨质,导致骨形成过程障碍。

(3)皮质骨(cortical bone)的变化:在通常情况下,皮质骨外观正常或因负重而变形。在严重病例,骨骼可变得非常柔软,用刀可轻易切开。镜检可见皮质内皮和松质骨表面有大量类骨质裂缝,这是由于破骨细胞不能与类骨质结合,导致骨骼重塑过程障碍,使得骨表面易于形成细小的裂纹。

(三)骨质疏松症

骨质疏松症(osteoporosis)是指因骨密度下降或骨的质量减轻而引起的骨折性疾病(图20-5)。在这种情况下,虽然骨的质量减轻,但钙化正常。如果只有骨质量减轻而没有临床症状(骨折),则称为骨质减少(osteopenia)。一旦有骨折发生,则称为骨质疏松症。老年性骨质疏松症除出现骨密度降低外,骨的更新率也减慢,导致骨骼形成较多细裂纹(仅在显微镜下可见),两种因素同时存在,使骨的脆性增加。生长期动物的骨质疏松是可逆的,而成年动物则不可逆。

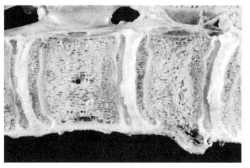

20-5

图 20-5　骨质疏松症,两个颈椎,矢状切面,马

Note the markedly thin cortices, particularly dorsally. The thickness of trabeculae also has been reduced, but this is difficult to appreciate grossly. The vertebra to the right has a compression fracture, causing shortening of the length of the vertebral body between the growth plates and fracture of the ventral cortex. The marrow has been flushed from the specimen in order to illustrate the bone changes.

1. 发病原因和机制　缺钙、饥饿、运动缺乏、性功能减退和长期使用糖皮质激素等因素均可引起骨质疏松。钙缺乏可引起低钙血症,继发 PTH 分泌增多,导致骨吸收增加。饥饿和营养不良导致蛋白质和矿物质缺乏,引起骨骼生长停滞。运动不足导致骨吸收增加和成骨作用减弱,形成失用性骨质疏松症。因肌肉麻痹或运动缺乏所引起的骨质丢失一般不会进行性发展,骨质能在低于正常的水平上维持稳定。妇女绝经后雌激素分泌减少,通常会形成骨质流失。有研究发现,常年发情动物(如大鼠、猪和灵长类动物)因卵巢萎缩或卵巢切除引起的骨质减少比季节性发情动物更明显。

尽管骨质疏松症时皮质骨和松质骨均有流失,但由于松质骨表面积大,松质骨流失比皮质骨流失更早发生。虽然皮质骨的厚度和密度对骨的强度起决定性作用,但在股骨颈、椎骨体和桡骨远端等部位的骨强度则由松质骨决定,因而这些部位最容易发生骨质疏松性骨折。

2. 病理变化

(1)生长板的变化:垂体功能障碍或营养不良引起的骨质疏松可出现生长板变薄,其他原因引起的骨质疏松则不会出现这种变化。

(2)松质骨(骨小梁)的变化:由于破骨性骨重吸收增强,导致骨小梁变薄,数量减少,并形成穿孔,骨小梁变得不连续。随着病程的发展,骨小梁(网状板)变小,空隙增宽,小梁互不相连,被骨髓腔隔开。由于骨小梁连续性丧失,小梁承重能力降低。

(3)皮质骨的变化:由于骨内膜表面上的破骨性重吸收增强,导致皮质骨变薄,骨髓腔相应扩大。由于皮质血管空隙和哈氏系统(Haversian system)内的破骨性重吸收增强和/或成骨作用降低,皮质中的孔隙数量增加。随着病程延长或严重程度增加(骨质减少),皮质骨变得更像松质骨(图 20-6),严重时可引起骨折。

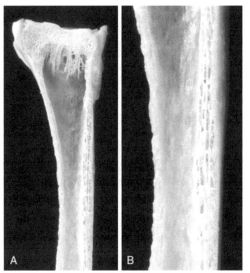

20-6

图 20-6　骨质减少,跖骨,绵羊

　　A. There is marked reduction in the number and length of metaphyseal trabeculae. B. The cranial cortex (*right*) is markedly porous (trabeculated), and the caudal cortex (*left*) is thin. The marrow has been flushed from the specimen.

(四)肾性骨营养不良

　　肾性骨营养不良是继发于慢性肾病的骨骼病变。在人,肾性骨营养不良包含骨软化症和纤维性骨营养不良,两者单独或同时发生,但以纤维性骨营养不良最常见。临床症状有骨痛(跛足)、掉牙、上颌骨或下颌骨畸形。

　　肾性骨营养不良发病机制复杂,受肾脏疾病的严重程度、性质以及维生素 D 的获得量的影响。发病的中心环节为肾小球功能丧失、磷酸盐无法排出、肾形成 1,25-二羟维生素 D(骨化三醇)不足和酸中毒。在慢性肾病中,肾小球滤过率下降,引起高磷血症,刺激 PTH 合成和分泌,引起破骨性骨重吸收作用增强。高磷血症还可抑制无活性的 25-羟维生素 D 发生羟基化,使 1,25-二羟维生素 D(骨化三醇)生成减少。由于血清骨化三醇含量降低,通过肠道吸收的钙减少,引起低钙血症。血清骨化三醇水平降低、低钙血症和高磷血症均被证明可促进 PTH 合成和分泌。如果血清 PTH 水平维持较高水平,则可引起纤维性骨营养不良。血清骨化三醇含量降低和尿毒症(酸中毒)引起的骨骼钙化障碍两种因素协同作用,导致骨软化症的发生。

二、骨的炎症性疾病

(一)干骺端骨病

　　干骺端骨病(metaphyseal osteopathy)也称为肥大性骨营养不良(hypertrophic osseous dystrophy),是一种主要发生于大型青年犬(3～6 月龄)的疾病,病变局限于长骨的干骺端,临床上表现为跛行、发热,长骨干骺端肿大(图 20-7)。早期病变为化脓性纤维素性骨髓炎,后期则形成骨膜反应(骨膜新骨形成)。病变以桡骨远端和尺骨最严重,而跖骨和腕骨远端通常不受影响。病情时好时坏,可持续数周至数月。如果能控制疼痛,大多数病例可完全康复。

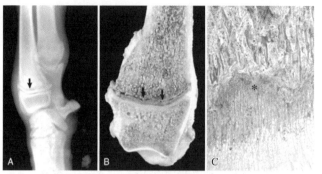

图 20-7　骨骺骨病,桡骨远端,犬

A. Radiograph. The radiolucent line in the metaphysis (*arrow*), parallel with growth plate, is characteristic of metaphyseal osteopathy. B. Grossly, this line appears to be a fracture (*arrows*) within the metaphysis. C. Histologically, this line is a hypercellular band (*asterisk*) of neutrophils between the primary and secondary trabeculae.

本病的病因和发病机制尚不清楚。虽然早期炎症反应明显,但尚未分离出病原。有报道犬白细胞黏附缺陷(canine leukocyte adhesion deficiency)可引起骨骺骨病。这些犬的中性粒细胞缺乏表面黏附分子 CD18,导致中心粒细胞不能边移(marginate)或外渗,也缺乏 CD18 介导的吞噬功能。病犬具有遗传缺陷,有些犬无临床症状,有些犬则发生严重、反复的感染。在这些犬中,有 75%～85% 的犬在 10～12 周龄时形成干骺端骨病,干细胞移植治疗有效。这些发现提示,干骺端骨病的发生可能与中性粒细胞在干骺端的软骨-骨质连接处(在相同的位置,青年动物易于发生骨髓炎)滞留导致自身炎症和坏死有关。

(二)全骨炎

全骨炎(panosteitis)也称为嗜酸性粒细胞全骨炎,但与病名不符,全骨炎既无炎症也无嗜酸性粒细胞浸润。疾病具有自限性,尸检时很少见到。本病发生于生长阶段(通常是大型)的犬,通常在 5～12 月龄时发生,德国牧羊犬较易感。临床症状为四肢疼痛、跛行。因为该疾病很容易发现并可自行消退,所以很少需要进行活组织检查和形态学研究。影像学检查可见骨干部分骨髓腔密度增加,一般起始于滋养孔附近,也可见骨膜密度增加,其机制与分化良好的编织骨和纤维组织的增殖有关。跛行的原因可能与髓腔和骨膜中编织骨增生压迫神经所致。

(三)骨炎

骨的炎症称为骨炎(osteitis),涉及骨膜的炎症称为骨膜炎(periostitis),涉及骨髓腔和骨髓的炎症称为骨髓炎(osteomyelitis)。

1. 发病原因　骨髓炎通常由细菌感染引起。血源性骨髓炎在新生马驹和食用动物中较常见,而在狗和猫中少见。引起血源性骨髓炎的细菌种类繁多,常见的有化脓隐秘菌(*Trueperella pyogenes*)、链球菌、金黄色葡萄球菌、沙门氏菌、大肠杆菌等。犬血源性骨髓炎通常由中间葡萄球菌(*Staphylococcus intermedius*)引起。真菌、病毒和原生动物也可引起骨炎。球孢子菌(*Coccidioides immitis*)和皮肤芽孢杆菌(*Blastomyces dermatitidis*)可随血液进入骨骼,引起化脓性肉芽肿性骨髓炎,并伴有骨溶解和不规则的新骨形成。猪瘟病毒和传染性犬肝炎病毒可引起血管内皮损伤,导致干骺端出血、坏死。犬瘟热病毒可损伤破骨细胞,导致干骺端重构障碍,形成生长迟缓晶格(growth retardation lattice)(图 20-8)。

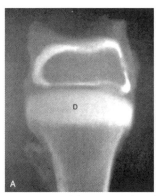
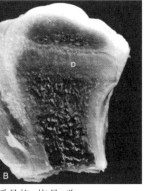

20-8

图 20-8　生长迟缓晶格，桡骨，狗

Radiograph（A）and longitudinal section（B）of a growth retardation lattice. The increased bone density（D）of the metaphysis represents failure of osteoclasts to resorb unnecessary primary trabeculae. In this case，the failure of osteoclastic resorption was caused by canine distemper virus infection of osteoclasts.

2.病理变化

（1）生长板的变化：骨骺软骨（骨骺软骨尚未发生软骨内骨化）和生长板软骨（physeal cartilage）可被邻近骨的炎症侵袭而发生病变。骨髓炎可影响软骨内骨化过程，导致软骨组织不能被骨组织取代，使生长软骨增厚。在生长阶段的动物，骨髓炎从关节-骨骺软骨复合体（articular-epiphyseal cartilage complex）的下骺软骨蔓延，引起关节软骨溶解，这种病变容易被误认为是原发性骨髓炎。

（2）松质骨的变化：干骺端骨髓炎通常为化脓性炎症，炎性渗出物可使髓内压力升高，引起血管受压，导致血栓形成，造成髓内脂肪、骨髓和骨发生梗死。炎症局部组织和炎性细胞释放前列腺素和细胞因子，刺激破骨细胞对骨的吸收增加。此外，炎性细胞释放的蛋白水解酶和炎症的酸性环境可激活基质金属蛋白酶，促进基质再吸收。

（3）皮质骨的变化：骨髓炎过程中皮质骨的变化因微生物的侵入途径不同和炎性渗出物的性质不同而有所不同。化脓性骨髓炎可引起骨溶解，外伤或骨髓炎离心性扩散可引起骨膜炎，慢性细菌性骨膜炎以炎性渗出物形成多个囊泡和皮质溶解为特征。骨髓炎可向邻近的骨扩散，或者通过血流途径向其他部位的骨和软组织扩散，甚至可引起病理性骨折。

三、骨肿瘤

骨肿瘤（bone tumor）的种类较多。在动物中，骨肿瘤在犬最为常见，且多为恶性肿瘤，马和牛的骨肿瘤多为良性。以下主要介绍骨瘤、骨肉瘤、软骨瘤和软骨肉瘤。

（一）骨瘤

骨瘤（osseous tumor）是起源于骨膜的一种良性肿瘤，常见于马和牛，多发于颌骨、颜骨、鼻窦和颅骨。多在动物幼龄时期发生，此后逐渐增大，成年后肿瘤体积停止增大。

眼观骨瘤外缘平整，呈扁圆形，附着于正常骨的表面，表面有结缔组织覆盖；肿瘤质地坚硬，切面由密质骨和松质骨组成。镜检，多数骨瘤外周由骨膜和一层不规则的断续骨板组成，内部有数量不等、排列紊乱、粗细长短不一的成熟板状骨小梁，小梁间为疏松结缔组织，偶见黄髓或红髓。

(二)骨肉瘤

骨肉瘤(osteogenic sarcoma)是犬最常见的原发性恶性肿瘤,约占犬全部骨肿瘤的80%。骨肉瘤起源于骨内间叶组织,可累及四肢骨和中轴的骨髓,主要发生于中老龄大型犬和巨型犬,好发部位为长骨的骺端;小型犬少发,发生部位为桡骨的下端和肱骨的上端;马、牛和绵羊的骨肉瘤常见,多发于头部。

眼观,骨肉瘤大多富含血管,易发生弥漫性出血;在瘤体中心可见大量瘤性骨质;成骨多的骨肉瘤呈浅黄色,质地坚硬;成骨少的骨肉瘤混有少量坚硬的骨质,质地柔软,呈灰白色或淡红色,常伴发出血、坏死和囊性病变;肿瘤无包膜,受侵害的骨组织常被完全破坏。

镜检,肉瘤性成骨细胞异型性明显,瘤细胞分布于小梁之间或位于小梁内;分化较好的瘤细胞为长梭形,体积比正常的成骨细胞大,核分裂象多;瘤性骨小梁由骨肉瘤细胞产生,形态不规则,无板层结构,H·E染色呈淡红色,染色不均匀,骨陷窝的大小和排列亦不规则,其中含有瘤细胞以及成熟或不成熟的软骨组织;瘤组织中常可见大小不一的血管或血窦,有出血灶和坏死灶。

(三)软骨瘤

软骨瘤(cartilaginous tumor)是一种良性肿瘤,主要成分为成熟的透明软骨,可分为内生性软骨瘤和骨膜软骨瘤。可见于犬、马、牛的肋软骨、剑状软骨、长骨骨端、气管软骨等处,其生长缓慢,可导致骨骼畸形。

眼观,瘤体大小不一,质地坚实,有包膜,多为球形;切面可见蓝白色的透明软骨,有时可见钙化或囊性变。镜检可见瘤组织为透明的软骨组织,被结缔组织分隔为大小不等的小叶,小叶周边富含血管,瘤细胞小而多,基质较少;小叶中央部分无血管,瘤细胞为大而成熟的软骨细胞;软骨基质丰富,可形成明显的软骨囊,其内含有数量不等的软骨细胞,细胞排列紊乱;瘤组织常发生钙化、变性坏死和黏液样变性。

(四)软骨肉瘤

软骨肉瘤(chondroma sarcomatosum)是起源于软骨组织的恶性肿瘤,分为骨髓性软骨肉瘤和骨外膜性软骨肉瘤。在动物中,软骨肉瘤多见于犬和绵羊,德国牧羊犬易发,患病年龄多在5~9岁之间,患病绵羊多为成年和老年母羊。好发部位为扁平骨(肋骨、胸骨、肩胛骨、盆骨、鼻骨),也可发生于长骨骺端。肿瘤生长缓慢。

瘤体外观呈灰白色或灰蓝色,具有透明软骨特点,常见黏液样变性、出血和坏死。软骨肉瘤的组织学变化差异较大,病灶可发生不同程度的钙化和黏液样变,或出现局灶性的软骨内骨化。分化良好的肉瘤组织与软骨瘤相似,瘤细胞胞核大小不一,核分裂象少见,基质浓厚均匀,可形成软骨囊,易钙化和骨化。分化较差的软骨肉瘤含有密集的瘤细胞,细胞异型性大,常见双核、多核瘤巨细胞,核分裂象多少不一,基质多少不等,常发生黏液样变。

第二节　关节病理

一、关节病

关节病是指发生于关节的非炎性疾病。

（一）退行性关节病

退行性关节病（degenerative joint disease）又称骨关节病（osteoarthritis，osteoarthrosis），以关节软骨肿大、变形、疼痛和功能障碍为特征。多发生于马、牛等大动物，好发部位为肩关节、腕关节和膝关节等。

1. 发病机制 退行性关节病的发病机制尚不完全清楚。在人，年龄是退行性关节病的首要风险因素，但两者之间并不存在必然关联。人的退行性关节病多数为原发病，而动物的退行性关节病可能与关节软骨创伤、滑膜炎、软骨下骨硬度增加以及关节构象（conformation）、关节稳定性和关节面吻合度的改变有关。软骨病可促进退行性关节病的发生。

2. 病理生理改变 退行性关节病中关节软骨的早期生化改变表现为蛋白多糖聚合物减少。在正常情况下，亲水的蛋白多糖聚合物与基质水结合，起着润滑关节的作用。在退行性关节病早期，基质水含量增多，导致关节肿大，但增多的水不能与蛋白多糖结合，不能发挥润滑作用。此外，病变早期中性蛋白多糖酶合成增多，导致蛋白多糖聚合物的核心蛋白降解，故引起蛋白多糖聚合物减少，干扰关节润滑。此外，由于蛋白多糖和水形成的水合凝胶减少（水合凝胶使胶原纤维保持分离），导致胶原纤维塌陷。电镜下可见覆盖在关节软骨表面的无定形层局灶性缺失和关节表面胶原纤维磨损。

（1）滑膜炎：退行性关节病过程中可出现轻度滑膜炎，主要是由软骨细胞和滑膜巨噬细胞释放的炎性介质所引起。

（2）关节软骨：关节软骨的病变通常因发生部位不同而有较大差别。在通常情况下，由于蛋白多糖丢失和含水量增加，关节软骨可变软（软骨软化）。发生在铰链式（hinge-type joint）关节的退行性变，通常在关节软骨中出现线性凹槽（图 20-9），在组织学上，凹槽中可见散在分布的坏死软骨细胞，伴有蛋白多糖丢失。凹槽的形成机制尚不明确，可能与关节面不能吻合有关。在粉碎性骨折等情况下，凹槽可发生在与骨折相对的关节表面上，可能与关节面的机械损伤有关。软骨磨损和浅表关节软骨损失后引起软骨软化（即糜烂早期），随着病变发展，糜烂变得更深（软骨变得更薄），径向排列的胶原纤维发生明显磨损，肉眼可见关节表面变得粗糙，不透明，软骨变为黄色或棕色。至病变后期，软骨缺失，可见钙化层和软骨下骨（溃疡）（图 20-10）。

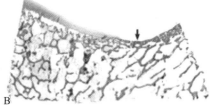

20-9

图 20-9 滑膜窝，关节，桡骨和尺骨，近端，成年马

A. Synovial fossae are depressions in the cartilage on the non-weight-bearing surfaces of the sagittal ridge of the radius and in the semilunar notch of the ulna (*arrows*). The parallel linear grooves apparent on the weight-bearing surface (articular cartilage) of the radius are the result of degenerative joint disease. B. Histologically, the surface of the synovial fossa is covered by a thin fibrous membrane (*arrow*) rather than articular cartilage. H·E stain.

（3）关节囊、滑膜、滑液：可见以滑膜绒毛肥大和增生为特征的滑膜炎，慢性滑膜炎时可见淋巴细胞、浆细胞和巨噬细胞浸润，但炎症的程度远较关节炎轻微。滑液不含炎性渗出物，无色透明，但黏滞度降低。由于关节不稳（joint instability）和细胞因子（如 TGF-β）的作用，关节囊发生纤维化,同时,由于骨赘形成和关节吻合度下降,后期出现关节僵硬和关节活动范围受限。

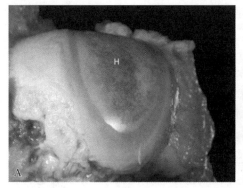
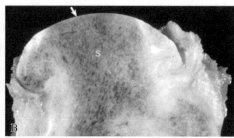

20-10

图 20-10　退行性骨关节病,

（A）肱骨头伴有骨质致密化,虎;（B）髋关节发育不良,股骨头伴有烧伤,狗

A. Extensive loss of articular cartilage with thickening（sclerosis）of subchondral bone（eburnation）such that the humeral head（H）in the affected area has become smooth and shiny. B. The femoral head viewed in a sagittal plane. The head is flattened and ulcerated. The ulcerated region appears darker（*arrow*）because of congestion of blood vessels in the marrow spaces of the subchondral bone（S）. The zone of attachment of the round ligament to the head of the femur has been destroyed.

（4）软骨下骨:在退行性关节病后期可出现软骨下骨硬化。早期病变表现为软骨下骨厚度轻度增加,这一变化可早于关节软骨的损伤。如果发生关节软骨溃烂且关节保持使用,暴露出来的软骨下骨则可形成光滑的抛光外观（即骨质象牙化）。软骨下骨边缘（关节周围）有骨赘形成,并伴有关节不稳。受机械力改变的影响,骨骺和干骺骨可发生明显的重构。由于关节腔内骨或纤维组织桥接引起关节融合,导致发生关节强直（ankylosis）（图 20-11）。退行性关节病后期也可出现软骨下骨囊肿。

20-11

图 20-11　强直性脊柱关节炎,椎间,公牛

The bony proliferation（ventrally）has bridged the intervertebral space between the adjacent vertebrae and caused fusion（ankylosis）of several joints. Periosteal new bone formation on the ventral and lateral periosteal surfaces of the vertebrae is called spondylosis and may result from mechanical instability or excess mechanical stress on the intervertebral joints.

（二）椎间盘退化

椎间盘退化（degeneration of intervertebral disks）是一种年龄相关性疾病,常见原因为骨代谢改变和机械损伤,这两种因素均可引起髓核（nucleus pulposus）中蛋白多糖聚合物损伤和纤维环(annulus fibrosus)退行性变。由于水分和蛋白多糖丢失、细胞成分减少、胶原蛋白合成增加,导致髓核和纤维环间的分界模糊。退化的椎间盘的中心部分呈黄褐色,由易碎的纤维软骨构成(图 20-12)。髓核结构的变化和纤维环退化导致纤维环出现同心圆状或放射状裂隙,髓核隆起或突出,形成髓核疝(herniation of the nucleus pulposus)。在动物中,髓核疝通常发生在纤维环的背侧,这可能是因为纤维环的背侧比腹侧更薄。人椎间盘退化时,椎间盘髓核组织突入椎体内,形成施莫尔结节(Schmorl's node),这种现象在动物中少见。

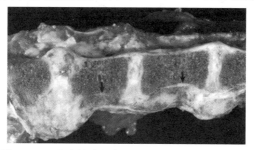

20-12

图 20-12　强直性脊柱侧凸和椎间盘疾病,腰椎,狗

The bony proliferation (ventrally) has bridged the intervertebral spaces between the adjacent vertebrae and caused fusion (ankylosis) of several joints; proliferative new bone is present ventral to the preexisting vertebral cortical surface (*arrows*). Intervertebral disks are discolored (mottled yellow-green) and exhibit variable dorsal protrusion into the spinal canal.

部分品种的犬(如腊肠犬)对软骨营养不良(chondrodystrophy)具有易感性,这类犬在出生后的第一年内,其髓核发生软骨样化生并发生钙化,导致椎间盘突出和纤维环完全断裂,并引起颈椎和胸腰椎等受力部位的椎间盘被挤压到椎管内(图 20-13)。

20-13

图 20-13　椎间盘疾病,退行性椎间盘,椎间盘突出,椎间关节,犬

The dorsal arches and spinal cord have been removed to demonstrate two sites in which there is dorsal extrusion of intervertebral disk material into the spinal canal.

老年性退行性椎间盘疾病见于犬、猪和马等动物。特征性病变为髓核进行性脱水和胶原化以及纤维环退化。病变发展缓慢,很少发生钙化。椎间盘突出主要继发于纤维环部分损伤,椎间盘背侧向椎管内凸出(盘汉森Ⅱ型症)(图 20-14),压迫脊髓或脊神经。因为每个椎间关节都是三关节复合体(椎间关节和两个小关节),当椎间盘因退化和脱水而变薄时,相邻的两个小关节面可发生重叠,引起关节不稳,导致退行性病变恶化,关节面扩大。由于小关节面的内侧面紧邻椎间孔,因而关节面扩大可压迫脊柱神经甚至椎管。椎间盘退变(通常在纤维环腹侧,导致腹侧纵韧带拉伸)和椎间关节不稳可导致椎骨腹侧(最常见)、侧面或背侧表面骨膜下新骨形成(椎关节病),并可导致相邻几个椎间关节发生融合(强直)。

20-14

图 20-14　椎间盘病和脊椎病,椎间关节,狗

Longitudinal section of thoracic vertebrae showing three adjacent intervertebral disks, all exhibiting varying degrees of degeneration and associated ventral spondylosis. The central intervertebral disk has extruded into the overlying spinal canal causing compression and hemorrhage of the spinal cord. A fractured spondylosis lesion is present ventrally and may have contributed to local instability.

二、感染性关节炎

新生动物菌血症通常可引起多发性关节炎。在幼龄动物,细菌性骨髓炎可通过干骺端皮质(这一部位皮质较薄且不完整)向关节蔓延,如果骨髓炎发生于骨骺部,则可直接引起关节软骨溶解。

各种病原微生物引起的关节炎的病变相似,以下按病变的时序性发展过程以及炎症性质进行阐述。

关节软骨的变化:关节软骨的变化取决于渗出物的性质和严重程度。在急性炎症,关节软骨的大体和显微结构正常;在亚急性化脓性或纤维素性关节炎可见软骨变薄,这是由于:①胶原基质被炎性渗出物中的酶和基质金属蛋白酶降解;②变性或坏死的软骨细胞不能被水合蛋白多糖取代。慢性化脓性关节炎以软骨糜烂和溃疡为特征,而慢性纤维素性关节炎以血管翳形成为特征。慢性感染性关节炎无急性渗出,软骨流失亦较轻微,这种类型的关节炎可由轻度的淋巴浆细胞性滑膜炎(lymphoplasmacytic synovitis)所引起。

关节囊、滑膜、滑液的变化:在急性化脓性和纤维性关节炎中,由于糖胺聚糖(glycosaminoglycans)发生酶解以及滑液被水肿液稀释,导致滑液黏滞度降低。在急性炎症中,滑液中含有大量炎性渗出物(图 20-15),但滑膜病变轻微,仅见轻微充血和水肿。

在亚急性化脓性和纤维性关节炎,关节腔中无炎性渗出物。滑膜中有浆细胞浸润,滑膜内层细胞有不同程度增生(图 20-16)。滑膜细胞增生是一种非特异性反应,可促进滑液的产生。在亚急性(和慢性)化脓性和纤维蛋白性关节炎中,滑膜中仅有少量中性粒细胞和纤维素渗出,而关节腔中则有大量中性粒细胞和纤维素渗出。

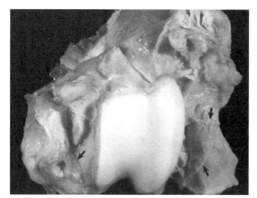

20-15

图 20-15　急性纤维素性关节炎，胫骨-跗骨关节，牛

The joint space is distended by layers of yellowish-brown fibrin that coat the synovial surface（*arrows*）of the joint capsule；articular cartilage is white and glistening.

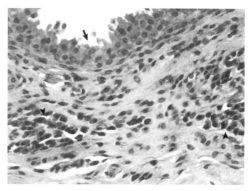

20-16

图 20-16　亚急性滑膜炎，关节囊，犬

There is marked synovial cell hyperplasia（*arrow*）and infiltration of lymphocytes and plasma cells into the synovial subintima（*arrow-heads*）.

在慢性化脓性关节炎中，滑膜可被肉芽组织和淋巴浆细胞取代，关节囊发生明显的纤维化。慢性纤维素性关节炎也可引起纤维化，导致关节活动受限。猪丹毒和支原体等引起的慢性纤维性关节炎通常伴有明显的绒毛增生、淋巴浆细胞性滑膜炎、骨膜下新骨形成和软骨进行性破坏。严重的慢性纤维素性关节炎和慢性化脓性关节炎可引起纤维性关节强直。

软骨下骨：软骨下骨的病变仅发生于感染性关节炎。在慢性化脓性关节炎中，炎性渗出物可侵蚀软骨表面并延伸到软骨下骨板中。如果存在长时间的跛行，软骨下骨可出现失用性萎缩并发生骨质流失。

（一）细菌性关节炎

许多细菌会引起关节炎。一般而言，革兰氏阴性菌常引起纤维性炎症，革兰氏阳性菌感染的早期主要以纤维素性物质渗出为主，随后转变为化脓性炎，但猪丹毒杆菌（革兰氏阳性菌）只引起纤维素性关节炎。化脓隐秘杆菌（*Trueperella*）可引起牛和猪化脓性关节炎。大肠杆菌和链球菌感染引起新生小牛和仔猪发生败血症，并引起关节炎和脑膜炎，最初为急性浆液-纤维素性炎症，后期转变为化脓性炎。副猪嗜血杆菌可引起 8～16 周龄猪发生纤维素性浆膜炎、多发性关节炎和脑膜炎。睡眠嗜组织菌（*Histophilus somni*）可引起血栓性脑膜脑炎和浆液-纤维素性多关节炎。伯氏疏螺旋体（*Borrelia burgdorferi*）感染［莱姆病（Lyme disease）］可引起狗、牛和马发生纤维素性化脓性关节炎，持续感染则可形成血管翳（pannus）和慢性化脓性炎症。

（二）支原体性关节炎

支原体（*Mycoplasma*）引起的关节炎类似于细菌引起的纤维素性关节炎，病原可通过血行途径造成多个关节感染。猪鼻支原体（*Mycoplasma hyorhinis*）可引起断奶仔猪发生纤维素性关节炎和多浆膜炎。猪滑液支原体(*Mycoplasma hyosynoviae*)引起 3 月龄以上的猪发生纤维素性关节炎。牛支原体(*Mycoplasma hyosynoviae*)可引起牛多个关节发生纤维素性炎或化脓性肉芽肿,临床以跛行和滑膜关节肿胀为特征。发生支原体肺炎或乳腺炎时,牛支原体可通过血行途径进入关节,从而引发关节炎。

(三)病毒性关节炎

呼肠孤病毒(reovirus)可引起鸡发生病毒性关节炎。山羊关节炎-脑炎(caprine arthritis-encephalitis)病毒可引起老龄山羊发生慢性纤维素性关节炎,临床特征为跛行、关节囊积液和较大关节肿胀。慢性病例可出现淋巴浆细胞性滑膜炎、滑膜绒毛肥大/增生和血管翳。慢性病例的另一特征性病变是滑膜绒毛坏死和钙化,导致滑膜呈白垩色外观。除山羊外,尚未发现其他哺乳动物发生病毒性关节炎。

(四)鸡病毒性关节炎

鸡病毒性关节炎(viral arthritis)是由呼肠孤病毒引起的以足部关节肿胀、腱鞘炎、肌腱肿胀为特征的传染病。病鸡表现为关节肿胀、发炎,跛行或不愿走动。剖检可见患鸡跗关节周围肿胀,滑膜充血或有点状出血,关节腔内含有淡黄色或血样渗出物。慢性病例可见关节腔内渗出物减少,有脓样、干酪样渗出物;腱鞘硬化和粘连,跗关节远端关节软骨被破坏,关节表面纤维软骨膜过度增生。

三、非感染性关节炎

(一)晶体沉积病

晶体沉积病(crystal deposition disease)是指尿酸盐、磷酸钙和焦磷酸钙等矿物质沉积于关节软骨和/或关节的软组织中。某些非人灵长类动物、鸟类和爬行动物缺乏将尿酸氧化成尿素的尿酸酶(uricase),血液中尿酸含量较高。当尿酸盐晶体沉积在关节内或关节周围时,可引起滑膜炎,并继发关节软骨退行性变,这种情况称为痛风(gout)。眼观,尿酸盐(称为痛风石)为白色干酪样物,在局部引起肉芽肿性炎症。在幼犬中发现钙、磷以焦磷酸钙(以前称为假性痛风)或磷酸钙的形式沉积于滑膜软组织、关节囊及邻近韧带,引起单个或多个关节发病,但机制尚不清楚。关节内晶体沉积是晶体沉积病最常见的形式,通常缺乏临床症状。在赛狗的肩胛关节、马的掌和跖趾关节等部位(机械作用力高)可发现焦磷酸钙沉积,焦磷酸钙沉积于软骨细胞周围,形成肉眼可见的白色砂砾状病灶。这种类型晶体沉积的意义尚不清楚,可能与退行性关节病的发生发展有关。

(二)类风湿性关节炎

类风湿性关节炎(rheumatoid arthritis)是一种非感染性、慢性、糜烂性关节炎,是一种免疫介导性疾病。除炎症反应外,类风湿性关节炎的特征是血管翳形成,血管翳中的成纤维细胞可以酶解软骨,并作为滑膜液和软骨之间的物理屏障,阻止营养物质向软骨细胞输送。犬的类风湿性关节炎的临床特征是出现进行性跛行,主要累及四肢远端关节。

第三节　骨骼肌病理

骨骼肌疾病可由多种因素引起(表 20-1)。骨骼肌疾病大多由营养因素或肌肉毒素引起,其他因素包括遗传性因素、缺血、感染、激素分泌异常、电解质异常、创伤和外周神经疾病等。犬的肌肉疾病通常与变态反应有关。

表 20-1　肌肉疾病分类

分类 Classification	疾病的原因或类型 Cause or Type of Disorder
退行性 Degenerative	缺血性(Ischemia)
	营养性(Nutritional)
	中毒性(Toxic)
	劳力性(Exertional)
	创伤性(Traumatic)
炎症性 Inflammatiory	细菌性(Bacterial)
	病毒性(Viral)
	寄生虫性(Parasitic)
	免疫介导性(Immune-mediated)
先天性/遗传性 Congenital and/or inherited	解剖学结构缺陷(Anatomic defects)
	肌肉萎缩(Anatomic defects)
	先天性肌病(Congenital myopathy)
	肌肉强直(Myotonia)
	代谢性(Metabolic)
	恶性高热(Malignant hyperthermia)
内分泌 Endocrine	甲状腺功能减退(Hypothyroidism)
	皮质醇增多症(Hypercortisolism)
电解质 Electrolyte	低钾血症(Hypokalemia)
	高钠血症(Hypernatremia)
	其他电解质平衡紊乱(Other electrolyte imbalances)
神经性 Neuropathic	外周神经病变(Peripheral neuropathy)
	运动神经元病变(Motor neuronopathy)
神经-肌肉接头疾病 Neuromuscular junction disorders	重症肌无力(Myasthenia gravis)
	肉毒素中毒(Botulism)
	蜱性麻痹(Tick paralysis)
肿瘤性 Neoplasia	原发性肿瘤(Primary tumors)
	继发性肿瘤(Secondary tumors)
	转移性肿瘤(Metastatic tumors)

一、退行性变

肌肉的退行性变是指非炎性疾病引起的肌纤维节段性或整体性坏死。

（一）血液循环障碍

骨骼肌具有丰富的血管吻合支，通常只有在大动脉栓塞或广泛的血管损伤才可能发生骨骼肌坏死。猫和马容易发生大动脉栓塞，引起栓塞的原因包括大动脉阻塞、外力压迫、筋膜间隙综合征（compartment syndrome）以及血管炎。

肌肉组织中不同细胞对缺氧的敏感性不同，肌纤维最敏感，卫星细胞次之，成纤维细胞最不敏感。因此，发生栓塞时肌纤维最先发生梗死，梗死灶的大小取决于被阻塞血管的大小和栓塞持续的时间。毛细血管阻塞通常不会引起严重的缺血，但也可能导致多灶性和节段性肌纤维坏死；如果缺血持续的时间较长，则可出现肌纤维坏死和再生的多向反应。较大的动脉发生阻塞时，其所支配的肌纤维可完全坏死，最后通过纤维结缔组织修复。缺血还可引起周围神经损伤和神经病变，导致肌纤维萎缩。

长期躺卧（疾病或瘫痪）可引起肌肉坏死，其发生机制与下列一种或几种因素的同时作用有关：①大动脉受压，血流减少；②当动物运动或被驱赶时，作用于血管的压力突然减轻，再灌注损伤（reperfusion injury）引起大量钙离子流入肌纤维；③肌肉内压力升高引起筋膜间隙综合征。在马、牛、猪和大型犬，躺卧引起的局部肌肉坏死较为常见。在奶牛，俯卧可导致胸肌、前肢或后肢肌肉缺血。怀有双胞胎或三胞胎的母羊可发生腹内斜肌缺血性坏死，可导致肌肉断裂。石膏或绷带结扎过紧也会压迫肌肉而引起缺血，肌肉坏死的程度和再生能力取决于缺血时间的长短。马的麻醉后肌病（postanesthetic myopathy）是一种单相发展的、多灶性肌肉坏死。在长期卧病的牛，肌肉坏死呈多灶性或弥漫性（图 20-17）。

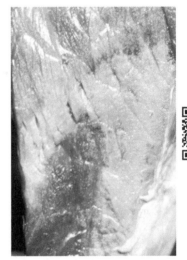

20-17

图 20-17　缺血性坏死，牛躺卧不起综合征，胸肌

Increased intramuscular pressure during prolonged periods of recumbency has resulted in localized muscle pallor (lighter-colored areas of muscle) from myofiber necrosis secondary to decreased blood flow caused by compression of arteries.

筋膜间隙综合征是指被筋膜包裹的肌肉由于肌肉内压力升高（如躺卧）而发生坏死。全身麻醉后躺卧可引起马的臀肌或侧臂三头肌发生筋膜间隙综合征。此外，劳力性横纹肌溶解症（exertional rhabdomyolysis）可引起臀肌、硒缺乏可引起颞肌和咬肌发生筋膜间隔综合征。患有咀嚼性肌炎（masticatory myositis）的狗，其颞肌和咬肌中也可发生筋膜间隙综合征。

一些血管损伤性疾病，如马链球菌引起的免疫介导性出血性紫癜、猪丹毒、绵羊蓝舌病等，可伴有肌纤维坏死。梭菌产生的外毒素可引起肌炎和严重的局部血管损伤，导致出血和肌纤维坏死。

（二）营养缺乏

营养性肌病（nutritional myopathy）是牛、马、绵羊和山羊的常见疾病（表 20-2）。硒和维生素 E 缺乏是引起营养性肌病的常见原因，其中又以硒缺最为常见。硒是谷胱甘肽过氧化物酶系统的重要组成部分，可保护肌纤维免受氧化损伤。横纹肌（骨骼肌和心肌）对氧的需求高,对缺硒造成的氧化损伤特别敏感。由于新生动物体内的硒主要来源于妊娠期积累的硒,因此,新生动物最容易缺硒。硒缺乏引起肌肉坏死后,肌肉颜色变得苍白(图20-18),因而又称为白肌病(white muscle disease)。

(三)中毒

牲畜很容易因摄入有毒植物而引起退行性肌病(表20-2),如决明子、泽兰属植物、复叶槭种子和棉籽饼中的棉酚等。临床上因虚弱而卧地不起,血清中肌酶浓度呈中度至重度升高。大体和组织学病变为单相或多相的多灶性肌肉坏死。诊断时可对牧草、饲料或胃内容物进行毒物鉴定,也可检测胃内容物或肝中的有毒化合物。

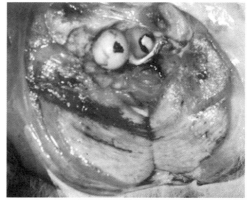

图20-18 营养性肌病(白肌病),骨骼肌,大腿尾部的骨骼肌,横切面切面,牛

In this early stage, affected muscles have yellow and white streaks, often in a patchy distribution. These streaks are areas of necrotic myofibers. Later as the necrotic myofibers calcify, white streaks (chalky texture, mineralization) are visible grossly.

表20-2 营养性和中毒性肌病

疾病 Disorder	发生动物 Species Affected	原因 Cause
营养性疾病 Nutritional myopathy	马、牛、绵羊、山羊、骆驼、猪 Horses,cattle,sheep,goats,camelids,pigs	Selenium or(less commonly) vitamin E deficiency
离子载体毒性 Ionophore toxicity	马、牛、绵羊、山羊、猪 Horses,cattle,sheep,goats,pigs	Monensin,other ionophores used as feed additives
植物毒性 Plant toxicity	马、牛、绵羊、山羊、骆驼、猪 Horses,cattle,sheep,goats,camelids,pigs	*Cassia occidentalis*,other toxic plants; gossypol in cottonseed products

在反刍动物饲料中常添加促生长抗生素(如莫能菌素、拉沙菌素、马杜霉素和那拉菌素),这些抗生素为离子载体,可与Ca^{2+}等阳离子形成可逆的脂溶性复合物,将阳离子逆离子浓度差输送入细胞内,破坏细胞内外离子平衡,对神经、心和骨骼肌的兴奋性起抑制作用。大多数反刍动物对低浓度的离子载体有一定的耐受性,但高浓度的离子载体则会产生明显的细胞毒性,导致钙超载(calcium overload)而引起骨骼肌和心肌坏死。临床上莫能菌素中毒较为常见。莫能菌素对牛的半数致死量(LD_{50})为$50\sim80mg/kg$体重,对绵羊和山羊的LD_{50}为$12\sim24mg/kg$体重。马对莫能菌素非常敏感,LD_{50}仅为$2\sim3mg/kg$体重。

(四)劳力性肌病

劳力性肌病(exertional myopathies)是指因肌肉过度劳累而发生大面积坏死,通常发生在预先患有硒缺乏、肌肉营养不良(muscular dystrophy)、严重的电解质耗竭或糖原贮积病的动物。劳力性肌病在捕捉和约束野生动物过程中也比较常见,故又称为捕捉性肌病(capture myopathy)。马的劳力性肌病也称为劳力性横纹肌溶解症(exertional rhabdomyolysis)、氮尿症(azoturia,setfast)、黑尿病(blackwater)、星期一早晨病或捆绑症(图20-19)。赛车雪橇犬和灵缇犬也可发生劳力性肌病,但机制尚不清楚。

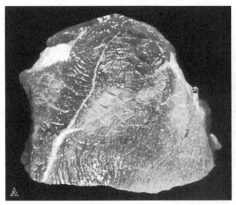
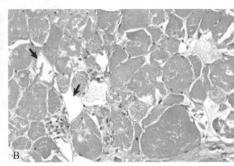

20-19

图 20-19　急性横纹肌溶解，骨骼肌，马

A. Affected muscles may be pale pink or diffusely red-tinged, which can be mistaken for autolysis. Multifocal pale zones may also be present. B. Segmental myofiber necrosis, semitendinosus muscle, transverse section. Most of the myocytes are necrotic and at the stage of coagulation necrosis. In a few myofibers, necrosis is at a later stage and the necrotic sarcoplasm has lysed, leaving empty sarcolemmal tubes (*arrows*). A couple of necrotic myofibers are at an even later stage and contain a small number of macrophages.

（五）创伤

创伤包括挤压伤、撕裂伤、过度拉伸或运动引起的撕裂、烧伤、枪伤、箭伤以及注射引起的损伤。在狗和猫，腹内压突然升高（如撞击）可引起膈肌破裂。在马，跌倒可使腹内压升高而引起膈肌损伤。筋膜鞘撕裂也可导致膈肌破裂，在膈肌收缩时形成疝。过劳可引起灵缇犬背最长肌、股四头肌、股二头肌、股薄肌、肱三头肌和腓肠肌形成自发性肌肉断裂。在马，过劳可引起腓肠肌断裂。牛在光滑的地板上打滑可引起后肢的内收肌撕裂。

骨化性肌炎（myositis ossificans）和肌腱膜纤维瘤（musculoaponeurotic fibromatosis）是由创伤引起的两种罕见的肌肉疾病。骨化性肌炎通常仅局限于单块肌肉，在马、狗和人都有发生，病变本质是纤维化和骨化生。病变中央区为增殖的未分化细胞和成纤维细胞，中间层含有类骨质和未成熟的骨组织，最外层为松质骨。病变可引起疼痛和跛行，通常需采用手术切除治疗。进行性纤维发育不良性骨化症（fibrodysplasia ossificans progressiva）是猫的一种结缔组织病，通常被不恰当地称为骨化性肌炎（myositis ossificans）。肌腱膜纤维瘤是一种进行性肌肉内纤维瘤，也称为硬纤维瘤（desmoid tumor），但并不是真正的肿瘤，其病变特征为肌内纤维化和肌纤维萎缩。到目前为止，肌腱膜纤维瘤仅在马和人类有报道，虽然病变早期进行手术切除治疗有效，但在大多数情况下，由于大量肌肉受累而无法进行手术切除。

二、炎症性肌病（肌炎）

肌炎（myositis）是指肌纤维损伤是由炎性细胞直接造成的，而且炎症只作用在肌纤维，对基质无影响。临床上应注意区分真性肌炎和其他肌肉疾病引起的继发性炎症反应。比如，马的运动性和营养性肌病属于退行性肌病，而不是炎症性肌病。严重的急性坏死性肌病常伴有一定程度的淋巴细胞、浆细胞、中性粒细胞和嗜酸性粒细胞浸润，这是由于受损肌纤维释放的细胞因子可招募多种炎性细胞，但这些细胞不是造成肌纤维损伤的直接原因。引起炎症性肌炎的原因如下：

(一)细菌感染

在家养动物中,细菌感染引起的肌炎较常见。细菌可引起化脓和坏死性、化脓和纤维素性、出血性或肉芽肿性炎(表 20-3)。细菌感染可以通过伤口或血行途径引起肌炎,邻近的蜂窝织炎、筋膜炎、肌腱炎、关节炎或骨髓炎也可蔓延至肌肉,引起肌炎。

表 20-3　细菌引起的肌炎和神经-肌肉接头疾病

感染因素 Infectious Agent	感染动物 Species Affected
Clostridium spp. causing myositis(e. g. , *Cl. septicum*, *Cl. chauvoei*, *Cl. sordellii*, *Cl. novyi*)	Horses,cattle,sheep,goats, pigs
Clostridium botulinum causing neuromuscular junction disease	Horses,cattle,sheep,goats, dogs
Pyogenic bacteria causing myositis(e. g. , *Trueperella*[*Arcanobacterium*] *pyogenes*,*Corynebacterium pseudotuberculosis*)	Horses,cattle,sheep,goats, pigs,cats
Bacteria causing fibrosing and granulomatous myositis(e. g. , *Actinomyces bovis*,*Actinobacillus lignieresii*)	Cattle,sheep,goats,pigs

各种梭状芽孢杆菌,如产气荚膜梭菌、气肿疽梭菌、腐败梭菌和诺维氏梭状芽孢杆菌都能产生毒素,破坏肌纤维和肌内血管系统,导致出血性坏死。梭菌性肌炎常见于牛和马。在马,梭状芽孢杆菌性肌炎也被称为气性坏疽(gas gangrene)或恶性水肿(malignant edema),在牛则被称为黑腿病(blackleg)(图 20-20)。

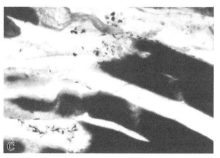

20-20

图 20-20　黑腿病,出血性-坏死肌炎(气肿疽梭菌),大腿肌肉,牛

A. The dark red areas are caused by hemorrhagic necrosis of the affected muscle. These lesions are characteristic of blackleg. B. *Clostridium chauvoei* can also produce substantial quantities of gas within infected tissues as shown here by the numerous ("pseudocystic") spaces within hemorrhagic and necrotic muscle. C. Gram-positive bacilli (*blue-stained rods*) are present in the affected tissue. Formalin fixation, Gram stain.

化脓菌感染通常导致局部化脓和肌纤维坏死,并形成脓肿。在某些情况下,感染可沿筋膜面传播。兽疫链球菌(马)、化脓隐秘杆菌(牛、羊)和假结核棒状杆菌(马、羊和山羊)是引起肌肉脓肿的常见原因。猫被其他猫咬伤后可形成蜂窝织炎(病原通常为多杀性巴氏杆菌),可扩散到邻近的肌肉而引起肌炎。牛分枝杆菌可引起牛和猪发生局灶性或多灶性肉芽肿性肌炎。林氏放线杆菌(木舌)或牛放线菌(大颌病)感染可引起牛的舌肌形成慢性纤维性结节性肌炎。金黄色葡萄球菌也可引起类似的病变,在马和猪较常见。放线杆菌病、放线菌病和葡萄球菌病可引起肌肉脓肿,病灶中心可见无定形嗜酸性棒状体在细菌和中性粒细胞周围呈放射状排列(Splendore-Hoeppli 反应),也可出现巨噬细胞与中性粒细胞(脓肿性炎症)相混合的现象。

(二)病毒感染

在兽医上,病毒性肌炎较少见。病毒性肌炎可能出现大体病变(有不明显的病灶或条纹),也可能无大体病变。病毒性肌炎可继发于血管炎引起的血管栓塞(如绵羊蓝舌病),也可由病毒对肌纤维的直接作用而引起。

(三)寄生虫感染

骨骼肌寄生虫感染较多见(表 20-4),如犬新孢子虫(*Neospora caninum*)、美洲肝簇虫(*Hepatozoon americanum*)和克氏锥虫(*Trypanosoma cruzi*)以及猪的旋毛虫病等。

表 20-4 寄生虫性肌病

感染因素 Infectious agent	类型 Type of agent	感染动物 Species affected
住肉孢子虫属 *Sarcocystis* spp.	原虫 Protozoan	Horses, cattle, sheep, goats, camelids, pigs
旋毛虫属 *Trichinella spiralis*	线虫 Nematode	Pigs
新孢子虫 *Neospora caninum*	原虫 Protozoan	Dogs, fetal cattle
克氏锥虫 *Trypanosoma cruzi*	原虫 Protozoan	Dogs
猪囊尾蚴属 *Cysticercus* spp.	绦虫(幼虫形态) Cestode(larval form)	Cattle, sheep, goats, pigs
线虫幼虫行移症 Nematode larval migrans	线虫 Nematode	Dogs
美洲肝簇虫 *Hepatozoon americanum*	原虫 Protozoan	Dogs

住肉孢子虫属(*Sarcocystis* spp.)引起的肌内囊肿是临床上常见的一种寄生虫病。鸟类、爬行动物、啮齿动物、猪和草食动物为住肉孢子虫的中间宿主,卵囊被中间宿主摄入后释放孢子,穿过肠壁进入血管,通过血源性途径散播并入侵肌肉等组织。这种寄生虫很少引起临床症状。住肉孢子虫感染最常见于马、牛和小反刍兽,偶尔也见于猫。因为住肉孢子虫在细胞内感染,不能引发宿主的防御反应,所以缺乏炎症反应(图 20-21)。

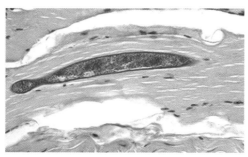

20-21

图 20-21　住肉孢子虫病，骨骼肌，纵切面，牛

The horizontally elongate encysted intramyofiber protozoan(dark purple structure) is characteristic of *Sarcocystis* spp. There is no associated inflammation. These parasites are common in the muscles of many species of domestic animals and are usually an incidental finding.

（四）免疫介导性肌炎

免疫介导性肌炎(immune-mediated myositis)以间质和血管周围淋巴细胞浸润为特征，也常见肌内淋巴细胞浸润(图 20-22)，主要发生于犬，偶见于猫和马。肌肉损伤由细胞毒性 T 淋巴细胞引起。犬的免疫介导性肌炎通常发生于特定的肌肉内，可能是因为这些肌肉中有特殊类型的肌球蛋白(表 20-5)。获得性重症肌无力(acquired myasthenia gravis)也是一种免疫介导性疾病，但其发生机制是神经-肌肉接头损伤，而不是肌纤维损伤。猫免疫缺陷病毒(feline immunodeficiency virus)可引起猫免疫介导性肌炎。在马，马链球菌或马流感病毒感染可引起与免疫介导性肌炎相似的病变，在间质和血管周围可见淋巴细胞浸润，但没有明显的肌纤维损伤，这一点与免疫介导性肌炎不同。马免疫介导性血管炎可引起肌肉损伤，被称为出血性紫癜(purpura hemorrhagica)。马链球菌和其他细菌(如假结核棒状杆菌)也可引起出血性紫癜。

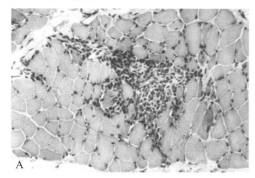

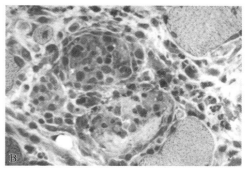

图 20-22　免疫介导性肌炎，犬多发性肌炎，骨骼肌，横断面，狗

A. There is a dense interstitial infiltrate of primarily mononuclear inflammatory cells. Frozen section，H・E stain. B. Note the interstitial infiltrate of mononuclear inflammatory cells and mononuclear cells that have invaded intact myofibers causing myofiber necrosis. Frozen section，modified Gomori's trichrome stain.

20-22

表 20-5　免疫介导性肌炎

疾病 Disorder	发生动物 Species affected
出血性紫癜 Purpura hemorrhagica	Horses
病毒感染 Viral-associated	Horses,cats
多发性肌炎 Polymyositis	Dogs,horses(rare)
咀嚼型肌炎 Masticatory myositis	Dogs
眼外肌肌炎 Extraocular muscle myositis	Dogs
后天性重症肌无力 Acquired myasthenia gravis	Dogs,cats

三、先天性和遗传性肌病

遗传性或先天性因素可导致肌肉疾病。与生俱来的肌肉疾病称为先天性疾病,但这些疾病可能是遗传性的,也可能不是遗传性的。遗传性疾病可以在出生时或出生后很快表现出来,也可能在很长一段时间里并不表现出来。

(一)解剖结构缺陷

骨骼肌的解剖结构缺陷在出生时或出生后很快就会显现出来。这些缺陷可以是遗传性的,也可以因宫内肌肉发育异常或神经支配异常引起。

(二)遗传缺陷

牛、狗和儿童可发生先天性肌肉增生(双肌肉),引起骨骼肌缺陷(肌纤维数量增加),这种疾病是由于肌生长抑制素基因缺陷而引起的。

(三)肌肉发育异常

既可因神经支配缺陷引起,也可由遗传性因素引起。膈疝(diaphragmatic hernia)即为一种多因子遗传病,先天性膈肌发育缺陷在所有物种均可发生,在狗和兔容易发生,最常见的形式是由于左侧胸膜腹管(left pleuroperitoneal canal)不能闭合引起的膈肌左背外侧和中央部分缺失。临床上,膈肌缺陷动物在出生时或出生后不久因腹部脏器进入胸腔而引起呼吸窘迫(respiratory distress)。

(四)肌营养不良

在人类,遗传性、进行性、退行性、原发性肌纤维疾病才称为肌营养不良(muscular dystrophy),组织学特征为进行性肌纤维坏死和再生。近年来,随着遗传学和分子生物学的发展,一些在人和动物中发生的肌营养不良的确切分子机制得到阐明。比如,杜氏肌营养不良(Duchenne's muscular dystrophy)与抗肌营养不良基因(dystrophin gene)的缺失有关,肌强直性营养不良与三核苷酸重复序列有关。在兽医上,以前被归类为肌营养不良的一些疾病(如绵羊和牛的肌营养不良)已被证实为是先天性肌病。

(五)先天性肌病

所有不属于解剖学结构缺陷、肌营养不良、肌强直或代谢性肌病(见下文讨论)的遗传性肌病都可归类为先天性肌病(congenital myopathy)。

(六)肌肉强直

肌肉强直(myotonia)是指骨骼肌不能松弛而发生痉挛性收缩,大多数与遗传缺陷引起的离子通道功能异常有关。肌膜上存在许多离子通道，控制 Na^+、K^+、Cl^- 和 Ca^{2+} 等离子的流动。Na^+ 和 Cl^- 通道缺陷常常引起肌肉强直。

（七）代谢性肌病

遗传性肌肉代谢紊乱的特征是肌细胞能量产生减少，可由糖原代谢缺陷、脂肪酸代谢缺陷或线粒体功能缺陷所引起，临床症状包括运动不耐受、运动后肌肉痉挛和横纹肌溶解（急性节段性肌纤维坏死）。代谢缺陷常导致运动后血液中乳酸含量增加。代谢性肌病的遗传方式各异，糖酵解酶、糖原分解酶和非线粒体 DNA 编码的酶的缺陷通常以常染色体隐性方式遗传，线粒体 DNA 编码的酶的缺陷通过母系遗传，这是因为所有线粒体都来自卵母细胞。

糖酵解或糖原分解酶缺乏可引起糖原在肌肉中蓄积，称为糖原蓄积病（glycogen storage diseases）。在人类有五类糖原蓄积病（Ⅱ、Ⅲ、Ⅳ、Ⅴ 和 Ⅶ），在动物中只发现 Ⅱ 型（酸性麦芽糖酶缺乏）、Ⅳ 型（糖原分支酶缺乏）、Ⅴ 型（肌磷酸化酶缺乏）和 Ⅶ 型（磷酸果糖激酶缺乏）糖原蓄积病。马、牛、羊、狗和猫都可发生糖原蓄积病。

（八）恶性高热

恶性高热（malignant hyperthermia）是因为肌浆网不受调控地释放 Ca^{2+}，导致肌纤维过度收缩而引起的体温升高。恶性高热是一种致死性疾病，其机制是 Ryanodine 受体（肌浆网 Ca^{2+} 释放通道）先天性缺陷，引起肌肉兴奋-收缩耦联失调，导致恶性高热。全身性麻醉剂（尤其是氟烷）或应激（猪应激综合征）均可引发恶性高热（图 20-23）。

其他一些能引起线粒体氧化磷酸化与电子传递链解耦联的疾病也可引起恶性高热样疾病。棕色脂肪细胞的线粒体含有一种称为解耦联蛋白的物质，是新生儿脂肪分解产热的生理基础。线粒体病理性脱耦联或耦联松散也可引起热量释放增加。

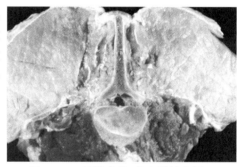

图 20-23　恶性高热（猪应激综合征），
白肌肉，腰上肌，横切面

20-23

The affected muscles are pale pink, moist, and swollen and have a "cooked" pork appearance（"parboiled"）.

四、内分泌和电解质异常

许多激素分泌异常可导致肌病，如犬的皮质醇增多症（hypercortisolism）和甲状腺功能减退症（hypothyroidism）。患皮质醇增多症的犬还会发生特有的肌肉肥大和假肌强直综合征。马垂体功能亢进（库欣病，Cushing's disease）也会引起肌肉疾病。大多数内分泌性肌病最终引起肌纤维萎缩，特别是 2 型肌纤维萎缩。内分泌疾病也会引起周围神经病变，导致出现肌病（2 型肌纤维萎缩）和神经病变（去神经支配性萎缩和肌纤维类型改变）的混合病变。患有慢性皮质醇过多症和甲状腺功能减退症的犬可因肌肉去神经支配后发生神经再支配（reinnervation）而引起纤维型群组化（fiber-type grouping）（图 20-24）。

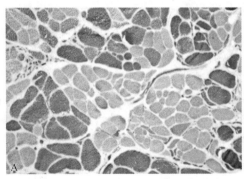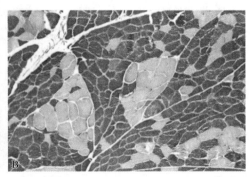

图 20-24 去神经支配性萎缩和神经再支配，骨骼肌，横截面

A. Fiber typing reveals angular atrophy of both type 1 (*light*) and type 2 (*dark*) fibers, characteristic of denervation atrophy. In this case, there is also a loss of the normal mosaic pattern of fiber types, with groups of type 1 and of type 2 fibers indicative of reinnervation. This section is from a horse with laryngeal hemiplegia. Frozen section，ATPase pH 10.0. B. Fiber-type grouping in a dog indicative of denervation and reinnervation secondary to corticosteroid therapy. There is a loss of the normal mosaic pattern of fiber types, with grouping of type 1 (*light*) and type 2 (*dark*) fibers. The lack of angular atrophied fibers indicates that active denervation is not occurring at this time. Frozen section，ATPase pH 9.8.

20-24

电解质平衡对维持骨骼肌的正常功能至关重要。低钙血症、低钾血症、高钠血症和低磷血症可导致不同类型的严重的肌无力，有时可引起肌纤维坏死。

五、神经性和神经-肌肉接头疾病

下位运动神经元、周围神经或神经-肌肉接头功能障碍可对肌肉功能产生严重影响。

(一)神经病变

许多周围神经疾病和少数运动神经元疾病可导致肌肉发生去神经性萎缩。这些疾病可能是遗传性的，也可能是后天性的。较长的神经(如坐骨神经和左喉返神经)易发生后天性损伤。

(二)神经-肌肉接头疾病

神经-肌肉接头是一种突触结构。在神经-肌肉连接处布满乙酰胆碱受体，当动作电位到达运动神经远端时，轴突末梢释放乙酰胆碱，乙酰胆碱在突触间隙扩散，与乙酰胆碱受体结合，打开离子通道，导致 Na^+ 流入，从而启动骨骼肌动作电位，引起肌肉收缩。随后，乙酰胆碱被突触后膜释放的乙酰胆碱酯酶迅速降解，从而阻止肌肉被持续刺激和收缩。

引起神经冲动传递障碍的疾病可显著影响骨骼肌的功能。在这种情况下，由于肌纤维仍受神经支配，故不发生去神经性萎缩。动物中最常见的神经-肌肉接头疾病有重症肌无力、肉毒素中毒和蜱虫麻痹。

1. 重症肌无力(myasthenia gravis) 重症肌无力可为先天性或后天性。后天性重症肌无力是一种免疫介导性疾病，是由血液中的抗乙酰胆碱受体的自身抗体引起的。抗乙酰胆碱受体与突触后膜上乙酰胆碱受体结合，导致功能性受体数量减少，从而引起肌无力和衰竭。

抗乙酰胆碱受体的自身抗体的产生机制尚不完全清楚。在人和动物，胸腺疾病与重症肌无力的发展密切相关。胸腺髓质内含有肌样细胞（myoid cell），可表达乙酰胆碱受体。普遍认为，这些细胞参与自体耐受（self-tolerance）的形成。胸腺瘤（动物）和胸腺滤泡增生（人）可导致机体对乙酰胆碱受体的自体耐受性丧失，在这些病例，切除胸腺可恢复神经-肌肉接头的活动。如果重症肌无力不是由胸腺疾病引起，则需采用长效抗胆碱酯酶药物和免疫抑制剂（如皮质类固醇）进行治疗。

先天性重症肌无力是一种遗传性疾病，比后天性重症肌更少见。到目前为止，只在人类、狗和猫中有先天性肌无力的报道。患病动物神经-肌肉接头天生存在缺陷，通常表现为膜表面积减少，导致乙酰胆碱受体密度降低。在动物出生时，由于有足够的功能性乙酰胆碱受体支持新生儿的肌肉收缩，通常不表现临床症状。随着动物的快速生长，由于功能性受体数量不足以维持肌肉的收缩功能，临床上则出现严重的、持续的和进行性的肌无力。

2. 肉毒素（botulism）中毒　肉毒素中毒是由肉毒杆菌（*Clostridium botulinum*）外毒素引起的神经-肌肉疾病。肉毒杆菌毒素是已知毒素中致死性最强的一种，特点是引起全身麻痹。肉毒杆菌有七种不同血清型（A、B、C、D、E、F 和 G），这些血清型的结构相似，都由一条轻链和一条由二硫键连接的重链组成。不同物种对这些毒素的敏感性不同，狗对 C 型毒素最敏感，反刍动物对 C 型和 D 型最敏感，马对 B 型和 C 型最敏感。

肉毒素与外周神经突触前末梢上的受体结合后可内化入细胞。在内体（endocytotic vesicle）中，肉毒素的二硫键被切开，释放出来的轻链进入轴突细胞。肉毒素轻链具有基质金属蛋白酶（metalloproteinase）活性。突触前膜囊泡释放乙酰胆碱的过程需要多种蛋白的参与，肉毒素可对这些蛋白进行不可逆酶切，从而阻止乙酰胆碱释放。不同血清型毒素作用的蛋白不同，但最终结果是相同的。神经-肌肉接头对肉毒素的作用最为敏感，局部注射低浓度的肉毒素可治疗肌肉痉挛。

肉毒杆菌孢子通常存在于动物的胃肠道和土壤中。在厌氧和碱性条件下，孢子变得活跃，并产生毒素。饲料被死老鼠或土壤源性肉毒杆菌孢子污染则易引起动物中毒。狗和猫对肉毒素中毒有很强的抵抗力。马对肉毒毒素最敏感，极微量的毒素即可引起马呼吸肌麻痹而死亡。由于突触前轴突终末端的损伤不可逆，只有在末梢轴突发芽（terminal axon sprouting）和新的功能性突触得以重建后才能从肉毒杆菌中毒中恢复。

3. 蜱虫麻痹　矩头蜱属蜱和硬蜱能产生一种毒素，这种毒素能阻止轴突末梢释放乙酰胆碱。蜱虫麻痹最常见于狗和儿童。与肉毒素不同，蜱虫毒素不会引起不可逆的突触前损伤，故除蜱后能在 24～48h 内迅速恢复正常。

（王龙涛、谭　勋）

第二十一章

皮肤病病理
Diseases of the skin

【Overview】 The skin is the largest organ in the body and has haired and hairless portions. It consists of epidermis, dermis, subcutis, and adnexa (hair follicles and sebaceous, sweat, and other glands). The histologic structure varies greatly by anatomic site and among different species of animals. The haired skin is thickest over the dorsal aspect of the body and on the lateral aspect of the limbs and is thinnest on the ventral aspect of the body and the medial aspect of the thighs. Haired skin has a thinner epidermis, whereas nonhaired skin of the nose and pawpads has a thicker epidermis. The skin of large animals is generally thicker than the skin of small animals. The subcutis, consisting of lobules of adipose tissue and fascia, connects the more superficial layers (epidermis and dermis) with the underlying fascia and musculature.

Skin diseases are among the most common health problems in domestic animals, especially in small animals. The morbidity accounts for about 20% in all animal diseases. Due to the feature of variety and long-lasting problems of skin diseases, it is necessary to make accurate diagnosis and effective treatments. This chapter describes the response of epidermis, dermis, and adnexa to injury, and the etiology, pathogenesis and clinical features of several skin diseases.

皮肤是身体最大的器官,由表皮(epidermis)、真皮(dermis)、皮下组织(subcutis)和附件(毛囊、皮脂腺、汗腺和其他腺体)组成,但不同部位和不同动物的皮肤组织学结构有很大差别。动物的皮肤可分为有毛皮肤和无毛皮肤两种,有毛皮肤表皮较薄,而无毛皮肤(鼻子和脚掌)表皮较厚。此外,大动物的皮肤通常比小动物的皮肤厚。皮下组织由脂肪组织和筋膜组成,将皮肤表层(表皮和真皮)与筋膜和肌肉组织连接起来。

皮肤病是动物临床常见的多发病,特别是在小动物,皮肤病发病率可占到所有疾病的 20% 左右。本章介绍表皮、真皮和皮肤附件对损伤的反应,并介绍几种常见皮肤病。

第一节　表皮对损伤的反应

一、表皮增生和分化的改变

有丝分裂后的基底细胞(即基底表皮细胞)从基底层皮肤表面迁移,最终形成表皮的角质层(cornified layers)。在正常表皮中,基底细胞的增殖速率与皮肤表面的角质细胞的损失率维持平衡,使表皮层的厚度保持恒定。表皮细胞的有序增殖、分化和角化由表皮生长因子、成纤维细胞生长因子(FGF)、胰岛素样生长因子(IGF)、白细胞介素(IL)、肿瘤坏死因子(TNF)、激素(如皮质醇和维生素 D_3)以及营养物质(如蛋白质、锌、铜、脂肪酸、维生素 A 和 B 族维生素)的调控。皮肤中内皮细胞、白细胞、成纤维细胞和角质形成细胞(keratinocytes)均可产生细胞因子,调节角质形成细胞的增殖和分化。可见,角质形成细胞在其生长和分化中具有自我调节作用(即自分泌)。炎性细胞也可影响角质形成细胞的生长和分化。

(一)角化病

角化病(即角质层形成障碍)(disorder of cornification)包括原发性角化病和继发性角化病。最常见的原发性角化病为原发性脂溢性角化病,继发性因素包括炎症、创伤、环境条件改变(如湿度降低)或营养代谢障碍。

角化过度是角化病的一种,以角质层增厚为特征。角化过度有两种形式,即真性角化过度(orthokeratotic hyperkeratosis)和角化不全性角化过度(parakeratotic hyperkeratosis),两者的区别在于角化过程的完整性以及角质形成细胞最终是否会失去或保留其细胞核。在真性角化过度中,角质形成细胞经历完全角质化,从而失去其细胞核,变成无核细胞,而在角化不全性角化过度中,角质形成细胞仅经历部分或不完全角化,从而保留其细胞核。

角化不全性角化过度和真性角化过度大多是对慢性刺激(皮肤表面创伤、炎症或晒伤)的非特异性反应,但也可呈原发性发生。可卡犬的原发性脂溢性角化病(图21-1)、鱼鳞病和维生素 A 缺乏症的典型特征均为角化过度。锌反应性皮肤病和浅表性坏死性皮炎(肝皮综合征)则出现弥漫性角化不全(diffuse parakeratosis)(图21-2)。角化过度和角化不全可伴有颗粒细胞层(颗粒层)厚度的改变。角化过度通常伴随颗粒细胞层的厚度增加(颗粒细胞增生),而角化不全则伴有颗粒细胞层变薄。

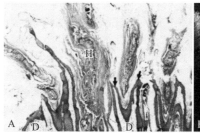

21-1

图 21-1　原发性皮脂溢出,皮肤,犬

A. Note the marked orthokeratotic hyperkeratosis (H). The stratum corneum within the hair follicles is increased in quantity; extends through the follicular openings to the external skin surface, where it surrounds hair shafts above the epidermal surface forming "hair casts"; and distends follicular openings (*arrows*), creating a papillomatous appearance in the epidermis. D, Dermis. B. Hair is parted to reveal excessive scaling and keratin casts that are adhered to the hair shafts near their base, the result of orthokeratotic hyperkeratosis.

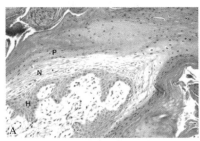
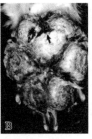

21-2

图 21-2　浅表性坏死性皮炎,犬

A. Nuclei of the thickened stratum corneum have been retained (parakeratotic hyperkeratosis [parakeratosis]). The epidermis has a trilaminar pattern (red, white, and blue) created by three layers: (1) parakeratotic layer (P), (2) subparakeratotic edema/necrolytic layer (N), and (3) deep epidermal hyperplastic layer (H). The pathogenesis of superficial necrolytic dermatitis is not completely understood but is speculated in most cases to be the result of an underlying systemic disease (such as severe liver disease or diabetes mellitus) that interferes with the normal nutrient metabolism needed to form a healthy epidermis. H·E stain. B. Pawpad. Note the fissure (*arrow*) and crusts. The crusting is largely a result of the parakeratosis. Secondary infections by bacteria, yeast, and fungi can also contribute to the formation of crusts by causing fluid, leukocytes, and other cellular debris to accumulate on the surface.

(二)表皮增生

表皮增生是指表皮内细胞数量增加,这种改变最常发生于棘细胞层内,故也称为棘皮症(acanthosis)。表皮增生是对慢性炎症刺激的常见反应,可出现规则性增生、不规则性增生、乳头状增生或假性上皮瘤(pseudoepitheliomatous)形成四种形式(图 21-3)。表皮增生可由规则的增生向假性上皮瘤顺次发展。在增生的早期,真皮和表皮交界面形成波浪状,随着增生的进展,表皮嵴(rete peg)变长,延伸到真皮中,与真皮乳头形成交叉。在表皮规则性增生中,表皮嵴的大小和形状大致相同,而在表皮不规则增生中,表皮嵴的大小和形状不均一。在表皮增生的后期则出现假性上皮瘤,表现为表皮显著增生,形成许多带有分支的相互交织的表皮突起,这些突起与真皮胶原纤维交错缠绕。在增生的基底细胞中可见较多的核分裂象,但与鳞状细胞癌不同,假性上皮瘤的角质形成细胞保持正常的极性,且不会穿透基底膜。

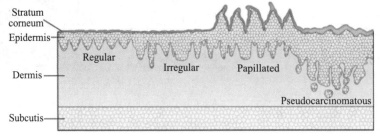

21-3

图 21-3　表皮增生类型

Epidermal hyperplasia is an increase in the number of cells within the epidermis and is the result of a variety of chronic insults; thus it is often considered a nonspecific finding. The four forms of epidermal hyperplasia, regular, irregular, papillated, and pseudocarcinomatous, are illustrated with an intact basement membrane (*red line*). Each form of epidermal hyperplasia may develop independent of the others, although some forms may develop in sequence. Epidermal hyperplasia does not penetrate or breach the basement membrane, which is an important distinguishing feature from invasive carcinoma.

　　银屑病是一种表皮规则性增生,镜检可见表皮形成细长的嵴,与真皮乳头相互交叉。这类增生见于史宾格犬的银屑病样苔藓性皮炎和猪银屑病样脓疱性皮炎(玫瑰糠疹)。假性癌性增生常见于慢性化脓性皮炎、肉芽肿性皮炎和慢性溃疡灶的边缘。表皮乳头状增生是一种特殊的表皮增生,在皮肤表面形成乳头状突起,这种增生见于乳头状瘤、错构瘤和老茧。环孢菌素药物偶尔可引起犬表皮乳头状增生。

(三)坏死

　　坏死是指细胞死亡,其特征是核固缩、核碎裂或核溶解,细胞器肿胀,细胞膜破裂,细胞质释放,常伴有急性炎症反应。表皮坏死的原因包括物理性损伤(撕裂伤、热灼伤)、化学性损伤(刺激性接触性皮炎)以及血液循环障碍(血管炎、血栓栓塞)引起的损伤。表皮坏死可导致糜烂(erosion)或溃疡(ulcer)。

(四)水肿

　　表皮水肿可导致表皮间质内形成海绵状小泡(spongiotic vesicles)(图 21-4),这类水肿见于葡萄球菌或马拉色菌属(*Malassezia* sp.)引起的表皮炎。

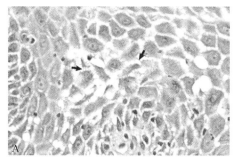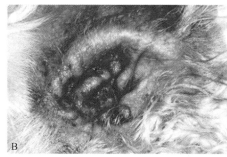

21-4

图 21-4　皮肤水肿,犬

　　A. Intercellular epidermal edema. The epidermis appears "spongy" and the "spines" between keratinocytes (*arrows*) are accentuated from edema that widens the intercellular spaces. The keratinocytes remain connected to each other via desmosomal attachment sites. B. Acute allergic otitis, ear. The skin surface appears moist and glistening from dermal and epidermal edema, and there is erythema from dermal congestion (hyperemia).

　　当角质形成细胞发生水肿时,在其胞浆内可见大量空泡,这种类型的表皮损伤被称为网状变性(reticular degeneration)。如果水肿只局限于表皮基底层细胞,则称为水泡变性或空泡变性(图 21-5),红斑狼疮、皮肌炎和药疹就属于这一类病变。表皮浅表层(如棘层)的角质形成细胞可发生气球样变(ballooning degeneration),形成充满液体的囊泡。痘病毒和副痘病毒感染可引起胞内角蛋白溶解和液体积聚,导致气球样变。

(五)棘层松解

　　棘层松解(acantholysis)是指表皮角质形成细胞之间的连接(桥粒)发生破坏。其原因是钙黏蛋白家族的跨膜糖蛋白破坏,导致桥粒的细胞外核裂开。随后,桥粒斑溶解,中间丝回缩到角质形成细胞的核周区域。棘层松解见于天疱疮(Ⅱ型细胞毒性超敏反应)和浅表性脓皮病(葡萄球菌释放剥脱毒素),偶见于毛癣菌属感染,与这类真菌可分泌蛋白酶有关。在落叶型天疱疮(pemphigus foliaceus)中,棘层松解发生在角层下,在角层下小泡和脓疱中可见角质形成细胞(图 21-6)。在寻常型天疱疮(pemphigus vulgaris)中,棘层松解发生在基底层之上的表皮,导致表皮与附着在真皮层上的基底细胞分离,其间可见大小不一的空泡(图 21-7)。

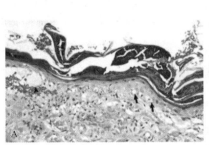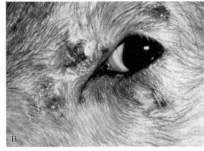

21-5

图 21-5　水泡变性，犬

A. Note vacuolization of the cells of the basal layer (*arrows*). The vacuolated basal cells have resulted in a cleft (*arrowhead*) between the epidermis and dermis. A few lymphocytes are also present in the superficial dermis and lower layers of the epidermis. H • E stain. B. Dermatomyositis, periocular. Erythema, depigmentation, erosion, and crusting are the result of injury to basal cells. The vacuolar degeneration of basal cells weakens the dermal-epidermal attachment and results in formation of vesicles, erosions, and ulcers. In addition, inflammatory mediators are released, resulting in fluid and cellular exudate, which dry on the surface and form crusts.

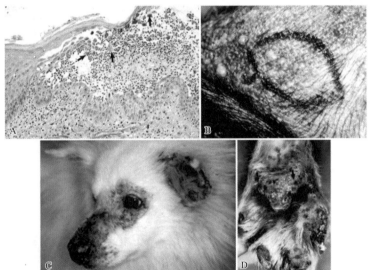

21-6

图 21-6　落叶型天疱疮

A. Horse. Pustules in pemphigus foliaceus are located in the superficial epidermis, such as this subcorneal pustule that contains neutrophils and numerous acantholytic cells, which are epidermal cells separated from each other as a result of the loss of desmosomal attachments. Acantholytic cells may shed as individual cells (*arrows*) or in clusters. The roof of the pustule is the stratum corneum, and the base of the pustule is the stratum spinosum. Superficial pustules can rupture to form erosions and crusts. Forceful clipping or scrubbing of the surface of the pustule can lead to rupture and thus can make the sample nondiagnostic. B. Inguinal region, dog. Multiple pustules (circumscribed accumulations of pus in the epidermis visible as irregularly ovoid, slightly elevated yellowish tan areas) are present in the sparsely haired skin of the inguinal region. The skin within the black ellipse has been injected with local anesthetic in preparation for biopsy sampling. C. Face, dog. Erythema, alopecia, focal erosion, crusting, and depigmentation are present on medial surface of the pinnae, periocular skin, and dorsum of the muzzle and the nasal planum. Crusts develop as the result of upward growth of the epidermis and disruption of pustules. Erosions develop as the result of loss of stratum corneum and pustular exudate, which exposes the stratum spinosum. Depigmentation can result from inflammation and damage to pigment-containing epidermal cells. D. Pawpad, dog (same dog as in C). Erosions (*arrows*), depigmentation, and crusts are present, and typically affect all pawpads.

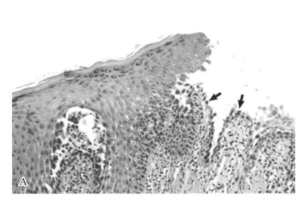

图 21-7　寻常型天疱疮

A. Suprabasilar clefting has left a row of basal cells (*arrows*) attached to the dermis via the basement membrane. The single row of basal cells is fragile and easily damaged, leading to formation of ulcers, with subsequent fluid loss and secondary bacterial infection. H • E stain. B. Leg. Note the erythema and large confluent areas of ulceration. In contrast to pemphigus foliaceus (more commonly characterized by vesico-pustules, erosions, and crusts), pemphigus vulgaris is characterized by larger, more confluent ulcers because the acantholysis in pemphigus vulgaris occurs deeper in the epidermis and the vesicles rapidly progress to ulcers.

(六)表皮炎症性病变

表皮的急性炎症实际上起始于真皮,具有明显的充血、水肿和白细胞浸润(通常是中性粒细胞)。皮肤烧伤后,可见大量液体积聚在表皮内或表皮下方,形成水泡(图 21-8)。渗出的液体干燥后,在表皮上形成较大的痂皮。白细胞从真皮层内的血管渗出,进入表皮的细胞间隙。随着炎症的发展,白细胞在表皮或角质层内聚集形成脓疱,迅速干燥、结痂。白细胞的种类因致炎因子的种类不同而不同,如外寄生虫叮咬可引起嗜酸性粒细胞浸润,免疫介导性疾病(如红斑狼疮)可引起淋巴细胞浸润。

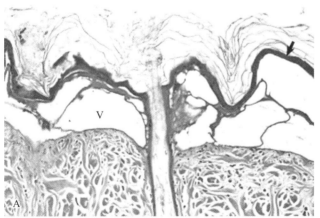
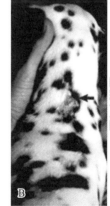

图 21-8　皮肤烧伤

A. There is necrosis of the epidermis (*arrow*), follicular infundibulum, and dermis that is indicated by the diffuse deep acidophilic stain uptake, a lack of cellular detail, and an absence of nuclei. Because of increased capillary permeability, fluid has accumulated between the dermis and epidermis, forming vesicles (V). B. The dry necrotic skin is the site of the burn (*arrow*).

第二节　真皮对损伤的反应

一、增殖与发育障碍

(一)真皮萎缩

由于真皮中胶原原纤维和成纤维细胞数量减少,导致真皮厚度降低,临床上可见皮肤变薄,呈半透明状,皮下脉管系统明显可见。真皮萎缩通常因蛋白质过度消耗而引起,如肾上腺皮质增生(特别是在狗和猫中)和慢性饥饿。罹患肾上腺皮质增生症的猫因胶原蛋白丢失而使皮肤脆性增加,皮肤容易被撕裂。局部反复应用糖皮质激素也可引起严重的皮肤萎缩。

(二)纤维增生

纤维增生(纤维化)可见于各种皮肤损伤,特别是表皮的溃疡。早期增生的纤维组织为肉芽组织,随着胶原蛋白沉积和结缔组织成熟,肉芽组织最终转变为瘢痕。

(三)胶原蛋白发育不良

胶原蛋白发育不良通常由遗传因素引起,可导致皮肤抗拉强度下降,致使皮肤在轻微的创伤下也容易撕裂。

二、胶原退行性病变

镜检可见胶原纤维由强嗜酸性的粒状物或无结构的物质包围,呈火焰形(图 21-9)。这些嗜酸性粒状物和无定形物质实际上是嗜酸性粒细胞及其颗粒。胶原退行性病变可见于以嗜酸性粒细胞反应为主的疾病,如蚊虫叮咬、肥大细胞瘤和嗜酸性粒细胞性肉芽肿等。

21-9

图 21-9　嗜酸性粒细胞性肉芽肿

A. Ulcerated skin (*left*) with fragmented collagen (*arrows*) is bordered by degranulated eosinophils. H · E stain. B. Fragmented collagen (*arrows*) is bordered by a row of macrophages (M), multinucleated giant cells (G), and degranulated eosinophils (E), somewhat resembling a flame (*flame figure*). H · E stain. C. Upper lip. Bilateral ulcers are present on the upper lips, but the ulcer on the right side of the photograph is more extensive (*arrow*).

三、胶原蛋白溶解

镜检可见胶原纤维结构消失,形成一种无定形的、轻度嗜酸性物质。胶原蛋白溶解可能是由嗜酸性粒细胞(释放胶原酶)和中性粒细胞(释放胶原蛋白酶、胶原酶)等释放的蛋白水解酶所引起。

第三节　皮肤附件对损伤的反应

一、毛囊萎缩

毛囊萎缩是指毛囊的大小逐渐缩小(退化)。毛囊生长发育过程具有周期性,包括早期生长期(early anagen)、后期生长期(late anagen)、退行期(catagen)、休止期(tologen)、脱落期(exogen)和休眠期(kenogen)。当萎缩程度大于毛发周期某一阶段所预期的萎缩程度时,即可定义为病理性萎缩。

引起毛囊萎缩的原因有激素异常、营养异常、血液供应不足、炎症、应激和全身性疾病等。某些原因引起的毛囊萎缩在病因去除后可发生逆转。生发上皮受损可导致皮肤附件破坏甚至完全消失,最终由瘢痕替代。可引起生发上皮损伤的原因有严重的炎症、毛囊及其周围腺体和真皮受损、烧伤、血栓引起的梗死(猪丹毒)和外伤等。

二、肥大

皮肤附件增大是损伤的常见反应,是肥大和增生的结果。反复的体表创伤可引起附件肥大(如肢端皮炎)。

慢性过敏性皮炎时,可见毛囊、皮脂腺、顶泌腺(apocrine gland)发生肥大。

三、附件炎

(一)毛囊炎

毛囊炎(folliculitis)指毛囊的炎症。根据发炎的毛囊组分、白细胞的类型和炎症的严重程度,可分为毛囊周围炎、毛囊壁炎、毛囊腔炎、疖疮和毛球炎。毛囊的炎症反应与真皮炎症相同。最初,白细胞从毛囊周围的血管渗出,进入真皮,形成毛囊周围炎(perifolliculitis)。毛囊周围的炎性细胞迁移到毛囊壁,形成毛囊壁炎(mural folliculitis)。随着毛囊壁的破裂,管腔内容物渗入真皮,引起疖疮(furunculosis)。如果炎性细胞浸润发生在毛囊下段的毛球,则称为毛球炎(bulbitis)。发生在皮脂腺的炎症,称为皮脂腺炎(sebaceous adenitis)(图 21-10)。

(二)皮脂腺炎

皮脂腺炎(sebaceous adenitis)是一种特殊的炎症,可导致掉毛、表皮和毛囊过度角化,主要见于犬(图 21-11)。镜检,早期病变可见皮脂腺体周围有淋巴细胞浸润,后期则可见中性粒细胞和巨噬细胞浸润,腺体消失。慢性病变可见皮脂腺完全消失(萎缩),伴有结缔组织增生,表皮和毛囊角化过度、毛囊萎缩。引起皮脂腺炎的原因不明,可能与细胞介导的免疫反应有关。毛囊炎、蠕形螨病、葡萄膜皮肤病综合征(uveodermatologic syndrome)或利什曼病(leishmaniasis)也伴有皮脂腺炎。

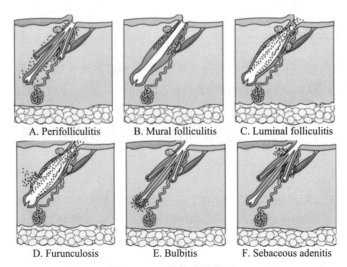

21-10

图 21-10 附件炎的类型

A. Perifollicular：Leukocytes（black dots）migrate from the dermal vessels near follicles into the perifollicular dermis. B. Mural folliculitis：Inflammation targets the follicular wall. There are subtypes of mural folliculitis that vary with level of involvement（superficial versus inferior），type of inflammation（pustular versus necrotizing），and the degree or severity of penetration into the follicular wall（interface versus infiltrative）. C. Luminal folliculitis：Inflammatory exudate is present in the follicular lumen，and inflammation also usually involves the wall，often a response to follicular infection. D. Furunculosis：Disruption of the follicular wall，resulting in release of luminal contents into the bordering dermis. E. Bulbitis：Inflammation targeting the inferior segment or hair bulb of the hair follicle. F. Sebaceous adenitis：Inflammation targeting the sebaceous glands. For simplicity，a simple hair follicle is illustrated in parts B，C，and D.

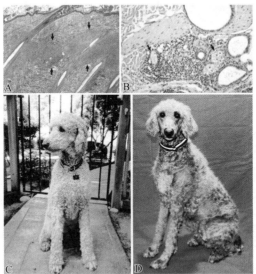

21-11

图 21-11 皮脂腺炎

A. The inflammation in this fully developed sebaceous adenitis lesion forms a band of inflammatory cells parallel to the epidermis at the level of the sebaceous glands（arrows），which are absent. Epidermal and infundibular hyperkeratosis are present. B. The inflammation in this early or mild sebaceous adenitis lesion is beginning to efface the sebaceous glands. A few sebaceous glands are visible within the area of inflammation（arrows）. C. Normal curly hair coat before development of sebaceous adenitis（face and paws are more closely clipped）. D. Hair coat after development of sebaceous adenitis.

第四节　脂膜对损伤的反应

脂膜炎(panniculitis)是指皮下脂肪组织的炎症,可由传染性因素(细菌、真菌)、免疫性因素(系统性红斑狼疮)、物理性因素(外伤、注射刺激性物质、异物)、营养缺乏、维生素 E 缺乏或胰腺疾病(胰腺炎、胰腺癌)等因素引起,但也可能呈原发性(原因不明)。猫粮中不饱和脂肪酸含量丰富但抗氧化剂(如维生素 E)含量低下可引发原发性脂膜炎,最终形成化脓性肉芽肿,其原因与维生素 E 不足导致皮下脂肪组织发生脂质过氧化损伤有关。继发性脂膜炎一般继发于真皮炎症,炎症向下延伸,累积皮下脂肪组织。例如,深部细菌性毛囊炎和皮肤穿透伤可引起脂膜炎。临床上,脂膜炎病灶形成可触及的结节,结节破溃后可排出油性或出血性物质(图 21-12)。脂膜炎常发生于躯干和近端肢体,可以是单灶性,也可以是多灶性。单灶性病变可采用手术切除治疗,多灶性病变则需进行特殊治疗。

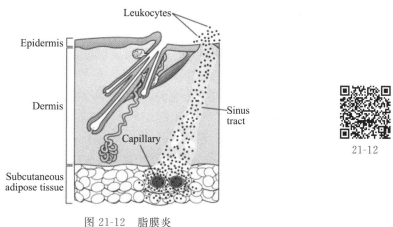

图 21-12　脂膜炎

Note the leukocytic inflammation (*black dots*) in the subcutaneous adipose tissue (panniculitis). In addition to spreading locally, the inflammation can form a sinus tract through the dermis and epidermis to the surface. The exudate can have an oily composition as a result of the fat content of the panniculus that is liberated following injury and forced via physical pressure applied locally to the skin to the surface of the skin through the sinus tract.

第五节　皮肤病举例

一、犬浅表性脓皮病

犬浅表性脓皮病(canine superficial pyoderma)由伪中间葡萄球菌(*S. pseudintermedius*)引起,在狗较为常见。病变最常发生于胸腹部皮肤,也见于背侧和躯干皮肤。早期症状为皮肤红斑、丘疹和脓疱,后期则出现表皮环形脱屑(epidermal collarette)(图21-13)、结痂、脱毛和色素沉着。病变早期可见皮肤浅层有海绵状脓疱形成,脓疱快速结痂并形成嗜碱性碎屑,这种嗜碱性碎屑使表皮与角质层剥离,并形成环形脱屑环的边缘。极少数情况下,浅表性脓皮病可从浅表性毛囊炎发展而来,在这种病例,毛囊中仅形成少量脓疱,但表皮环形脱屑尤其明显。真皮层内可见血管周围和间质中有中性粒细胞、嗜酸性粒细胞和单核细胞浸润。

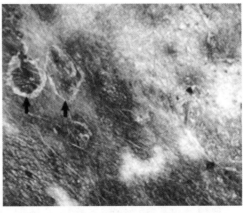

21-13

图 21-13　环状脱屑

A thin layer of scale that expands peripherally and forms a ring (*arrows*).

二、皮肤黏膜脓皮病

皮肤黏膜脓皮病(mucocutaneous pyoderma)是黏膜和皮肤交界处被化脓性细菌感染所致。各种犬都能发病,但以德国牧羊犬最易感。好发部位为唇部,也可发生于包皮、外阴、肛门、鼻孔和眼睑。临床上疼痛明显,病变局部形成红斑、肿胀和结痂,严重病例可出现裂开性溃疡。随着病程发展,皮肤颜色变淡。

组织学检查可见真皮、表皮连接处有大量浆细胞构成的炎性反应带,并伴有不同程度的中性粒细胞浸润,但基底细胞无病变。有时因在真皮、表皮交界面形成炎症而掩盖皮肤、黏膜交界面的炎症反应,这种情况易与盘状红斑狼疮(discoid lupus erythematosus)相混淆。皮肤黏膜脓皮病也可与皮褶脓皮病(skin fold pyoderma)合并发生,两者在病理组织学特征上很相似,应注意鉴别。

三、分枝杆菌性肉芽肿

分枝杆菌感染可引起多种动物形成肉芽肿或脓性肉芽肿性皮炎和脂膜炎,猫尤其易感。大多数分枝杆菌属于胞内菌,它们能进入巨噬细胞内复制,引起持续感染。按照惯例,由结核分枝杆菌和牛分枝杆菌引起的感染称为结核病,由其他分枝杆菌引起的感染则称为分枝杆菌病。分枝杆菌病主要由非典型分枝杆菌(*atypical mycobacteria*)引起。非典型分枝杆菌又分为快生长条件性分枝杆菌和慢生长条件性分枝杆菌两种类型,临床上以快生长分枝杆菌引起的感染较为常见。猫对非典型分枝杆菌易感,临床上以结节反复发作、腹股沟真皮和皮下组织形成脓性窦道为特征(图 21-14),镜检可见化脓性肉芽肿,在囊泡中可见分枝杆菌。慢生长分枝杆菌引起的感染类似于结核分枝杆菌引起的感染,但感染很容易扩散。

在牛,条件性分枝杆菌引起的皮肤感染又称皮肤结核,其特征是在真皮和皮下组织中形成单个或多个结节,但引流淋巴结不受影响。致病菌为腐生的非典型分枝杆菌,感染途径是皮肤擦伤。结节质地坚硬,或有波动感,可引起淋巴管炎。镜检,硬结节中可见化脓性肉芽肿、纤维结缔组织增生和钙盐沉积;有波动感的结节为脓肿结节,脓肿破溃后排出黏稠的棕褐色脓汁。小的病灶可以自行消退,较大的病灶则可持续存在。值得注意的是,条件性分枝杆菌感染可引起牛结核菌素试验呈阳性反应。

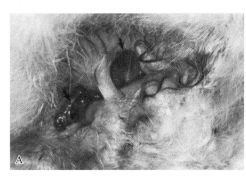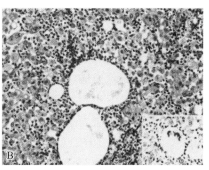

21-14

图 21-14　非典型分枝杆菌病（条件性分枝杆菌感染），猫

A. Note the draining sinuses (*arrows*) that overlie areas of nodular inflammation in the dermis and panniculus. B. Note pyogranulomatous inflammation (neutrophils and macrophages) surrounding a vacuole containing colonies of bacteria. In atypical *Mycobacterium* sp. infections of this type, the mycobacterial organisms are extracellular. H·E stain. *Inset*, Pyogranulomatous inflammation with a vacuole containing colonies of acid-fast bacilli that are stained red. Fite's method for acid-fast organisms.

四、真菌(霉菌)感染

真菌感染可发生于皮肤表面、皮肤或皮下，严重时可发生全身性感染。免疫力低下的动物容易发生真菌感染。

(一)浅表真菌病

浅表真菌病(superficial mycoses)是指局限于表皮角质层或毛发的真菌感染，极少数情况下可累及真皮。这类病较少见，有报道称毛孢子霉菌可感染马和狗，病变仅表现为毛干周围组织轻微肿胀。

(二)皮肤真菌病

皮肤真菌病(dermatophytoses)是指皮肤角质层的感染，很少波及真皮和皮下组织。这类疾病主要有皮癣菌病(dermatophytosis)、皮肤念珠菌病(cutaneous candidiasis)和马拉色菌皮炎(malassezia dermatitis)。

1. 皮癣菌病　是由表皮癣菌、小孢子菌和毛癣菌等皮癣菌(dermatophytes)引起的角化组织(如皮肤、毛发和爪)的感染，在炎热、潮湿的环境中易发生，幼龄动物比成年动物易感。皮癣菌能够在毛发、爪和角质层中定植，即使不进入活组织内也可引起疾病。皮癣菌病较其他真菌病更易传染，传染途径主要是接触传染，患病动物脱落的皮屑和毛发也是重要的传染源。

引起犬、猫皮癣菌病的病原主要是小孢子菌和毛癣菌。表皮癣菌对人具有亲嗜性，很少感染动物，但一些嗜动物性皮癣菌(如犬小孢子菌和须癣毛癣菌)可以感染人类。约克夏犬、波斯猫和喜马拉雅猫对犬小孢子菌易感，被感染的猫可成为传染源。啮齿动物是须癣毛癣菌的自然宿主，接触带菌宿主则可引起感染。皮癣菌(如小孢子菌)是土壤中的腐生菌，皮肤破损或免疫力低下的人或动物易发生感染。

皮癣菌能产生蛋白水解酶(如角蛋白酶、弹性蛋白酶和胶原酶)，能穿透皮肤角质层和毛发角质层，进而感染角化组织(角质层、毛发和爪)。机械损伤和环境潮湿可促进皮癣菌感染。真菌菌丝的分节芽孢(arthrospore)是造成感染的主要成分，皮肤接触后，它们能紧紧黏附在角蛋白上并出芽,进而侵入角化组织。真菌产物和角质形成细胞释放的细胞因子可导致表皮增生(角化过度、角化不全和棘皮症)和真皮炎症。

眼观,皮癣呈圆形或不规则形,伴有毛发脱落。由于真菌在病变周边存活,导致皮癣周围颜色较红,呈环状,据此称为癣(ringworm)。感染部位可发生毛囊炎,如果形成疖疮,炎症可以蔓延到深层真皮和皮下组织,形成引流窦道。镜检可见毛囊周围炎、管腔毛囊炎,或疖疮和表皮增生合并形成角质层内小脓肿。在许多病变中,在毛干、表皮角质层或毛囊中可见有隔菌丝(septate hypha)或孢子。大多数动物的皮癣可在 3 个月内自行消退,但考虑到皮癣可通过毛发和皮屑进行传染,建议对皮癣进行治疗。

2.念珠菌病　念珠菌病(candidiasis)由念珠菌感染所引起。念珠菌是一类定植在皮肤和胃肠道的酵母菌,在宿主抵抗力下降时可引起感染。念珠菌感染通常发生在黏膜和黏膜皮肤交界处,可在唇部、口腔和外耳道形成化脓性或溃疡性炎症。

3.马拉色菌皮炎　马拉色菌(*malassezia*)属真菌是一类亲脂性酵母菌,但这类菌并不依赖脂质才能存活。该属真菌与犬和猫共生,在犬和猫的外耳道、皮肤、肛门囊和黏膜表面均可分离到本菌。在皮肤微环境改变(高热高湿)、皮肤脂质含量改变(激素变化引起)、皮肤屏障功能破坏(角化病、营养不良、过敏性皮肤病)、免疫抑制(如猫免疫缺陷病、肿瘤性皮肤病)等情况下,马拉色菌可转变为致病菌。

狗比猫更易罹患马拉色菌皮炎,并与过敏性皮炎或葡萄球性毛囊炎合并发生。厚皮马拉色菌(*M. pachydermatis*)可与葡萄球菌共生,两者相互影响、相互促进。病变多位于颈腹侧部、腹部、腋窝、面部、耳廓、足部、前腿和皮肤皱褶中(图 21-15)。病变为苔藓样红色斑块,表面有油脂渗出,伴有恶臭和瘙痒。镜检可见角化过度、角化不全、海绵状脓疱和棘层肥厚,在角蛋白中可发现呈卵圆形或花生样的马拉色菌。

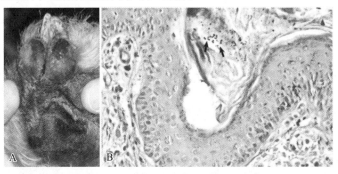

21-15

图 21-15　趾间皮炎(马拉色菌感染),皮肤,狗

A. In this dog with atopic dermatitis, the interdigital skin is erythematous, moist, and mildly lichenified, indicating chronicity. B. Haired skin. Stratum corneum contains numerous *M. pachydermatis* yeast (*arrows*), which are bilobed ("peanut" shaped) and stained black. The dermis is mildly edematous—note the mild separation of the collagen bundles by nonstaining to lightly amphophilic extracellular fluid. Gomori's methenamine silver stain-H · E counterstain.

五、钩虫性皮炎

钩虫性皮炎(hookworm dermatitis)是一种由钩虫的幼虫侵入皮肤引起的皮肤局部炎症反应,好发部位包括脚、腹部、尾巴和大腿等,主要是这些部位容易接触到被钩虫污染的土壤。气候潮湿或环境条件较差可诱发本病。在皮肤,病变早期可见皮肤出现红疹,红疹逐渐融合成红斑,进一步发展则形成苔癣和脱毛。在爪部,可见爪垫变软、角质层脱落,形成真皮炎和甲沟炎。慢性感染病例可见足垫过度角化。镜检可见棘层增厚、角化不良。浅表真皮层中可见轻度或中度的嗜酸性粒细胞浸润,嗜酸性粒细胞位于血管周围以及真皮层间质中。此外,还可见由幼虫迁移形成的虫道,虫道周围有中性粒细胞和嗜酸性粒细胞浸润。在组织切片中很少见到钩虫的幼虫。

六、全身性红斑狼疮

全身性红斑狼疮(systemic lupus erythematosus,SLE)是指体内形成抗多种组织的自身抗体所致的一种多系统非化脓性自身免性疾病,在狗多见。SLE 是一种自身免疫性疾病,遗传因素、病毒感染、激素改变以及紫外光照射均可促进本病发生。SLE 的自身抗体包括抗血细胞抗体和抗核抗体两大类。抗血细胞抗体又分为抗红细胞抗体、抗白细胞抗体和抗血小板性抗体,这些抗体造成血细胞溶解,引起自身免疫性溶血性贫血、自身免疫性白细胞减少症和自身免疫性血小板减少性紫癜等。抗核抗体包括抗 DNA 抗体、抗核蛋白抗体和抗可提取性核抗原抗体,这些抗体与皮肤、肾、血管、关节等组织器官形成免疫复合物,沉积在相应组织器官中,引起这些器官的结构和功能改变。SLE 的皮肤症状各异,病变包括红斑、鳞屑、结痂、色素沉着和脱毛,在皮肤、皮肤黏膜交界处以及黏膜面可见溃疡。病变可发生于身体的任何部位,但常见于脸部、耳朵以及四肢。典型组织学变化为基底细胞空泡化和基底细胞凋亡,这种改变导致表皮层和真皮层分离和溃疡形成。

(师福山、谭　勋)

推荐阅读文献

期　刊

[1]Amaya-Uribe L，Rojas M，Azizi G，et al. Primary immunodeficiency and autoimmunity：a comprehensive review. Journal of Autoimmunity，2019，99：52-72.

[2]Ben-Menachem Z，Cooper DJ. Hormonal and metabolic response to trauma. Anaesthesia & Intensive Care Medicine，2011，12(9)：409-411.

[3]Bruick RK. Oxygen sensing in the hypoxic response pathway：regulation of the hypoxia-inducible transcription factor. Genes & Development，2003，17(21)：2614-2623.

[4]Charo IF，Ransohoff RM. The many roles of chemokines and chemokine receptors in inflammation. New England Journal of Medicine，2006，354(6)：610-621.

[5]De Nicola GM，Karreth FA，Humpton TJ，et al. Oncogene-induced Nrf2 transcription promotes ROS detoxification and tumorigenesis. Nature，2011，475(7354)：106-109.

[6]Godoy LD，Rossignoli MT，Delfino-Pereira P，et al. A comprehensive overview on stress neurobiology：basic concepts and clinical implications. Frontiers in Behavioral Neuroscience，2018，12：127.

[7]Hara M，Kobayakawa K，Ohkawa Y，et al. Interaction of reactive astrocytes with type Ⅰ collagen induces astrocytic scar formation through the integrin-N-cadherin pathway after spinal cord injury. Nature Medicine，2017，23(7)：818-828.

[8]Mandegar M，Yuan JX. Role of K^+ channels in pulmonary hypertension. Vascular Pharmacology，2002，38(1)：25-33.

[9]Morgan MJ，Kim YS，Liu ZG. TNF-α and reactive oxygen species in necrotic cell death. Cell Research，2008. 18(3)：343-349.

[10]Nagata S. Apoptosis and clearance of apoptotic cells. Annual Review of Immunology，2018，36：489-517.

[11]Peoples JN，Saraf A，Ghazal N，et al. Mitochondrial dysfunction and oxidative stress in heart disease. Experimental and Molecular Medicine，2019，51(12)：1-13.

[12]Roumelioti M-E，Glew RH，Khitan ZJ，et al. Fluid balance concepts in medicine：principles and practice. World Journal of Nephrology，2018，7(1)：1-28.

[13]Selye H. A syndrome produced by diverse nocuous agents. Nature，1936，138：32.

[14]Spranger S，Gajewski TF. Impact of oncogenic pathways on evasion of antitumour immune responses. Nature Reviews Cancer，2018(18)：139-147.

[15]Strowig T，Henao-Mejia J，Elinav E，et al. Inflammasomes in health and disease. Nature，2012，481(7381)：278-286.

[16]Sweeney M，Yuan JX. Hypoxic pulmonary vasoconstriction：role of voltage-gated potassium channels. Respiratory Research，2000，1(1)：40-48.

［17］Tan X，Wei LJ，Fan GJ，et al. Effector responses of bovine blood neutrophils against *Escherichia coli*：role of NOD1/NF-κB signalling pathway. Veterinary Immunology & Immunopathology，2015，168(1/2)：68-76.

［18］Wallach D，Kang TB，Kovalenko A. Concepts of tissue injury and cell death in inflammation：a historical perspective. Nature Review Immunology，2014，14(1)：51-59.

［19］Wang J，Lu Q，Cai J，et al. Nestin regulates cellular redox homeostasis in lung cancer through the Keap1-Nrf2 feedback loop. Nature Communications，2019，10(1)：5043.

［20］Wei LJ，Tan X，Fan GJ，et al. Role of the NOD1/NF-κB pathway on bovine neutrophil responses to crude lipopolysaccharide. Veterinary Journal，2016，214：24-31.

［21］Yoshizaki S，Yokota K，Kubota K，et al. The beneficial aspects of spasticity in relation to ambulatory ability in mice with spinal cord injury. Spinal Cord，2020，58(5)：537-543.

图　书

［1］Abbas AK，Lichtman AH，Pillai S. Basic immunology：functions and disorders of the immune system，6th ed. Philadelphia：Elsevier Science Publishing，2019.

［2］Bacha WJ，Bacha LM. Color atlas of veterinary histology，3rd ed. New York：John Wiley & Sons，2012.

［3］George F. Stress：Physiology，biochemistry，and pathology. San Diego：Elsevier Science Publishing，2019.

［4］Heinrich NA，Eisenschenk M，Harvey RG，et al. Skin disease of the dog and cat. 3rd ed. Oakville：Apple Academic Press，2020.

［5］Kumar V，Abbas AK，Aster JC. Robbins & Cotran pathologic basis of disease，10th ed. Philadelphia：Elsevier Science Publishing，2020.

［6］McCance KL，Huether SE. Pathophysiology：the biologic basis for disease in adults and children，8th ed. St Louis：Elsevier Science Publishing，2018.

［7］Meuten DJ. Tumors in domestic animals. 5th ed. Arnes，AI：Iowa State University Press，2002.

［8］Miller WH，Griffin CE，Campbell KL. Muller & Kirk's small animal dermatology，7th ed. St Louis：Elsevier Science Publishing，2013.

［9］Zachary JF. Pathologic basis of veterinary disease，6th ed. St Louis：Elsevier Science Publishing，2016.

［10］陈怀涛.兽医病理学原色图谱.北京：中国农业出版社，2008.

［11］高丰，贺文琦，赵魁.动物病理解剖学.2版.北京：科学出版社，2013.

［12］黄克和，王小龙.兽医临床病理学(兽医实验室医学).2版.北京：中国农业出版社，2012.

［13］金惠铭.病理生理学.2版.上海：复旦大学出版社，2010.

［14］杨鸣琦.兽医病理生理学.北京：科学出版社，2008.

［15］张书霞.兽医病理生理学.4版.北京：中国农业出版社，2011.

［16］周向梅，赵德明.兽医病理学.4版.北京：中国农业大学出版社，2021.

图书在版编目(CIP)数据

动物病理学：汉英对照 / 谭勋主编. —杭州：浙
江大学出版社,2020.11
ISBN 978-7-308-20962-5

Ⅰ.①动… Ⅱ.①谭… Ⅲ.①兽医学—病理学
—高等学校—教材—汉、英 Ⅳ.①S852.3

中国版本图书馆 CIP 数据核字(2020)第 251195 号

动物病理学(双语)

谭　勋　主编

策划编辑	阮海潮(1020497465@qq.con)
责任编辑	阮海潮
责任校对	王元新
封面设计	续设计
出版发行	浙江大学出版社
	(杭州市天目山路 148 号　邮政编码 310007)
	(网址：http://www.zjupress.com)
排　版	杭州星云光电图文制作有限公司
印　刷	浙江省邮电印刷股份有限公司
开　本	787mm×1092mm　1/16
印　张	25.5
字　数	637 千
版印次	2020 年 11 月第 1 版　2020 年 11 月第 1 次印刷
书　号	ISBN 978-7-308-20962-5
定　价	79.00 元